电气可编程控制原理与应用

（S7-200 PLC）

王阿根　编著

電子工業出版社
Publishing House of Electronics Industry
北京・BEIJING

内 容 简 介

西门子公司生产的系列可编程控制器产品在我国电气自动化控制系统中有较多的应用。为了适应初学者及各类高等教育的教学要求，本书选择了西门子 S7-200 系列小型可编程控制器进行讲述。

全书共分 11 章，内容根据教学的需要进行编排，兼顾实际工程应用。第 1、2 章介绍常用低压电器、电气逻辑控制基础知识和常见电器控制电路，作为可编程控制器的基础知识；第 3 章是从常规电气控制过渡到可编程控制的基础，介绍两者的共同点和特殊性，并进一步说明可编程控制器的基本控制原理；第 4～7 章分别介绍 S7-200 PLC 指令系统的基本逻辑指令、步进顺控指令、功能指令和高速指令；第 8 章介绍 PLC 的扩展模块，主要介绍输入/输出扩展模块和模拟量扩展模块；第 9 章介绍 PLC 的基本设计方法和典型实例；第 10 章介绍编程软件的使用方法；第 11 章列举了电气控制电路和 PLC 控制电路的实验项目，以加强读者的实践能力。

本书可作为高等院校的自动化、电气工程及其自动化、机械工程及其自动化、电子工程自动化、机电一体化等相关专业的本科、专科教材，也可供相关工程技术人员参考。

图书在版编目（CIP）数据

电气可编程控制原理与应用：S7-200 PLC / 王阿根编著. —北京：电子工业出版社，2013.2
ISBN 978-7-121-19362-0

Ⅰ. ①电… Ⅱ. ①王… Ⅲ. ①电气控制－高等学校－教材②可编程序控制器－高等学校－教材 Ⅳ.①TM921.5②TM571.6

中国版本图书馆 CIP 数据核字（2012）第 311861 号

策划编辑：陈韦凯　特约编辑：刘海霞
责任编辑：陈韦凯
印　　刷：北京七彩京通数码快印有限公司
装　　订：北京七彩京通数码快印有限公司
出版发行：电子工业出版社
　　　　　北京市海淀区万寿路 173 信箱　邮编　100036
开　　本：787×1 092　1/16　印张：26　字数：662 千字
版　　次：2013 年 2 月第 1 版
印　　次：2022 年 1 月第 10 次印刷
定　　价：53.00 元

凡所购买电子工业出版社图书有缺损问题，请向购买书店调换。若书店售缺，请与本社发行部联系，联系及邮购电话：（010）88254888，88258888。

质量投诉请发邮件至 zlts@phei.com.cn，盗版侵权举报请发邮件至 dbqq@phei.com.cn。

本书咨询联系方式：chenwk@phei.com.cn。

前　　言

目前在我国工业自动控制系统中，可编程控制器（PLC）的应用十分普及，各种品牌的PLC竞相登场，但目前从实际应用和各高校的相关教学内容来看，仍以德国西门子S7系列PLC和日本三菱公司的FX系列PLC为主流。笔者于2007年编写的《电气可编程控制原理与应用》（FX系列PLC）已被多所院校选为教材，并得到广大读者一致好评。为了适应各类高等教育的不同教学要求，本书选择了比较有代表性的西门子S7-200系列可编程控制器进行讲述。

本书是《电气可编程控制原理与应用》的同一种教材的西门子S7-200 PLC版本。

本书采用独特的讲述方法，内容新颖，与众不同；内容安排由易到难、由浅到深，有一定的广度和深度。本书主要介绍西门子S7-200系列可编程控制器的基本工作原理及结构、基本逻辑指令、步进顺控指令和功能指令的应用与编程等。由于课时有限，不可能面面俱到，未编入的内容可参考厂家的相关资料。本书中的大部分电气控制电路都经过实际接线验证，梯形图和应用实例都是笔者经过反复推敲、多次修改而精选出来的。

书中注重精选内容、结合实际、突出应用。在编排上循序渐进，在内容阐述上力求简明扼要、图文并茂、通俗易懂，便于教学和自学。由于本课程的实践性强，因此在编写上也安排了电气控制与可编程控制器的实验内容。本书对部分比较烦琐的控制电路和控制程序进行了简化，提出了不少有代表性的控制电路和控制程序。本书力求内容精练，前后衔接自然，符合教学和自学的规律，理论联系实际，有很强的实用性。

本书主要由王阿根编著，参加编写工作的还有王晰、宋玲玲、顾春雷、王建冈、薛迎成、朱学来、李杜、李小凡、陈中、张美琪、姚志树、潘秀萍。

本书适用于32～64学时的理论课程教学安排，建议实验环节为8～16学时，课程设计安排为1～2周。对于少学时教学安排，可根据专业教学要求进行内容选择。在本书的编写过程中得到了盐城工学院的资助。

对于使用本书的任课教师可提供电子课件（PPT）、习题解答及其他教学文件，可发电子邮件到 wangagen@126.com 进行联系；也可登录电子工业出版社旗下的华信教育资源网（www.hxedu.com.cn）查找本书免费下载。

由于水平有限，书中不足之处在所难免，敬请读者批评指正。

王阿根

2013年1月

目　录

第1章　常用低压电器

低压电器是指额定电压等级在交流 1 200V、直流 1 500V 以下的电器。在我国工业控制电路中最常用的三相交流电压等级为 380V，只有在特定行业环境下才用其他电压等级，如煤矿井下的电钻用 127V、运输机用 660V、采煤机用 1 140V 等。

单相交流电压等级最常见的为 220V，机床、热工仪表和矿井照明等采用 127V 电压等级，其他电压等级如 6V、12V、24V、36V 和 42V 等一般用于安全场所的照明、信号灯及作为控制电压。

直流常用电压等级有 110V、220V 和 440V，主要用于动力；6V、12V、24V 和 36V 主要用于控制；在电子线路中，还有 5V、9V 和 15V 等电压等级。

在工矿企业的电气控制设备中，采用的基本上都是低压电器。因此，低压电器是电气控制中的基本组成元件，控制系统的优劣与低压电器的性能有直接的关系。作为电气工程技术人员，应该熟悉低压电器的结构、工作原理和使用方法。可编程控制器在电气控制系统中需要大量的低压控制电器才能组成一个完整的控制系统，因此，熟悉低压电器的基本知识是学习可编程控制器的基础。

1.1　常用低压电器的分类

低压电器种类繁多，功能各样，构造各异，用途广泛，工作原理各不相同，常用低压电器的分类方法也很多。

1．按用途或控制对象分类

（1）配电电器：主要用于低压配电系统中。要求系统发生故障时准确动作、可靠工作，在规定条件下具有相应的动稳定性与热稳定性，使电器不会被损坏。常用的配电电器有刀开关、转换开关、熔断器和断路器等。

（2）控制电器：主要用于电气传动系统中。要求寿命长、体积小、重量轻且动作迅速、准确、可靠。常用的控制电器有按钮、行程开关、接触器、继电器、启动器、电阻器和电磁制动器等。

2．按动作方式分类

（1）自动电器：依靠自身参数的变化或外来信号的作用，自动完成接通或分断等动作，如接触器、断路器和各种继电器等。

（2）手动电器：用手动操作来进行切换的电器，如刀开关、转换开关和按钮等。

3．按触点类型分类

（1）有触点电器：利用触点的接通和分断来切换电路，如接触器、刀开关和按钮等。

（2）无触点电器：无可分离的触点。主要利用电子元件的开关效应，即导通和截止来实现电路的通、断控制，如接近开关、霍尔开关、电子式时间继电器和固态继电器等。

4．按工作原理分类

（1）电磁式电器：根据电磁感应原理动作的电器，如接触器、继电器和电磁铁等。

（2）非电量控制电器：依靠外力或非电量信号（如速度、压力和温度等）的变化而动作的电器，如转换开关、行程开关、速度继电器、压力继电器和温度继电器等。

5．按低压电器型号分类

我国《国产低压电器产品型号编制办法》（JB 2930—81.10）的分类方法，将低压电器分为 13 个大类。每个大类用一位汉语拼音字母作为该产品型号的首字母，第二位汉语拼音字母表示该类电器的各种形式。

在选用低压电器时常根据型号来进行选用。

1.2 电力开关

电力开关用于电力线路和电气设备的电源控制。

常用的电力开关有刀开关、组合开关、负荷开关和断路器等。

电力开关的文字符号为 Q。

1.2.1 刀开关

刀开关是一种手动电器，常用的刀开关有 HD 型单投刀开关、HS 型双投刀开关、HR 型熔断器式刀开关等。

HD 型单投刀开关、HS 型双投刀开关和 HR 型熔断器式刀开关主要用于成套配电装置中作为隔离开关，装有灭弧装置的刀开关也可以控制一定范围内的负荷线路。作为隔离开关的刀开关的容量比较大，其额定电流在 100A～1 500A 之间，主要用于供配电线路的电源隔离。隔离开关没有灭弧装置，不能操作带负荷的线路，只能操作空载线路或电流很小的线路，如小型空载变压器、电压互感器等。操作时应注意，停电时应将线路的负荷电流用断路器、负荷开关等开关电器切断后再将隔离开关断开，送电时操作顺序相反。隔离开关断开时有明显的断开点，有利于检修人员的停电检修工作。隔离刀开关由于控制负荷能力很小，也没有保护线路的功能，所以通常不能单独使用，一般要和能切断负荷电流及故障电流的电器（如熔断器、断路器和负荷开关等电器）一起使用。

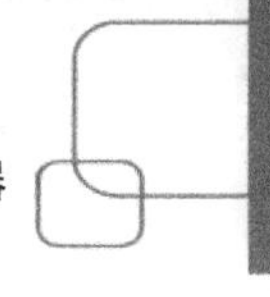

1. HD 型单投刀开关

HD 型单投刀开关按极数分为 1 极、2 极、3 极，其示意图及图形符号如图 1-1 所示。图 1-1（a）所示为直接手动操作，图 1-1（b）所示为手柄操作，图 1-1（c）～（h）所示为刀开关的图形符号和文字符号。图 1-1（c）所示为一般图形符号，图 1-1（d）所示为手动符号，图 1-1（e）所示为三极单投刀开关符号；当刀开关用做隔离开关时，其图形符号上加有一横杠，如图 1-1（f）、图 1-1（g）、图 1-1（h）所示。

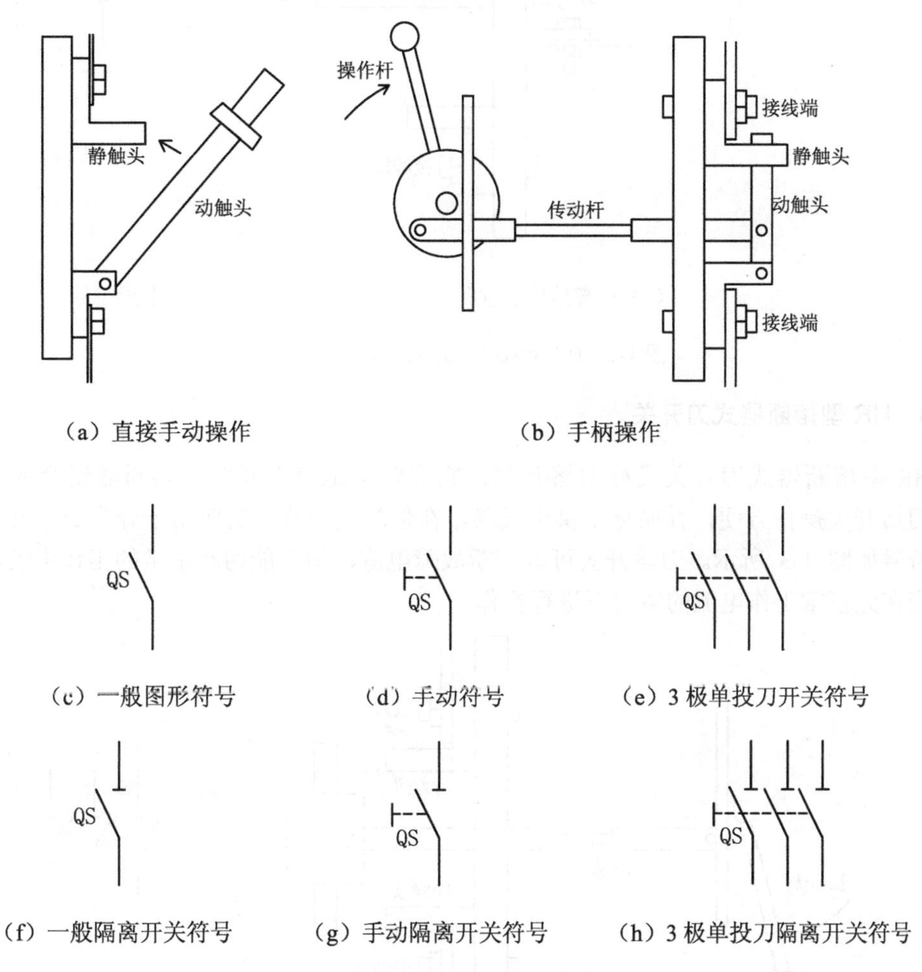

图 1-1　HD 型单投刀开关示意图及图形符号

2. HS 型双投刀开关

HS 型双投刀开关又称转换开关，其作用和单投刀开关类似，常用于双电源的切换或双供电线路的切换等，其示意图及图形符号如图 1-2 所示。由于双投刀开关具有机械互锁的结构特点，因此，可以防止双电源的并联运行和两条供电线路同时供电。

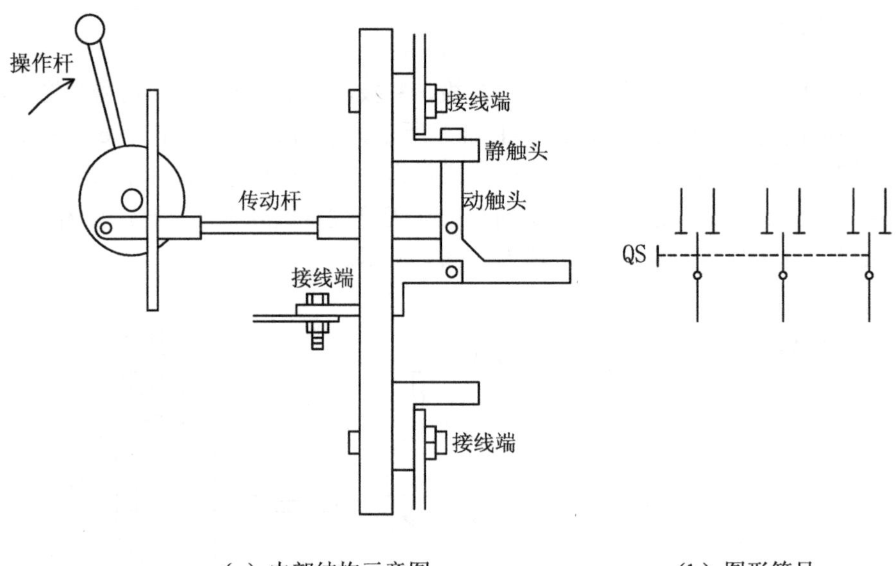

（a）内部结构示意图　　　　（b）图形符号

图 1-2　HS 型双投刀开关示意图及图形符号

3．HR 型熔断器式刀开关

HR 型熔断器式刀开关又称刀熔开关，它实际上是将刀开关和熔断器组合成一体的电器。刀熔开关操作方便，并简化了供电线路，在供配电线路上的应用十分广泛，其示意图及图形符号如图 1-3 所示。刀熔开关可以切断故障电流，但不能切断正常的工作电流，所以，一般应在无正常工作电流的情况下进行操作。

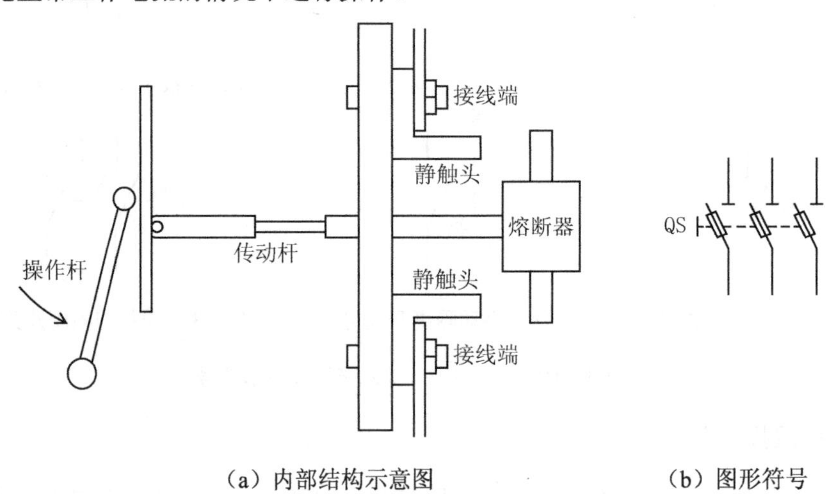

（a）内部结构示意图　　　　（b）图形符号

图 1-3　HR 型熔断器式刀开关示意图及图形符号

1.2.2　组合开关

组合开关又称转换开关，控制容量比较小，结构紧凑，常用于空间比较狭小的场所，如机床和配电箱等。组合开关一般用于电气设备的非频繁操作、切换电源和负载，以及控制小容量感应电动机和小型电器。

组合开关由动触头、静触头、绝缘连杆转轴、手柄、定位机构及外壳等部分组成，其动、静触头分别叠装于数层绝缘壳内，当转动手柄时，每层的动触片随转轴一起转动。

常用的产品有 HZ5、HZ10 和 HZ15 系列。HZ5 系列是类似万能转换开关的产品，其结构与一般转换开关有所不同；组合开关有单极、双极和多极之分。

组合开关的结构示意图及图形符号如图 1-4 所示。

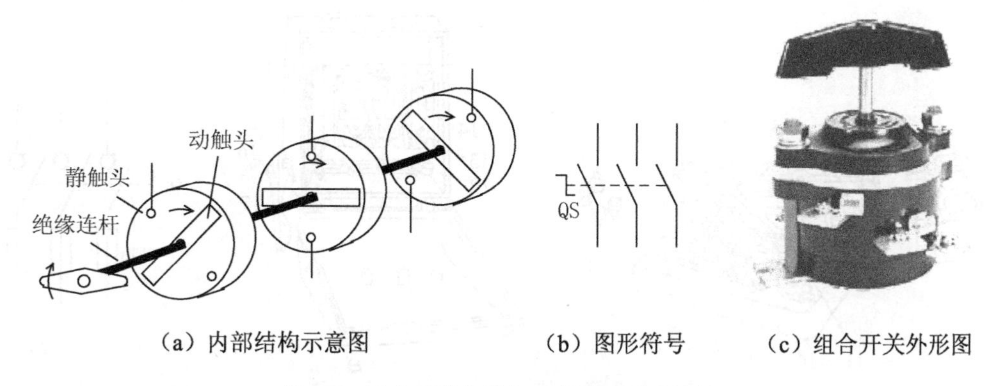

（a）内部结构示意图　（b）图形符号　（c）组合开关外形图

图 1-4　组合开关的结构示意图及图形符号

1.2.3　负荷开关

负荷开关是一种手动电器，有开启式负荷开关和封闭式负荷开关两种，可以直接接通和断开电气设备的负荷电流，故称负荷开关。负荷开关常和熔断器配合使用，以便保护电路的短路。常用在电气设备中作电源开关用，也用于直接启动小容量的鼠笼型异步电动机。

1. HK 型开启式负荷开关

HK 型开启式负荷开关俗称闸刀或胶壳刀开关，由于它结构简单、价格便宜、使用维修方便，故得到广泛应用。该开关主要用做电气照明电路和电热电路、小容量电动机电路的不频繁控制开关，也可用做分支电路的配电开关。

胶底瓷盖刀开关由熔丝、触刀、触点座和底座组成，如图 1-5（a）所示。此种刀开关装有熔丝，可起短路保护作用。

闸刀开关在安装时，手柄要向上，不得倒装或平装，以避免由于重力自动下落而引起误动合闸。接线时，应将电源线接在上端，负载线接在下端，这样拉闸后刀开关的刀片与电源隔离，既便于更换熔丝，又可防止可能发生的意外事故。

2. HH 型封闭式负荷开关

HH 型封闭式负荷开关俗称铁壳开关，主要由钢板外壳、触刀开关、操作机构和熔断器等组成，如图 1-5（b）所示。刀开关带有灭弧装置，能够通断负荷电流，熔断器用于切断短路电流。一般用于小型电力排灌、电热器及电气照明线路的配电设备中，用于不频繁的接通与分断电路，也可以直接用于异步电动机的非频繁全压启动控制。

铁壳开关的操作结构有两个特点：一是采用储能合闸方式，即利用一根弹簧以执行合闸和分闸的功能，使开关的闭合和分断时的速度与操作速度无关，这既有助于改善开关的动作性能和灭弧性能，又能防止触点停滞在中间位置；二是设有联锁装置，以保证开关合闸后不能打开箱盖，而在箱盖打开后，不能再合开关，起到安全保护作用。

HK 型开启式负荷开关和 HH 型封闭式负荷开关都是由负荷开关和熔断器组成，其图形符号也是由手动负荷开关 QL 和熔断器 FU 组成，如图 1-5（c）所示。

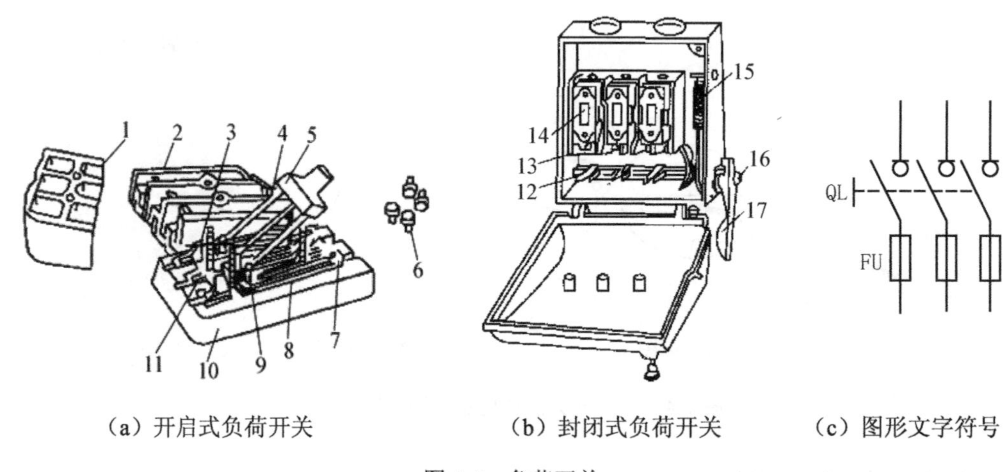

（a）开启式负荷开关　（b）封闭式负荷开关　（c）图形文字符号

图 1-5　负荷开关

1—上胶盖；2—下胶盖；3—插座；4—触刀；5—操作手柄；6—固定螺母；7—出线端；8—熔丝；9—触点座；10—底座；11—进线端；12—触刀；13—插座；14—熔断器；15—速断弹簧；16—转轴；17—操作手柄

1.2.4　断路器

低压断路器俗称自动开关或空气开关，用于低压配电电路中不频繁的通断控制。在电路发生短路、过载或欠电压等故障时能自动分断故障电路，是一种控制兼保护电器。

断路器的种类繁多，按其用途和结构特点可分为 DW 型框架式断路器、DZ 型塑料外壳式断路器、DS 型直流快速断路器、DWX 型和 DWZ 型限流式断路器等。框架式断路器主要用做配电线路的保护开关，而塑料外壳式断路器除可用做配电线路的保护开关外，还可用做电动机、照明电路及电热电路的控制开关。

下面以塑壳断路器为例简单介绍断路器的结构、工作原理、使用与选用方法。

断路器主要由三个基本部分组成，即触头、灭弧系统和各种脱扣器，包括过电流脱扣器、失压（欠电压）脱扣器、热脱扣器、分励脱扣器和自由脱扣器。

图 1-6 所示为断路器工作原理示意图及图形符号。断路器开关是靠操作机构手动或电动合闸的，触头闭合后，自由脱扣机构将触头锁在合闸位置上。当电路发生上述故障时，通过各自的脱扣器使自由脱扣机构动作，自动跳闸以实现保护作用。分励脱扣器则作为远距离控制分断电路之用。

过电流脱扣器用于线路的短路和过电流保护，当线路的电流大于整定的电流值时，过电流脱扣器所产生的电磁力使挂钩脱扣，动触点在弹簧的拉力下迅速断开，实现短路器的跳闸功能。

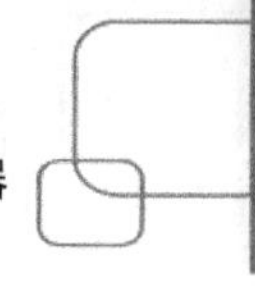

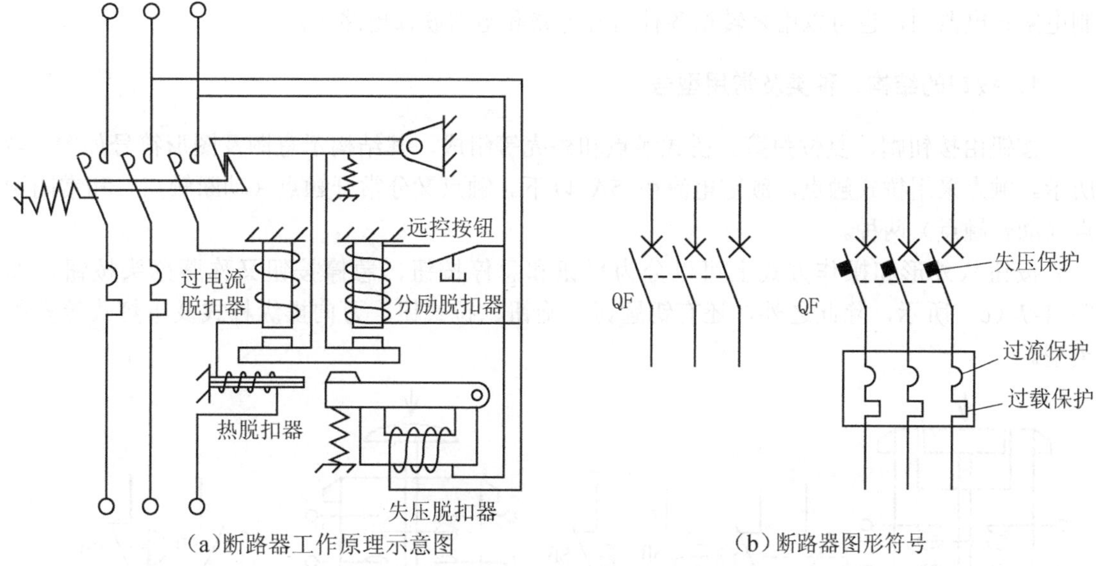

（a）断路器工作原理示意图　　　　（b）断路器图形符号

图 1-6　断路器工作原理示意图及图形符号

热脱扣器用于线路的过负荷保护，工作原理和热继电器相同。

失压（欠电压）脱扣器用于失压保护，如图 1-6 所示，失压脱扣器的线圈直接接在电源上，处于吸合状态，断路器可以正常合闸；当停电或电压很低时，失压脱扣器的吸力小于弹簧的反力，弹簧使动铁芯向上使挂钩脱扣，实现短路器的跳闸功能。

分励脱扣器用于远方跳闸，当在远方按下按钮时，分励脱扣器得电产生电磁力，从而使其脱扣跳闸。

不同断路器的保护是不同的，使用时应根据需要选用。另外，在图形符号中也可以标注其保护方式，如图 1-6 所示，断路器图形符号中标注了失压、过负荷和过电流三种保护方式。

1.3　控 制 开 关

控制开关可分为用于控制电路中的主令电器和用于主电路中的凸轮控制器、倒顺开关等。

主令电器用于在控制电路中以开关接点的通断形式来发布控制命令，使控制电路执行对应的控制任务。主令电器应用广泛、种类繁多，常见的有按钮、行程开关、接近开关、万能转换开关、主令控制器、选择开关及足踏开关等。

凸轮控制器主要用于绕线型异步电动机的调速、启动和停止。倒顺开关主要用于鼠笼型异步电动机的正反转控制。

控制开关的文字符号为 S。

1.3.1　按钮

按钮是一种最常用的主令电器，其结构简单，控制方便。在控制电路中作远距离手动控制电磁式电器用，也可以用来转换各种信号电路和电器联锁电路等。

1. 按钮的结构、种类及常用型号

按钮由按钮帽、复位弹簧、桥式触点和外壳等组成，其结构示意图及图形符号如图 1-7 所示。触点采用桥式触点，额定电流在 5A 以下。触点又分常开触点（动断触点）和常闭触点（动合触点）两种。

按钮从外形和操作方式上可以分为平钮和急停按钮，急停按钮又称蘑菇头按钮，如图 1-7（c）所示，除此之外，还有钥匙钮、旋钮、拉式钮、万向操纵杆式及带灯式等多种类型。

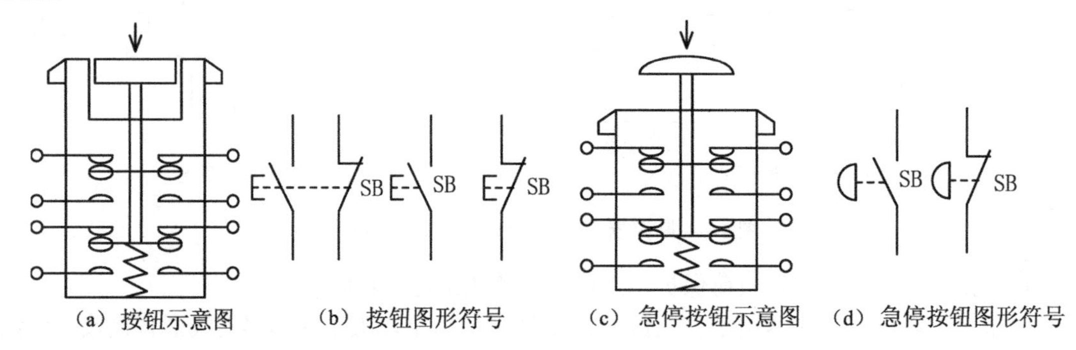

图 1-7 按钮结构示意图及图形符号

从按钮的触点动作方式可以分为直动式和微动式两种，图 1-7 中所示的按钮均为直动式，其触点动作速度和手按下的速度有关。而微动式按钮的触点动作变换速度快，和手按下的速度无关，其动作原理如图 1-8 所示。动触点由变形簧片组成，当弯形簧片受压向下运动低于平形簧片时，弯形簧片迅速变形，将平形簧片触点弹向上方，实现触点瞬间动作。

小型微动式按钮又称微动开关，其可以用于各种继电器和控制开关中，如时间继电器、压力继电器和限位开关等。

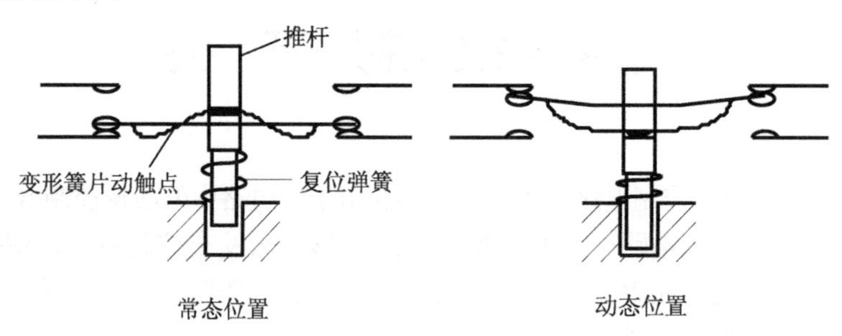

图 1-8 微动式按钮动作原理图

按钮一般为复位式，也有自锁式按钮，最常用的按钮为复位式平按钮，如图 1-7（a）所示，其按钮与外壳平齐，可防止异物误碰。

2. 按钮的颜色

红色按钮用于“停止”、“断电”或“事故”。

绿色按钮优先用于“启动”或“通电”，但也允许选用黑、白或灰色按钮。

一钮双用的“启动”与“停止”或“通电”与“断电”，即交替按压后改变功能的，不能用红色按钮，也不能用绿色按钮，而应用黑、白或灰色按钮。

按压时运动，抬起时停止运动（如点动、微动），应用黑、白、灰或绿色按钮，最好是黑色按钮，而不能用红色按钮。

用于单一复位功能的，用蓝、黑、白或灰色按钮。

同时有“复位”、“停止”与“断电”功能的用红色按钮。灯光按钮不得用做“事故”按钮。

3．按钮的选择原则

按钮的选择原则主要有以下几个方面：

（1）根据使用场合选择控制按钮的种类，如开启式、防水式和防腐式等。

（2）根据用途选用合适的形式，如钥匙式、紧急式和带灯式等。

（3）根据控制回路的需要确定不同的按钮数，如单钮、双钮、三钮和多钮等。

（4）根据工作状态指示和工作情况的要求选择按钮及指示灯的颜色。

其中，表 1-1 给出了按钮颜色的含义。

表 1-1　按钮颜色的含义

颜　色	含　义	举　例
红	处理事故	紧急停机 扑灭燃烧
	“停止”或“断电”	正常停机 停止一台或多台电动机 装置的局部停机 切断一个开关 带有“停止”或“断电”功能的复位
绿	“启动”或“通电”	正常启动 启动一台或多台电动机 装置的局部启动 接通一个开关装置（投入运行）
黄	参与	防止意外情况 参与抑制反常的状态 避免不需要的变化（事故）
蓝	上述颜色未包含的任何指定用意	凡红、黄和绿色未包含的用意，皆可用蓝色
黑、灰、白	无特定用意	除单功能的“停止”或“断电”按钮外的任何功能

1.3.2　行程开关

行程开关又称限位开关，它的种类很多，按运动形式可分为直动式、微动式和转动式等；按触点的性质分可为有触点式和无触点式。

1. 有触点式行程开关

触点式行程开关其工作原理和按钮相同，区别在于它不是靠手的按压，而是利用生产机械运动的部件碰压而使触点动作来发出控制指令的主令电器。它用于控制生产机械的运动方向、速度、行程大小或位置等，其结构形式多种多样。

图 1-9 所示为几种操作类型的行程开关结构示意图及图形符号。

行程开关的主要参数有形式、动作行程、工作电压及触头的电流容量。目前，国内生产的行程开关有 LXK3、3SE3、LX19、LXW 和 LX 等系列。

常用的行程开关有 LX19、LXW5、LXK3、LX32 和 LX33 等系列。

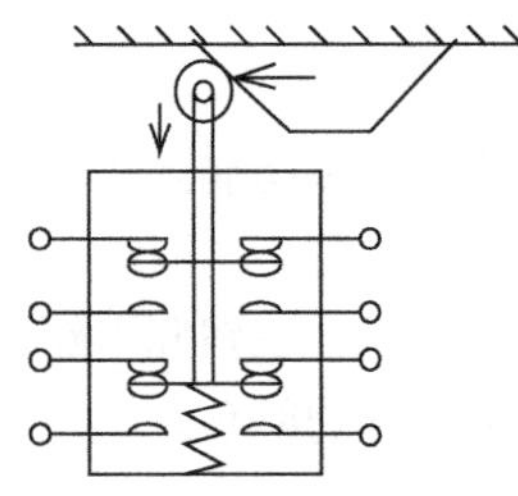

（a）直动式行程开关示意图

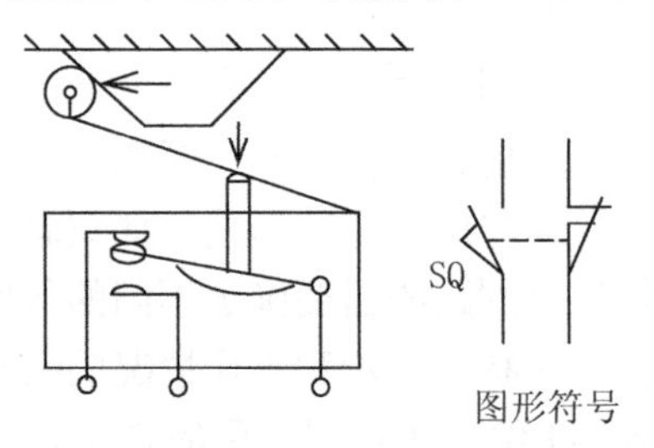

（b）微动式行程开关示意图及图形符号

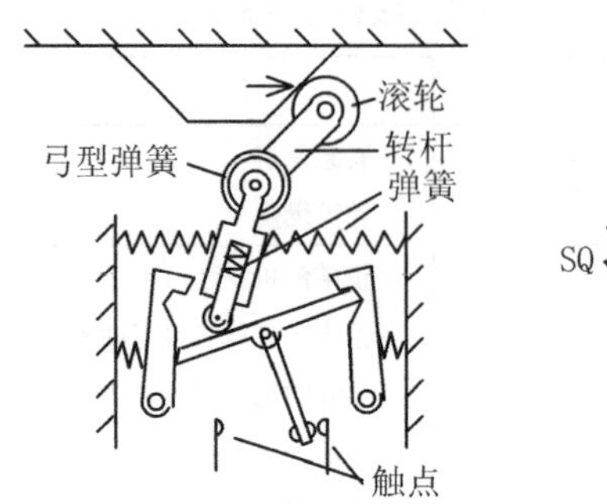

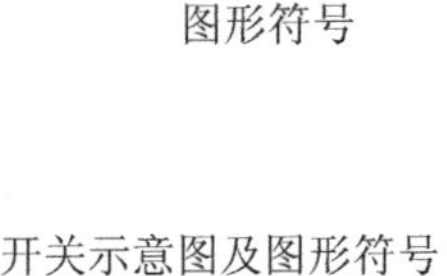

（c）旋转式双向机械碰压限位开关示意图及图形符号

图 1-9　行程开关结构示意图及图形符号

2. 接近开关

接近开关可分为无触点开关和有触点开关，它可以代替有触点行程开关来完成行程控制和限位保护，还可用于高频计数、测速、液位控制、零件尺寸检测及加工程序的自动衔接等的非接触式开关。由于它具有非接触式触发，动作速度快，可在不同的检测距离内动作，发出的信号稳定无脉动，工作稳定可靠，寿命长，重复定位精度高，以及能适应恶劣的工作环境等特点，所以在机床、纺织、印刷、塑料等工业生产中应用广泛。

无触点接近开关分为有源型和无源型两种，多数无触点接近开关为有源型，主要包括检测元件、放大电路和输出驱动电路 3 部分，一般采用 5V～24V 的直流电流或 220V 的交流电源等。图 1-10 所示为三线式有源型接近开关结构框图。

无触点接近开关按检测元件工作原理可分为高频振荡型、超声波型、电容型、电磁感应型、永磁型、霍尔元件型与磁敏元件型等。需要注意的是，不同形式的接近开关所检测的被检测体不同。

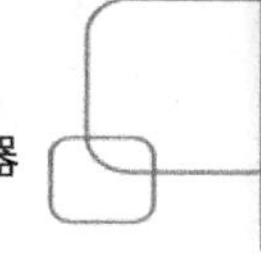

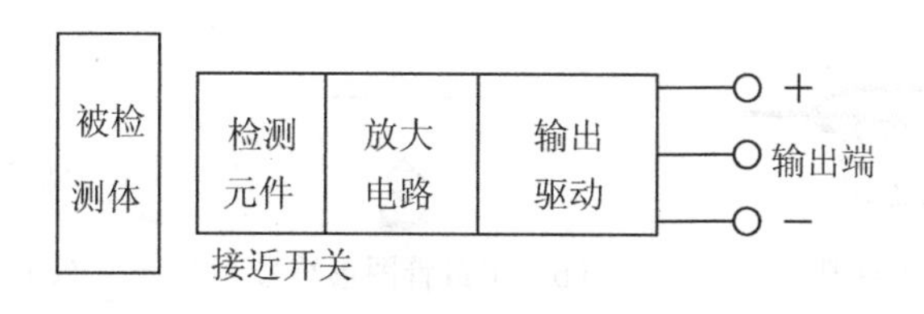

图 1-10　有源型接近开关结构框图

电容式接近开关可以检测各种固体、液体或粉状物体，其主要由电容式振荡器及电子电路组成，它的电容位于传感界面，当物体接近时，将因改变了电容值而振荡，从而产生输出信号。

霍尔接近开关用于检测磁场，一般用磁钢作为被检测体。其内部的磁敏感器件仅对垂直于传感器端面的磁场敏感，当磁极 S 极正对接近开关时，接近开关的输出产生正跳变，输出为高电平，若磁极 N 极正对接近开关时，输出为低电平。

超声波接近开关适于检测不能或不可触及的目标，其控制功能不受声、电、光等因素干扰，检测物体可以是固体、液体或粉末状态的物体，只要能反射超声波即可。其主要由压电陶瓷传感器、发射超声波和接收反射波用的电子装置及调节检测范围用的程控桥式开关等几个部分组成。

高频振荡式接近开关用于检测各种金属，主要由高频振荡器、集成电路或晶体管放大器和输出器三部分组成，其基本工作原理是当有金属物体接近振荡器的线圈时，该金属物体内部产生的涡流将吸取振荡器的能量，致使振荡器停振。振荡器的振荡和停振这两个信号，经整形放大后转换成开关信号输出。

无触点接近开关输出形式有两线、三线和四线式等几种，晶体管输出类型有 NPN 和 PNP 两种，外形有方型、圆型、槽型和分离型等多种。

图 1-11 所示为槽型三线式 NPN 型光电式接近开关的工作原理图和远距分离型光电开关的工作示意图。

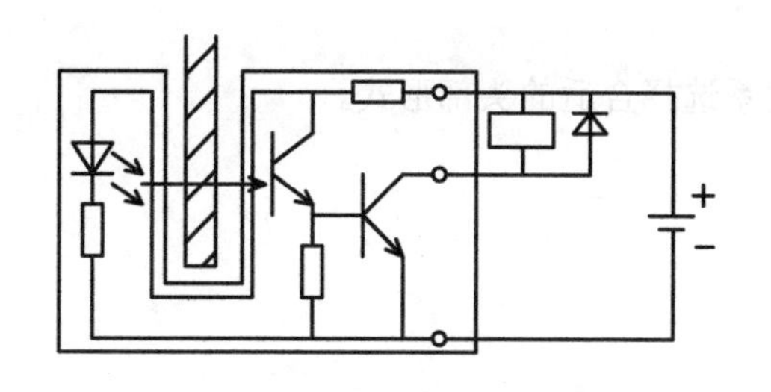

（a）槽型三线式 NPN 型光电式接近开关

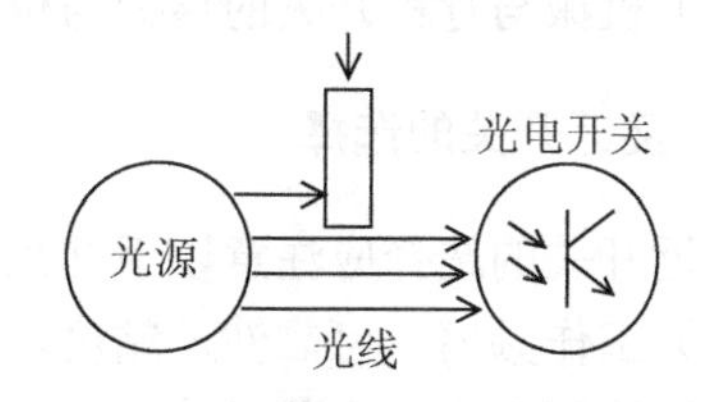

（b）远距分离型光电开关

图 1-11　槽型和分离型光电开关

有触点无源接近开关常用的有干簧管，干簧管体积小、结构简单、动作速度快、灵敏度高、价格便宜，在工业控制中得到广泛的应用。

干簧管由一组或几组导磁簧片封装在惰性气体的玻璃管中，导磁簧片既是磁路又是接点，如图 1-12（a）所示，当干簧管靠近永久磁铁时，干簧管中的两根导磁簧片被磁化而相互吸引而接触到一起，接点闭合接通电路，当干簧管离开永久磁铁时，磁场消失，簧片靠自身的弹性分断。

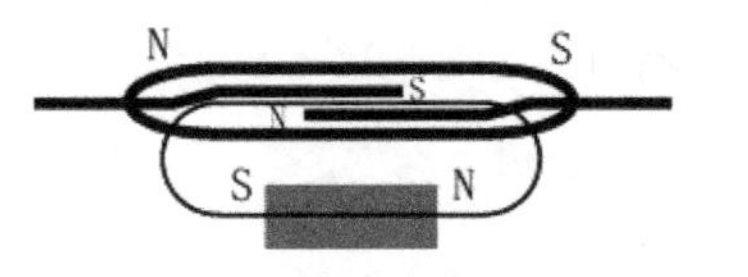

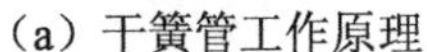

（a）干簧管工作原理

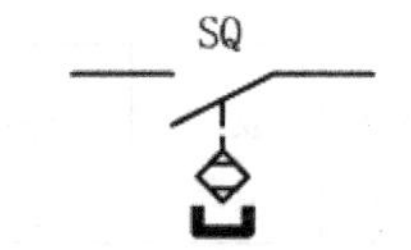

（b）干簧管图形符号

（c）干簧管外形图

图 1-12　干簧管

接近开关的主要参数有形式、动作距离范围、动作频率、响应时间、重复精度、输出形式、工作电压及输出触点的容量等。接近开关的图形符号如图 1-13 所示。

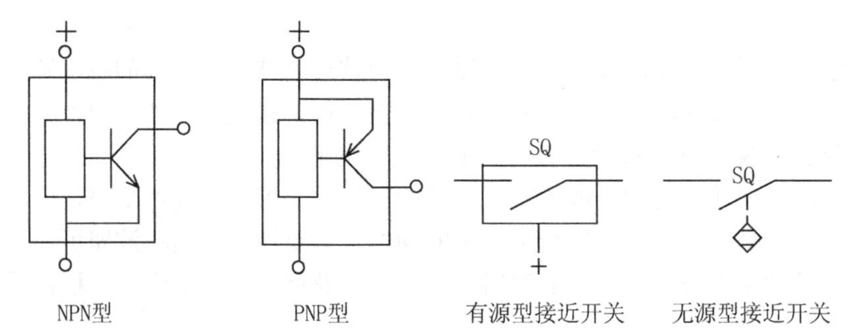

图 1-13　接近开关的图形符号

接近开关的产品种类十分丰富，常用的国产接近开关有 LJ、3SG 和 LXJ18 等多种系列，国外进口及引进产品也在国内有大量的应用。

3．有触点行程开关的选择

有触点行程开关的选择应注意以下几点。

（1）应用场合及控制对象选择。

（2）安装环境选择防护形式，如开启式或保护式。

（3）控制回路的电压和电流。

（4）机械与行程开关的传力与位移关系选择合适的头部形式。

4．接近开关的选择

接近开关的选择应注意以下几点。

（1）工作频率、可靠性及精度。

（2）检测距离、安装尺寸。

（3）触点形式（有触点、无触点）、触点数量及输出形式（NPN 型、PNP 型）。

（4）电源类型（直流、交流）、电压等级。

1.3.3　转换开关

转换开关是一种多挡位、多触点，以及能够控制多回路的主令电器，其主要用于各种控制设备中线路的换接、遥控和电流表、电压表的换相测量等，也可用于控制小容量电动机的启动、换向和调速。

转换开关的工作原理和凸轮控制器一样，只是使用地点不同，凸轮控制器主要用于主电路，直接对电动机等电气设备进行控制，而转换开关主要用于控制电路，通过继电器和接触器间接控制电动机。常用的转换开关类型主要有两类，即万能转换开关和组合开关。二者的结构和工作原理基本相似，在某些应用场合下二者可相互替代。转换开关按结构类型可分为普通型、开启组合型和防护组合型等；按用途又可分为主令控制用和控制电动机用两种。转换开关及图形符号，如图 1-14 所示，其与凸轮控制器一样。

（a）4 极 3 位转换开关

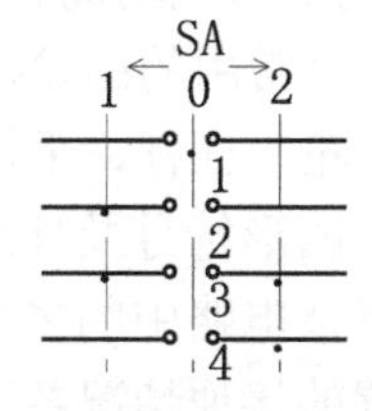

（b）4 极 3 位转换开关图形符号

（c）1 极 5 位转换开关图形符号

图 1-14　转换开关及图形符号

转换开关的触点通断状态也可以用图表来表示，例如，图 1-14 中的 4 极 3 位转换开关可使用表 1-2 来表示。

表 1-2　转换开关触点通断状态表

位置 / 触点号	1	0	2
	↖	↑	↗
1	0	1	0
2	1	0	0
3	1	0	1
4	0	0	1

注：0 表示触点断开；1 表示触点接通。

转换开关的主要参数有形式、手柄类型、触点通断状态表、工作电压、触头数量及其电流容量，在产品说明书中都有详细说明。常用的转换开关有 LW2、LW5、LW 6、LW8、LW9、LW12、LW16、VK、3LB 和 HZ 等系列，其中，LW2 系列用于高压断路器操作回路的控制，LW5、LW6 系列多用于电力拖动系统中对线路或电动机实行控制，LW6 系列还可装成双列形式，列与列之间用齿轮啮合，并由同一手柄操作，此种开关最多可装 60 对触点。

转换开关的选择可以根据以下几个方面进行：

（1）额定电压和工作电流。

（2）手柄形式和定位特征。

（3）触点数量和接线图编号。

（4）面板形式及标志。

1.3.4　主令控制器和凸轮控制器

主令控制器和凸轮控制器都是手动操作电器，其工作原理和转换开关的工作原理都是一样的，不同的是转换开关主要用于控制和测量电路。主令控制器（又称主令开关）主要用于电气传动装置中，对象是二次电路，所以其触头工作电流不大。按一定顺序分合触头，达到发布命令或其他控制线路联锁、转换的目的。适用于频繁对电路进行接通和切断，常配合磁力启动器对绕线式异步电动机的启动、制动、调速及换向实行远距离控制，广泛用于各类起重机械的拖动电动机的控制系统中。凸轮控制器主要用于控制中小型绕线式异步电动机的主电路，主要用于起重设备中直接控制中小型绕线式异步电动机的启动、停止、调速、换向和制动，也适用于有相同要求的其他电力拖动场合。控制电流大（10A～600A），各种控制器的作用和工作原理基本类似。下面以常用的凸轮控制器为例进行说明。

凸轮控制器主要由触头、转轴、凸轮、杠杆、手柄、灭弧罩及定位机构等组成。图 1-15 所示为凸轮控制器的结构原理示意图、图形符号及外形图。凸轮控制器中有多组触点，并由多个凸轮分别控制，以实现对一个较复杂电路中的多个触点进行同时控制。由于凸轮控制器中的触点较多，且每个触点在每个位置的接通情况各不相同，所以，不能用普通的常开常闭触点来表示。图 1-15（a）所示为 1 极 12 位凸轮控制器示意图。图 1-15（b）所示的图形符号表示这一个触点有 12 个位置，图中的小黑点表示该位置触点接通。由图 1-15 所示的示意图可见，当手柄转到 2、3、4 和 10 号位时，由凸轮将触点接通。图 1-15（c）所示为 5 极 12 位凸轮控制器，它由 5 个 1 极 12 位凸轮控制器组合而成。图 1-15（d）所示为 5 极 12 位凸轮控制器的图形符号，表示有 5 个触点，每个触点有 12 个位置，图中的小黑点表示触点在该位接通。例如，当手柄打到右侧 1 号位时，1 触点接通。

由于凸轮控制器可直接控制电动机工作，所以，其触头容量大并有灭弧装置。凸轮控制器的优点是控制线路简单、开关元件少、维修方便等；缺点是体积较大、操作笨重，以及不能实现远距离控制。目前使用的凸轮控制器有 KT10、KTJ14、KTJ15 及 KTJ16 等系列。

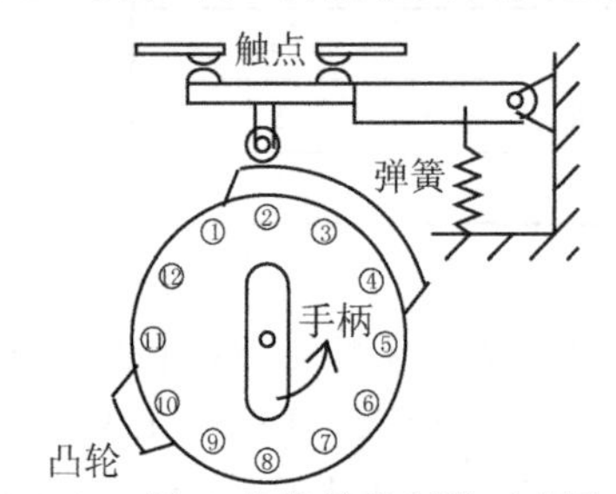

（a）1 极 12 位凸轮控制器示意图

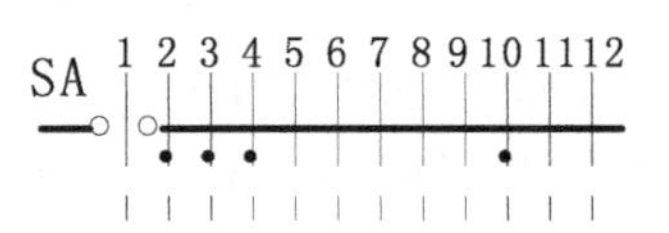

（b）1 极 12 位凸轮控制器图形符号

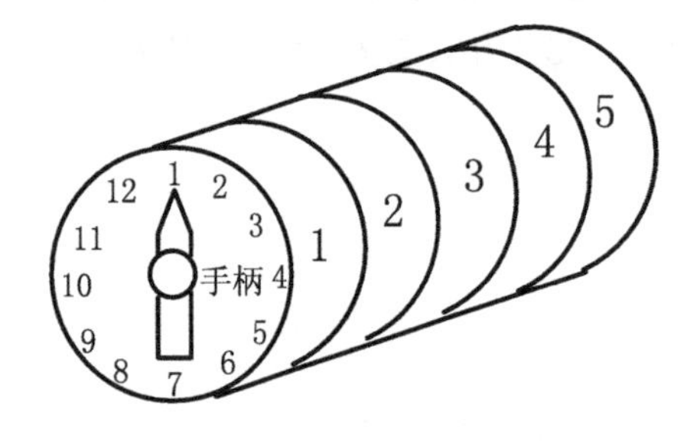

（c）5 极 12 位凸轮控制器示意图

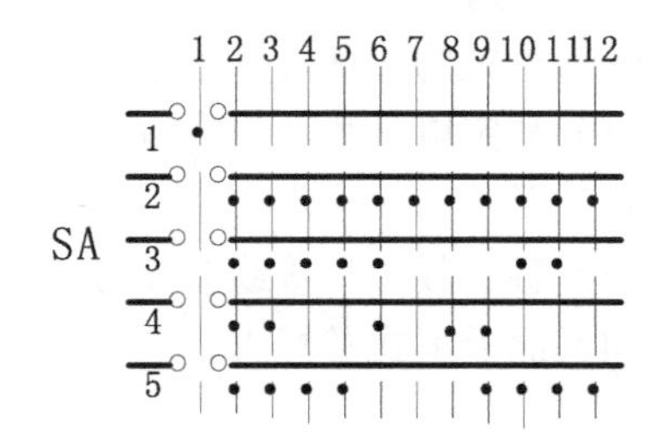

（d）5 极 12 位凸轮控制器的图形符号

图 1-15　凸轮控制器的结构原理示意图、图形符号及外形图

（e）外形

图 1-15　凸轮控制器的结构原理示意图、图形符号及外形图（续）

1.4　接触器和控制继电器

接触器和各种控制继电器是控制电路中的主要电器元件，其主要作用是将各种电量或非电量转换成触点的接通和断开，以控制电路的接通和断开。

接触器的主触点连接在主电路中，各种控制继电器的触点一般只用于控制电路中。控制继电器用于电路的逻辑控制。继电器具有逻辑记忆功能，能组成复杂的逻辑控制电路，其用于将某种电量（如电压、电流）或非电量（如温度、压力、转速、时间等）的变化量转换为开关量，以实现对电路的自动控制功能。

继电器的种类很多，按输入量可分为电压继电器、电流继电器、时间继电器、速度继电器和压力继电器等；按工作原理可分为电磁式继电器、感应式继电器、电动式继电器和电子式继电器等；按用途可分为控制继电器和保护继电器等；按输入量变化形式可分为有无继电器和量度继电器。

有无继电器是根据输入量的有或无来动作的，无输入量时继电器不动作，有输入量时继电器动作，如中间继电器、通用继电器和时间继电器等。

量度继电器是根据输入量的变化来动作的，工作时其输入量是一直存在的，只有当输入量达到一定值时继电器才动作，如电流继电器、电压继电器、热继电器、速度继电器、压力继电器和液位继电器等。

接触器和各种控制继电器的文字符号为 K。

1.4.1　接触器

接触器主要用于控制电动机、电热设备、电焊机及电容器组等，能频繁地接通或断开交、直流主电路，实现远距离自动控制。它具有低电压释放保护功能，在电力拖动自动控制线路中被广泛应用。

接触器有交流接触器和直流接触器两类型。下面介绍交流接触器。

图 1-16 所示为交流接触器的结构示意图及图形符号。

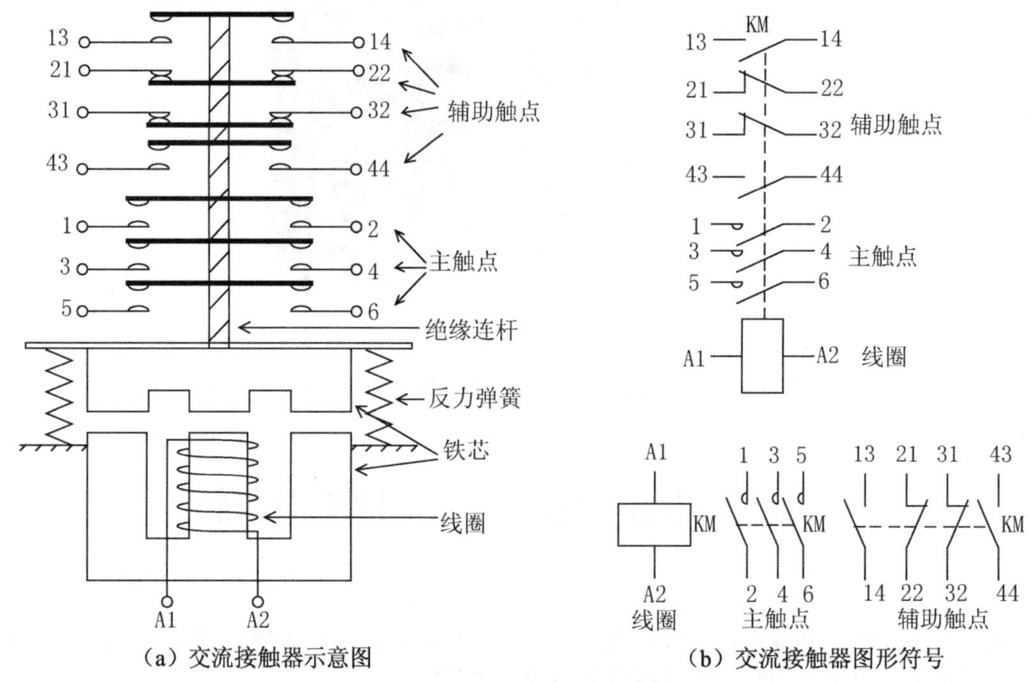

（a）交流接触器示意图　（b）交流接触器图形符号

图 1-16　交流接触器的结构示意图及图形符号

1．交流接触器的组成部分

（1）电磁机构：电磁机构由线圈、动铁芯（衔铁）和静铁芯组成。

（2）触头系统：交流接触器的触头系统包括主触头和辅助触头。主触头用于通断主电路，有 3 对或 4 对常开触头；辅助触头用于控制电路，起电气联锁或控制作用，通常有两对常开两对常闭触头。

（3）灭弧装置：容量在 10A 以上的接触器都有灭弧装置。对于小容量的接触器，常采用双断口桥形触头以利于灭弧；对于大容量的接触器，常采用纵缝灭弧罩及栅片灭弧结构。

（4）其他部件：包括反作用弹簧、缓冲弹簧、触头压力弹簧、传动机构及外壳等。

接触器上标有端子标号，线圈为 A1、A2，主触头 1、3、5 接电源侧，2、4、6 接负荷侧。辅助触头用两位数表示，前一位为辅助触头顺序号，后一位的 3、4 表示常开触头，1、2 表示常闭触头。

接触器的控制原理很简单，当线圈接通额定电压时，产生电磁力，克服弹簧反力，吸引动铁芯向下运动，动铁芯带动绝缘连杆和动触头向下运动使常开触头闭合，常闭触头断开。当线圈失电或电压低于释放电压时，电磁力小于弹簧反力，常开触头断开，常闭触头闭合。

2．接触器的主要技术参数和类型

（1）额定电压：接触器的额定电压是指主触头的额定电压。交流主要有 220V、380V 和 660V，在特殊场合应用的额定电压高达 1140V；直流主要有 110V、220V 和 440V。

（2）额定电流：接触器的额定电流是指主触头的额定工作电流。它是在一定的条件

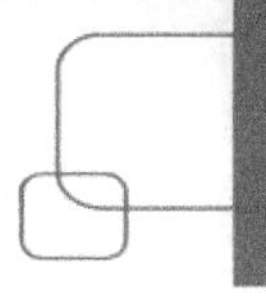

（额定电压、使用类别和操作频率等）下规定的，目前常用的电流等级为 10A～800A。

（3）吸引线圈的额定电压：交流主要有 36V、127V、220V 和 380V，直流主要有 24V、48V、220V 和 440V。

（4）机械寿命和电气寿命：接触器是频繁操作电器，应有较高的机械和电气寿命，该指标是衡量产品质量的重要指标之一。

（5）额定操作频率：接触器的额定操作频率是指每小时允许的操作次数，一般为 300 次/h、600 次/h 和 1 200 次/h。

（6）动作值：动作值是指接触器的吸合电压和释放电压。规定接触器的吸合电压大于线圈额定电压的 85%时应可靠吸合，释放电压不高于线圈额定电压的 70%。

常用的交流接触器有 CJ10、CJ12、CJ10X、CJ20、CJX1、CJX2、3TB 和 3TD 等系列。

3．接触器的选择

（1）根据负载性质选择接触器的类型。

（2）额定电压应大于或等于主电路工作电压。

（3）额定电流应大于或等于被控电路的额定电流。对于电动机负载，还应根据其运行方式适当增大或减小。

（4）吸引线圈的额定电压与频率要与所在控制电路的选用电压和频率相一致。

1.4.2　电磁式继电器

在控制电路中使用的继电器大多数是电磁式继电器，其具有结构简单，价格低廉，使用维护方便，触点容量小（一般在 5A 以下），触点数量多且无主、辅之分，无灭弧装置，体积小，动作迅速、准确，控制灵敏及可靠等特点，广泛应用于低压控制系统中。常用的电磁式继电器有电流继电器、电压继电器、中间继电器及各种小型通用继电器等。

电磁式继电器的结构和工作原理与接触器相似，主要由电磁机构和触点组成。电磁式继电器也有直流和交流两种。图 1-17 所示为直流电磁式继电器结构示意图，在线圈两端加上电压或通入电流，产生电磁力，当电磁力大于弹簧反力时，吸动衔铁使常开常闭接点动作；当线圈的电压或电流下降或消失时衔铁释放，接点复位。

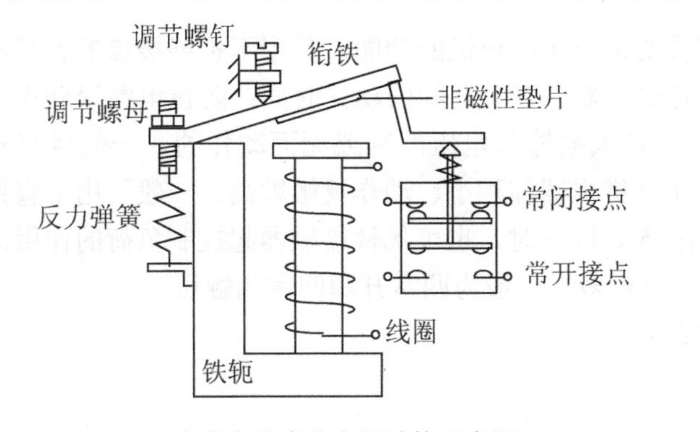

（a）直流电磁式继电器结构示意图

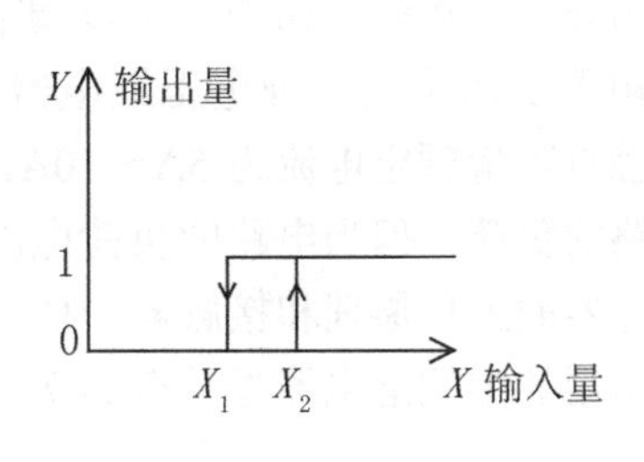

（b）继电器输入/输出特性

图 1-17　直流电磁式继电器结构示意图

1．电磁式继电器的整定

继电器的吸动值和释放值可以根据保护要求在一定范围内调整，现以如图 1-17 所示的直流电磁式继电器为例予以说明。

（1）转动调节螺母，调整反力弹簧的松紧程度可以调整动作电流（电压）大小。弹簧反力越大，动作电流（电压）就越大，反之就越小。

（2）改变非磁性垫片的厚度。非磁性垫片越厚，衔铁吸合后磁路的气隙和磁阻就越大，释放电流（电压）也就越大，反之越小，而吸引值不变。

（3）调节螺钉，可以改变初始气隙的大小。在反作用弹簧力和非磁性垫片厚度一定时，初始气隙越大，吸引电流（电压）就越大，反之就越小，而释放值不变。

2．电磁式继电器的特性

继电器的主要特性是输入/输出特性，又称继电特性，如图 1-17（b）所示。

当继电器输入量 X 由 0 增加至 X_2 之前，输出量 Y 为 0。当输入量增加到 X_2 时，继电器吸合，输出量 Y 为 1，表示继电器线圈得电，常开接点闭合，常闭接点断开。当输入量继续增大时，继电器动作状态不变。

在输出量 Y 为 1 的状态下，输入量 X 减小；当输出量小于 X_2 时，Y 值仍不变；当 X 再继续减小至小于 X_1 时，继电器释放，输出量 Y 变为 0，X 再减小，Y 值仍为 0。

在继电特性曲线中，X_2 称为继电器吸合值，X_1 称为继电器释放值。$k=X_1/X_2$，称为继电器的返回系数，它是继电器的重要参数之一。

返回系数 k 值可以调节，不同场合对 k 值的要求不同。例如，一般控制继电器要求 k 值低些，在 0.1～0.4 之间，这样继电器吸合后，输入量波动较大时不致引起误动作。保护继电器要求 k 值高些，一般在 0.85～0.9 之间。k 值是反映吸力特性与反力特性配合紧密程度的一个参数，一般 k 值越大，继电器灵敏度越高；k 值越小，灵敏度越低。

1.4.3　中间继电器

中间继电器是最常用的继电器之一，它的结构和接触器基本相同，如图 1-18（a）所示，其图形符号如图 1-18（b）所示。

中间继电器在控制电路中具有逻辑变换和状态记忆的功能，其用于扩展接点的容量和数量。另外，在控制电路中还可以调节各继电器、开关之间的动作时间，防止电路误动作。中间继电器实质上是一种电压继电器，它是根据输入电压的有或无而动作的，一般触点对数多，触点容量额定电流为 5A～10A。中间继电器体积小、动作灵敏度高，一般不用于直接控制电路的负荷，但当电路的负荷电流在 5A 以下时，也可代替接触器起控制负荷的作用。中间继电器的工作原理和接触器一样，触点较多，一般为四常开和四常闭触点。

常用的中间继电器型号有 JZ7、JZ14 等。

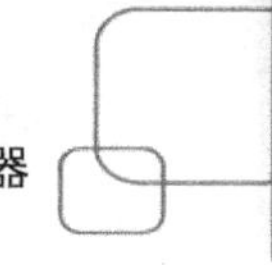

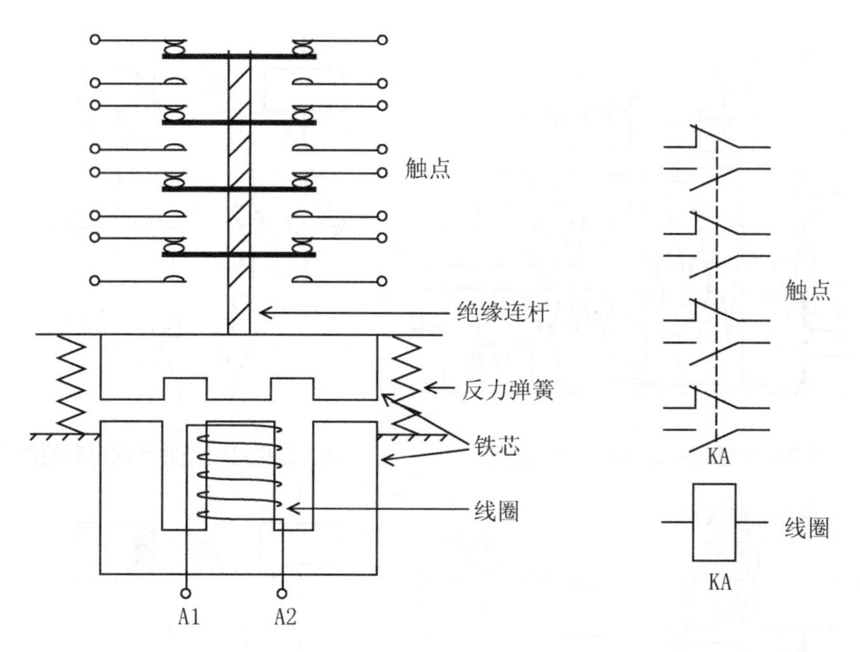

（a）中间继电器结构示意图　　（b）中间继电器图形符号

图 1-18　中间继电器的结构示意图及图形符号

1.4.4　时间继电器

时间继电器在控制电路中用于时间的控制，其种类很多，按其动作原理可分为电磁式、空气阻尼式、电动式和电子式等；按延时方式可分为通电延时型和断电延时型。下面以 JS7 型空气阻尼式时间继电器为例说明其工作原理。

空气阻尼式时间继电器是利用空气阻尼原理获得延时的，它由电磁机构、延时机构和触头系统 3 部分组成。电磁机构为直动式双 E 型铁芯，延时机构采用气囊式阻尼器，触头系统借用 LX5 型微动开关。

空气阻尼式时间继电器可以做成通电延时型，也可改成断电延时型，另外，电磁机构可以是直流的，也可以是交流的，如图 1-19 所示。

现以通电延时型时间继电器为例介绍其工作原理。

图 1-19（a）所示为通电延时型时间继电器为线圈不得电时的情况，当线圈通电后，动铁芯吸合，带动 L 型传动杆向右运动，使瞬动接点受压，其接点瞬时动作。活塞杆在塔形弹簧的作用下，带动橡皮膜向右移动，弱弹簧将橡皮膜压在活塞上，橡皮膜左方的空气不能进入气室，形成负压，只能通过进气孔进气，因此，活塞杆只能缓慢地向右移动，其移动的速度和进气孔的大小有关（通过延时调节螺钉调节进气孔的大小可改变延时时间）。经过一定的延时后，活塞杆移动到右端，通过杠杆压动微动开关（通电延时接点），使其常闭触头断开，常开触头闭合，起到通电延时作用。

当线圈断电时，电磁吸力消失，动铁芯在反力弹簧的作用下释放，并通过活塞杆将活塞推向左端，这时气室内中的空气通过橡皮膜和活塞杆之间的缝隙排掉，瞬动接点和延时接点迅速复位，无延时。

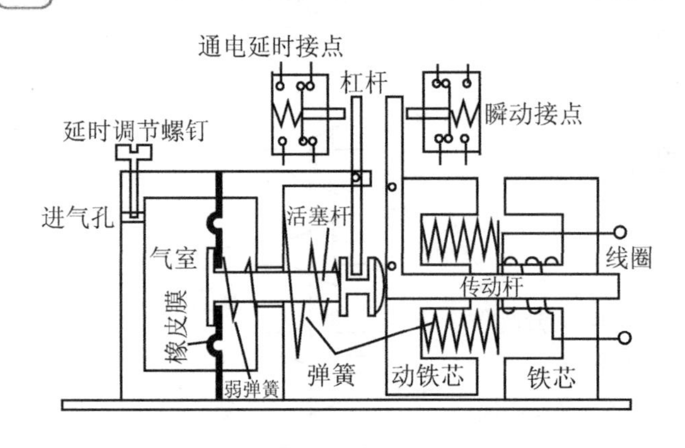

（a）通电延时型时间继电器结构示意图

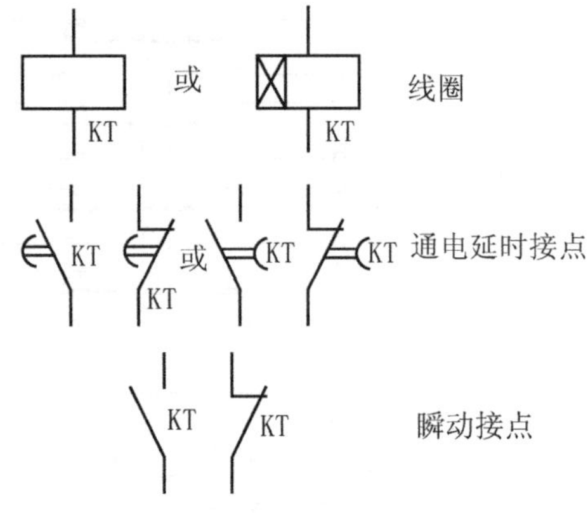

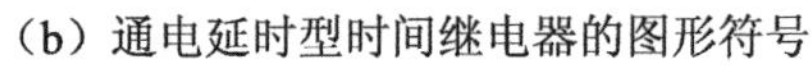

（b）通电延时型时间继电器的图形符号

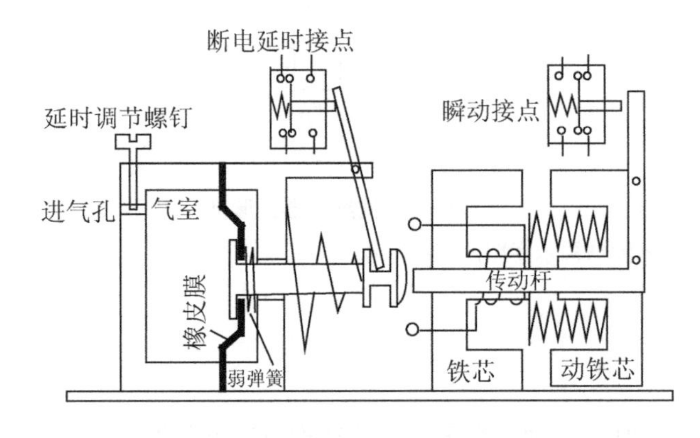

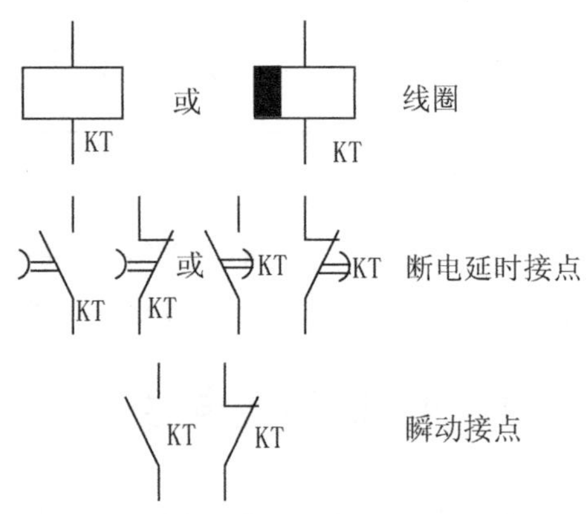

（c）断电延时型时间继电器结构示意图　　（d）断电延时型时间继电器的图形符号

图 1-19　空气阻尼式时间继电器示意图及图形符号

如果将通电延时型时间继电器的电磁机构反向安装，就可以改为断电延时型时间继电器，如图 1-19（c）所示。当线圈不得电时，塔形弹簧将橡皮膜和活塞杆推向右侧，杠杆将延时接点压下（注意：原来通电延时的常开接点现在变成了断电延时的常闭接点，而原来通电延时的常闭接点现在变成了断电延时的常开接点），当线圈通电时，动铁芯带动 L 型传动杆向左运动，使瞬动接点瞬时动作，同时推动活塞杆向左运动，如前所述，活塞杆向左运动不延时，延时接点瞬时动作。线圈失电时，动铁芯在反力弹簧的作用下返回，瞬动接点瞬时动作，延时接点延时动作。

时间继电器线圈和延时接点的图形符号都有两种画法，线圈中的延时符号可以不画，接点中的延时符号可以画在左边也可以画在右边，但是圆弧的方向不能改变，如图 1-19（b）和图 1-19（d）所示。

空气阻尼式时间继电器的优点是结构简单、延时范围大、寿命长、价格低廉，且不受电源电压及频率波动的影响；其缺点是延时误差大、无调节刻度指示，一般适用延时精度要求不高的场合。常用的产品有 JS7-A、JS23 等系列，其中，JS7-A 系列的主要技术参数为延时范围，分为 0.4s～60s 和 0.4s～180s 两种，操作频率为 600 次/h，触头容量为 5A，延时误差为±15%。在使用空气阻尼式时间继电器时应保持延时机构的清洁，防止因进气孔堵塞而失去延时作用。

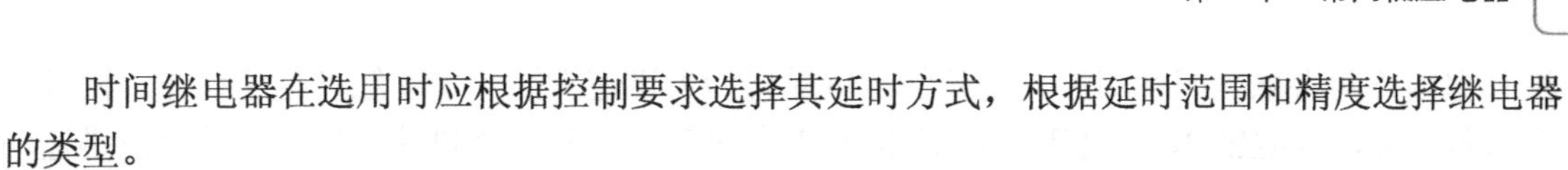

时间继电器在选用时应根据控制要求选择其延时方式，根据延时范围和精度选择继电器的类型。

1.4.5　速度继电器

速度继电器又称反接制动继电器，主要用于三相鼠笼型异步电动机的反接制动控制。图 1-20 所示为速度继电器的结构示意图、图形符号及外形图，它主要由转子、定子和触头 3 部分组成。转子是一个圆柱形永久磁铁，定子是一个鼠笼型空心圆环，由硅钢片叠成，并装有鼠笼型绕组。其转子的轴与被控电动机的轴相连接，当电动机转动时，转子（圆柱形永久磁铁）随之转动产生一个旋转磁场，定子中的鼠笼型绕组切割磁力线而产生感应电流和磁场，两个磁场相互作用，使定子受力而跟随转动，当达到一定转速时，装在定子轴上的摆锤推动簧片触点运动，使常闭触点断开，常开触点闭合。当电动机转速低于某一数值时，定子产生的转矩减小，触点在簧片作用下复位。

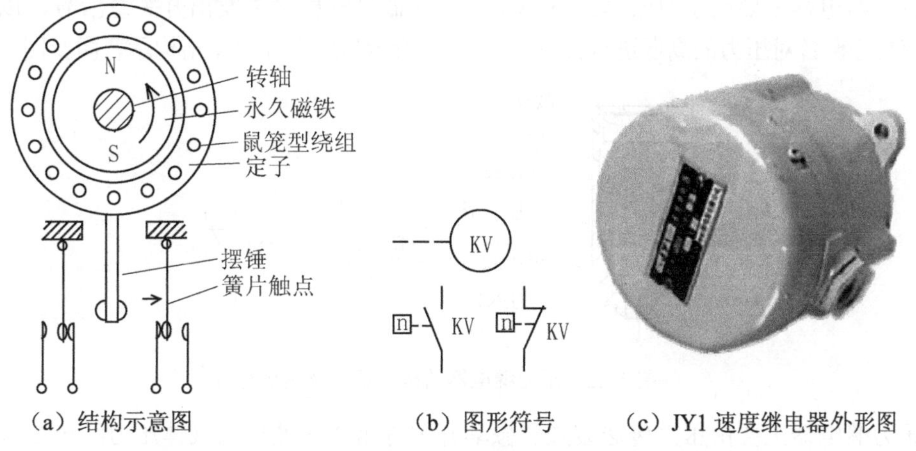

（a）结构示意图　　（b）图形符号　　（c）JY1 速度继电器外形图

图 1-20　速度继电器的结构示意图、图形符号及外形图

常用的速度继电器有 JY1 型和 JFZ0 型两种。其中，JY1 型可在 700r/min～3600r/min 范围工作，JFZ0-1 型适用于 300r/min～1000r/min，JFZ0-2 型适用于 1000r/min～3000r/min。

一般速度继电器都具有两对转换触点，一对用于正转时动作，另一对用于反转时动作。触点额定电压为 380V，额定电流为 2A。通常速度继电器动作转速为 130r/min，复位转速在 100r/min 以下。

1.4.6　液位继电器

液位继电器主要用于对液位的高低进行检测并发出开关量信号，以控制电磁阀、液泵等设备对液位的高低进行控制。液位继电器的种类很多，工作原理也不尽相同。下面介绍 JYF-02 型液位继电器，其结构示意图及图形符号如图 1-21 所示。浮筒置于液体内，浮筒的另一端为一根磁钢，靠近磁钢的液体外壁也装一根磁钢，并和动触点相连，当水位上升时，受浮力上浮而绕固定支点上浮，带动磁钢条向下，当内磁钢 N 极低于外磁钢 N 极时，由于液体壁内外两根磁钢同性相斥，壁外的磁钢受排斥力迅速上翘，带动触点迅速动作。同理，当液位下降，内磁钢 N 极高于外磁钢 N 极时，外磁钢受排斥力迅速下翘，带动触点迅速动作。液位高低的控制是由液位继电器安装的位置来决定的。

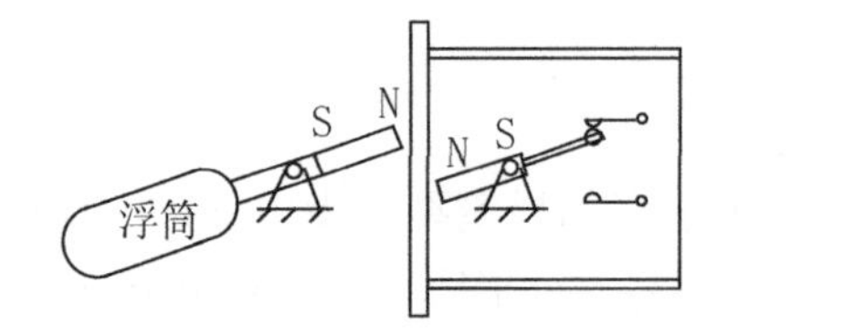

（a）液位继电器（传感器）结构示意图

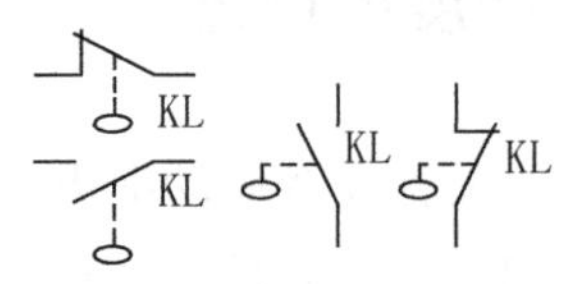

（b）图形符号

图 1-21　JYF-02 型液位继电器

1.4.7　压力继电器

压力继电器主要用于对液体或气体压力的高低进行检测并发出开关量信号，以控制电磁阀、液泵等设备对压力的高低进行控制。图 1-22 所示为压力继电器结构示意图及图形符号。

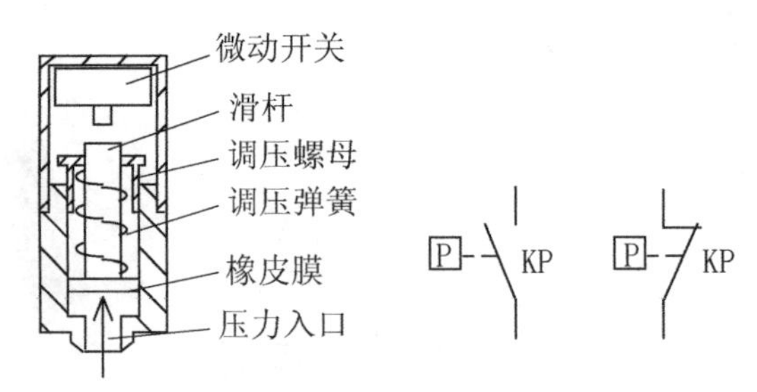

图 1-22　压力继电器结构示意图及图形符号

压力继电器主要由压力传送装置和微动开关等组成，液体或气体压力经压力入口推动橡皮膜和滑杆，克服弹簧反力向上运动，当压力达到给定压力时，触动微动开关，发出控制信号，旋转调压螺母可以改变给定压力。

1.5　保护电器

保护电器在电路中主要起短路、过载、欠流、过压、欠压等保护作用，常用的保护电器有熔断器、热继电器、电压继电器、电流继电器及断路器等。

保护电器的文字符号为 F。

1.5.1　熔断器

熔断器在电路中主要起短路保护作用，用于保护线路。熔断器的熔体串接于被保护的电

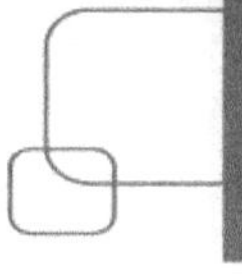

路中，熔断器以其自身产生的热量使熔体熔断，从而自动切断电路，实现短路保护及过载保护。熔断器具有结构简单、体积小、重量轻、使用维护方便、价格低廉、分断能力较高、限流能力良好等优点，因此在电路中得到了广泛应用。

熔断器由熔体和安装熔体的绝缘底座（或称熔管）组成。熔体由易熔金属材料铅、锌、锡、铜、银及其合金制成，形状常为丝状或网状。由铅锡合金和锌等低熔点金属制成的熔体，因不易灭弧，多用于小电流电路；由铜、银等高熔点金属制成的熔体，易于灭弧，多用于大电流电路。

熔断器串接于被保护电路中，电流通过熔体时产生的热量与电流平方和电流通过的时间成正比，电流越大，则熔体熔断时间越短，这种特性称为熔断器的反时限保护特性或安秒特性，如图 1-23 所示。图中，I_N为熔断器额定电流，熔体允许长期通过额定电流而不熔断。

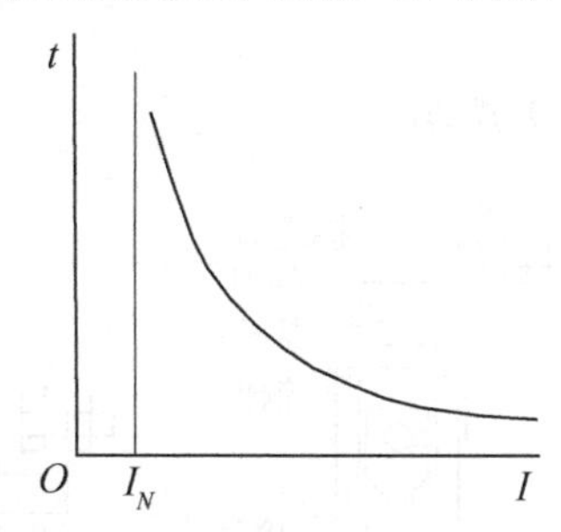

图 1-23　熔断器的反时限保护特性

熔断器种类很多，按结构可分为开启式、半封闭式和封闭式；按有无填料可分为有填料式、无填料式；按用途可分为工业用熔断器、保护半导体器件熔断器及自复式熔断器等。

1. 熔断器的主要技术参数

熔断器的主要技术参数包括额定电压、熔体额定电流、熔断器额定电流和极限分断能力等。

（1）额定电压：指保证熔断器能长期正常工作的电压。

（2）熔体额定电流：指熔体长期通过而不会熔断的电流。

（3）熔断器额定电流：指保证熔断器能长期正常工作的电流。

（4）极限分断能力：指熔断器在额定电压下所能开断的最大短路电流。在电路中出现的最大电流一般是指短路电流值，所以，极限分断能力也反映了熔断器分断短路电流的能力。

2. 常用的熔断器

1）插入式熔断器

插入式熔断器如图 1-24（a）所示。常用的产品有 RC1A 系列，主要用于低压分支电路的短路保护，因其分断能力较小，多用于照明电路和小型动力电路中。

2）螺旋式熔断器

螺旋式熔断器如图 1-24（b）所示。熔芯内装有熔丝，并填充石英砂，用于熄灭电弧，分断能力强。熔体上的上端盖有一熔断指示器，一旦熔体熔断，指示器马上弹出，可透过瓷帽上的玻璃孔观察到。常用产品有 RL6、RL7 和 RLS2 等系列，其中，RL6 和 RL7 多用于机床配电电路中；RLS2 为快速熔断器，主要用于保护半导体元件。

3）RM10 型密封管式熔断器

RM10 型密封管式熔断器为无填料管式熔断器，如图 1-24（c）所示。主要用于供配电系统作为线路的短路保护及过载保护，它采用变截面片状熔体和密封纤维管。由于熔体较窄处的电阻大，在短路电流通过时产生的热量最大，先熔断，因而可产生多个熔断点使电弧分散，以利于灭弧。短路时其电弧燃烧密封纤维管产生高压气体，以便将电弧迅速熄灭。

4）RT 型有填料密封管式熔断器

RT 型有填料密封管式熔断器如图 1-24（d）所示。熔断器中装有石英砂，用来冷却和熄灭电弧，熔体为网状，短路时可使电弧分散，由石英砂将电弧冷却熄灭，可将电弧在短路电流达到最大值之前迅速熄灭，以限制短路电流。此为限流式熔断器，常用于大容量电力网或配电设备中。常用产品有 RT12、RT14、RT15 和 RS3 等系列，RS2 系列为快速熔断器，主要用于保护半导体元件。

熔断器图形符号如图 1-24（e）所示。

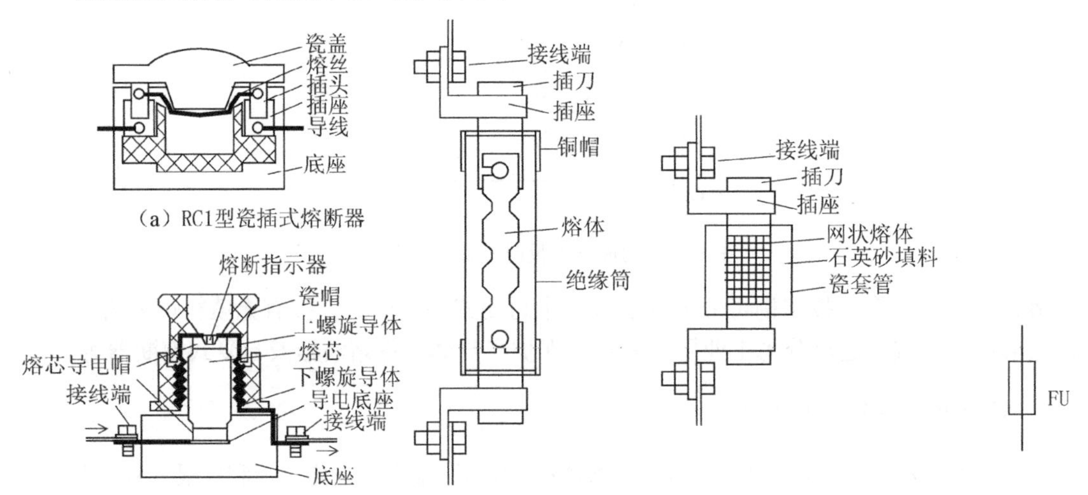

(b) RL1型螺旋式熔断器　(c) RM10型密封管式熔断器　(d) RT0型有填料式熔断器　(e)熔断器图形符号

图 1-24　熔断器类型及图形符号

1.5.2　热继电器

热继电器主要用于电气设备（主要是电动机）的过负荷保护，它是一种利用电流热效应原理工作的电器，具有与电动机容许过载特性相近的反时限动作特性，主要与接触器配合使用，用于对三相异步电动机的过负荷和断相保护。

三相异步电动机在实际运行中常会遇到因电气或机械原因等引起的过电流（过载和断相）现象。如果过电流不严重，持续时间较短，绕组不超过允许温升，则这种过电流是允许的；如果过电流情况严重，持续时间较长，则会加快电动机绝缘老化，甚至烧毁电动机，因此，在电动机回路中应设置电动机保护装置。常用的电动机保护装置种类很多，使用最多、最普遍的是双金属片式热继电器。目前，双金属片式热继电器均为三相式，有带断相保护和不带断相保护两种。

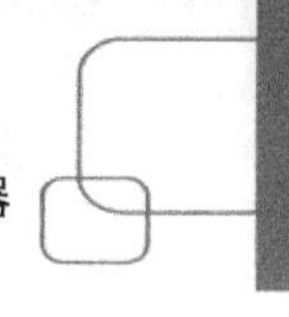

1．热继电器的工作原理

图 1-25 所示为双金属片式热继电器的结构示意图及其图形符号。由图 1-25 可见，热继电器主要由双金属片、热元件、复位按钮、传动杆、拉簧、调节旋钮、复位螺钉、触点和接线端子等组成。

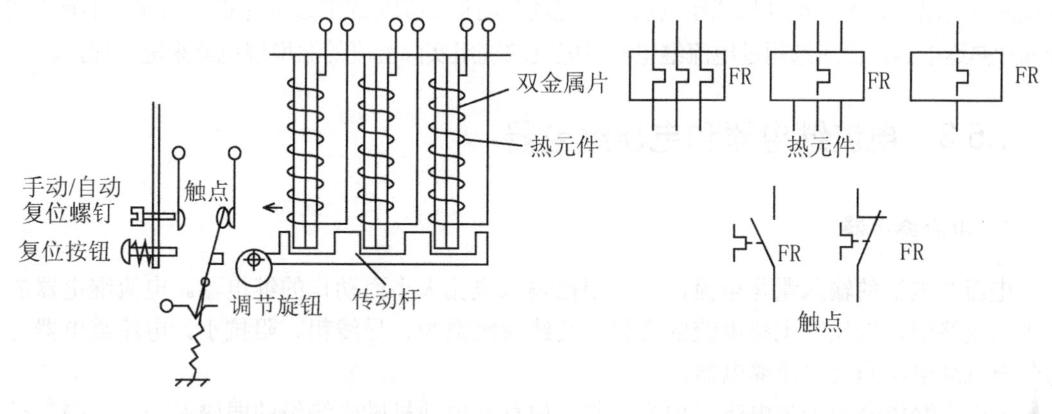

（a）热继电器结构示意图　　（b）热继电器图形符号

图 1-25　双金属片式热继电器结构示意图及图形符号

双金属片是一种将两种线膨胀系数不同的金属用机械辗压方法使之形成一体的金属片。膨胀系数大的（如铁镍铬合金、铜合金或高铝合金等）称为主动层，膨胀系数小的（如铁镍类合金）称为被动层。由于两种线膨胀系数不同的金属紧密地贴合在一起，当产生热效应时，使得双金属片向膨胀系数小的一侧弯曲，由弯曲产生的位移带动触头动作。

热元件一般由铜镍合金、镍铬铁合金或铁铬铝等合金电阻材料制成，其形状有圆丝、扁丝、片状和带材等几种。热元件串接于电动机的定子电路中，通过热元件的电流就是电动机的工作电流（大容量的热继电器装有速饱和互感器，热元件串接在其二次回路中）。当电动机正常运行时，其工作电流通过热元件产生的热量不足以使双金属片变形，热继电器不会动作。当电动机发生过电流且超过整定值时，双金属片的热量增大而发生弯曲，经过一定时间后，使触点动作，通过控制电路切断电动机的工作电源。同时，热元件也因失电而逐渐降温，经过一段时间的冷却，双金属片恢复到原来状态。

热继电器动作电流的调节是通过旋转调节旋钮来实现的。调节旋钮为一个偏心轮，旋转调节旋钮可以改变传动杆和动触点之间的传动距离，距离越长动作电流就越大，反之动作电流就越小。

热继电器复位方式有自动复位和手动复位两种，将复位螺钉旋入，使常开的静触点向动触点靠近，这样动触点在闭合时处于不稳定状态，在双金属片冷却后动触点也返回，为自动复位方式。如将复位螺钉旋出，触点不能自动复位，为手动复位置方式。在手动复位置方式下，需在双金属片恢复状时按下复位按钮才能使触点复位。

2．热继电器的选择原则

热继电器主要用于电动机的过载保护，使用中应考虑电动机的工作环境、启动情况和负载性质等因素，具体应按以下几个方面来选择。

（1）热继电器结构形式的选择：星形接法的电动机可选用两相或三相结构热继电器，三角形接法的电动机应选用带断相保护装置的三相结构热继电器。

（2）热继电器的动作电流整定值一般为电动机额定电流的 1.05～1.1 倍。

（3）对于重复短时工作的电动机（如起重机电动机），由于电动机不断重复升温，热继电器双金属片的温升跟不上电动机绕组的温升，电动机将得不到可靠的过载保护。因此，不宜选用双金属片热继电器，而应选用过电流继电器或能反映绕组实际温度的温度继电器来进行保护。

1.5.3 电流继电器和电压继电器

1. 电流继电器

电流继电器的输入量是电流，它是根据输入电流大小而动作的继电器。电流继电器的线圈串入电路中，以反映电路电流的变化，其线圈匝数少、导线粗、阻抗小。电流继电器可分为欠电流继电器和过电流继电器。

欠电流继电器用于欠电流保护或控制，如直流电动机励磁绕组的弱磁保护、电磁吸盘中的欠电流保护、绕线式异步电动机启动时电阻的切换控制等。欠电流继电器的动作电流整定范围为线圈额定电流的 30%～65%。需要注意的是，当欠电流继电器在电路正常工作且电流正常不欠电流时，欠电流继电器处于吸合动作状态，常开接点处于闭合状态，常闭接点处于断开状态；当电路出现不正常现象或故障现象导致电流下降或消失时，继电器中流过的电流小于释放电流而动作，所以，欠电流继电器的动作电流为释放电流而不是吸合电流。

过电流继电器用于过电流保护或控制，如起重机电路中的过电流保护。过电流继电器在电路正常工作时流过正常工作电流，正常工作电流小于继电器所整定的动作电流，继电器不动作，当电流超过动作电流整定值时才动作。过电流继电器动作时其常开接点闭合，常闭接点断开。过电流继电器整定范围为（110%～400%）额定电流，其中交流过电流继电器为（110%～400%）I_N，直流过电流继电器为（70%～300%）I_N。

常用的电流继电器的型号有 JL12、JL15 等。

电流继电器的外形及图形符号如图 1-26 所示。当电流继电器作为保护电器时，文字符号为 FI，作为控制电器时，文字符号为 KI。

I <　FI (KI)　I >　FI (KI)

（a）欠电流继电器外形　（b）欠电流继电器图形符号　（c）过电流继电器图形符号

图 1-26　电流继电器的外形及图形符号

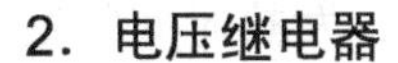

2. 电压继电器

电压继电器的输入量是电路的电压大小，其根据输入电压大小而动作。与电流继电器类似，电压继电器也分为欠电压继电器和过电压继电器两种。过电压继电器动作电压范围为（105%～120%）U_N；欠电压继电器吸合电压动作范围为（20%～50%）U_N，释放电压调整范围为（7%～20%）U_N；零电压继电器当电压降低至（5%～25%）U_N 时动作，它们分别起过压、欠压及零压保护。电压继电器工作时并联在电路中，因此，线圈匝数多、导线细、阻抗大，其反映电路中电压的变化，用于电路的电压保护。

电压继电器常用在电力系统继电保护中，在低压控制电路中使用较少。

电压继电器的外形及图形符号如图 1-27 所示。当电压继电器作为保护电器时，文字符号为 FV，作为控制电器时，文字符号为 kV。

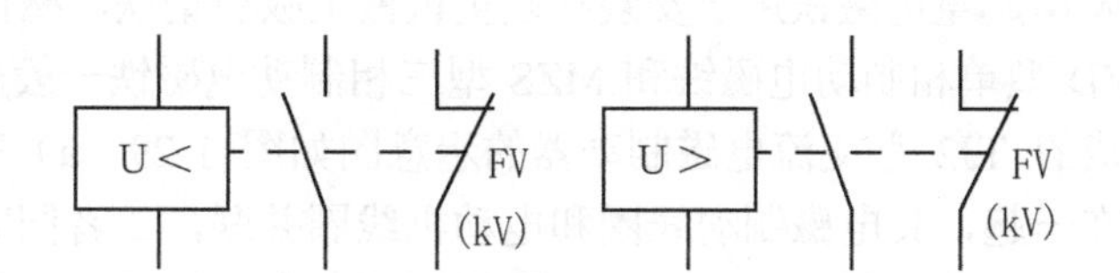

（a）电压继电器外形　（b）欠电压继电器图形符号　（c）过电压继电器图形符号

图 1-27　电压继电器的外形及图形符号

1.6　其他常用电器

1.6.1　电阻器

工业用电阻器件（简称电阻器），用于低压强电交直流电气线路的电流调节，以及电动机的启动、制动和调速等。电阻器可分为固定接线电阻器和变阻器两种。

常用固定接线电阻器的有 ZB 型板形和 ZG 型管形电阻器，用于低压电路中的电流调节。ZX 型电阻器主要用于交直流电动机的启动、制动和调速等。

变阻器的作用和固定接线电阻器的作用类似，不同点在于变阻器的电阻是连续可调的，而电阻器的每段电阻固定，在控制电路中可采用串并联或选择不同段电阻的方法来调节电阻值，电阻值是断续可调的。

常用的变阻器有 BC 型滑线变阻器，它用于电路的电流和电压调节、电子设备及仪表等电路的控制或调节等；BL 型励磁变阻器用于直流电动机的励磁或调速；BQ 型启动变阻器用于直流电动机的启动；BT 型变阻器用于直流电动机的励磁或调速；BP 型频敏变阻器用于三相交流绕线式异步电动机的启动控制。

电阻器的主要技术参数有额定电压、发热功率、电阻值、允许电流、发热时间常数、电阻误差及外形尺寸等。电阻器的图形符号如图 1-28 所示。

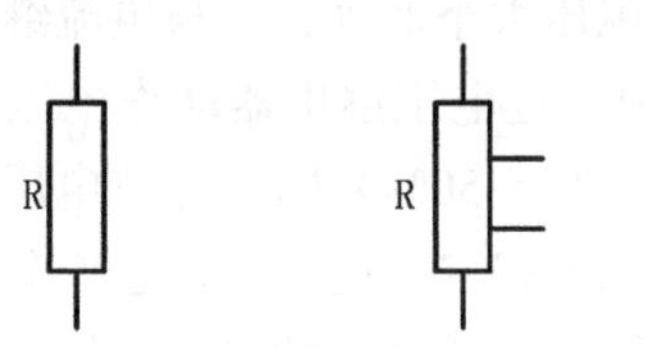

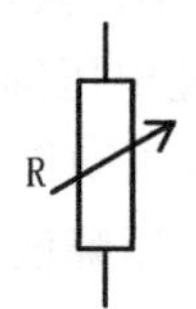

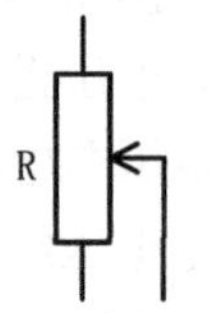

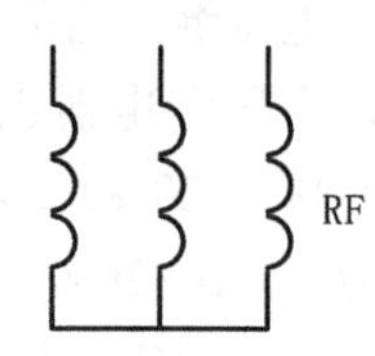

（a）电阻器　（b）固定抽头电阻器　（c）可变电阻器　（d）滑线变阻器　（e）频敏变阻器

图 1-28　电阻器的图形符号

1.6.2　电磁铁

常用的电磁铁有 MQ 型牵引电磁铁、MW 型起重电磁铁和 MZ 型制动电磁铁等。

MQ 型牵引电磁铁用于在低压交流电路中作为机械设备及各种自动化系统操作机构的远距离控制。

MW 型起重电磁铁用于安装在起重机械上吸引钢铁等磁性物质。

MZD 型单相制动电磁铁和 MZS 型三相制动电磁铁一般用于组成电磁制动器，由制动电磁铁组成的 TJ2 型交流电磁制动器的示意图如图 1-29（a）所示，通常电磁制动器和电动机轴安装在一起，其电磁制动线圈和电动机线圈并联，二者同时得电或电磁制动线圈先得电之后电动机紧随其后得电。电磁制动器线圈得电吸引衔铁使弹簧受压，闸瓦和固定在电动机轴上的闸轮松开，电动机旋转；当电动机和电磁制动器同时失电时，在压缩弹簧的作用下闸瓦将闸轮抱紧，使电动机制动。

电磁铁的图形符号和电磁制动器一样，文字符号为 YA。

电磁制动器的图形符号如图 1-29（b）所示。

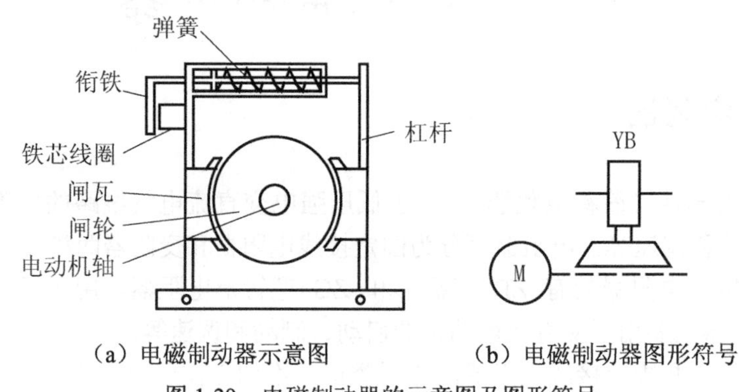

（a）电磁制动器示意图　（b）电磁制动器图形符号

图 1-29　电磁制动器的示意图及图形符号

1.6.3　信号灯

信号灯又称指示灯，主要用于在各种电气设备及线路中作电源指示、显示设备的工作状态及操作警示等。

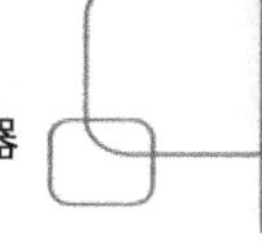

信号灯发光体主要有白炽灯、氖灯和发光二极管等。

信号灯有持续发光（平光）和断续发光（闪光）两种发光形式，一般信号灯用平光灯，当需要反映下列信息时用闪光灯。

（1）进一步引起注意。

（2）须立即采取行动。

（3）反映出的信息不符合指令的要求。

（4）表示变化过程（在过程中发光）。

亮与灭的时间比一般在 1∶1～1∶4 之间，较优先的信息使用较高的闪烁频率。

信号灯的图形符号如图 1-30 所示。

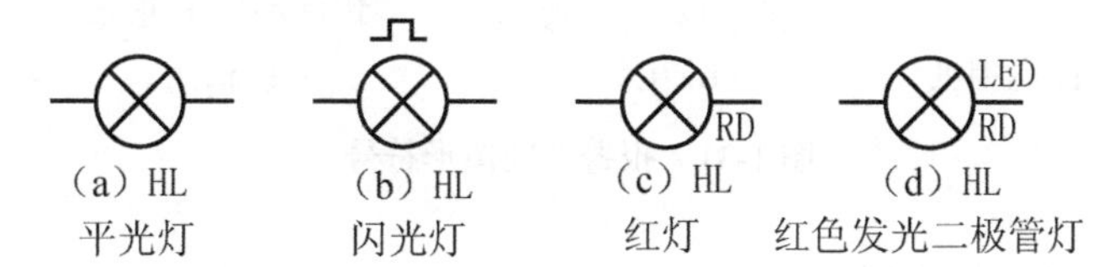

图 1-30　信号灯的图形符号

如果要在图形符号上标注信号灯的颜色，可在靠近图形处标出对应颜色的字母。

红色：RD；黄色：YE；绿色：GN；蓝色：BU；白色：WH。

如果要在图形符号上标注灯（信号灯或照明灯）的类型，可在靠近图形处标出对应类型的字母。

氖：Ne；氙：Xe；钠：Na；汞：Hg；碘：I；白炽：IN；电发光：EL；弧光：ARC；荧光：FL；红外线：IR；紫外线：UV；发光二极管：LED。

常用的信号灯型号有 AD11、AD30 及 ADJ1 等，信号灯的主要参数有工作电压、安装尺寸及发光颜色等。

指示灯的颜色及其含义如表 1-3 所示。

表 1-3　指示灯的颜色及其含义

颜　色	含　义	说　明	典 型 应 用
红色	危险 告急	可能出现危险和需要立即处理	✦ 温度超过规定（或安全）限制 ✦ 设备的重要部分已被保护电器切断 ✦ 润滑系统失压 ✦ 有触及带电或运动部件的危险
黄色	注意	情况有变化或即将发生变化	✦ 温度（或压力）异常 ✦ 当仅能承受允许的短时过载
绿色	安全	正常或允许进行	✦ 冷却通风正常 ✦ 自动控制系统运行正常 ✦ 机器准备启动
蓝色	按需要指定用意	除红、黄、绿三色外的任何指定用意	✦ 遥控指示 ✦ 选择开关在设定位置
白色	无特定用意	任何用意。不能确切地用红黄绿时及用做执行时	

1.6.4　报警器

常用的报警器有电铃和电喇叭等，一般电铃用于正常的操作信号（如设备启动前的警示）和设备的异常现象（如变压器的过载、漏油）。电喇叭用于设备的故障信号（如线路短路跳闸）。报警器的图形符号如图 1-31 所示。

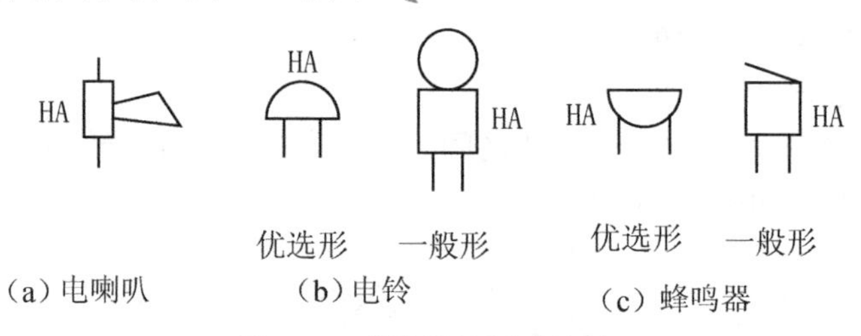

图 1-31　报警器的图形符号

1.6.5　液压控制元件

液压控制技术随着计算机和自动控制技术的不断发展，与电气控制结合得越来越紧密。液压传动具有运动平稳，可实现在大范围内无级调速，易实现功率放大等特点，被广泛地应用于工业生产的各个领域。液压传动系统由 4 种主要元件组成，即动力元件——液压泵，执行元件——液压缸和液压电动机，控制元件——各种控制阀，辅助元件——油箱、油路、滤油器等。其中，控制阀包括压力控制阀、流量控制阀、方向控制阀和电液比例控制阀等。压力控制阀用于调节系统的压力，如溢流阀、减压阀等；流量控制阀用于调节系统工作液流量大小，如节流阀、调速阀等；方向控制阀用于接通或关断油路，改变工作液体的流动方向，实现运动换相；电液比例控制阀用于开环或闭环控制方式对液压系统中的压力、流量进行有级或无级调节。液压元件的种类很多，这里介绍常用的几种液压元件及其符号。需要注意的是，在液压系统图中，液压元件的符号只表示元件的职能，不表示元件的结构和参数。

图 1-32 所示为几种常用的液压元件的符号。

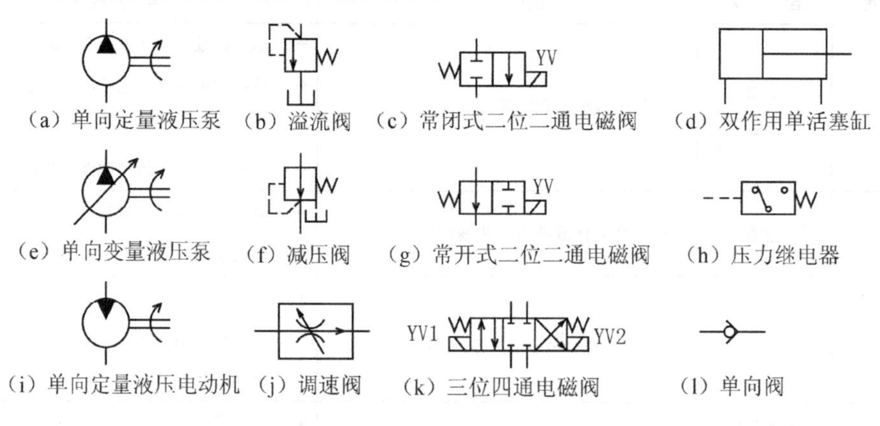

图 1-32　常用液压元件的符号

液压阀的控制有手动控制、机械控制、液压控制和电气控制等。电磁阀线圈的电气图形符号和电磁铁、继电器线圈一样，文字符号为 YV。

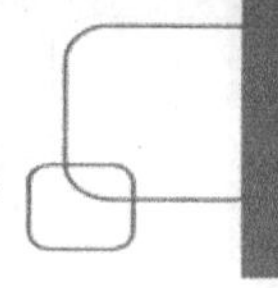

1.7　电器的文字符号和图形符号

1.7.1　电器的文字符号

电器的文字符号目前执行国家标准 GB 5094—85《电气技术中的项目代号》和 GB 7159—87《电气技术中的文字符号制定通则》。这两个标准都是根据 IEC 国际标准而制定的。

在 GB 7159—87《电气技术中的文字符号制定通则》中将所有的电气设备、装置和元件分成 23 个大类，每个大类用一个大写字母表示。文字符号分为基本文字符号和辅助文字符号。

基本文字符号分为单字母符号和双字母符号两种。单字母符号应优先采用，每个单字母符号表示一个电器大类，如表 1-4 所示。例如，C 表示电容器类，R 表示电阻器类等。

双字母符号由一个表示种类的单字母符号和另一个字母组成，第一个字母表示电器的大类，第二个字母表示对某电器大类的进一步划分。例如，G 表示电源大类，GB 表示蓄电池，S 表示控制电路开关，SB 表示按钮，SP 表示压力传感器（继电器）。

文字符号用于标明电器的名称、功能、状态和特征。同一电器如果功能不同，其文字符号也不同，例如，照明灯的文字符号为 EL，信号灯的文字符号为 HL。

辅助文字符号表示电气设备、装置和元件的功能、状态和特征，由 1～3 位英文名称缩写的大写字母表示，例如，辅助文字符号 BW（BackWard 的缩写）表示向后，P（Pressure 的缩写）表示压力。辅助文字符号可以和单字母符号组合成双字母符号，例如，单字母符号 K（表示继电器接触器大类）和辅助文字符号 AC（交流）组合成双字母符号 KA，表示交流继电器；单字母符号 M（表示电动机大类）和辅助文字符号 SYN（同步）组合成双字母符号 MS，表示同步电动机。辅助文字符号可以单独使用，例如，图 1-30 中的 RD 表示信号灯为红色。

表 1-4　常用电器分类及图形符号、文字符号举例

分　类	名　称	图形符号 文字符号	分　类	名　称	图形符号 文字符号
A 组件 部件	启动装置	A SB2　KM SB1 KM　HL		一般电容器	C
B 变换器 （将电量变换成非电量，将非电量变换成电量）	扬声器	B （将电量变换成非电量）	C 电容器	极性电容器	C
	传声器	B （将非电量变换成电量）		可变电容器	C

续表

分　类	名　称	图形符号 文字符号
D 二进制元件	与门	D &
	或门	D ≥1
	非门	D
E 其他	照明灯	EL
F 保护器件	欠电流继电器	I < FA
	过电流继电器	I> FA
	欠电压继电器	U< FV
	过电压继电器	U> FV
	热继电器	FR FR FR FR FR
	熔断器	FU

分　类	名　称	图形符号 文字符号
G 发生器、发电机、电源	交流发电机	G ~
	直流发电机	G
	电池	GB − +
H 信号器件	电喇叭	HA
	蜂鸣器	HA 优选形　HA 一般形
	信号灯	HL
I		（不使用）
J		（不使用）
K 继电器、接触器	中间继电器	KA KA
	通用继电器	KA KA
	接触器	KM KM

续表

分　类	名　称	图形符号 文字符号
K 继电器、 接触器	通电延时型时间继电器	KT 或 KT KT KT 或 KT KT
	断电延时型时间继电器	KT 或 KT KT KT 或 KT KT
L 电感器、 电抗器	电感器	L（一般符号） L（带磁芯符号）
	可变电感器	L
	电抗器	L
M 电动机	鼠笼型电动机	U V W M 3～
	绕线型电动机	U V W M 3～
M 电动机	他励直流电动机	M
	并励直流电动机	M
	串励直流电动机	M
	三相步进电动机	M
	永磁直流电动机	M
N 模拟元件	运算放大器	▷ ∞ – + + N
	反相放大器	N ▷ 1 + –
	数/模转换器	#/U N
	模/数转换器	U/# N
O		（不使用）

续表

分　类	名　称	图形符号 文字符号	分　类	名　称	图形符号 文字符号
P 测量设备、试验设备	电流表	PA	R 电阻器	可变电阻	R
	电压表	PV		电位器	RP
	有功功率表	PW		频敏变阻器	RF
	有功电度表	PJ	S 控制、记忆、信号电路开关器件选择器	按钮	SB
Q 电力电路的开关器件	断路器	QF		急停按钮	SB
	隔离开关	QS		行程开关	SQ
	刀熔开关	QS		压力继电器	KP　KP
	手动开关	QS　QS		液位继电器	KL　KL
	双投刀开关	QS		速度继电器	KV　KV　KV
	组合开关 旋转开关	QS		选择开关	SA
	负荷开关	QL		接近开关	SQ　SQ
R 电阻器	电阻	R		万能转换开关，凸轮控制器	SA 2 1 0 1 2
	固定抽头电阻	R	T 变压器互感器	单相变压器	T

续表

分　类	名　称	图形符号 文字符号
T 变压器 互感器	自耦变压器	形式1　形式2　T
	三相变压器（星形/三角形接线）	形式1　形式2　T
	电压互感器	电压互感器与变压器图形符号相同，文字符号为 TV
	电流互感器	形式1　形式2　TA
U 调制器变换器	整流器	U
	桥式全波整流器	U
	逆变器	U
	变频器	f_1　f_2　U
V 电子管 晶体管	二极管	VD
	三极管	VT　VT PNP型　NPN型
	晶闸管	V　V 阳极侧受控　阴极侧受控
W 传输通道、波导、天线	导线，电缆，母线	W
	天线	W

分　类	名　称	图形符号 文字符号
W 传输通道、波导、天线	屏蔽线	W
	绞线	W
X 端子、插头、插座	插头	XP 优选形　其他形
	插座	XS 优选形　其他形
	插头插座	X 优选形　其他形
	连接片	断开时 接通时　XB
Y 电器操作的机械器件	电磁铁	或　YA
	电磁吸盘	或　YH
	电磁制动器	M　YB
	电磁阀	或　或　YV
Z 滤波器、限幅器、均衡器、终端设备	滤波器	Z
	限幅器	Z
	均衡器	Z

1.7.2　电器的图形符号

电器的图形符号目前执行国家标准 GB 4728—1985《电气图用图形符号》，也是根据 IEC 国际标准制定的。该标准给出了大量的常用电器图形符号，表示产品特征。通常用比较简单的电器作为一般符号。对于一些组合电器，不必考虑其内部细节时可用方框符号表示，如 表 1-4 中的整流器、逆变器和滤波器等。

国家标准 GB 4728—85 的一个显著特点就是图形符号可以根据需要进行组合，在该标准中除了提供了大量的一般符号之外，还提供了大量的限定符号和符号要素，需要注意的是，限定符号和符号要素不能单独使用，它相当于一般符号的配件。将某些限定符号或符号要素与一般符号进行组合就可组成各种电气图形符号，例如，图 1-6 所示的断路器的图形符号就是由多种限定符号、符号要素和一般符号组合而成的，如图 1-33 所示。

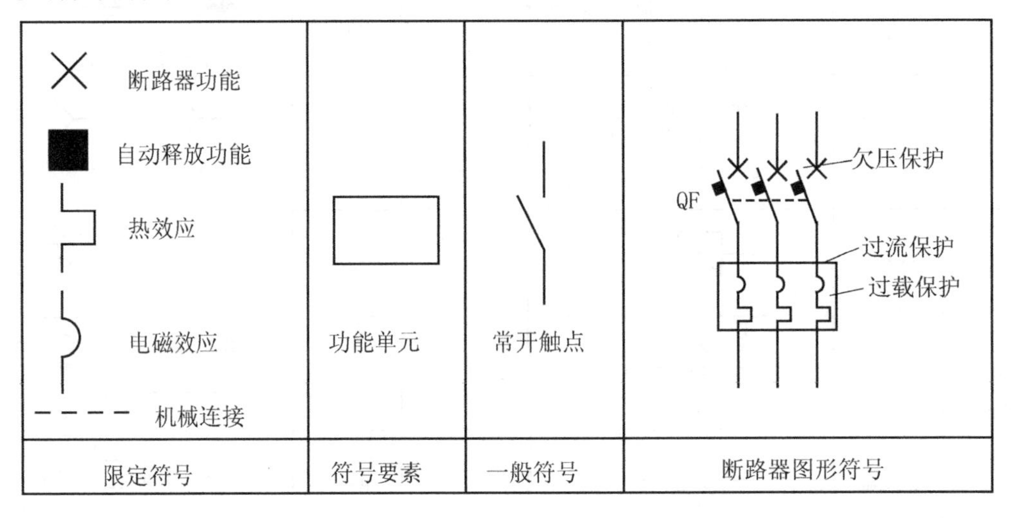

图 1-33　断路器图形符号的组成

习　　题

1-1　为什么闸刀开关在安装时不得倒装？如果将电源线接在闸刀下端，会出现什么问题？

1-2　哪些低压电器可以保护线路的短路？

1-3　常用的低压熔断器有哪些类型？

1-4　断路器有哪些保护功能？

1-5　用一个万能转换开关测量三相电源的线电压，如图 1-34 所示，试问在 1、2、3、4 位，电压表所测得的各是什么电压？

1-6　在可编程控制器中常用到 BCD 码数字开关，它有 4 个接点开关，共有 10 个位置，每个位置分别表示一个数字，如图 1-35 所示。试分析它是如何表示这 10 个数字的。

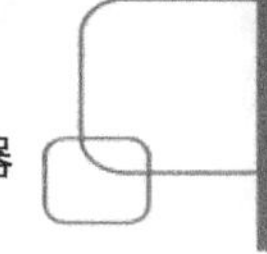

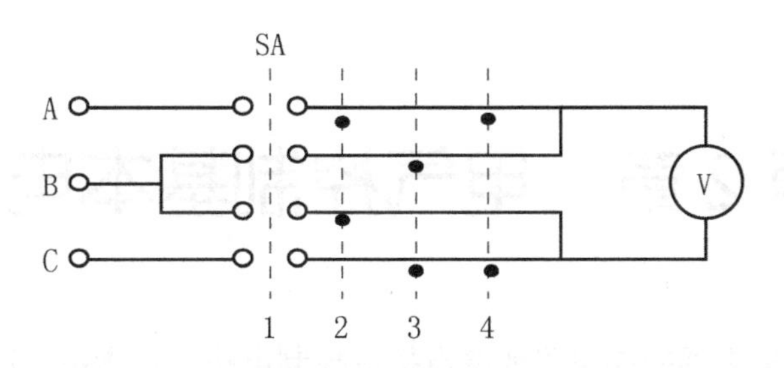

图 1-34　题 1-5 图

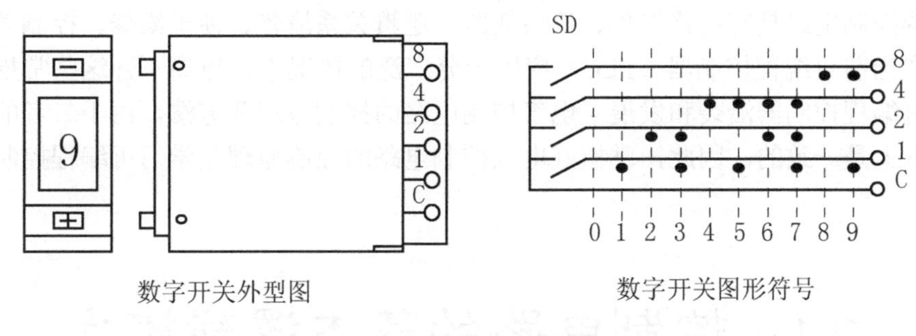

图 1-35　题 1-6 图

1-7　一个继电器的返回系数 k=0.85，吸合值为 100V，试问：释放值为多少？

1-8　空气阻尼式时间继电器的通电延时型电磁机构和断电延时型电磁机构相同吗？通电延时型时间继电器可以改为断电延时型时间继电器吗？

1-9　热继电器在电路中起什么作用？其工作原理是什么？热继电器接点动作后，能否自动复位？

1-10　按钮和行程开关有什么不同？各起什么作用？

1-11　我国的交流低压额定电压等级有那些？

1-12　为什么一般不能用刀开关断开线路负荷？

1-13　两个同型号额定电压为 110V 交流继电器的线圈可以串联接到 220V 交流电源上吗？两个同型号额定电压为 110V 直流继电器的线圈可以串联接到 220V 直流电源上吗？

1-14　什么是保护电器的反时限动作特性？常用的具有反时限动作特性保护电器有哪些？

1-15　熔断器和热继电器的保护作用有什么不同？

1-16　电流继电器有哪几种类型和作用？

1-17　按钮的颜色有什么要求？

1-18　凸轮控制器、主令控制器和万能转换开关各有什么特点？分别用于什么地方？

1-19　信号灯在什么情况下要求闪光？

第 2 章 电气控制基本电路

电气控制电路又称电器控制电路或继电接触控制电路，是指由常用低压电器（如控制开关、按钮、限位开关、断路器、接触器和继电器等）组成的控制电路，属于开关量逻辑控制电路。电器控制电路具有电路简单、价格低廉、逻辑关系清楚、便于维修、控制功率大等优点。即使在当前可编程控制器（PLC）应用十分广泛的情况下，也离不开这些常规的低压控制电器。可编程控制器沿袭和发展了电气控制电路的控制原理和方法，由于二者的控制方法和原理基本上是一致的，因此，掌握好电气控制电路的控制原理是学习可编程控制器控制原理的基础。

2.1 控制电路的基本逻辑概念

2.1.1 控制电路的基本组成

电气控制电路根据逻辑关系可以分成 3 个组成部分。

1. 输入元件

输入元件是控制电路的输入逻辑变量，用于对电路的控制，可分为主令元件和检测元件。

主令元件是人向控制电路发布控制指令的元件，如按钮、开关等。

检测元件是电路和电气控制设备本身向控制电路发布控制指令的元件，用于对电路和电气控制设备的某些物理量（如行程距离、温度、转速、压力和电流等）的检测。常用的检测元件有行程开关、接近开关、热继电器、电流继电器和速度继电器等。

2. 中间逻辑元件

中间逻辑元件是控制电路的中间逻辑变量，用于对电路中变量的逻辑变换和记忆等作用，常用的中间逻辑元件有中间继电器、通用继电器、时间继电器及计数器等。

3. 输出执行元件

输出执行元件用于对电路控制结果的执行，是控制电路的输出逻辑变量。可分为有记忆功能和无记忆功能两种，有记忆功能的输出执行元件常用的有接触器、继电器等，无记忆功能的输出执行元件常用的有信号灯、报警器、电磁铁、电磁阀和电动机等。

2.1.2　控制电器的状态和值

对于输入元件，有两种状态，一种是原始状态，一种是动作状态。通常规定开关电器未受外力的原始状态为 0 状态，开关电器受外力而动作的状态为 1 状态，开关、接点在断开时的值为 0，闭合时的值为 1。

在未受外力的原始状态下处于断开状态时的开关（接点）称为常开开关（接点），处于接通状态时的开关（接点）称为常闭开关（接点）。显然，常开开关（接点）在原始状态下的值为 0，常闭开关（接点）在原始状态下的值为 1。

中间逻辑元件和输出执行元件也有两种状态，一种是失电状态，一种是得电动作状态。通常规定元件在失电状态下为 0 状态，对于有记忆元件，常开接点的值为 0，常闭接点的值为 1；元件在得电状态下为 1 状态，对于有记忆元件，常开接点的值为 1，常闭接点的值为 0。

元件的状态和值如表 2-1 所示。

表 2-1　元件的状态和值

	原始状态	动作状态	常开开关、接点		常闭开关、接点	
			原始状态的值	动作状态的值	原始状态的值	动作状态的值
输入元件	0	1	0	1	1	0
有记忆元件	0	1	0	1	1	0
无记忆元件	0	1	（无开关、接点）			

（1）常开开关、接点的值和元件本身的状态一致，称为原变量。

（2）常闭开关、接点的值和元件本身的状态相反，称为反变量。

2.1.3　控制电路的逻辑表达式

开关量逻辑控制电路可以用逻辑表达式来表示。控制电路中的每个电气元件对应一个逻辑变量，一般可用其文字符号来表示。图 2-1 所示为简单的逻辑控制电路。

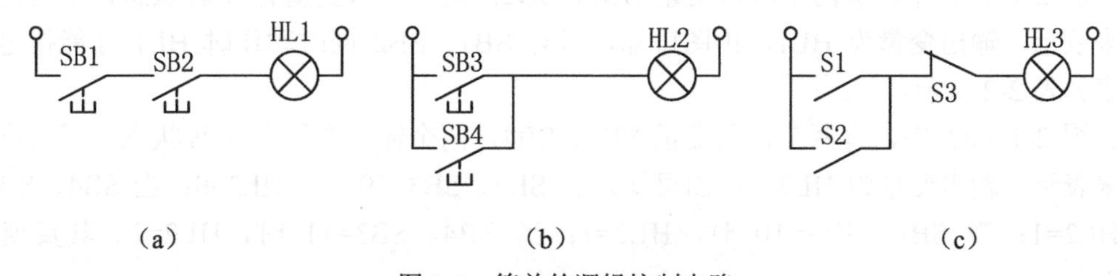

图 2-1　简单的逻辑控制电路

在控制电路中，输出变量和输入变量之间存在着一定的逻辑关系，这种逻辑关系可以用逻辑表达式来表示。

（1）两个开关的串联称为逻辑与，又称逻辑乘，符号用“×”或“·”表示，符号也可省略。

（2）两个开关的并联称为逻辑或，又称逻辑加，符号用“+”表示。

（3）常闭接点（反变量）的逻辑符号用“－”表示。

图 2-1 所示逻辑控制电路的逻辑表达式可以表示为 HL1=SB1×SB2，HL2=SB3+SB4，HL3= (S1+S2)× $\overline{\text{S3}}$。

2.1.4 基本逻辑电路的类型

逻辑电路根据控制逻辑的特点可分为组合电路和时序电路。

1. 组合电路

组合电路的控制结果只和输入变量的状态有关，如图 2-1 所示的控制电路均为组合电路。

由于组合电路的控制结果只和输入变量的状态有关，所以可以用布尔代数（又称开关代数或逻辑代数）通过计算而得出。

在组合电路中，也是由输入变量、中间逻辑变量和输出逻辑变量 3 者构成的，但不含有记忆元件。由于组合电路的输出只和输入有关，所以，中间逻辑变量也可以根椐逻辑关系将其消除，如图 2-2 所示。

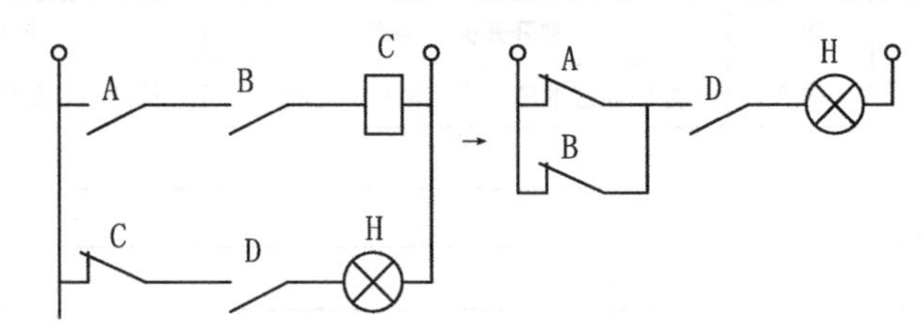

图 2-2 中间逻辑变量的消除

C=A×B

H= $\overline{\text{C}}$ ×D

H= $\overline{\text{A}\times\text{B}}$ ×D =($\overline{\text{A}}$+$\overline{\text{B}}$)×D

每一个输入变量都有 0 和 1 两种状态（0 表示原始状态，1 表示动作状态），N 个输入变量则有 2^N 种状态，可以用 N 位二进制数来表示。

在图 2-1（a）中，有两个输入变量 SB1、SB2，两个输入变量有 4 种状态，用两位二进制数来表示，输出变量为 HL1，由图可知，只有 SB1、SB2 同时动作时 HL1 才能得电，其真值表如表 2-2 所示。

在图 2-1（b）中，有两个输入变量 SB3、SB4，两个输入变量有 4 种状态，用两位二进制数来表示，输出变量为 HL2，由图可知，当 SB4、SB3=00 时，HL2=0；当 SB4、SB3=01 时，HL2=1；当 SB4、SB3=10 时，HL2=1；当 SB4、SB3=11 时，HL2=1。其真值表如表 2-3 所示。

由表 2-2 可以得到逻辑与运算值的结果为 0×0=0；0×1=0；1×0=0；1×1=1。

由表 2-3 可以得到逻辑或运算值的结果为 0+0=0；0+1=1；1+0=1；1+1=1。

根据前面的规定，如果一个原变量 A=1，则反变量 $\overline{\text{A}}$ =0，所以有 $\overline{1}$ =0，$\overline{0}$ =1。

以上是根据电路图来列出真值表，反之，如果已知真值表，也可以根据真值表画出电路图。

例 2-1 在楼梯走廊里，在楼上楼下各安装一个开关来控制一盏灯，试画出控制电路。

两个开关只有 4 种状态，根据题意分析可知当只有其中一个开关动作时灯亮，两个开关都动作或都不动作时灯不亮，据此列出真值表，如表 2-4 所示。

表 2-2 串联电路真值表

SB2	SB1	HL1
0	0	0
0	1	0
1	0	0
1	1	1

表 2-3 并联电路真值表

SB4	SB3	HL2
0	0	0
0	1	1
1	0	1
1	1	1

表 2-4 例 2-1 真值表

S2	S1	E
0	0	0
0	1	1
1	0	1
1	1	0

根据真值表写出逻辑表达式 $E=\overline{S2}\times S1+S2\times\overline{S1}$，然后根据逻辑表达式画出控制电路，如图 2-3 所示。

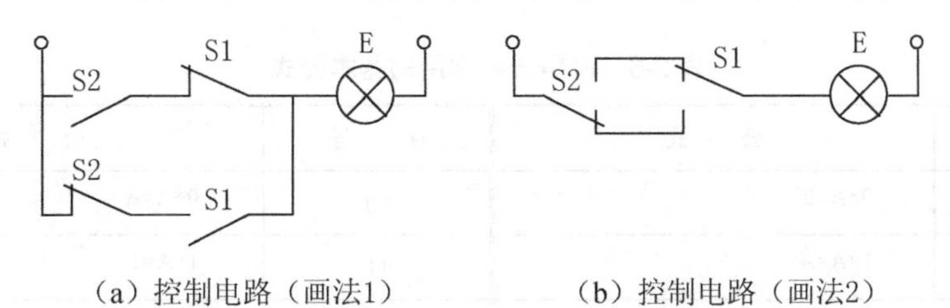

（a）控制电路（画法1）（b）控制电路（画法2）

图 2-3 两个开关控制一盏灯电路

例 2-2 用两个开关控制一个七段数码管显示 1、2、3、4，试画出控制电路。

两个开关有 4 种状态，每个状态显示一个数字，据此列出真值表，如表 2-5 所示。

表 2-5 七段数码管显示的真值表

开关		显示数字	七段数码管笔画						
S2	S1		a	b	c	d	e	f	g
0	0	1	0	0	0	0	1	1	0
0	1	2	1	1	0	1	1	0	1
1	1	3	1	1	1	1	0	0	1
1	0	4	0	1	1	0	0	1	1

根据真值表写出各笔画的逻辑表达式，分别如下：

$a=d=\overline{S2}\,S2\times S1+S2\times S1=(\overline{S2}+S2)\times S1=S1$

$b=g=S1+S2$

$c=S2$

$e=\overline{S2}$

$f=\overline{S1}$

根据逻辑表达式画出控制电路，如图 2-4 所示。

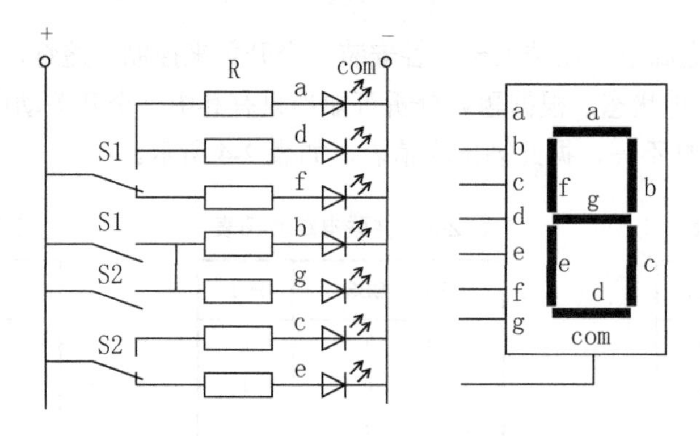

图 2-4　七段数码管控制电路

根据真值表写出的逻辑表达式通常需要化简，常用的化简方法有卡诺图化简法和公式化简法，具体可参阅有关文献。

表 2-6 和表 2-7 列出了有关逻辑代数常用的基本公式和一些常用公式。

表 2-6　逻辑代数常用的基本公式

序　号	公　式	序　号	公　式
1	$0\times A=0$	10	$0+A=A$
2	$1\times A=A$	11	$1+A=1$
3	$A\times A=A$	12	$A+A=A$
4	$A\times\overline{A}=0$	13	$A+\overline{A}=1$
5	$A\times B=B\times A$	14	$A+B=B+A$
6	$(A\times B)\times C=A\times(B\times C)$	15	$(A+B)+C=A+(B+C)$
7	$A\times(B+C)=A\times B+A\times C$	16	$A+(B\times C)=(A+B)\times(A+C)$
8	$\overline{A\times B}=\overline{A}+\overline{B}$	17	$\overline{A+B}=\overline{A}\times\overline{B}$
9	$\overline{\overline{A}}=A$	18	

表 2-7　逻辑代数的其他常用公式

序　号	公　式
1	$A+A\times B=A$
2	$A+\overline{A}\times B=A+B$
3	$A\times B+A\times\overline{B}=A$
4	$A\times(A+B)=A$
5	$A\times B+\overline{A}\times C+B\times C=A\times B+\overline{A}\times C$ $A\times B+\overline{A}\times C+B\times C\times D=A\times B+\overline{A}\times C$
6	$A\times\overline{A\times B}=A\times\overline{B}$；$\overline{A}\times\overline{A\times B}=\overline{A}$

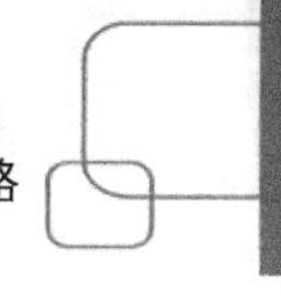

例 2-3　化简如图 2-5 所示的电路。

根据电路写出逻辑表达式并化简，可得

$Y=B\overline{A}C+AC=(B\overline{A}+A)C=(B+A)C$

根据化简逻辑表达式画出电路，如图 2-6 所示。

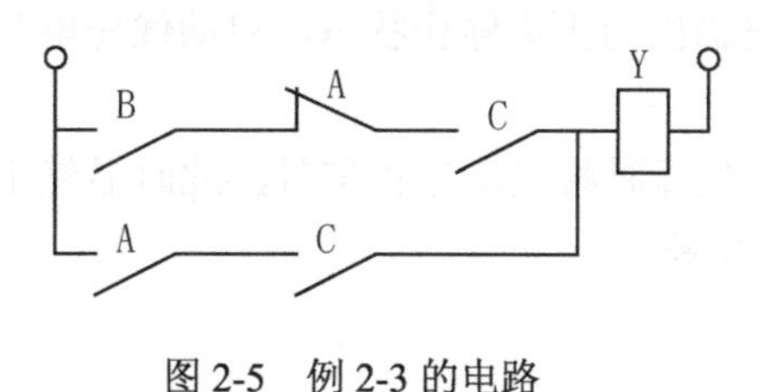

图 2-5　例 2-3 的电路

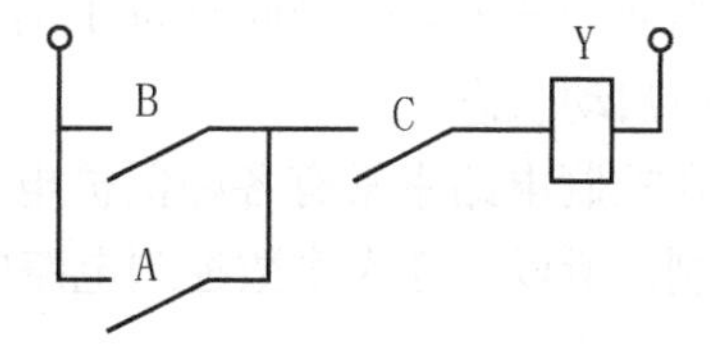

图 2-6　例 2-3 的化简电路

2. 时序电路

时序电路又称记忆电路，其中包含记忆元件。时序电路的控制结果不仅和输入变量的状态有关，也和记忆元件的状态有关。由于中间逻辑元件和输出执行元件中有记忆元件，所以，时序电路的控制结果是与输入变量、中间逻辑变量和输出逻辑变量三者都有关系的，由于时序电路的逻辑关系比较复杂，这类电路目前主要用经验法来设计。

继电器、接触器是最基本的记忆元件，在电气控制电路中，绝大多数为记忆电路，记忆电路主要用于对短时通断信号（如按钮、位置开关等）的记忆，常用于各种电动机的启动停止控制，习惯上称为自锁电路。

记忆电路有两种基本形式，为停止优先电路和启动优先电路，如图 2-7 所示。

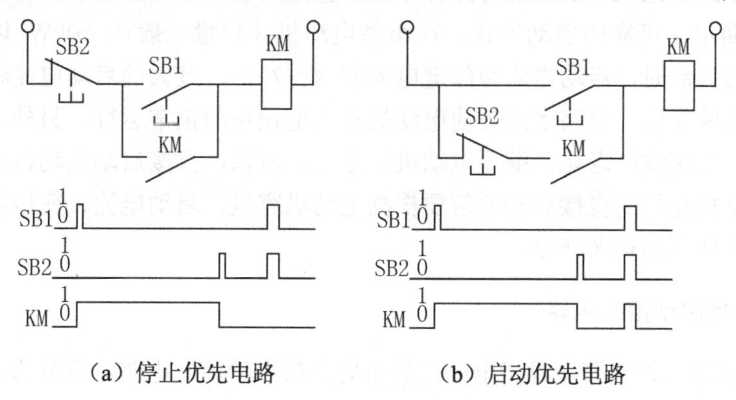

（a）停止优先电路　　（b）启动优先电路

图 2-7　基本记忆电路及时序图

SB1 为启动按钮，当按下该按钮时，接触器 KM 线圈得电，其常开接点 KM 闭合；当松开该按钮时，KM 线圈仍可由自身的常开接点 KM 形成回路继续得电，这个与启动按钮 SB1 并联的常开接点 KM 通常称为自锁接点（或自保接点）。自锁接点实际上就是记忆元件 KM 的反馈信号，它将逻辑运算结果反馈到电路中再进行逻辑运算。SB2 为停止按钮，当按下该按钮时，接触器 KM 线圈失电，其常开接点 KM 断开；当松开该按钮时，虽然 SB2 常闭接点闭合，但自锁接点断开，KM 线圈不能得电。

停止优先电路的逻辑表达式为 $KM=\overline{SB2}(SB1+KM)$。

启动优先电路的逻辑表达式为 $KM=SB1+\overline{SB2}\times KM$。

时序电路的动作过程可以用时序图来表达，在时序图中的变量为原变量，原始状态为 0 状态，动作状态为 1 状态。在图 2-7 中，当 SB1=1 时，KM1=1；当 SB1=0 时，KM1 仍为 1，相当于记忆元件 KM 对 SB1=1 的启动信号进行了保持和记忆。由两种电路的时序图可知，当启动和停止信号同时为 1 时，停止优先电路输出为失电停止状态，启动优先电路输出为得电启动状态。

在控制电路中常有各种保护电器，当电路发生故障时将发出停止信号，此时显然不能启动控制，所以，在大多数控制电路中采用停止优先电路。

2.2 三相交流异步电动机基本控制电路

在工矿企业中的电力拖动控制中，主要采用三相交流异步电动机。三相交流异步电动机有鼠笼型和绕线型两种。由于鼠笼型异步电动机有结构简单、坚固耐用、维护方便、价格便宜等优点，所以，其使用数量占拖动设备总台数的 85%左右。

2.2.1 鼠笼型电动机直接启动控制电路

三相鼠笼型异步电动机的启动有两种方式：直接启动（即全压启动）和降压启动。直接启动是一种最简单、可靠的启动方式，在小型电动机（容量一般在 10kW 以下）中广泛使用。电动机直接启动时，启动电流为额定电流的 4～7 倍，过大的启动电流将会造成电网电压显著下降，影响在同一电路上的其他电动机及用电设备的正常运行。另外，电动机频繁启动会严重发热，加速线圈老化，缩短电动机的寿命，所以，直接启动电动机的容量受到了一定的限制。电动机是否能直接启动通常要根据电动机容量、启动电流、变压器容量，以及机械设备的机械特性等因素来确定。

1. 单向直接启动控制电路

图 2-8 所示为三相鼠笼型异步电动机的单向直接启动控制电路，可分为主电路和控制电路两部分。

主电路主要由电源开关、保护元件、接触器主触点及电动机组成。电源开关主要用于电动机和电源的连接，可采用刀开关、组合开关、隔离开关（如主电路 1）或断路器（如主电路 2）等。

控制电路为常用的最简单的停止优先电路，控制电路的电压可直接采用电动机的电压（一般为 380V，如图 2-8 中的虚线所示），也可以根据要求采用 220V 和 127V 的电压，在安全性要求比较高的场所下应采用控制变压器将电源电压降为 36V 安全电压。

1）电路的控制原理

启动时，合上电源开关（QS 或 QF），按下启动按钮 SB1，接触器 KM 线圈得电，主电路中的接触器 KM 主触点闭合，电动机直接接通电源，全压启动，控制电路中的 KM 常开接点闭合；自锁，当松开 SB1 时接触器 KM 线圈仍得电，电动机继续运行。

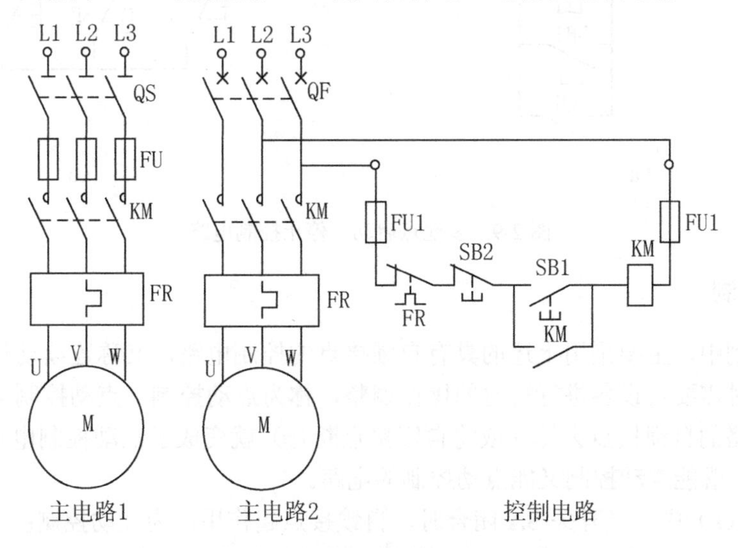

图 2-8　单向直接启动控制电路

停止时，按下停止按钮 SB2，接触器 KM 线圈失电，其主触点断开，电动机失电，控制电路中的 KM 常开接点断开，当松开 SB2 使接点闭合时，不会使接触器线圈得电。

2）电路的保护环节

（1）短路保护：在电动机主电路中常用熔断器 FU 或断路器 QF 对电动机的电路和电动机的内部绕组进行短路保护。在使用熔断器保护时，其熔体的额定电流应保证在正常启动时不熔断，一般可取电动机额定电流的 1.5～2.5 倍。在使用断路器保护时，其过电流脱扣器的动作电流应大于电动机的启动电流。

（2）过载保护：电动机常用热继电器 FR 保护过载而造成电动机烧坏，热继电器 FR 的热元件串在电动机主电路中，当电动机过载时电流也随着增大，在热元件中产生热量使双金属片发热而弯曲，当电动机严重过载时热继电器动作，使控制电路中的热继电器 FR 常闭接点断开，使接触器 KM 线圈失电，断开电动机的电源。

（3）失压与欠压保护：电动机应在额定电压范围内工作，接触器本身具有失压与欠压保护功能，当电源电压由于某种原因下降时，接触器线圈产生的电磁力减小，当电磁力小于弹簧的反力时衔铁释放，使接触器主触点断开而切断电动机的电源。

显然，当电动机停电后再来电时，电动机不会自行启动，以免造成危险。

2．多地点启动停止控制

在某些大型机械设备和控制装置中，往往在多个地点设置控制按钮，以方便在不同地点都能对设备进行控制和操作。图 2-9（a）所示为两个地点控制一台电动机的控制电路，每个地点各设一个启动按钮和一个停止按钮。由图 2-9（a）可知，这是一个停止优先电路，各停止按钮为串联连接，各启动按钮为并联连接。图 2-9（b）所示为另一种多地点控制电路，其特点是各控制点之间的连接导线根数较少，但各控制点之间不存在停止优先的特点。

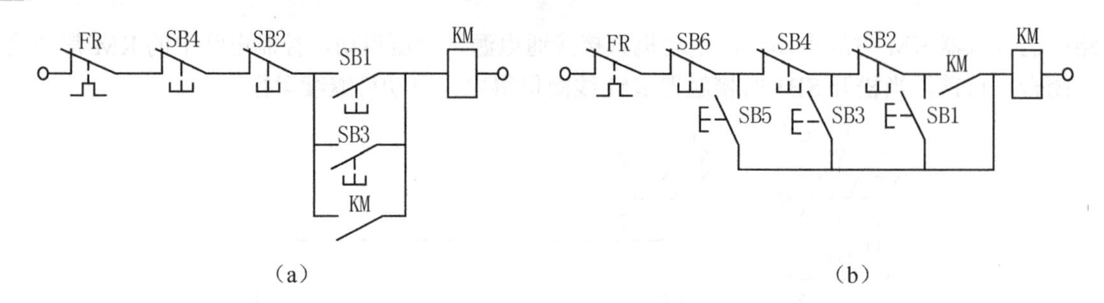

图 2-9　多地点启动、停止控制电路

3. 点动控制

在工业控制中，主要采用上述的具有自锁接点的控制电路，又称连续动作控制，简称连动控制。但有时需要对设备进行短时的操作调整，称为点动控制。点动控制电路比较简单，只要将控制电路的自锁接点去掉（或将自锁接点断开）就变成了点动控制电路。图 2-10 所示为常见的几种既能连动控制又能点动控制的电路。

在图 2-10（a）中，当开关 SA 闭合时，自锁接点起作用，为连动控制；当 SA 断开时，自锁接点不起作用，为点动控制。该电路比较简单，但操作时较麻烦。

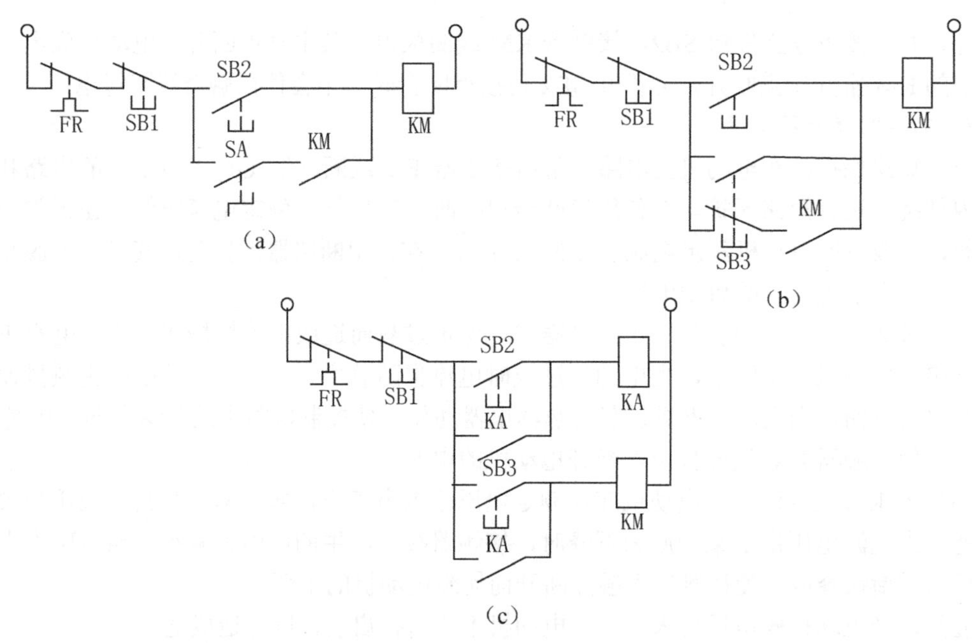

图 2-10　点动控制电路

在图 2-10（b）中，用 SB3 作为点动按钮，当 SB3 被按下时，KM 线圈得电，SB3 常闭接点将自锁接点 KM 断开。当松开时，SB3 常开接点先断开，使 KM 线圈失电，其自锁接点 KM 断开，当 SB3 常闭接点随后闭合时，由于自锁接点 KM 已经先断开，所以电路不能自锁。

但是如果 SB3 常开接点先断开，常闭接点立即闭合，自锁接点 KM 还没有来得及断开时，电路将会自锁，这样就不能点动控制了。在时序电路中，这是一个很常见的问题，必须关注。

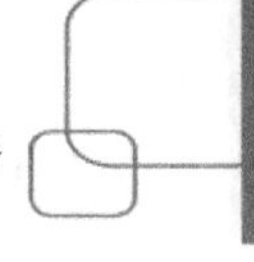

在前面曾经提及：如果原变量 A=1，则反变量 $\overline{A}$=0；如果原变量 A=0，则反变量 $\overline{A}$=1。这实际上是在理想状态下的情况。实际上在开关电路中，一个开关原变量由 0 变为 1 或由 1 变为 0 时，其反变量则由 1 变为 0 或由 0 变为 1 有一个过渡过程。过渡过程的快慢对时序电路的影响称为接点竞争。

对于如图 2-10（b）所示的点动按钮 SB3，应该采用直动式按钮，如果采用微动式按钮则起不到点动控制的作用。下面简单介绍一下其动作过程。

图 2-11 中的按钮由一个常闭接点和一个常开接点组成，当按下按钮时，常闭接点先断开，经过 Δt_1 时间后常开接点才闭合，KM 线圈得电，经过 Δt_2 时间后 KM 常开接点闭合。松开按钮时常开接点先断开，经过 Δt_3 时间后按钮常闭接点闭合，KM 常开接点经过 Δt_4 时间后断开。

由时序图可知，松开按钮时常开按钮断开 KM 线圈失电后，如果 KM 自锁接点先断，常闭按钮后闭合，Δt_3 大于 Δt_4，常闭按钮和自锁接点不同时闭合，电路不会自锁，可以起到点动控制作用。

如果常闭按钮先闭合，KM 自锁接点后断开，Δt_3 小于 Δt_4，常闭按钮和自锁接点将有一段时间同时闭合，使电路自锁，这时就起不到点动控制作用。

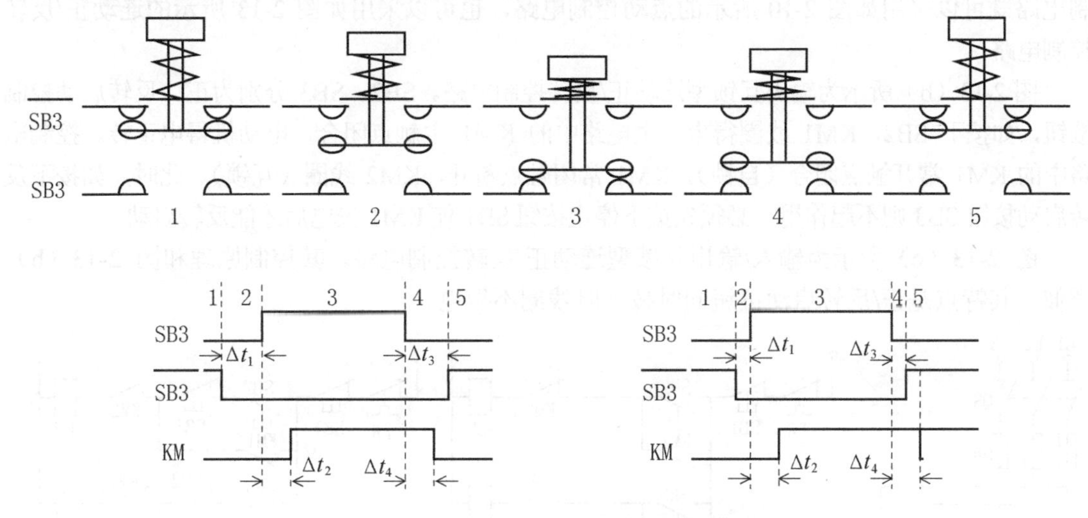

图 2-11　按钮的动作过程对时序电路的影响

图 2-10（c）所示为一种没有接点竞争的点动控制电路，动作原理可自行分析。

4．互锁控制

互锁主要用于控制电路中有两路或多路输出时保证只有其中一路输出，其主要包括输入互锁和输出互锁。

图 2-12（a）所示为两个复合按钮 SB1 和 SB2（也可以用开关）分别控制两个接触器的点动控制电路，当 SB1 动作时，KM1 线圈得电，其 SB1 常闭接点断开，使 KM2 不能得电；同样，当 SB2 动作时，KM1 线圈也不能得电。当两个按钮都按下时，两个线圈都不得电。

图 2-12（b）所示为两个常开按钮分别控制两个接触器的点动控制电路，利用输出线圈的常闭接点作为互锁。当 SB1 动作时，KM1 线圈得电，其 KM1 常闭接点断开，使 KM2 不

能得电；同样，当 SB2 动作时，KM1 线圈也不能得电。当两个按钮都按下时，先按下的按钮有效，后按下的按钮无效。

图 2-12（c）所示为两个按钮互锁和输出线圈常闭接点互锁的双互锁点动控制电路。

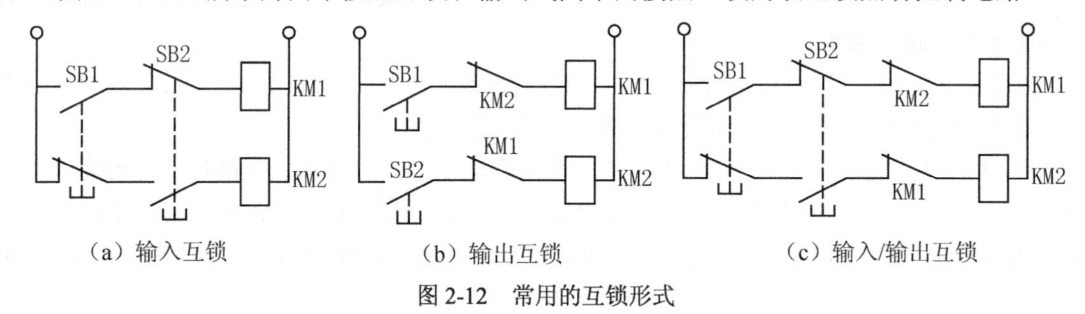

（a）输入互锁　（b）输出互锁　（c）输入/输出互锁

图 2-12　常用的互锁形式

5. 正/反转直接启动控制电路

在许多机械传动控制中要求正反两个方向的运动，这就要求电动机能够正/反转。改变三相交流异步电动机的旋转方向只要改变电源的相序即可。一般用两个接触器来改变电动机的电源相序，由于电动机不可能既正转又反转，所以两个接触器必须互锁。电动机的正/反转控制电路既可以采用如图 2-10 所示的点动控制电路，也可以采用如图 2-13 所示的连动正/反转控制电路。

图 2-13（b）所示为输出互锁型连动正/反转控制电路。SB2、SB3 分别为正、反转启动控制按钮，如按下 SB2，KM1 线圈得电，主电路中的 KM1 主触点闭合，电动机得电正转。控制电路中的 KM1 常开触点闭合（自锁），KM1 常闭触点断开，KM2 线圈（互锁）。此时，如按下反转启动按钮 SB3 则不起作用，必须先按下停止按钮 SB1 使 KM1 失电后才能反转启动。

图 2-13（c）所示为输入/输出互锁型连动正/反转控制电路。其控制原理和图 2-13（b）类似，其特点是正/反转启动按钮同时按下时线圈不得电。

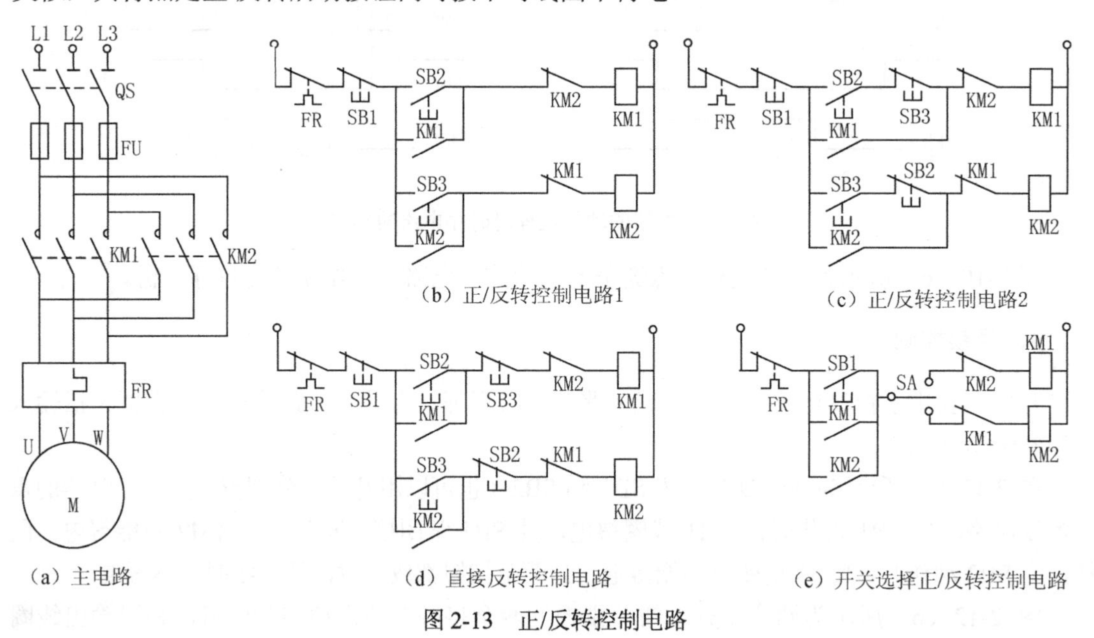

（a）主电路　（b）正/反转控制电路1　（c）正/反转控制电路2　（d）直接反转控制电路　（e）开关选择正/反转控制电路

图 2-13　正/反转控制电路

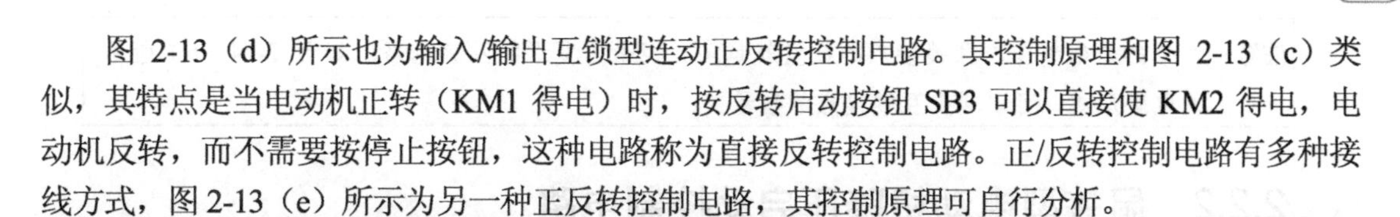

图 2-13（d）所示也为输入/输出互锁型连动正反转控制电路。其控制原理和图 2-13（c）类似，其特点是当电动机正转（KM1 得电）时，按反转启动按钮 SB3 可以直接使 KM2 得电，电动机反转，而不需要按停止按钮，这种电路称为直接反转控制电路。正/反转控制电路有多种接线方式，图 2-13（e）所示为另一种正反转控制电路，其控制原理可自行分析。

注意： 上述互锁接点除了有互锁作用之外，还有两种作用。一是减少或消除主触点在正反转互换时产生的电弧对触点的损坏。例如，在如图 2-13（d）所示的直接反转控制电路中，去掉 KM1 和 KM2 常闭接点（互锁接点），在 KM1 得电正转时，按下反转按钮 SB3，KM1 失电，KM2 得电，主触点 KM1 断开时所产生的电弧要持续一段时间，在电弧未完全熄灭时 KM2 主触点迅速闭合，这样就会造成短时间的弧光短路，很容易将主触点烧坏。而加了互锁接点后，这时主触点 KM1 先断开，KM1 常闭接点（互锁接点）后闭合，再使 KM2 线圈得电，之后 KM2 主触点才闭合，这样就使得从主触点 KM1 断开后，到 KM2 主触点闭合之间有一个比较长的过渡时间，使主触点 KM1 产生的电弧有较长的灭弧时间，从而减少或消除了电弧对触点的损坏。

二是可以防止主触点因电弧而熔焊在一起时，再反向启动时正反转主触点同时闭合而造成短路。例如，图 2-13 中正转启动主触点 KM1 闭合时所产生的电弧将动触点烧焊在一起，这样即使 KM1 线圈失电，主触点 KM1 也不会断开，如果没有互锁接点，当 KM2 得电主触点闭合时就会造成电源短路。而当有了互锁接点后，主触点 KM1 熔焊或机械故障就不能断开，由接触器的结构可知，辅助常闭接点就不能闭合，KM2 线圈就得不了电，从而防止出现短路故障。

6. 多路输出互锁控制

前面所述的是两路输出互锁的控制电路，由电路分析可知，当某一路有输出时，为了防止其他输出不能得电，只要将这一路的输出线圈的常闭接点串到其他输出电路即可。图 2-14 所示为三路输出互锁控制电路。

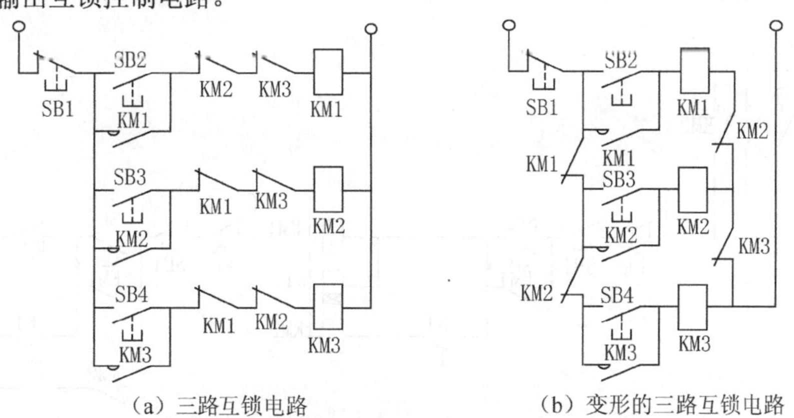

（a）三路互锁电路　　（b）变形的三路互锁电路

图 2-14　三路输出互锁控制电路

图 2-14（a）所示为三路互锁的基本控制电路，由图可知，当 KM1 线圈得电时，串联在 KM2、KM3 线圈电路中的 KM1 常闭互锁接点断开，使 KM2、KM3 线圈不能得电，同样，KM2、KM3 线圈的常闭互锁接点也串联在其他线圈电路中，从而保证了在同一个时间内只能有一个线圈得电。根据这个电路特点，可以得出四路或更多路的互锁电路。

> **注意：** 互锁的路数越多，互锁接点的数量就越多，但采用变形的互锁电路，如图 2-14（b）所示的电路形式，可以减少互锁接点的数量。

2.2.2 鼠笼型电动机降压启动控制电路

三相鼠笼型异步电动机能否直接启动主要取决于电源变压器的容量，一般适用于小型电动机。当鼠笼型电动机不满足直接启动条件时应采用降压启动控制。启动时降低加在电动机定子绕组上的电压，以减小启动电流，减少对线路电压的影响，启动后再将电压恢复到额定电压。

常用的降压启动控制电路有定子串电阻（或电抗）、星形-三角形换接、自耦变压器及延边三角形启动等启动方法。

1. 定子串电阻降压启动控制电路

图 2-15 所示为定子串电阻降压启动控制电路。启动时在电动机定子电路中串接电阻，使电动机定子绕组电压降低，启动一段时间，启动电流减小后再将电阻短接，电动机在额定电压下正常运行。这种启动方式由于不受电动机接线形式的限制，设备简单，所以，在中小型生产机械中应用较广。

启动前，合上电源开关 QS，按下启动按钮 SB2，KM1 得电吸合并自锁，电动机串电阻 R 启动，接触器 KM1 得电，同时时间继电器 KT 得电吸合，经一段延时后，KM2 得电动作，将主回路电阻 R 短接，电动机在全压下正常运转。

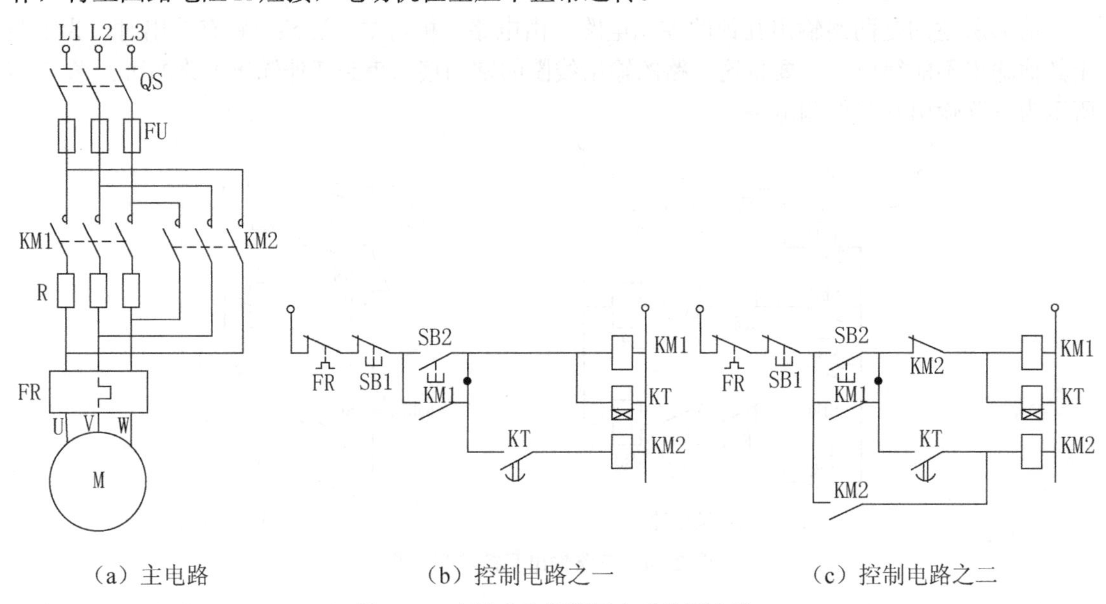

（a）主电路　　（b）控制电路之一　　（c）控制电路之二

图 2-15　定子串电阻降压启动控制电路

定子串电阻降压启动的控制电路可有多种方式，图 2-15（b）所示为一种比较简单的控制电路，其可靠性高。由主回路可知，启动后只要 KM2 得电，即使 KM1 断开也能使电动机正常运行。但图 2-15（b）所示的控制电路在电动机启动后 KM1 和 KT 一直得电，不利于节能。此时只需对图 2-15（b）略加改动，使其变为图 2-15（c）即可解决这个问题。接触器

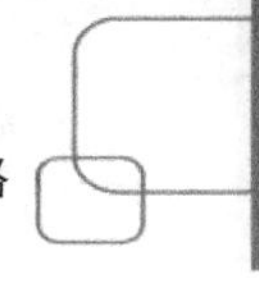

KM2 得电后，用其常闭触点将 KM1 及 KT 的线圈切断失电，同时 KM2 自锁。这样，在电动机启动后，只有 KM2 得电。但值得注意的是，图 2-15（c）所示为一个具有接点竞争的控制电路，在一定的情况下将造成启动控制失败。

分析如图 2-15（c）所示的电路，按下启动按钮 SB2，KM1、KT 同时得电吸合并自锁，KT 经一段延时后，KT 延时接点闭合，KM2 线圈得电，KM2 常闭接点先断开，使 KM1、KT 线圈失电，KM1、KT 接点打开，如果 KM2 常开（自锁）接点没有在 KM1、KT 接点打开之前闭合，这样就会造成 KM2 线圈失电，结果使电动机停止运行。

低压电动机的启动电阻一般采用由电阻丝绕制的板式电阻或铸铁电阻，电阻功率大，能够通过较大电流，但能量损耗较大。在高压电动机中为了节省电能，常采用电抗器来代替电阻。

2．自耦变压器降压启动控制电路

自耦变压器降压启动控制电路的控制原理和串电阻降压启动控制电路类似，不同的是启动时串入自耦变压器，也是用时间继电器控制启动时间。电动机启动电流的限制是依靠自耦变压器的降压作用来实现的。启动时，先接通自耦变压器的电源，由自耦变压器的抽头向电动机定子绕组提供较低的二次电压，一旦启动完毕，自耦变压器便被断开，由电源直接向电动机全电压供电。

图 2-16 所示为一种自耦变压器降压启动的控制电路。

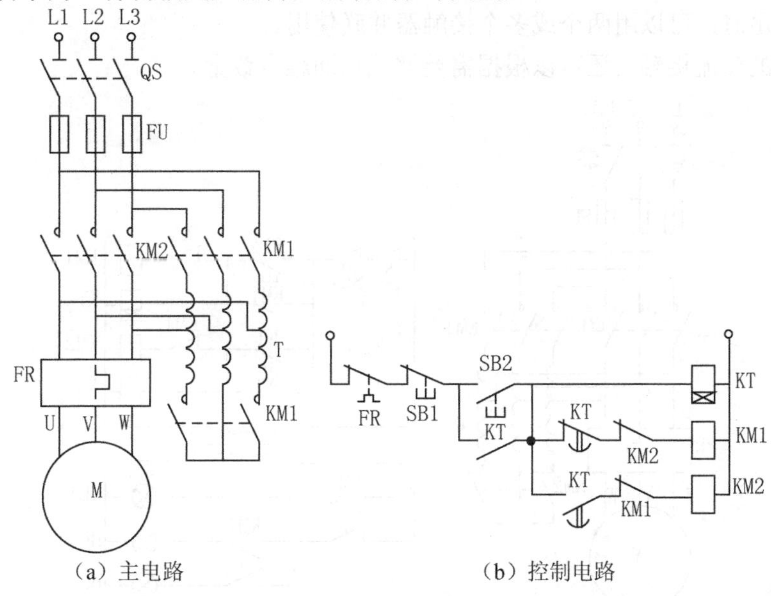

图 2-16　自耦变压器降压启动的控制电路 1

该电路采用了两个接触器。启动时，合上电源开关 QS，按下启动按钮 SB2，接触器 KM1 的线圈和时间继电器 KT 的线圈通电，KT 瞬动常开触头闭合自锁，接触器 KM1 主触头闭合，将电动机定子绕组经自耦变压器接至电源，开始降压启动。时间继电器经过一定延时后，其 KT 延时常闭触头打开，使接触器 KM1 线圈断电，KM1 主触头断开，从而将自耦变压器切除。而 KT 延时常开触头闭合，使接触器 KM2 线圈通电，电动机直接接到电源上，完成了整个启动过程。

在如图 2-16（b）所示的控制电路中，如果去掉 KM1、KM2 常闭互锁接点也能互锁和控制，因为 KT 常开和常闭延时接点本身就具有互锁作用，能确保 KM1、KM2 线圈不会同时得电。但是在前面介绍互锁接点的作用时曾提到过，上述互锁接点除了有互锁作用之外还有两种作用，一是减少或消除 KM1、KM2 主触点在互换时产生的电弧对触点的损坏，二是可以防止 KM1、主触点因电弧而熔焊在一起时 KM2 主触点再闭合而造成短路，所以不应省去。

自耦变压器在降压启动过程中，启动电流与启动转矩的比值按变压比的平方降低。因此，从电网取得同样大小的启动电流，采用自耦变压器降压启动比采用电阻降压启动产生较大的启动转矩。自耦变压器可以通过改变抽头的连接位置得到不同的启动电压，适用于启动较大容量的电动机，它的缺点是价格较高，而且不允许频繁启动。

一般工厂常用的自耦变压器启动方法是采用成品的自耦变压器启动器，又称补偿器。成品的补偿降压启动器有手动、自动操作两种形式。

图 2-17 所示为另一种控制电路，该电路在主电路中采用了两个常闭触点，适用于不频繁启动、电动机容量在 30kW 以下的设备。控制变压器 TC 控制 3 个信号灯：HL1、HL2 和 HL3，分别表示电路的运行、启动和停止状态。工作过程可自行分析。

在第 1 章中提到交流接触器一般只有 3 个主触点、两个常开和两个常闭辅助触点。将辅助触点用于主电路一般是不允许的，如图 2-16（a）中的 KM1 和图 2-17（a）中的 KM2 所示，如要使用，应保证辅助触点的触点容量满足主电路通过该触点的电流。当一个接触器主触点的数量不足时，可以用两个或多个接触器并联使用。

另外，有的交流接触器还可以根据需要增减辅助触点数量。

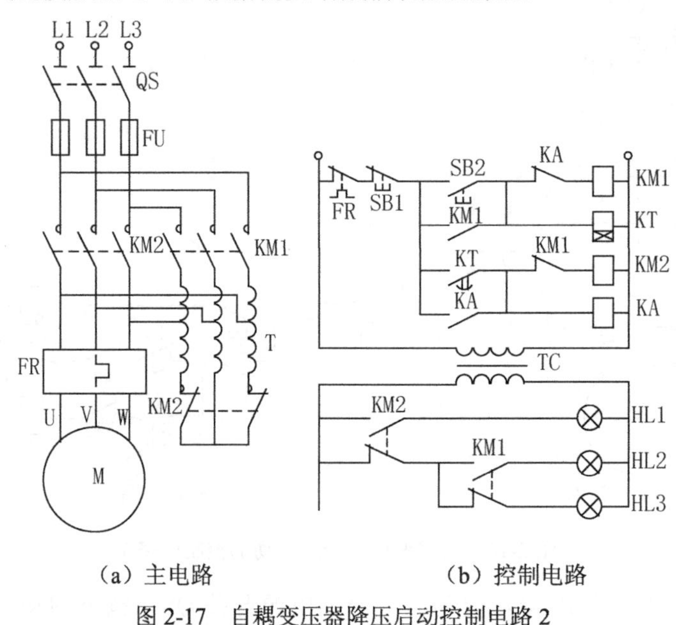

（a）主电路　　　　（b）控制电路

图 2-17　自耦变压器降压启动控制电路 2

3. 改接线降压启动控制电路

常见的改接线降压启动控制电路有星形-三角形降压启动、延边三角形-三角形降压启动及星形-延边三角-三角形降压启动控制电路等。改接线降压启动控制电路一般只能用于正常工作为三角形接线的电动机。一般功率在 4kW 以上的电动机均为三角形接线，由于这种降压启动方式只需改变电动机绕组的接线，无须专门的降压设备，所以应用十分广泛。

电动机常见的接线有星形、三角形接线和延边三角接线，如图 2-18 所示。在正常工作时，电动机的接线为三角形接线，每相绕组的电压为 380V。在启动时，如果将三相绕组接成星形接线，则每相绕组的电压为 220V，从而达了降压启动的目的。采用星形-三角形降压启动时，启动电流为三角形接线直接启动电流的 1/3，但是启动转矩也为三角形接线直接启动转矩时的 1/3，所以，这种方法适用于空载或轻载启动的设备。

为了提高启动电压，以便提高启动转矩，可采用延边三角形-三角形降压启动控制电路，即在启动时将三相绕组接成延边三角形接线。延边三角形接线实际上是将绕组的一部分接成三角形接线，一部分接成星形接线。三角形接线部分越小，启动电压越接近 220V；三角形接线部分越大，启动电压越接近 380V，可见每相绕组的电压在 220V～380V 之间，从而达到了改变启动电压的目的。但是延边三角形接线的电动机要有 9 个接线端，电动机和控制装置之间有 9 条导线，为了节省导线，电动机和控制装置一般安装在同一地点，所以，这种控制方式受到一定限制。

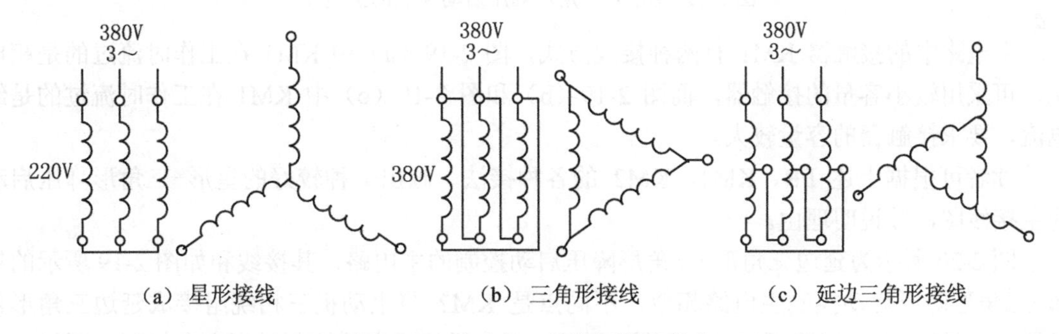

（a）星形接线　　（b）三角形接线　　（c）延边三角形接线

图 2-18　电动机三相绕组接线形式

图 2-19 所示为星形-三角形降压启动控制的主电路，启动时由接触器 KM1、KM2 将电动机 M 的三相绕组接成星形接线降压启动。当启动结束时接触器 KM2 失电，接触器 KM3 得电，将三相绕组接成三角形接线，全压运行。

主电路中用于过载保护的热继电器 FR 一般有三种接法。图 2-19（a）中的热继电器 FR 接在三角形回路中，在启动时没有电流流过，在运行时流过的是相电流，整定动作电流时应按相电流整定。图 2-19（b）中的热继电器 FR 在启动时流过启动电流（线电流），在运行时流过的是相电流，整定动作电流时应按相电流整定，不宜用于频繁启动的场合。图 2-19（c）中的热继电器 FR 在启动时流过启动电流（线电流），在运行时也流过线电流，整定动作电流时应按额定电流（线电流）整定。

主电路中的接触器 KM2 用于绕组的星形接线，一般有三种接法。图 2-19（a）所示为 Y 形接线，在启动时流过的是线电流，断开的是相电压；图 2-19（b）所示为 V 形接线，在启动时流过的也是线电流，断开的是线电压；图 2-19（c）所示为三角形接线，在启动时流过的是相电流，断开的是线电压。星形接线简单，使用的也比较多，V 形接线使用的比较少，三角形形接线的触点电流小，当其中一个触点因故障断开时相当于 V 形接线，仍可以正常工作，是一种较好的接线方式。

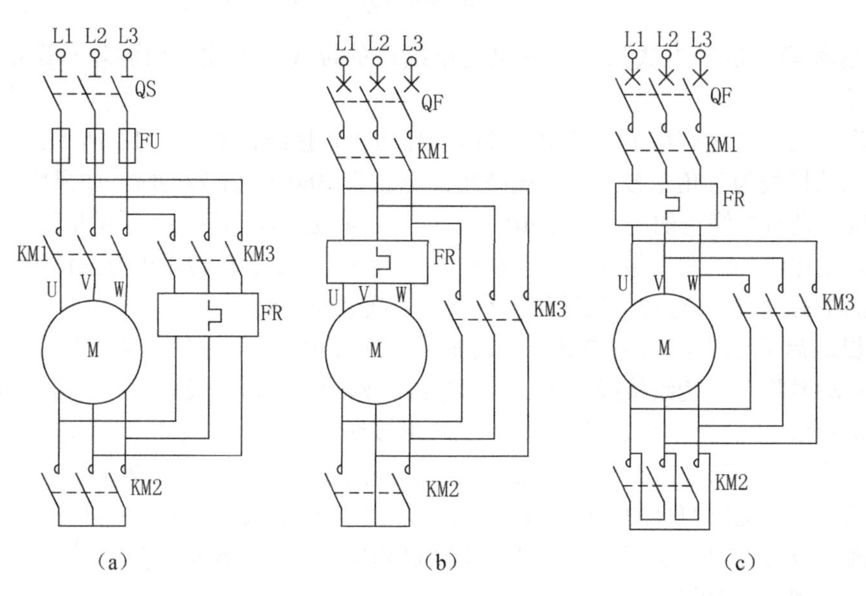

图 2-19　星形-三角形降压启动控制的主电路

主电路中的接触器 KM1 有两种接线方式，图 2-19（a）中 KM1 在工作时流过的是相电流，可采用较小容量的接触器，而图 2-19（b）和图 2-19（c）中 KM1 在工作时流过的是线电流，要求接触器的容量较大。

读者可根据上述 FR、KM1、KM2 的各种接法，画出一种较好的星形-三角形降压启动的主接线图，并说明理由。

图 2-20 所示为延边三角形-三角形降压启动控制的主电路，其接线和如图 2-19 所示的星形-三角形降压启动控制主电路相似，不同点是 KM2 将电动机三相绕组接成延边三角形接线。由于星形-三角形降压启动和延边三角形-三角形降压启动控制过程完全相同，所以，它们的控制电路可以是相同的。

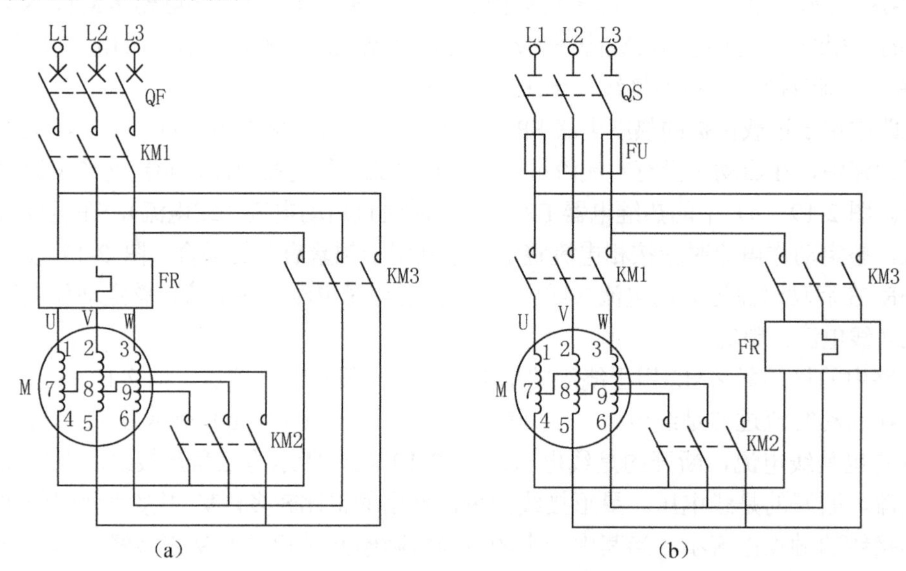

图 2-20　延边三角形-三角形降压启动控制主电路

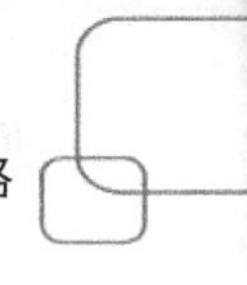

图2-21所示为星形-三角形降压启动和延边三角形-三角形降压启动的几种控制电路。

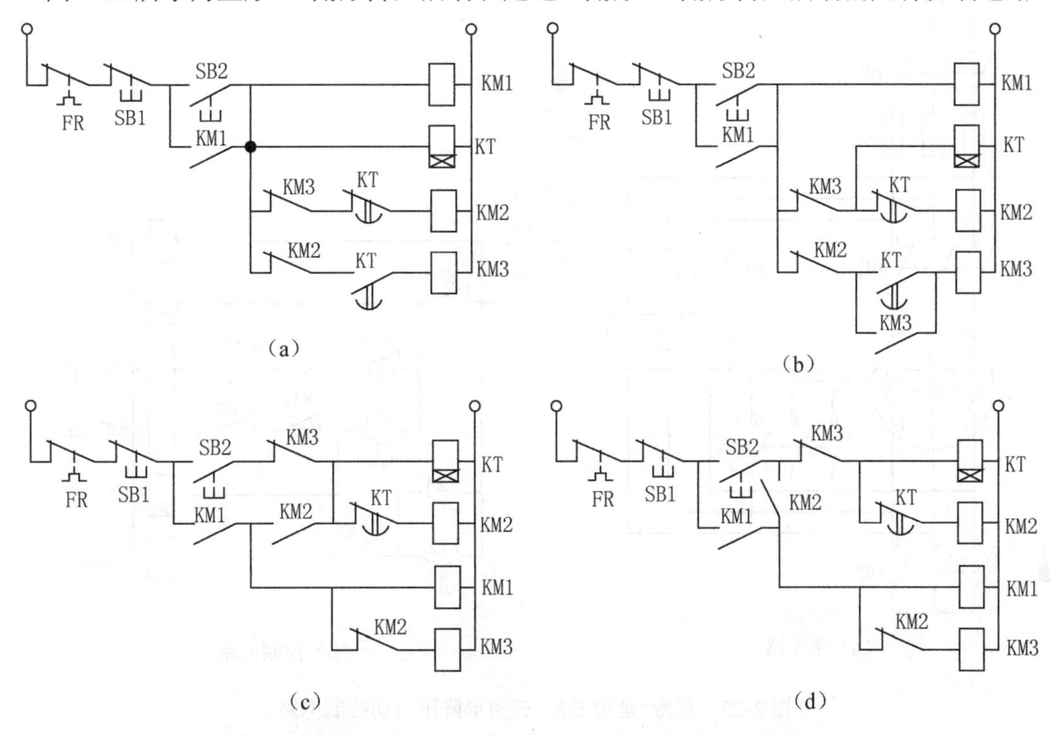

图2-21　星形-三角形、延边三角形-三角形降压启动控制电路

图2-21（a）的工作原理如下：按下SB2启动按钮，KM1、KT、KM2通电吸合，将电动机M接成星形（或延边三角形）降压启动，随着电动机转速的升高，启动电流下降，当时间继电器KT延时时间到时，其延时常闭接点断开，因而KM2断电释放，KM3通电吸合，电动机M接成三角形正常运行。该电路较简单，没有接点竞争，但KT在运行时带电。

为了使KT在运行时不带电，可将图2-21（a）改为图2-21（b），但该电路有接点竞争，工作不可靠。

图2-21（c）工作原理如下：按下SB2启动按钮，KT、KM2通电吸合，KM2触点动作使KMl也通电吸合并自锁，将电动机M接成星形（或延边三角形）降压启动。随着电动机转速的升高，启动电流下降，时间继电器KT延时时间到时，其延时常闭接点断开，使KM2断电释放，KM3通电吸合，时间继电器也断电释放，电动机M接成三角形正常运行。该电路没有接点竞争，时间继电器KT在运行时不带电，是一种较好的控制电路。

图2-21（d）和图2-21（c）的工作原理相同，只是KM2常开接点接法不同。

图2-22所示为星形-延边三角-三角形降压启动控制电路，该电路可以实现两级降压启动控制，使启动过程更加平滑。图2-22中接触器KM2、KM3、KM4分别用于绕组的星形、延边三角形、三角形接线。其控制原理如下：启动时按下启动按钮SB2，接触器KM1、KM2同时得电并自锁，电动机为星形接线降压启动。时间继电器KT1延时一定时间后，其延时接点断开KM2，接通KM3和KT2，电动机改为延边三角形接线，启动电压增高，启动转矩加大，电动机加速。KT2再延时一定时间后，其延时接点断开KM3，接通KM4，最终将延边三角形接线改为三角形接线，完成两级降压启动控制。

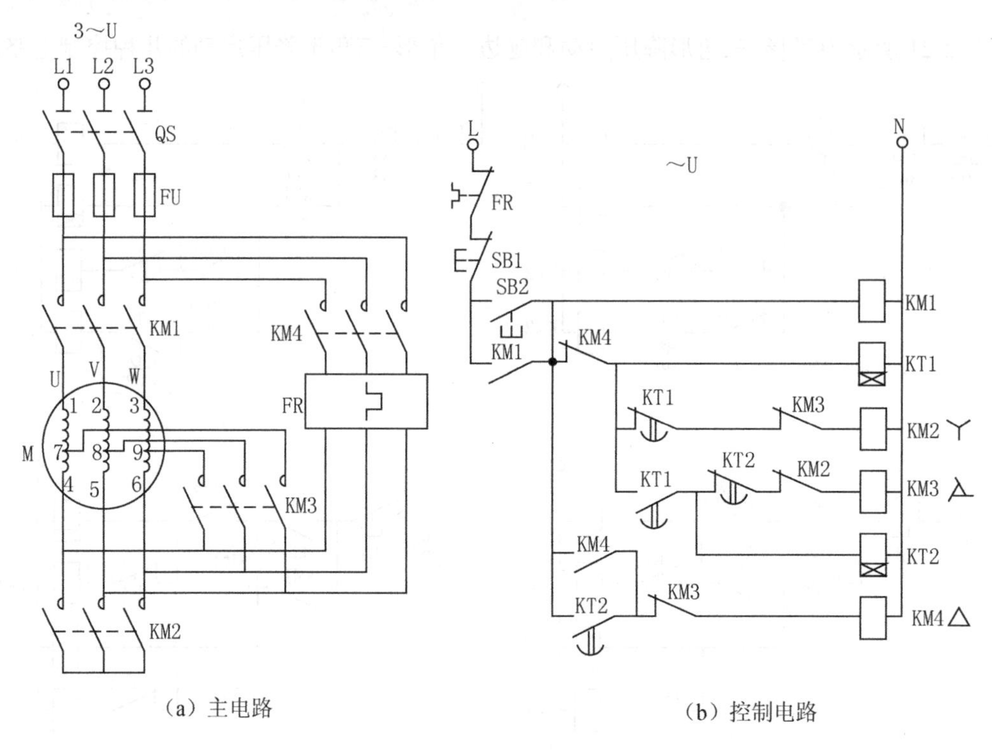

（a）主电路　　（b）控制电路

图 2-22　星形-延边三角-三角形降压启动控制电路

2.2.3　绕线型异步电动机启动控制电路

三相鼠笼型异步电动机具有结构简单、价格便宜、坚固耐用及控制方便等优点，是工业控制中使用最多的一种电动机。但是鼠笼型异步电动机在直接启动时启动电流大，如果降压启动，虽然减小了启动电流，但是启动转矩将大大减小，在启动转矩要求较高、转速要求较低的场合下就无能为力了，这时可采用三相绕线型异步电动机。

三相绕线型异步电动机的转子回路可以通过滑环外串接可变电阻来减小启动电流，以达到提高转子电路功率因数和启动转矩的目的。在一般要求启动转矩较高的场合下，绕线转子异步电动机得到了广泛的应用。

调节转子回路电阻的方法很多，有分段调节和连续调节两种。分段调节有时间原则调节、电流原则调节、速度原则调节及综合原则调节等。连续调节有频敏变阻器、变阻器、水电阻器调节等多种方式。

1．时间原则转子回路串接电阻启动控制电路

图 2-23 所示为时间原则转子回路串接电阻启动控制电路，三相绕线型异步电动机的定子绕组经电源开关 QS、熔断器 FU、接触器 KM1 和热继电器 FR 接到三相交流电源上。转子绕组串接三相启动电阻，一般接成星形。在启动前，启动电阻全部接入电路，启动过程中电阻被逐段地短接。短接的方式有三相电阻不平衡短接法和三相电阻平衡短接法两种。

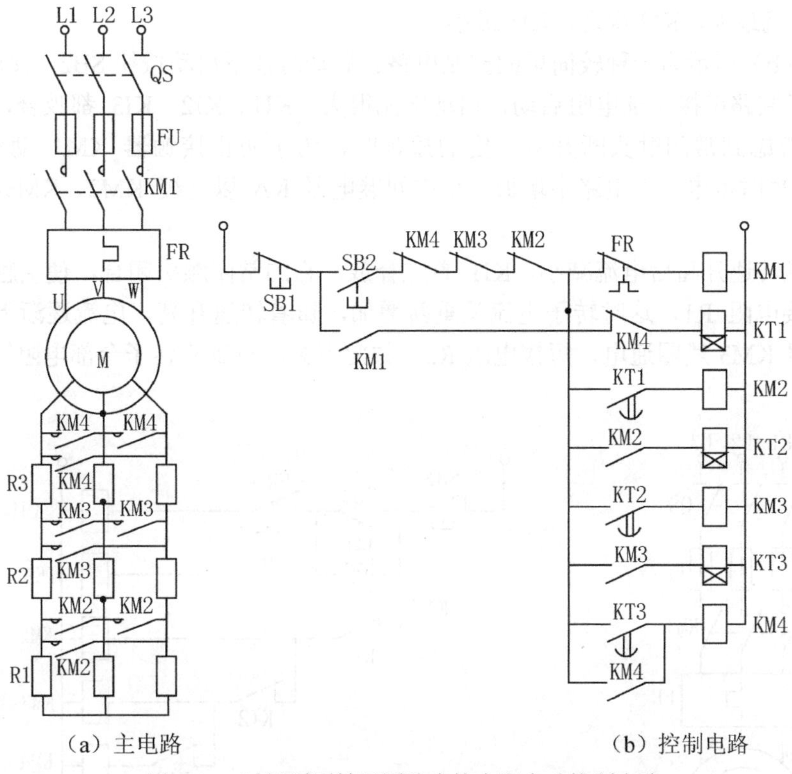

（a）主电路　　　　（b）控制电路

图 2-23　时间原则转子回路串接电阻启动控制电路

不平衡短接是每相的启动电阻轮流被短接，而平衡短接是三相的启动电阻同时被短接。串接在绕线转子异步电动机转子回路中的启动电阻，无论采用不平衡还是平衡短接法，其作用基本相同。但由于凸轮控制器中各对触头闭合顺序一般按不平衡短接法设计，使得控制电路简单，所以这时采用不平衡短接法；凡是启动电阻用接触器来短接时，全部采用平衡短接法。

启动时，按下启动按钮 SB2，KM1 得电自锁，电动机转子回路串入全部电阻启动。时间继电器 KT1 得电经过一段延时，KT1 延时常开接点闭合使 KM2 得电，KM2 主接点闭合短接一段启动电阻 R1，KT2 线圈得电延时……逐次延时短接 R1、R2、R3 后，全部启动电阻短接。KM4 自锁，KM4 常闭接点断开，顺次使 KT1、KM2、KT2、KM3、KT3 这 5 个继电器断电。工作时电路中只有 KM1、KM4 长期通电，可起到节省电能和延长使用寿命的作用。

为了防止用于短接启动电阻用的接触器 KM2、KM3、KM4 在启动前由于熔焊或机械卡阻而使主触点处于闭合状态，使部分或全部启动电阻被短接而造成直接启动，在启动按钮 SB2 回路中串入了 KM2、KM3、KM4 的常闭接点，当主触点处于闭合状态时，常闭接点断开，从而防止了直接启动。

2．电流原则转子回路串接电阻启动控制电路

图 2-24 所示为绕线型异步电动机电流原则转子回路串接电阻启动控制电路，它是利用电动机启动转子电流大小的变化来控制电阻切除的。KI1、KI2、KI3 为欠电流继电器，其线圈串接在电动机转子电路中。这 3 个继电器的吸合电流均相同，但释放电流不同，其中，

KI1 的释放电流最大，KI2 次之，KI3 最小。

图 2-24（b）所示为一种较简单的控制电路。启动时按下启动按钮 SB2，接触器 KM1 得电自锁，转子回路串接全部电阻启动，启动电流很大，KI1、KI2、KI3 都吸合，它们的常闭触头断开，考虑到常闭触头断开有一定的短延时，为了防止接触器 KM1 动作时 KM2、KM3、KM4 短时得电，在电路中增加一个中间继电器 KA 以延缓 KM2、KM3、KM4 回路的通电时间。

当电动机转速升高后电流减小，KI1 首先释放，它的常闭触头闭合，使接触器 KM2 线圈通电，短接电阻 R1，这时转子电流又重新增加，随着转速升高，电流逐渐下降，使 KI2 释放，接触器 KM3 线圈通电，短接电阻 R2，如此下去，直到将转子全部电阻短接，电动机启动完毕。

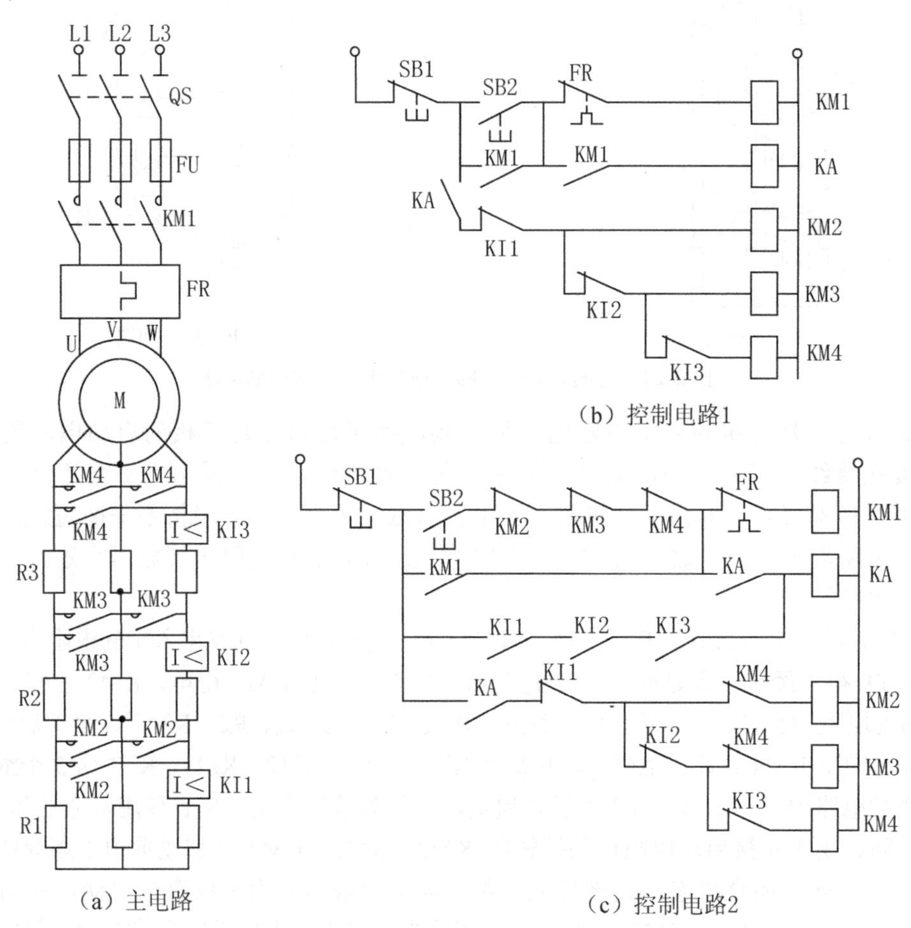

（a）主电路

（b）控制电路1

（c）控制电路2

图 2-24　电流原则转子回路串接电阻启动控制电路

图 2-24（b）所示的电路有一定的缺陷，一是 KM2、KM3 在启动结束后已经不起作用，但是仍带电；二是如果 KM2～KM4 主触点因故障断不开，将会造成直接启动；三是由中间继电器 KA 延缓 KM2、KM3、KM4 回路的通电时间不够可靠。将图 2-24（b）改进成图 2-24（c）即可避免上述缺陷，其原理请自行分析。

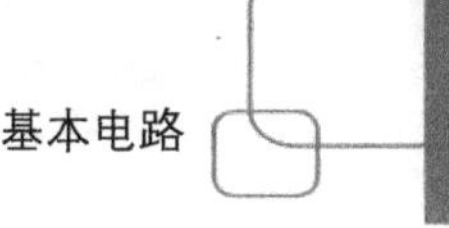

3．转子回路串频敏变阻器启动控制电路

绕线型异步电动机转子回路串接电阻启动，在启动过程中，由于逐段减小电阻，电流和转矩会突然增加，造成一定的机械冲击力，其启动电路复杂，工作不可靠，而且电阻本身比较笨重，能耗大，控制箱体积较大。采用频敏变阻器启动不仅启动转矩大，启动电流小，且启动平稳没有机械冲击力，控制电路也比较简单，是一种较为理想的启动设备，常用于较大容量的绕线式异步电动机的启动控制。

在启动过程中，频敏变阻器的阻抗能够随着转子电流频率的下降自动减小。频敏变阻器实质上是一个铁芯损耗非常大的三相电抗器，它由数片E形钢板叠成，分铁芯、线圈两个部分，制成开启式，并采用星形接线。将其串接在转子回路中，相当于转子绕组接入一个铁损较大的电抗器，在启动过程中，转子频率是变化的，刚启动时，转速 n 等于零，转子电动势频率 f_2 最高（f_2=50Hz），此时频敏变阻器的电感与电阻均为最大，因此，转子电流相应受到抑制，由于定子电流取决于转子电流，从而使定子电流不致很大。又由于启动中，串入转子电路中的频敏变阻器的等效电阻和等效电抗是同步变化的，因而其转子电路的功率因数基本不变，从而保证有足够的启动转矩。当转速逐渐上升时，转子频率逐渐减小，当电动机运行正常时，f_2 很低（为5%～10%电源频率），又由于其阻抗与 f_2 平方成正比，所以其阻抗变得很小。

由以上分析可见，在启动过程中，转子等效阻抗及转子回路感应电动势都是由大到小，从而实现了近似恒转矩的启动特性，这种启动方式在空气压缩机等设备中获得了广泛应用。频敏变阻器有各种结构形式，RF系列各种型号的频敏变阻器可以应用于绕线转子异步电动机的偶然启动和重复启动。重复短时工作时，常采用串接方式，不必用接触器等短接设备。在偶然启动时，一般用一只接触器，启动结束时将频敏变阻器短接。

图2-25所示为转子回路串频敏变阻器启动控制电路，该线路可以实现自动和手动控制。自动控制时将选择开关SA扳向“自动”位置，接入时间继电器KT，按下启动按钮SB2，KM1得电并自锁，电动机接入电源，转子串频敏变阻器RF启动，时间继电器KT得电延时一段时间后，其延时接点接通接触器KM2并自锁，将频敏变阻器RF短接。选择开关SA扳到“手动”位置时，时间继电器KT不起作用，利用按钮SB3手动控制接触器KM2的动作。

调节频敏变阻器的匝数，可以改变启动电流的大小；调节频敏变阻器的上下铁芯间的气隙，可以改变启动转矩的大小。

2.2.4 异步电动机的制动控制电路

电动机在脱离电源后，由于惯性的作用，要经过一段时间才能停止转动，这将影响生产效率，有些生产机械要求能准确停位，在这种情况下应对拖动电动机采取有效的制动措施。交流异步电动机的制动方法有机械制动和电气制动两种。

机械制动是利用机械装置使电动机迅速停转。常用的机械制动装置有电磁抱闸制动、电液闸制动、带式制动和盘式制动等。

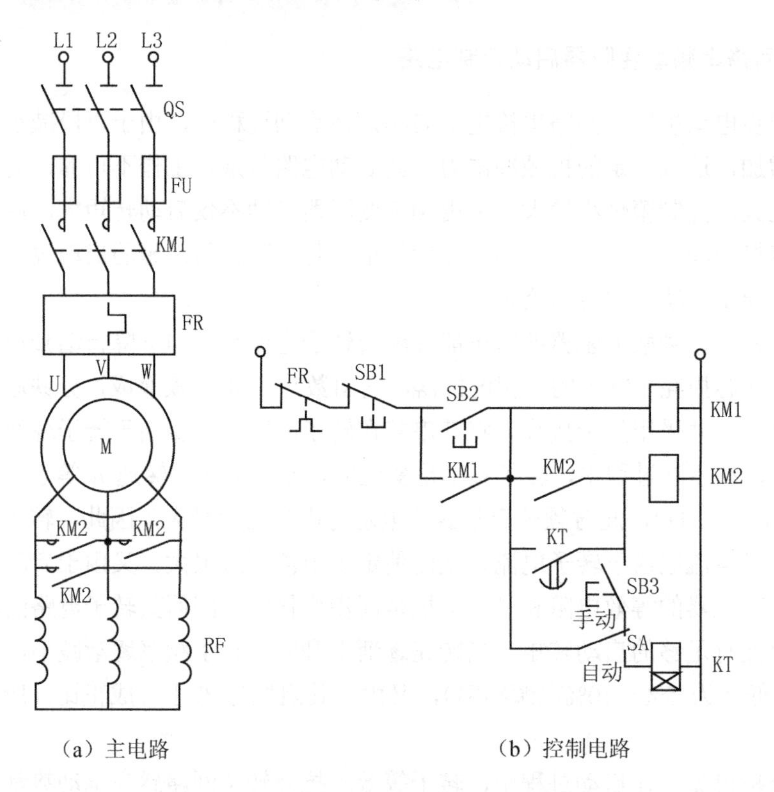

（a）主电路　　　　（b）控制电路

图 2-25　转子回路串频敏变阻器启动控制电路

电气制动是在电动机上产生一个与原转子转动方向相反的制动转距，迫使电动机迅速停转。电气制动方法有反接制动、能耗制动、阻容制动和发电制动等。

1．机械制动

机械制动的特点是停车准确，不受中途断电或电气故障的影响而造成事故。机械制动的制动力矩在一定范围内可以克服任何外加力矩，例如，当提升重物时，由于抱闸的作用力，可以使重物停留在需要的高度，这是电气制动所不能达到的。但从另一方面来看，制动时间越短，冲击振动也就越大。机械制动需要在电动机的轴伸出端安装机械制动装置，这对某些空间位置比较紧凑的生产机械来说就有些困难了。机械制动一般常用在起重卷扬等设备上。

下面说明电磁抱闸制动的控制原理。电磁抱闸装置主要由制动电磁铁和闸瓦制动器组成，有断电制动型和通电制动型两种。将制动电磁铁的线圈切断或接通电源，使机械制动动作，通过机械抱闸制动电动机。

图 2-26（a）所示为断电制动的电磁抱闸制动控制电路，当电动机启动时，电磁制动器 YB 同时通电而吸合使抱闸打开，电动机转动。在按下停止按钮 SB2 时，电动机 M 和电磁制动器 YB 同时失电，制动器在弹簧的压力下将电动机的转轴闸紧。断电制动的优点是能在失电的情况下及时制动；缺点是电源切断后，主轴就被刹住不能转动，手动调整比较困难。

图 2-26（b）所示为通电制动的电磁抱闸制动控制电路，这种电路中的电磁制动器在有电源时起制动作用。当按下停止按钮 SB2 时，接触器 KM1 释放，电动机断电，同时制动接触器 KM2 吸合，使电磁制动器 YB 动作，抱闸抱紧使电动机停止。当松开 SB2 时，电磁制动器释放，抱闸放松。显然，这种电路在失电时不能制动。

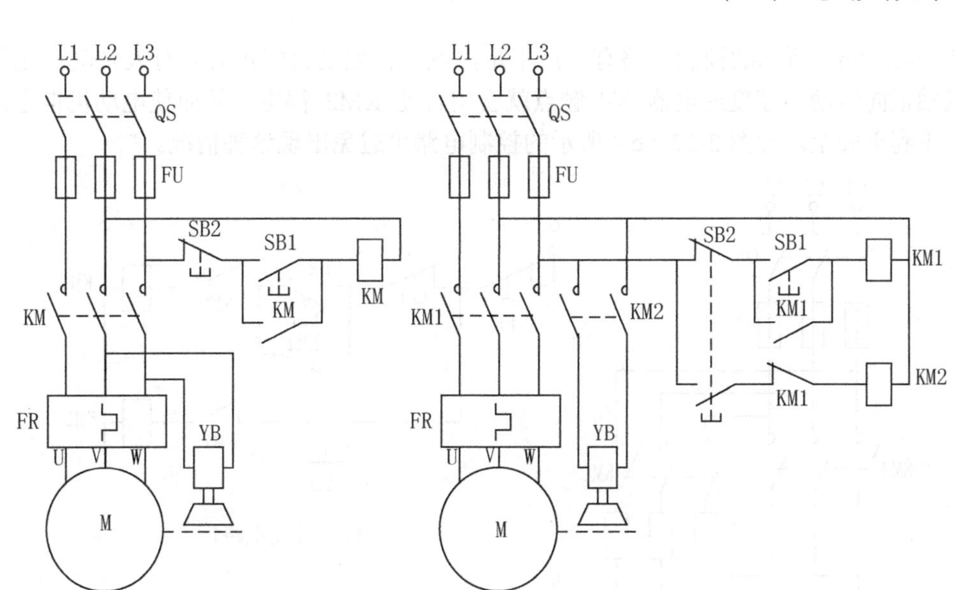

（a）电磁制动器断电制动控制　　（b）电磁制动器通电制动控制

图 2-26　电磁抱闸制动控制电路

2. 电气制动

1）反接制动

反接制动是在电动机停止时向定子绕组中输入反向序的电压，给转子一个反向转矩，使电动机产生一个向反方向旋转的力，使电动机转速迅速下降到零，当转速下降至接近零时及时将电源切除，以防电动机反向启动。

反接制动时，由于转子与旋转磁场的相对速度接近 2 倍的同步转速，所以，定子绕组中流过的反接制动电流相当于全压启动时启动电流的 2 倍，冲击电流很大。为减小冲击电流，需要在电动机主电路中串接一定的电阻以限制反接制动电流，该电阻称为反接制动电阻。

下面介绍几种常用的反接制动控制电路。

（1）单向反接制动控制电路。

反接制动的关键在于当转速下降至接近零时，能自动将电源切除。为此，在反接制动过程中采用速度继电器来检测电动机的速度变化。速度继电器在转速为 120～3000r/min 的范围内触点动作，当转速低于 100r/min 时，其触点恢复原位。

图 2-27 所示为单向反接制动控制电路。图中 KM1 为单向运行接触器，KM2 为反接制动接触器，SV 为速度继电器，R 为反接制动电阻。

图 2-27（b）所示为控制电路之一，启动时按下启动按钮 SB2，KM1 得电，其常闭接点断开使 KM2 不能得电（互锁），常开接点闭合自锁，主触点闭合，电动机启动。当转速高于 120r/min 时速度继电器 SV 触点动作，为制动做好准备。

按下停止按钮 SB1，KM1 失电，电动机暂时脱离电源。KM1 常闭接点闭合，由于电动机的惯性仍在转动，所以，速度继电器 SV 触点仍然闭合使 KM2 得电。电动机串入反接制动电阻 R 进行反接制动，当转速低于 100r/min 时速度继电器 SV 触点复位，使 KM2 失电，电动机停止转动。

图 2-27（b）所示的控制电路有一点不足，就是在电动机停止时若有人转动机械部分使电动机轴正向转动，速度继电器 SV 触点就会闭合使 KM2 得电，从而使电动机得电而反向制动，不利于安全。而图 2-27（c）所示的控制电路可避免出现这种情况。

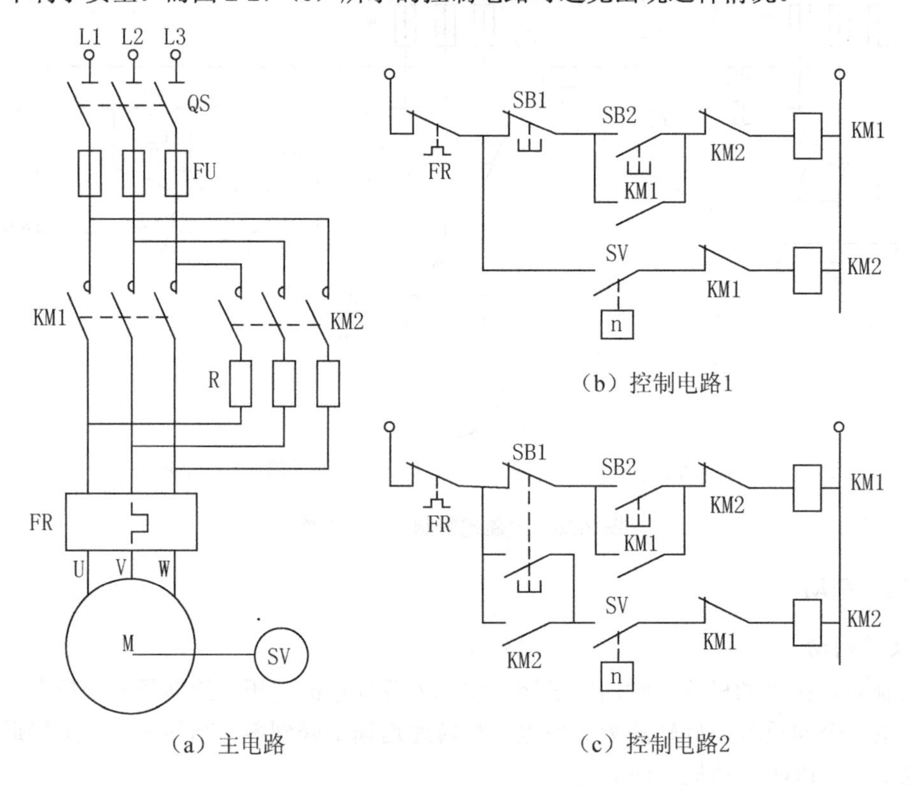

图 2-27　单向反接制动控制电路

（2）可逆反接制动控制电路。

图 2-28 所示为电动机可逆运行的反接制动的控制电路。速度继电器 SV 有两组触点，SV-正触点在正转时动作，SV-反触点在反转时动作。其启动过程和图 2-27 所示的单向反接制动控制电路基本相同，只是在反转回路中串联了一个 SV 的常闭触点，以防止在反接制动时反转制动接触器自锁。

图 2-28（b）所示为控制电路之一，启动时按下启动按钮 SB2，KM1 得电，其常闭接点断开使 KM2 不能得电（互锁），常开接点闭合自锁，主触点闭合，电动机启动正转。当转速高于 120r/min 时速度继电器 SV 正转触点 SV-正动作，为制动做好准备。

按下停止按钮 SB1，KM1 失电，电动机暂时脱离电源。KM1 常闭接点闭合，由于电动机的惯性仍在转动，所以速度继电器 SV-正触点仍然闭合，KM2 得电，电动机进行反接制动，当转速低于 100r/min 时速度继电器 SV-正触点复位，使 KM2 失电，电动机停止转动。

图 2-28（b）所示的电路不能防止人为转动电动机轴而使电动机得电的现象，而图 2-28（c）所示的电路可以防止出现这种情况。

这种反接制动电路的缺点是主电路没有限流电阻，反接制动电流大，一般用于小功率电动机的控制。

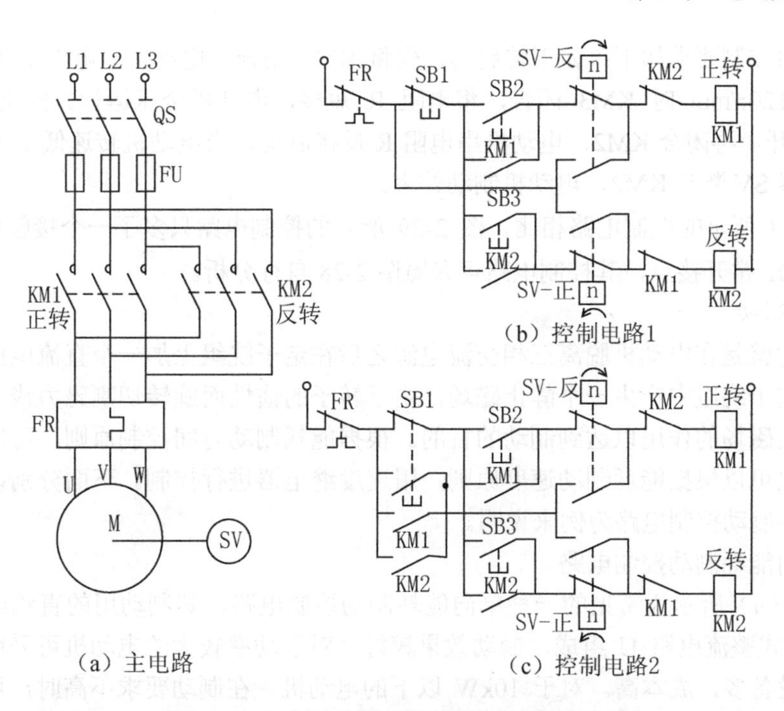

图 2-28　电动机可逆运行的反接制动控制电路

图 2-29 所示为具有反接制动电阻的正反向反接制动控制电路，主电路中电阻 R 是反接制动电阻，用于限制反接制动电流，但也具有限制启动电流的作用。

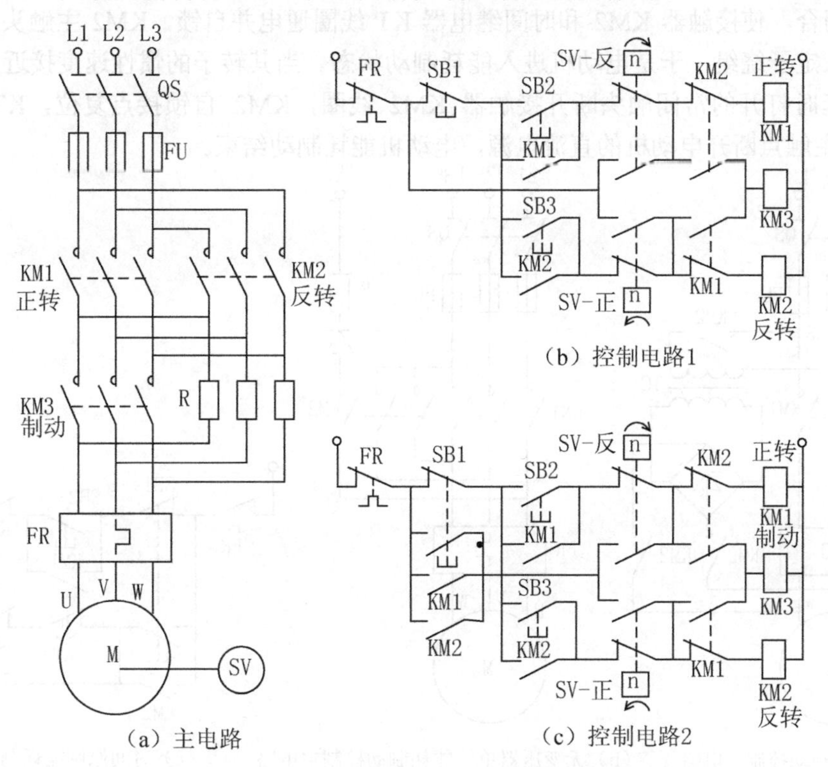

图 2-29　具有反接制动电阻的正反向反接制动控制电路

主电路的控制要求如下：如正转启动，先将 KM1 闭合，电动机串电阻 R 启动，当电动机转速高于 120r/min 时 KM3 闭合，将电阻 R 短接，电动机全压运行。停止时将 KM1、KM3 同时打开，再闭合 KM2，电动机串电阻 R 反接制动，当电动机转速低于 100r/min 时，由速度继电器 SV 断开 KM2，电动机制动结束。

与图 2-28 所示的控制电路相比，图 2-29 所示的控制电路只多了一个接触器 KM3 和两个 KM1、KM2 常开接点，其控制电路可参照图 2-28 自行分析。

2）能耗制动

能耗制动就是在电动机脱离三相交流电源之后在定子绕组上加一个直流电压，即通入的直流电流在定子绕组中产生一个静止磁场，由于转子的惯性而旋转切割磁力线，利用转子感应电流与静止磁场的作用以达到制动的目的。根据能耗制动时间控制原则，可用时间继电器进行控制，也可以根据能耗制动速度原则，用速度继电器进行控制。下面分别以单向能耗制动与可逆能耗制动控制电路为例来说明。

（1）单向能耗制动控制电路。

图 2-30（a）所示为常见的一种单向能耗制动控制电路，其制动用的直流电源由变压器 TC 和单相桥式整流电路 U 组成，制动效果较好。对于功率较大的电动机可采用三相整流电路，但所需设备多，成本高。对于 10kW 以下的电动机，在制动要求不高时，可采用无变压器单管能耗控制电路，如图 2-30（b）所示，其特点是设备简单，体积小，成本低。

图 2-30（c）所示为时间原则控制的单向能耗制动控制电路。在电动机正常运行时，若按下停止按钮 SB1，SB1 常闭接点断开，KM1 断电释放，电动机脱离三相交流电源，SB1 常开接点闭合，使接触器 KM2 和时间继电器 KT 线圈通电并自锁，KM2 主触头闭合，将直流电源通入定子绕组，于是电动机进入能耗制动状态。当其转子的惯性速度接近于零时，时间继电器延时打开的常闭触头断开接触器 KM2 线圈，KM2 自锁接点复位，KT 线圈被断开，KM2 主触点断开电动机的直流电源，电动机能耗制动结束。

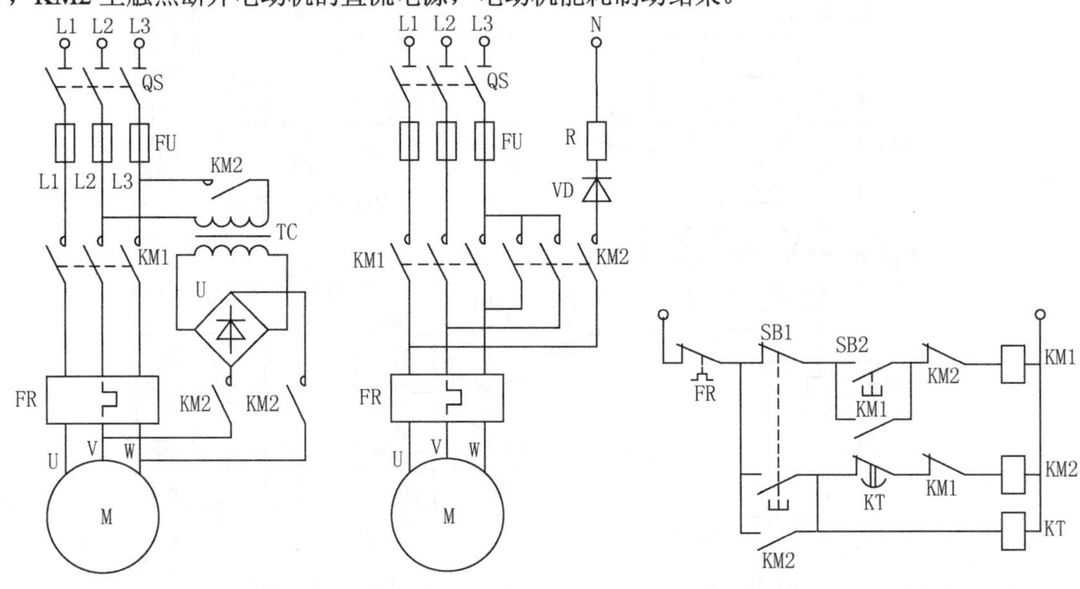

（a）能耗制动控制主电路　（b）无变压器单管能耗制动控制主电路　（c）时间原则能耗制动控制电路

图 2-30　单向能耗制动控制电路

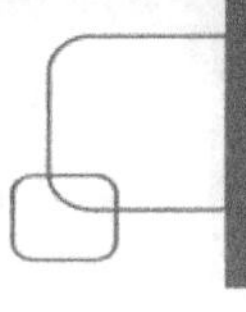

如果控制电路中的时间继电器 KT 线圈断线或出现机械卡住故障则电动机在制动时由于接触器 KM2 线圈不能延时断开，所以，使得电动机定子绕组将长期接入能耗制动的直流电流。为了防止出现这种情况，可将时间继电器 KT 的瞬动常开接点和 KM2 自锁接点串联。

另外，如图 2-30 所示的单向能耗制动电路也可以采用速度原则控制的单向能耗制动控制电路，其控制过程和如图 2-27 所示的单向反接制动控制电路一样，所以，图 2-27（b）和图 2-27（c）所示的控制电路也可以用于速度原则控制的单向能耗制动控制电路。

（2）可逆能耗制动控制电路。

图 2-31 所示为电动机可逆运行的能耗制动控制电路。该电路与如图 2-30 所示的单向能耗制动控制电路相比，只是增加了一个反转接触器 KM3。图 2-31（b）所示为时间原则可逆运行的能耗制动控制电路，和如图 2-30（c）所示的时间原则控制的单向能耗制动控制电路的工作原理基本相似，只是多了一路 KM3 控制回路而已，其工作原理可参照图 2-30（c）自行分析。

需要注意的是，由于 KM1、KM2、KM3 不能同时得电，所以这是一个三互锁电路。这里用了 6 个互锁接点，可以简化。

图 2-31（c）所示为速度原则可逆运行的能耗制动控制电路。与图 2-31（b）基本相同，所不同的只是将时间继电器换成了速度继电器。其工作原理可自行分析。

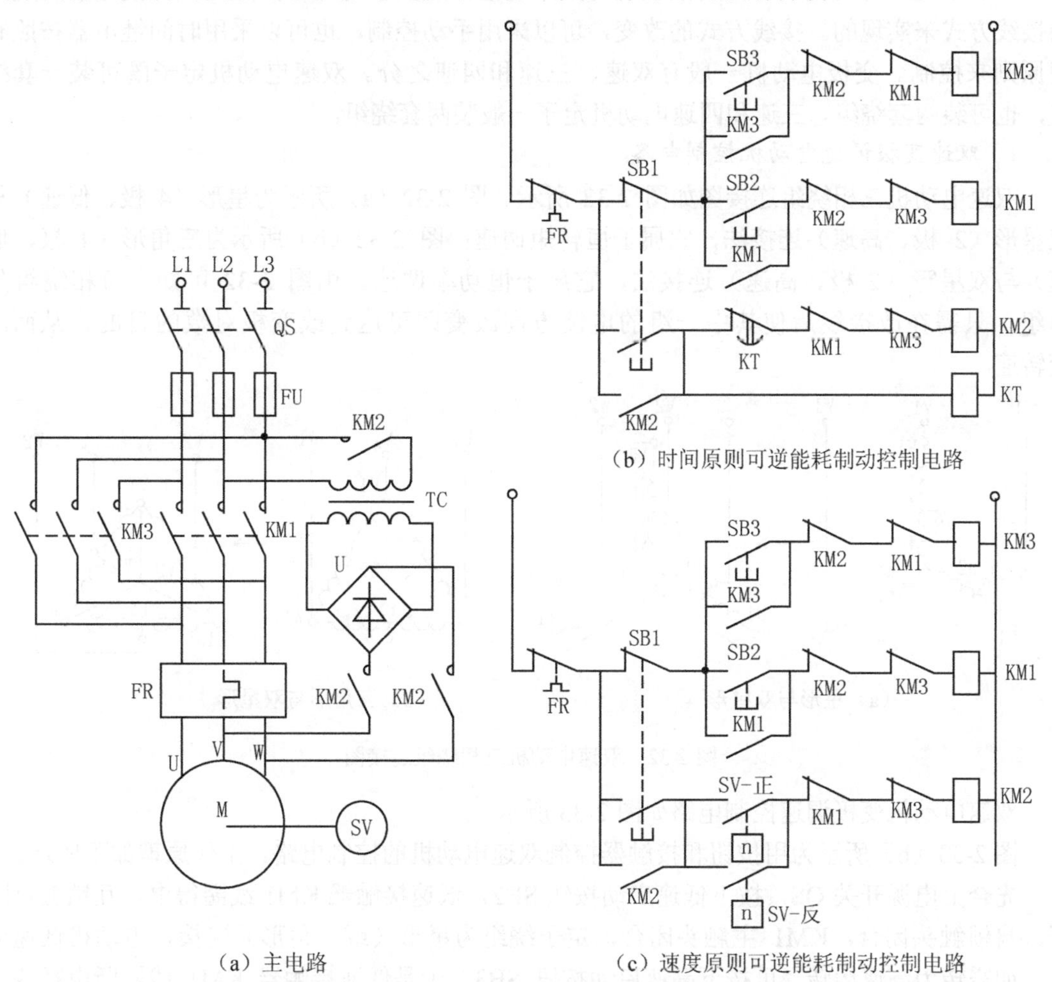

（a）主电路　（b）时间原则可逆能耗制动控制电路　（c）速度原则可逆能耗制动控制电路

图 2-31　可逆能耗制动控制电路

按时间原则能耗制动控制的电路，适用于负载转速比较稳定的工作场合。对于那些能够通过传动装置来实现负载速度变换或者加工零件经常变动的生产机械来说，采用速度原则控制的能耗制动则较为合适。能耗制动比反接制动消耗的能量少，其制动电流也比反接制动电流小得多，但能耗制动的制动效果不及反接制动明显，同时需要直流电源，控制电路也较复杂。通常能耗制动适用于电动机容量较大和启动、制动较为频繁的场合，而反接制动适用于电动容量较小而制动要求迅速的场合。

2.2.5 异步电动机的调速控制电路

对于异步电动机，根据转速公式 $n=60(1-s)f_1/p$，可知调速的方法有：改变转差率 s——串级调速，改变电源频率 f_1——变频调速，改变极对数 p——变极调速。下面介绍鼠笼型异步电动机变极调速及绕线型异步电动机在转子中串电阻调速。

1. 改变极对数调速控制电路

对于鼠笼型电动机，可采用改变极对数来调速。改变极对数主要是通过改变电动机绕组的接线方式来实现的。接线方式的改变，可以采用手动控制，也可以采用时间继电器按照时间原则来控制。变极电动机一般有双速、三速和四速之分。双速电动机定子既可装一套绕组，也可装两套绕组。三速和四速电动机定子一般装两套绕组。

1）双速变极调速电动机控制电路

双速电动机三相绕组连接图如图 2-32 所示。图 2-32（a）所示为星形（4 极、低速）与双星形（2 极、高速）连接法，它属于恒转矩调速；图 2-32（b）所示为三角形（4 极、低速）与双星形（2 极、高速）连接法，它属于恒功率调速。由图 2-32 可知，每相绕组分两组，只需在改接线后使其中一组的电流方向改变即可达到改变极对数的目的，从而改变转速。

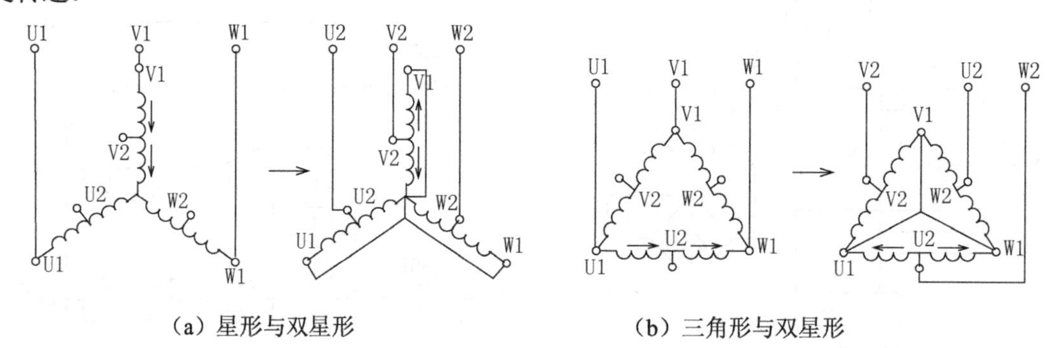

（a）星形与双星形　　（b）三角形与双星形

图 2-32　双速电动机三相绕组连接图

双速电动机变极调速控制电路如图 2-33 所示。

图 2-33（b）所示为用按钮和接触器控制双速电动机的控制电路。工作原理如下所述。

先合上电源开关 QS，按下低速启动按钮 SB2，低速接触器 KM1 线圈得电，互锁触点断开，自锁触头闭合，KM1 主触头闭合，定子绕组为星形（或三角形）连接，电动机低速运转。如需转为高速运转，可按下高速启动按钮 SB3，于是低速接触器 KM1 线圈断电释放，主触头断开，自锁触头断开、互锁触头闭合，高速接触器 KM2 和 KM3 线圈同时得电，主触头闭合，使电动机定子绕组连成双星形接线，电动机高速运转。

对于双速电动机的启动控制，一般应先低速后高速，以减少启动时的机械冲击力。但该电路若先按下高速启动按钮 SB3，将造成直接高速启动，所以，这种电路一般多用于小功率电动机的调速。

需要注意的是，该控制电路实际上和正反转控制电路完全一样。

图 2-33（c）所示为 T68 型卧式镗床控制电路中的一部分，是采用变速手柄、接触器和时间继电器控制双速电动机的控制电路。工作原理如下所述。

图 2-33（c）中，SA 是变速手柄控制开关，变速手柄在控制机械部分的同时也控制电气部分，它有低速、停止和高速 3 个位置。当开关 SA 扳到中间位置（即停止位置）时，电动机处于停止。若把 SA 扳到“低速”位置时，接触器 KM1 线圈得电，电动机定子绕组的电动机以低速运转。再把 SA 扳到“高速”位置时，时间继电器 KT 线圈首先得电，它的常开瞬动触头 KT 闭合，接触器 KM1 线圈得电，电动机仍以低速运行。经过一定的延时时间，时间继电器 KT 的延时常闭触头断开，接触器 KM1 线圈断电释放，KT 延时常开触头延时闭合，接触器 KM2、KM3 线圈得电使电动机定子绕组向 3 个出线端 U2、V2、W2 与电源相连接，以高速运转。

如果启动时变速手柄直接扳到“高速”位置，则电动机将是先低速后高速，以避免出现高速直接启动的现象。但该电路也有不足之处，一是当停电后再来电时，电动机将通电自启动，不安全；二是在低速运行时再转为高速运行时还要低速运行一段时间，效率低。

图 2-33（d）所示为采用按钮、接触器和时间继电器的控制电路，它避免了图 2-33（b）和图 2-33（c）的不足之处。其工作原理请自行分析。

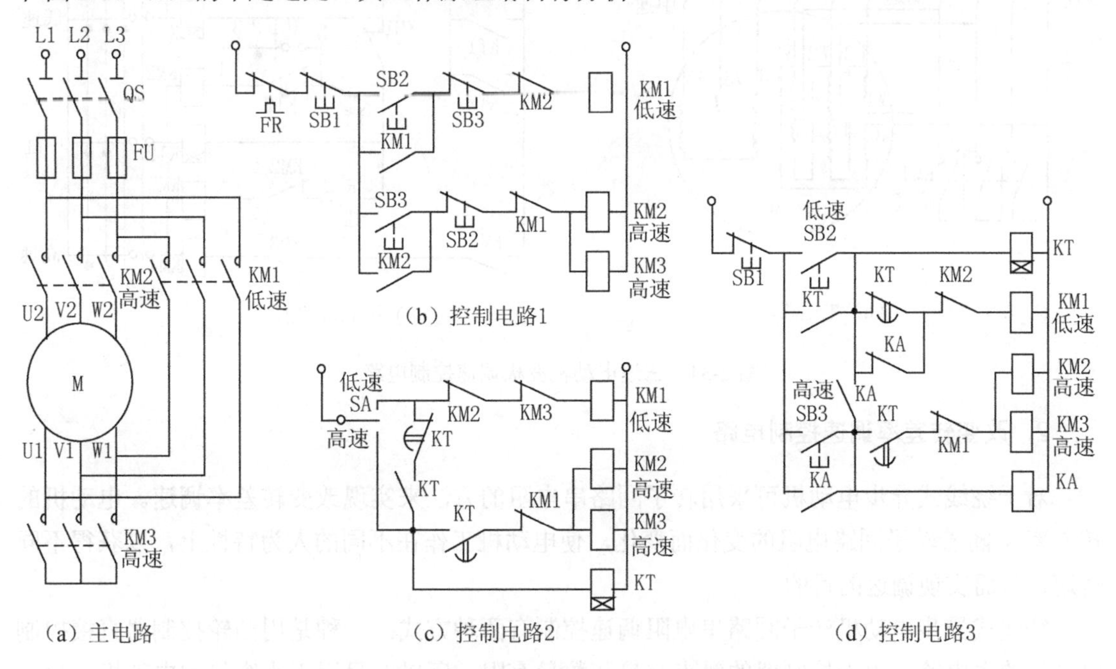

（a）主电路　（b）控制电路1　（c）控制电路2　（d）控制电路3

图 2-33　双速电动机变极调速控制电路

2）三速变极调速电动机控制电路

图 2-34 所示为三速电动机变极调速控制电路。该三速电动机为双绕组，中速为单独绕组 Y 接线，低高速绕组共用一个绕组，低速为三角形接线，高速为双星形接线。

图 2-34（b）所示为采用按钮、接触器的控制电路。它比较简单，实际上就是一个三互锁电路，在启动时若按不同的按钮，电动机的启动转速就不同，注意，其在中、高速启动时不经过低速，所以只能用于电动机功率比较小且控制要求不高的场合。

图 2-34（c）所示为采用按钮和转换开关对电路进行控制的电路，转换开关 SA 有 5 个触点、4 个位置，0 位为停止位，1 位为低速位，2 位为中速位，3 位为高速位。该电路比较复杂，控制性能较好，启动时电路能按从低速、中速到高速的顺序自动延时切换，启动平稳。其控制原理请自行分析。

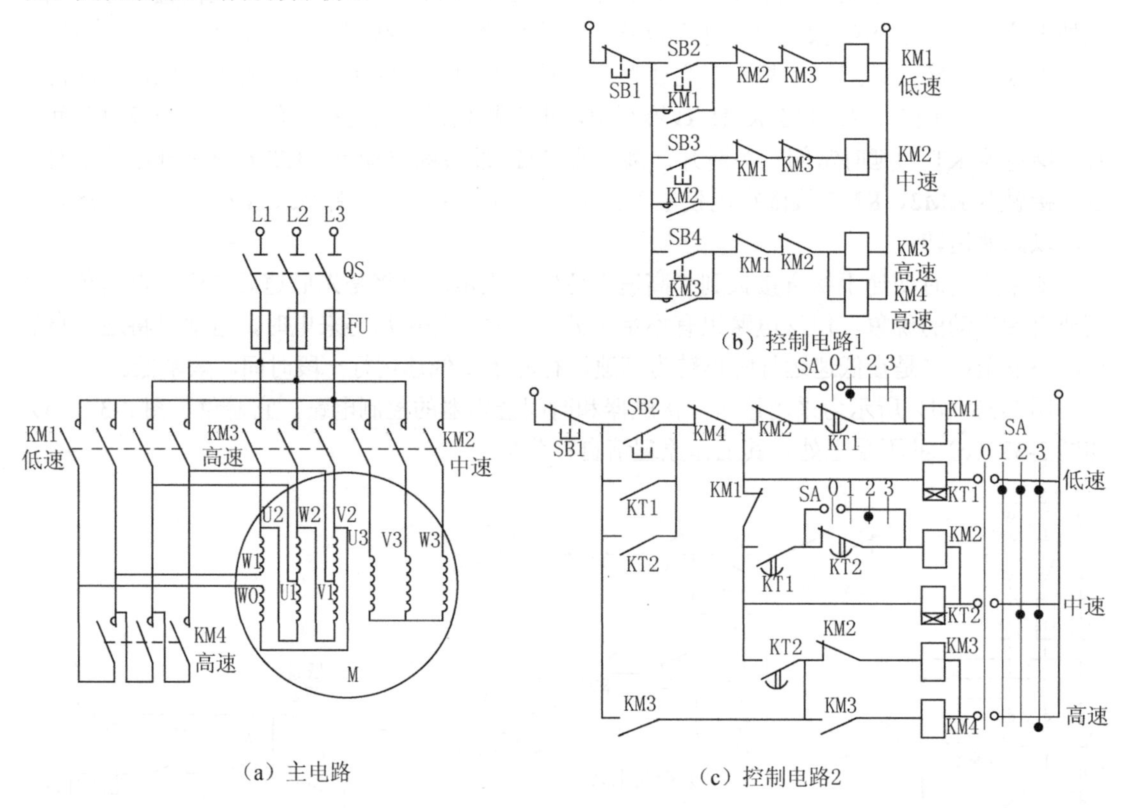

图 2-34　三速电动机变极调速控制电路

2. 改变转差率调速控制电路

对于绕线式异步电动机可采用转子回路串电阻的方法来实现改变转差率调速。电动机的转差率 s 随着转子回路电阻的变化而变化，使电动机工作在不同的人为特性上，以获得不同转速，从而实现调速的目的。

绕线式异步电动机转子回路串电阻调速控制有两种方式：一种是用凸轮控制器直接控制电动机的主电路，由于控制器的触点容量和数量有限，所以，只用于小容量的电动机；另一种是采用主令控制器和磁力控制屏配合进行控制，适用于大容量的电动机和调速要求比较

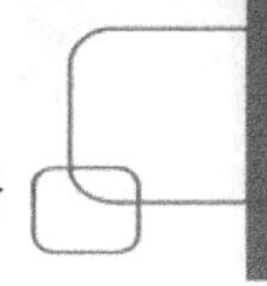

高、启动和工作比较繁重的场合。下面介绍用凸轮控制器进行启动调速控制的电路。

凸轮控制器结构简单、工作可靠、维护方便，它与控制箱（屏）相比外形尺寸较小，广泛用于控制中、小型起重机运行机构和小型起重机起重机构的电动机。

图 2-35 所示为绕线式异步电动机转子串电阻的调速控制电路。图中采用 KT14—25J/1 型凸轮控制器 SA，共有 12 对触点，SA-1 与启动按钮串联，用于零位保护，以保证电动机只有在零位停止状态下才能启动；SA-2 用于正转时将正转过限位开关 SQ2 接通，以防止被控制的机械在运行中超越界限；SA-3 用于反转越限保护；SA-4 和 SA-5 用于控制电动机的正转；SA-6 和 SA-7 用于控制电动机的反转；SA-8～SA-12 用于转子回路的电阻切换。

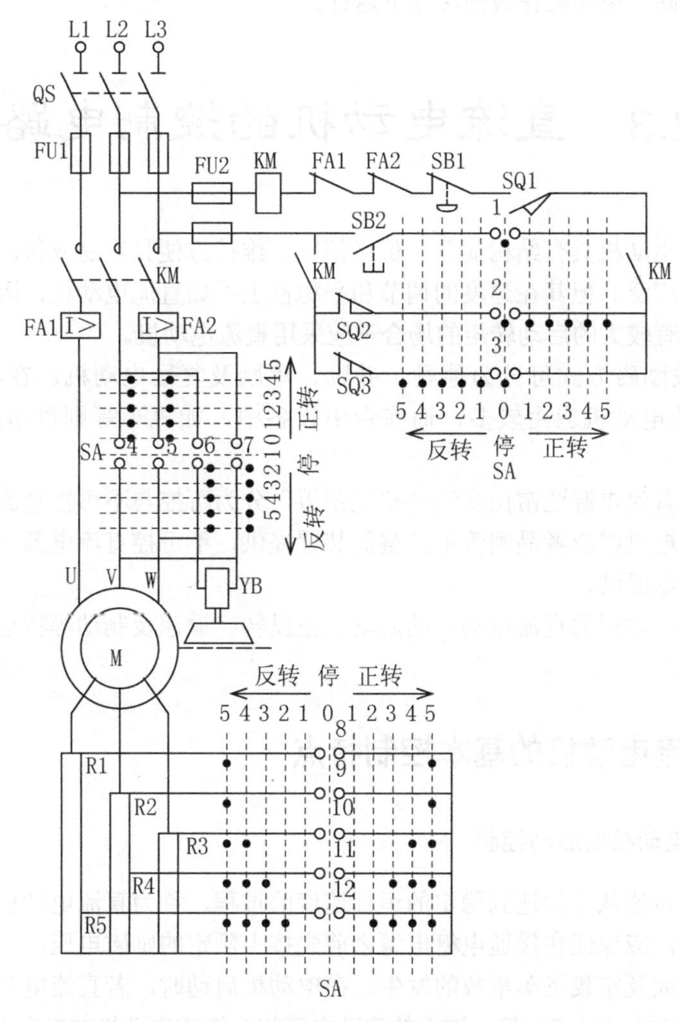

图 2-35　绕线式异步电动机转子串电阻的调速控制电路

在主电路中，过流继电器 FA1、FA2 用于电动机的过电流保护；电磁制动器 YB 用于电动机的制动，这里采用断电制动方式；在电动机 M 的转子回路中，串接三相不对称电阻用于启动和调速。

在控制电路中，接触器 KM 用于电动机的电源控制，和 SA 配合起零位保护作用；过流继电器 FA1、FA2 常闭触点用于在过电流时断开电动机的电源；SB1 为急停按钮；SQ1 用于安全门限位开关。SQ1 和 SQ2 分别用于正反转时的越限保护。

启动时，应将安全门关好，SQ1 闭合，将凸轮控制器 SA 的手轮转到 0 位，由图 2-35 可知，SA-1、SA-2、SA-3 触点闭合，SA-4～SA-12 触点断开。按下启动按钮 SB2，接触器 KM 得电并自锁，KM 主触点接通电源。将凸轮控制器 SA 的手轮转到正转的 1 位，由图 2-35 可知，SA-1、SA-3 触点断开，SA-2 仍闭合，接入正转限位开关 SQ2。SA-4 和 SA-5 闭合使制动器 YB 和电动机 M 同时得电，解除制动，电动机转子回路串入全部电阻低速启动并运行。将 SA 转到正转的 2 位，SA-12 触点闭合切断一段电阻 R5，电动机转速上升。将 SA 转到正转的 3 位，SA-11 触点闭合切断一段电阻 R4，电动机转速再上升。将 SA 转到正转的 5 位时全部电阻被切除，电动机在最高转速下运行。

2.3 直流电动机的控制电路

三相交流异步电动机具有结构简单、价格便宜、维护方便且容易取得动力电源的优点，在工业中应用十分广泛。但其在速度的调节和平稳性上不如直流电动机，因此，在要求大范围无级调速或要求有较大的启动转矩的场合下应采用直流电动机。

直流电动机按励磁方式可分为他励、并励、串励及复励电动机。在机床等设备中，以他励和并励直流电动机应用较多，而在牵引设备中，如机车等则以串励直流电动机应用较多。

直流电动机的直流电源通常由交流电整流获得，分为可控与不可控直流电源两种。可控电源通常为直流发电机组或者晶闸管可控整流装置提供，不可控直流电源一般由交流电源经整流变压器及整流器提供。

下面先介绍工厂常用的直流电动机的启动、正反转、调速及制动等特点，然后介绍一些基本电路。

2.3.1 直流电动机的基本控制特点

1. 他励直流电动机的启动控制

直流电动机的转速从零加速到稳定的运行速度的过程，称为直流电动机的启动。当他励直流电动机启动时，应保证在接通电枢电源之前先接上额定的励磁电压，至少是同时，否则将导致启动电流过大及空载飞车事故的发生。在电动机启动时，若直流电动机直接启动，其启动电流为额定电流的 10～20 倍。过大的启动电流将会造成电动机的换向器和电枢绕组的损坏，同时产生较大的启动转矩，对机械的传动部件也将产生强烈的冲击。因此，除了个别很小容量的直流电动机可以直接启动外，一般直流电动机应限制启动电流的大小进行启动。

直流电动机启动的最根本原则是确保有足够大的启动转矩和限制启动电流。电动机最常用的启动方法有电枢串电阻启动和减压启动两种。减压启动需有专用可调直流电源，电枢串电阻启动是指在额定电压下，电枢回路串接电阻启动。在串电阻启动瞬间，所串电阻全部投

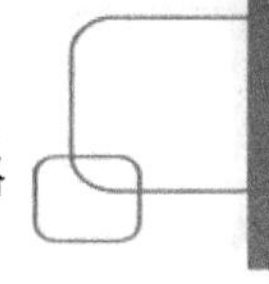

入启动，在启动转矩的作用下，电动机开始运转并逐渐加速，随着转速的升高，电枢电流减小，电磁转矩随之减小，速度增加变慢。为了保证电动机转速的平滑增加，应将启动电阻逐级切除，使电动机达到稳定运行状态，一般选择启动级数为 2～5。

2．直流电动机的正反转控制

改变直流电动机的转向有两种方法，一是电动机的励磁绕组端电压的极性不变，改变电枢绕组端电压的极性；二是电枢绕组端电压极性不变，改变励磁绕组端电压的极性。上述两种方法均可改变电动机的旋转方向。在采用改变电枢绕组端电压极性的方法时，因主电路电流较大，故接触器的容量也较大，并要求采用灭弧能力强的直流接触器，这就给使用带来不便。因此，采用改变直流电动机励磁电流的极性来改变转向更为合理，因为电动机的励磁电流仅为额定电流的 2%～5%，故使用的接触器容量小得多，这一点对功率较大的直流电动机尤其突出。但为了避免在改变励磁电流方向的过程中，因励磁电路暂时断路而产生“飞车”，通常要求改变励磁的同时要切断电枢回路电源。另外，考虑到励磁回路的电感量很大，触头断开时易产生很高的自感电动势，故需加设阻容吸收装置。

在直流电动机正反转控制的电路中，通常都设有制动和联锁电路，以确保在电动机停转后再作反向启动，以免直接反向产生过大的冲击电流。

3．直流电动机的调速控制

直流电动机转速调节主要有以下 4 种方法。

（1）改变电枢回路电阻值调速。

这种调速方法的特点是电路简单，但是当改变串接在电枢回路中的调速电阻时，电动机的理想空载转速不变，调速电阻越大，电动机的转速降落越大，工作转速就越低，特性变得很软，这就限制了调速范围。同时它只能在额定转速以下调速，且调速电阻要消耗能量，因此，这种调速方法只适用于要求不高的小功率拖动系统中。

（2）改变励磁电流调速。

通常直流电动机的额定励磁接近磁化曲线的饱和点，故磁通难以再增加，因而一般只能用减弱励磁来提高电动机的转速。显然这种调速方法是以额定转速为下限，以电动机所能允许的最高转速为上限。

对串励直流电动机，是采用在额定的电源电压下，在励磁绕组上并联附加电阻的方法。由于电阻的分流作用，调节电阻的阻值可改变励磁电流。其调速范围也是以额定转速为下限，以电动机所允许的最高转速为上限。

（3）改变电枢电压调速。

改变电枢电压调速时，一般只能从额定电压向下调节，但最低转速常受静差率的限制，不能太低。在这种调速方式下，电动机的励磁保持为额定励磁，当工作电流为额定电流时，则允许负载转矩不变，所以适用于恒转矩负载。

（4）混合调速。

当对直流电动机的电枢电压及励磁电流都进行调节而调速时，通常称为调压调磁的调速方法，即混合调速。这种调速方法得到的调速范围更大，电动机的容量能得到充分利用，适用于调速范围要求广的负载。

4. 制动控制

与交流电动机类似，直流电动机的电气制动方法有能耗制动、反接制动和再生发电制动等几种方式。

1）能耗制动

在电动机具有较高转速时，切断其电枢电源而保持其励磁为额定状态不变，这时电动机因惯性而继续旋转，成为直流发电机。如果用一个电阻与电枢绕组并联，则在此电路中产生电流和制动转矩，使拖动系统的动能转化成电能并在转子回路电阻中以发热的形式消耗掉，故此种制动方式称为能耗制动。由于能耗制动较为平稳，故在机床的直流拖动中应用较普遍。

2）反接制动

反接制动是在保持励磁为额定状态不变，而将反极性的电源接到电枢绕组上，从而产生制动转矩，迫使电动机迅速停止的一种制动方式。与异步电动机相同，在反接制动时要注意以下两点：其一是要限制过大的制动电流；其二是要防止电动机反向再启动。其方法也与异步电动机类似，即采用限流电阻及采用速度继电器检测速度信号。

在理论上也可以采用改变励磁电压的极性进行反接制动，但在实际应用中，因存在“失磁飞车”的问题，处理起来极为不便而不宜采用。

3）再生发电制动

再生发电制动方法存在于重物下降的过程中，如吊车下放重物或电力机车下坡时发生。此时电枢及励磁电源处于某一定值，电动机转速超过了理想转速，电枢的反电动势也将大于电枢的供电电压，电枢电流反向，产生制动转矩，使电动机转速限制在一个高于理想空载转速的稳定转速上，而不会继续无限增加。

2.3.2 直流电动机的基本控制电路

1. 电枢回路串电阻的启动与调速控制电路

如图 2-36 所示，它也适用于复励直流电动机。启动电阻分为两段，利用主令控制器 SA 来实现启动、调速和停车控制。其工作过程如下所述。

（1）启动前的准备。

将主令控制器 SA 的手柄置 0 位，分别合上主电路及控制电路的断路器 QF1 和 QF2，励磁绕组首先得电，欠电流继电器 FA1 得电吸合，其常开触头闭合，使中间继电器 KA 通过 SA-1 触点得电吸合并自锁。同时，时间继电器 KT1 的线圈也通电，其延时常闭触头立即断开，切断接触器 KM2、KM3 线圈以保证启动时 R1 与 R2 都串入主电路。

（2）启动。

将 SA 的手柄由 0 位扳到 3 位，SA-1 触头断开，SA-2、SA-3 和 SA-4 三个触头闭合。这时 KM1 通电吸合，主触点闭合使电动机 M 串 R1 和 R2 启动，同时 KT1 断电，开始延时，由于启动电阻 R1 上有压降，使 KT2 通电吸合，使其常闭点断开 KM3 线圈。当 KT1 延时到时，其延时闭合的常闭触点闭合，接通 KM2 的线圈回路。KM2 的常开触头闭合，切除启动电阻 R1，电动机进一步加速。同时 KT2 线圈被短接而失电，经过一定延时，其延时闭合的

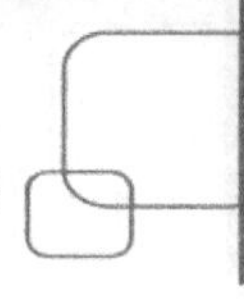

常闭触点闭合，接通接触器KM3的线圈回路，KM3的常开主触头闭合，切除最后一段电阻R2，电动机再次加速进入全电压运转，启动过程结束。

（3）调速。

若欲使运行在低速，只要将主令控制器SA扳到1或2位，使电动机在电枢串有两段或一段电阻下运行，其转速低于主令控制器处在3位时的转速即可。在调速过程中，KT1和KT2的延时作用是保证电动机M有足够的加速时间，避免由于电流突变引起传动系统过大的冲击。

（4）停止。

将主令控制器SA扳到0位，SA-2、SA-3和SA-4三个触头均断开，KM1失电，KM1主触点断开，电枢回路失去电源。由于没有制动措施，电动机在惯性的作用下慢慢地停下来。在停止状态下由图2-36可知，继电器FA1、KT1、KA和励磁线圈仍带电，所以若长时间不用，应将断路器QF1和QF2断开。

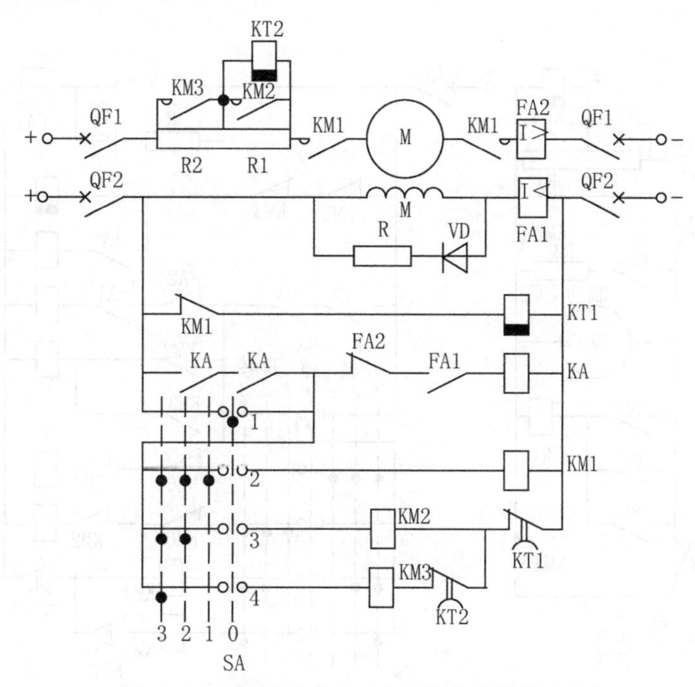

图2-36　电枢回路串电阻启动与调速控制电路

（5）保护。

断路器QF1和QF2分别用于电枢和励磁绕组的电源开关及短路保护作用，过电流继电器FA2用于电枢回路的过载保护，当过载时FA2动作，其常闭触点切断KA线圈，使KM1、KM2、KM3均断电，使电动机脱离电源。欠电流继电器FA1用于励磁线圈失磁保护，励磁线圈断线时FA1也失电，其常开触点切断KA线圈。KM1～KM3失电断开电枢绕组电源。

当主令控制器SA手柄处于0位时启动，KA才能接通，既避免了电动机M的自启动，同时也保证了M在任何情况下总是从低速到高速的安全加速启动过程。由于SA具有防止由于停电以后突然来电而产生的“自启动”，也起到了零压保护作用。

电路中二极管 VD 与电阻 R 串联构成励磁绕组的吸收回路，在正常工作时没有电流，当停止时励磁线圈中的能量以电流的形式通过二极管 VD 与电阻 R 释放掉，以防止由于过大的自感电动势引起励磁绕组的绝缘击穿，并保护其他元件。

2．带有能耗制动的正/反转控制电路

图 2-36 所示的直流电动机只能单方向转动，且没有制动措施。在图 2-37 中增加了正/反转控制和能耗制动控制。其启动和调速控制过程与图 2-36 类似，不同的是由主令开关 SA 利用改变电枢电压极性实现正/反转控制。当主令开关 SA 的手柄向左（正转位置），接触器 KM2 接通，电枢电压为左正右负。当手柄向右（反转位置），接触器 KM3 接通，电枢电压为左负右正，这样就改变了电枢电压的极性，而并励绕组的电流方向没有改变，所以实现了正/反转控制。其次是停车时采用能耗制动，且利用电压继电器 KV 与电动机电枢并联，它反映电动机电枢电压，即转速的变化，其作用相当于用转速原则来控制电动机的能耗制动过程。

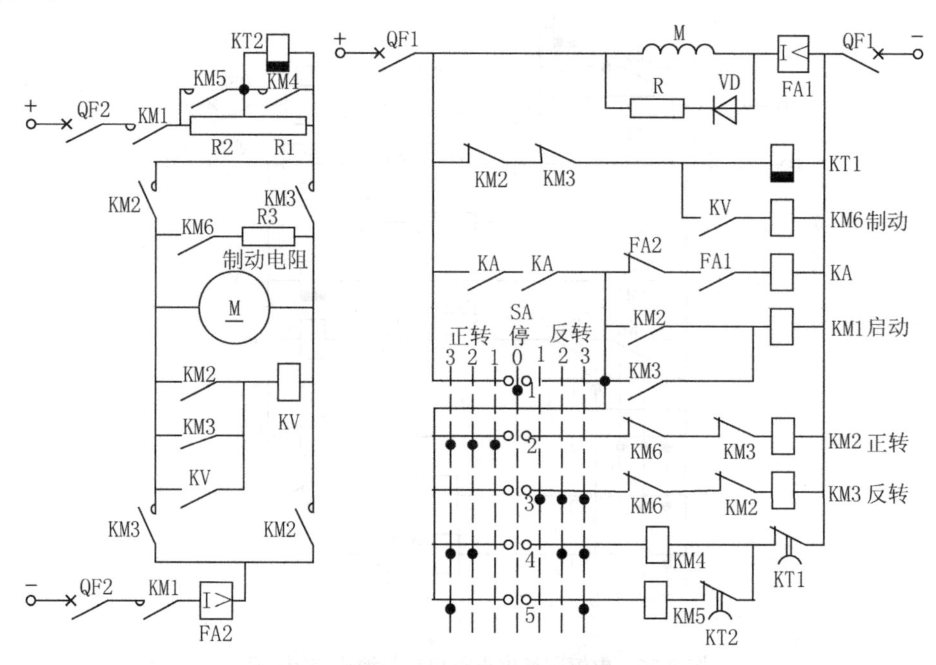

图 2-37 电枢串电阻启动调速、能耗制动正/反转控制电路

电路的动作过程如下所述。

主令开关 SA 在 0 位时，KA 得电自锁。将主令开关 SA 手柄扳向左正转第 3 挡，首先正转接触器 KM2 得电吸合，接触器 KM1 再得电，电动机串 R1、R2 启动，KM2 接通电压继电器 KV，当电动机转速升高时，KV 动作并自锁，KM6 线圈回路的 KV 常开接点闭合，为制动做好准备，但 KM2 常闭接点断开，KM6 不得电，KT1 失电，同时也短接 KT2 使 KT2 失电，其 KT2 常闭接点延时闭合接通 KM5 线圈，KM5 常开接点闭合，再短接电阻 R2，使电动机转速升至最高。

停止时，将主令开关 SA 手柄由正转位置扳到 0 位，这时 KM1～KM5 线圈均断电，断开电动机的主电源，但电动机因惯性仍按原方向旋转，在励磁保持情况下，电枢导体切割磁

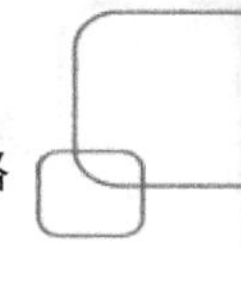

场而产生感应电动势，使 KV 仍不释放，同时由于 KM2 常闭接点又接通了 KM6，其主触头闭合，接通制动电阻 R3，使电动机进入能耗制动状态，将电动机中的能量消耗到制动电阻 R3 中，其电枢电动势也随着转速的下降而降低。当转速降到一定数值时，就使 KV 释放，断开制动继电器 KM6，制动结束。

电动机反转控制过程和正转过程相似，只是将主令开关 SA 手柄扳向右侧的反转第 3 挡或第 1、2 挡即可。当用主令开关手柄从正转扳到反转位时，电路本身能保证先进行能耗制动，后改变转向。这是利用了电压继电器 KV 在制动结束以前一直是吸合的，制动继电器 KM6 得电，KM6 的常闭互锁接点断开了反转接触器 KM3 线圈的回路，只有在制动结束后制动继电器 KM6 失电，KM6 的常闭互锁接点闭合才能接通反转接触器 KM3 线圈的回路。当主令开关从反转瞬间扳到正转时与上述情况类似。

3．直流电动机可逆启动反接制动的控制电路

直流电动机可逆启动反接制动的控制电路如图 2-38 所示。图中电阻 R1 和 R2 用于降压启动，R3 为反接制动限流电阻，R 为电动机停车时励磁绕组的放电电阻，FA 为失磁保护继电器，主电路中电压继电器 KV1 用于检测电动机正转时的转速，KV2 用于检测电动机反转时的转速。

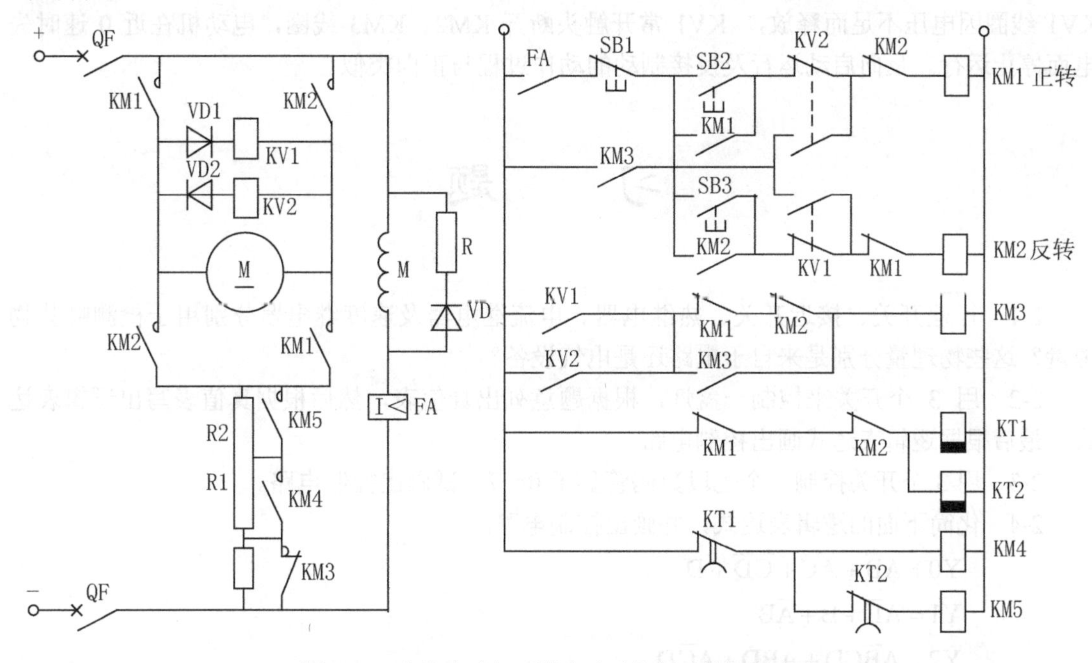

图 2-38　直流电动机可逆启动反接制动的控制电路

1）*启动前的准备*

合上电源开关 QF，励磁绕组通电开始励磁，失磁保护继电器 FA 动作，其控制电路中的 FA 常开接点闭合。同时，时间继电器 KT1 和 KT2 线圈得电吸合，它们的延时闭合的常闭触头瞬时断开，接触器 KM4 和 KM5 线圈处于断电状态，时间继电器 KT2 的延时时间大于 KT1 的延时时间，此时电路处于准备工作状态。

2）*正转启动过程*

按下正转启动按钮 SB2，正转接触器 KM1 线圈得电吸合，其主触头闭合，直流电动机电枢回路串入电阻 R1 和 R2 降压启动，KM1 常闭触头断开，使时间继电器 KT1 和 KT2 断电，经过一定的延时时间后，KT1 延时闭合的常闭触头先闭合，然后 KT2 延时闭合的常闭触头闭合，接触器 KM4 和 KM5 先后得电吸合，先后切除电阻 R1 和 R2，直流电动机进入正常运行。在电动机刚启动开始时，因反电动势很小，电压继电器 KV1 不会动作，KV2 因二极管 VD2 反串而不能得电。随着电动机的转速升高，反电动势也升高，电压继电器 KV1 吸合，KV1 的两个常开触头闭合，为接触器 KM2 和 KM3 得电反接制动作好准备，KV1 常闭触头断开，防止在反接制动时 KM2 自锁。

3）*停止及反接制动过程*

假设电动机原来正转，按下停止按钮 SB1，则正转接触器 KM1 线圈断电释放，此时，电动机仍作惯性运转，反电动势仍较高，电压继电器 KV1 不会释放，KM1 常闭触头闭合使 KM3 得电并自锁，KM3 常闭触头断开将制动电阻 R3 串入主电路，另一个 KM1 常闭触头闭合使 KT1、KT2 得电，使 KM4、KM5 失电，R1、R2 也串入主电路。KM3 常开触头闭合使 KM2 线圈得电，电动机在串入 R1、R2 和 R3 的情况下进行反接制动。电动机在反向转矩作用下迅速下降，并有反转的趋势，当电动机转速接近 0 时，电枢两端的反电势也接近 0，使 KV1 线圈因电压不足而释放， KV1 常开触头断开 KM2、KM3 线圈，电动机在近 0 速时失电而停止运行。反向启动运行及反接制动的动作过程与正向类似。

习　　题

2-1　行程开关、接近开关、热继电器、电流继电器及速度继电器分别用于检测哪些物理量？这些物理量分别是来自于电路还是电气设备？

2-2　用 3 个开关来控制一盏灯，根据题意列出真值表，然后根据真值表写出逻辑表达式，最后根据逻辑表达式画出控制电路。

2-3　用 3 个开关控制一个七段数码管显示 0～7，试画出控制电路。

2-4　化简下面的逻辑表达式，并画出控制电路。

$$Y0 = A\overline{B} + \overline{A}C + \overline{CD} + D$$

$$Y1 = A\overline{B} + B + \overline{A}B$$

$$Y2 = A\overline{B}CD + ABD + A\overline{C}D$$

2-5　画出 4 路输出互锁电路。

2-6　画出星形-三角形降压启动控制的主电路和控制电路。

2-7　画出用速度原则控制的单向能耗制动控制电路。

2-8　分析如图 2-39（a）～图 2-39（d）所示的电路是否能进行点动控制？哪些电路有接点竞争现象？哪些电路没有接点竞争现象？

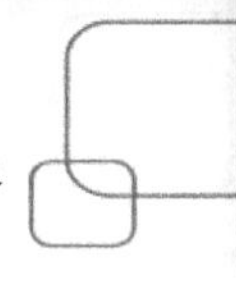

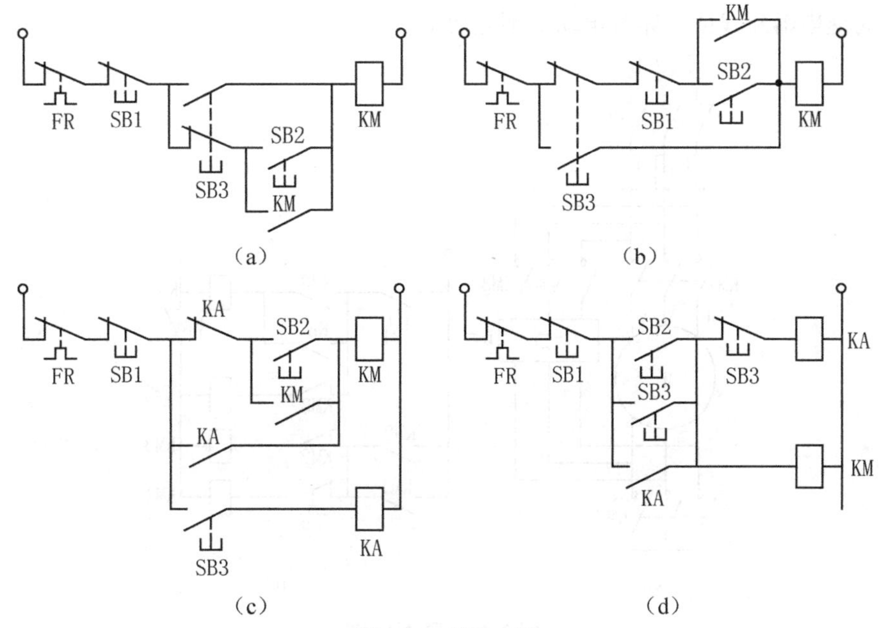

图 2-39　题 2-8 图

2-9　如何利用如图 2-40 所示的电路实现点动控制？

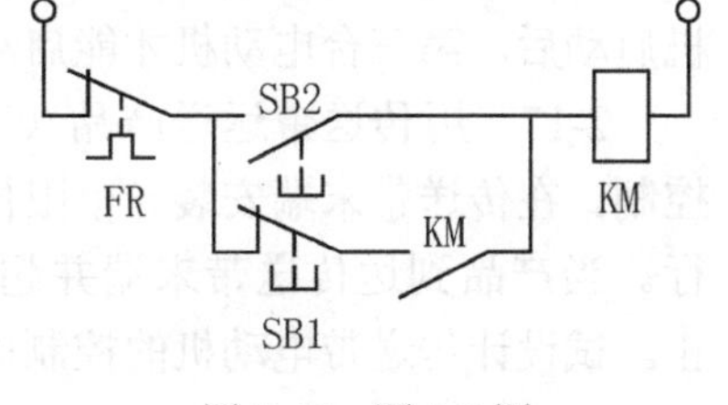

图 2-40　题 2-9 图

2-10　用信号灯显示 3 台通风机的运行情况：

（1）当两台及以上通风机运行时绿灯亮。

（2）当 1 台通风机运行时黄灯亮。

（3）当无通风机运行时红灯亮。

2-11　图 2-41 所示为控制两台电动机的控制电路，试分析电路有哪些特点？

2-12　是否可以用如图 2-42 所示的电路作为电动机的正反转控制电路？

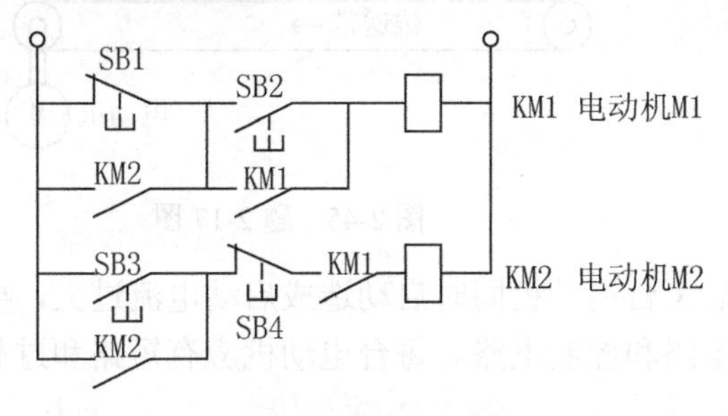

图 2-41　题 2-11 图

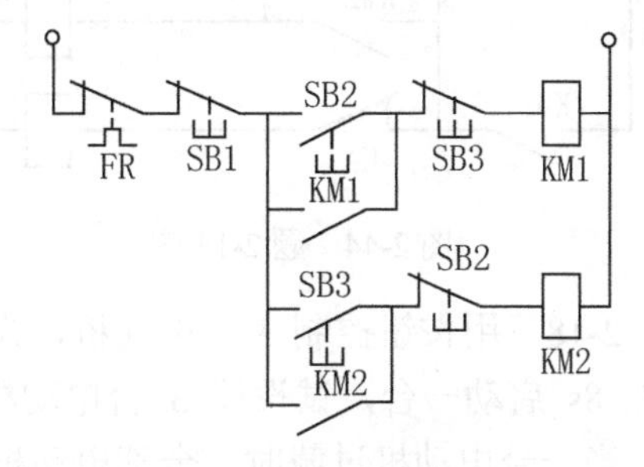

图 2-42　题 2-12 图

2-13　图 2-43 所示为用一个按钮控制电动机的星形-三角形降压启动电路，说明控制电路的操作过程和控制原理。

2-14　图 2-44 所示为用一个按钮控制绕线型异步电动机转子回路串频敏变阻器启动的控制电路，说明控制电路的操作过程和控制原理。

2-15　在如图 2-21 所示的星形-三角形降压、延边三角形-三角形启动电路中，如果时间继电器 KT 断线或损坏，按下启动按钮 SB2 后，电动机将处于什么工作状态？试改进电路，要求当时间继电器断线或损坏时电动机不能启动。

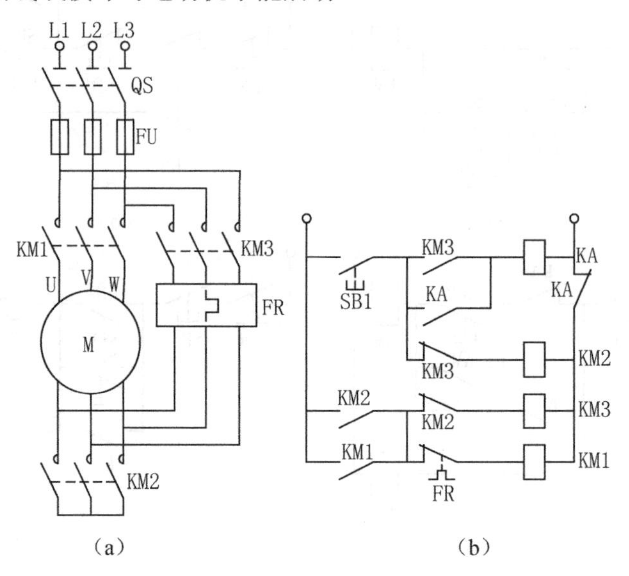

图 2-43　题 2-13 图

2-16　设计一个电路。要求第一台电动机启动后，第二台电动机才能启动；第二台电动机启动后，第三台电动机才能启动；若有一台电动机过载则全部停止。

2-17　用传送带运送产品（工人在传送带首端放好产品），传送带由三相鼠笼型电动机控制。在传送带末端安装一个限位开关 SQ，如图 2-45 所示，按下启动按钮，传送带开始运行。当产品到达传送带末端并超过限位开关 SQ（即产品全部离开传送带）时，传送带停止。试设计传送带电动机的控制电路。

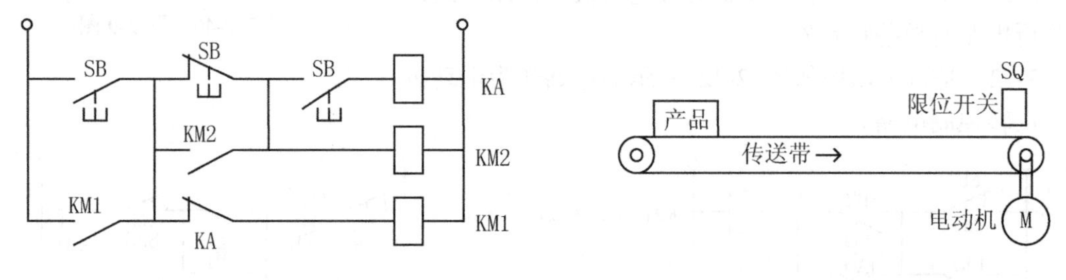

图 2-44　题 2-14 图　　　　图 2-45　题 2-17 图

2-18　用按钮控制 3 台电动机，为了避免 3 台电动机同时启动造成启动电流过大，要求每隔 8s 启动一台，试设计 3 台电动机的主电路和控制电路。每台电动机应有短路和过载保护，当一台电动机过载时，全部电动机停止。

2-19　用一个按钮点动启动控制电动机，当按钮松开时，对电动机能耗制动，5s 停止，试画出控制电路。

2-20　图 2-46 所示为预警延时启动控制电路，试说明其控制原理。

2-21　一个圆盘带动一个活塞杆作往复运动，如图 2-47 所示，用按钮控制圆盘的转动，要求按一次按钮，活塞杆往复运动一次，试设计控制电路图。

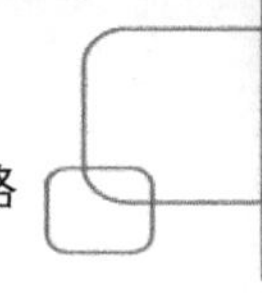

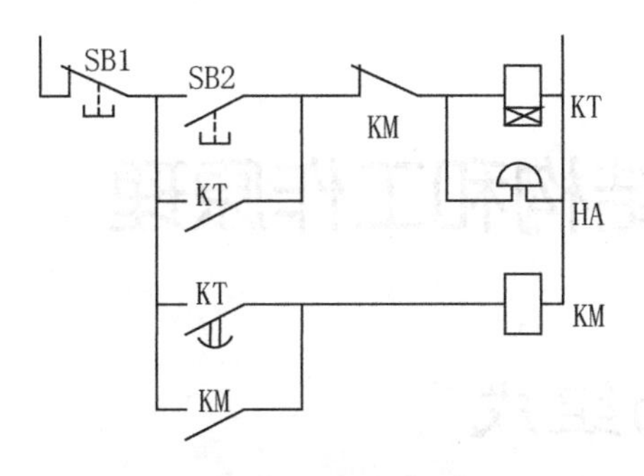

图 2-46　题 2-20 图

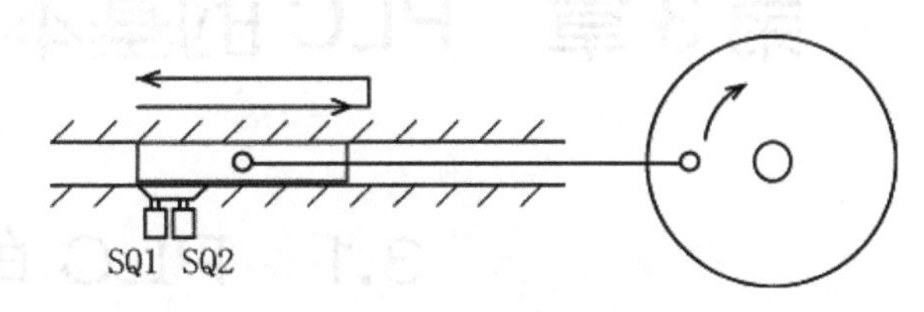

图 2-47　题 2-21 图

2-22　某机床启动时要求先启动润滑泵电动机，启动 8s 后自动启动主轴电动机自动启动。停止时，要求先停止主轴电动机后才能停止润滑泵电动机。两台电动机均设短路保护和过载保护。试设计两台电动机的主电路和控制电路。

2-23　某生产机械有两台电动机，启动时要求先启动第一台电动机，启动 10s 后才能启动第二台电动机。停止时，要求先停止第二台电动机 10s 后才能停止第一台电动机。两台电动机均设短路保护和过载保护。试设计两台电动机的主电路和控制电路。

第3章　PLC的基本结构和工作原理

3.1　PLC的组成

3.1.1　概述

可编程序控制器（Programmable Controller），简称 PC，为了与个人计算机（Personal Computer）的 PC 相区别，又称可编程逻辑控制器（Programmable Logic Controller），简称 PLC。它是在集成电路、计算机技术基础上发展起来的一种新型工业控制设备。由于它具有控制功能强、可靠性高、配置灵活、体积小、重量轻及使用方便等优点，目前，在我国已广泛地应用于自动化控制的各个领域。作为一个电气工程技术人员，可编程控制技术已经成为一门必须要掌握的专业技术知识。

目前，随着微电子技术、计算机技术、通信技术、容错控制技术及数字控制技术的飞速发展，PLC 的数量、型号及品种的发展速度也十分迅速。PLC 的生产厂家众多，产品型号、规格数不胜数，主要分为欧、日、美三大块。在国内市场上，欧洲的代表是西门子公司，日本的代表是三菱和欧姆龙公司，美国的代表是 AB 与 GE 公司。目前，在中国市场上最具竞争力的三菱公司、欧姆龙公司、西门子公司及 AB 公司所推出的 PLC 均为从小到大全系列的产品，可以满足各种各样的要求。虽然各厂家生产的 PLC 产品均不兼容，甚至同一厂家生产的产品也不兼容，但是各种 PLC 的工作原理和使用方法基本都是相同的。

本书主要介绍西门子公司生产的 S7-200 型 PLC 的基本组成、原理与应用。在了解 PLC 工作原理与特点的基础上，重点介绍小型 PLC 的应用技术，包括小型 PLC 的硬件与系统构成、基本性能、指令与编程方法、控制系统的硬件与软件的设计方法，以及系统的安装与调试等，使读者掌握 PLC 应用的入门知识，为今后的应用打下基础。

PLC 实质上是一种工业控制计算机，它是专门为工业电气控制而设计的，它的设计思想也来自于常规的继电器、开关控制电路。所以，尽管 PLC 的控制原理与计算机密切相关，但是在初次学习 PLC 的控制原理时，可以先不必从计算机的角度上去理解它，而把它当做一个由各种控制功能的继电器、开关等控制元件组成的控制装置来看待。

3.1.2　初步认识 PLC

S7-200CN CPU 模块的外形如图 3-1 所示。

输入端子用于连接外部的输入元件，如按钮、控制开关、行程开关、接近开关、热继电器接点、压力继电器接点和数字开关等。

输出端子用于连接外部的输出元件，如接触器、继电器线圈、信号灯、报警器、电磁

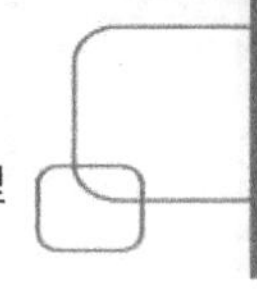

铁、电磁阀和微型电动机等。

输入指示灯和输出指示灯用于反映输入和输出的工作状态，例如，某输入端子连接的按钮闭合时，对应输入端子的输入指示灯亮；某输出端子连接的继电器线圈得电动作时，对应输出端子的输出指示灯亮，为观察 PLC 的输入/输出工作状态提供了方便。

S7-200 型 PLC 上设置了 3 个工作状态指示灯，以显示 PLC 的 RUN（运行），STOP（停止）和 SF/DIAG（系统故障/诊断）。

AI&AO 为模拟量输入和模拟量输出接口。

工作选择开关有 3 个位置：RUN、TERM 和 STOP。STOP 状态下 PLC 可与计算机编程软件进行通信，进行上传和下载应用程序。RUN 状态下 PLC 进入程序执行状态。TERM 是一种暂态，可以在编程状态下将 TERM 状态转换成 STOP 状态或 RUN 状态，在调试程序时很有用。TERM 状态还和特殊标志位 SM0.7 有关，可以用于自由口通信时的控制。

工作选择开关下面有两个旋钮，为 CPU 本体内置的模拟量调节器，可以输入两个模拟量值。

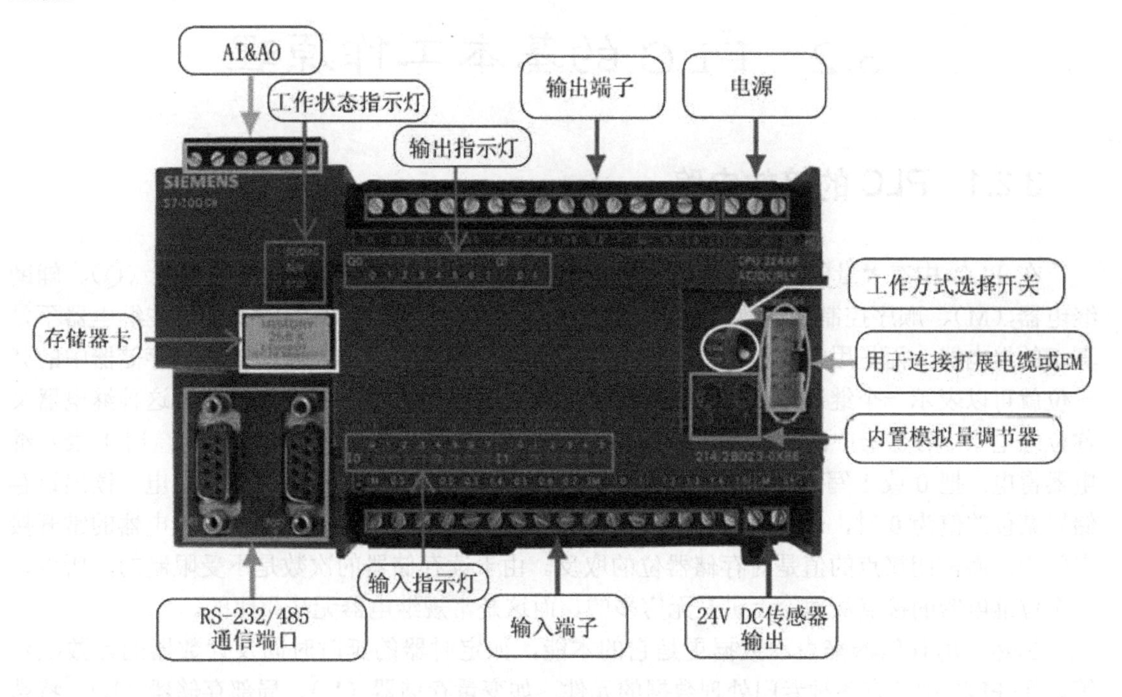

图 3-1　S7-200CN CPU224XP 模块的外形

在常规电气控制电路中，输入元件和输出元件是通过导线连接的，这样不仅麻烦，而且容易出现接触不良、断线等故障，当控制电路复杂时，控制装置会很庞大，出现故障时也难以处理。如果控制功能发生变化，将不得不重新改接线。而 PLC 的输入元件和输出元件的连接不是通过导线连接的，而是通过程序来连接的，所以不会发生上述常规电气控制电路所出现的问题。

PLC 的控制程序由编程器或计算机通过编程电缆输入到 PLC 中，还可以对 PLC 内部控制的状态和参数进行监控和修改，十分方便。当控制功能发生变化时，不必重新改接线，只需改变程序即可。

S7-200 型 PLC 是一种小型机，一般小型机多采用整体式，当输入/输出不够用时可以通过扩展端口增加输入/输出的扩展模块，通过扩展端口还可以连接各种特殊模块，如图 3-2 所示。

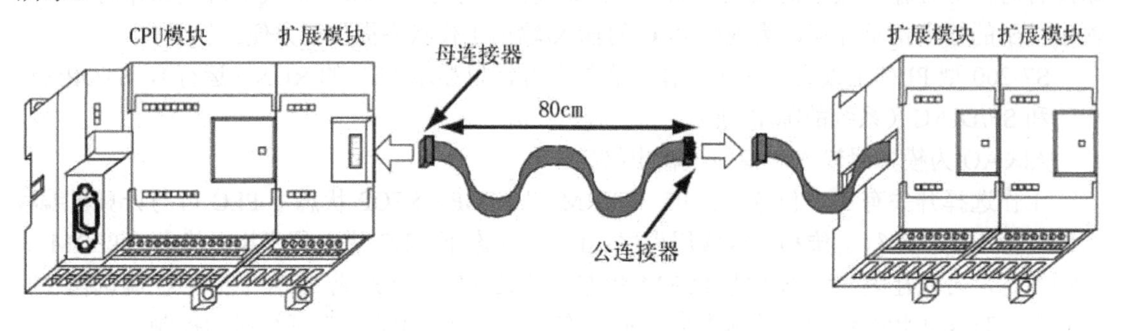

图 3-2　S7-200CPU 模块和扩展模块的连接

3.2　PLC 的基本工作原理

3.2.1　PLC 的等效电路

在 PLC 中有大量的、各种各样的继电器，如输入继电器（I）、输出继电器（Q）、辅助继电器（M）、顺序控制继电器（S）、定时器（T）及计数器（C）等。不过这些继电器不是真正的继电器，而是用计算机中的存储器来模拟的，通常将其称为软继电器。存储器中的某一位就可以表示一个继电器，存储器有足够的容量来模拟成千上万个继电器，这种继电器又称位继电器。存储器中的一位有两种状态：0 和 1，通常用 0 表示继电器失电，用 1 表示继电器得电。把 0 或 1 写入存储器中的某一位就表示对应的继电器线圈失电或得电。读出该存储器某位的值为 0 时，表示对应继电器的常开接点断开；为 1 时，表示对应继电器的常开接点闭合。而常闭接点的值是对存储器位的取反。由于读存储器的次数是不受限制的，所以，一个位继电器的接点从理论上讲是无穷多的，而这是常规继电器无法相比的。

当然，用存储器来表示数据更是它的本能，如定时器的延时时间及计数器的计数次数等。在 PLC 中还有各种专门处理数据的元件，如变量存储器（V）、局部存储器（L）、特殊存储器（SM）和累加器寄存器（AC）等。在第 2 章中我们只能采用各种开关和继电器组成各种控制电路，在 PLC 控制中，我们不仅能采用各种开关和继电器组成各种控制电路，还可以用数据对电路进行控制，这样不仅能简化电路，而且还能完成常规控制电路无法实现的复杂控制功能。

为了区别常规控制电路和 PLC 控制电路（通常称为梯形图），PLC 一般用专用图形符号来表示，如表 3-1 所示，其中，PLC 的继电器线圈可有多种画法。

在前面章节中已经了解了用常规电器组成的控制电路的控制原理。下面以第 2 章图 2-16 所示的自耦变压器降压启动控制电路为例，分析如何用 PLC 进行控制，如图 3-3 所示。

表 3-1　常规电器和 PLC 的图形符号对照

	常 规 电 器	PLC
常开接点		
常闭接点		
继电器线圈		

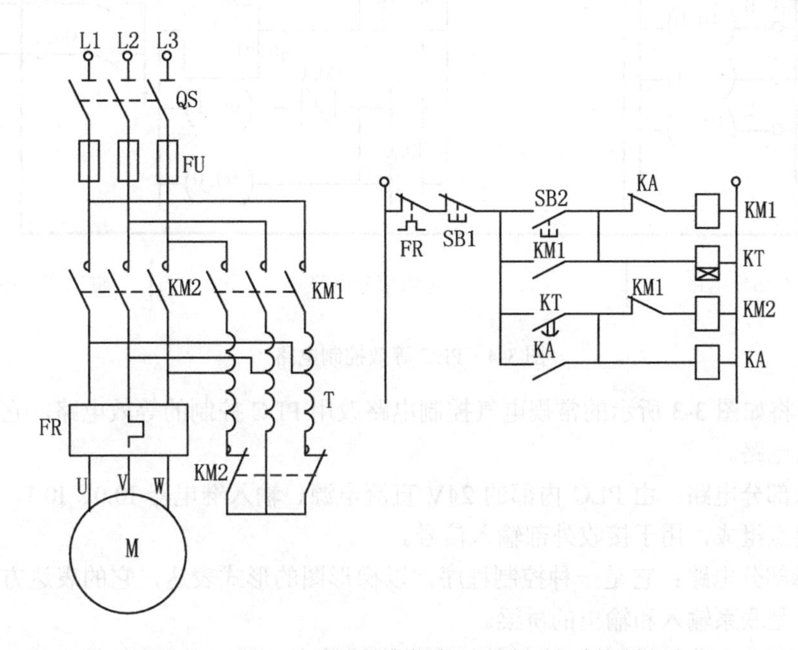

图 3-3　图 2-16 所示的自耦变压器降压启动控制电路

在第 2 章中，根据逻辑关系将电气控制电路分成 3 个组成部分：输入部分元件、中间逻辑部分元件和输出执行部分元件。

在如图 3-3 所示的控制电路中，输入部分元件有热继电器 FR、停止按钮 SB1 和启动按钮 SB2；中间逻辑部分元件有中间继电器 KA 和时间继电器 KT；输出执行部分元件有接触器 KM1 和 KM2。

现在把输入部分元件热继电器 FR、停止按钮 SB1 和启动按钮 SB2 全部以常开接点（也可以用常闭接点，其用法将在后续内容中进行介绍）的形式连接到 PLC 的输入端口，每个接点对应一个 PLC 的输入继电器，如图 3-4 中的 I0.0、I0.1、I0.2。把输出执行部分元件接触器线圈 KM1 和 KM2 连接到 PLC 的输出端口，每个接触器线圈对应一个 PLC 的输出继电器，如图 3-4 中的 Q0.0 和 Q0.1。这些就是 PLC 的硬件部分。

再把图 3-3 中的控制电路对照表 3-1 用 PLC 的图形符号画出来，这就是 PLC 的软件部分，如图 3-4 中的梯形图所示。将梯形图输入到 PLC 中，这样，PLC 就可以对图 3-3 中的主电路进行控制了。

由此可见，PLC 的控制原理和常规的控制电路基本上是相同的。

对照图 3-3 和图 3-4，可以看到 PLC 的接线中只有输入和输出部分元件，并没有接入中间逻辑部分元件，即中间继电器 KA 和时间继电器 KT，而这些元件被 PLC 内部的软元件定时器 T37 和辅助继电器 M0.0 所代替了。PLC 的外部接线很简单，也很有规律性，这样就大大地简化了控制电路。

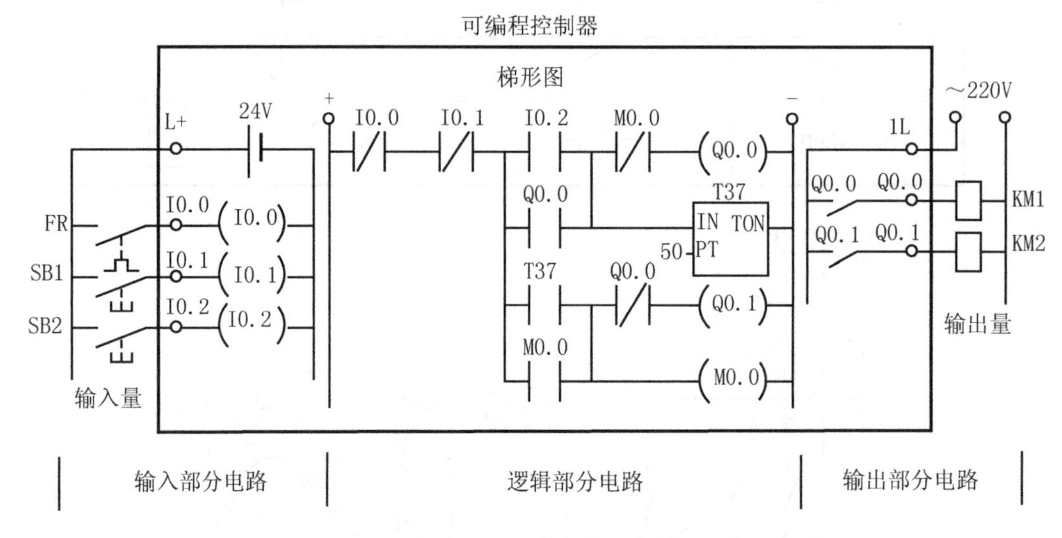

图 3-4 PLC 等效控制电路

图 3-4 是将如图 3-3 所示的常规电气控制电路改用 PLC 控制的等效电路，它可以分成三个相对独立的电路。

（1）输入部分电路：由 PLC 内部的 24V 直流电源、输入继电器 I0.0、I0.1、I0.2 与外部输入按钮、接点组成，用于接收外部输入信号。

（2）逻辑部分电路：它是一种控制程序，以梯形图的形式表达，它的表达方式和控制电路基本一样，是联系输入和输出的桥梁。

（3）输出部分电路：由 PLC 内部的输出继电器接点 Q0.0、Q0.1 与外部的负载（接触器线圈）和外部电源组成，用于外部输出控制。

下面说明用 PLC 对如图 3-3 所示的自耦变压器降压启动控制主电路的控制过程。

按下启动按钮 SB2，输入继电器线圈 I0.2 得电，梯形图中的 I0.2 常开接点闭合，输出继电器线圈 Q0.0 得电自锁，Q0.0 输出接点闭合，使外部接触器线圈 KM1 得电，图 3-3 所示主电路中的 KM1 主触点闭合，接通自耦变压器 T，电动机 M 降压启动。

梯形图中的定时器 T37 延时 5s，T37 接点闭合使辅助继电器 M0.0 得电并自锁，M0.0 常闭接点断开 Q0.0 线圈（接触器线圈 KM1 失电），Q0.1 线圈得电（接触器线圈 KM2 得电），主电路中的 KM2 主触点闭合，电动机 M 全压运行。

由以上所述内容可知，PLC 的控制原理和分析方法与常规控制电路基本上是相同的。

3.2.2 PLC 的工作过程

尽管 PLC 仿照了常规电器的控制原理，但它毕竟是一个计算机控制系统，有着计算机控制的方式和特点。下面介绍 PLC 是如何完成如图 3-4 所示的控制过程的。PLC 除了正常的内部系统通信及自诊断等工作外，完成上例梯形图的过程可分为以下 3 个阶段。

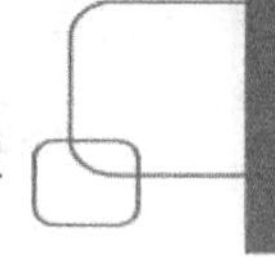

1．输入采样阶段

在输入采样阶段，PLC 首先扫描所有输入端子，将各输入状态存入内存中各对应的输入映像寄存器中（例如，按钮 SB1 接点闭合，就将 1 写入对应表示输入继电器 I0.1 所示的位上，SB1 接点断开，则写入 0），一旦写入之后，即使输入再有变化，其值也保持不变，直到下一个扫描周期的输入采样阶段，才重新写入扫描时的输入端的状态值。

2．程序处理阶段

PLC 根据梯形图按先左后右、先上后下的次序（实际上是读梯形图的程序）逐行读入各接点的值，并进行逻辑运算。由图 3-5 可知，输入继电器接点的值是从输入映像寄存器中读出的，其他继电器接点的值是从各元件映像寄存器中读出的，而将各继电器线圈的状态值分别写入对应的元件映像寄存器中。

如图 3-5 所示的梯形图，设 I0.2、I0.1、I0.0 的值为 100（即 I0.2=1、I0.1=0、I0.0=0）。PLC 第 1 步首先读 I0.0 的值 0，并取反为 1（因为是常闭接点）；第 2 步再读入 I0.1 的值 0，取反为 1 和常闭接点 I0.0 的值进行逻辑与运算；第 3、4、5 步分别从各映像寄存器中读入 I0.2、Q0.0、M0.0 对应的逻辑值进行逻辑运算；其运算结果为 1，也就是 Q0.0 线圈的值为 1；第 6 步将 Q0.0 线圈的逻辑值 1 写入到输出映像寄存器 Q0.0 中……一直读到梯形图的最下面的 M0.0 线圈结束。

需要注意的是，如遇到程序跳转指令，则根据跳转条件是否满足来决定程序的跳转。

3．输出刷新结果阶段

在程序处理阶段结束后，将元件映像寄存器中所有输出继电器（Q）的值转存到输出锁存器中，刷新上一阶段输出锁存器中的数据，通过一定的输出方式（例如，图 3-5 中采用的是继电器输出方式），以驱动输出端的外接负载（本例为接触器线圈）。

PLC 在执行上述 3 个阶段中还要进行内部系统通信和自诊断，完成这样一个过程称为一个扫描周期。PLC 反复不断地执行上述过程，扫描周期的长短和 PLC 的运算速度和工作方式有关，但主要和梯形图的长度及指令的种类有关，一个扫描周期的时间大约在几毫秒到几百毫秒之间。

如上所述，设 I0.2、I0.1、I0.0 的值为 100，也就是按下启动按钮 SB2，输入继电器 I0.2=1，其梯形图中的 I0.2 常开接点闭合，输出继电器 Q0.0 得电（Q0.0=1），在结果输出阶段将输出锁存器中的 Q0.0 置 1，并由它控制一个真实的输出继电器线圈得电，其输出接点闭合，使接在 PLC 输出端子上的接触器 KM1 的线圈得电，图 3-3 所示主电路中 KM1 的主触点闭合，接通自耦变压器 T，电动机 M 在低电压下开始启动。

由于 PLC 执行梯形图（读程序）是一步一步进行的，所以，它的逻辑结果也是由前到后逐步产生的，是一种串行工作方式。而常规电器的控制电路中所有的控制电器都是同时工作的，在通电和得电顺序上不存在先后的问题，为并行工作方式。

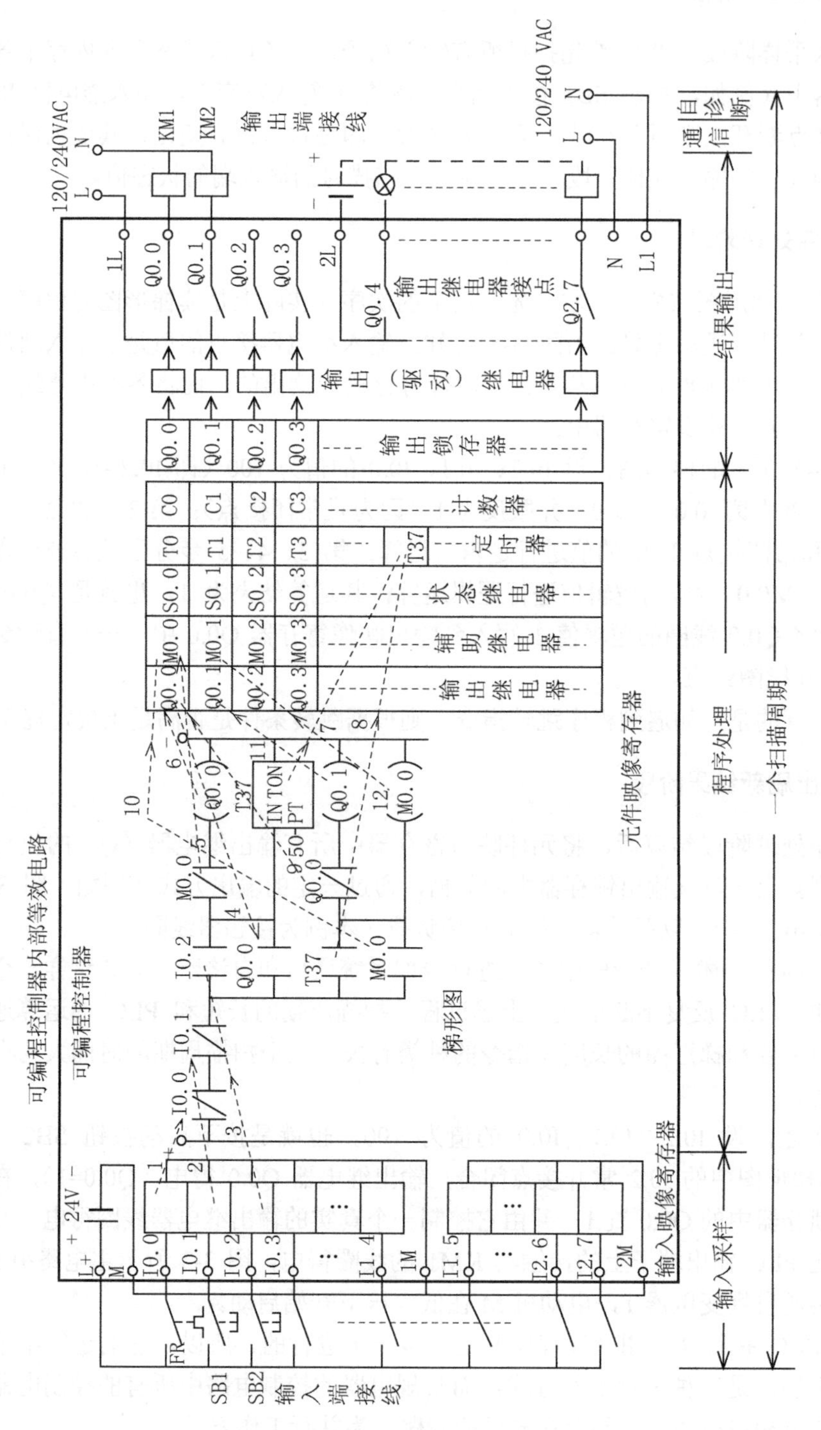

图 3-5　PLC 等效电路工作过程示意图

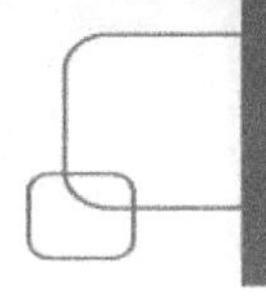

3.2.3　PLC 的接线图和梯形图的绘制方法

以上为了说明 PLC 的工作原理和工作过程，将 PLC 的接线图和梯形图画在了一起，但一般情况下接线图和梯形图是分开画的。图 3-6 所示为如图 2-16 所示自耦变压器降压启动控制电路采用 PLC 控制的接线图和梯形图，图中还增加了信号灯 HL1～HL3 的 PLC 的控制。图 3-6（b）所示为 PLC 的接线图，接线图只画了输入继电器和输出继电器的接线端子和符号。梯形图另画如图 3-6（c）所示。

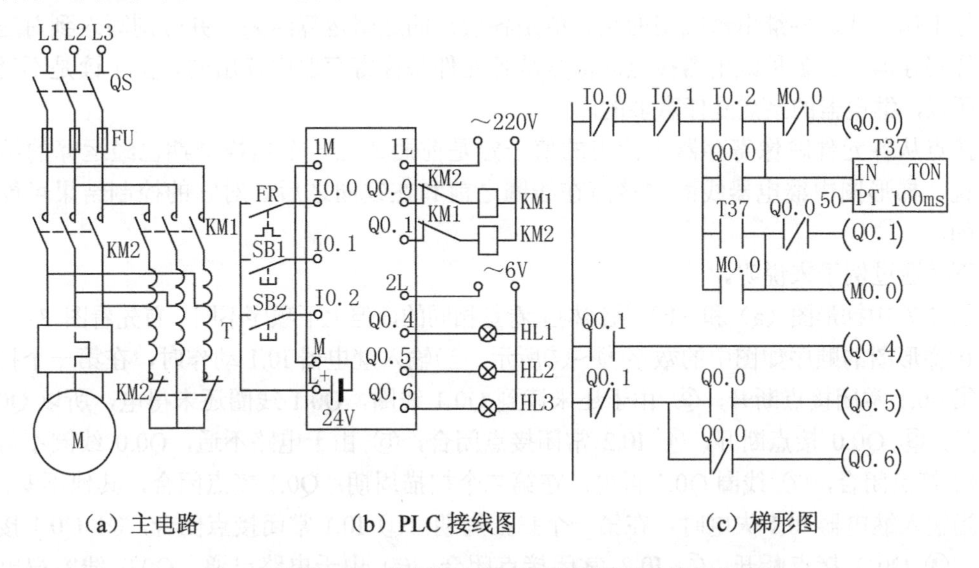

（a）主电路　　（b）PLC 接线图　　（c）梯形图

图 3-6　采用 PLC 控制的自耦变压器降压启动控制电路图

S7-200 CPU 一般有两个输入公共端 1M 和 2M。可以接成漏型或源型，图 3-6（b）所示公共端 1M 接负极，称为源型，如果 1M 端接正极则称为漏型。（注意：西门子 PLC 中的公共端 1M、2M 指的是输入继电器的公共端，而三菱 FX_{2N} 型 PLC 的公共端 COM 指的是输入接点的公共端，COM 接负极为漏型接线，不能接成源型接线。）

PLC 输出端一般是几个输出继电器共用一个公共端，分成几组，以便使用不同电压等级。如图 3-6 中的接触器线圈 KM1 和 KM2 的电压为 220V，采用公共端 1L，信号灯的电压为 6V，采用公共端 2L。

梯形图采用水平布置画法，梯形图最左边的竖线称为左母线，右边的竖线称为右母线，S7-200 的右母线省略不画，左右母线相当于电源线。

画梯形图时应注意以下几点。

（1）梯形图中的连接线（相当于导线）不能相互交叉，并且只能水平或垂直绘制。

（2）梯形图中的接点一般只能水平绘制，不能垂直绘制。

（3）各种继电器线圈只能与右母线连接，不能与左母线连接。

（4）接点不能与右母线连接。

（5）接点中的“电流”从左向右单方向流动，不能出现反向流动的现象。

以上问题在后面还要作进一步说明。

3.2.4 串行工作方式对梯形图控制结果的影响

在前面，曾将图 3-3 中的控制电路直接转换成图 3-4 中的梯形图，它们的控制结果是完全相同的。那么，是不是任何情况下都可以将控制电路直接转换成梯形图呢？答案是否定的。在将控制电路转换成梯形图时，除了要考虑上述 5 点画梯形图时应注意的事项外，还要考虑串行工作方式对梯形图控制结果的影响。

PLC 执行程序是一步一步进行的，所以，它的逻辑结果也是由前到后逐步产生的，是一种串行工作方式。各继电器线圈的状态值是各接点的逻辑运算结果，并分别写入到对应的元件映像寄存器中。各种继电器接点的值是从各元件映像寄存器中读出的。由于读是不受限制的，所以，继电器的接点是任意多的。

接点从各元件映像寄存器中读出的值一定是前面或上一个扫描周期已经运算的结果。所以说，梯形图中继电器线圈的接点在线圈之前和在线圈之后，对它的控制结果可能是有影响的。

下面通过例子来说明。

图 3-7 中梯形图（a）和（b）从结构上看是相同的，但上下顺序不同，首先看图 3-7（a），PLC 读梯形图的顺序如图中的数字①～⑦所示。当输入继电器 I0.1 动作时，在第一个扫描周期：① I0.1 常闭接点断开，② 由于还未读到 Q0.1 线圈，Q0.1 线圈还未得电，所以 Q0.1 接点断开，③ Q0.0 接点断开，④ I0.2 常闭接点闭合，⑤ 由于电路不通，Q0.0 线圈不得电，⑥ I0.1 接点闭合，⑦ 线圈 Q0.1 得电。在第二个扫描周期：Q0.1 接点闭合，其他不变。

当输入继电器 I0.1 失电时，在第一个扫描周期：① I0.1 常闭接点闭合，② Q0.1 接点已闭合，③ Q0.0 接点断开，④ I0.2 常闭接点闭合，⑤ 由于电路已通，Q0.0 线圈得电，⑥ I0.1 接点断开，⑦ 线圈 Q0.1 失电。在第二个扫描周期：Q0.1 接点断开，但 Q0.0 接点闭合，所以 Q0.0 线圈得电自锁。

再看图 3-7（b），当输入继电器 I0.1 动作时，其结果和上述相同，但是当输入继电器 I0.1 失电时结果就不同了，Q0.0、Q0.1 线圈都不得电。

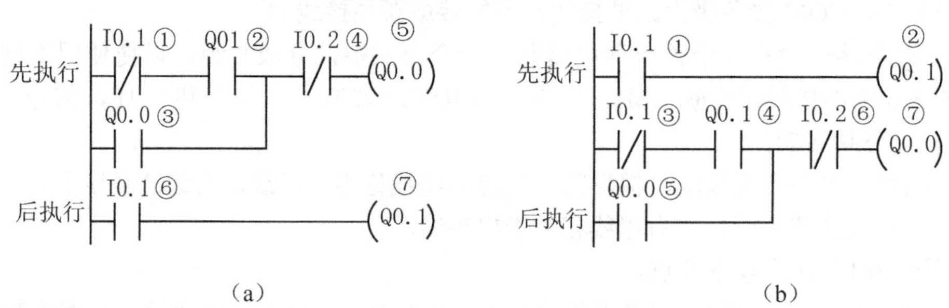

图 3-7 接点前后顺序对梯形图控制的影响

图 3-8（a）是第 2 章中图 2-10 讲过的点动控制电路，它要求点动按钮 SB3 常开接点和常闭接点的动作有较长的过渡时间差才能起到点动控制作用，是一个有接点竞争的电路。把它转换成梯形图，看看是否能起到点动控制作用。如图 3-8（b）所示，当按钮 I0.3 按下动作时，Q0.0 得电，当按钮 I0.3 松开时，I0.3 常开接点断开，但 I0.3 常闭接点闭合，且 Q0.0 自锁接点是闭合的，Q0.0 线圈仍得电自锁，所以不能起到点动控制作用。

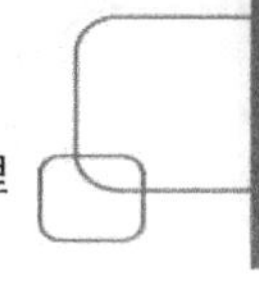

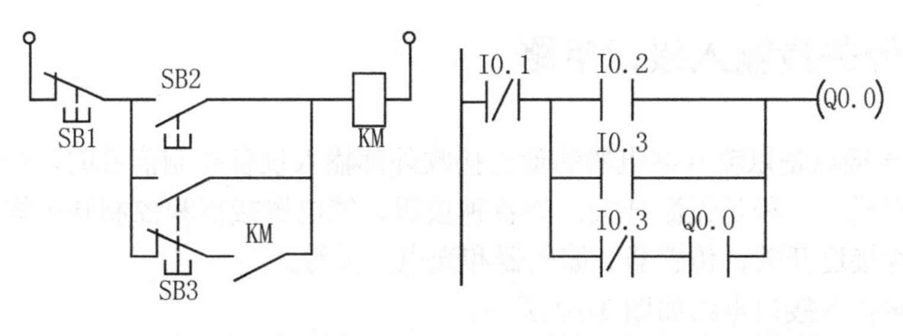

（a）点动控制电路图　　　　（b）转换后的点动控制梯形图

图 3-8　点动控制的电路图和梯形图

由此可见，有的控制电路是不可以直接转变成梯形图的，对于这种情况，可以采用改变接点顺序的方法来解决，如图 3-9 所示，用常闭接点 M0.0 代替常闭接点 I0.3，而 M0.0 线圈在接点 M0.0 后面，这样接点 M0.0 比 I0.3 晚一个扫描周期，即可实现点动控制。而如图 2-9（a）和图 2-9（b）所示的点动控制电路是可以直接转变成梯形图的。

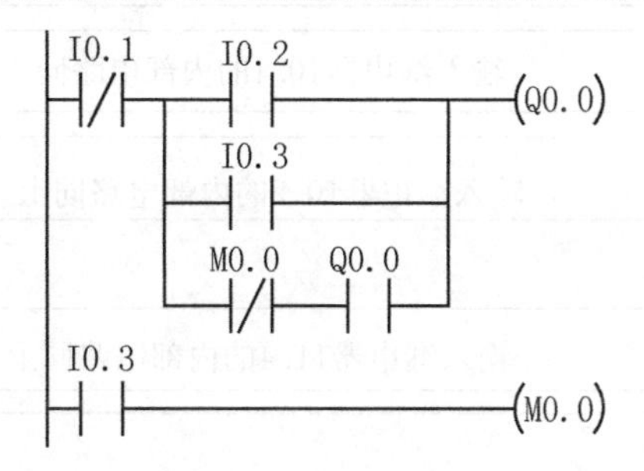

图 3-9　接点顺序的调整

3.3　PLC 的输入/输出接口电路

PLC 的输入/输出接口电路是与外部控制电路联络的主要通道。在前面，为了使初学者初步直观地了解 PLC 的控制原理，用等效的输入/输出继电器来描述 PLC 的输入/输出接口电路。在实际控制过程中的信号电平是多种多样的，外部执行机构所需的电平也是各不相同的，而 PLC 的 CPU 所处理的信号只能是标准电平，这样就需要有相应的输入/输出接口模块作为 CPU 与工业生产现场进行信号的电平转换。

这些模块在设计时采取了光电隔离、滤波等抗干扰措施，以提高 PLC 工作的可靠性，对各种型号的输入/输出接口模块，可以把它们以不同形式进行归类。按照信号的种类归类有直流信号输入/输出，交流信号输入/输出；按照信号的输入/输出形式分有数字量输入/输出，开关量输入/输出，模拟量输入/输出。

下面通过开关量输入/输出模块来说明外部设备与 CPU 的连接方式。

3.3.1 开关量输入接口电路

PLC 的输入接口是以输入继电器的形式接收外部输入设备控制信号的，外部输入开关量设备也有两种形式：一种是无源开关，如各种按钮、继电器接点和控制开关等；另一种是有源开关，如各种接近开关、传感器、编码器和光电开关等。

直流开关量输入接口电路如图 3-10 所示。

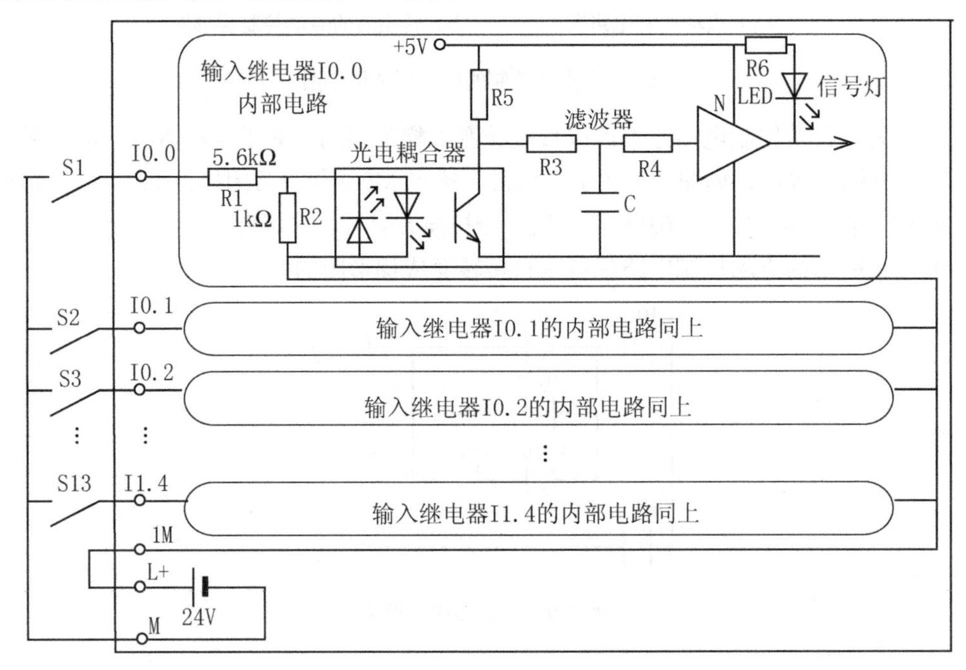

图 3-10　PLC 的直流开关量输入接口电路

PLC 输入接口电路内部提供 24V 电源，图 3-10 中只画出了输入继电器 I0.0 的内部电路，相当于等效电路输入继电器 I0.0 的线圈，其他输入继电器的内部电路与它相同。

下面说明输入继电器 I0.0 的工作过程。当 I0.0 外部开关 S1 闭合时，由内部 24V 电源的正极经过 1M 端到分压电阻 R2、R1、开关 S1 回到输入公共端回到电源负极 M 形成回路，由双向光电耦合器的正向发光二极管传入输入开关的状态。电路中采用了光电隔离和 RC 滤波器，以防止输入接点的振动和外部干扰而产生的误动作。因此，当输入开关在动作时，PLC 内部将会有 6.4ms 的响应滞后时间（这个时间是可以调的）。

由图 3-10 可知，输入开关的信号是通过光电耦合器中的两个反向连接发光二极管传入 PLC 的。S7-200 型 PLC 的输入有源型输入和漏型输入两种形式。如果 1M 端接正极，电流方向由输入端流出，为漏型输入形式。如果 1M 端接负极，电流方向由输入端流入，为源型输入形式。

图 3-11 所示为 PLC 外部输入的接线简化电路，图 3-10 中给出了几种典型的输入接线形式。

在输入回路中可以接入二极管、发光二极管和电阻等元件。但为了保证输入灵敏度，在输入闭合时的输入电流应大于 2.5mA，在输入断开时的输入电流应小于 1mA。

输入电路对无源开关没有极性的要求，但是对串入的二极管和发光二极管有极性的要求，对有源开关则应有极性的要求，对漏型输入一般应采用 NPN 型，源型输入一般应采用 PNP 型。

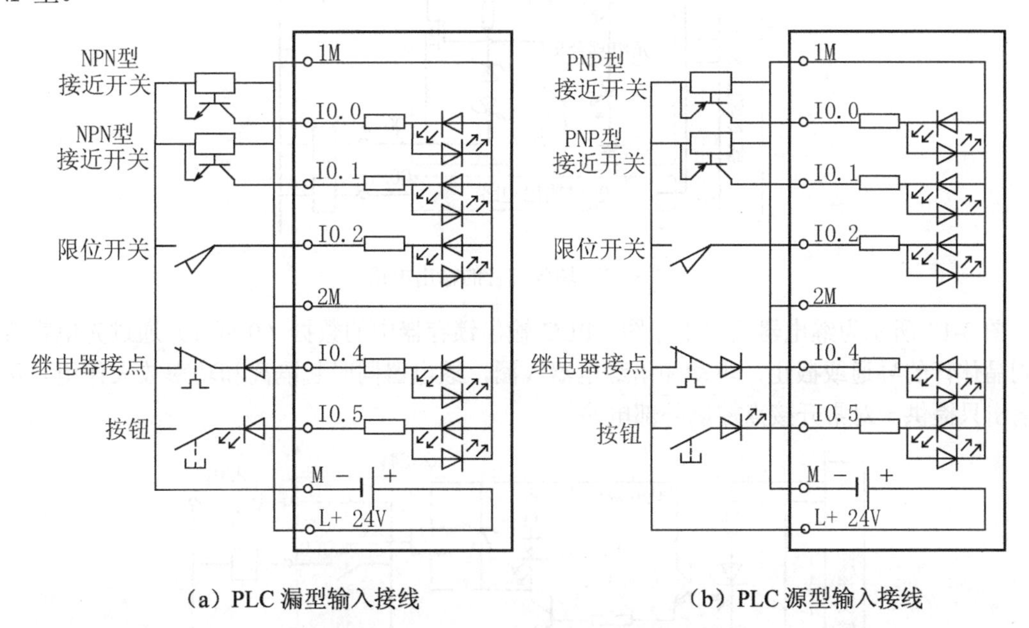

（a）PLC 漏型输入接线　　　　（b）PLC 源型输入接线

图 3-11　PLC 外部输入的接线简化电路

有源开关（传感器）的电源可以采用外部电源，也可以采用 PLC 内部电源，如图 3-11 所示的接近开关采用了 PLC 内部的 24V 电源。

输入接口电路电源的标称值为 24V DC、4mA，如在输入电路中串联的二极管和发光二极管，以及使用有源开关后将会降低输入电压，输入接通时输入电压应在 15V 以上，输入断开时输入电压应在 5V 以下，并应注意二极管接线和有源开关（传感器）的极性。

输入电路电源也可以采用外部电源，其电压不得超过 30V。

3.3.2 开关量输出接口电路

开关量输出接口用来连接接触器、电磁铁、指示灯、电磁阀、数字显示装置、报警装置等输出设备。

S7-200 CPU 的输出电路有场效应晶体管输出电路和继电器输出电路两种。场效应晶体管输出电路只能驱动直流负载，继电器输出电路既可以驱动交流负载又可以驱动直流负载，负载电源由外部提供。

在场效应晶体管输出电路中，PLC 由 24V 直流电源供电，负载采用了 MOSFET 功率器件，所以只能用直流电源为负载供电。

图 3-12 所示为使用场效应晶体管的输出电路。输出信号送给内部电路中的输出锁存器，再经光电耦合器送给场效应晶体管，后者的饱和导通状态和截止状态相当于接点的接通和断开。图 3-12 中稳压管用来抑制过电压和外部的浪涌电压，以保护场效应晶体管，场效应晶体管输出电路的工作频率可达 20kHz～100kHz。

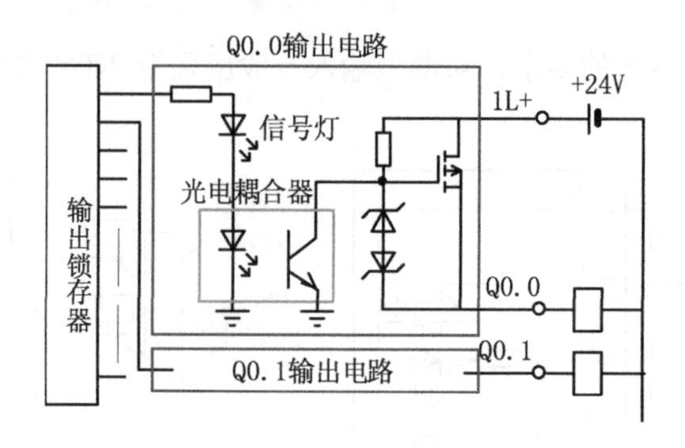

图 3-12　场效应管的输出电路

图 3-13 所示为继电器输出电路图，PLC 输出锁存器中的数据（0 或 1）通过光电耦合器控制晶体管的导通或截止，驱动输出继电器线圈，继电器同时起隔离和功率放大作用。每一路输出只提供一对常开接点控制外部电路。

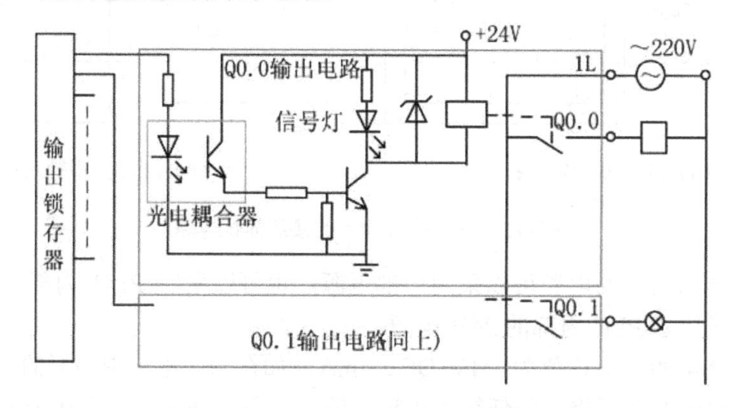

图 3-13　继电器输出电路图

S7-200CPU 模块及常用扩展模块的主要参数和技术指标如表 3-2～表 3-7 所示。

表 3-2　S7-200 CPU 模块主要参数表

型　号	CPU221	CPU222	CPU224	CPU226	CPU226MX
用户数据存储器类型	EEPROM	EEPROM	EEPROM	EEPROM	EEPROM
程序空间（永久保存）	2 048 字	2 048 字	4 096 字	4 096 字	8 192 字
用户数据存储器	1 024 字	1 024 字	2 560 字	2 560 字	5 120 字
数据后备（超级电容）典型值/H	50	50	190	190	190
主机 I/O 点数	6/4	8/6	14/10	24/16	24/16
可扩展模块	无	2	7	7	7
24V 传感器电源最大电流/电流限制（mA）	180/600	180/600	280/600	400/约 1 500	400/约 1 500
最大模拟量输入/输出	无	16/16	28/7 或 14	32/32	32/32
240V AC 电源 CPU 输入电流/最大负载电流（mA）	25/180	25/180	35/220	40/160	40/160
24V DC 电源 CPU 输入电流/最大负载（mA）	70/600	70/600	120/900	150/1050	150/1050

续表

型　　号		CPU221	CPU222	CPU224	CPU226	CPU226MX
为扩展模块提供的 5V DC 电源的输出电流		—	最大 340mA	最大 660mA	最大 1 000mA	最大 1 000mA
内置高速计数器		4（30kHz）	4（30kHz）	6（30kHz）	6（30kHz）	6（30kHz）
高速脉冲输出		2（20kHz）	2（20kHz）	2（20kHz）	2（20kHz）	2（20kHz）
模拟量调节电位器		1 个	1 个	2 个	2 个	2 个
实时时钟		有（时钟卡）	有（时钟卡）	有（内置）	有（内置）	有（内置）
RS-485 通信接口		1	1	1	1	1
各组输入点数		4+2	4+4	8+6	13+11	13+11
各组输出点数	DC 电源	4	6	5+5	8+8	8+8
	AC 电源	1+3	3+3	4+3+3	4+5+7	4+5+7

表 3-3　电源的技术指标

特　　性	24V 电　源	AC　电　源
电压允许范围	20.4V～28.8V	85V～264V，47Hz～63Hz
冲击电流	10A，28.8V	20A，254V
内部熔断器（用户不能更换）	3A，250V 慢速熔断	2A，250V 慢速熔断

表 3-4　数字量输入技术指标

项　　目	指　　标
输入类型	漏型/源型
输入电压额定值	24V DC
“1”信号	15V～35V，最大 4mA
“0”信号	0V～5V
光电隔离	500V AC，1min
非屏蔽电缆长度	300m
屏蔽电缆长度	500m

表 3-5　数字量输出技术指标

特　　性	24V DC 输出	继电器型输出
电压允许范围	20.4V～28.8V	—
逻辑 1 信号最大电流	0.75A（电阻负载）	2A（电阻负载）
逻辑 0 信号最大电流	10μA	0
灯负载	5W	30W DC/200W AC
非屏蔽电缆长度	150m	150m
屏蔽电缆长度	500m	500m
接点机械寿命	—	10 000 000 次
额定负载时接点寿命	—	100 000 次

表 3-6　数字量扩展模块

类　型	型　号	各组输入点数	各组输出点数
输入扩展模块 EM221	EM221 24V DC 输入	4，4	—
	EM221 230V AC 输入	8 点相互独立	—
输出扩展模块 EM222	EM222 24V DC 输出	—	4，4
	EM222 继电器输出	—	4，4
	EM222 230V AC 双向晶闸管输出	—	8 点相互独立
输入/输出扩展模块 EM223	EM223 24V DC 输入/继电器输出	4	4
	EM223 24V DC 输入/24V DC 输出	4，4	4，4
	EM223 24V DC 输入/24V DC 输出	8，8	4，4，8
	EM223 24V DC 输入/继电器输出	8，8	4，4，4，4

表 3-7　模拟量扩展模块

模块	EM231	EM232	EM235
点数	4 路模拟量输入	2 路模拟量输出	4 路输入，1 路输出

3.4　PLC 中常用的软继电器

在常规电器控制电路中可采用各种电气开关、继电器和接触器等控制元件组成控制电路，对电气设备进行控制，而在 PLC 中常常利用内部存储单元来模拟各种控制继电器，这些模拟的控制继电器称为软元件或软继电器，如表 3-8 所示。

在 S7-200PLC 中软元件有 3 种类型。

第一种为位元件，有输入继电器（I）、输出继电器（Q）、辅助继电器（M）、顺序控制继电器（S）。这些继电器的线圈实际上是用存储器中的某一位来表示的，所以又称位继电器。

第二种为位与数据混合元件，定时器（T）、计数器（C）、高速计数器（HC）等软元件，这些软元件除了有线圈和接点外还有延时时间和计数值，定时器和计数器线圈是位继电器，延时时间和计数值属于数据元件。

第三种为数据元件，数据元件用于存放和处理数据。数据元件有变量存储器（V）、局部存储器（L）、累加器寄存器（AC）、模拟量输入存储器（AI）和模拟量输出（AQ）。

特殊继电器（SM）有的是位元件，有的是数据元件。位元件输入继电器（I）、输出继电器（Q）、辅助继电器（M）、顺序控制继电器（S）也可以用于数据元件。

定时器 T 和计数器 C 也可以作为数据元件来使用。

不同型号的 PLC 中的软继电器数量是不同的，如表 3-8 所示。

和常规继电器的文字符号类似，PLC 中的软继电器也用字母和数字表示。例如，输入继电器 I2.5 表示输入存储器 I 中字节 2 中的 5 号位，如图 3-14 所示。

表 3-8　PLC 中的软继电器

软元件名称	S7-200 CPU模块			
	CPU 221	CPU 222	CPU 224	CPU 226
输入继电器（I）	I0.0～I15.7	I0.0～I15.7	I0.0～I15.7	I0.0～I15.7
输出继电器（Q）	Q0.0～Q15.7	Q0.0～Q15.7	Q0.0～Q15.7	Q0.0～Q15.7
辅助继电器（M）	M0.0～M31.7	M0.0～M31.7	M0.0～M31.7	M0.0～M31.7
特殊继电器（SM）	SM0.0～SM179.7	SM0.0～SM299.7	SM0.0～SM549.7	SM0.0～SM549.7
只读	SM0.0～SM29.7	SM0.0～SM29.7	SM0.0～SM29.7	SM0.0～SM29.7
顺序控制继电器（S）	S0.0～S31.7	S0.0～S31.7	S0.0～S31.7	S0.0～S31.7
定时器（T）	256（T0～T255）	256（T0～T255）	256（T0～T255）	256（T0～T255）
累计延时　1ms	T0，T64	T0，T64	T0，T64	T0，T64
10ms	T1～T4， T65～T68	T1～T4， T65～T68	T1～T4， T65～T68	T1～T4， T65～T68
100ms	T5～T31， T69～T95	T5～T31， T69～T95	T5～T31， T69～T95	T5～T31， T69～T95
通电/断电延时　1ms	T32，T96	T32,T96	T32，T96	T32，T96
10ms	T33～T36， T97～T100	T33～T36， T97～T100	T33～T36， T97～T100	T33～T36， T97～T100
100ms	T37～T63， T101～T255	T37～T63， T101～T255	T37～T63， T101～T255	T37～T63， T101～T255
计数器（C）	C0～C255	C0～C255	C0～C255	C0～C255
高速计数器（HC）	HC0～HC5	HC0～HC5	HC0～HC5	HC0～HC5

输入继电器 I 共占用存储器的 16 个字节，每个字节 8 位，所以，共有 128（16×8=128）个输入继电器。存储器的一个位可以存放一位二进制数 0 或 1。在第 2 章中我们知道继电器线圈得电用 1 表示，线圈失电用 0 表示，这样正好就可以用存储器的一个位表示一个线圈的得电和失电了，例如，字节 0 的 0 号位存放二进制数 1 表示输入继电器 I0.0 线圈得电，存放二进制数 0 表示输入继电器 I0.0 线圈失电。

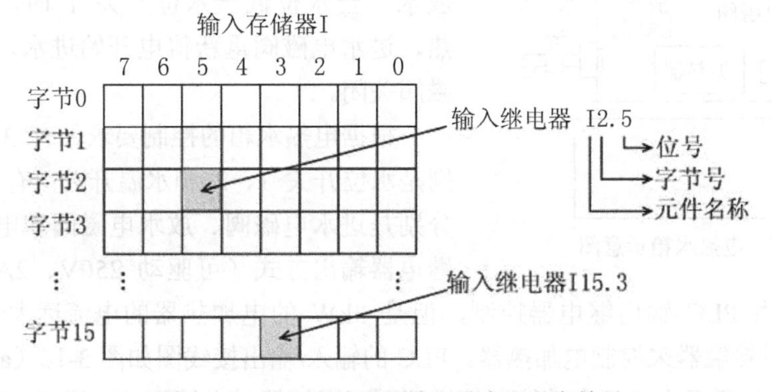

图 3-14　输入存储器和输入继电器文字符号

3.4.1　输入/输出继电器（I、Q）

输入继电器（I）和输出继电器（Q）的功能已在前面内容中进行了介绍，输入继电器通过输入端口与外部的输入开关、接点连接来接收外部开关量信号，并通过梯形图进行逻辑运算，其运算结果由输出继电器输出，驱动外部负载。表 3-9 所示为输入继电器和输出继电器元件分配表。

表 3-9　输入继电器和输出继电器元件分配表

型　　号		CPU221	CPU222	CPU224	CPU226
输入继电器		I0.0～I0.3（4 点） I0.4～I0.5（2 点） 共 6 点	I0.0～I0.3（4 点） I0.4～I0.7（4 点） 共 8 点	I0.0～I0.7（8 点） I1.0～I1.5（6 点） 共 14 点	I0.0～I1.4（13 点） I1.5～I2.7（11 点） 共 24 点
输出继电器	24V DC 电源	Q0.0～Q0.3（4 点）	Q0.0～Q0.5（6 点）	Q0.0～Q0.4（5 点） Q0.5～Q1.1（5 点） 共 10 点	Q0.0～Q0.7（8 点） Q1.0～Q1.7（8 点） 共 16 点
	120/240V AC 电源	Q0.0～Q0.2（3 点） Q0.3（1 点） 共 4 点	Q0.0～Q0.2（3 点） Q0.3～Q0.5（3 点） 共 6 点	Q0.0～Q0.3（4 点） Q0.4～Q0.6（3 点） Q0.7～Q1.1（3 点） 共 10 点	Q0.0～Q0.3（4 点） Q1.0～Q1.0（5 点） Q1.1～Q1.7（7 点） 共 16 点

输入继电器和输出继电器在 PLC 中起着承前启后的作用，是 PLC 中较常使用的元件。下面通过实例说明输入继电器和输出继电器的基本用法。

例 3-1　用 PLC 控制一个电热水箱，如图 3-15 所示。电热水箱用 3kW 电加热器烧水，用两个水位开关检测水位。控制要求：首先进水电磁阀得电打开，进水，当水位高于水位开关 1 时，加热器得电开始加热；当水位高于水位开关 2 时，进水电磁阀失电关闭；当加热器加热到 100℃时停止，放水电磁阀得电将放水阀打开，水龙头可以放水。当水位低于水位开关 1 时，加热器不得加热，进水电磁阀重新得电开始进水，进水时放水电磁阀关闭。

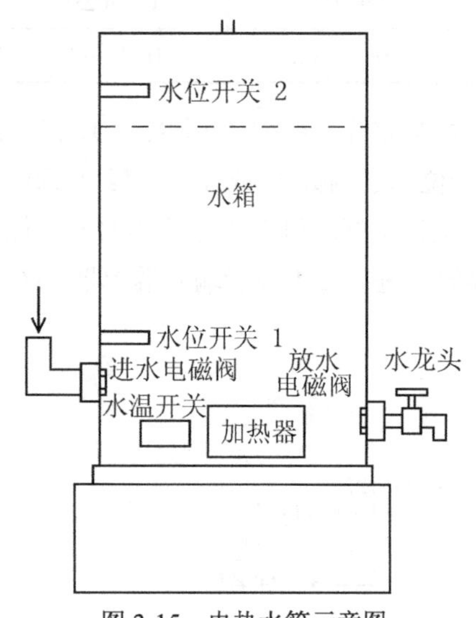

图 3-15　电热水箱示意图

根据电热水箱的控制要求，有 3 个输入量，分别是水位开关 1、2 和水温开关；有 3 个输出量，分别是进水电磁阀、放水电磁阀和电加热器。选择继电器输出方式（可驱动 250V、2A 负载）。两个电磁阀可直接由 PLC 输出继电器控制，但是 3kW 的电加热器的电流远大于 2A，不能直接接入，可通过接触器来控制电加热器。PLC 的输入/输出接线图如图 3-16（a）所示。

图 3-16（b）所示为电热水箱控制的梯形图，设初始时水箱无水，当 PLC 运行时输入开关均断开，Q0.0 线圈经常闭接点 I0.1、I0.2 得电自锁，水箱进水，水位上升，水位开关 1 I0.1 先动作，I0.1 常闭接点断开，但是 Q0.0 仍得电继续进水，I0.1 常开接点闭合，Q0.2 得

电开始加热，当水位高于水位开关 2 时，常闭接点 I0.2 断开，Q0.0 失电，进水阀关闭（当水位下降，水位开关 2 断开，常闭接点 I0.2 闭合时，由于 Q0.0 自锁接点断开，Q0.0 仍失电）。当水烧开时，水温开关 I0.0 动作，Q0.2 失电停止加热，Q0.1 得电，放水阀打开，水龙头就可以放水了。

由梯形图还可看出，在低水位以下不能加热，以防干烧。加热和进水时，放水阀关闭，信号灯 HL 不亮，不能放水。

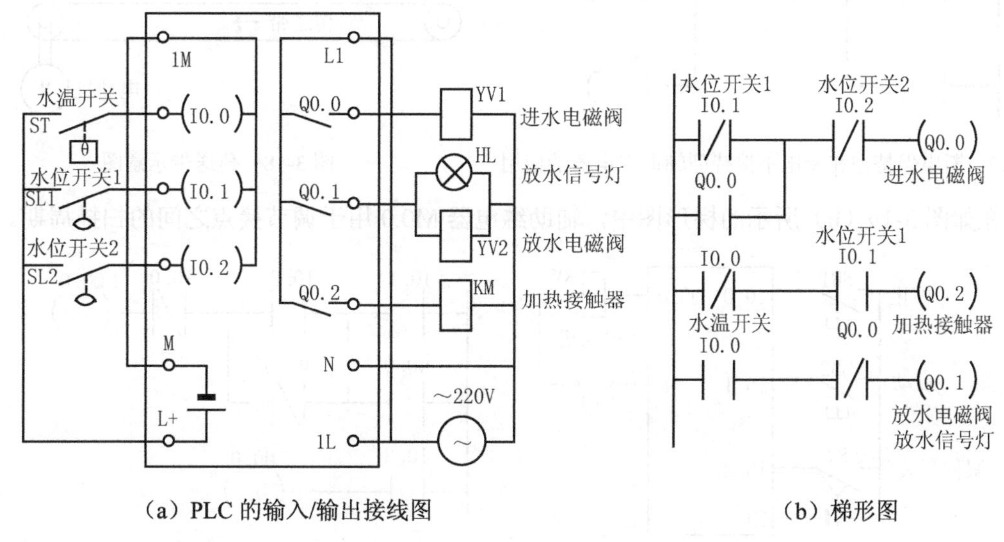

（a）PLC 的输入/输出接线图　　　　（b）梯形图

图 3-16　电热水箱的控制

3.4.2　辅助继电器（M）

辅助继电器相当于中间继电器，它只能在内部程序（梯形图）中使用，不能对外驱动外部负载，在梯形图中用于逻辑变换和逻辑记忆作用。辅助继电器共有 32 个字节，256 位，其编号为 M0.0～M31.7。

> **注意：** 系统的默认值是 MB0～MB13（14 个字节）为断电不保持型，MB14～MB31（18 个字节）为断电数据保持型。如图 3-17 所示，PLC 在运行该梯形图时如 M15.7 和 M0.7 均得电自锁，Q0.0 和 Q0.1 也得电。当电源失电时，M15.7 保持为 1，而 M0.7 为 0，当再来电运行时，M15.7 得电，而 M0.7 失电，结果 Q0.0 得电，而 Q0.1 失电。

例 3-2　用传送带运送产品，如图 3-18 所示。传送带由三相鼠笼型电动机控制，在传送带末端安装一个限位开关 SQ，工人在传送带首端放好产品，按下启动按钮，传送带开始运行。当产品到达传送带末端并超过限位开关（即产品全部离开传送带）时，传送带停止。

传送带 PLC 控制接线图和梯形图如图 3-19 所示，按下启动按钮 I0.1，Q0.0 得电自锁，电动机启动，传送带运行，产品被传送到右端碰到限位开关 I0.2 时，I0.2 常开接点闭合，M0.0 常闭接点在下一个扫描周期断开，所以 Q0.0 仍得电，当产品离开限位开关 I0.2 时，I0.2 常开接点断开，使 Q0.0 失电，电动机停止。虽然下一个扫描周期 M0.0 常闭接点闭合，但是 Q0.0 自锁接点已经打开，所以 Q0.0 不会又得电。

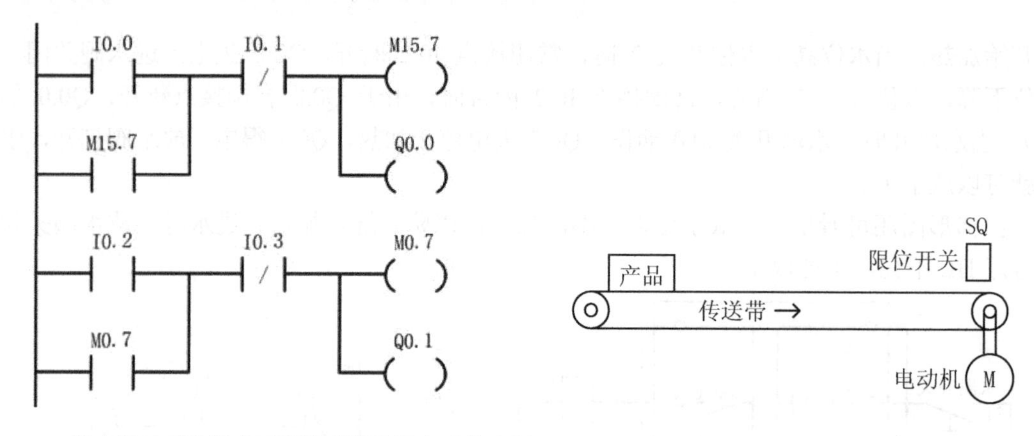

图 3-17　断电保持型和断电不保持型辅助继电器的应用　　　　图 3-18　传送带示意图

在如图 3-19（b）所示的梯形图中，辅助继电器 M0.0 用于调节接点之间的扫描周期。

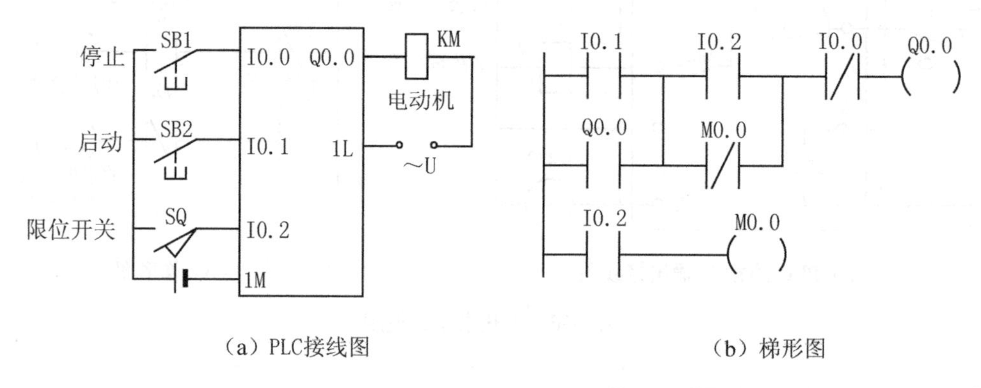

（a）PLC接线图　　　　（b）梯形图

图 3-19　传送带 PLC 控制接线图和梯形图

例 3-3　一辆小车在一条线路上运行，如图 3-20 所示。线路上有 1#～5#共 5 个站点，每个站点各设一个行程开关和一个呼叫按钮。要求无论小车在哪个站点，当某一个站点按下按钮后，小车将自动行进到呼叫点。试用 PLC 对小车进行控制。

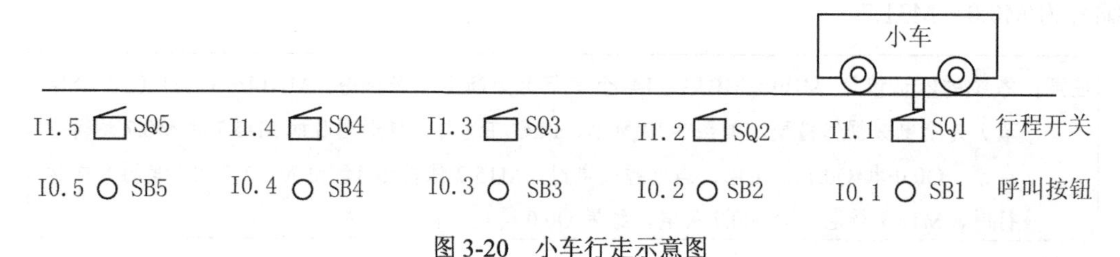

图 3-20　小车行走示意图

根据小车的控制要求可知，只需要正反转两个输出量，但是要求小车能识别 5 个站点，需要设置 5 个记忆状态，由于这 5 个记忆状态不需要输出，所以用辅助继电器来担任，如图 3-21 所示。其控制梯形图如图 3-21（c）所示，由 5 个辅助继电器 M0.1～M0.5 分别记忆 1#～5#共 5 个站点。

控制梯形图的工作原理请自行分析。

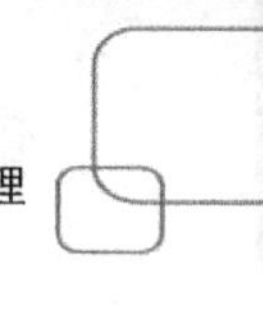

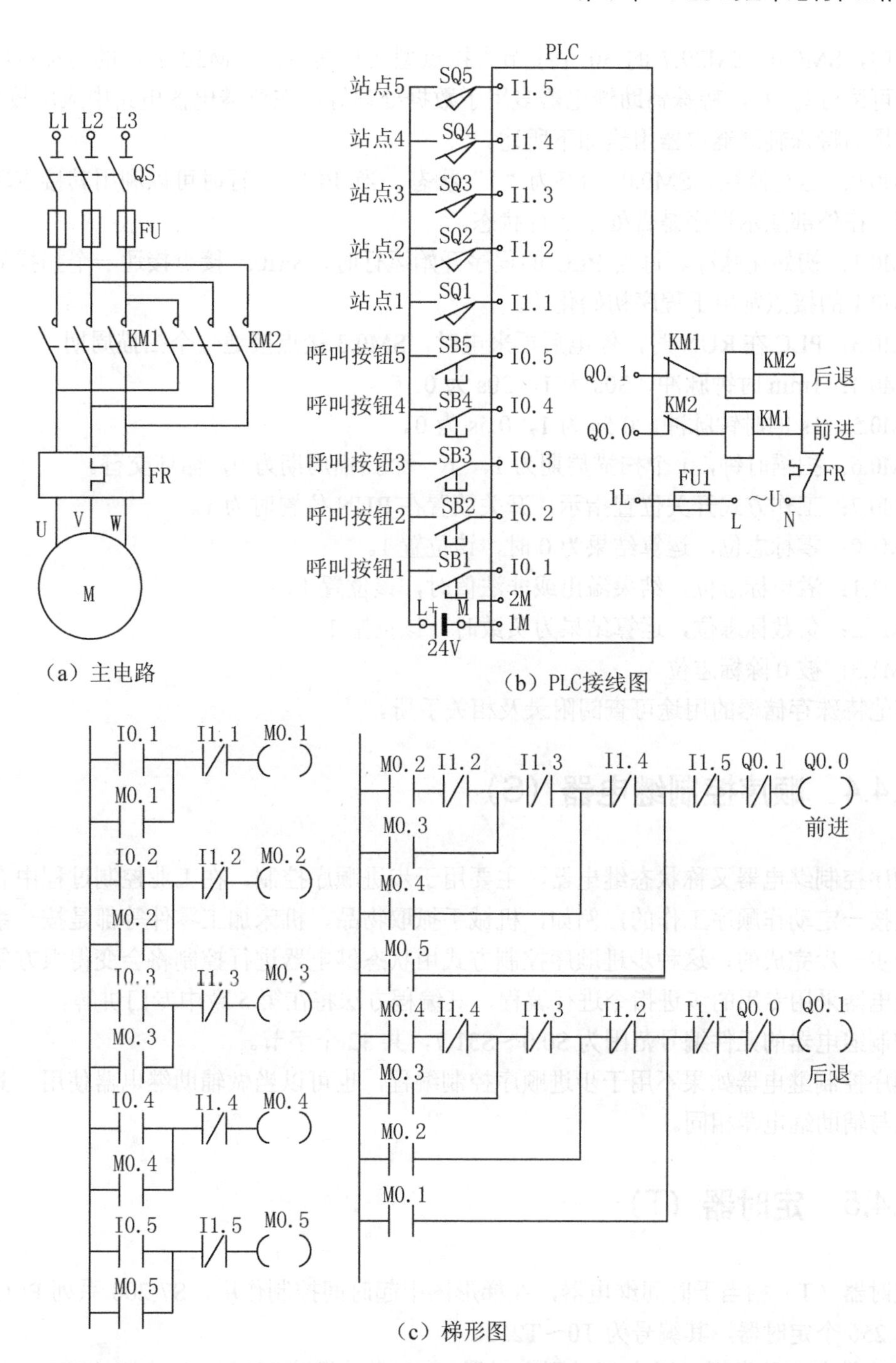

（a）主电路

（b）PLC接线图

（c）梯形图

图 3-21　小车行走 PLC 控制图

3.4.3　特殊辅助继电器（SM）

特殊辅助继电器（SM）提供了大量的状态和控制功能，用来在 CPU 和用户程序之间交换信息，CPU224 的 SM 的编号范围为 SM0.0～SM549.7，共 550 个字节。

其中，SM0.0～SM29.7 的 30 个字节为接点型（只读型），SM30 之后的为接点线圈或数据型（可读可写型），特殊辅助继电器多用于数据处理等，在位继电器电路中应用较少。

常用的特殊辅助继电器用途如下所述。

SM0.0：运行监视。SM0.0 始终为“1”状态。当 PLC 运行时可以利用其接点驱动输出继电器，在外部显示程序是否处于运行状态。

SM0.1：初始化脉冲。每当 PLC 的程序开始运行时，SM0.1 接点接通一个扫描周期，因此，SM0.1 的接点常用于程序初始化等。

SM0.3：PLC 在 RUN 时，停电后再来电时，SM0.3 接点接通一个扫描周期。

SM0.4：1min 时钟脉冲，30s 为 1，30s 为 0。

SM0.5：1s 的时钟脉冲，0.5s 为 1，0.5s 为 0。

SM0.6：扫描时钟，1 个扫描周期为 1，下一个扫描周期为 0，循环交替。

SM0.7：工作方式开关位置指示，开关放置在 RUN 位置时为 1。

SM1.0：零标志位，运算结果为 0 时，该位置 1。

SM1.1：溢出标志位，结果溢出或非法值时，该位置 1。

SM1.2：负数标志位，运算结果为负数时，该位置 1。

SM1.3：被 0 除标志位。

其他特殊存储器的用途可查阅附录及相关手册。

3.4.4 顺序控制继电器（S）

顺序控制继电器又称状态继电器，主要用于步进顺序控制，在工业控制过程中有很多设备都是按一定动作顺序工作的，例如，机械手抓取物品、机床加工零件等都是按一系列固定动作一步一步完成的，这种步进顺序控制方式用状态继电器进行控制将会变得很方便。顺序控制继电器采用专用的步进指令进行编程，其编程方法将在第 5 章中专门讲解。

控制继电器的元件编号范围为 S0.0～S31.7，共 32 个字节。

顺序控制继电器如果不用于步进顺序控制编程，也可以当做辅助继电器使用，其具体使用方法与辅助继电器相同。

3.4.5 定时器（T）

定时器（T）相当于时间继电器，在梯形图中起时间控制作用，S7-200 系列 PLC 为用户提供了 256 个定时器，其编号为 T0～T255。

定时器有三种类型：通电延时型定时器（TON）、断电延时型定时器（TOF）和累计延时型定时器（TONR）。

定时器实际上是一个计数器，它对 PLC 中的时钟脉冲进行计数，它的计数值和设定值进行比较，当计数值大于或等于设定值（减计数计数值为 0）时，计数器的接点动作。

定时器的类型如表 3-10 所示。

表 3-10　定时器编号与定时精度

定 时 器	定 时 精 度	设定值范围	最 大 值	定时器编号
TONR 共 64 点	1ms	1～32 767	32.767s	T0、T64
	10ms	1～32 767	327.67s	T1～T4、T65～T68
	100ms	1～32 767	3276.7s	T5～T31、T69～T95、
TON/TOF 共 192 点	1ms	1～32 767	32.767s	T32、T96
	10ms	1～32 767	327.67s	T33～T36、T97～T100
	100ms	1～32 767	3276.7s	T37～T63、T101～T255

1. TON：通电延时型定时器（On Delay Timer）

通电延时型定时器 TON 和常规通电延时型时间继电器的工作原理一样，工作过程如图 3-22 所示。当 I0.0 接点闭合时，定时器 T40 对 100ms 脉冲计数，如果未达到设定值 500，I0.0 接点断开，T40 的当前值复位为 0，当 I0.0 接点再次闭合时，定时器 T40 重新开始计数，达到 500 次（即达到 50s）时 T40 接点闭合，Q0.0 得电，计数值继续上升直到最大值 32 767，I0.0 接点断开，T40 复位。

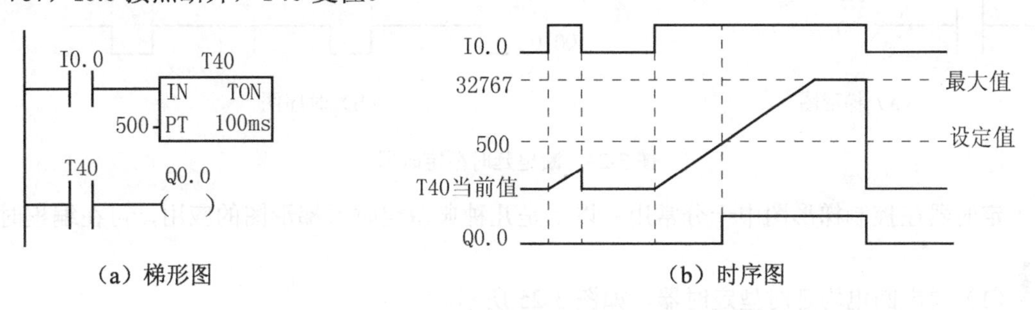

（a）梯形图　　（b）时序图

图 3-22　延时接通定时器

2. TONR：保持型通电延时定时器（Retentive On Delay Timer）

保持型延时接通定时器 TONR 如图 3-23 所示，当 I0.0 接点闭合时，定时器 T5 对 100ms 脉冲计数，如果未达到设定值 500，I0.0 接点断开，T5 的当前值保持不变，当 I0.0 接点再次闭合时，定时器 T5 接着上次的值计数，达到 500 次（即达到设定值 50s）时 T5 接点闭合，Q0.0 得电，计数值继续上升直到最大值 32 767，I0.0 接点断开，T5 不能复位。只有当 I0.1 闭合时复位线圈得电，T5 才能复位。

3. TOF：断电延时型定时器（Off Delay Timer）

断电延时型定时器 TOF 和常规断电延时型时间继电器的工作原理一样。工作过程如图 3-24 所示。当 I0.0 接点闭合时，T41 接点立即闭合，Q0.0 得电。当 I0.0 接点断开时，定时器 T41 对 100ms 脉冲计数，达到 5 000 次（即达到 500s）时 T41 接点断开，Q0.0 失电。

如果 I0.0 接点断开后延时未达到设定值 5000， I0.0 接点又闭合时，T41 的当前值复位为 0，I0.0 接点断开后重新开始计数，达到 500s 时 T41 接点接点断开，Q0.0 失电。

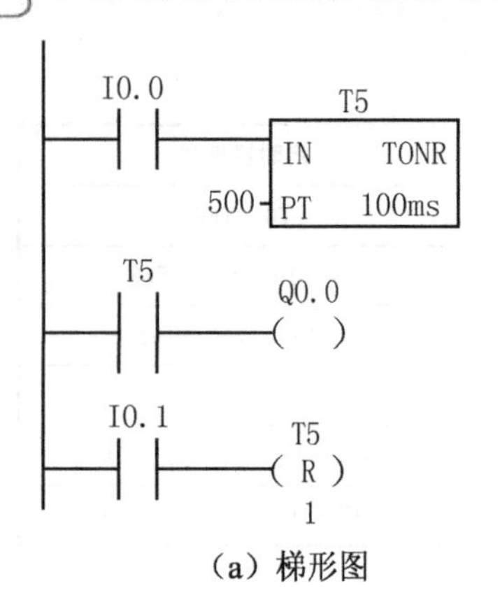

(a) 梯形图

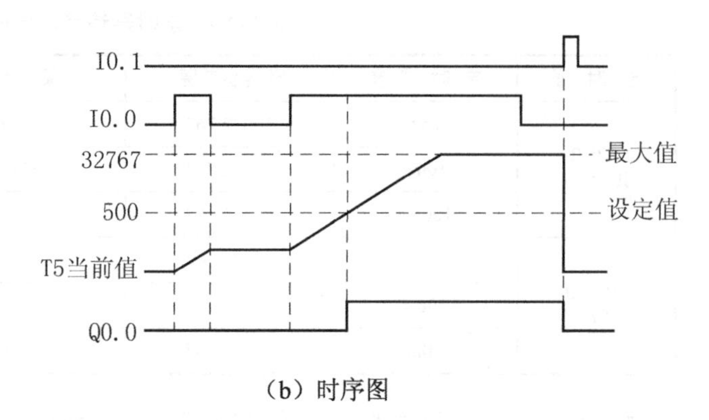

(b) 时序图

图 3-23　通电累计延时接通定时器

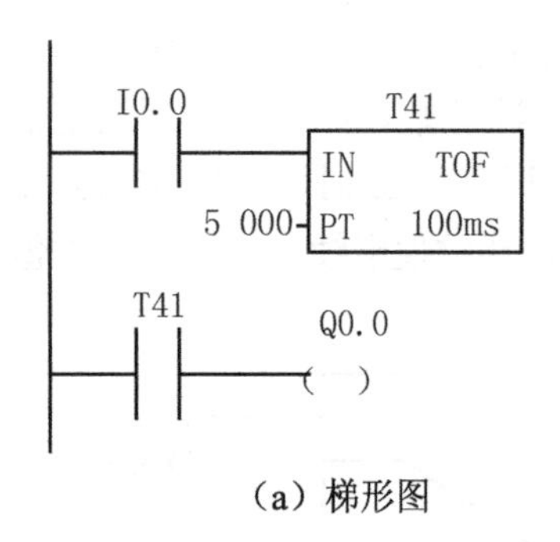

(a) 梯形图

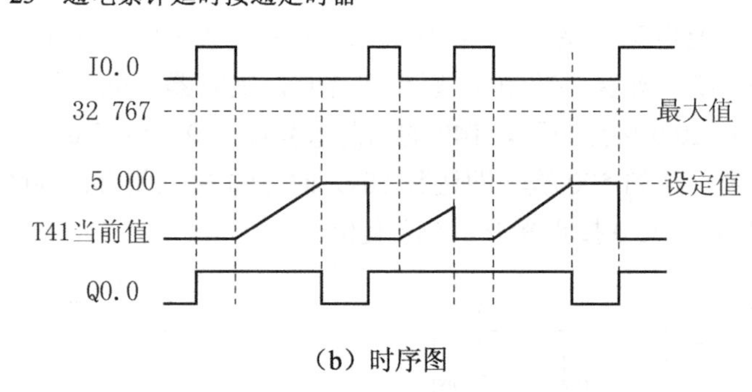

(b) 时序图

图 3-24　断电延时型定时器

定时器在控制梯形图中十分常用，以下是几种典型定时器梯形图的应用，可在编程时应用。

（1）通电断电均延时型定时器，如图 3-25 所示。

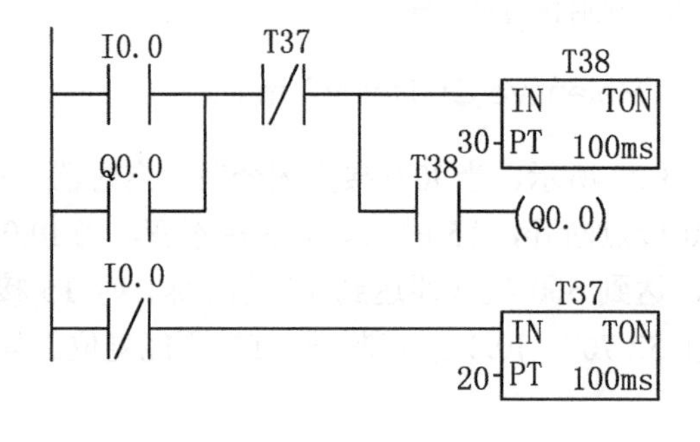

(a) 梯形图

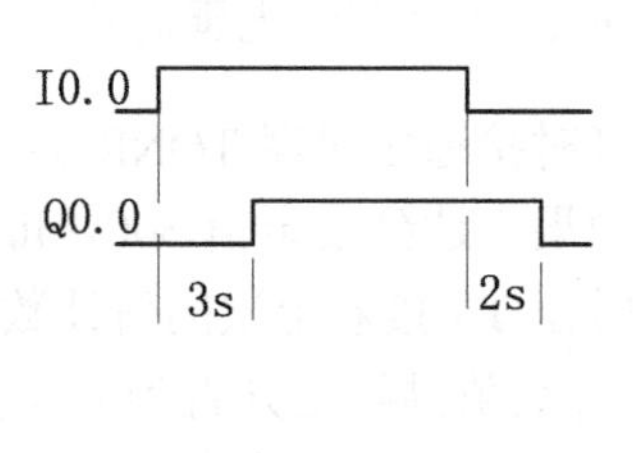

(b) 波形图

图 3-25　通电断电均延时型定时器

（2）占空比可调振荡电路，如图 3-26 所示。

（3）上升沿单稳态电路，如图 3-27 所示。

（4）下降沿单稳态电路，如图 3-28 所示。

（5）定时脉冲电路，如图 3-29 所示。

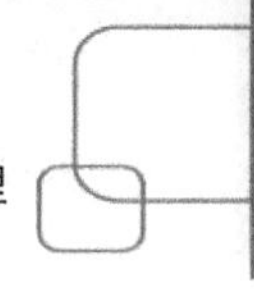

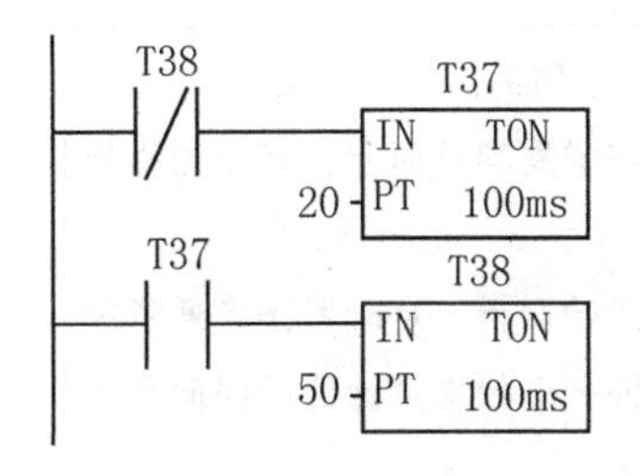

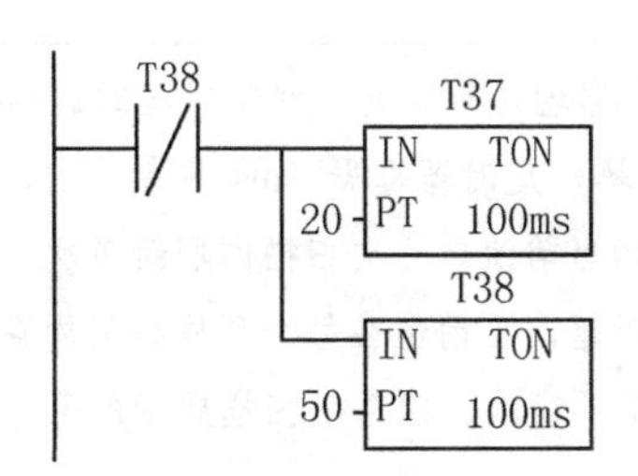

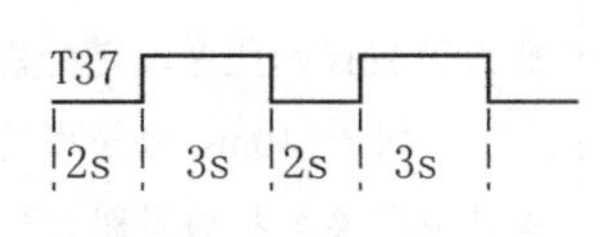

（a）梯形图 1　（b）梯形图 2　（c）波形图

图 3-26　占空比可调振荡电路

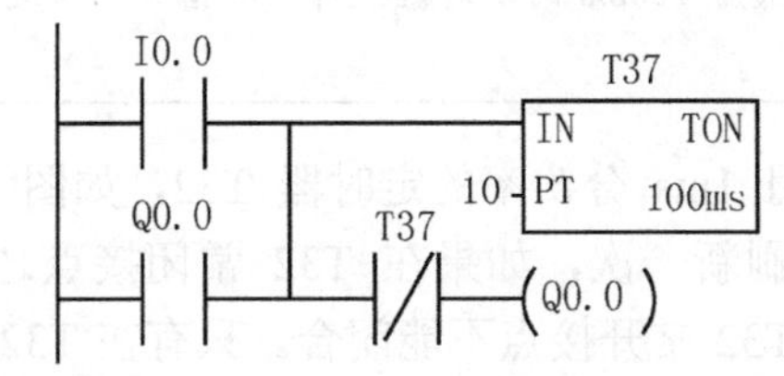

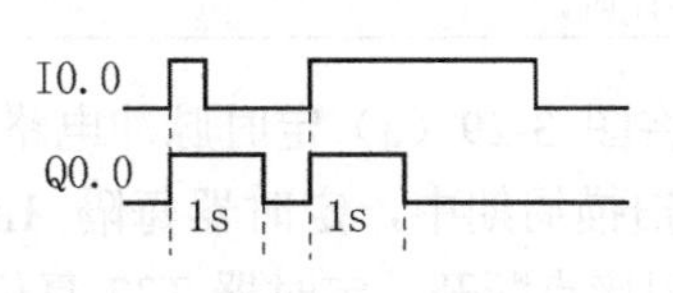

图 3-27　上升沿单稳态电路

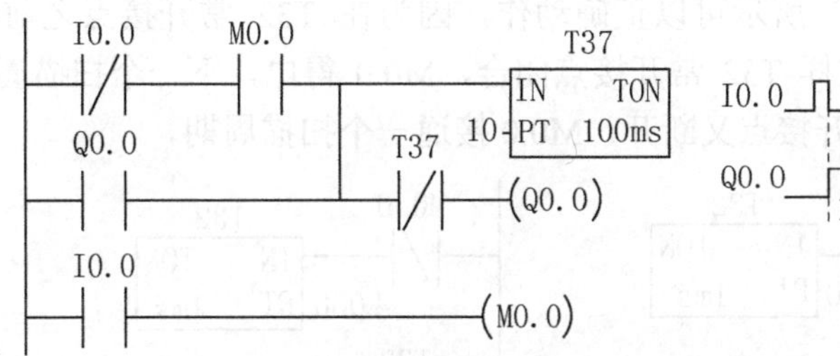

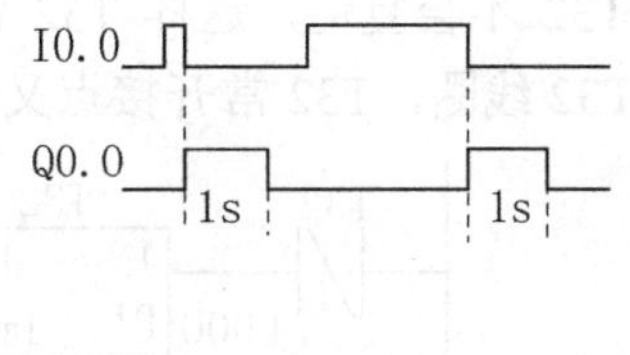

图 3-28　下降沿单稳态电路

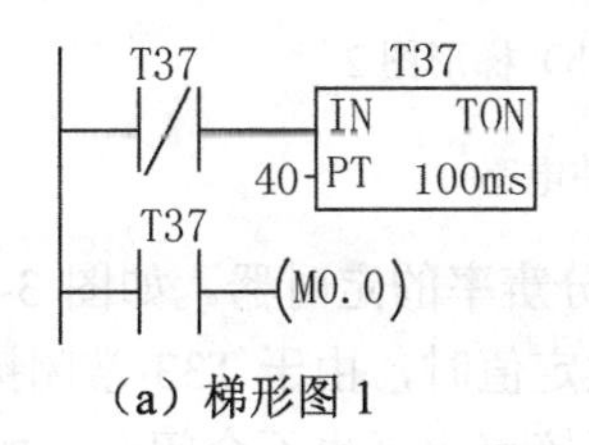

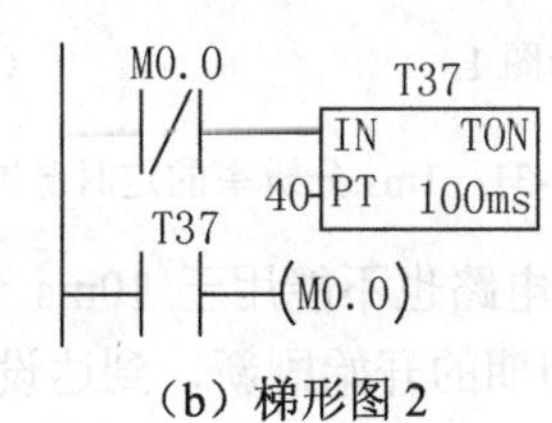

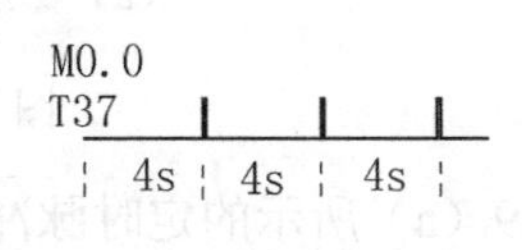

（a）梯形图 1　（b）梯形图 2　（c）波形图

图 3-29　定时脉冲电路

（6）振荡电路，如图 3-30 所示。

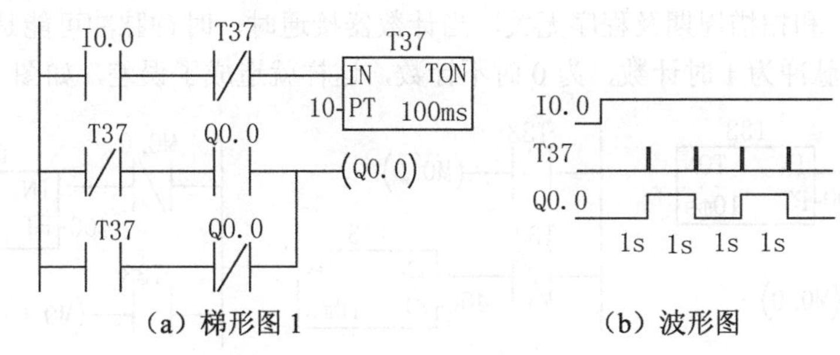

（a）梯形图 1　（b）波形图

图 3-30　振荡电路

> **注意**：不同分辨率定时器的工作原理是不同的，对定时器的影响也是不同的。
>
> 对于 1ms 分辨率的定时器，定时器每隔 1ms 刷新一次，与扫描周期不同步。对于扫描周期大于 1ms 的程序，定时器位和当前值在一次扫描内刷新多次。
>
> 对于 10ms 分辨率的定时器，当前值在每个程序扫描周期的开始刷新。定时器接点通断和当前值在整个扫描周期过程中是不变的。在每个扫描周期的开始会将一个扫描累计的时间间隔加到定时器当前值上。
>
> 对于 100ms 分辨率的定时器，是在扫描过程中读到该定时器时才对定时器接点和当前值进行更新；因此，确保在每个扫描周期内，程序仅为 100ms 的定时器执行一次指令，以便使定时器保持正确计时。

例如，将图 3-29（a）定时脉冲电路改用 1ms 分辨率的定时器 T32，如图 3-31（a）所示，在一个扫描周期中，定时器每隔 1ms 刷新一次，如果在 T32 常闭接点之前到达设定值，T32 常闭接点断开，定时器 T32 复位，T32 常开接点不能闭合。只有在 T32 常闭接点之后和 T32 常开接点之间到达设定值，T32 常开接点才能闭合。显然这种概率是很小的，因此不能正确动作。而图 3-31（b）所示可以正确动作，因为在 T32 常开接点之前到达设定值时，定时器 T32 不会复位，这样 T32 常开接点闭合，M0.0 得电，下一个扫描周期 M0.0 常闭接点断开 T32 线圈，T32 常开接点又断开，M0.0 接通一个扫描周期。

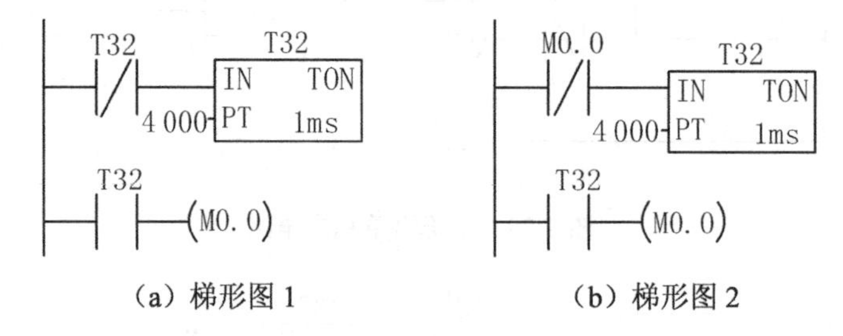

（a）梯形图 1　　（b）梯形图 2

图 3-31　1ms 分辨率的定时脉冲电路

图 3-29（a）所示的定时脉冲电路也不能用于 10ms 分辨率的定时器。如图 3-32（a）所示，因为当前值在每个程序扫描周期的开始刷新，到达设定值时，由于 T33 常闭接点在前，T33 常闭接点先断开使定时器 T33 复位，所以，T33 常开接点永远也不会闭合。如果 T33 常开接点放在前面就可以正确动作了，如图 3-32（b）所示，或用图 3-32（c）表示也可以。

前面提及定时器实际上是一个计数器。它对 PLC 中的时钟脉冲进行计数，由于时钟脉冲是固定不变的，和扫描周期及程序无关，当计数器接通时，时钟脉冲可能是 1，也可能是 0，计数器在时钟脉冲为 1 时计数，为 0 时不计数，这样就造成了误差，如图 3-33 所示。

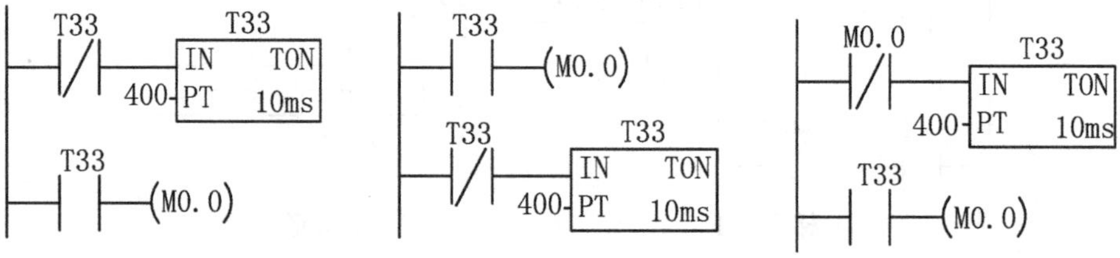

（a）梯形图 1　　（b）梯形图 2　　（c）梯形图 3

图 3-32　10ms 分辨率的定时脉冲电路

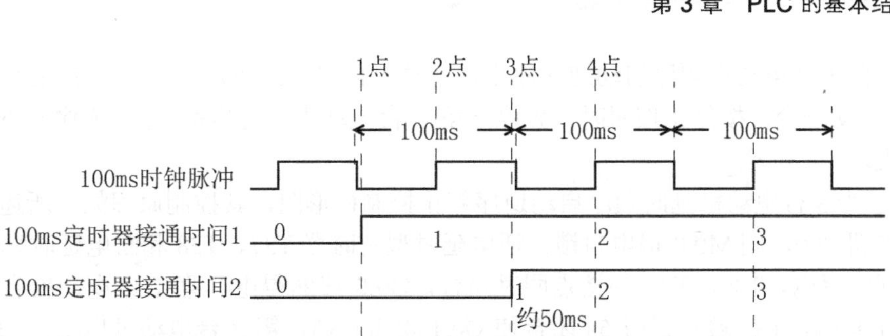

图 3-33　计数器误差

100ms 定时器可能在一个周期 100ms 时钟脉冲的任何时刻接通，假设定时器在如图 3-33 所示的 1 点接通，时钟脉冲此刻为 0，不计数，在 2 点时钟脉冲为 1，计数为 1，到 4 点计数为 2，实际接通时间是 150ms，而不是 200ms。假设定时器在 3 点接通，由于时钟脉冲此刻为 1，立刻计数为 1，到 4 点计数为 2，实际接通时间是 50ms，而不是 200ms。由此可见，其绝对误差为 50ms～150ms。

例 3-4　用按钮控制 3 台电动机。为了避免 3 台电动机同时启动，造成启动电流过大，要求每隔 8s 启动一台，试设计 PLC 控制梯形图。

图 3-34 所示为 3 台电动机延时顺序启动控制梯形图，其控制原理如下所述。

启动时，按下启动按钮 I0.0，Q0.0 得电并自锁，第 1 台电动机启动，同时定时器 T37 得电延时（该延时电路为定时脉冲电路），Q0.0 常开接点闭合为第 2 台电动机（Q0.1）得电启动做好准备。到 8s 时，T37 发出一个脉冲，使 Q0.1 得电自锁，第 2 台电动机启动，Q0.1 常开接点闭合为第 3 台电动机（Q0.2）得电启动做好准备，再过 8s 时 T37 又发出一个脉冲，使 Q0.2 得电自锁第 3 台电动机启动。

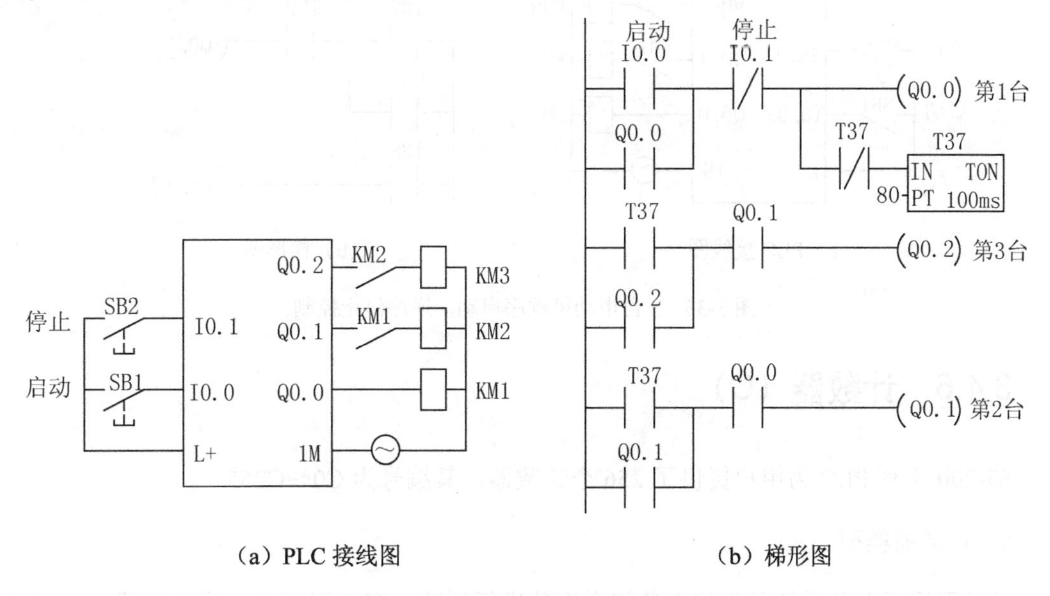

（a）PLC 接线图　　（b）梯形图

图 3-34　3 台电动机顺序启动控制

该控制梯形图的特点是只用一个定时器控制多台电动机的顺序启动，在梯形图编程顺序上除了第 1 台电动机应先编程外，先启动的电动机应该后编程。

例 3-5 控制 3 台电动机顺序启动逆序停止，启动时按启动按钮，启动第 1 台电动机之后，每隔 5s 再启动一台；按停止按钮时，先停下第 3 台电动机，之后每隔 5s 逆序停下第 2 和第 1 台电动机。

图 3-35 所示为 3 台电动机延时顺序启动逆序停止控制梯形图，其控制原理如下所述。

按下启动按钮 I0.0，则 M0.0 得电自锁，通电延时型定时器 T37、T38 和断电延时型定时器 T39、T40 同时得电。T39、T40 的接点同时闭合，Q0.0 线圈得电，第 1 台电动机启动。定时器 T37 得电延时，T37 接点延时 5s 闭合使 Q0.1 得电自锁，第 2 台电动机启动，T38 接点延时 10s 闭合使 Q0.2 得电，第 3 台电动机启动。

按下停止按钮 I0.1，M0.0 失电，T37～T40 线圈同时失电。T37、T38 接点立即断开，Q0.2 失电，第 3 台电动机失电停止。延时 5s， T39 接点断开，Q0.1 失电，第 2 台电动机失电停止。延时 10s，T40 接点断开，Q0.0 失电，第 1 台电动机失电停止。

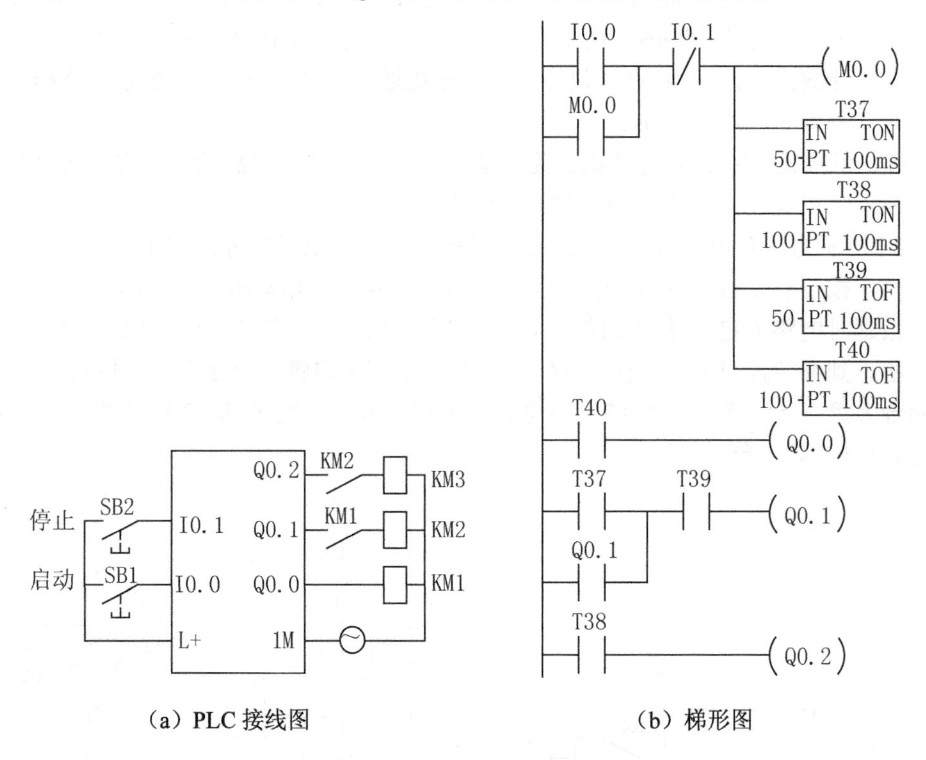

（a）PLC 接线图　　（b）梯形图

图 3-35　3 台电动机顺序启动，逆序停止控制

3.4.6　计数器（C）

S7-200 系列 PLC 为用户提供了 256 个计数器，其编号为 C0～C255。

1．计数器类型

计数器用于对各种软元件接点的闭合次数进行计数，有 3 种类型，增计数器 （CTU）、减计数器（CTD）和增/减计数器（CTUD）。

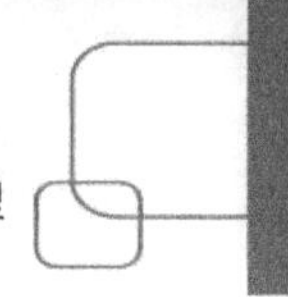

1）增计数器（Couter Up，CTU）

增计数器设定值范围为 0～32 767。

如图 3-36 所示，增计数器 C20 从初始值 0 开始计数，计数器的计数端（CU）在接通的上升沿从低到高递增计数。当计数器的当前值等于或大于设定值 PV 时，计数器接点动作。当它达到最大值（32 767）后，计数器停止计数。当复位端（R）接通或者执行复位指令后，计数器被复位。当前值为 0，接点复位。

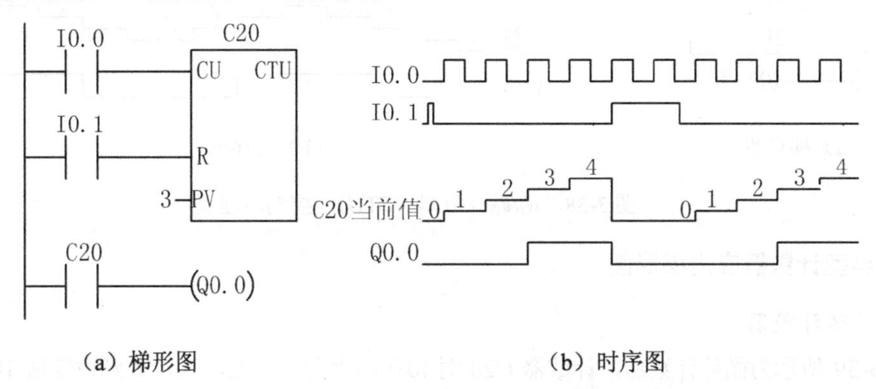

（a）梯形图　　（b）时序图

图 3-36　增计数器控制原理

2）减计数器（Couter Down，CTD）

减计数器设定值范围为 0～32 767。

如图 3-37 所示，减计数器 C20 的初始值为 0，不能对 I0.0 的接通次数进行计数，当装载输入端（LD）接通时，计数器位被复位为设定值 3。每当 I0.0 接通一次，C20 对 I0.0 接通的上升沿进行减一计数，当 C20 的当前值减到 0 时，计数器接点 C20 接通，Q0.0 得电，计数器停止计数。

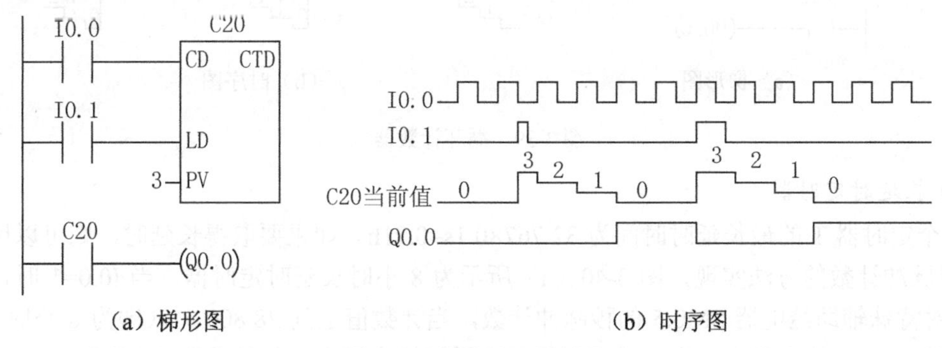

（a）梯形图　　（b）时序图

图 3-37　减计数器控制原理

3）增/减计数器（Couter Up/Down，CTUD）

增/减计数器设定值范围为-32 768～32 767。

如图 3-38 所示，增/减计数器 C20 的初始值为 0， C20 对增计数端 CU 的上升沿进行增计数，对减计数输入（CD）的上升沿进行减计数。在每一次执行计数时，当前值与设定值（PV）3 作比较。当 C20 的当前值大于等于设定值 3 时，C20 接点闭合。当前值小于等于设定值 3 时，C20 接点断开合。增计数时，当达到最大值（32 767）时，再加 1 变为最小值（-32 768）。减计数时，当达到最小值（-32 768）时，再减 1 变为最大值（32767）。当复位端

（R）接点I0.2接通（或者执行复位指令）后，计数器复位。

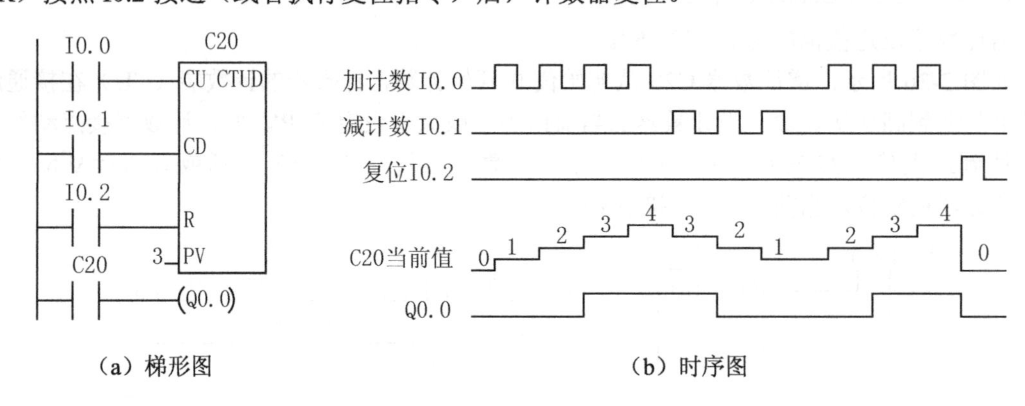

（a）梯形图　　　　（b）时序图

图3-38　增/减计数器（CTU）控制原理

2. 典型计数器应用梯形图

1）循环计数器

图3-39所示为循环计数器，计数器C20对I0.0的上升沿计数，当计数到设定值10时，其计数器C20接点闭合，M0.0得电；在第二个扫描周期，计数器R端C20接点闭合，将计数器C20复位，计数值为0，C20接点只接通一个扫描周期，然后C20反复重新开始上述计数过程。

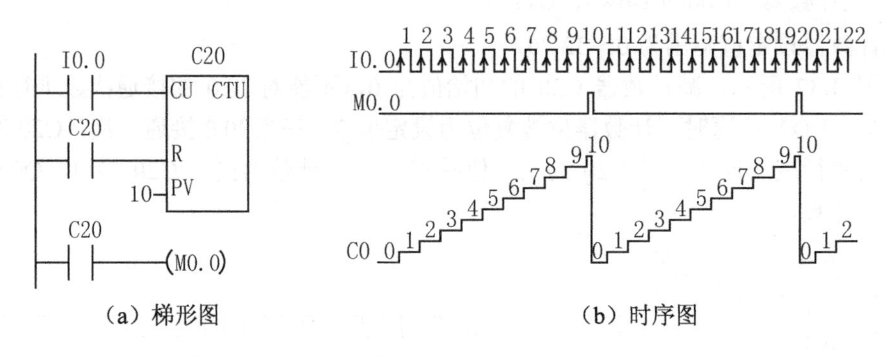

（a）梯形图　　　　（b）时序图

图3-39　循环计数器

2）长延时定时器

一个定时器T的最长延时时间为32 767×0.1s≈0.91h。如果要取得长延时，则可以用计数器C对脉冲计数的方法实现，图3-40（a）所示为8小时长延时定时器，当I0.0=1时，计数器C0对特殊辅助继电器SM0.5的秒脉冲计数，当计数值达到28 800时（即为8小时），C0接点闭合，Q0.0线圈得电。当I0.0=0时，I0.0常闭接点闭合，使计数器C0复位。

图3-40（b）所示为24小时定时器，它对SM0.4的分脉冲计数。

3）365天定时器

如果要得到更长的延时时间，则可采用如图3-41所示的方法。

图3-41（a）所示为定时脉冲和计时器配合的方式。定时器T37每1 000s发出一个脉冲，计数器C0对T37的脉冲计数，当达到计数设定值31 536时即为365天（31 536×10 000×0.1= 31 536 000s）。

图3-41（b）所示为两个计数器串联计数方式。C0组成一个循环计数器，对SM0.5的秒

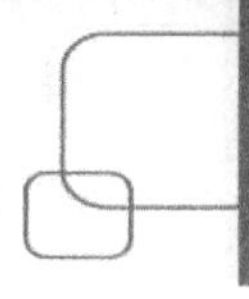

脉冲计数，C0 接点每 1 000s 发一个脉冲，而 C1 又对 C0 接点的脉冲进行计数。当 C1 的计数值达到设定值 31 536 时即为 365 天。

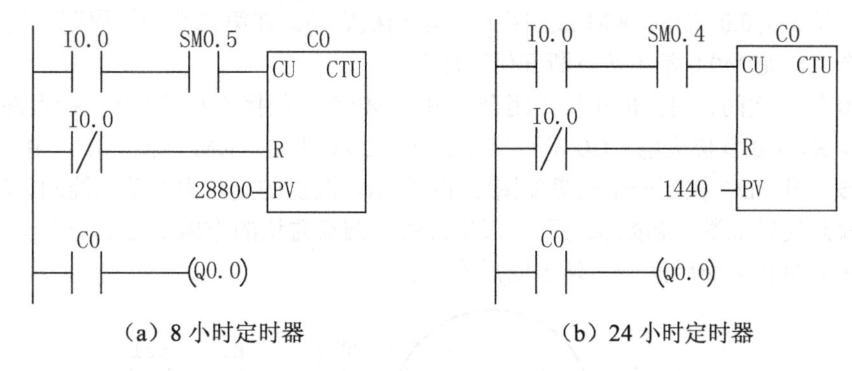

（a）8 小时定时器　　（b）24 小时定时器

图 3-40　长延时定时器

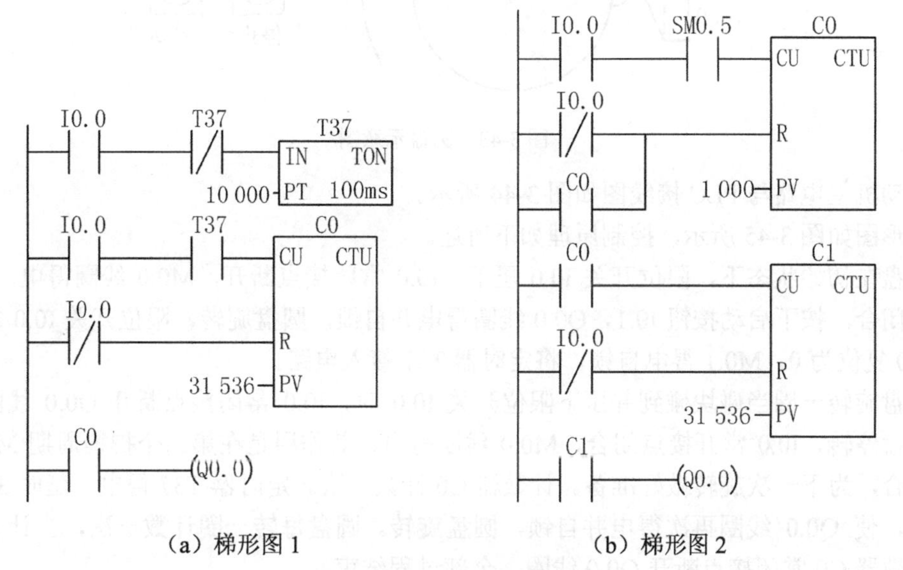

（a）梯形图 1　　（b）梯形图 2

图 3-41　365 天定时器

4）单按钮控制电动机启动停止

图 3-42 所示为采用计数器对电动机进行启动停止控制，控制电路只需用一个按钮（I0.0）。

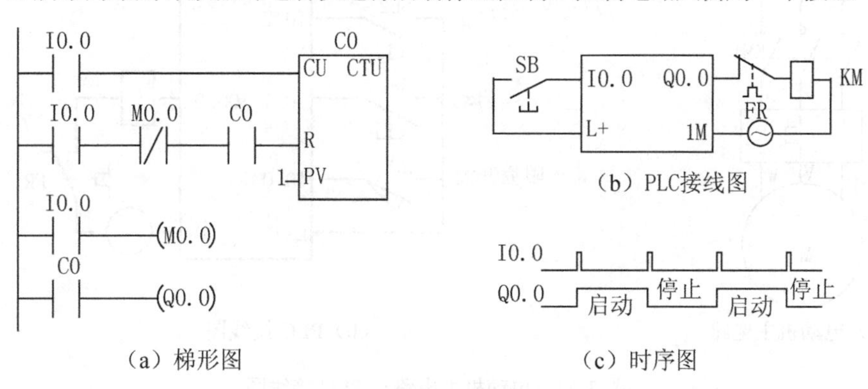

（a）梯形图　　（b）PLC接线图　　（c）时序图

图 3-42　单按钮控制电动机启动停止

按下按钮 I0.0，I0.0 闭合时， C0 的计数端 CU 接通，计一次数，计数值为 1，由于 C0 的设定值也为 1，在一个扫描周期，由于 C0 复位端的 C0 常开接点不通，但下面的 C0 常开接点闭合，结果 Q0.0 得电。KM 线圈得电，电动机启动。在第二个扫描周期，复位端 C0 常开接点闭合，但是 M0.0 常闭接点断开仍不能复位。

当 I0.0 第二次闭合时，I0.0 接点闭合，由于 M0.0 常闭接点和 C0 常开接点都闭合，I0.0 接通复位端 R，C0 复位失电，C0 常开接点断开，Q0.0 失电，KM 线圈失电，电动机停止。

例 3-6 用 PLC 控制一个圆盘如图 3-43 所示，圆盘的旋转由电动机控制。圆盘用一个限位开关检测旋转圈数，初始状态下，限位开关在圆盘碰块的作用下处于动作状态，要求按下启动按钮后每转 1 圈后停 3s，转 5 圈后停止。

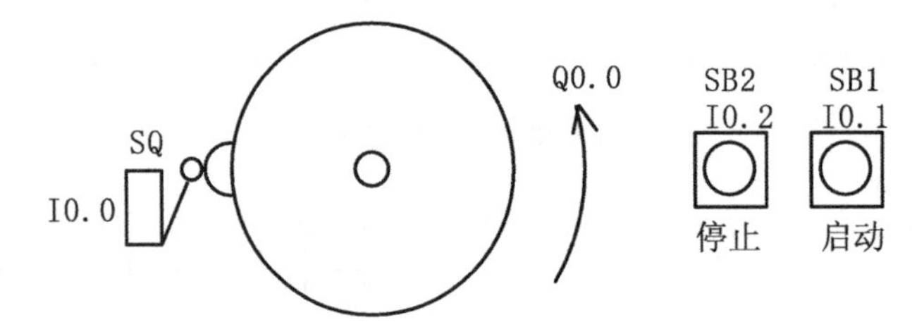

图 3-43 圆盘示意图

电动机主电路与 PLC 接线图如图 3-44 所示。

梯形图如图 3-45 所示，控制原理如下所述。

圆盘在初始状态下，限位开关 I0.0 压下，I0.0 常闭接点断开，M0.0 线圈得电，M0.0 常开接点闭合，按下启动按钮 I0.1，Q0.0 线圈得电并自锁，圆盘旋转，限位开关 I0.0 复位。计数器 C0 复位为 0，M0.1 得电自锁，将定时器 T37 接入电路。

圆盘旋转一圈当碰块碰到并压下限位开关 I0.0 时，I0.0 常闭接点断开 Q0.0 线圈解除自锁；圆盘停转，I0.0 常开接点闭合，M0.0 线圈得电，其作用是在第二个扫描周期 M0.0 常开接点闭合，为下一次旋转做好准备。计数器 C0 计数一次。定时器 T37 得电，延时 3s 发出一个脉冲，使 Q0.0 线圈再次得电并自锁，圆盘旋转。圆盘每转一圈计数一次，当计数值为 5 时，计数器 C0 常闭接点断开 Q0.0 线圈，全部过程结束。

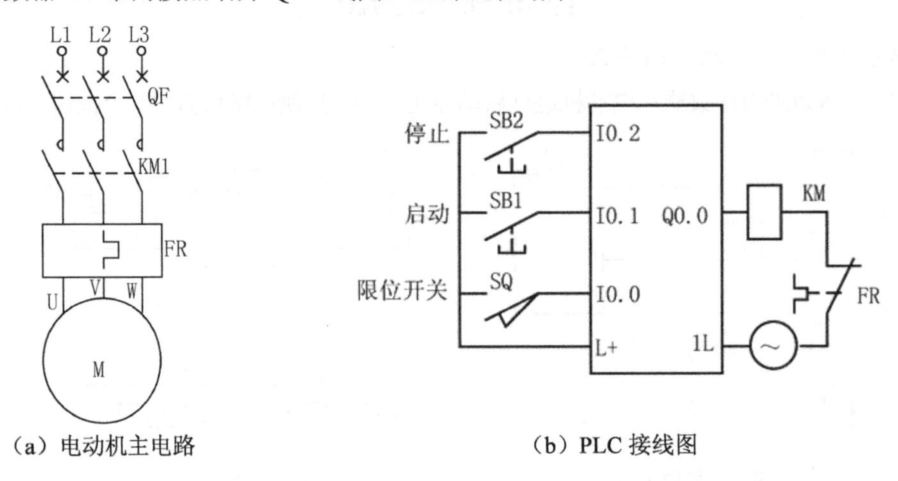

（a）电动机主电路　　（b）PLC 接线图

图 3-44 电动机主电路与 PLC 接线图

图 3-45 中 M0.1 用于启动后将定时器 T37 接入，以防止在原位 I0.0 接点闭合时自动延时启动。

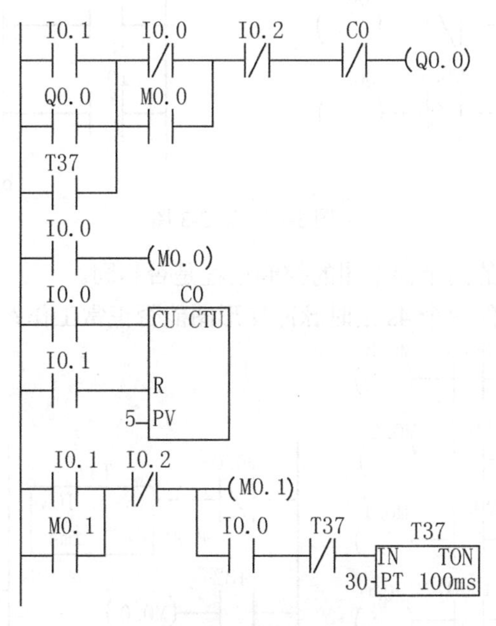

图 3-45　圆盘旋转控制梯形图

习　　题

3-1　输入电路中的光电耦合器为什么要采用两个反向连接的发光二极管？

3-2　分析如图 3-46 所示的 4 个梯形图，试指出哪些梯形图具有点动控制功能。

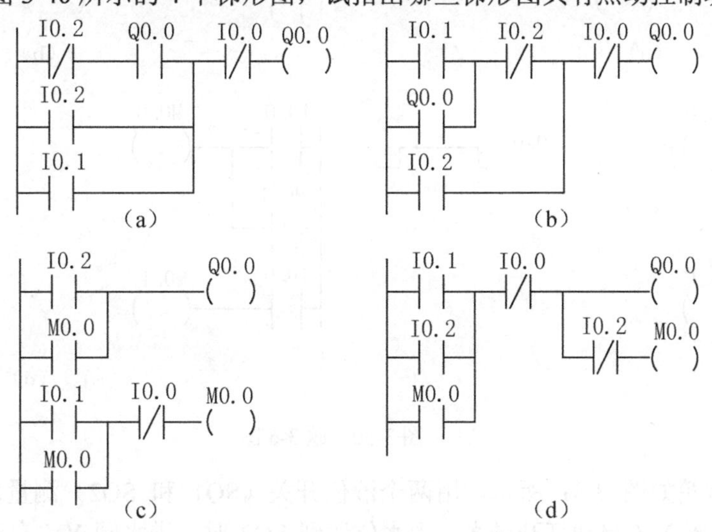

图 3-46　题 3-2 图

3-3　比较图 3-47 中两种互锁电路的特点。

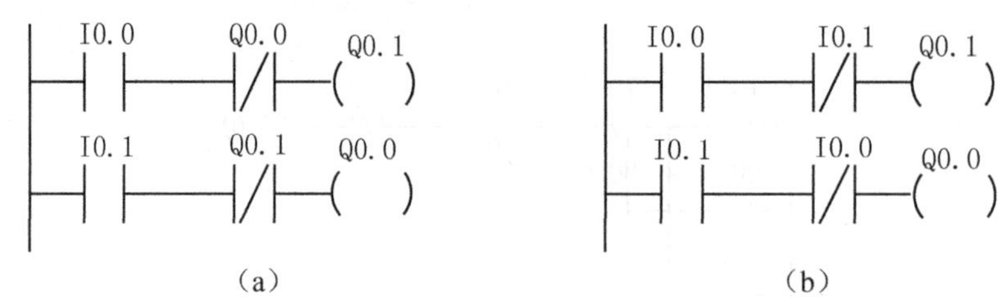

图 3-47　题 3-3 图

3-4　比较图 3-48 中的两个梯形图的控制过程是否相同。

3-5　分析图 3-49 中的两个 4s 定时脉冲梯形图能否正常工作？

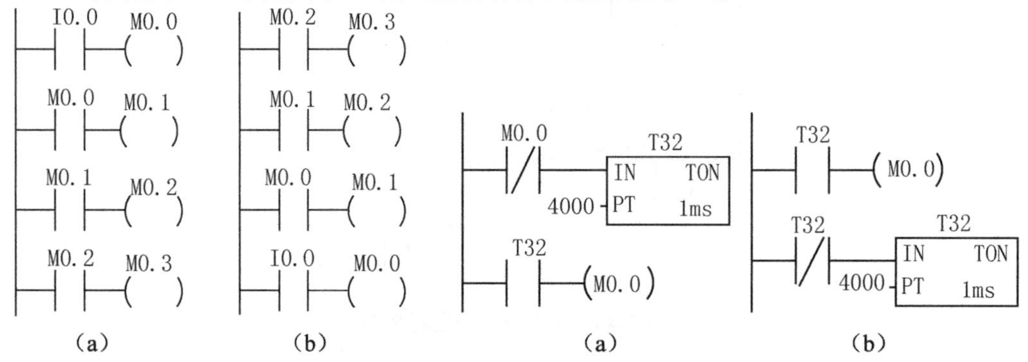

图 3-48　题 3-4 图　　　　图 3-49　题 3-5 图

3-6　根据如图 3-50 所示的梯形图画出 M0.0 的时序图。

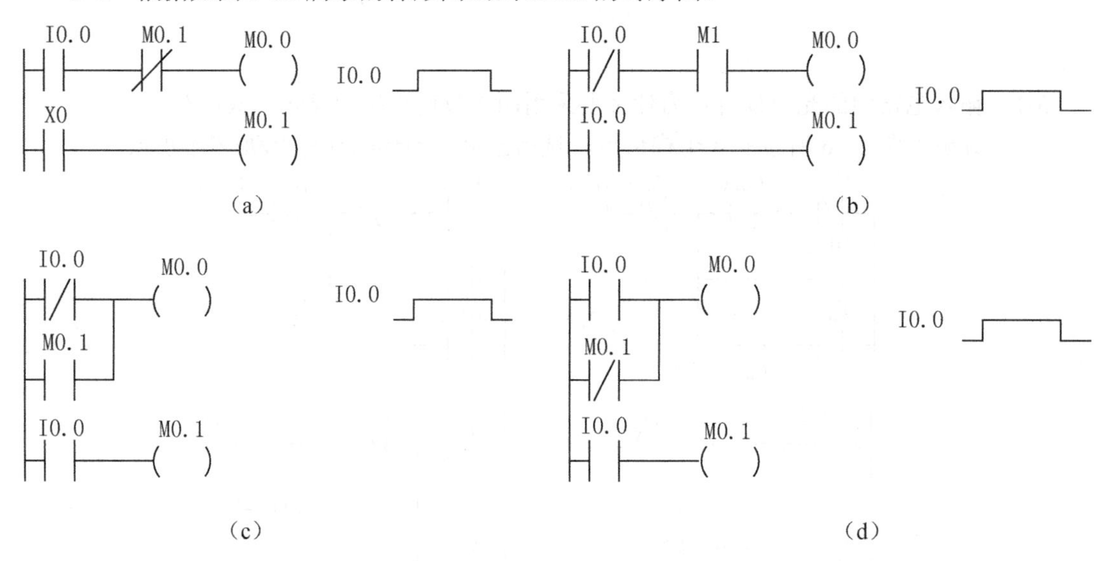

图 3-50　题 3-6 图

3-7　一水箱如图 3-51 所示，用两个液位开关（SQ1 和 SQ2）测量水位，当水位低于 SQ1 时，进水阀 YV 自动打开进水；当水位达到 SQ2 时，进水阀 YV 自动关闭。画出 PLC 控制梯形图。

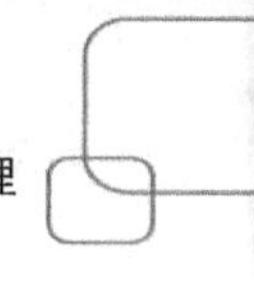

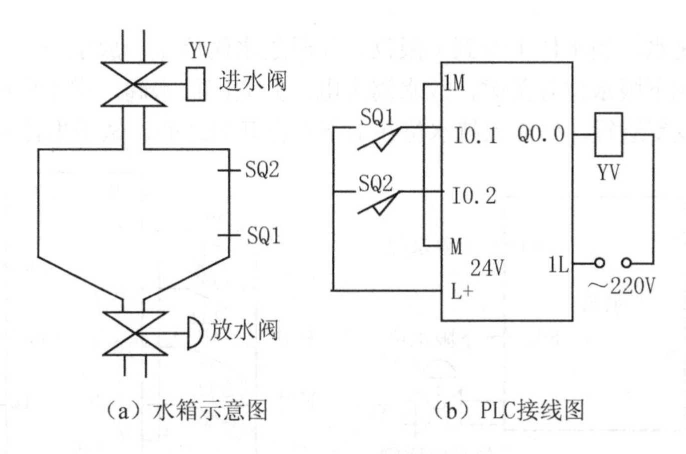

（a）水箱示意图　　（b）PLC接线图

图 3-51　题 3-7 图

3-8　设计一个设定值为 1 000 000 的计数器。

3-9　设计一个每隔 12s 产生一个脉冲的定时脉冲电路。

3-10　设计一个延时 1.234s 的定时器。

3-11　分析图 3-52 中的两个梯形图的延时时间是否一样。

I0. 0　SM0. 5　C20　CU CTU　I0. 1　R　120 PV　C20　(Q0. 0)

I0. 0　SM0. 4　C20　CU CTU　I0. 1　R　2 PV　C20　(Q0. 0)

图 3-52　题 3-11 图

3-12　某一电气设备由一台电动机驱动，该电气设备要求在停止后需隔 3min 才能启动。试设计该电气设备的控制梯形图。

3-13　用按钮控制两台电动机，要求既可以分别启动、停止两台电动机，也可以同时启动、停止两台电动机。设计两台电动机控制梯形图。

3-14　控制一台电动机，要求当按下启动按钮时，电动机转动 100s 后停止；按下停止按钮立即停止。试设计其控制梯形图。

3-15　控制一台电动机，要求当按下启动按钮时，电动机转动 8h 后停止；按下停止按钮立即停止。试设计其控制梯形图。

3-16　用一个按钮点动控制电动机，当按钮松开时，对电动机能耗制动 5s 后停止。试画出控制梯形图。

3-17　用一个按钮控制楼梯的照明灯，每按一次按钮，楼梯灯亮 3min 熄灭。当连续按两次按钮，灯常亮不灭。当按下时间超过 2s 时，灯熄灭。

3-18　用四个开关控制一盏灯，当只有一个开关动作时灯亮，两个及以上开关动作时灯不亮。试画出控制梯形图。

3-19　设计用两个开关都可以控制一个灯的梯形图。

3-20　图 3-53 所示为一水箱，初始时水箱无水。当按下启动按钮时，信号灯亮，进水电磁阀得电向水箱进水，当水位上升到上限位开关时进水阀停止，放水阀得电，将水箱中的水放掉。当水位降到下限水位开关时，放水阀失电，并关闭放水阀，进水电磁阀得电，又重新进水。上述过程反复进行，始终保持水位在上下水位开关之间。试画出控制梯形图。

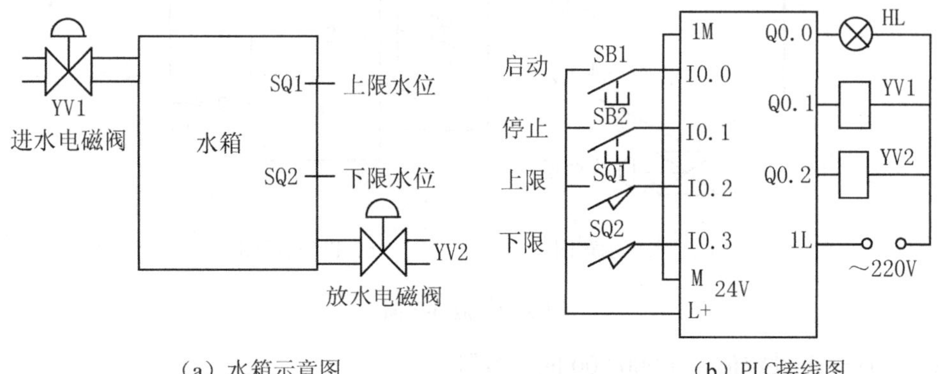

（a）水箱示意图　　（b）PLC接线图

图 3-53　题 3-20 图

3-21　根据图 3-54 中的时序图画出对应的梯形图。

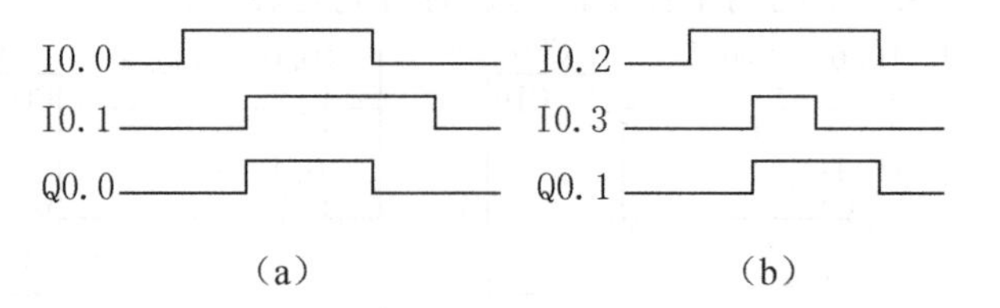

（a）　　（b）

图 3-54　题 3-21 图

3-22　设计一个满足如图 3-55 所示时序图的梯形图。

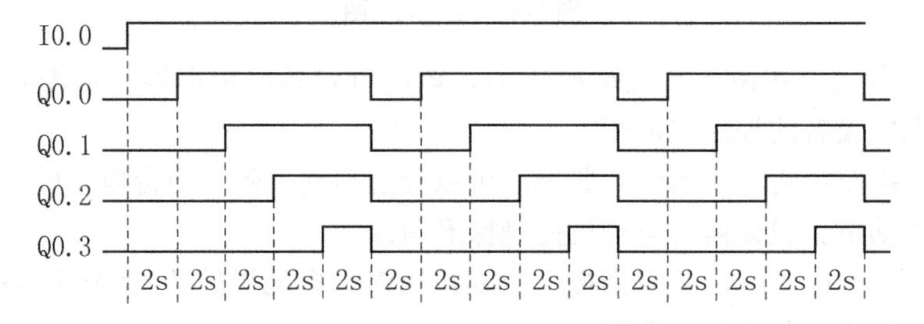

图 3-55　题 3-22 图

第 4 章　常用基本指令及应用

S7-200 型 PLC 的程序（编程语言）有 3 种形式，如图 4-1 所示。

（1）梯形图（Ladder Diaggram，LAD）。

（2）指令（语句）表（Statement List，STL）。

（3）功能块图（Function Block Diagram，FBD）。

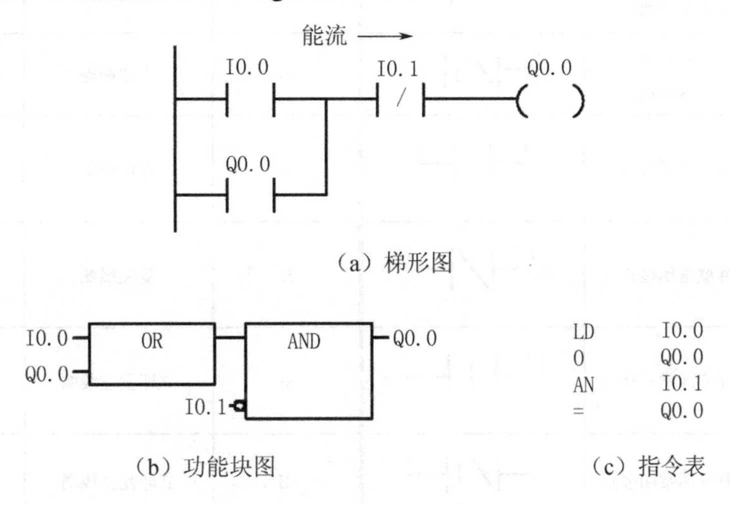

（a）梯形图

（b）功能块图　　（c）指令表

图 4-1　PLC 的程序的 3 种方式

梯形图是一种最常用的编程语言，它类似于继电器控制电路，为了便于像继电器控制电路一样理解梯形图，提出了一种假象电流的概念，通常称为能流（Power Flow），与继电器控制电路不同的是能流只能从左母线向右流动，不能反向流动。能流从左母线经过接点流向线圈到右母线（右母线通常省略）。当有能流流过线圈时，线圈得电，这和继电器控制电路分析方法基本一样。

功能块图是一种类似于数字逻辑门电路的编程语言，有数字电路基础的人较容易理解，一般书很少介绍，本书也不作介绍。

指令表（又称语句表）是一种与汇编语言类似的编程语言，结构简单，但它是 PLC 最基本的编程语言，PLC 只能接受指令表，但是它的可读性较差，应用的人较少。我们一般是先在编程软件中输入梯形图，PLC 会将梯形图自动转换成指令表，如果梯形图画错了，就不能转换成指令表，PLC 就不能执行。

编程语言按指令可分为 3 种类型：基本指令（位指令）、顺序控制指令和功能指令。本章主要介绍常用的基本指令及梯形图。

S7-200 型可编程控制器的常用基本指令和图形符号如表 4-1 所示。

表 4-1　S7-200 型可编程控制器的常用基本指令和图形符号

指　令	功　能	梯形图符号图例	指　令	功　能	梯形图符号图例
LD	起始连接 常开接点	├┤ ├─	LDR= AR= OR=	实数比较 = ≠≤ ≥<>	IN1 ─┤==R├─ IN2
LDN	起始连接 常闭接点	├┤/├─	LDS= AS= OS=	字符串比较 = ≠≤ ≥<>	IN1 ─┤==S├─ IN2
LDI	起始连接 立即常开接点	├┤I├─	=	普通线圈	Q0. 0 ─(　)
LDNI	起始连接 立即常闭接点	├┤/I├─	=I	立即线圈	Q0. 0 ─(I)
O	并联常开接点	└┤ ├┘	S	置位线圈	Q0. 0 ─(S) 2
ON	并联常闭接点	└┤/├┘	R	复位线圈	Q0. 0 ─(R) 8
OI	并联立即常开接点	└┤I├┘	SI	立即置位线圈	Q0. 0 ─(SI) 2
ONI	并联立即常闭接点	└┤/I├┘	RI	立即复位线圈	Q0. 0 ─(RI) 4
A	串联常开接点	─┤ ├─	TON T×× PT	累计延时定时器	T×× IN　TON PT
AN	串联常闭接点	─┤/├─	TOFT×× PT	通电延时定时器	T×× IN　TONR PT
AI	串联立即常开接点	─┤I├─	TON T×× PT	断电延时定时器	T×× IN　TOF PT
ANI	串联立即常闭接点	─┤/I├─	CTU C×× PV	加计数器	C×× CU　CTU R PV

续表

指　令	功　能	梯形图符号图例	指　令	功　能	梯形图符号图例
A LD	串联导线		CTD C×× PV	减计数器	C×× CD　CTD LD PV
O LD	并联导线		CTUD C×× PT	加减计数器	C×× CU　CTUD CD R PV
LPS	回路向下分支导线		STOP	停止	(STOP)
LRD	中间回路分支导线		END	条件结束	(END)
LPP	末回路分支导线		JMP	跳转开始	1 (JMP)
NOT	接点取反	NOT	LBL	跳转结束	1 LBL
EU	上升沿	P	WDR	看门狗复位	(WDR)
ED	下降沿	N	CALL	子程序调用	SBR_2 EN
LDB= AB= OB=	字节比较 = ≠≤ ≥<>	IN1 ==B IN2	CRET	子程序标号	(RET)
LDW= AW= OW=	整数比较 = ≠≤ ≥<>	IN1 ==I IN2	FOR	循环开始	FOR EN　ENO INDX INIT FINAL
LDD= AD= OD=	双字整数比较 = ≠≤ ≥<>	IN1 ==D IN2	NEXT	循环结束	(NEXT)

4.1 单接点指令

单接点指令是用于对梯形图中的一个接点进行编程的指令，它表示一个接点在梯形图中的串联、并联和在左母线的初始连接的逻辑关系。根据接点的形式，它可以分为普通单接点和立即单接点两种类型。

普通单接点指令可用于位元件 I、Q、M、S、T、C、V、L、SM 的接点；立即接点只能用于输入继电器 I，如表 4-2 所示（只表达一个接点指令的接点称为单接点）。

表 4-2 单接点指令和图形符号

	普通单接点		立即单接点	
	常开接点	常闭接点	常开接点	常闭接点
起始接点指令	LD	LDN	LDI	LDNI
串联接点指令	A	AN	AI	ANI
并联接点指令	O	ON	OI	ONI
可用的位元件	I、Q、M、S、T、C、V、L、SM		I	

4.1.1 普通单接点指令

普通单接点指令有以下几种。

（1）LD：用于与左母线或接点组相连接的第一个常开接点。

（2）LDN：用于与左母线或接点组相连接的第一个常闭接点。

（3）A：用于和前面的单接点或接点组相串联的单个常开接点。

（4）AN：用于和前面的单接点或接点组相串联的单个常闭接点。

（5）O：用于和前面的单接点或接点组相并联的单个常开接点。

（6）ON：用于和前面的单接点或接点组相并联的单个常闭接点。

图 4-2 所示为普通单接点指令的梯形图和指令表的对应关系。

梯形图可以用指令表来表达。写出梯形图的指令表，应遵照从上到下、从左到右的顺序进行。指令表由指令和软元件两部分组成。

由起始接点指令（LD、LDN、LDI、LDNI）开始，由逻辑线圈指令或功能指令结束的梯形图称为一个输出电路块，在编程软件中成为一个网络（Network）。一个完整的梯形图往往由多个输出电路块（网络）组成。例如，图 4-2 中有两个输出电路块（网络）。梯形图中某个输出电路块连续串联的接点数和连续并联的接点数一般不受限制，但在某些编程、显示等设备上可能有所限制。

每个输出电路块（网络）可以有多个逻辑线圈或功能线圈，但最少要有一个逻辑线圈或功能线圈，作为输出的逻辑线圈或功能指令必须在最右边。

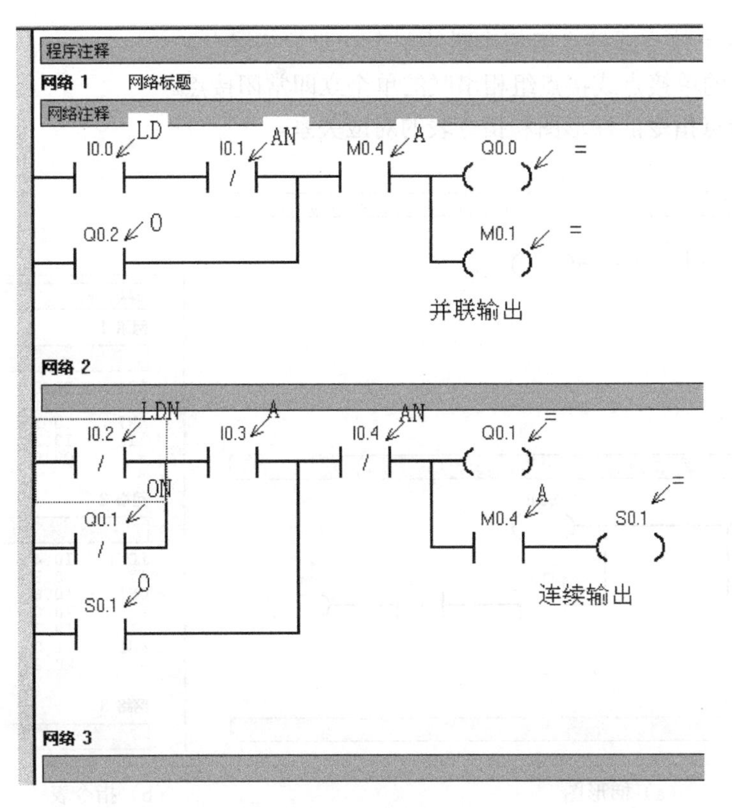

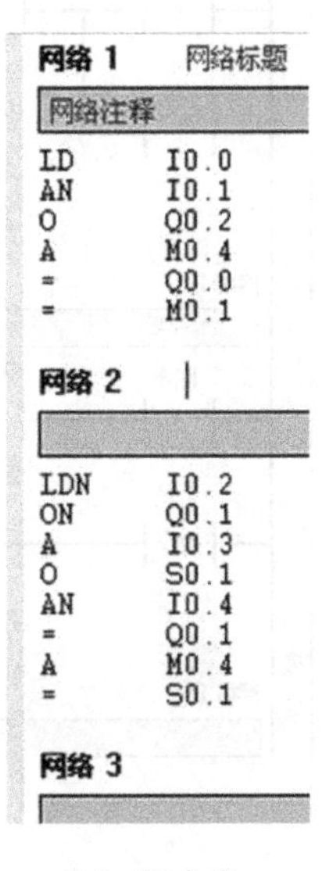

（a）梯形图　　　　（b）指令表

图 4-2　普通单接点指令的梯形图和指令表的对应关系

图 4-2（a）中的 Q0.0 和 M0.1 线圈并联，称为并联输出。

一个线圈后面又通过单接点连接线圈的输出称为连续输出，例如，图 4-2（a）中的 Q0.1 和 S0.1 线圈。连续输出中的接点用单接点串联接点指令。

4.1.2　立即单接点

立即接点用于输入继电器 I 状态的立即输入。

在第 3 章讲过，PLC 的工作过程分三个阶段，第一个阶段是将各个输入继电器的状态值保存在输入映像寄存器中，第二个阶段读输入映像寄存器中的值和元件映像寄存器中的值进行逻辑运算，在执行程序过程中如果输入端发生变化，输入映像寄存器中的值是不变的，普通输入接点只能读取输入映像寄存器中的值，而立即接点在执行程序过程中可以跳过输入映像寄存器，立即直接读取输入接点的值，所以称为立即接点。

立即单接点指令有 LDI、LDNI、OI、ONI、AI 和 ANI。

（1）LDI：用于与左母线或接点组相连接的第一个立即常开接点。

（2）LDNI：用于与左母线或接点组相连接的第一个立即常闭接点。

（3）OI：用于和前面的单接点或接点组相并联的单个立即常开接点。

（4）ONI：用于和前面的单接点或接点组相并联的单个立即常闭接点。

（5）AI：用于和前面的单接点或接点组相串联的单个立即常开接点。

（6）ANI：用于和前面的单接点或接点组相串联的单个立即常闭接点。

图 4-3 所示为边沿单接点指令的梯形图和指令表的对应关系。

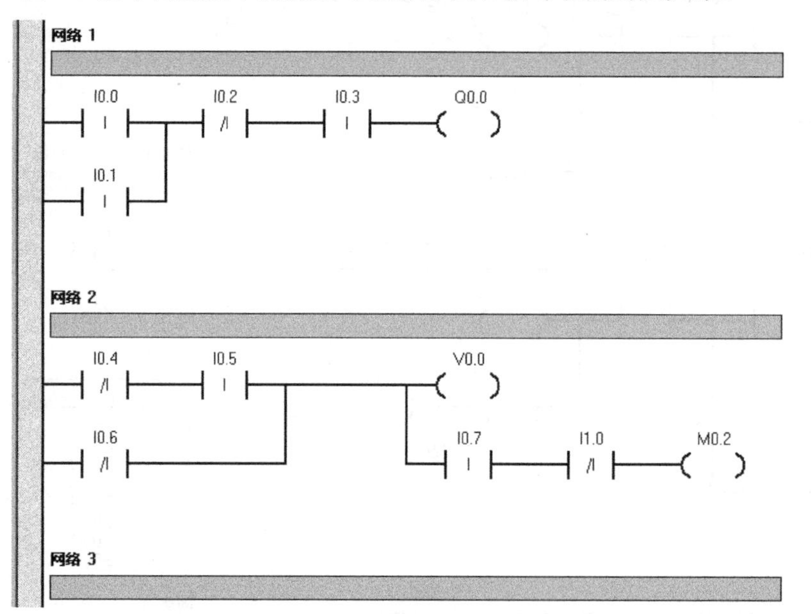

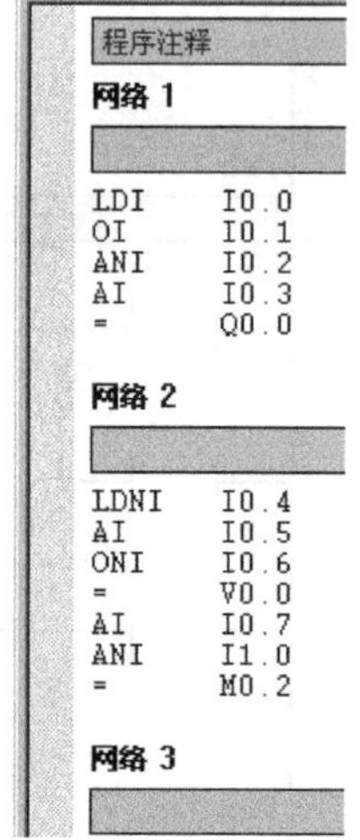
程序注释

网络 1

```
LDI   I0.0
OI    I0.1
ANI   I0.2
AI    I0.3
=     Q0.0
```

网络 2

```
LDNI  I0.4
AI    I0.5
ONI   I0.6
=     V0.0
AI    I0.7
ANI   I1.0
=     M0.2
```

网络 3

（a）梯形图　　（b）指令表

图 4-3　边沿单接点指令的梯形图和指令表的对应关系

下面通过图 4-4 来说明立即接点的使用特点。

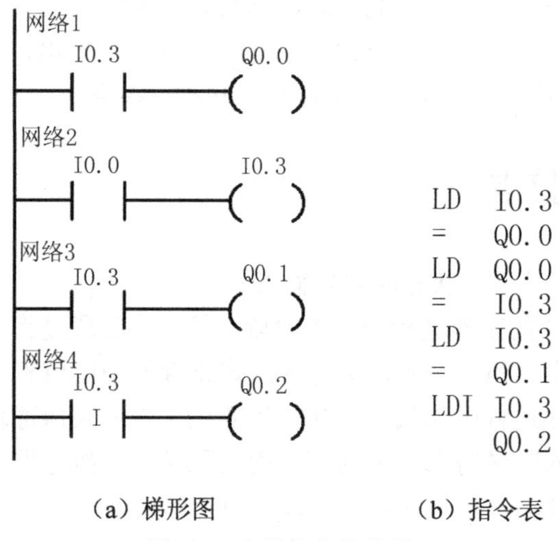


```
LD    I0. 3
=     Q0. 0
LD    Q0. 0
=     I0. 3
LD    I0. 3
=     Q0. 1
LDI   I0. 3
      Q0. 2
```

（a）梯形图　　（b）指令表

图 4-4　立即接点的使用

（1）当 PLC 外部 I0.3 接点断开，I0.0 接点闭合时：

网络 1：I0.3 接点断开，Q0.0=0。

网络 2：I0.0 接点闭合，I0.3 线圈得电，将 I0.3=1 的结果写入对应的输入映像寄存器中。

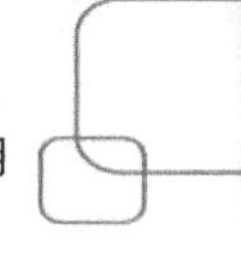

网络 3：I0.3 从输入映像寄存器中读出值为 1，I0.3 接点闭合，Q0.1=1。

网络 4：立即接点 I0.3 直接从 I0.3 输入读出数据，由于输入端 I0.3 接点并没有闭合，所以 Q0.2=0。

（2）当 PLC 外部 I0.3 接点闭合，I0.0 接点断开时：

网络 1：I0.3 接点闭合，Q0.0=1。

网络 2：I0.0 接点断开，I0.3 线圈失电，将 I0.3=0 的结果写入对应的输入映像寄存器中。

网络 3：I0.3 从输入映像寄存器中读出值为 0，I0.3 接点断开，Q0.1=0。

网络 4：立即接点 I0.3 直接从 I0.3 输入读出数据，由于输入端 I0.3 接点闭合，所以 Q0.2=1。

4.2　连接导线指令

单接点指令只能用于单个的接点，对于接点组或电路的分支需要用连接导线指令来完成。由于连接导线指令相当于导线，而不是软元件，所以，指令后面不能用软元件。连接导线指令有两类，即接点组连接导线和回路分支导线，如表 4-3 所示。

表 4-3　连接导线指令

导 线 类 型	导 线 名 称	指　　令	梯形图符号
接点组连接导线	接点组串联导线	ALD	──
	接点组并联导线	OLD	│
回路分支导线	回路向下分支导线	LPS	┬
	中间回路分支导线	LRD	├
	末回路分支导线	LPP	└

4.2.1　接点组连接导线指令

接点组连接导线指令用于接点组的连接，指令有 ALD 和 OLD。

（1）ALD：串联导线，用于接点组和前面的接点相串联。

（2）OLD：并联导线，用于接点组和前面的接点相并联。

接点组一般是由两个及两个以上相连的接点组成的，接点组一般不能拆成单接点用单接点指令。接点组的第一个接点要用起始接点指令 LD、LDN、LDI 或 LDNI，接点组的连接使用接点组导线指令 OLD 或 ALD，如图 4-5 和图 4-6 所示。

I0.2 和 I0.3 是一个接点组，和前面的接点相连用并联导线指令 OLD。

I0.4、I0.5 和 I0.6 是一个接点组，和前面的接点相连用并联导线指令 OLD。

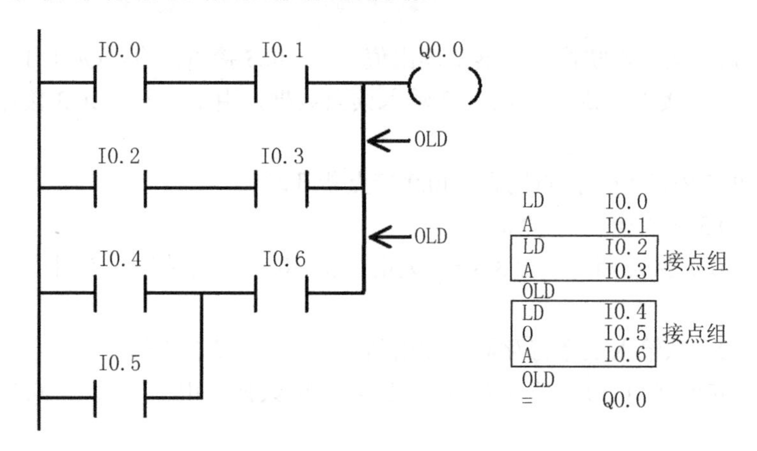

（a）OLD 指令的使用梯形图　　（b）指令表

图 4-5　并联导线指令 OLD 的使用

I0.2 和 I0.3 是一个接点组，和前面的接点相连用串联导线指令 ALD。

I0.4 和 I0.5 是一个接点组，和前面的接点相连用串联导线指令 ALD。

图 4-6（a）和图 4-6（b）所示是同一个图，一般串联导线不显示出来，如图 4-6（b）所示。

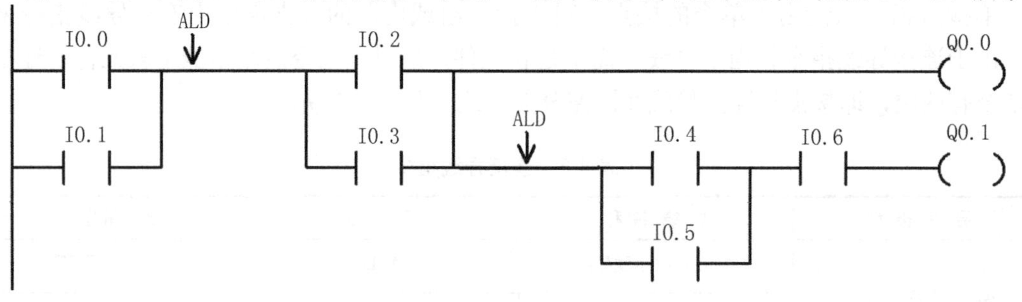

（a）

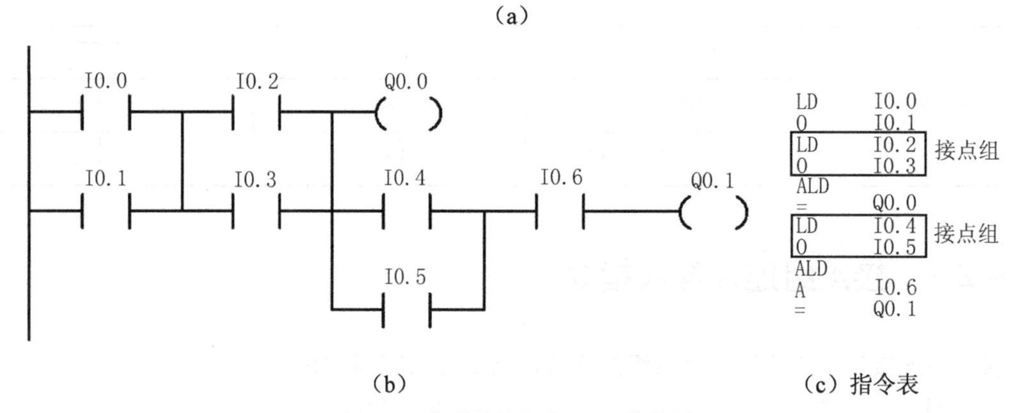

（b）　　（c）指令表

图 4-6　串联导线指令 ALD 的使用

4.2.2　回路分支导线指令

回路分支导线指令用于与一个电路块回路输出分支的导线连接，指令有 LPS、LRD 和 LPP。

（1）LPS：用于输出回路向下分支的导线连接。

（2）LRD：用于输出回路中间分支的导线连接。

（3）LPP：用于输出回路最后分支的导线连接。

图 4-7 所示为 LPS、LRD 和 LPP 指令的基本使用方法，在梯形图中，LPS 表示回路分支开始，LPP 表示回路分支结束，所以，LPS 和 LPP 总是成对出现，而 LRD 表示中间分支回路，其数量不受限制。

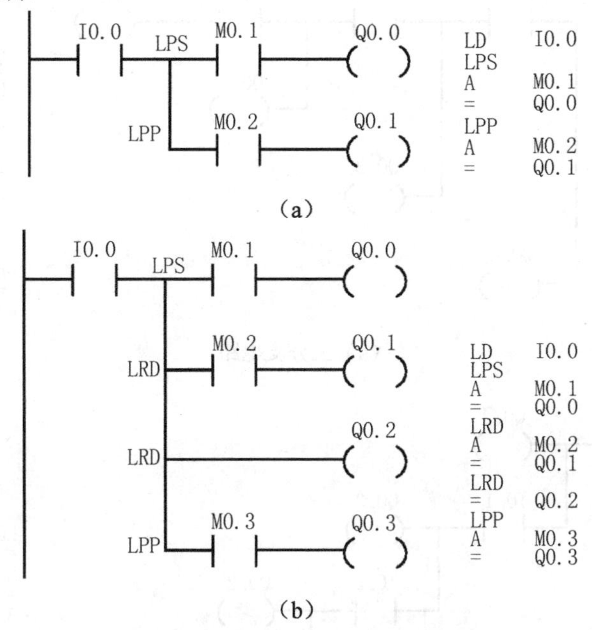

图 4-7　LPS、LRD 和 LPP 的使用

接点组连接导线指令 ALD、OLD 和回路分支导线指令 LPS、LRD 和 LPP 并用编程示例，如图 4-8 所示。

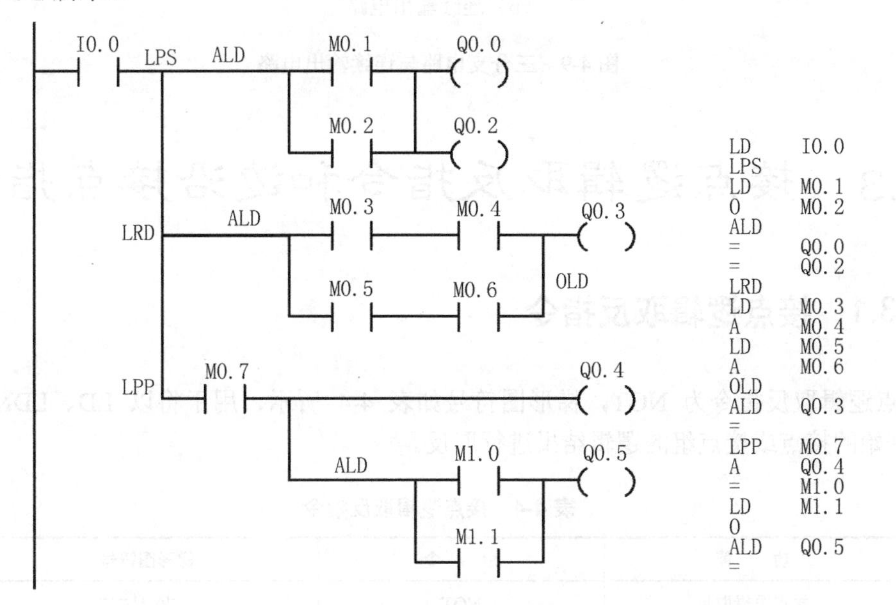

图 4-8　连接导线示例

图 4-7 和图 4-8 在一个电路中只用了一个 LPS 指令，称为一分支电路。

在图 4-9（a）中 LPS 指令连续 3 次使用，称为三分支电路。如果调换上、下两个线圈不受扫描周期的影响时，可以将没有接点的线圈调换到上面，使分支电路变成连续输出电路，这样就可以不用或减少 LPP 和 LPS 指令的使用次数了，如图 4-9（b）所示。

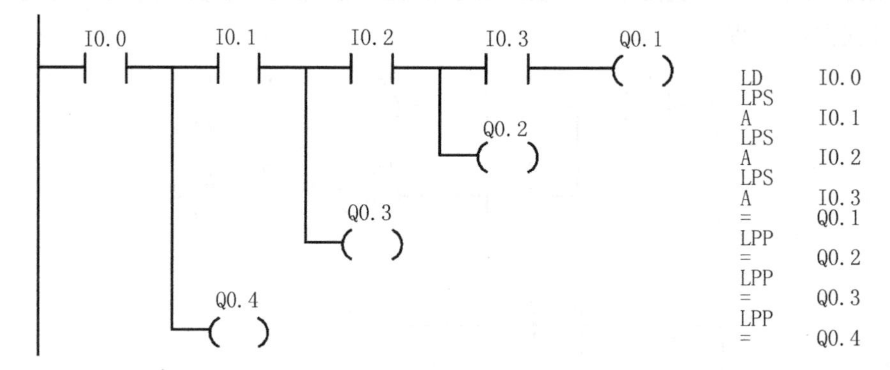

（a）三分支电路

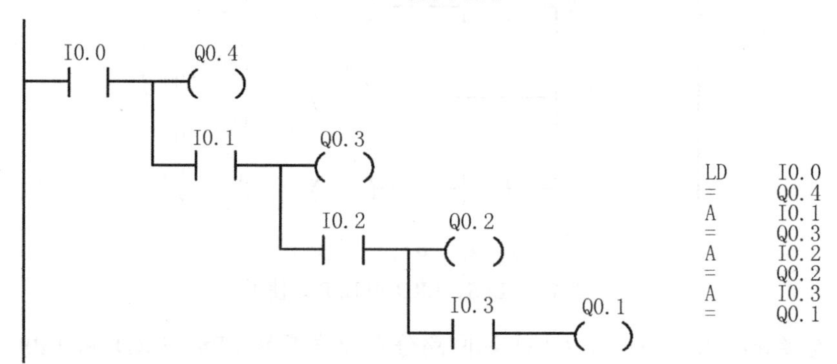

（b）连续输出电路

图 4-9　三分支电路与连续输出电路

4.3　接点逻辑取反指令和边沿接点指令

4.3.1　接点逻辑取反指令

接点逻辑取反指令为 NOT，梯形图符号如表 4-4 所示，用于将以 LD、LDN、LDI、LDNI 开始的接点或接点组的逻辑结果进行取反。

表 4-4　接点逻辑取反指令

功　能	指　令	梯形图符号
接点逻辑取反	NOT	─┤NOT├─

在图 4-10（a）中，取反指令为 NOT，是将它前面的以 LD 开始的 I0.0、I0.1 并联接点的逻辑结果进行取反，相当于图 4-10（b）。

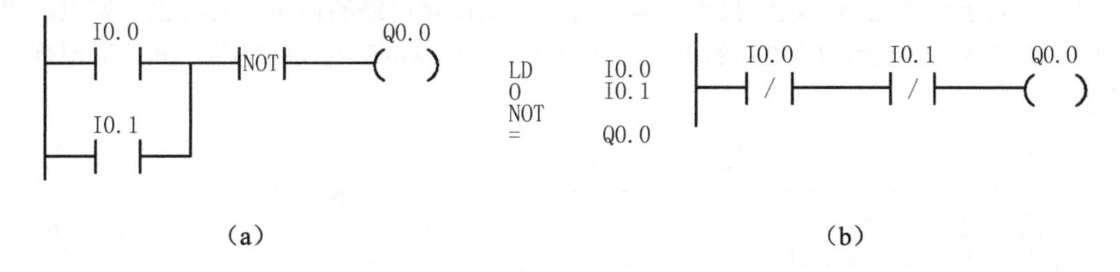

图 4-10　NOT 对 LD 开始的接点逻辑结果取反

图 4-10（a）的逻辑表达式为 $Q0.0=\overline{I0.0+I0.1}=\overline{I0.0}\times\overline{I0.1}$。

由上式可得出梯形图如图 4-10（b）所示。

4.3.2　边沿接点指令

边沿接点指令 EU（Edge Up）和 ED（Edge Down）的梯形图符号如表 4-5 所示，用于接点或接点组的上升沿和下降沿，只能放在接点后面使用，不能单独使用。

表 4-5　边沿接点指令

功　能	指　令	梯形图符号
上升沿	EU	─┤P├─
下降沿	ED	─┤N├─

上升沿 EU 指令表示在接点接通的上升沿接通一个扫描周期脉冲。

下降沿 ED 指令表示在接点断开的下降沿接通一个扫描周期脉冲。

EU、ED 指令的梯形图、指令和时序图如图 4-11 所示。

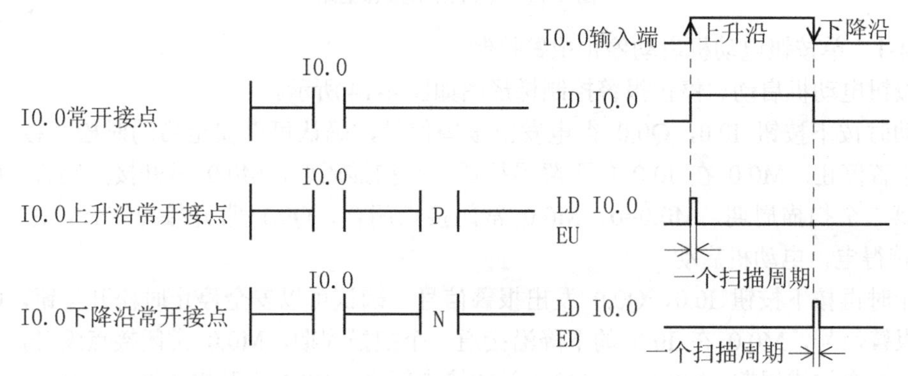

图 4-11　边沿单接点的动作时序

图 4-11 所示为边沿单接点的动作时序。

PLC 由于采用串行周期扫描工作方式，梯形图中的接点往往受到扫描周期的影响，所以，有时会给梯形图设计和梯形图分析带来不便，但另一方面也可以利用它来解决一些在常规电气控制电路中无法实现的问题。例如，第 3 章中图 3-42 所示的单按钮控制电动机启动停止电路，对于这类电路用边沿接点来编程可以起到简化电路的作用，同时也可使电路更容易理解，如图 4-12 所示，用 I0.0 的上升沿接点代替了由 M0.0 组成的电路，其控制原理请自行分析。

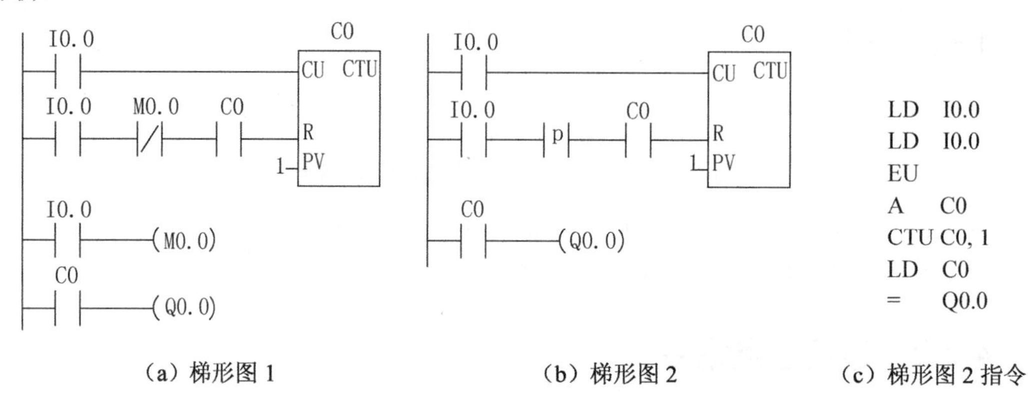

（a）梯形图 1　　（b）梯形图 2　　（c）梯形图 2 指令

图 4-12　单按钮控制电动机启动停止电路

图 4-13 所示为第 3 章中提到的下降沿单稳态电路，图中用 I0.0 的下降沿接点代替了由 M0.0 组成的电路，也达到了同样的控制结果，其控制原理请自行分析。

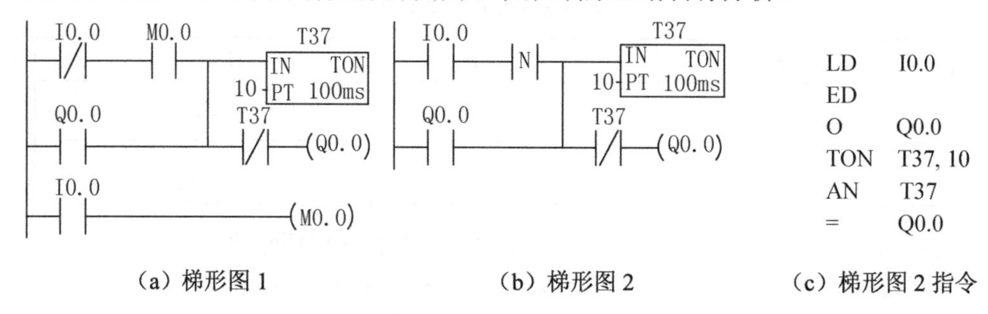

（a）梯形图 1　　（b）梯形图 2　　（c）梯形图 2 指令

图 4-13　下降沿单稳态电路

例 4-1　单按钮电动机启动停止报警控制。

单按钮电动机启动、停止报警控制梯形图如图 4-14 所示。

启动时按下按钮 I0.0，Q0.0 得电发出报警信号，确认可以安全启动时松开按钮，Q0.0 失电，报警停止。M0.0 在 I0.0 的下降沿接通一个扫描周期，M0.0 常开接点闭合，Q0.1 得电，在第二个扫描周期，M0.0=0，M0.0 常闭接点闭合，Q0.1 常开接点闭合，形成自锁，Q0.1 保持得电，电动机启动。

停止时再按下按钮 I0.0，Q0.0 发出报警信号，确认可以安全停止时松开按钮，Q0.0 失电解除报警信号，M0.0 在 I0.0 的下降沿接通一个扫描周期，M0.0 常闭接点断开，Q0.1 失电，在第二个扫描周期，M0.0=0，M0.0 常闭接点闭合，Q0.1 常开接点断开，Q0.1 仍失电，电动机停止。

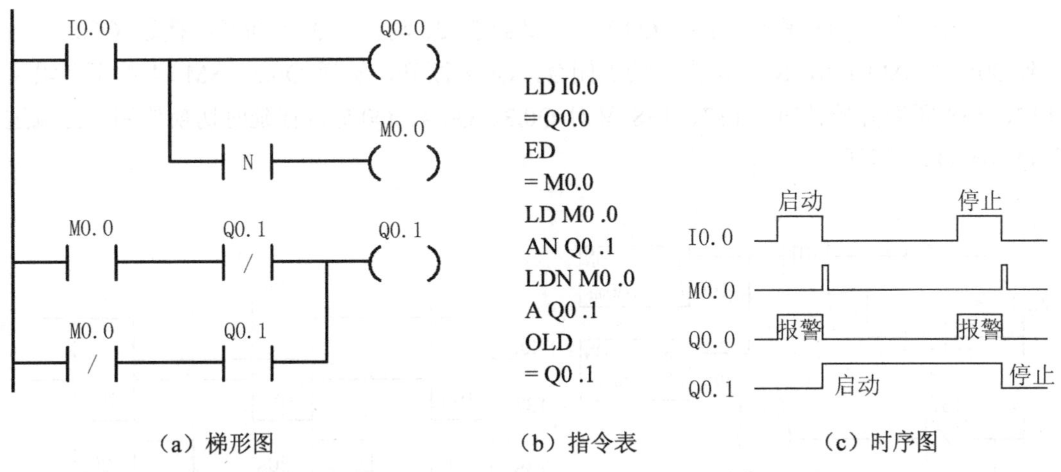

（a）梯形图　　（b）指令表　　（c）时序图

图 4-14　单按钮电动机启动、停止报警控制

4.3.3　边沿常闭接点

在图 4-14 中，I0.0 常开接点和 N 接点组成了下降沿常开接点，这种接点在梯形图中很常用，但是也经常会用到上升沿常闭接点和下降沿常闭接点，其组成方法如图 4-15 所示。

I0.0 常开接点、P 接点和 NOT 接点组成 I0.0 上升沿常闭接点。

I0.0 常开接点、N 接点和 NOT 接点组成 I0.0 下降沿常闭接点。

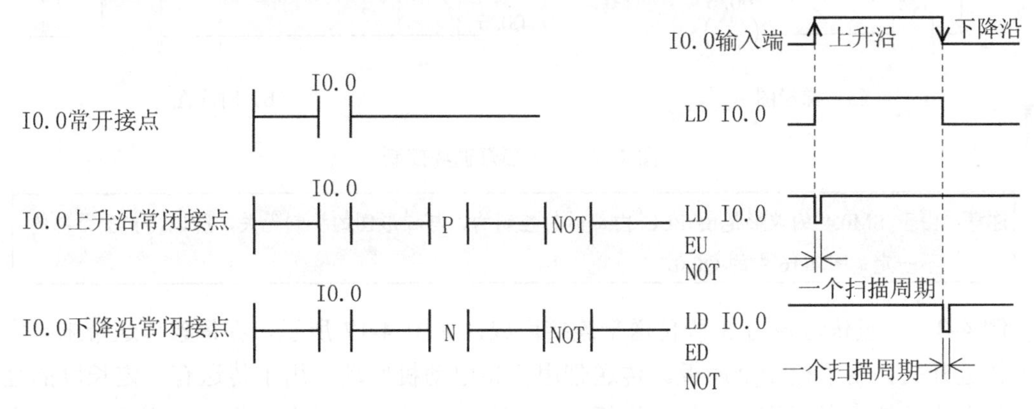

图 4-15　边沿常闭接点

上升沿常闭接点在正常情况下是闭合的，在上升沿来临时断开一个扫描周期。

下降沿常闭接点在正常情况下是闭合的，在下降沿来临时断开一个扫描周期。

例 4-2　用 PLC 控制 6 个彩灯，要求每隔 10s 亮一只灯，并循环往复工作。

如图 4-16 所示，由 6 个输出继电器 Q0.0～Q0.5 分别驱动 6 个彩灯，用 SM0.4 分钟脉冲和两个定时器将 1min 分成 6 等份、每等份 10s。PLC 运行后，SM0.4 加 P 和 NOT 组成 SM0.4 上升沿常闭接点，在 SM0.4 上升沿断开一个扫描周期。SM0.4 加 N 和 NOT 组成 SM0.4 下降沿常闭接点，在 SM0.4 下降沿断开一个扫描周期。正常 T37、T38 是接通的。

当 SM0.4 为 1 的上升沿时，T37、T38 断开一下，接通开始计时，Q0.0 首先得电，到

10s 时 T37 先动作，Q0.0 断开，接通 Q0.1，到 20s 时 T38 动作，Q0.1 断开，接通 Q0.2。

到 30s 时 SM0.4=0，SM0.4 常闭接点闭合，Q0.2 断开，接通 Q0.3。SM0.4 的下降沿又使 T37、T38 重新开始计时，T37、T38 又对 Q0.3、Q0.4、Q0.5 进行延时切换控制，控制过程和 Q0.0～Q0.2 相同。

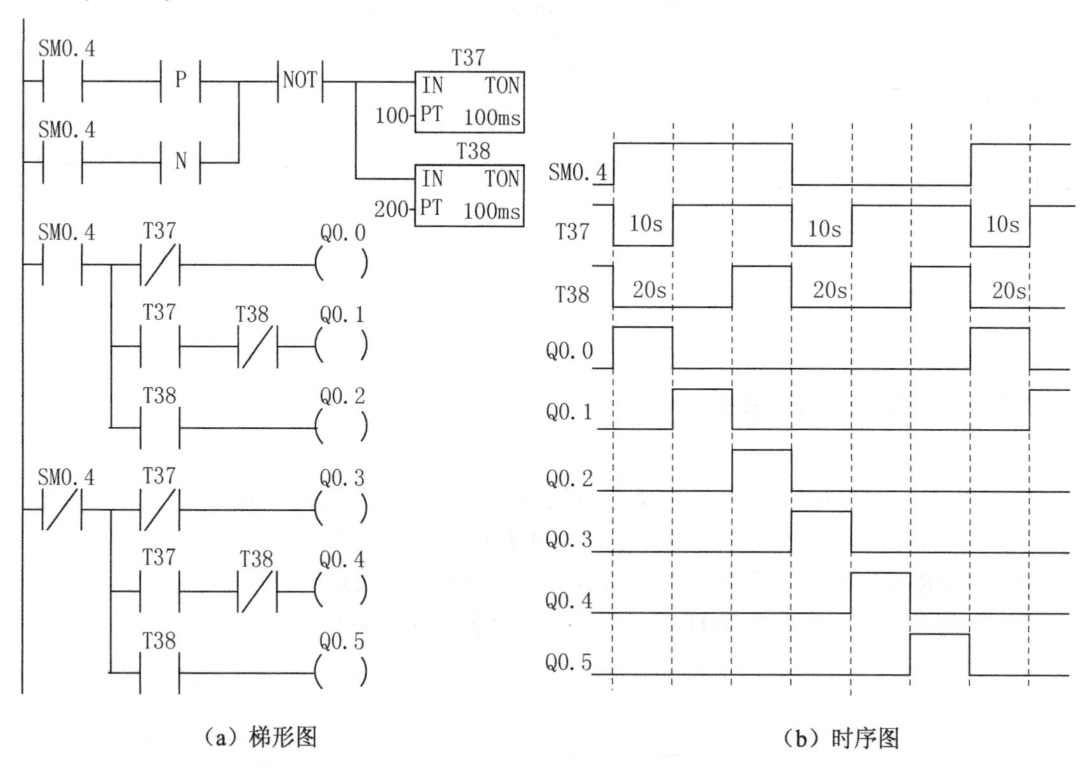

图 4-16　6 个彩灯循环控制

注意： 由于 SM0.4 的波形是由 PLC 内部时钟控制的，与梯形图的控制无关，所以，初次得电的不一定是图 4-16 中的 Q0.0。

例 4-3　一组传送带由 3 段传送带连接而成，如图 4-17 所示。在每条传送带末端安装一个接近开关，用于检测金属板。传送带用三相电动机驱动，用于传送有一定长度的金属板。若在传送带 1 的首端放一块金属板，按一下启动按钮，则传送带 1 首先启动。当金属板的前端到达传送带 1 的末端时，接近开关 SQ1 动作，启动传送带 2。当金属板的末端离开接近开关 SQ1 时，传送带 1 停止。同理，当金属板的前端到达 SQ2 时，启动传动带 3。当金属板的末端离开 SQ2 时传动带 2 停止。最后当金属板的末端离开 SQ3 时，传送带 3 停止。

根据控制要求分析，关键是每台电动机的启动控制信号和停止控制信号，1～3 号电动机的启动信号分别为 I0.0（启动按钮）、I0.1（限位开关 SQ1）和 I0.2（限位开关 SQ2）。而停止信号分别为 I0.1、I0.2、I0.3 的下降沿常闭接点，因此，可得到如图 4-18（b）所示的控制梯形图。

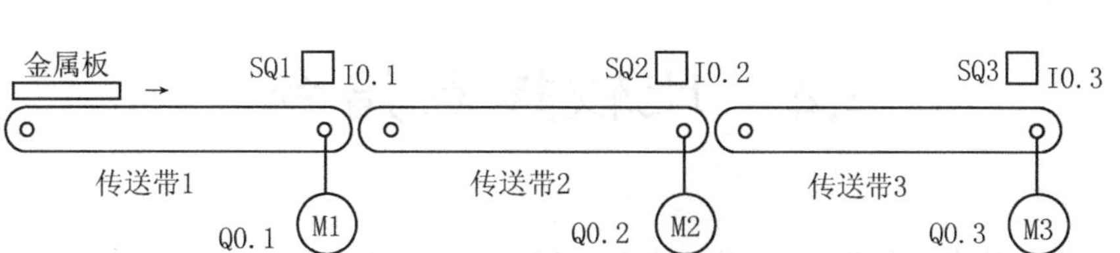

图 4-17　传送带接力传送

梯形图中的 Q0.1～Q0.3 线圈的控制电路形式均相同，图 4-18（b）中的下降沿常闭接点 I0.1、I0.2、 I0.3 分别放在 3 个电路块的前面，3 个电路块都采用了启动优先电路（也可以采用停止优先电路，但若采用停止优先电路则要多用 ALD 指令）。

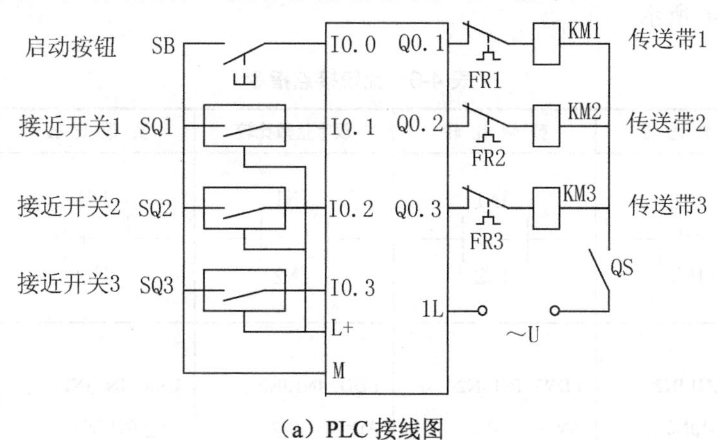

（a）PLC 接线图

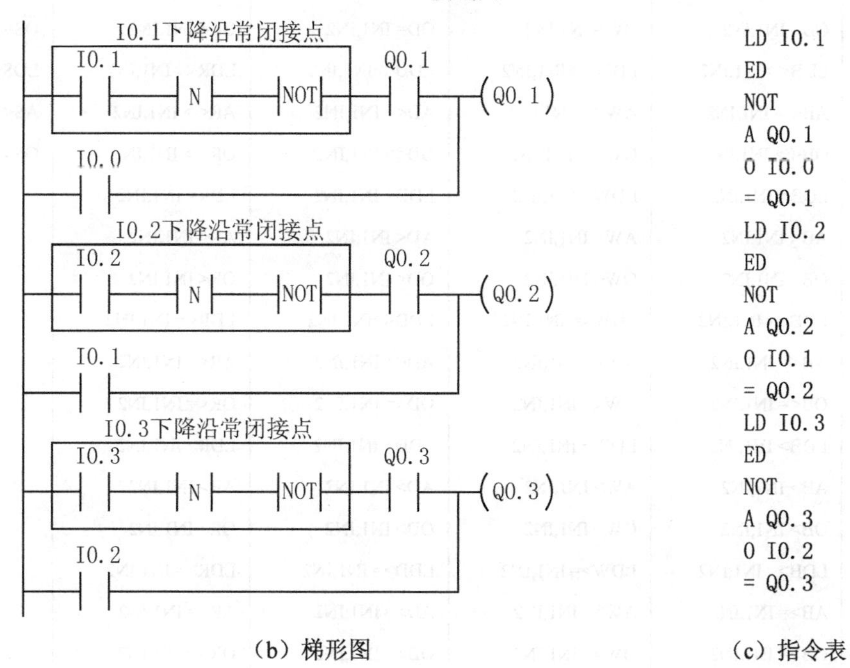


```
LD I0.1
ED
NOT
A Q0.1
O I0.0
= Q0.1
LD I0.2
ED
NOT
A Q0.2
O I0.1
= Q0.2
LD I0.3
ED
NOT
A Q0.3
O I0.2
= Q0.3
```

（b）梯形图　　　　（c）指令表

图 4-18　PLC 控制传送带接力传送

4.4 比较接点指令

比较接点指令是将两个操作数按指定条件进行比较，条件成立时，触点就闭合。所以，比较指令实际上也是一种位指令。在实际应用中，比较指令为上下限控制及数值条件判断提供了方便。

比较接点指令的类型有字节比较、整数（字）比较、双字整数比较、实数比较和字符串比较 5 种类型。数值比较指令的运算符有=、>=、<、<=、>和<>6 种，而字符串比较指令的运算符只有=和<>2 种。对比较指令可进行 LD、A 和 O 编程。比较指令的 LAD 和 STL 形式如表 4-6 所示。

表 4-6 比较接点指令

比较方式	字节比较	整数比较	双字整数比较	实数比较	字符串比较
LAD（以==为例）	IN1 —| ==B |— IN2	IN1 —| ==I |— IN2	IN1 —| ==D |— IN2	IN1 —| ==R |— IN2	IN1 —| ==S |— IN2
STL	LDB= IN1,IN2 AB= IN1,IN2 OB= IN1,IN2 LDB< >IN1,IN2 AB< > IN1,IN2 OB< > IN1,IN2 LDB< IN1,IN2 AB< IN1,IN2 OB< IN1,IN2 LDB<= IN1,IN2 AB<= IN1,IN2 OB<= IN1,IN2 LDB> IN1,IN2 AB> IN1,IN2 OB> IN1,IN2 LDB>= IN1,IN2 AB>= IN1,IN2 OB>= IN1,IN2	LDW= IN1,IN2 AW= IN1,IN2 OW= IN1,IN2 LDW< >IN1,IN2 AW< > IN1,IN2 OW< > IN1,IN2 LDW< IN1,IN2 AW< IN1,IN2 OW< IN1,IN2 LDW<= IN1,IN2 AW<= IN1,IN2 OW<= IN1,IN2 LDW> IN1,IN2 AW> IN1,IN2 OW> IN1,IN2 LDW>= IN1,IN2 AW>= IN1,IN2 OW>= IN1,IN2	LDD= IN1,IN2 AD= IN1,IN2 OD= IN1,IN2 LDD< >IN1,IN2 AD< > IN1,IN2 OD< > IN1,IN2 LDD< IN1,IN2 AD< IN1,IN2 OD< IN1,IN2 LDD<=IN1,IN2 AD<= IN1,IN2 OD<= IN1,IN2 LDD> IN1,IN2 AD> IN1,IN2 OD> IN1,IN2 LDD>= IN1,IN2 AD>= IN1,IN2 OD>= IN1,IN2	LDR= IN1,IN2 AR= IN1,IN2 OR= IN1,IN2 LDR< >IN1,IN2 AR< > IN1,IN2 OR< > IN1,IN2 LDR< IN1,IN2 AR< IN1,IN2 OR< IN1,IN2 LDR<= IN1,IN2 AR<= IN1,IN2 OR<= IN1,IN2 LDR> IN1,IN2 AR> IN1,IN2 OR> IN1,IN2 LDR>= IN1,IN2 AR>= IN1,IN2 OR>= IN1,IN2	LDS= IN1,IN2 AS= IN1,IN2 OS= IN1,IN2 LDS< >IN1,IN2 AS< > IN1,IN2 OS< > IN1,IN2

续表

比较方式	字 节 比 较	整 数 比 较	双字整数比较	实 数 比 较	字符串比较
比较元件 IN1 和 IN2	IB,QB,MB,SMB, VB,SB,LB,AC, *VD,*AC,*LD, 常数	IW,QW,MW,T,C,SMW, VW,SW,LW,AC,*VD, *AC,*LD,常数	ID,QD,MD,SMD, VD,SD,LD,AC, *VD,*AC,*LD, 常数	ID,QD,MD,SMD, VD,SD,LD,AC, *VD,*AC,*LD, 常数	IN1：VB,LB, *VD,*LD,*AC，常数 IN2：VB,LB, *VD,*LD,*AC

字节比较用于比较两个字节型整数值 IN1 和 IN2 的大小，字节比较是无符号的。

整数比较用于比较两个一个字长的整数值 IN1 和 IN2 的大小，整数比较是有符号的，其范围是 16#8000～16#7FFF。

双字整数比较用于比较两个双字长整数值 IN1 和 IN2 的大小，它们的比较也是有符号的，其范围是 16#80000000～16#7FFFFFFF。

实数比较用于比较两个双字长实数值 IN1 和 IN2 的大小，实数比较是有符号的。负实数范围为-1.175495E-38～-3.402823E+38，正实数范围为+1.175495E-38～+3.402823E+38。

字符串比较指令比较两个字符串 IN1、IN2 的 ASCII 码字符是否相同，IN1=IN2 时接点闭合，IN1< >IN2 时接点断开。

图 4-19 所示为比较指令的用法。

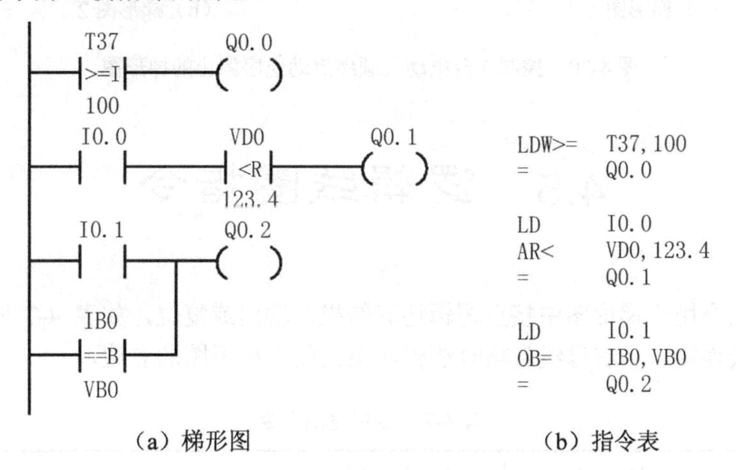

图 4-19 比较指令的用法

从图 4-19 中可以看出：当 T37 中的当前值大于等于 100 时，Q0.0 得电；VD0 中的实数小于 123.4 且 I0.0=1 时，Q0.1 线圈得电；IB0 中的值等于 VB0 的值或 I0.1=1 时，Q0.2 线圈得电。

在第 3 章例 3-5 中，控制 3 台电动机顺序启动逆序停止的梯形图采用了 4 个定时器，如图 4-20（a）所示，如果用比较指令用 2 个定时器就可以了，如图 4-20（b）所示。

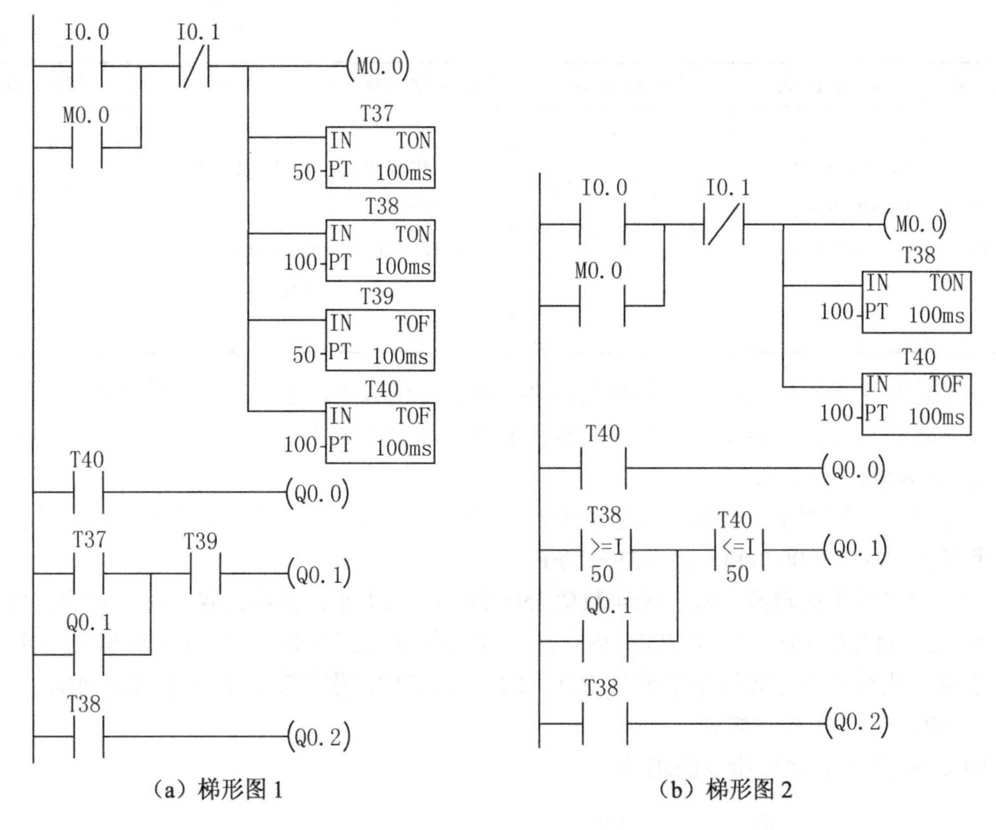

（a）梯形图 1　　（b）梯形图 2

图 4-20　控制 3 台电动机顺序启动逆序停止的梯形图

4.5　逻辑线圈指令

逻辑线圈指令用于梯形图中接点逻辑运算结果的输出或复位，如表 4-7 所示。各种逻辑线圈应和右母线连接，当右母线省略时逻辑线圈只能在梯形图的右边。

表 4-7　逻辑线圈指令

	指　令	梯形图符号举例	软　元　件
普通线圈	=	Bit —(　)	**Bit:** I、Q、V、M、SM、S、T、C、L **N:** IB、QB、VB、MB、SMB、SB、LB、AC、*VD、*LD、*AC、常数
置位线圈	S	Bit —(S) N	
复位线圈	R	Bit —(R) N	

续表

	指　令	梯形图符号举例	软　元　件
置位优先触发器		Bit SI OUT SR R	Bit：I、Q、V、M、S
复位优先触发器		Bit S OUT RS RI	
立即线圈	=I	Bit —(I)	Bit：Q N：IB、QB、VB、MB、SMB、SB、LB、AC、*VD、*LD、*AC、常数
立即置位线圈	SI	Bit —(SI) N	
立即复位线圈	RI	Bit —(RI) N	
累计延时定时器	TON T×× PT	T×× IN TON PT	T××：常数（T0～T255） IN：Q、V、M、SM、S、T、C、L PT：IW、QW、VW、MW、SMW、SW、LW、T、C、AC、AIW、*VD、*LD、*AC、常数
累计延时定时器	TOTOF T×× PT	T×× IN TONR PT	
断电延时定时器	TOF T×× PT	T×× IN TOF PT	
加计数器	CTU C×× PV	C×× CU CTU R PV	C××：常数（C0～C255） CU、CD、LD、R：Q、V、M、SM、S、T、C、L PV：IW、QW、VW、MW、SMW、SW、LW、T、C、AC、AIW、*VD、*LD、*AC、常数
减计数器	CTD C×× PV	C×× CD CTD LD PV	
加/减计数器	CTUD C×× PT	C×× CU CTUD CD R PV	

4.5.1 普通线圈、定时器和计数器指令

普通线圈、定时器和计数器指令是在 PLC 控制程序中使用的最多的指令。

普通线圈指令为=，用于表示 I、Q、V、M、SM、S、T、C、L 位元件的线圈。

定时器和计数器的用法已在第 3 章中作了介绍，其指令可参阅例 4-4 所示的实例。

例 4-4 用一个按钮控制电动机的启动和停止，要求启动时按下按钮先预警 5s 后电动机启动，停止时再按下按钮先预警 5s 后电动机停止。

控制梯形图如图 4-21 所示，它实际上是由如图 3-32 所示上升沿单稳态电路和如图 4-12 所示单按钮控制电动机启动停止电路组合而成的。其控制原理请自行分析。

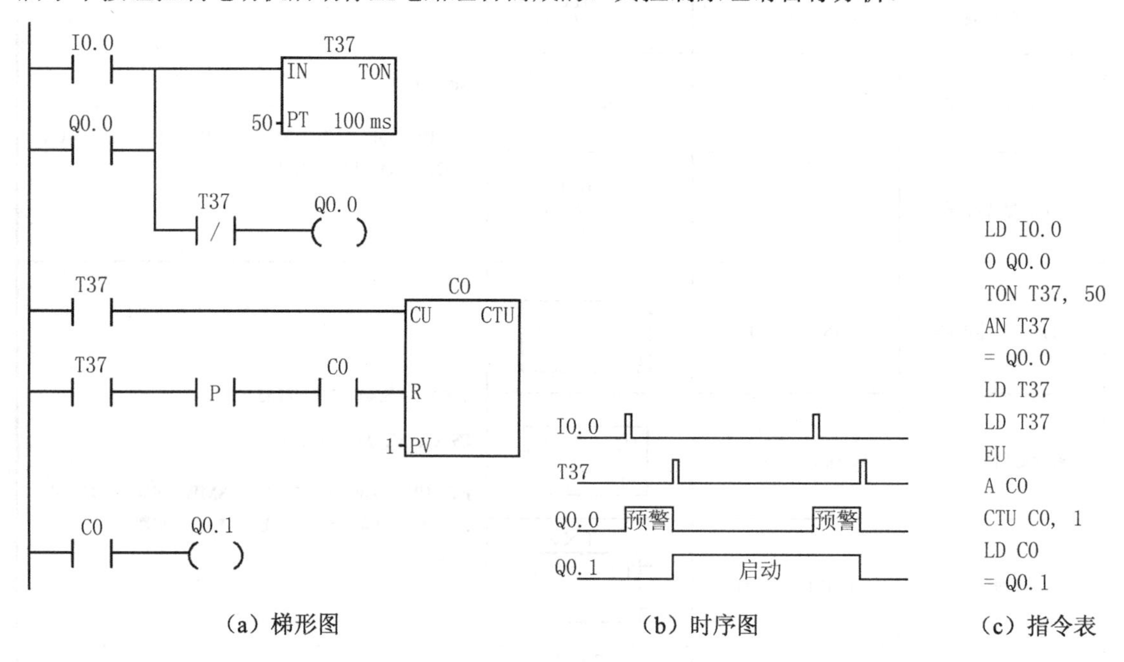

（a）梯形图　　（b）时序图　　（c）指令表

图 4-21　单按钮预警启动和停止

4.5.2 置位线圈指令和复位线圈指令

置位线圈指令为 S，复位线圈指令为 R。用于 I、Q、V、M、SM、S、T、C、L 的位元件线圈。图 4-22 和图 4-23 所示为复位线圈指令 R 和置位线圈指令 S 的基本应用梯形图。

图 4-22（b）所示为复位优先电路，其特点是 S 指令在前，R 指令在后。当 I0.1 接点闭合时，Q0.0 线圈得电置位（等同于自锁），当 I0.1 接点断开时，Q0.0 线圈仍得电。如要使 Q0.0 线圈失电，则只要闭合 I0.0 接点，执行复位指令 R 即可。如果 I0.0 和 I0.1 同时闭合，由于先执行 S，后执行 R 指令，所以 Q0.0 线圈不得电。它的控制功能和如图 4-22（a）所示的停止优先电路是一样的。

图 4-23（b）所示为置位优先电路，其特点是 R 指令在前，S 指令在后。其控制原理和图 4-23（a）是相同的，和复位优先电路不同的是，当 I0.0 和 I0.1 同时闭合时，由于先执行 R，后执行 S 指令，所以 Q0.0 线圈是得电的。

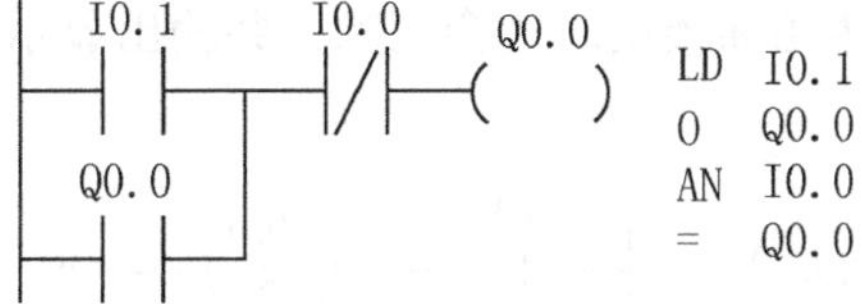

（a）停止优先电路及指令表

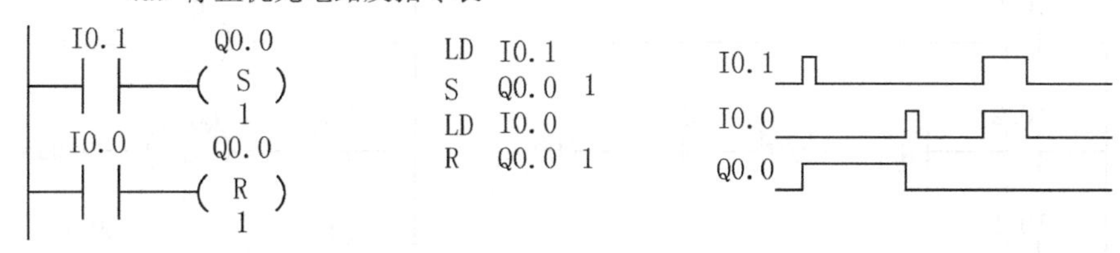

（b）复位优先电路及指令表　　（c）停止、复位优先时序图

图 4-22　停止、复位优先电路

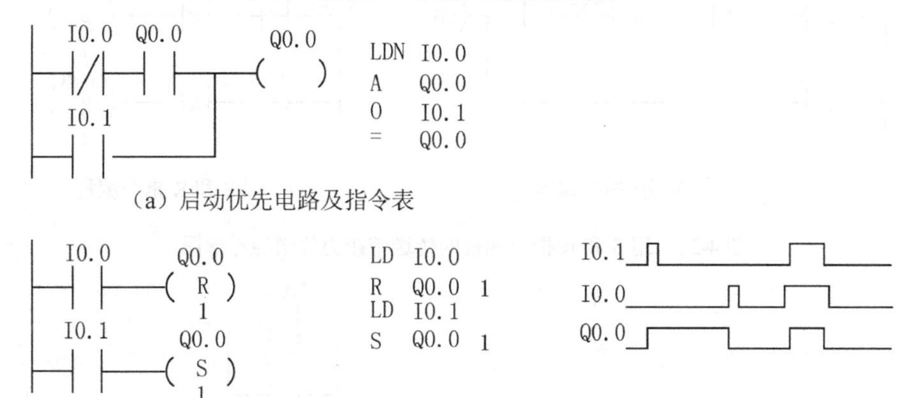

（a）启动优先电路及指令表

（b）置位优先电路及指令表　　（c）启动、置位优先时序图

图 4-23　启动、置位优先电路

在梯形图中有时用 S 和 R 指令取代自锁电路可能更方便，更直观，如例 4-3 传送带接力传送的梯形图也可以用 S 和 R 指令编程，如图 4-24（b）所示（PLC 接线图参见例 4-3 接线图）。按下启动按钮 I0.0，Q0.1 线圈置位，电动机 M1 启动，当金属板到达接近开关 SQ1 时，I0.1 动作，Q0.2 线圈置位，电动机 M2 启动；当金属板离开接近开关 SQ1 时，I0.1 接点断开，I0.1 下降沿接点产生一个周期脉冲使 Q0.1 线圈复位，电动机 M1 停止。当金属板到达接近开关 SQ2 时，I0.2 动作 Q0.3 线圈置位，电动机 M3 启动……其过程与前面类似。

例 4-5　电梯楼层显示。

在电梯的控制中，对于 *N* 层楼电梯，可以在每层的门厅设置 *N* 个标有数字的信号灯，用来显示电梯轿厢所在的楼层位置。图 4-25 所示为 5 层电梯楼层显示信号灯的 PLC 控制接线图和梯形图。

控制梯形图采用了 R 和 S 指令，使程序简洁明了，便于理解。

控制原理如下：在电梯的井道中，在每层设置一个位置开关，用于控制电梯的运行和楼层显示。当电梯轿厢到达某一层时，对应的楼层位置开关 SQ 动作，首先由 R 指令将所有的输出信号（Q0.1～Q0.5）进行复位，随之由 S 指令对该层的输出继电器进行置位，这是一个多输出置位优先电路（如果用复位优先电路，则无法使 Q0.1～Q0.5 得电）。当轿厢驶离该楼层时仍能保持该楼层的输出信号，直到轿厢到达相邻楼层时才会消除，并输出显示到达楼层的信号灯。

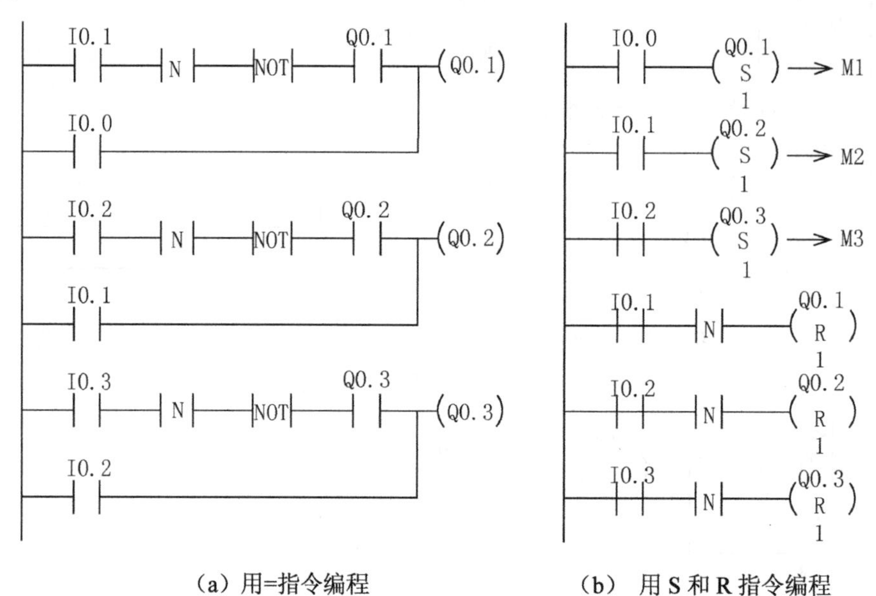

（a）用=指令编程　　（b） 用S和R指令编程

图4-24　用S和R指令编程的传送带接力传送的梯形图

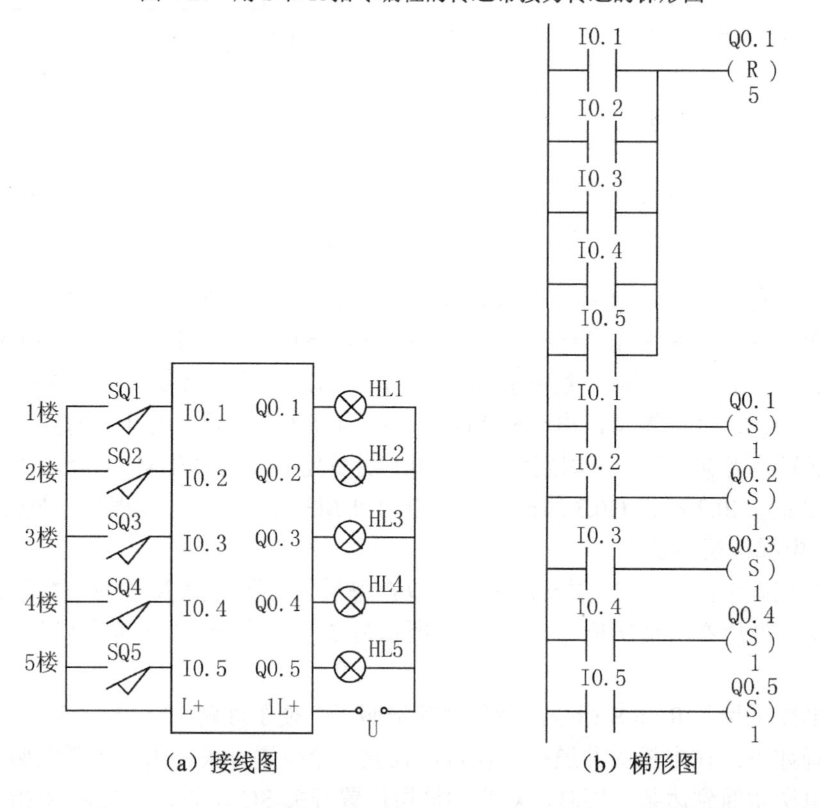

（a）接线图　　（b）梯形图

图4-25　5层电梯楼层显示信号灯的PLC控制接线图和梯形图

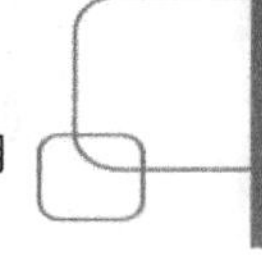

例 4-6　二分频电路。

用 PLC 对一个信号实现二分频的方法很多，图 4-26 所示为一种用 S、R 指令组成的二分频电路。

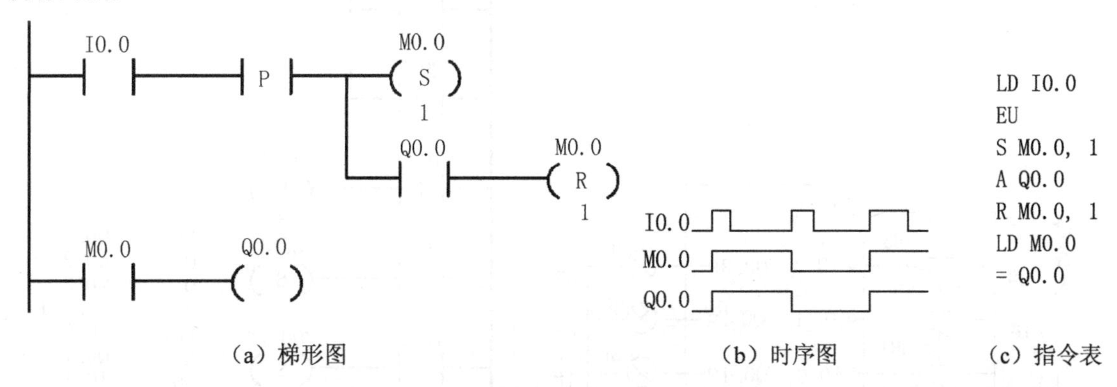

（a）梯形图　（b）时序图　（c）指令表

图 4-26　二分频电路（置位、复位指令）

图 4-26（a）所示梯形图的动作过程如下所述。

当 I0.0=1 时，I0.0 产生一个扫描周期的脉冲使 M0.0 置位，由于第一个扫描周期未执行到 Q0.0 线圈，Q0.0 接点不会接通 R M0.0,1 指令，然后 M0.0 接点闭合使 Q0.0 线圈得电。

当 I0.1=0 时，由于 M0.0 置位，Q0.0 线圈仍得电。

当第二次 I0.0=1 时，I0.0 产生一个扫描周期的脉冲，由于 Q0.0 接点闭合，接通 R M0.0,1，M0.0 复位，Q0.0 线圈失电。当 I0.0=0 时，对电路无影响。

另外，二分频电路也可以用于单按钮控制电动机启动停止。

例 4-7　简易三人智力抢答。

三个人进行智力竞赛抢答，编号分别为 1＃～3＃，抢答开始后，先按按钮者灯亮，后按按钮者灯不亮。当主持人再按一下主持人按钮时，所有指示灯复位。

如图 4-27 所示，如 1＃按钮 I0.1 被首先按下，则 Q0.1 置位，对应的 1＃抢答指示灯 HL1 亮，表示 1＃抢答者抢答成功。Q0.1 的接点闭合接通 R 线圈将输入映像寄存器中的 I0.0～I0.3 复位。当 I0.2 和 I0.3 按钮按下时就不起作用了。

虽然主持人按钮 I0.0 也被复位，但是 I0.0 为立即接点，它不是读取的输入映像寄存器中的数据，而是直接读取输入端的数据，所以当主持人按钮 I0.0 按下后，I0.0 立即接点闭合，将 Q0.1～Q0.3 复位，线圈 R I0.0,4 断开，这样就可以进行下一轮抢答了。

4.5.3　SR 触发器和 RS 触发器

SR 触发器和 RS 触发器的作用和图 4-23 中的置位优先电路和图 4.22 复位优先电路类似。

SR 触发器为置位优先触发器，当置位端（SI）为 1 时输出为 1。当复位端（R）为 1 时，输出为 0。当置位端（SI）和复位端（R）都为 1 时，输出优先为 1。

RS 触发器为复位优先触发器，当置位端（SI）为 1 时输出为 1。当复位端（R）为 1 时，输出为 0。当置位端（SI）和复位端（R）都为 1 时，输出为 0，如图 4-28 所示。

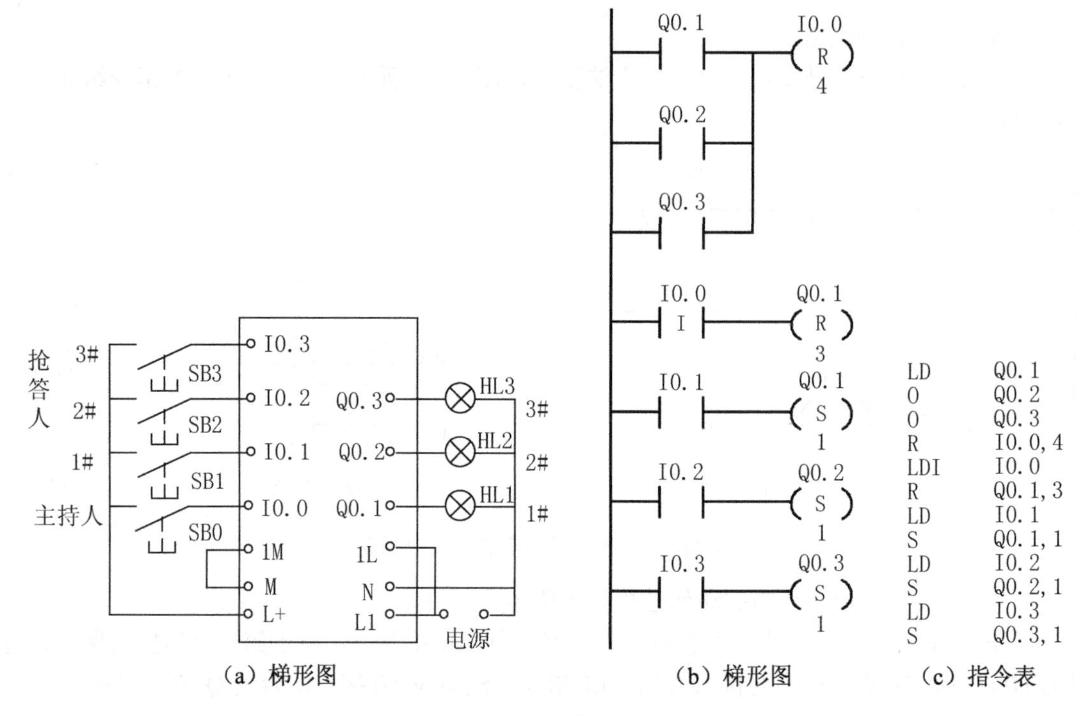

（a）梯形图　（b）梯形图　（c）指令表

图 4-27　三人智力抢答

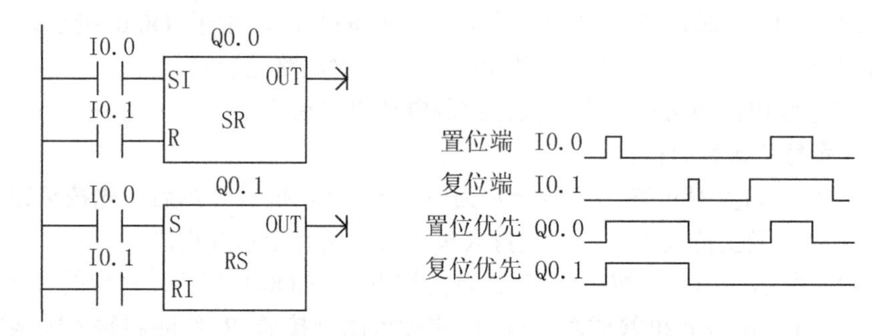

图 4-28　SR 触发器和 RS 触发器应用说明

用 SR 触发器也可以组成一个二分频电路（或单按钮启动停止控制电路），如图 4-29 所示。

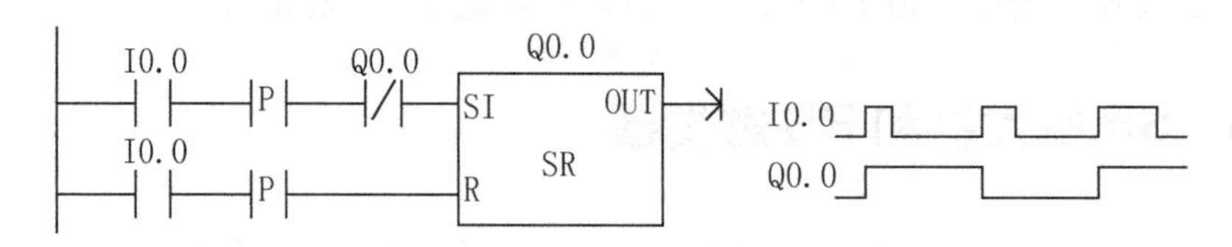

图 4-29　SR 触发器组成的二分频电路

图 4-29 工作原理如下所述。

按下按钮 I0.0，I0.0 闭合时，I0.0 上升沿接点闭合一个扫描周期，SR 触发器的 SI 端和 R 端都接通，但是 SR 触发器为置位优先触发器，结果 Q0.0 置位。I0.0 断开时，对 SR 触发器无影响。

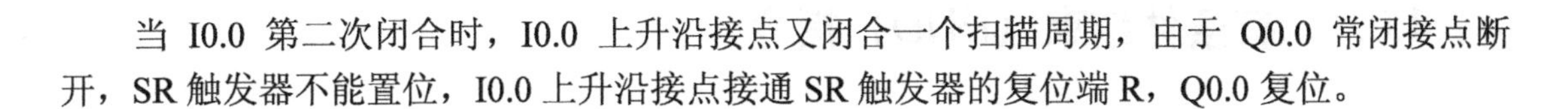

当 I0.0 第二次闭合时，I0.0 上升沿接点又闭合一个扫描周期，由于 Q0.0 常闭接点断开，SR 触发器不能置位，I0.0 上升沿接点接通 SR 触发器的复位端 R，Q0.0 复位。

4.6　程序控制指令

程序控制指令用于梯形图（指令）的控制，如表 4-8 所示。

表 4-8　程序控制指令

功　能	指　令	梯形图符号举例	软　元　件
停止	STOP	—(STOP)	
条件结束	END	—(END)	
看门狗复位	WDR	—(WDR)	
跳转开始	JMP	1 —(JMP)	N：0~255
跳转结束	LBL	1 [LBL]	N：0~255
子程序调用	CALL	[SBR_2 EN]	
子程序标号	CRET	—(RET)	
循环开始	FOR	[FOR EN ENO INDX INIT FINAL]	INDX：VW、IW、QW、MW、SW、SMW、LW、T、C、AC、*VD、*AC 和*CD。 INIT 和 FINAL：VW、IW、QW、MW、SW、SMW、LW、T、C、AC、常数、*VD、* AC 和*CD
循环结束	NEXT	—(NEXT)	

程序控制类指令使程序结构灵活，合理使用该指令可以优化程序结构，增强程序功能。这类指令主要包括结束、停止、看门狗、跳转、子程序、循环和顺序控制等指令。

4.6.1　有条件结束（END）指令

END 指令只能用在主程序中，不能在子程序和中断程序中使用。在主程序中插入 END 指令，当满足条件执行 END 指令时，END 指令后面的程序将不再执行。

使用 Micro/Win32 编程软件时，该软件会自动在主程序的结尾加上一条无条件结束指令（MEND），而无须人工加入。

在调试程序时，在程序的适当位置加入 END 指令可实现程序的分段调试。

4.6.2　停止（STOP）指令

当执行 STOP 指令时，可以使主机 CPU 的工作方式由 RUN 切换到 STOP，从而立即中止用户程序的执行。

STOP 指令可以用在主程序、子程序和中断程序中。如果在中断程序中执行 STOP 指令，则中断处理立即中止，并忽略所有挂起的中断。继续扫描程序的剩余部分，在本次扫描周期结束后，完成将主机从 RUN 到 STOP 的切换。

STOP 和 END 指令通常在程序中用来对突发紧急事件进行处理，以避免实际生产中的意外损失。

4.6.3　看门狗复位（WDR）指令

PLC 在执行程序时，为了防止错误程序导致扫描时间过长，设置了一个警戒时钟，当扫描周期时间超过 300ms 时将禁止程序运行，但是有时候编制的程序可能超过 300ms，这时可以在程序中加入看门狗复位（Watchdog Reset,WDR）指令（又称警戒时钟刷新指令），当执行 WDR 指令时，警戒时钟被刷新，重新开始计时，这样就可以延长扫描周期的时间。

使用 WDR 指令时要特别小心，如果因为使用 WRD 指令而使扫描时间拖得过长（如在循环结构中使用 WDR），那么在中止本次扫描前，下列操作过程将被禁止：

（1）通信（自由口除外）。

（2）I/O 刷新（直接 I/O 除外）。

（3）强制刷新。

（4）SM 位刷新（SM0、SM5～SM29 的位不能被刷新）。

（5）运行时间诊断。

（6）扫描时间超过 25s 时，使 10ms 和 100ms 定时器不能正确计时。

（7）中断程序中的 STOP 指令。

END 指令、STOP 指令和 WDR 指令的用法如图 4-30 所示。

当 I0.2=1 时，程序由 RUN 转为 STOP 方式。

当 I0.3=1 时，END 后面的程序将不再执行，例如，当 END 执行前，Q0.1 得电；当 END 执行后，Q0.1 仍得电；当 I0.6=1 时，由于该程序已不再执行，I0.6 常闭接点不会断开。

当 I0.4=1 时，扫描周期将超过 300ms，执行 WDR 指令，警戒时钟被刷新，重新开始计时，以延长扫描周期的时间。

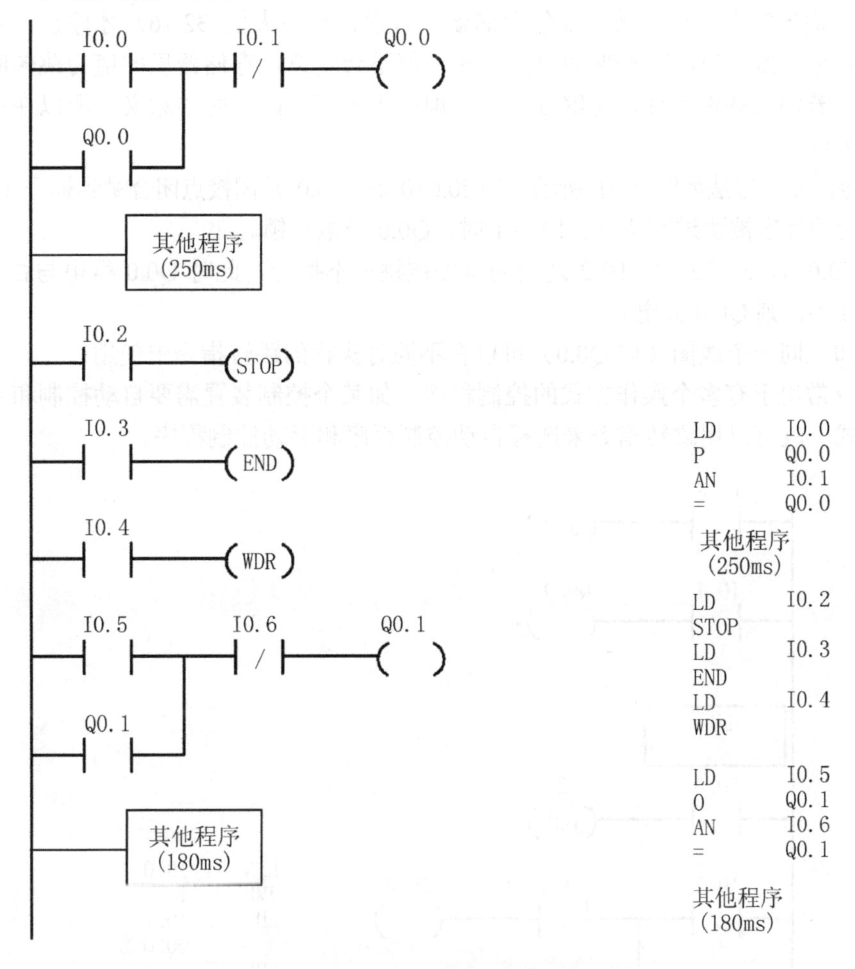

图 4-30　结束、停止及看门狗指令

4.6.4　跳转（JMP）指令及标号（LBL）指令

跳转指令可以使 PLC 编程的灵活性大大提高，可根据对不同条件的判断，选择不同的程序段执行程序。

跳转（Jump，JMP）指令：当输入端有效时，使程序跳转到标号处执行。

标号（Label，LBL）指令：指令跳转的目标标号。

使用说明如下所述。

（1）跳转指令和标号指令必须配合使用，而且只能使用在同一程序段中，如主程序、同一个子程序或同一个中断程序。不能在不同的程序段中互相跳转。

（2）执行跳转后，被跳过程序段中的各元器件的状态：

① Q、M、S、C 等元件的位保持跳转前的状态。

② 计数器 C 停止计数，当前值存储器保持跳转前的计数值。

③ 对定时器来说，因刷新方式不同而工作状态不同。在跳转期间，分辨率为 1 ms 和 10 ms 的定时器会一直保持跳转前的工作状态，原来工作的继续工作，到设定值后其位的状态也会改变，输出触点动作，其当前值存储器一直累计到最大值 32 767 才停止。对分辨率为 100 ms 的定时器来说，跳转期间停止工作，但不会复位，存储器里的值为跳转时的值，跳转结束后，若输入条件允许，可继续计时，但已失去了准确计时的意义，所以在跳转段里的定时器要慎用。

跳转指令的使用方法如图 4-31 所示。当 I0.0=0 时，I0.0 常闭接点闭合跳到标号 1，JMP 1 到 LBL1 之间的程序被跳过不执行。I0.2=1 时，Q0.0 得电自锁。

此时将 I0.0=1，JMP2 到 LBL2 之间的程序被跳过不执行。此时 Q0.0 得电与否只和 I0.1 有关，如 I0.1=0，则 Q0.0 失电。

由此可知，同一个线圈（如 Q0.0）可以在不同时执行的跳转指令中使用。

跳转指令常用于有多个操作方式的控制程序，如某个控制装置需要自动控制和手动控制两种操作方式，就可以用跳转指令来选择自动控制程序和手动控制程序。

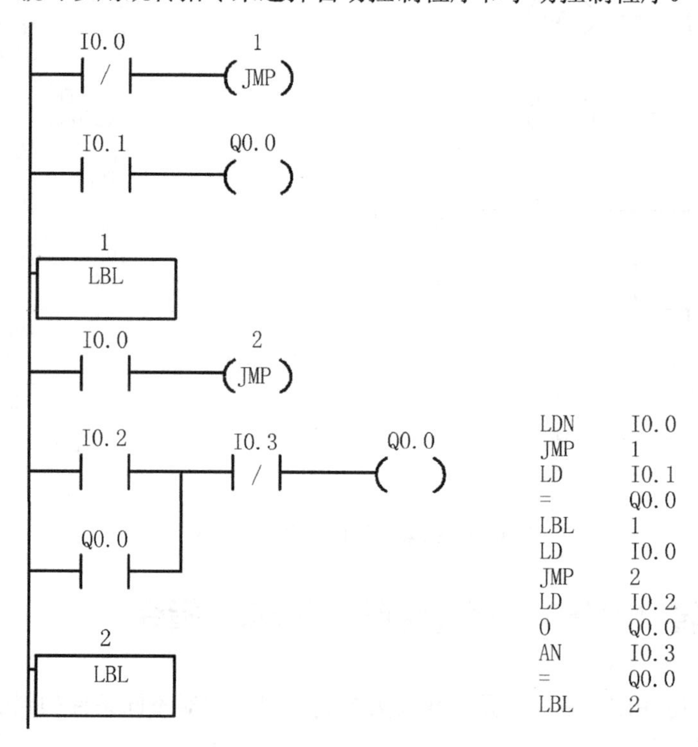

图 4-31　跳转指令

4.6.5　循环（FOR、NEXT）指令

循环指令有两条：循环开始（FOR）指令，用来标记循环体的开始；循环结束（NEXT）指令，用来标记循环体的结束，无操作数。

FOR 和 NEXT 指令之间的程序段称为循环体，每执行一次循环体，当前计数值增 1，并且将其结果同终值作比较，如果大于终值，则终止循环。

循环开始指令盒中有三个数据输入端：当前循环计数值（Index Value or Current Loop Count，INDX）、循环次数初值（Starting Value，INIT）和循环次数终值（Ending Value，FINAL）。

循环指令使用如图 4-32 所示。当 I0.1 接通时，循环指令执行一个扫描周期，在一个扫描周期内被循环的程序被执行 100 次。很明显循环体越长，循环次数越多，扫描周期的时间就越长。循环指令使用应注意以下几点。

（1）FOR、NEXT 指令必须成对使用。

（2）FOR和 NEXT可以循环嵌套，嵌套最多为 8 层，但各个嵌套之间不可有交叉现象。

（3）每次使能输入（EN）重新有效时，指令将自动复位各参数。

（4）初值大于终值时，循环体不被执行。

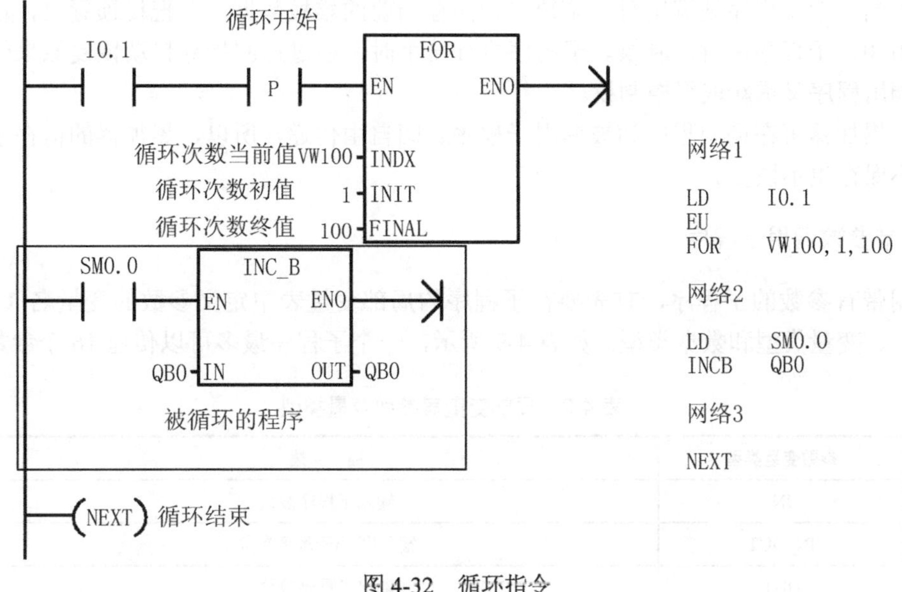

图 4-32 循环指令

4.6.6 子程序

子程序在结构化程序设计中是一种方便有效的工具。S7-200 PLC 的指令系统具有简单、方便、灵活的子程序调用功能。与子程序有关的操作有建立子程序、子程序的调用和返回。

1. 建立子程序

建立子程序是通过编程软件来完成的。可用编程软件“编辑”菜单中的“插入”选项，选择“子程序”，以建立或插入一个新的子程序，同时，在指令树窗口可以看到新建的子程序图标，默认的程序名是 SBR_N，编号 N 的范围为 0～63，编号 N 从 0 开始按递增顺序生成，也可以在图标上直接更改子程序的程序名，把它变为更能描述该子程序功能的名字。在指令树窗口双击子程序的图标就可进入子程序，并对它进行编辑。

2. 子程序调用（CALL）指令和子程序条件返回（CRET）指令

在 CALL 指令使能输入有效时，主程序把程序控制权交给子程序，子程序的调用可以带参数，可以不带参数。

在 CRET 指令使能输入有效时，结束子程序的执行，返回主程序中（此子程序调用的下一条指令）。梯形图中以线圈的形式编程，指令不带参数。

使用说明：

（1）CRET 多用于子程序的内部，由判断条件决定是否结束子程序调用，RET 用于子程序的结束。用 Micro/Win32 编程时，编程人员不需要手工输入 RET 指令，而是由软件自动加在每个子程序结尾。

（2）子程序嵌套。如果在子程序的内部又对另一子程序执行调用指令，则这种调用称为子程序的嵌套。子程序的嵌套最多为 8 级。

（3）当一个子程序被调用时，系统自动保存当前的堆栈数据，并把栈顶置 1，堆栈中的其他值为 0，子程序占有控制权。子程序执行结束时，通过返回指令自动恢复原来的逻辑堆栈值，调用程序又重新取得控制权。

（4）累加器可在调用程序和被调用子程序之间自由传递，所以，累加器的值在子程序调用时既不保存也不恢复。

3．带参数调用子程序

调用带有参数的子程序，首先要在子程序的局部变量表中定义参数的变量名（最多 23 个字符）、变量类型和数据类型。如表 4-9 所示，一个子程序最多可以传递 16 个参数。

表 4-9　局部变量表参数变量类型

参数变量类型	描　　述
IN	输入子程序参数
IN_OUT	输入/输出子程序参数
OUT	输出子程序参数
TEMP	中间变量的子程序参数（用于存放临时结果）

例 4-8　信号灯控制。

用两个开关 I0.1 和 I0.0 控制一个信号灯 Q0.0，当 I0.1、I0.0=00 时灯灭，I0.1、I0.0=01 时灯以 1s 脉冲闪，I0.1、I0.0=10 时灯以 2s 脉冲闪，I0.1、I0.0=11 时灯常亮。

该例可以由调用子程序来实现控制，如图 4-33 所示。

例 4-9　一组传送带由 3 段传送带连接而成，如图 4-34 所示。在每条传送带末端安装一个接近开关，用于检测金属板。传送带用三相电动机驱动，用于传送有一定长度的金属板。若在传送带 1 的首端放一块金属板，按一下启动按钮，则传送带 1 首先启动。当金属板的前端到达传送带 1 的末端时，接近开关 SQ1 动作，传送带 2 启动。当金属板的末端离开接近开关 SQ1 时，传送带 1 停止。同理，当金属板的前端到达 SQ2 时，传动带 3 启动。当金属板的末端离开 SQ2 时传动带 2 停止。最后当金属板的末端离开 SQ3 时，传送带 3 停止。

根据控制要求分析，关键是每台电动机的启动控制信号和停止控制信号，1～3 号电动机的启动信号分别为 I0.0（启动按钮）、I0.1（限位开关 SQ1）和 I0.2（限位开关 SQ2）。而停止信号分别为 I0.1、I0.2、I0.3 的下降沿。

传送带接力传送电动机主接线图和 PLC 接线图如图 3-35 所示。

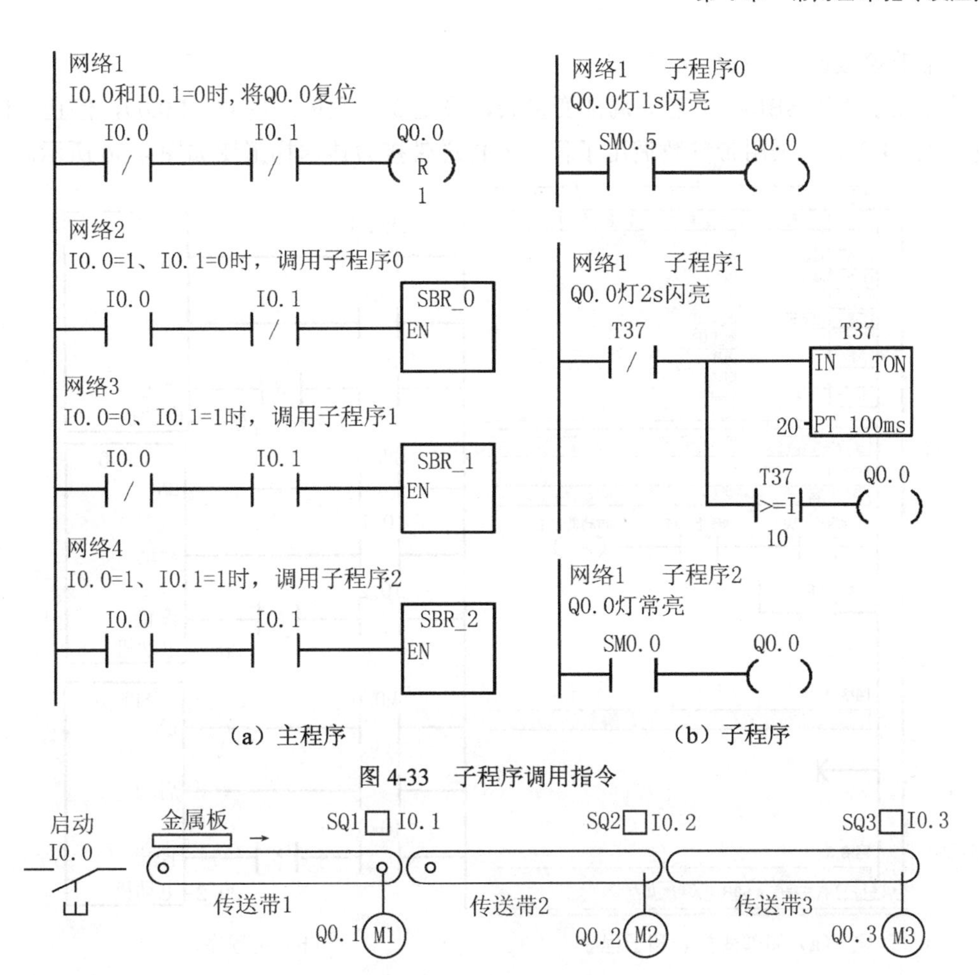

（a）主程序　　（b）子程序

图 4-33　子程序调用指令

图 4-34　传送带接力传送

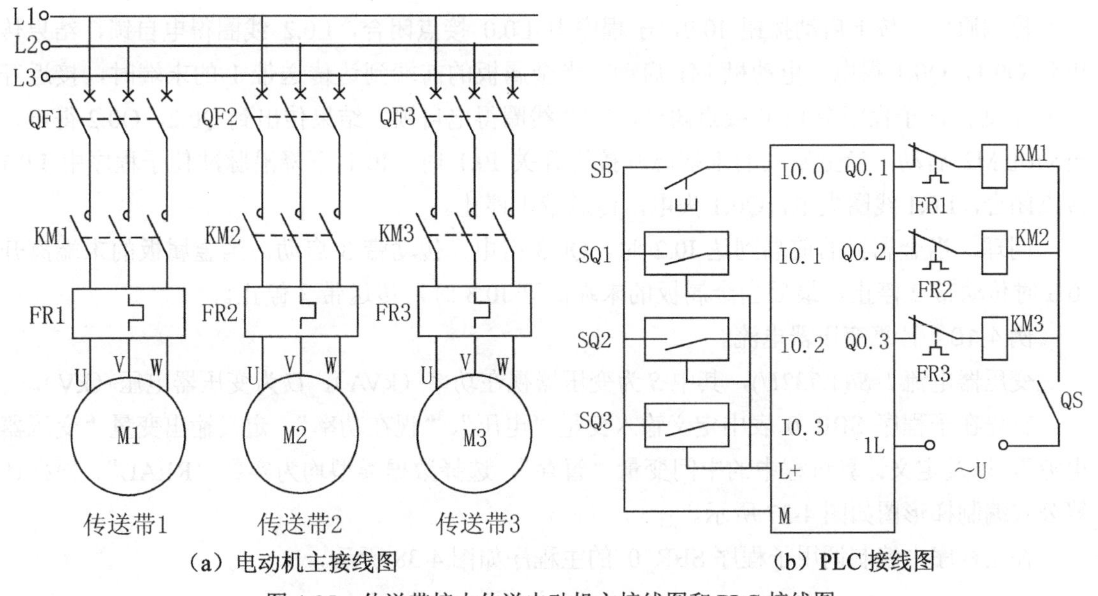

（a）电动机主接线图　　（b）PLC 接线图

图 4-35　传送带接力传送电动机主接线图和 PLC 接线图

采用带参数调用子程序方式。

首先在子程序 SBR-0 中建立局部变量表，设定 3 个变量：启动（L0.0），停止（L0.1）和电动机（L0.2）。采用带参数调用子程序的传送带接力传送梯形图如图 4-36 所示。

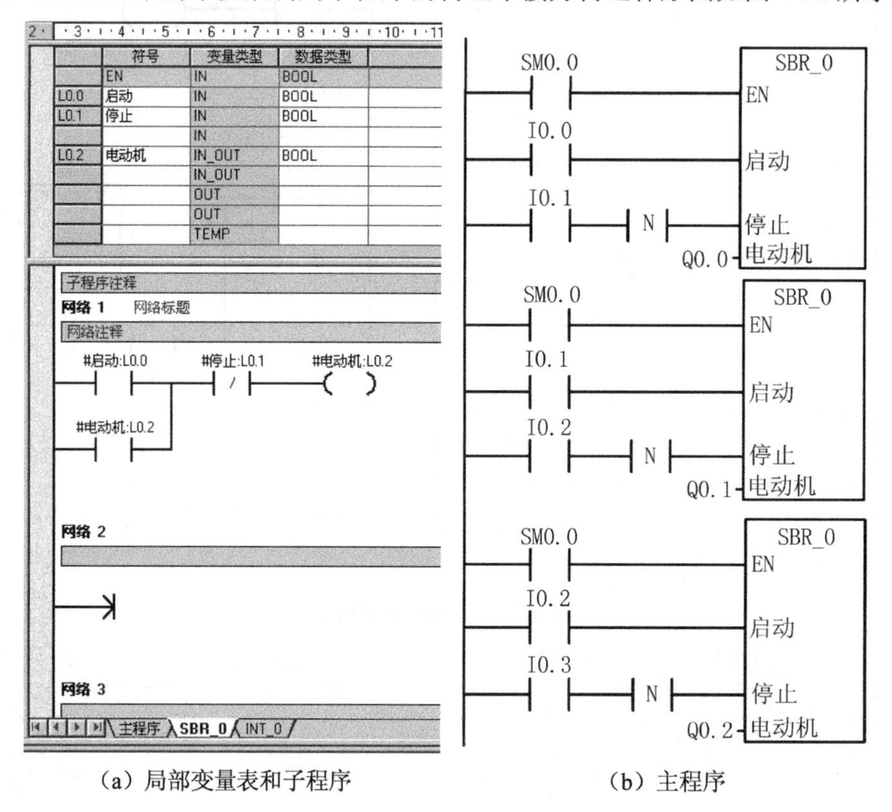

（a）局部变量表和子程序　　（b）主程序

图 4-36　传送带接力传送梯形图

控制原理：按下启动按钮 I0.0，子程序中 L0.0 接点闭合，L0.2 线圈得电自锁，结果传出到 Q0.1，Q0.1 得电，电动机 M1 启动。当金属板的前端到达传送带 1 的末端时，接近开关 I0.1 动作，子程序中 L0.0 接点闭合，L0.2 线圈得电自锁，结果传出到 Q0.2，Q0.2 得电，电动机 M2 启动。当金属板的末端离开接近开关 I0.1 时，I0.1 下降沿脉冲使子程序中 L0.1 接点闭合，L0.1 线圈失电，Q0.1 失电，传送带 1 停止。

同理，当金属板的前端到达 I0.2 时，Q0.3 得电，传动带 3 启动。当金属板的末端离开 I0.3 时传动带 2 停止。最后当金属板的末端离开 I0.3 时，传送带 3 停止。

例 4-10　计算变压器电流。

变压器电流 $I=S/(1.732U)$，其中 S 为变压器视在功率（kVA），U 为变压器电压（kV）。

首先在子程序 SBR_0 表中定义输入变量“电压”、“视在功率”，定义输出变量“变压器电流”，以及定义计算过程中的中间变量“暂存”。选择数据类型均为实数“REAL”。根据计算公式编制梯形图如图 4-37 所示。

在主程序中编制调用子程序 SBR_0 的主程序如图 4-38 所示。

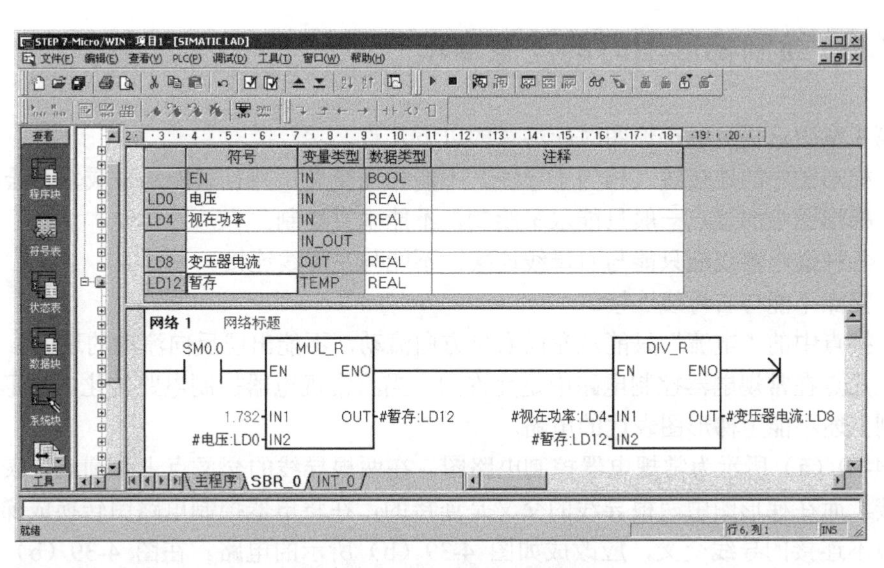

图 4-37　计算变压器电流子程序

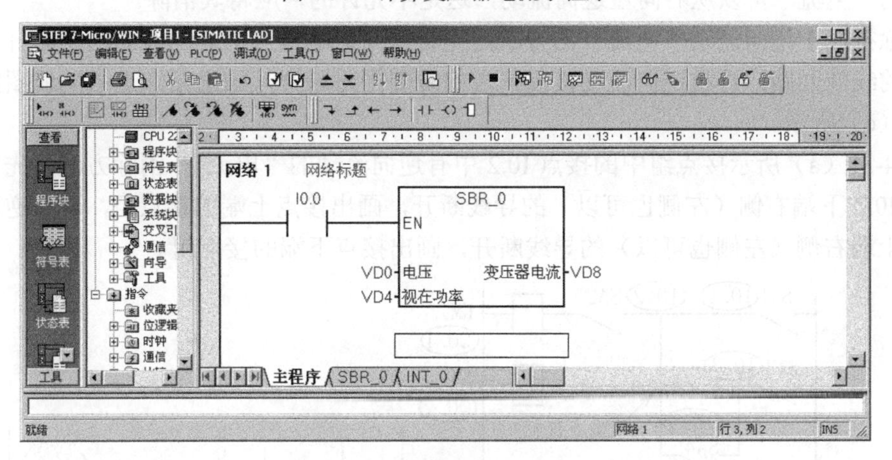

图 4-38　计算变压器电流主程序

首先要对 VD0 赋电压值（如电压值为 10kV），对 VD4 赋视在功率值（如功率值为 100kVA）。

当 I0.0=1 时，调用子程序 SBR_0，在子程序中，首先执行乘法指令，将常数 1.732 和暂存寄存器 LD0 中的电压值“10”相乘结果暂存放在 LD12 中，然后执行除法指令，将暂存寄存器 LD4 中的视在功率值“100”和 LD12 中的值相除，计算结果存放在 VD8 中，VD8 中的值为变压器电流值 5.773672A。

4.7　编程注意事项

不同生产厂家的可编程控制器其编程原理基本上是相同的，但是也有其各自的特点，在编程时应详细查阅相关的技术资料。对于 S7-200 PLC 的编程应注意以下几个问题。

4.7.1 绘制梯形图时的注意事项

在第 3 章中已提及画梯形图时应注意的以下几点。

（1）梯形图中的连接线（相当于导线）不能相互交叉，并且只能水平或垂直绘制。

（2）梯形图中的接点一般只能水平绘制，不能垂直绘制。

（3）各种继电器线圈只能与右母线连接，不能与左母线连接。

（4）接点不能与右母线连接。

（5）接点中的“电流”只能从左向右单方向流动，不能出现反向流动的现象。

以上几点在常规电器控制电路中是允许的，当将常规电器控制电路转化成梯形图时，往往会遇到上述不能用梯形图表达的电路。

图 4-39（a）所示为常规电器控制电路图。在两根导线的交叉点未画圆点，表示两根导线不连接，而在梯形图中两根导线的交叉是连接的，在将电器控制电路图转换成梯形图时应避免两根不连接的导线交叉，应改成如图 4-39（b）所示的电路。在图 4-39（b）中的 I0.4 接点中的“电流”可以从右向左逆向流动，这是不允许的，应将其消除。

消除接点中逆向流动“电流”的方法是先将逆向流动接点上端的线圈回路断开，画出接点下端的线圈回路；再将逆向流动接点下端的线圈回路断开，画出接点上端的线圈回路，如图 4-39（c）所示。

图 4-39（a）所示接点组中的接点 I0.2 中有逆向流动的“电流”，消除方法是先将逆向流动接点 I0.2 下端右侧（左侧也可以）的导线断开，画出接点上端的接点组，再将逆向流动接点 I0.2 上端右侧（左侧也可以）的导线断开，画出接点下端的接点组。

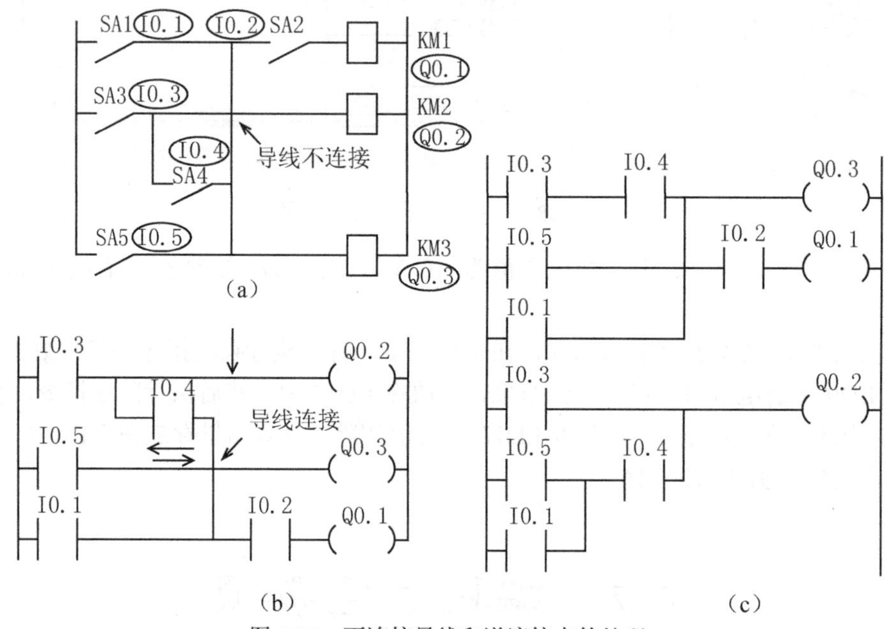

图 4-39 不连接导线和逆流接点的处理

图 4-40（b）所示两路输出之间的接点 I0.2 中有逆向流动的“电流”，消除方法和图 4-39（a）所示的电路相同。

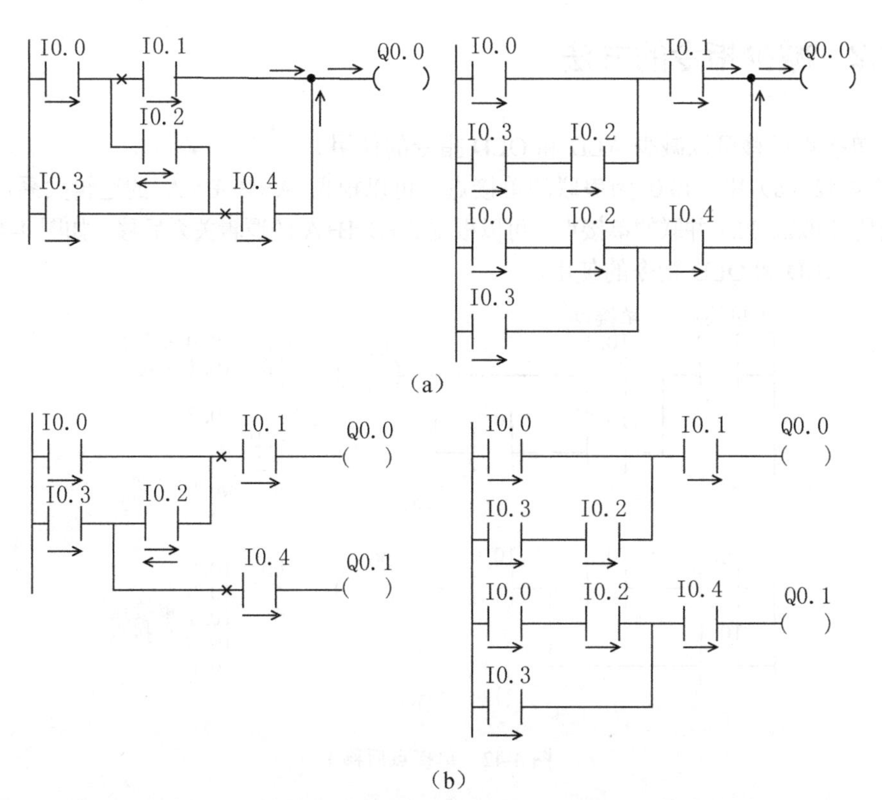

图 4-40　接点组逆流接点的处理

图 4-41（a）所示为不符合规定的梯形图，可以改为如图 4-41（b）所示。

当梯形图中的线圈不需要接点时，也不能和左母线连接，一般用 SM0.0 常开接点和左母线连接。连接在右母线上的接点应移到线圈左边。线圈不能串联，但可以并联。

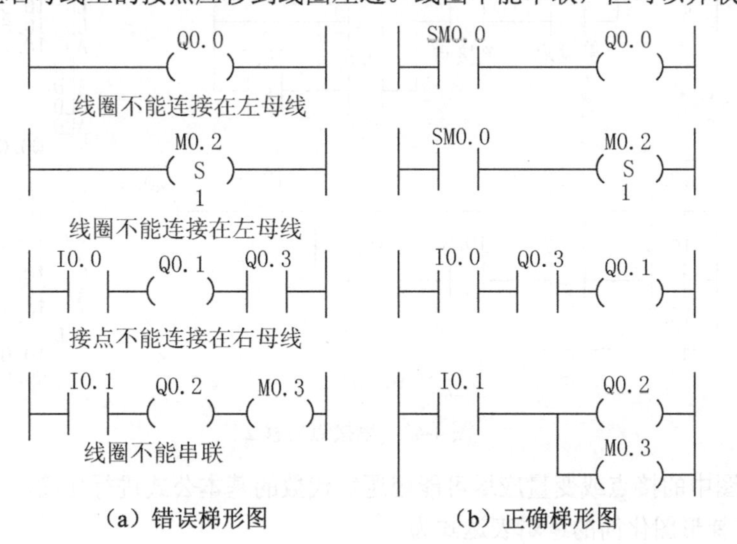

图 4-41　不能编程梯形图的修正

4.7.2 减少指令的方法

（1）单接点后移可以减少 ALD 和 OLD 指令的使用。

在图 4-42（a）中，I0.0 为串联的单接点，可以根据 A×B=B×A 的逻辑关系后移。I0.1 在接点组是与 I0.2、I0.3 并联的单接点，可以根据 A+B=B+A 的逻辑关系后移。如图 4-42（b）所示，减少了 ALD 和 OLD 指令的使用。

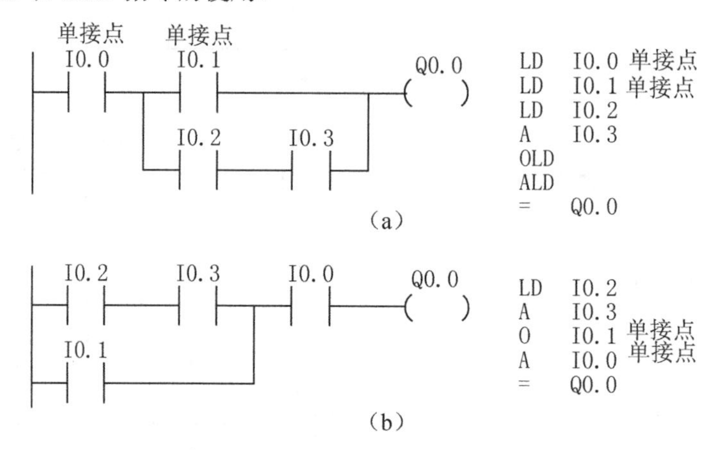

图 4-42 单接点后移 1

图 4-43 中的单接点如图 4-43（a）所示，将其后移后的图形如图 4-43（b）所示。

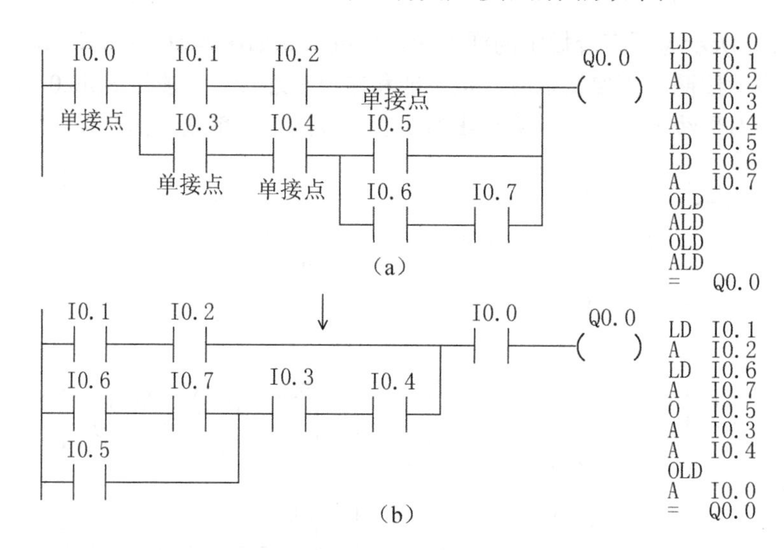

图 4-43 单接点后移 2

（2）梯形图中的接点或变量应尽可能用逻辑代数的基本公式进行化简。

图 4-44 中梯形图化简的逻辑表达式为

$\mathrm{Q0.0}=\overline{\mathrm{I0.0}}\times\mathrm{M0.0}+\mathrm{I0.0}=\mathrm{M0.0}+\mathrm{I0.0}$

$\mathrm{Q0.1}=\mathrm{Q0.0}\times\overline{\mathrm{M0.1}}=(\mathrm{M0.0}+\mathrm{I0.0})\times\overline{\mathrm{M0.1}}$

$\mathrm{Q0.3}=(\overline{\mathrm{M0.3}}+\mathrm{I0.2})\times\overline{\mathrm{I0.2}}=\overline{\mathrm{M0.3}}\times\overline{\mathrm{I0.2}}=\overline{\mathrm{I0.1}\times\overline{\mathrm{M0.2}}}\times\overline{\mathrm{I0.2}}=(\overline{\mathrm{I0.1}}+\mathrm{M0.2})\times\overline{\mathrm{I0.2}}$

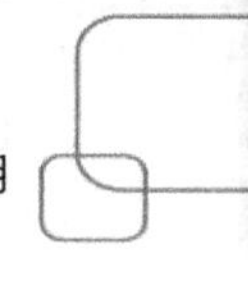

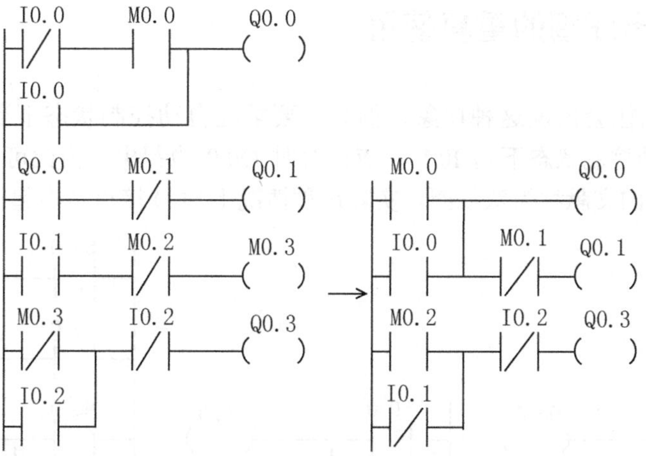

图 4-44　梯形图逻辑化简

将没有接点的线圈放在上面，使多路分支电路变成连续输出电路可以减少 LPS 和 LPP 指令的使用，如图 4-45 所示。

有时也可以根据电路，在不改变电路逻辑关系的情况下使多路分支电路变成连续输出电路。图 4-45（a）所示为一种通断电均延时电路，为多路分支电路，若改为右图后其动作原理相同，但变为连续输出电路，减少了 LPS、LRD 和 LPP 指令的使用。

图 4-45（b）中要用 LPS、LRD、LPP、ALD 指令，根据逻辑关系改为右图后即可省去。

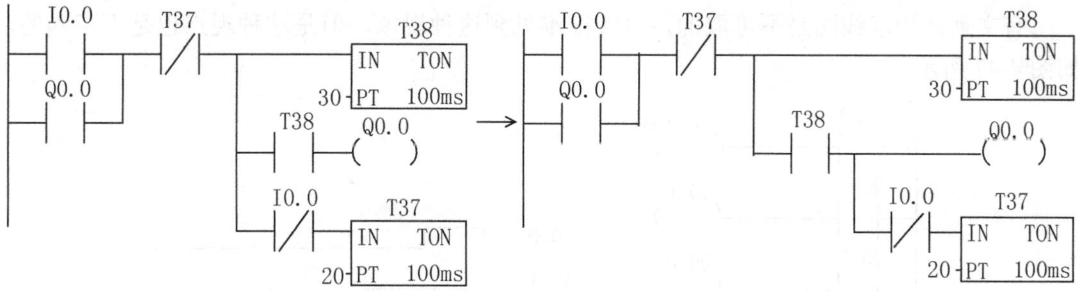

（a）化简电路1

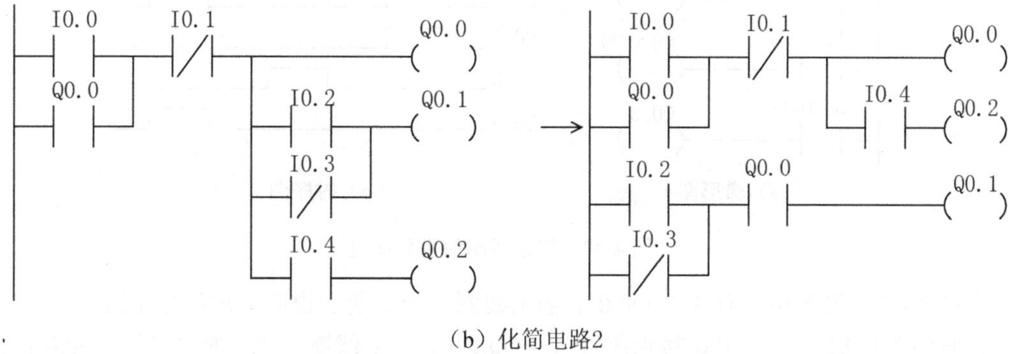

（b）化简电路2

图 4-45　多路分支电路的化简

4.7.3 输出线圈的重复使用

初次编程时往往会出现这种现象，例如，要求在自动控制状态下当 S0.0 接点闭合时 Q0.0 得电，在手动控制状态下当 I0.1 接点闭合时 Q0.0 也得电，由此可得出如图 4-46（a）所示的梯形图，有的文献称为双线圈。实际这种情况下 S0.0 接点是不起作用的。

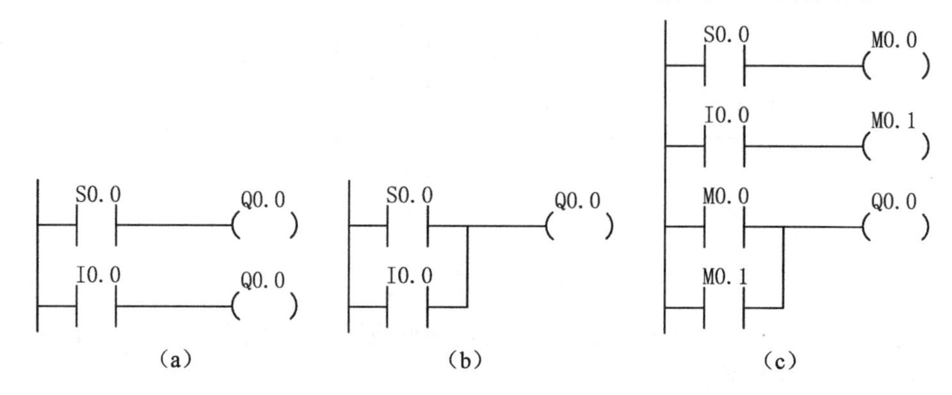

图 4-46 输出线圈的重复使用

例如，当 S0.0 接点闭合时 Q0.0 得电，如果 I0.1 接点断开，Q0.0 又不得电了，这时由于 PLC 执行程序是从前向后依次执行的，是串行工作方式。可见当一个输出继电器有多个线圈时，其输出取决于最后一个线圈。

为了避免这种现象，可采用如图 4-46（b）、图 4-47（c）所示的梯形图。

有文献认为双线圈是不可取的，尽管很难见到这种现象，但是这种观点也是不正确的，如图 4-47 所示。

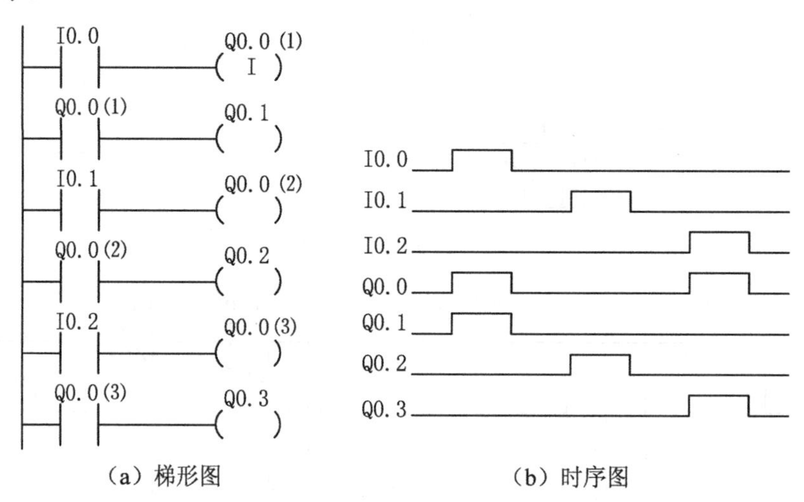

图 4-47 输出线圈的重复使用

在图 4-47 梯形图中，有 3 个 Q0.0 的输出线圈，为了便于说明，加序号来区别。

由时序图可知，仅当 I0.0 接点闭合时，Q0.0（1）=1 线圈得电，将 1 写入 Q0.0 的元件映像寄存器中并立即输出锁存器输出 Q0.0。Q0.0（1）常开接点读出 Q0.0 的元件映像寄存器中的值，接点闭合，Q0.1 输出线圈得电输出。由于 I0.1 和 I0.2 接点断开，Q0.0（2）和 Q0.0（3）

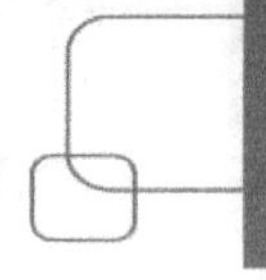

失电，又将 Q0.0 的元件映像寄存器中的值改写为 0，所以，Q0.2 和 Q0.3 不得电输出。

仅当 I0.1 接点闭合时，Q0.0（2）=1 线圈得电，将 1 写入 Q0.0 的元件映像寄存器中。Q0.0（2）常开接点读出 Q0.0 的元件映像寄存器中的值，接点闭合，Q0.2 输出线圈得电输出。由 I0.2 接点断开，Q0.0（3）失电，Q0.0（3）接点断开 Q0.3 不得电输出。

仅当 I0.2 接点闭合时，Q0.0（3）=1 线圈得电，将 1 写入 Q0.0 的元件映像寄存器中。Q0.0（3）常开接点闭合，Q0.3 输出线圈得电输出。下一个扫描周期 Q0.0（1）常开接点读出 Q0.0 的元件映像寄存器中的值，接点闭合，Q0.1 输出线圈得电输出。由于 I0.1 接点断开，Q0.0（2）失电，Q0.0（2）接点断开，Q0.2 不得电输出。

4.8　编程实例

4.8.1　十字路口交通灯控制

在十字路口，要求东西方向和南北方向各通行 35s，并周而复始。在南北方向通行时，东西方向的红灯亮 35s，而南北方向的绿灯先亮 30s 后再闪 3s（0.5s 暗，0.5s 亮）后黄灯亮 2s。在东西方向通行时，南北方向的红灯亮 35s，而东西方向的绿灯先亮 30s 后再闪 3s（0.5s 暗，0.5s 亮）后黄灯亮 2s。

十字路口的交通灯布置示意图如图 4-48 所示。

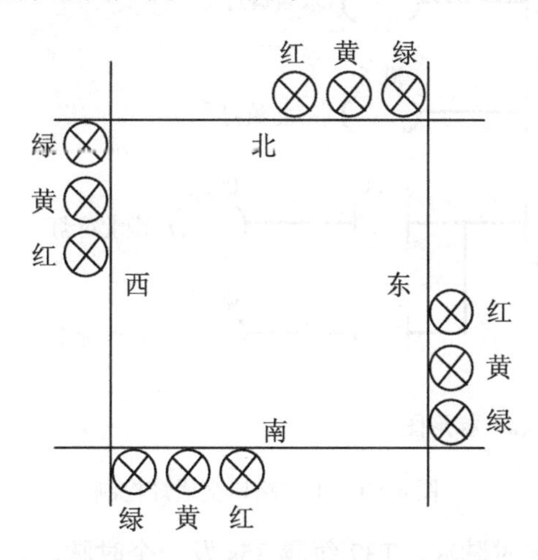

图 4-48　十字路口的交通灯布置示意图

由于东西方向和南北方向的通行时间相同，所以，为了简化编程和减少定时器的数量，可将十字路口交通灯通行时间改为如图 4-49 所示的时间。这是一个由时间控制的电路，共分 6 个时间段，东西方向和南北方向各有 3 个。由于东西方向和南北方向通行时间相同，所以可考虑用 3 个定时器。定时器的设定时间既可以按题目给定的 30s、3s、2s 来设定，也可以按图 4-49 来设定。

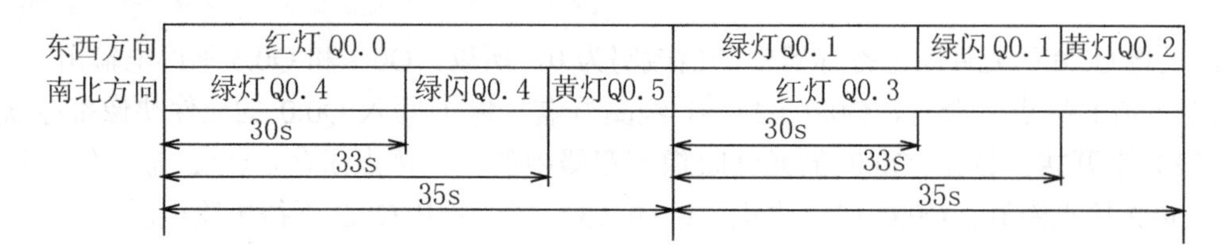

图 4-49　十字路口交通灯通行时间图

根据图 4-49 的十字路口交通灯通行时间图设计的梯形图如图 4-50 所示。

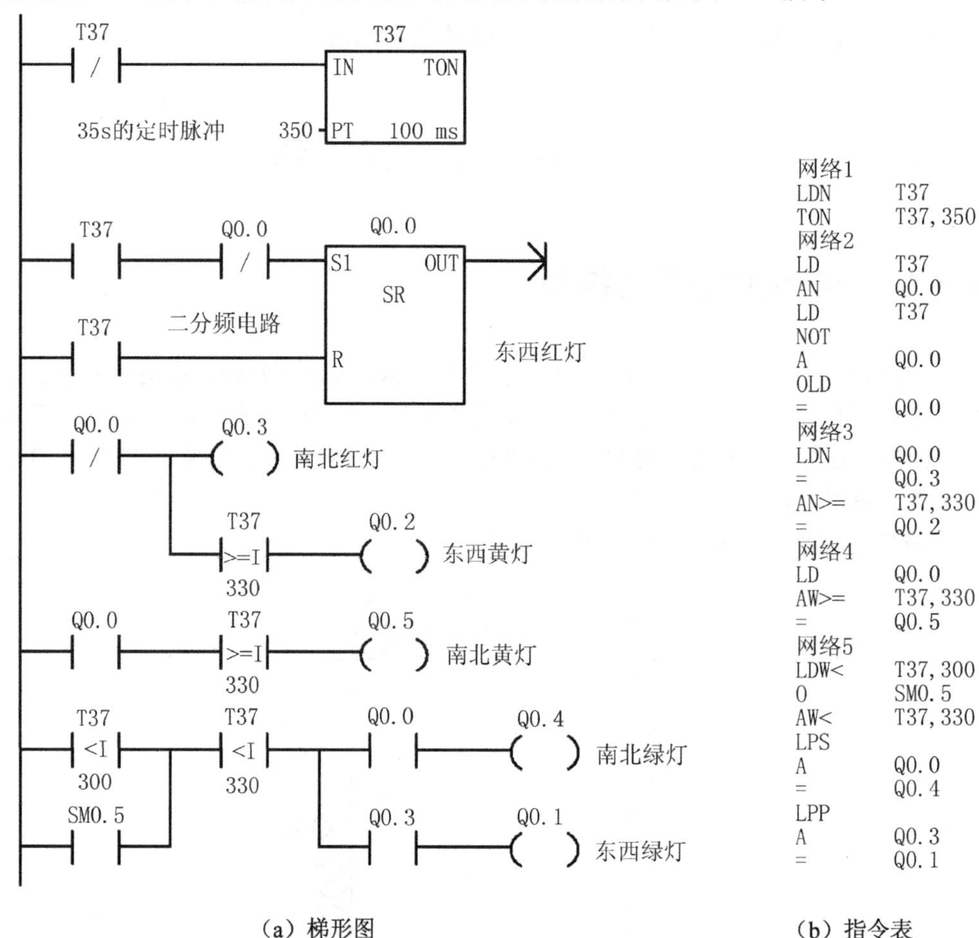

（a）梯形图　　　　（b）指令表

图 4-50　十字路口交通灯控制

网络 1 是一个 35s 的定时脉冲，T37 每隔 35s 发一个时脉。

网络 2 是一个组成二分频电路的 SR 触发器，Q0.0 断开 35s，接通 35s。东西方向红灯 Q0.0 和南北方向的红灯 Q0.3 状态反相。

初始状态 Q0.0=0，Q0.0 常闭接点闭合，Q0.3=1，南北方向的红灯亮，Q0.1=1，东西方向绿灯亮，当 T37 时间大于等于 30s 时，比较接点<T37,300 断开，Q0.1 经 SM0.5 得电，东西方向绿灯闪，当 T37 时间大于等于 33s 时，比较接点<T37,330 断开，Q0.1 失电，东西方向绿灯灭，比较接点>=T37,330 闭合，Q0.2=1，东西方向黄灯亮。当 T37 时间达到 35s 设定值时，T37 接通一个扫描周期，使 Q0.0=1，东西方向红灯亮。Q0.0 常闭接点断开，

Q0.3 和 Q0.2 失电。Q0.4=1，南北方向的绿灯亮，转入南北方向通行程序，其工作过程与上述类似。

绿灯的闪亮由 1s 的时钟脉冲 SM0.5 来控制（SM0.5 的通断时间由内部时钟控制，与程序无关，用于要求不高的场合，如要求较高，可采用第 3 章如图 3-25 所示的振荡电路来代替 SM0.5）。

4.8.2　按钮人行道

按钮人行道如图 4-51 所示。道路上的交通灯由行人控制，在人行道的两边各设一个按钮，当行人要过人行道时按下路边的按钮，交通灯按图 4-52 所示的时间顺序变化。在交通灯已经进入运行状态时，按钮将不起作用。

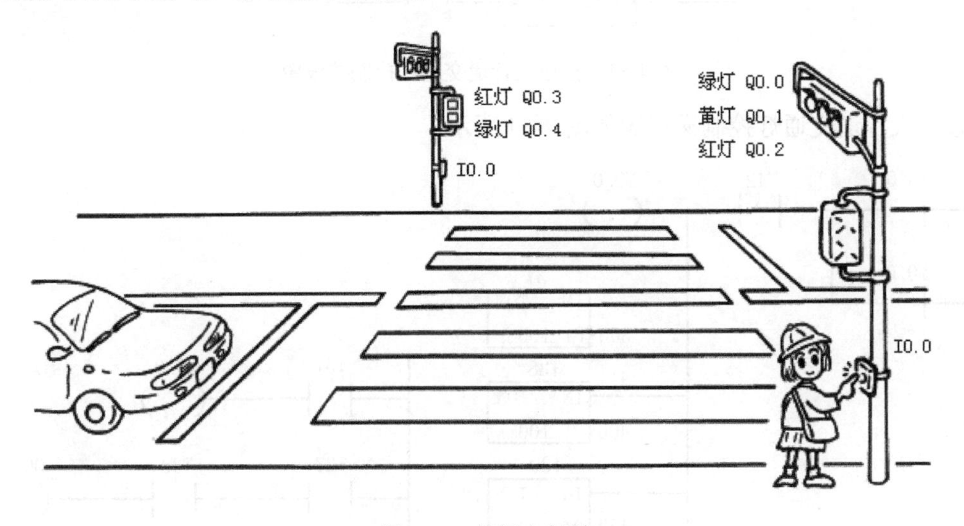

图 4-51　按钮人行道

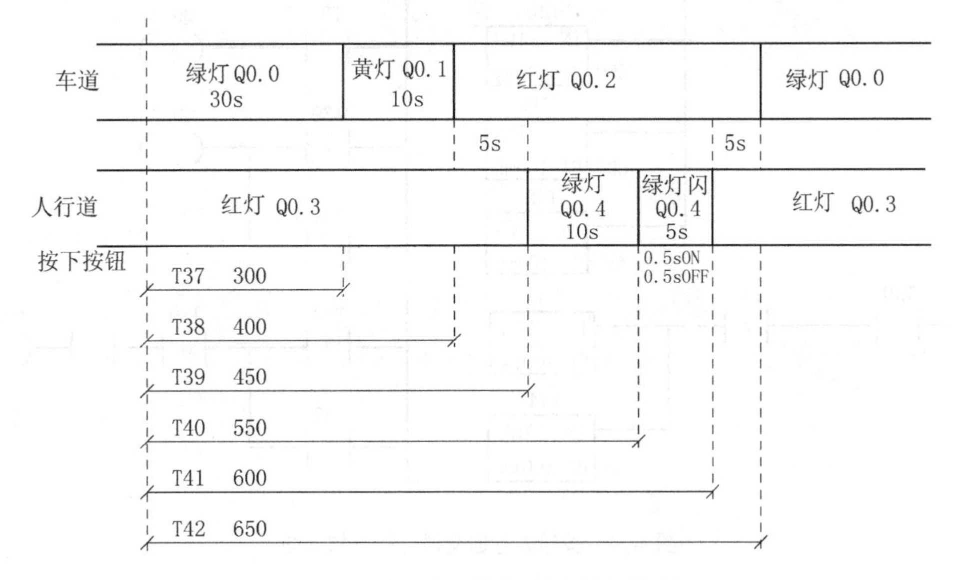

图 4-52　按钮人行道交通灯通行时间图

按钮人行道交通灯的时间顺序变化可以根据图 4-52 所示分为 6 个时间段，分别用 6 个定时器来控制。

按钮人行道交通灯控制接线图如图 4-53 所示。

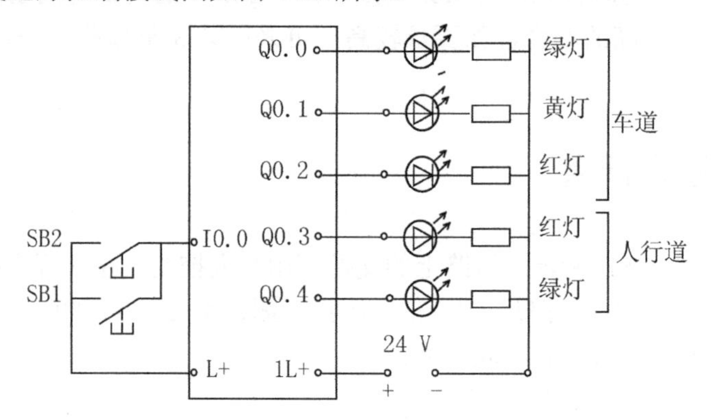

图 4-53　按钮人行道交通灯控制接线图

按钮人行道交通灯控制梯形图如图 4-54 所示。

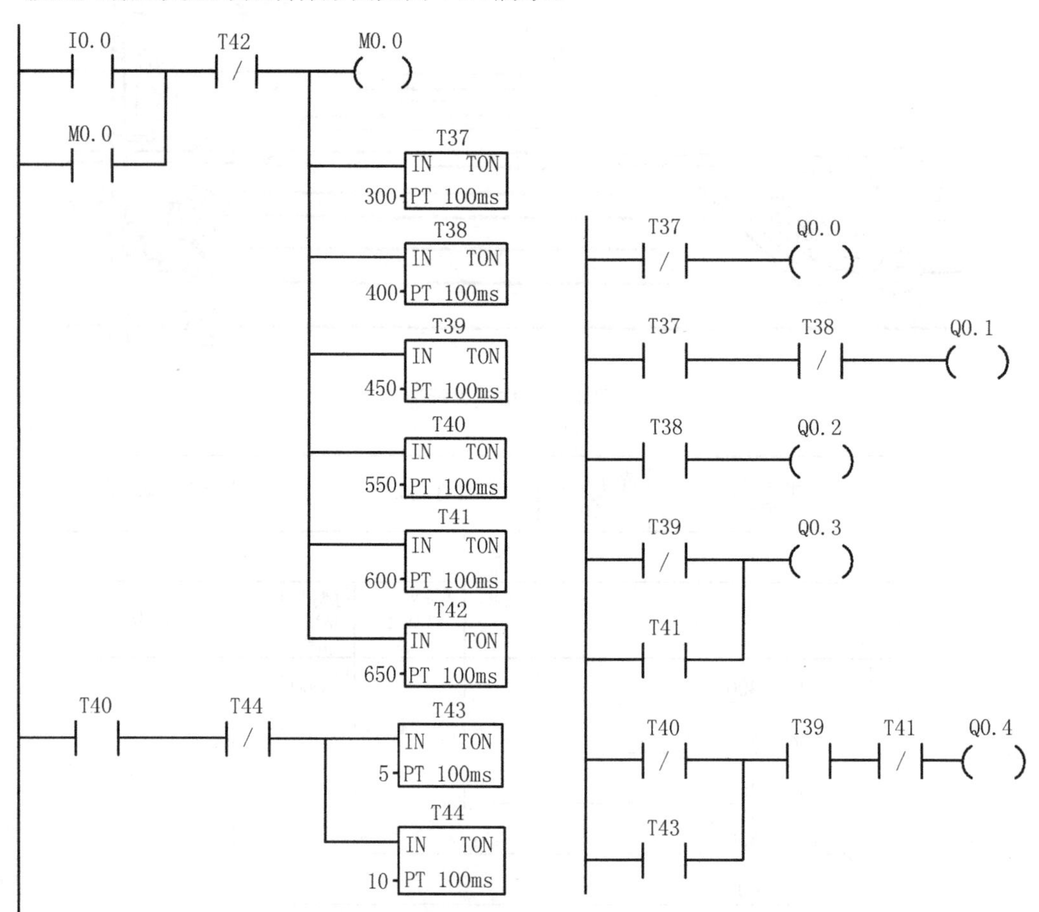

图 4-54　按钮人行道交通灯控制梯形图

在未按下按钮时，Q0.0 和 Q0.3 经常闭接点得电，人行道红灯亮，车道绿灯亮。当按下按钮 I0.0 时，M0.0 得电自锁，将定时器 T37～T42 线圈接通开始延时，在此期间按按钮对梯形图没有影响。首先 T37 经 30s 动作断开 Q0.0，车道绿灯灭，闭合 Q0.1，车道黄灯亮。10s 后 T38 接点动作，断开 Q0.1 车道，黄灯灭，闭合 Q0.2，车道红灯亮。5s 后 T39 接点动作，断开 Q0.3，人行道红灯灭，闭合 Q0.4，人行道绿灯亮，行人可以通行。10s 后 T40 接点动作，接通由 T43、T44 组成的振荡电路，T43 常开接点使 Q0.4 线圈 0.5s 断、0.5s 通，人行道绿灯闪。闪 5s 后 T41 接点动作，断开 Q0.4，人行道绿灯灭，闭合 Q0.3，红灯亮。5s 后 T42 接点动作，T42 常闭接点使 M0.0 和所有定时器线圈断开，恢复到初始状态，完成一次行人通行过程。

4.8.3　三相异步电动机点动、连动、能耗制动电路

用按钮点动或连动启动控制一台三相异步电动机。停止时电动机进行能耗制动，延时 8s，断开直流电源，电动机停止转动。三相异步电动机点动、连动、能耗制动主电路和 PLC 接线图如图 4-55 所示。

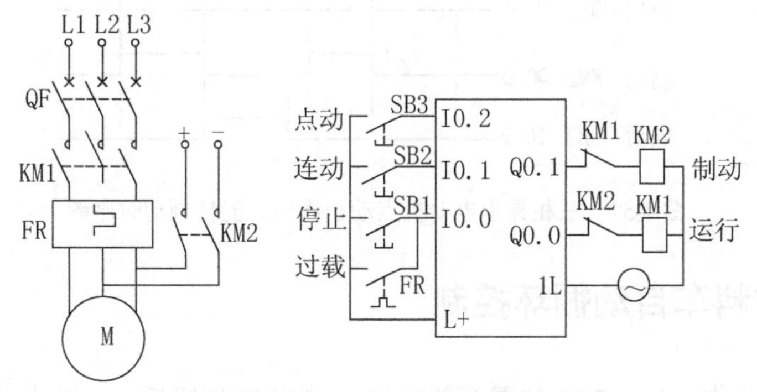

图 4-55　三相异步电动机点动、连动、能耗制动主电路和 PLC 接线图

三相异步电动机点动、连动、能耗制动梯形图如图 4-56 所示。

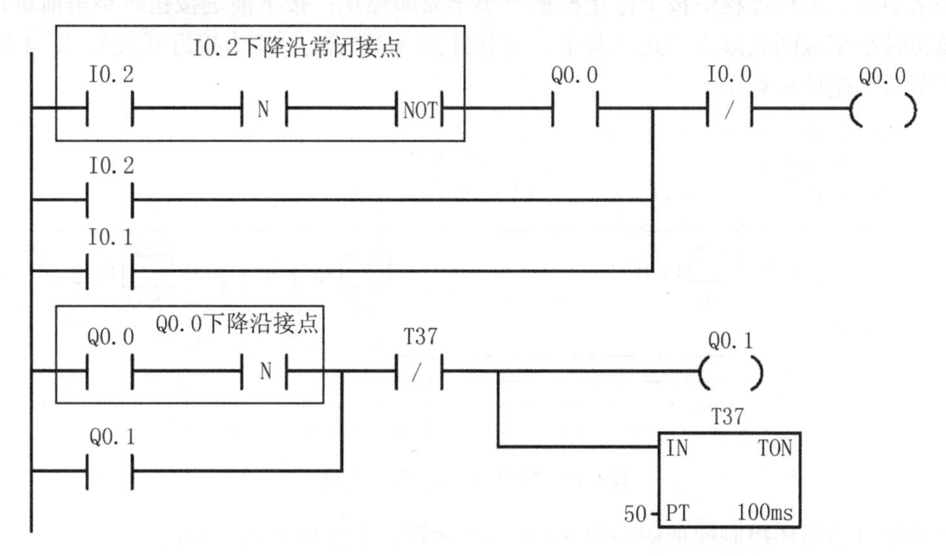

图 4-56　三相异步电动机点动、连动、能耗制动梯形图

控制原理：

按下连动按钮 I0.1，Q0.0 得电并自锁，接触器 KM1 得电，电动机连续运行。

按下停止按钮 I0.0，Q0.0 线圈失电，Q0.0 下降沿接点接通一个扫描周期，使 Q0.1 得电自锁。接触器 KM2 得电，KM2 主触点接通直流电源，电动机工作在能耗制动状态，同时定时器 T37 延时 5s 断开 Q0.1 线圈，制动结束。

按下点动按钮 I0.2，Q0.0 得电，电动机启动运行；当松开点动按钮 I0.2 时（I0.2 常开接点和下降沿指令 ED 及取反指令 NOT 组成一个下降沿常闭接点），按钮 I0.2 在断开时，I0.2 下降沿常闭接点断开一个扫描周期，Q0.0 线圈失电，实现点动控制。

三相异步电动机点动、连动、能耗制动时序图如图 4-57 所示。

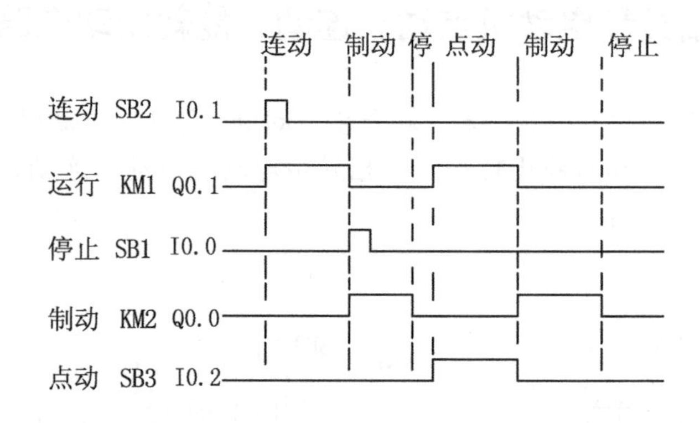

图 4-57　三相异步电动机点动、连动、能耗制动时序图

4.8.4　送料车自动循环控制

一辆小车在 *O* 点原位（SQ1 位置开关动作），按启动按钮后，小车由 *O* 点前进行驶到 *A* 点后返回原点，再由原点前进行驶到 *B* 点，由 *B* 点返回到原点，并自动反复执行上述动作过程。要求小车在运行过程中按下停止按钮时小车立即停止；按下前进按钮时小车前进；按下后退按钮时小车退回到原点停止（其中，位置开关 SQ1～SQ3 均为接近开关）。图 4-58 所示为送料车自动循环示意图。

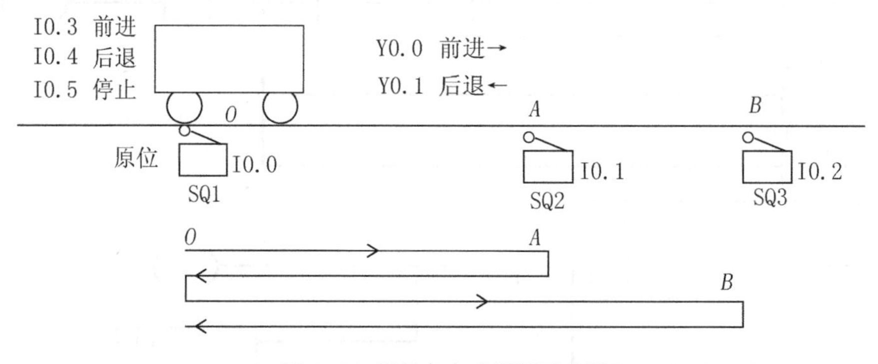

图 4-58　送料车自动循环示意图

送料车自动循环控制梯形图如图 4-59（b）所示，工作原理如下所述。

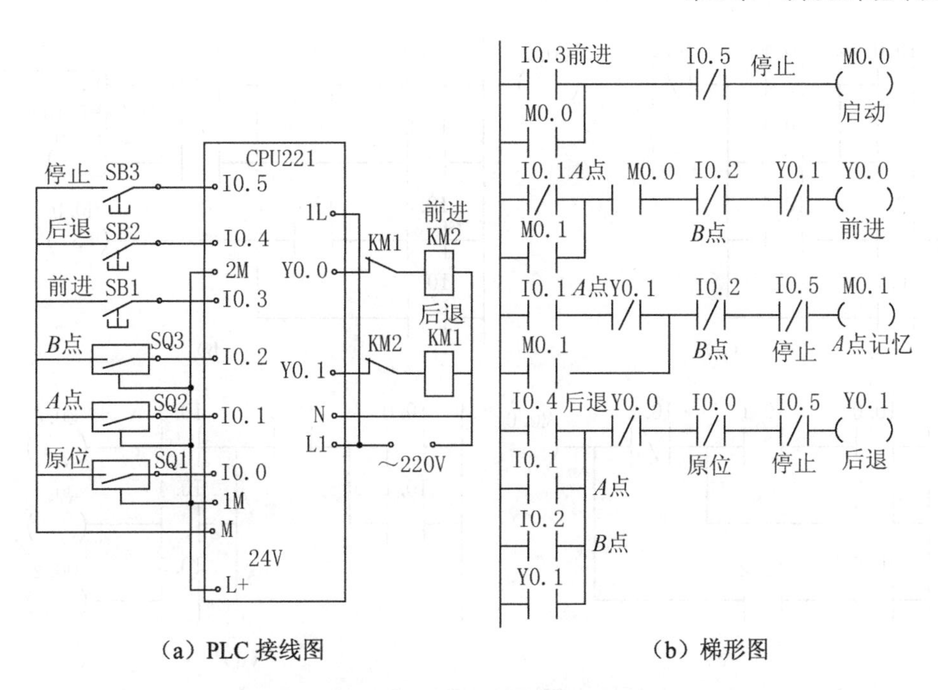

（a）PLC 接线图　　　　（b）梯形图

图 4-59　送料车自动循环控制

按下前进按钮 I0.3，线圈 M0.0 得电自锁，M0.0 接点闭合，Q0.0 线圈得电，小车前进。小车到达 *A* 点时，碰到限位开关 I0.1，Q0.0 失电停止前进，Q0.1 线圈得电，小车后退，同时 M0.1 线圈得电，对到达 *A* 点位置进行记忆，以防止第二次到达 *A* 点时小车再后退。

小车后退到 *O* 点原位时，碰到限位开关 I0.0，Q0.1 失电小车停止，Q0.1 的常闭接点闭合，使 Q0.0 再次得电前进。第二次碰到限位开关 I0.1 时，由于记忆继电器 M0.1 已处于得电记忆状态，所以，当 I0.1 常闭接点断开时 Q0.0 不会失电，继续前进。

当前进到 *B* 点时，碰到限位开关 I0.2，Q0.0 失电停止前进，M0.1 失电，解除记忆。Q0.1 线圈得电自锁，小车后退到 *A* 点，碰到限位开关 I0.1 时，由于 Q0.1 的常闭接点断开，M0.1 不会得电，继续后退。

当后退到 *O* 点时，又碰到限位开关 I0.0，Q0.1 失电，小车停止后退，但是 Q0.1 的常闭接点又接通了 Q0.0 线圈，进入第二次循环过程，并不断自动循环运行下去。

小车在运行过程中（无论是前进还是后退），按下停止按钮 I0.5 时，小车停止。按下后退按钮 I0.4 时，小车后退回到原位停止。

习　题

4-1　写出如图 4-60 所示梯形图的指令表。

4-2　写出如图 4-61 所示梯形图的指令表。

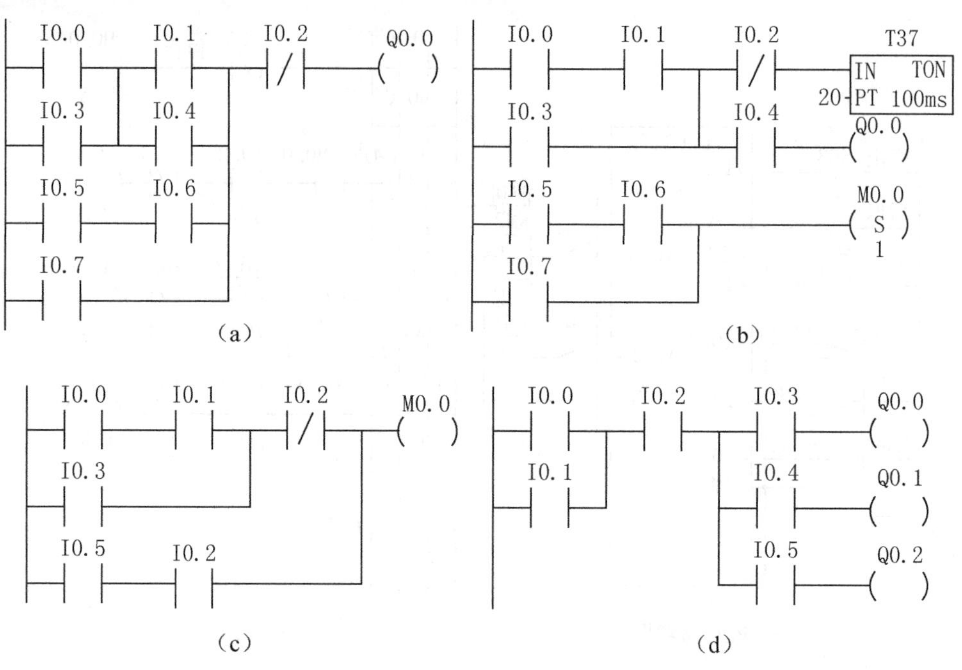

图 4-60 题 4-1 图

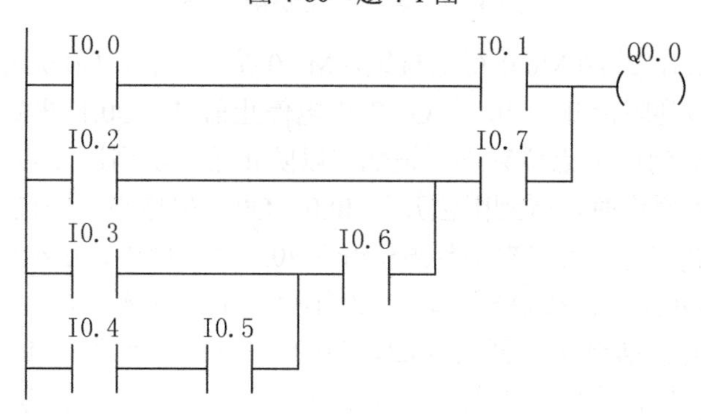

图 4-61 题 4-2 图

4-3 根据下面的指令表画出梯形图。

LD I0.0 O I0.1 AN I0.2 = Q0.0 AN I0.3 = Q0.1 LD I0.4 AN I0.5 O I0.6 A I0.7 LPS A I1.0 = Q0.2 LPP AN I1.1 = Q0.3

4-4 分析如图 4-62 所示的梯形图，说明 I0.2（按钮）对 Q0.0 和 Q0.1 的控制作用，并画出 Q0.0 和 Q0.1 的输出结果时序图。

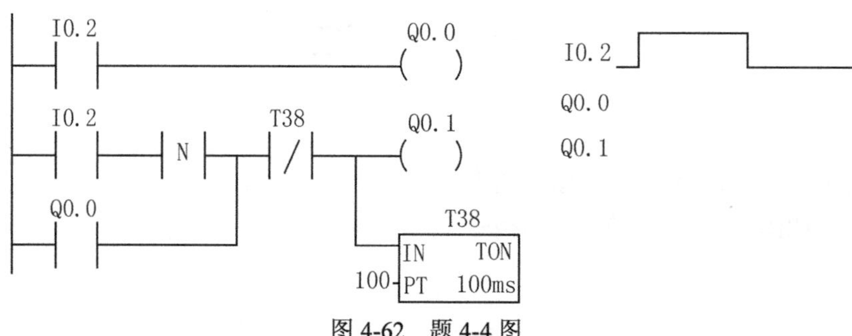

图 4-62 题 4-4 图

4-5　试用如图 4-63 所示的梯形图作为三人抢答电路。如果两个按钮 I0.1 和 I0.2 同时按下时，将会出现什么样的结果？

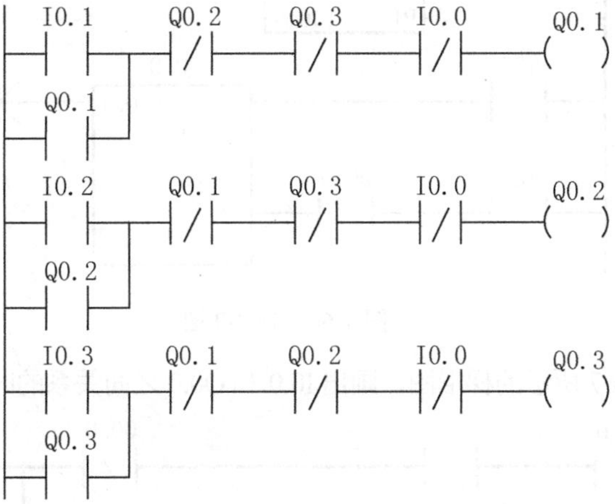

I0.1
Q0.2
Q0.3
I0.0
Q0.1
Q0.1
I0.2
Q0.1
Q0.3
I0.0
Q0.2
Q0.2
I0.3
Q0.1
Q0.2
I0.0
Q0.3
Q0.3

图 4-63　题 4-5 图

4-6 根据下列控制要求，用=、S 和 R 指令两种方式画出梯形图，并写出程序。

（1）当 I0.0、I0.1 同时动作时 Q0.0 得电并自锁，当 I0.2、I0.3 中有一个动作时 Q0.0 失电。

（2）当 I0.0 动作时 Q0.0 得电并自锁，10s 后 Q0.0 失电。

4-7　分析如图 4-64 所示的梯形图，I0.1、I0.2、I0.3 均为按钮，说明这 3 个按钮对输出继电器 Q0.0 的控制作用。

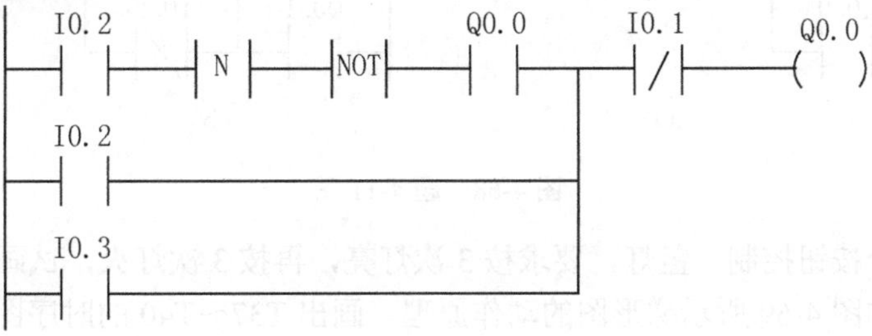

I0.2
N
NOT
Q0.0
I0.1
Q0.0
I0.2
I0.3

图 4-64　题 4-7 图

4-8　分析如图 4-65 所示的梯形图，画出 I0.0 和 Q0.0 之间关系的时序图，并说明控制过程。

I0.0
P
Q0.0
S
OUT
RS
I0.0
P
Q0.0
R1

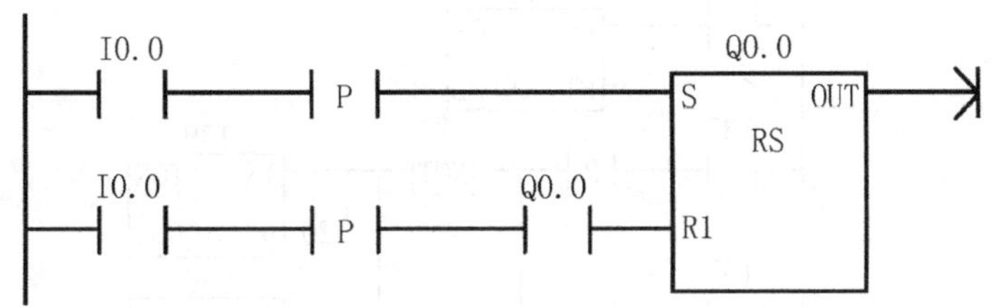

图 4-65　题 4-8 图

4-9　分析如图 4-66 所示的梯形图，画出 I0.0 和 Q0.0 之间关系的时序图，并说明控制过程。

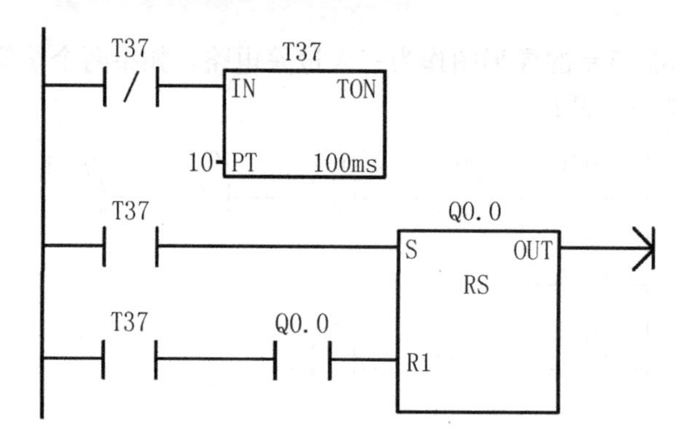

图 4-66　题 4-9 图

4-10　分析如图 4-67 所示的梯形图，画出 I0.0 和 Q0.0 之间关系的时序图，并写出指令表。

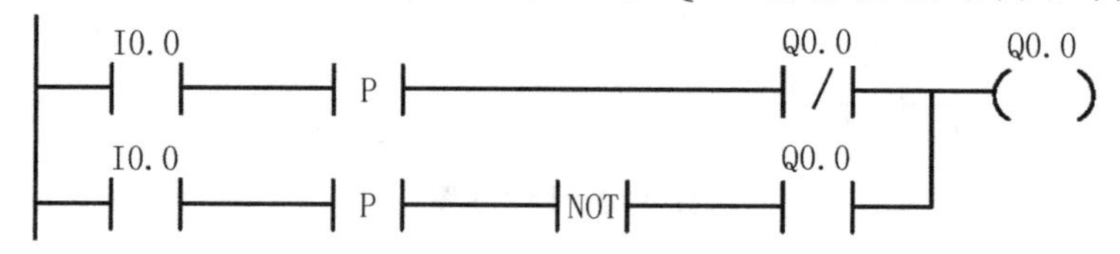

图 4-67　题 4-10 图

4-11　将如图 4-68 所示的梯形图改为用 S 和 R 指令编程的梯形图。

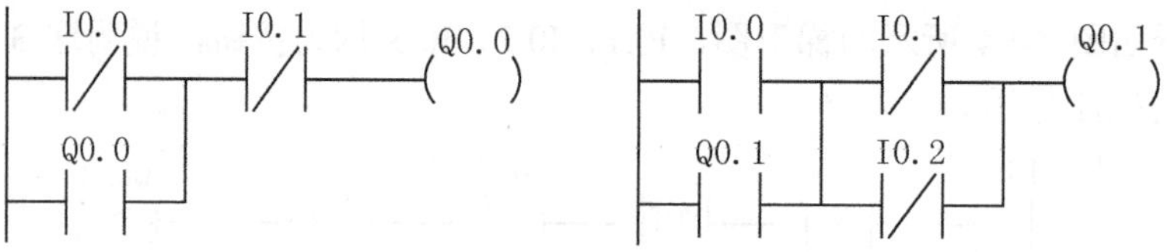

（a）　　（b）

图 4-68　题 4-11 图

4-12　用一个按钮控制一盏灯，要求按 3 次灯亮，再按 3 次灯灭，试画出控制梯形图。

4-13　分析如图 4-69 所示梯形图的动作原理。画出 T37～T40 的时序图。

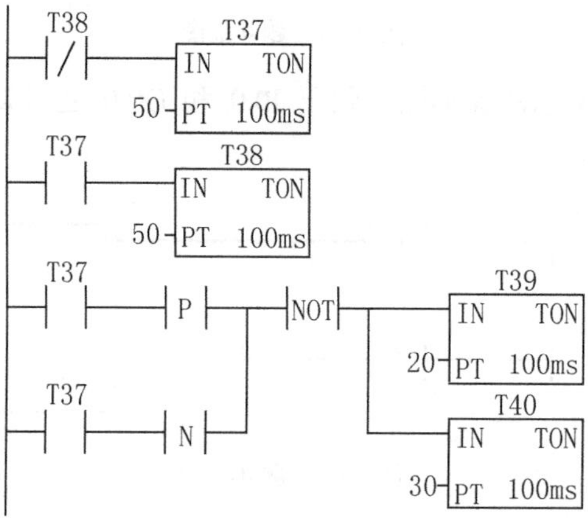

图 4-69　题 4-13 图

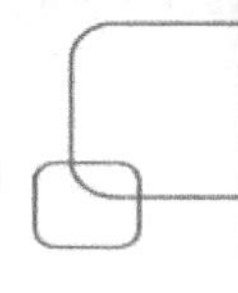

4-14　分析如图 4-70 所示梯形图的动作原理，画出 Q0.0 和 Q0.1 的时序图。

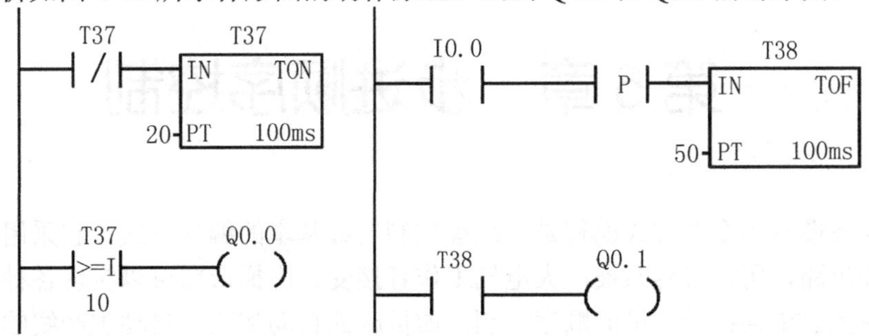

图 4-70　题 4-14 图

4-15　将如图 4-71 所示的三互锁控制电路转换成梯形图。

4-16　将如图 4-72 所示的转子回路串频敏变阻器启动控制电路转换成梯形图，并画出 PLC 输入/输出接线图。

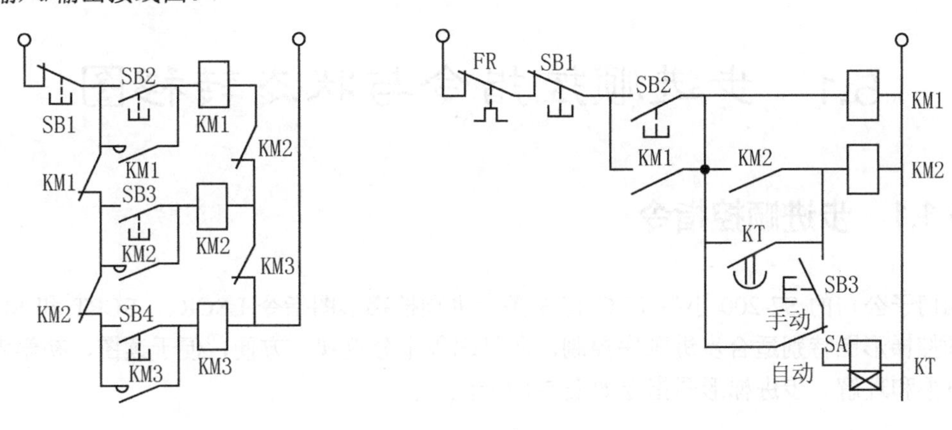

图 4-71　题 4-15 图　　　　图 4-72　题 4-16 图

4-17　如图 4-73 所示的梯形图能否编程，为什么？如果不能，将梯形图改成能编程的梯形图。

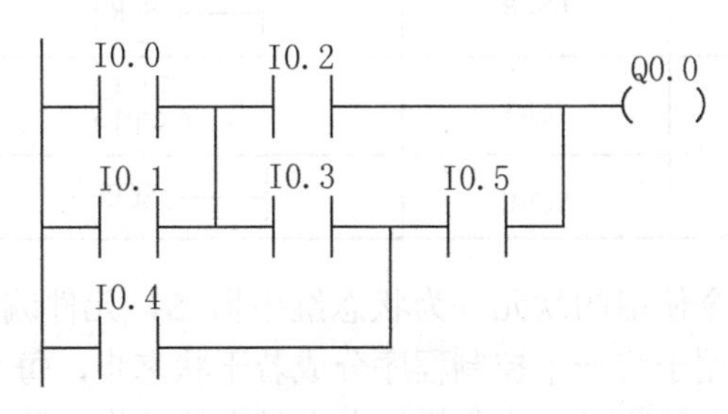

图 4-73　题 4-17 图

第5章　步进顺序控制

采用梯形图及指令表方式编程是可编程控制器最基本的编程方式，它采用的是常规控制电路的设计思路，所以很容易被广大电气工作者接受。用梯形图可以实现各种各样的控制要求。在工业控制中存在着大量的顺序控制，如机床的自动加工、自动生产线的自动运行及机械手的动作等，都是按照固定的顺序进行动作的。对于这种顺序动作的控制用梯形图方式编程往往要考虑各动作之间的互锁、状态的记忆等一系列问题，需要一定的编程技巧，而且很容易遗漏其中的细节。如果控制过程复杂，梯形图往往很长，前后之间的相互关联会给读图带来困难。

本章介绍一种用于顺序控制的编程方法：状态转移图。

5.1　步进顺控指令与状态转移图

5.1.1　步进顺控指令

西门子公司的 S7-200 小型 PLC 有 3 条步进顺控梯形图指令 LSCR、 SCRT 和 SCRE，步进顺控梯形图特别适合步进顺序控制，而且编程十分直观、方便，便于读图，初学者也很容易掌握和理解。步进梯形图指令如表 5-1 所示。

表 5-1　步进梯形图指令

功　能	指　令	梯形图符号	可用软元件
状态开始	LSCR	S□. □ ├──[LSCR]	S
状态转移	SCRT	S□. □ ──(SCRT)	S
状态结束	SCRE	├──(SCRE)	

步进顺控梯形图指令使用的软元件为状态继电器 S，元件编号范围为 S0.0～S31.7，共 256 点。状态继电器 S 用于将一个控制程序分成若干状态步，每个状态步用一个状态继电器 S 表示，由每个状态步来驱动对应的负载，完成对应的动作。需要注意的是，状态步必须满足对应的转移条件才能处于动作状态（状态继电器得电）。

在 S7-200 型 PLC 中，和其他指令的编程方法一样，步进顺控也有梯形图（LAD）、功能图（FBD）和指令表（STL）3 种方式。但是这 3 种编程方式都不直观，和其他型号 PLC（如三菱型 PLC）相比，编程也比较烦琐，下面介绍一种采用状态转移图的编程方式。设计时一般先画出状态转移图，然后将状态转移图转换成步进顺控梯形图。

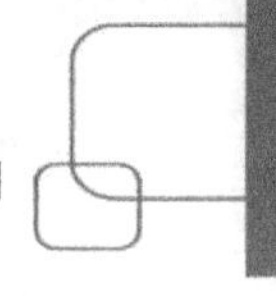

5.1.2　状态转移图

在第 4 章中曾讲述了用基本逻辑指令编程的送料车自动循环控制梯形图，这是一个比较典型的步进顺序控制。下面仍以第 4 章实例：送料车自动循环控制为例，如图 5-1 所示，改用状态转移图来编程。其 PLC 输入/输出接线图及状态转移图如图 5-2 所示。

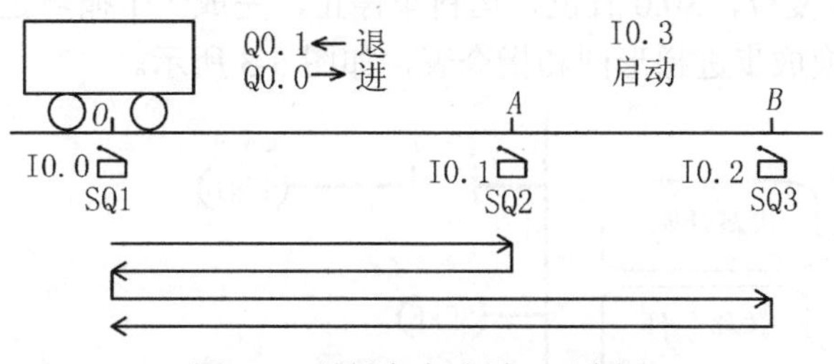

图 5-1　送料车自动循环示意图

与第 4 章实例图 4-59 所示的控制梯形图相比，用状态转移图来编程简洁明了，不需要考虑输出量之间的互锁，也不需要考虑状态的记忆，编程方法比较简单。

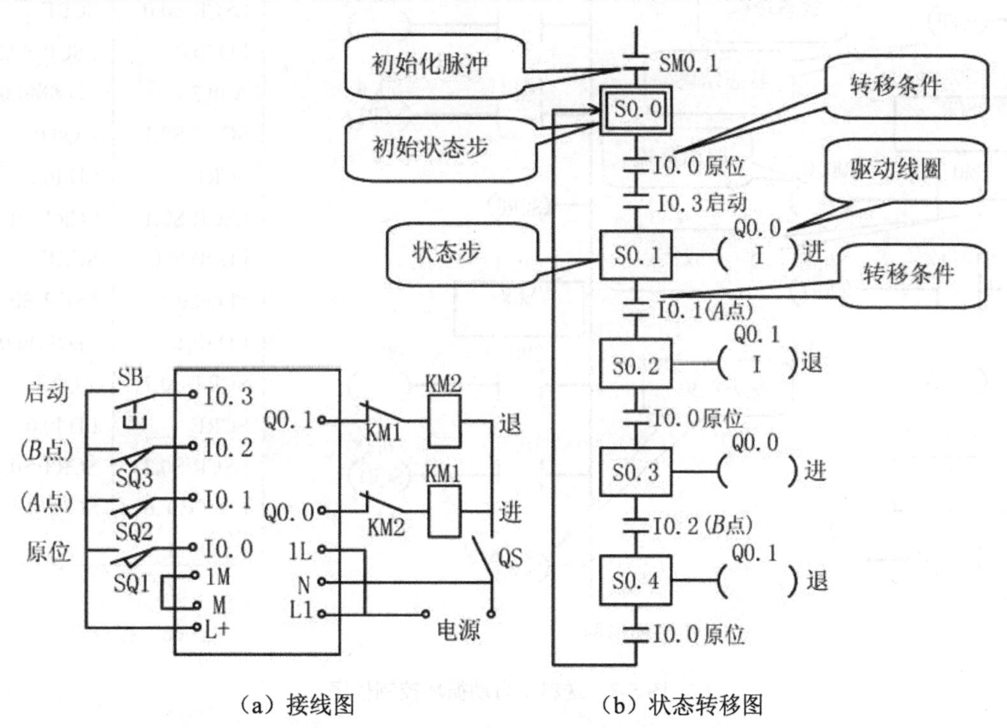

（a）接线图　　（b）状态转移图

图 5-2　送料车自动循环控制

状态转移图如图 5-2（b）所示，主要由“状态步”、“驱动负载”、“ 状态转移”等几个部分组成。

送料车的控制过程可分解为 5 个状态步：初始状态（停止）→前进→后退→前进→后退，每个状态步分别用状态继电器 S0.0、S0.1、S0.2、S0.3、S0.4 表示。按照图 5-1 所示的送料车运行方式画出状态转移图，工作原理如下所述。

当 PLC 运行时，初始化脉冲 SM0.1 使初始状态步 S0.0 置位，等待命令。运料车在原位时 I0.0=1，当按下启动按钮时 I0.3=1，满足转移条件，S0.0 复位，S0.1 置位，S0.1 驱动输出继电器 Q0.0，运料车向前运行。到 *A* 点时碰到限位开关 SQ2，I0.1=1，S0.1 复位，Q0.0 也相应失电。S0.2 置位，S0.2 驱动输出继电器 Q0.1，运料车向后运行。回到 *O* 点时碰到限位开关 SQ1，I0.0=1，S0.2 复位，S0.3 置位，Q0.0 得电运料车再次向前进。到 *B* 点时碰到限位开关 SQ3，I0.2=1，S0.3 复位，S0.4 置位，Q0.1 得电运料车向后运行到 *O* 点时碰到限位开关 SQ1，I0.0=1，S0.4 复位，S0.0 置位，运料车停止，完成一个循环过程。

将状态转移图转换成步进梯形图和指令表，如图 5-3 所示。

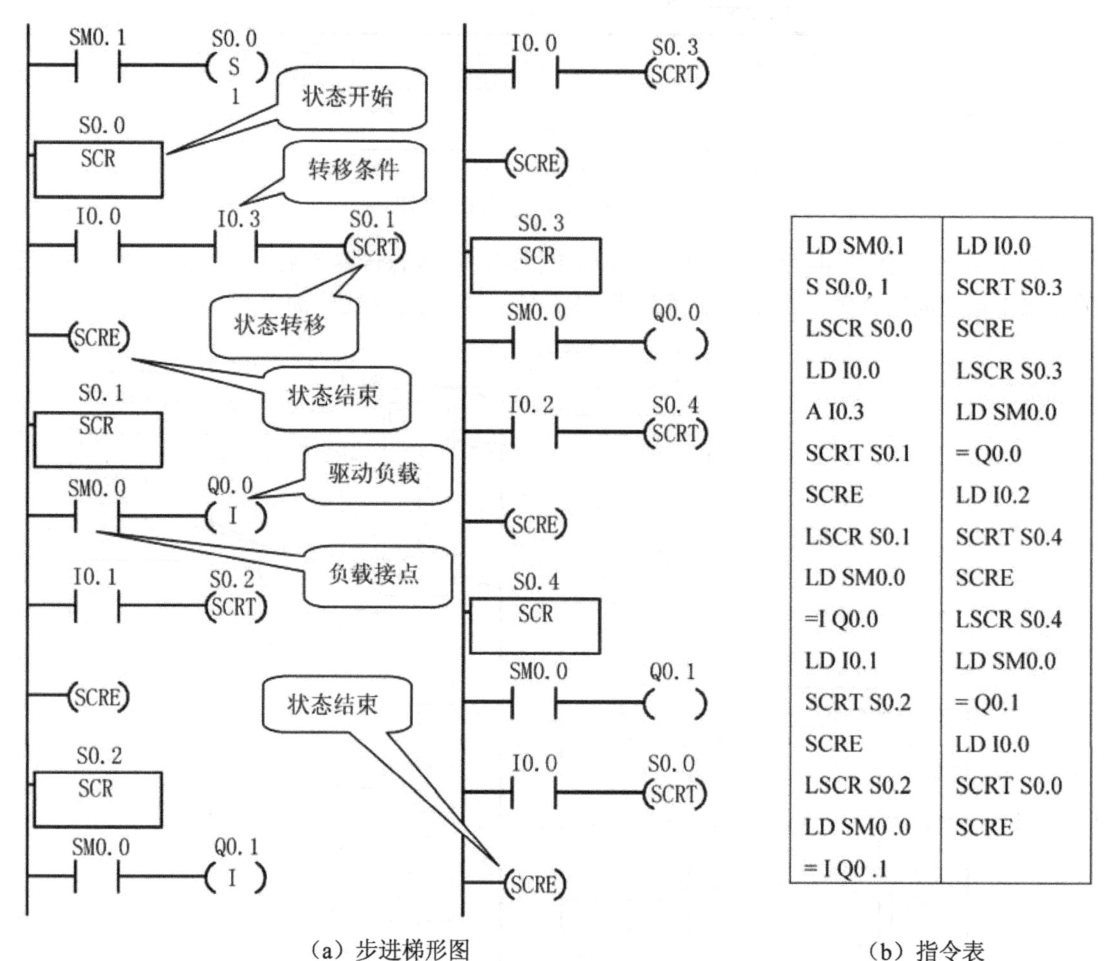

LD SM0.1	LD I0.0
S S0.0, 1	SCRT S0.3
LSCR S0.0	SCRE
LD I0.0	LSCR S0.3
A I0.3	LD SM0.0
SCRT S0.1	= Q0.0
SCRE	LD I0.2
LSCR S0.1	SCRT S0.4
LD SM0.0	SCRE
=I Q0.0	LSCR S0.4
LD I0.1	LD SM0.0
SCRT S0.2	= Q0.1
SCRE	LD I0.0
LSCR S0.2	SCRT S0.0
LD SM0 .0	SCRE
= I Q0 .1	

（a）步进梯形图　　（b）指令表

图 5-3　送料车自动循环控制程序

比较图 5-2 和图 5-3，可见状态转移图比步进梯形图要简明得多。

这里有两点要注意：

一是 LSCR 指令后面的输出线圈 Q 是直接连接于母线的，但是前面曾提过线圈不得连接于左母线，为了避免这种现象，可在线圈前面串接一个 SM0.0 的常开接点（也可以串接本状态步的状态继电器 S 的常开接点）。

二是状态转移图或步进梯形图中输出继电器 Q0.0 和 Q0.1 都被使用了两次，前面曾提过输出继电器线圈 Q 多次使用，只有最后一个线圈可以输出。为了避免这种现象，可有多种处

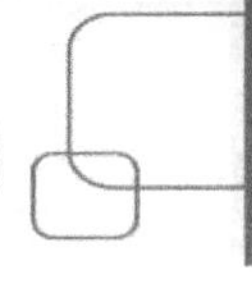

理方法，在这里采用的是第一个 Q0.0 和 Q0.1 线圈用立即输出线圈，最后一个 Q0.0 和 Q0.1 线圈用普通输出线圈。

状态转移图适用于具有比较固定顺序的控制，但是某些步进顺序控制过程中要加入一些随机控制信号的控制。例如，运料车在运行过程中要求暂停，采用手动控制等随机控制信号，这对于用状态转移图来处理随机控制信号是不方便的，对于这类的随机控制信号，可以用梯形图来补充。

在如图 5-2 所示运料车单循环控制的基础上再增加连续循环控制、暂停和手动控制，其主接线图和 PLC 控制接线图如图 5-4 所示。梯形图如图 5-5 所示。

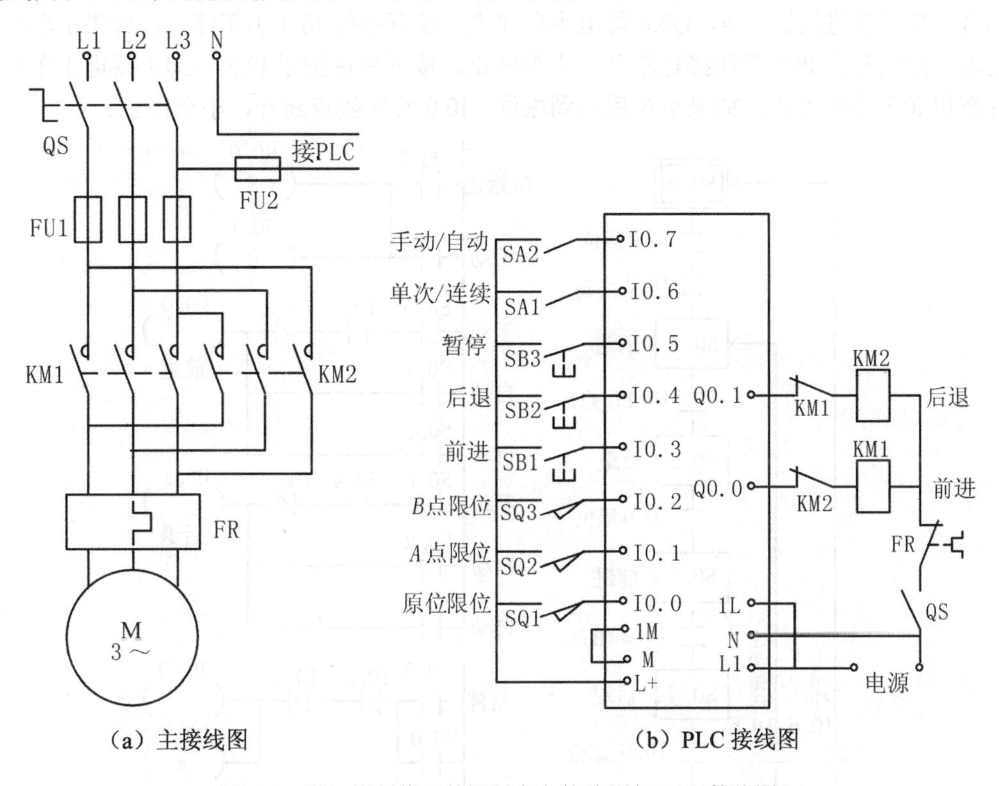

图 5-4　增加控制信号的运料车主接线图与 PLC 接线图

图 5-4 中，I0.3 用于自动控制中的启动、暂停的恢复和手动控制中的前进控制，I0.4 用于终止自动控制和手动控制中的后退控制，I0.5 用于自动控制中的暂停，I0.6 用于自动控制中的单次运行或连续运行的转换。

在图 5-2（b）所示的状态转移图中，输出线圈直接连接在状态继电器 S 的后面，看起来很直观，但是一个线圈多次使用就比较难处理，例如，小车的前进线圈 Q0.0，在自动控制中要用到两次，在手动控制中还要用到，这样就更难处理了。

为了解决这个问题，也可以采取如图 5-5 所示的方法，在表示状态步的状态继电器后面不接线圈，而把线圈放在后面的梯形图中，例如，在 S0.1 和 S0.3 状态步时线圈 Q0.0 得电小车前进，可以在梯形图中用 S0.1 和 S0.3 的接点来控制线圈 Q0.0。

图 5-5（b）所示梯形图的工作原理如下所述。

自动控制：PLC 运行时，初始化脉冲 SM0.1 使初始状态步 S0.0 置位，S0.1～S0.4 复位，小车在原位时 I0.0=1，按下按钮 I0.3，S0.1 状态步置位，S0.1 接点闭合，Q0.0=1，小车前进。前进到 *A* 点 I0.1 接点闭合，S0.2 状态步置位，S0.2 接点闭合，Q0.1=1，小车后退。后退到原点 I0.0 接点闭合，S0.3 状态步置位，S0.3 接点闭合，Q0.0=1，小车前进。前进到 *B* 点 I0.2 接点闭合，Q0.1=1，小车后退。后退原点 I0.0 接点闭合，如果开关 I0.6 闭合，转移到 S0.1 状态步，小车连续运行。如果开关 I0.6 断开，转移到 S0.0 状态步，小车停止运行。

小车在运行时，按下暂停按钮 I0.5，M0.0 得电自锁，将 Q0.0 和 Q0.1 复位，小车停止运行。再按下按钮 I0.3 解除 Q0.0 和 Q0.1 的复位，小车继续运行。

手动控制：将开关 I0.7 闭合，使 S0.0 置位，S0.1～S0.4 复位，不能自动控制，S0.0 接点闭合。按下前进按钮 I0.4，Q0.0 得电小车前进，松开按钮 I0.4 小车停止，如果小车前进到最远端，限位开关 I0.2 常闭接点断开，小车停止。按下后退按钮 I0.3，Q0.1 得电小车后退，松开按钮 I0.3 小车停止，如果小车后退到原位，I0.0 常闭接点断开，小车停止。

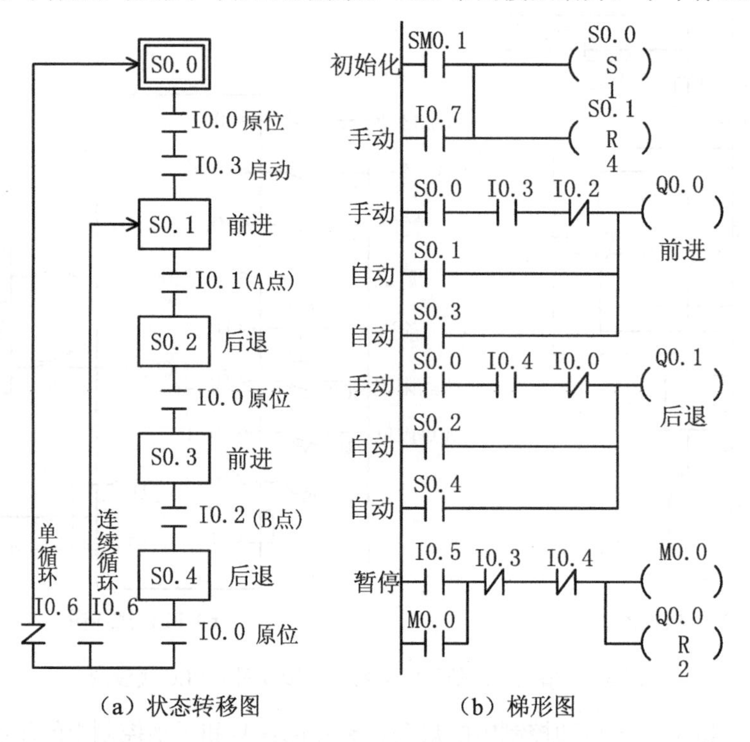

（a）状态转移图　　（b）梯形图

图 5-5　增加控制信号的运料车状态转移图和梯形图

将图 5-5（a）所示的运料车状态转移图转换成梯形图，如图 5-6 所示。

送料车自动手动控制指令：

网络 1 LSCR S0.0 网络 2 LD I0.0 A I0.3 SCRT S0.1 网络 3 SCRE 网络 4 LSCR S0.1 网络 5 LD I0.1 SCRT S0.2 网络 6 SCRE 网络 7 LSCR S0.2 网络 8 LD I0.0 SCRT S0.3 网络 9 SCRE 网络 10 LSCR S0.3 网络 11 LD I0.2 SCRT S0.4 网络 12 SCRE 网络 13 LSCR S0.4 网络 14 LD I0.0 LPS A I0.6 SCRT S0.4 LPP AN I0.6 SCRT S0.0 网络 15 SCRE 网络 16 LD SM0.1 O I0.7 S S0.0, 1 R S0.1, 4 网络 17 LD S0.0 A I0.3 AN I0.2 O S0.1 O S0.3 = Q0.0 网络 18 LD S0.0 A I0.4 AN I0.0 O S0.2 O S0.4 = Q0.1 网络 19 LD I0.5 O M0.0 AN I0.3 AN I0.4 = M0.0 R Q0.0, 2。

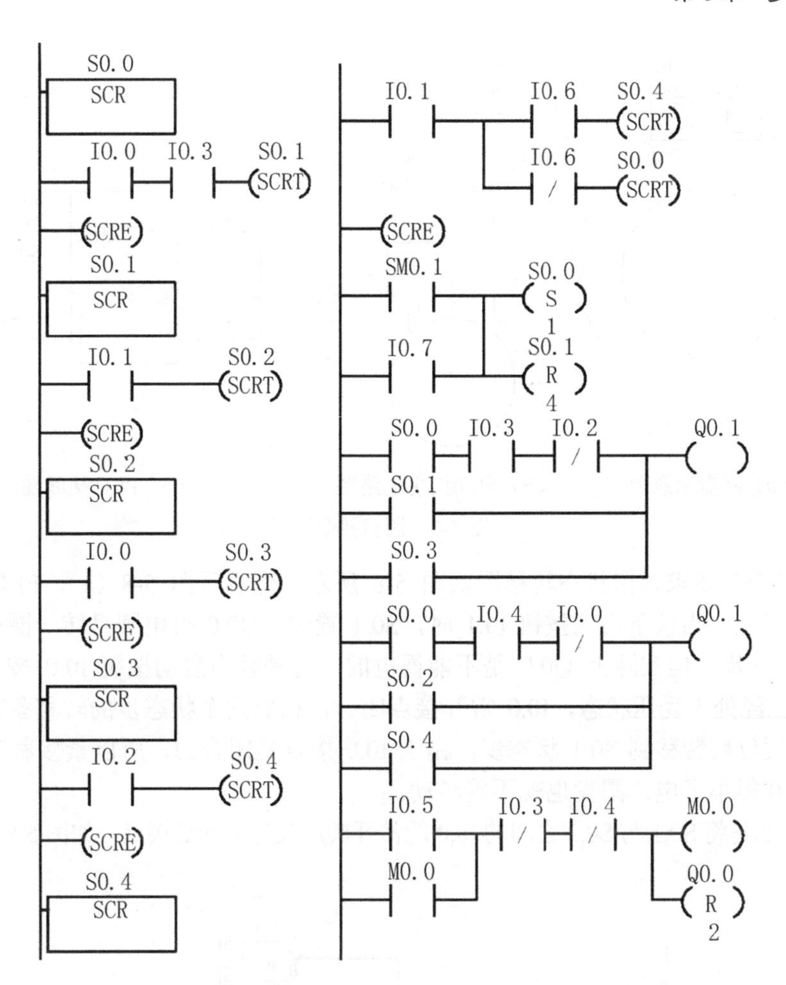

图 5-6　送料车自动手动控制步进梯形图

5.1.3　状态转移条件的有关处理方法

1．相邻两个状态步的转移条件同时接通时的处理

当相邻两个状态步的转移条件同时接通时，第一个状态步的转移条件接通，将从第一个状态步转移到第二个状态步，由于第二个状态步的转移条件也接通，同时又立即从第二个状态步转移到第三个状态步了，这样第二个状态步就被跳过。为了解决这个问题，可以将第二个状态步的转移条件改为上升沿接点来处理。

例如，第 3 章中的例 3-6，用 PLC 控制一个圆盘如图 5-7（a）所示，圆盘的旋转由电动机控制。要求按下启动按钮后每转 1 圈后停止 3s，转 5 圈后停止。PLC 接线图如图 5-7（c）所示。该例题如果用状态转移图编程就比较简单了。

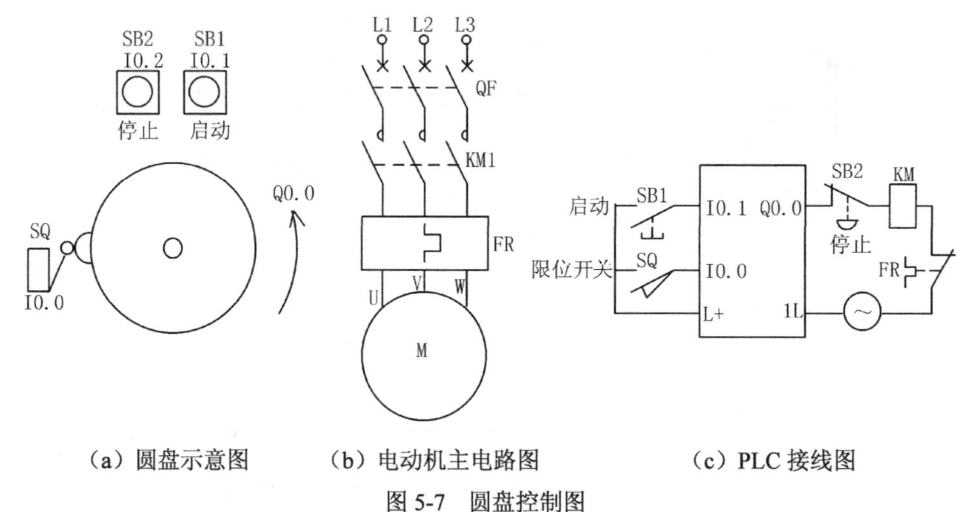

（a）圆盘示意图　（b）电动机主电路图　（c）PLC 接线图

图 5-7　圆盘控制图

根据圆盘控制要求画出状态转移图如图 5-8 所示，先看看图 5-8（a），PLC 运行后初始状态步 S0.0 置位，当按下启动按钮 I0.1 时，S0.1 置位，Q0.0 得电圆盘转一圈碰到限位开关 I0.0 转移到下一步。但实际上 Q0.0 是不能得电的，这是因为启动按钮 I0.0 按下时，由于限位开关 I0.0 已经处于受压状态，I0.0 常开接点闭合，相邻两个状态步的转移条件同时接通，结果当 S0.1 置位后转移到 S0.1 状态步，由于 I0.0 接点是闭合的，所以紧接着又转移到 S0.2 了，结果 Q0.0 得不了电，圆盘也就不能转动。

解决的方法是将 S0.1 与 S0.2 之间的 I0.0 的常开接点改为上升沿接点，如图 5-8（b）所示。

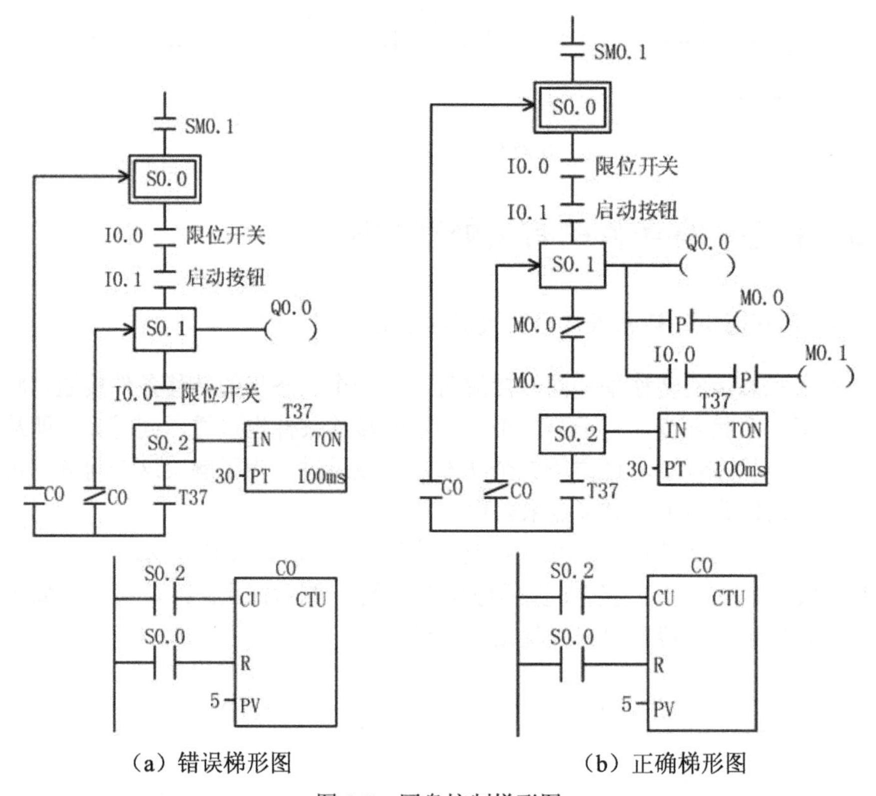

（a）错误梯形图　（b）正确梯形图

图 5-8　圆盘控制梯形图

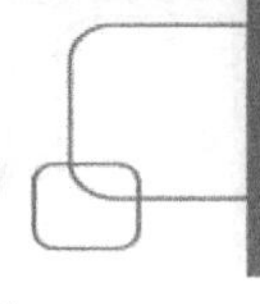

当按下启动按钮 I0.1，状态步 S0.1 置位，Q0.0 线圈得电，M0.0 接通一个扫描周期，M0.0 常闭接点断开，同时 I0.0 接通一个上升沿脉冲，M0.1 接通一个扫描周期，M0.1 常开接点闭合，但是由于 M0.0 常闭接点断开，此时不会转移到 S0.2 状态步。S0.1 置位 Q0.0 得电，圆盘转动 1 圈后又碰到限位开关 I0.0，I0.0 上升沿接点闭合，M0.1 接通一个扫描周期跳转到 S0.2 状态步，计数器 C0 计数一次，定时器 T37 延时 3s，又转移回到 S0.1。Q0.0 得电，圆盘又转动，圆盘转动 5 次后，计数器 C0 计数 5 次，转移回到 S0.0，将计数器复位，圆盘停止工作。

2. 同一转移信号的状态转移

有时一个状态转移图，各状态步之间只有一个转移条件，当满足转移条件时，由于各状态步之间的转移条件都一样，结果中间的状态步被依次跳过去了，因而不能正确动作，下面通过实例说明其解决方法。

例 5-1　控制 3 盏灯，要求按下启动按钮时，每次亮一盏灯，每盏灯亮 1s，3 盏灯轮流亮，并周而复始。按下停止按钮时，灯全部熄灭。

PLC 状态转移图如图 5-9 所示。PLC 运行时，初始化脉冲 SM0.1 使初始状态步 S0.0 置位。用一个定时器 T37，T37 每 1s 发出一个脉冲作为每个状态步的转移条件。如果每个状态步的转移条件都是 T37，如图 5-9（a）、图 5-9（b）所示，那么会造成 T37 接点同时依次接通，结果最后又转移回到 S0.1。为了避免上述现象，可将图 5-9（a）改为 5-9（c）。

图 5-9（b）、图 5-9（c）的工作原理如下所述。

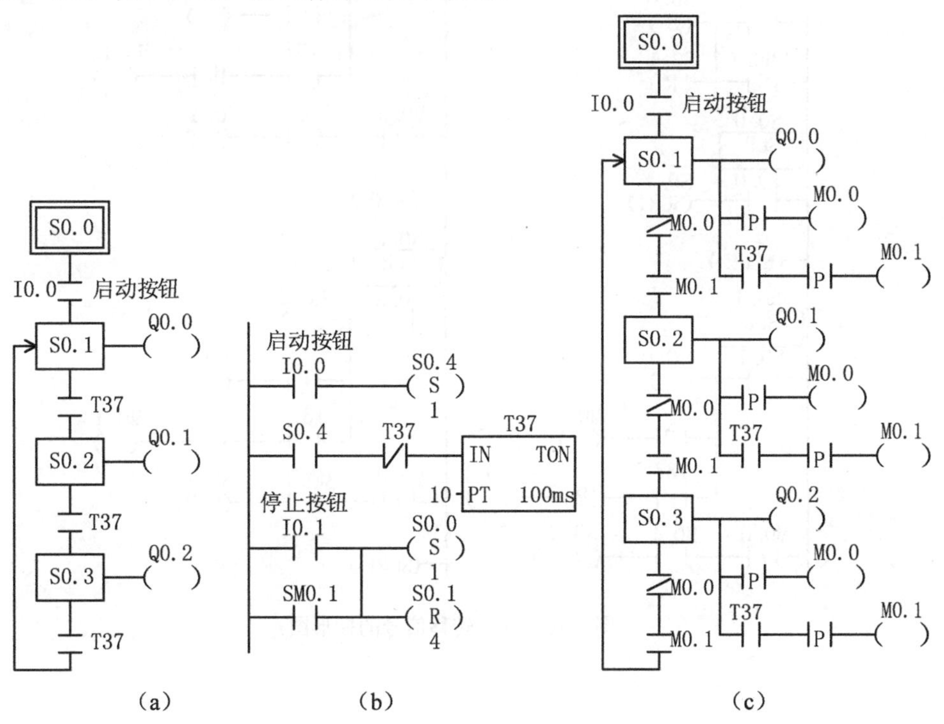

图 5-9　同一转移信号的状态转移

PLC 运行时，SM0.1 初始脉冲使 S0.0 置位，按下启动按钮 I0.0，S0.1 置位，Q0.0 得电，同时 S0.4 置位（此处 S0.4 作为辅助继电器使用，而不是作为步进继电器使用），S0.4 常开接点闭合，接通定时器 T37，T37 接点每隔 1s 发出一个脉冲，第一次接通 M0.1，M0.1 上升沿接点发出一个脉冲。转移到 S0.2，Q0.1 得电，T37 接点的脉冲使 M0.1 常开接点闭合，但是 M0.0 发出一个脉冲使 M0.0 常闭接点断开，因而避免了直接转移到下一状态步。S0.1、S0.2、S0.3 依次置位，每秒亮一盏灯，3 盏灯轮流得电。

按下停止按钮 I0.1，S0.1～S0.4 复位，T37 线圈失电，S0.0 置位，灯全部熄灭。

图 5-9（b）、图 5-9（c）对应的指令如下：

网络 1 LD I0 .0 S S0 .4 , 1 网络 2 LD S0 .4 AN T37 TON T37, +10 网络 3 LD I0.1 O SM0.1 S S0.0, 1 R S0.1, 4 网络 4 LSCR S0 .0 网络 5 LD I0 .0 SCRT S0 .1 网络 6 SCRE 网络 7 LSCR S0 .1 网络 8 LD S0 .1 LPS = Q0 .0 EU = M0 .0 LPP A T37 EU = M0 .1 网络 9 LDN M0 .0 A M0 .1 SCRT S0 .2 网络 10 SCRE 网络 11 LSCR S0 .2 网络 12 LD S0 .2 LPS = Q0 .1 EU = M0 .0 LPP A T37 EU = M0 .1 网络 13 LDN M0 .0 A M0 .1 SCRT S0 .3 网络 14SCRE 网络 15 LSCR S0 .3 网络 16 LD S0 .3 LPS = Q0 .2 EU = M0 .0 LPP A T37 EU = M0 .1 网络 17 LDN M0 .0 A M0 .1 SCRT S0 .1 网络 18 SCRE。

图 5-9（b）、图 5-9（c）对应的梯形图如图 5-10 所示。

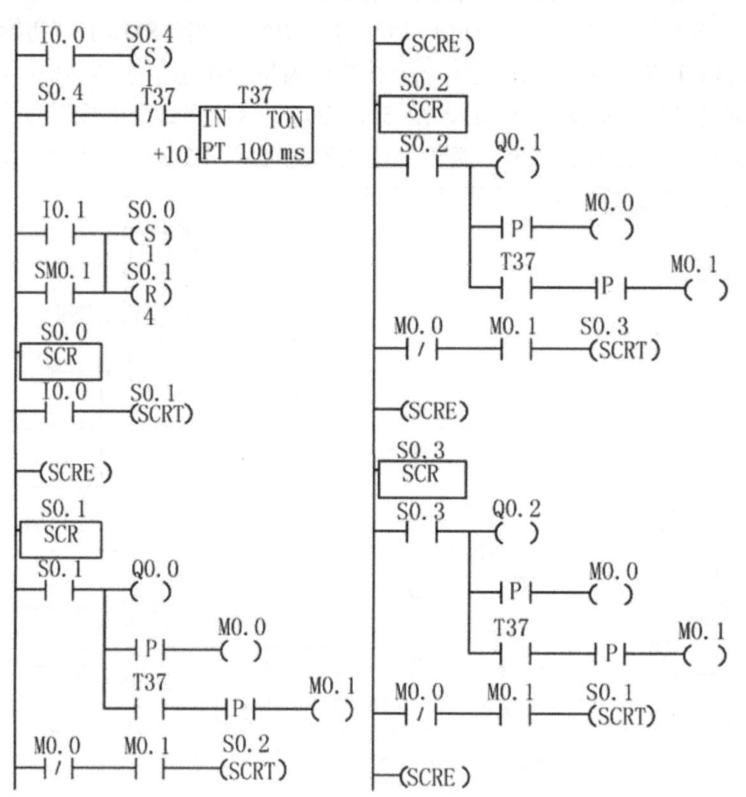

图 5-10　同一转移信号的梯形图

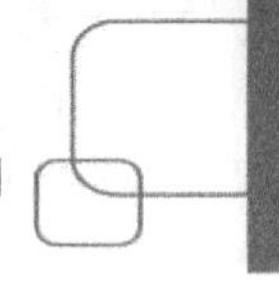

5.2　状态转移图的跳转与分支

5.2.1　状态转移图的跳转

状态转移图的跳转有以下几种形式。

（1）向下跳：跳过相邻的状态步，到下面的状态步，如图 5-11（a）所示，当转移条件 I0.0=1 时，从 S0.0 状态步跳到 S2.2 状态步。

（2）向上跳：跳回到上面的状态步（又称重复），如图 5-11（a）所示，当转移条件 I0.4=1 时，从 S2.2 状态步跳回到 S0.0 状态步，当转移条件 I0.4=0 时，从 S2.2 状态步跳回到 S2.0 状态步。

（3）跳向另一条分支：如图 5-11（b）所示，当转移条件 I1.1=1 时，从 S2.0 状态步跳到另一条分支的 S3.1 状态步。

（4）复位：如图 5-11（b）所示，当转移条件 I1.5=1 时，使本状态步 S3.2 复位。

状态转移图的跳转方向用箭头表示。

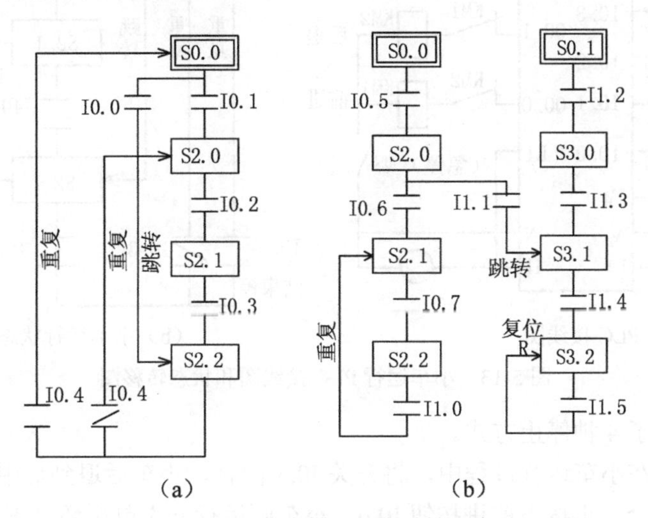

图 5-11　状态转移图的跳转形式

例 5-2　一辆小车在 *A*、*B* 两点之间运行，如图 5-12 所示。在 *A*、*B* 两点分别设有后限位开关 SQ2 和前限位开关 SQ1，小车在 *A*、*B* 两点之间时可以控制小车前进或后退。小车运行后，在 *A*、*B* 两点之间自动往返运行，在 *B* 点要求停留 10s。

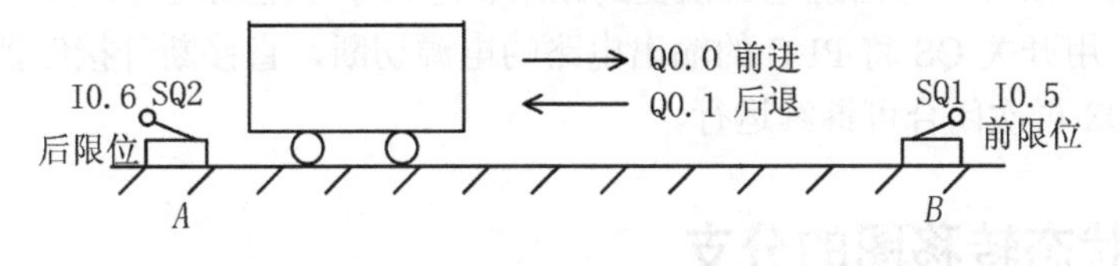

图 5-12　小车运行示意图

小车运行的 PLC 接线图如图 5-13（a）所示。

小车运行的状态转移图如图 5-13（b）所示，PLC 运行时初始脉冲 SM0.1 使初始状态步 S0.0 置位，当按下前进按钮 I0.0 时，S2.0 置位动作，Q0.0 得电，小车前进。碰到前限位开关 I0.5 时，S2.0 复位，S2.1 置位，小车停止 10s 后 S2.2 置位。Q0.1 得电，小车后退，碰到后限位开关 I0.6 时，上跳回到 S2.0 状态步，进入自动循环过程。如果将开关 I0.3 闭合，小车后退，碰到后限位开关 I0.6 时转移到 S0.0 小车停止。

如果开始时按后退按钮 I0.1，则从 S0.0 状态步下跳转到状态步 S2.2，然后进入自动循环过程（I0.3=0 时）或小车后退到后限位停止（I0.3=1 时）。

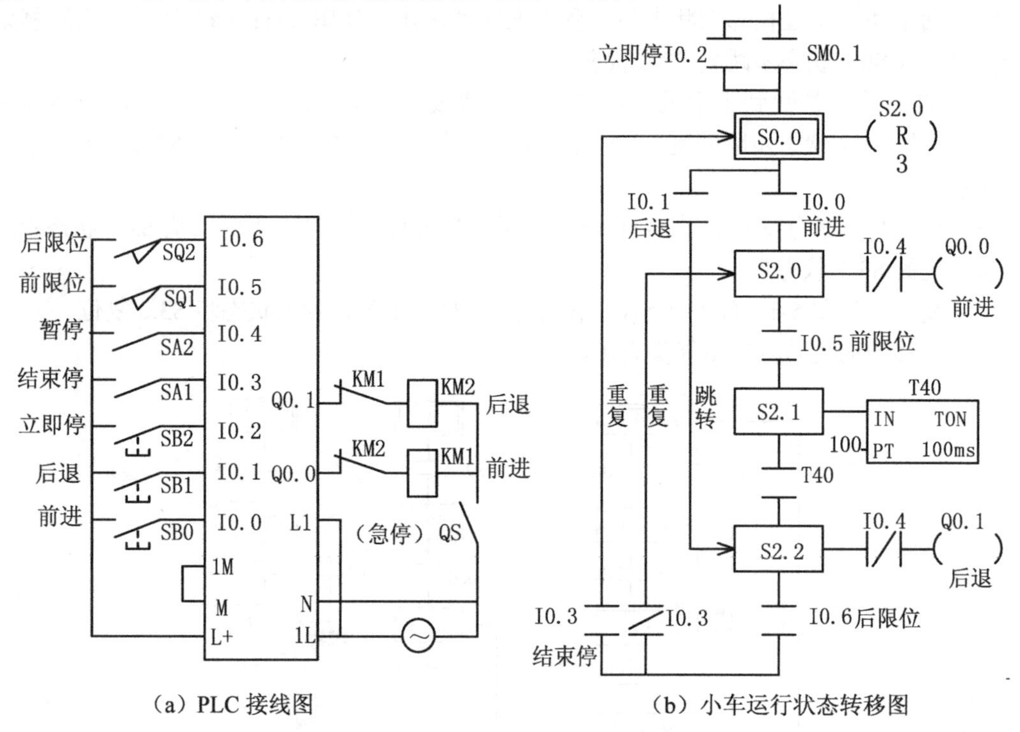

（a）PLC 接线图　　（b）小车运行状态转移图

图 5-13　小车运行 PLC 接线图和状态转移图

在此例中设置了 4 种停止方式。

（1）结束停：在小车运行过程中，将开关 I0.3 闭合，小车后退到后限位时停止。如果开始时将开关 I0.3 闭合，再按下前进按钮 I0.0，小车则运行一次单循环过程。

（2）立即停：在小车运行过程中，按下按钮 I0.2，在如图 5-13（b）所示的梯形图中，I0.2 接点闭合，S0.0 置位，将 S2.0～S2.2 全部复位，小车立即停止。

（3）暂停：在小车运行过程中，将开关 I0.4 闭合，输出继电器 Q0.0 和 Q0.1 失电，小车停止。将开关 I0.4 断开，输出继电器恢复到原来状态，小车继续运行。

（4）急停：用开关 QS 将 PLC 的输出电路的电源切断，直接断开接触器，这种方式比较可靠，将开关 QS 再次闭合可继续运行。

5.2.2　状态转移图的分支

状态转移图可分为单分支、选择分支、并行分支和混合分支 4 种。

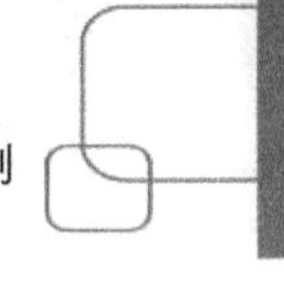

单分支是最常用的一种形式，前面所介绍的实例采用的均为单分支状态转移图。

1．选择分支

在选择分支状态转移图中有多个分支，只能选择其中的一条分支。选择分支状态转移图如图 5-14（a）所示，在 S2.2 状态步置位时，当 I0.2=1 时转移到左分支 S2.3；当 I0.2=0 时转移到右分支 S2.6。

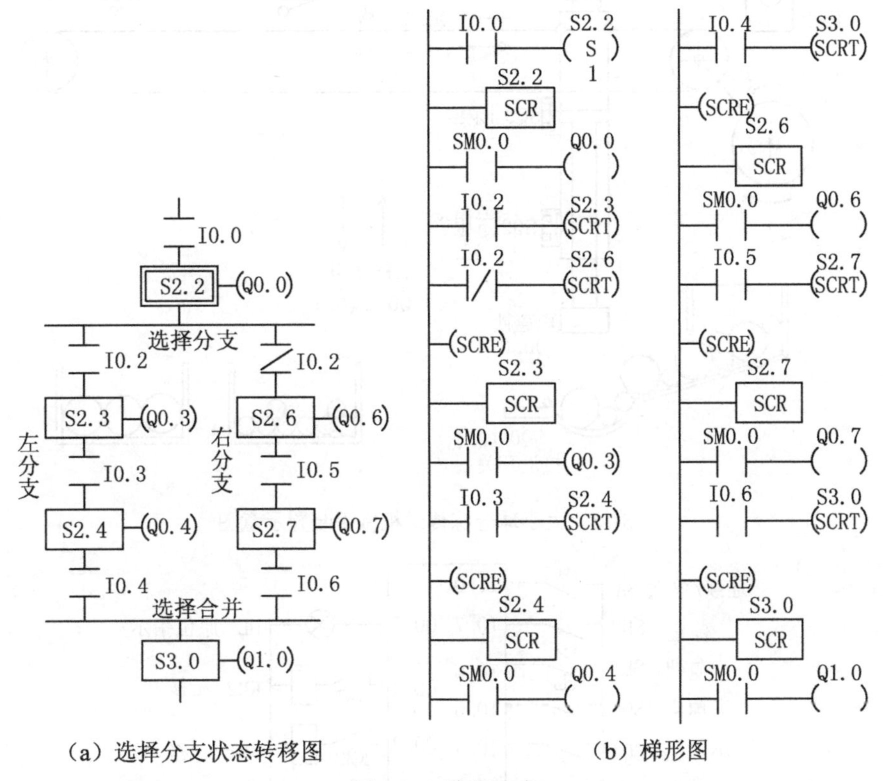

（a）选择分支状态转移图　　（b）梯形图

图 5-14　选择分支

例 5-3　大小球分拣传送机械手装置示意图如图 5-15 所示，用于分拣大球和小球。机械臂原始位置在左限位，电磁铁在上限位。接近开关 SQ0 用于检测是否有球。SQ1～SQ5 分别用于传送机械手上下左右运动的定位。

控制要求：启动后，当接近开关检测到有球时电磁杆就下降。如果电磁铁碰到大球时下限位开关不动作；如果电磁铁碰到小球时下限位开关动作。电磁杆下降 2s 后电磁铁吸球，吸球 1s 后上升，到上限位后机械臂右移，如果吸的是小球，则机械臂到小球位，电磁杆下降 2s，电磁铁失电释放小球；如果吸的是大球，则机械臂到大球位，电磁杆下降 2s，电磁铁失电释放大球，停留 1s 上升，到上限位后机械臂左移到左限位，并重复上述动作。

要求有两种工作方式。

单次工作方式：启动后机械手只取一次球，完成任务回到原位后停止，等待命令。

连续工作方式：启动后机械手取一次球，完成任务回到原位后继续取球。

PLC 接线图如图 5-16 所示。

大小球分拣传送状态转移图及输出梯形图如图 5-17 所示。

图中的状态转移图采用选择分支，选择的转移条件是下限位开关 I0.2 是否动作。

当选择开关 I1.0 闭合时为连续操作。

当选择开关 I1.0 断开时为单次操作。

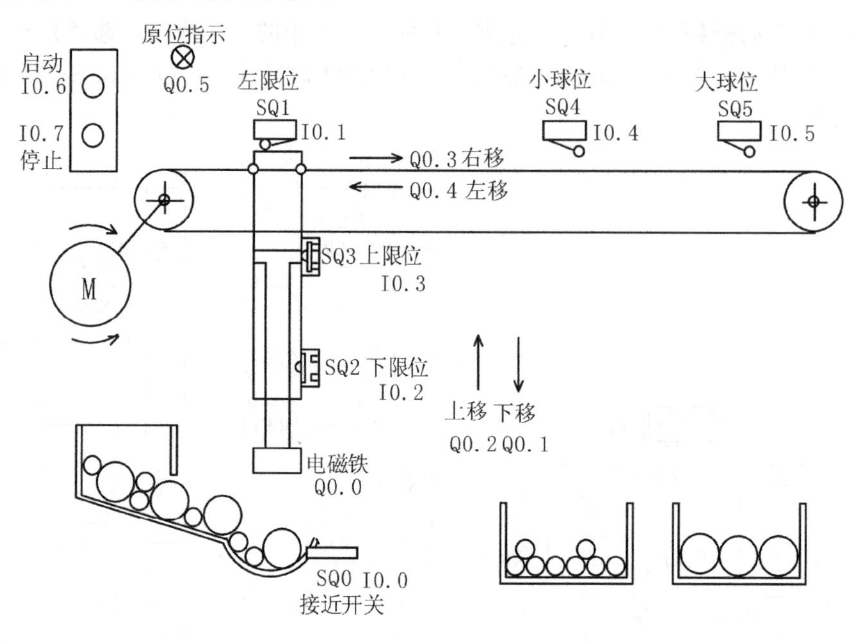

图 5-15 大小球分拣传送机械手装置示意图

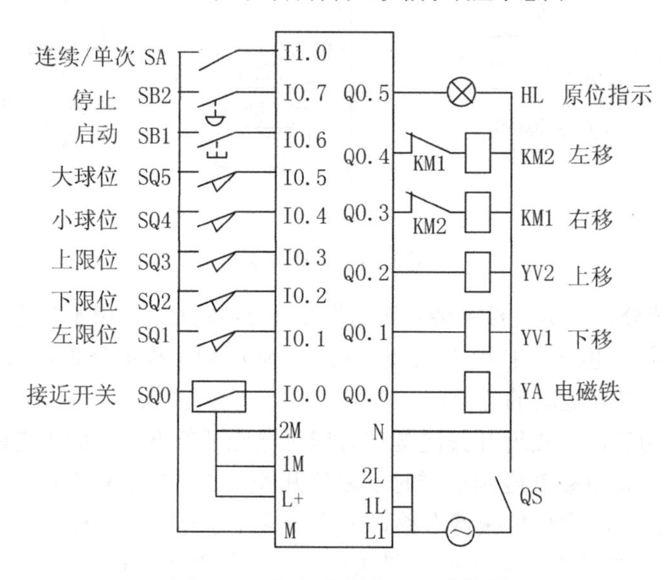

图 5-16 大小球分拣 PLC 接线图

初始状态，SM0.1 使初始状态步 S0.0 置位，如果机械手在原位，则左限位开关 I0.1 接点闭合，上限位开关 I0.3 接点闭合，Q0.5 得电，原位信号灯亮，机械手在原位时按下启动按钮 I0.6，从 S0.0 转移到 S0.1 状态步。

S0.1 状态步置位时，检测到有球时 I0.0=1，Q0.1 得电，手臂下降 2s，如果碰到小球，下限位开关 I0.2=1，转移到 S0.2 状态步，如果碰到大球，下限位开关 I0.2=0，转移到

S0.5 状态步（注意：S0.1 状态步不能直接连接线圈 Q0.0，因为在后面的状态步 S1.0 也要用到线圈 Q0.1，在状态转移图中多次出现同一个线圈是不行的，这是西门子编程软件的一个缺陷）。为了使状态步能控制输出线圈，需要补充一个状态输出梯形图，如图 5-17（b）所示。

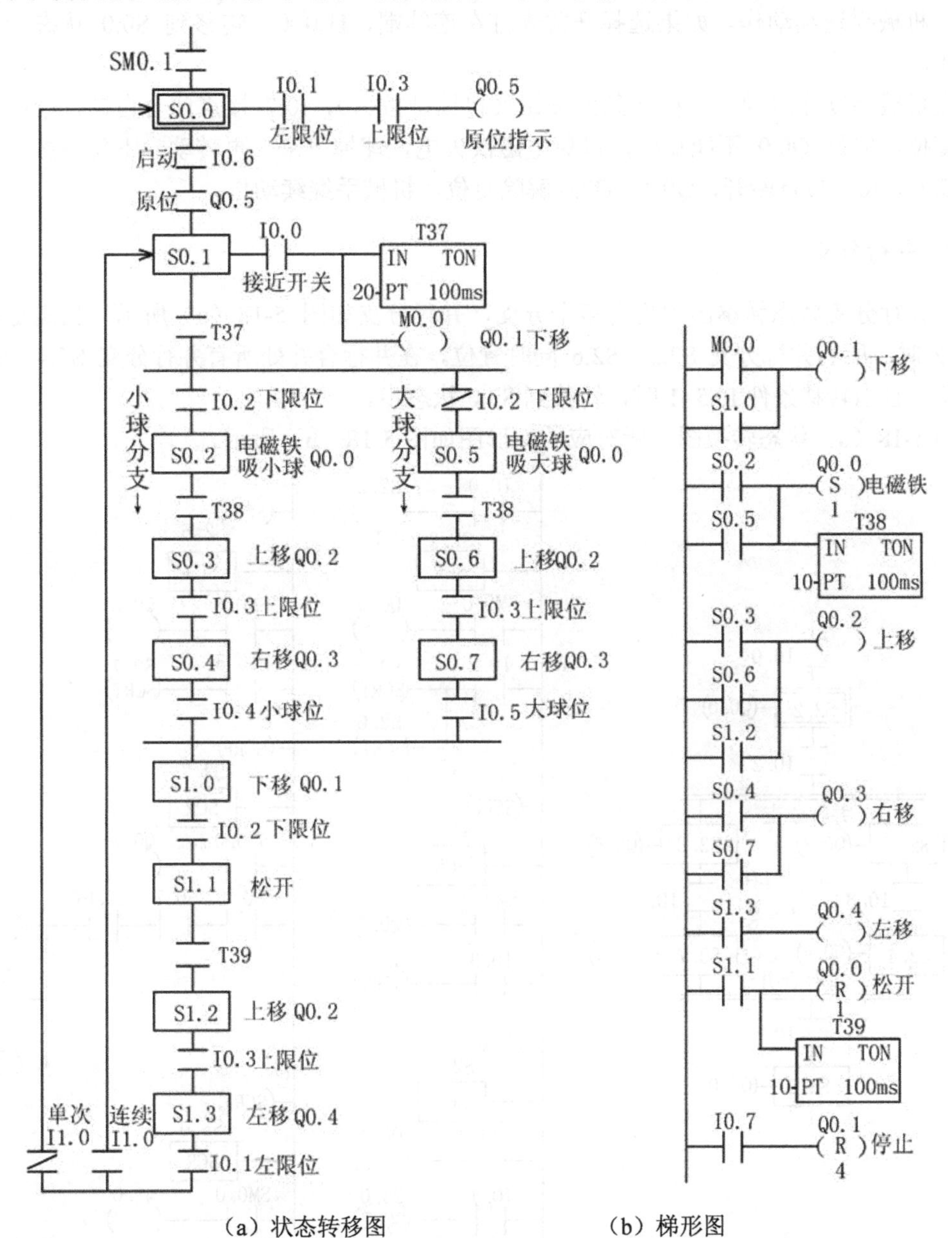

（a）状态转移图　　　　　　　　　　（b）梯形图

图 5-17　大小球分拣传送状态转移图及输出梯形图

假设吸到的是大球，则碰不到限位开关 I0.2，I0.2 常闭接点闭合，则转移到 S0.5 状态步。S0.5 状态步置位，Q0.0 置位，吸大球（Q0.0 要用 S 指令不能用=指令，因为 Q0.0 在后面的几个状态步中始终要得电吸住球），吸小球时间为 1s，到 1s 时，转移到 S0.6 状态步。

S0.6 状态步置位时 Q0.2=1，手臂上移，上移到上限位，I0.3=1，转移到 S0.7 状态步。Q0.3=1，右移，右移到大球位，I0.5=1，转移到 S1.0 状态步。Q0.1=1，下移，下移到下限位，I0.2=1，转移到 S1.1 状态步。Q0.0 复位，手松放球。放球 1s 时间到，转移到 S1.2 状态步。Q0.2=1，上移，上移到上限位，I0.3=1，转移到 S1.3 状态步。S1.3 状态步置位，Q0.4=1，左移，左移到左限位，I0.1=1。如果选择开关打在连续端，I1.0=1，转移到 S0.1 状态步，机械手连续动作。如果选择开关未打在连续端，I1.0=0，转移到 S0.0 状态步，机械手停止。

在机械手动作过程中，按下急停按钮（自锁型按钮），I0.7 接点闭合自锁，Q0.1～Q0.4 全部复位，但是 Q0.0 不能复位，以免电磁铁失电，球掉下来。再转动一下急停按钮，按钮接点断开，I0.7 接点断开，Q0.1～Q0.4 解除复位，机械手继续动作。

2．并行分支

在并行分支状态转移图中也有多个分支，并行分支如图 5-18（a）所示，当满足转移条件 I0.2 时，所有并行分支 S2.3、S2.6 同时置位，在并行合并处所有并行分支 S2.4、S2.7 同时置位并且当转移条件 I0.5=1 时，转移到 S3.0 状态步。

图 5-18（a）状态转换图，所对应的梯形图如图 5-18（b）所示。

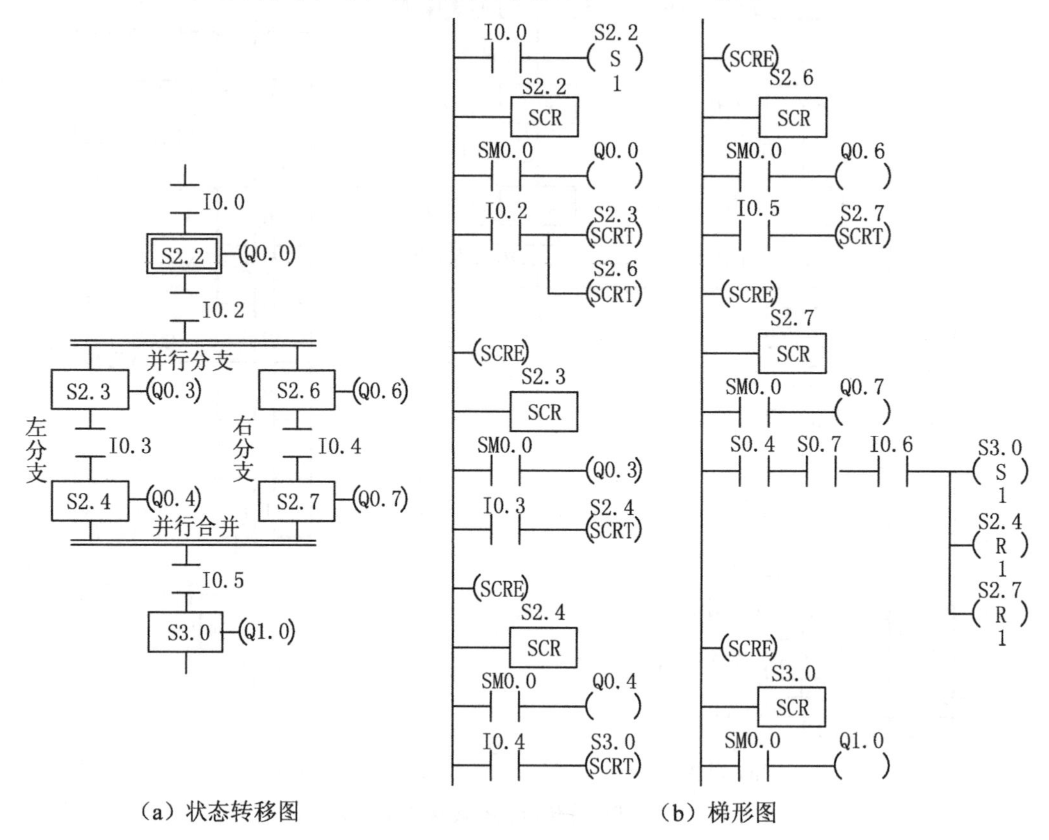

（a）状态转移图　　　　（b）梯形图

图 5-18　并行分支

例 5-4　按钮人行道示意图如图 5-19 所示。

在第 4 章中用基本逻辑指令编制梯形图的方法实现了按钮人行道的控制，这是一种典型的时间顺序控制，用状态转移图编程也很方便。

本例采用并行分支比较方便，根据控制的通行时间关系，将时间按照车道和人行道分别

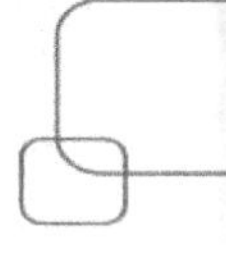

标定，如图 5-20 所示。在并行分支中，车道按定时器 T37、T38、T39 设定的时间工作，人行道按定时器 T40、T41、T42 设定的时间工作。

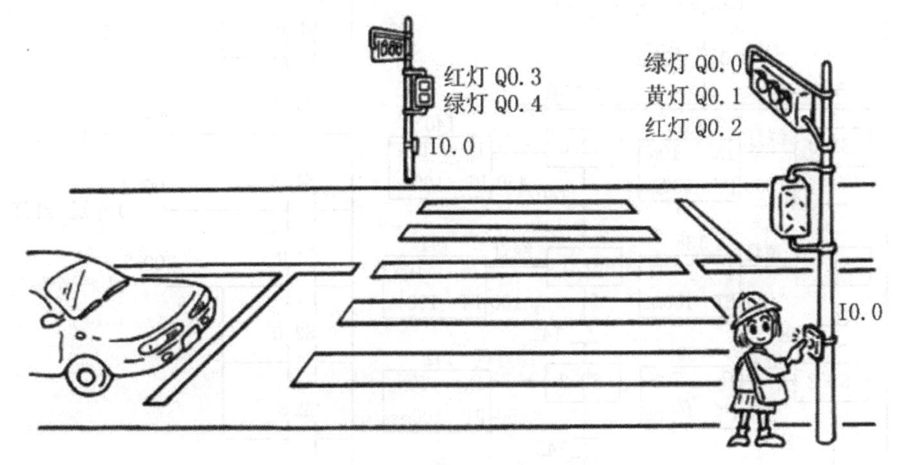

图 5-19 按钮人行道示意图

	T37 300	T38 100	T39 250				
车道	绿灯 Q0.0 30s	黄灯Q0.1 10s	红灯 Q0.2				绿灯 Q0.0
			5s			5s	
人行道	红灯 Q0.3			绿灯 Q0.4 10s	绿灯闪 Q0.4 5s	红灯 Q0.3	
按下按钮	T40 450			T41100	0.5s ON 0.5s OFF T42 50		

图 5-20 按钮人行道交通灯通行时间图

图 5-21 所示为按钮人行道状态转移图。在该图中，路边的两个按钮采用并联接线方式，同接在一个输入接点 I0.0 上，这样可以节省一个输入接点，同时还可以减少一根导线。

PLC 运行时，初始脉冲 SM0.1 使 S0.0 置位，正常情况下车道绿灯亮，人行道红灯亮。

当按下路边的其中一个按钮时，I0.0=1，并行分支中的 S1.0 和 S2.0 同时动作，并分别按车道和人行道的时间顺序动作。

在人行道，S2.0 置位，S2.0 接点闭合，Q0.3 得电，人行道红灯 Q0.3 仍亮；经过 T40 延时 45s 转移到 S2.1 状态步，S2.1 接点闭合，Q0.4 得电，人行道绿灯 Q0.4 亮；经过 T41 延时 10s 转移到 S2.2 状态步，人行道绿灯 Q0.4 变为闪亮；经过 T42 延时 5s 转移到 S2.3 状态步，人行道红灯 Q0.3 又亮，等待左分支车道的结束。

在车道，S1.0 置位，S1.0 接点闭合，Q0.0 得电，车道绿灯 Q0.0 仍亮；经过 T37 延时 30s 转移到 S1.1 状态步， S1.1 接点闭合，Q0.1 得电，车道黄灯 Q0.1 亮；经过 T38 延时 10s 转移到 S1.2 状态步，S1.2 接点闭合，Q0.2 得电，车道红灯亮；经过 T39 延时 25s，T39 接点闭合，S1.2 和 S2.3 同时复位，转移回到 S0.0 初始状态步车道绿灯亮，人行道红灯亮。

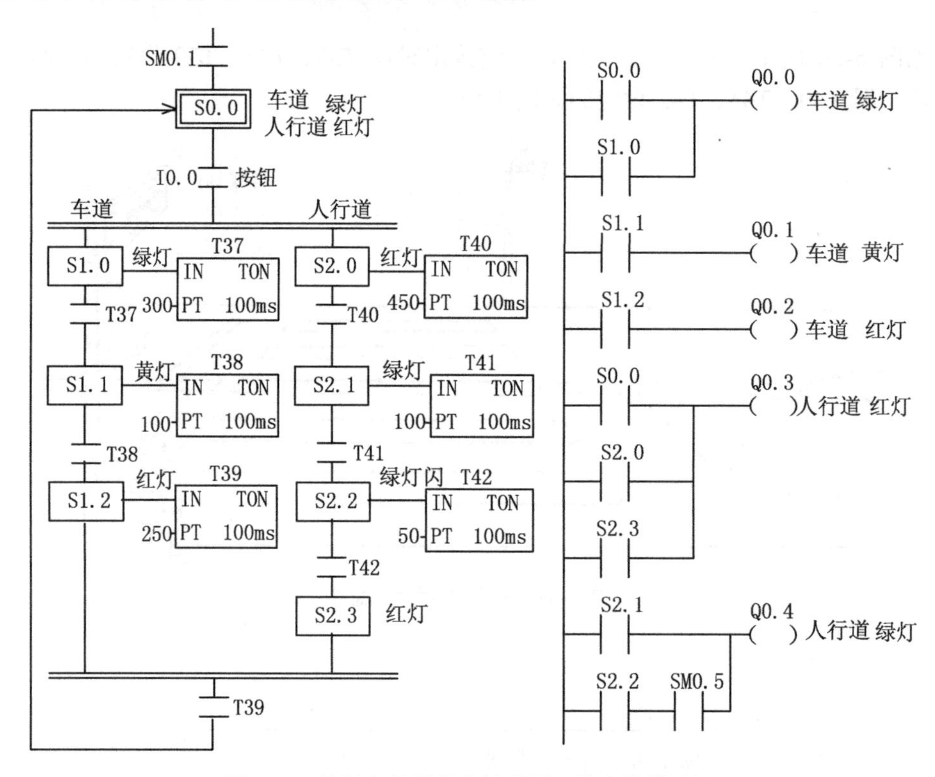

图 5-21 按钮人行道状态转移图及补充的梯形图

3．混合分支

混合分支由单分支、选择分支和并行分支混合连接而成，可以组成动作比较复杂的控制过程，图 5-22 所示为两种状态转移图的混合分支。

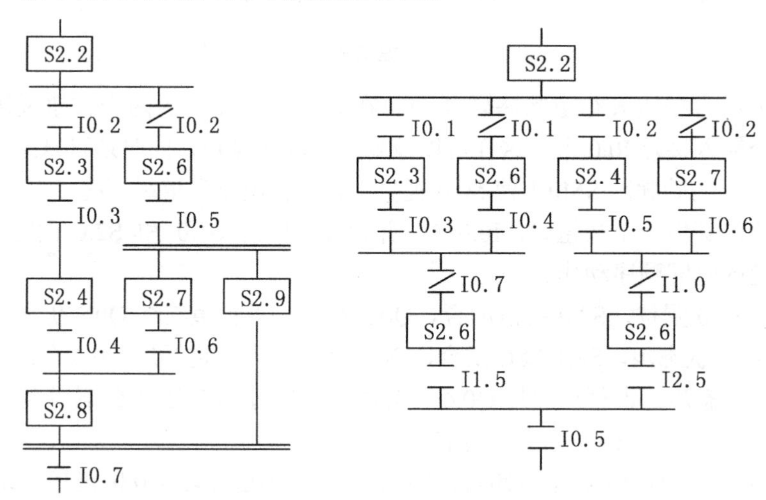

图 5-22 状态转移图的混合分支

例 5-5 控制一台三相异步电动机，启动时要求电动机接成星形接线，延时 5s 转接成三角形接线运行，停止时，电动机接成星形接线反接制动，当速度接近 0 时，由速度继电器断开电源。点动控制时，按下点动按钮，电动机接成星形接线，松开点动按钮，电动机反接制

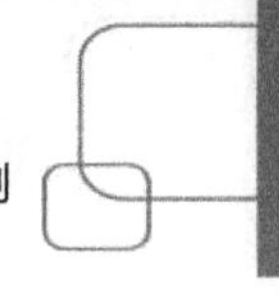

动 5s 由速度继电器断开电源。

可逆星-三角形降压启动、点动、连动、反接制动控制电路如图 5-23 所示。

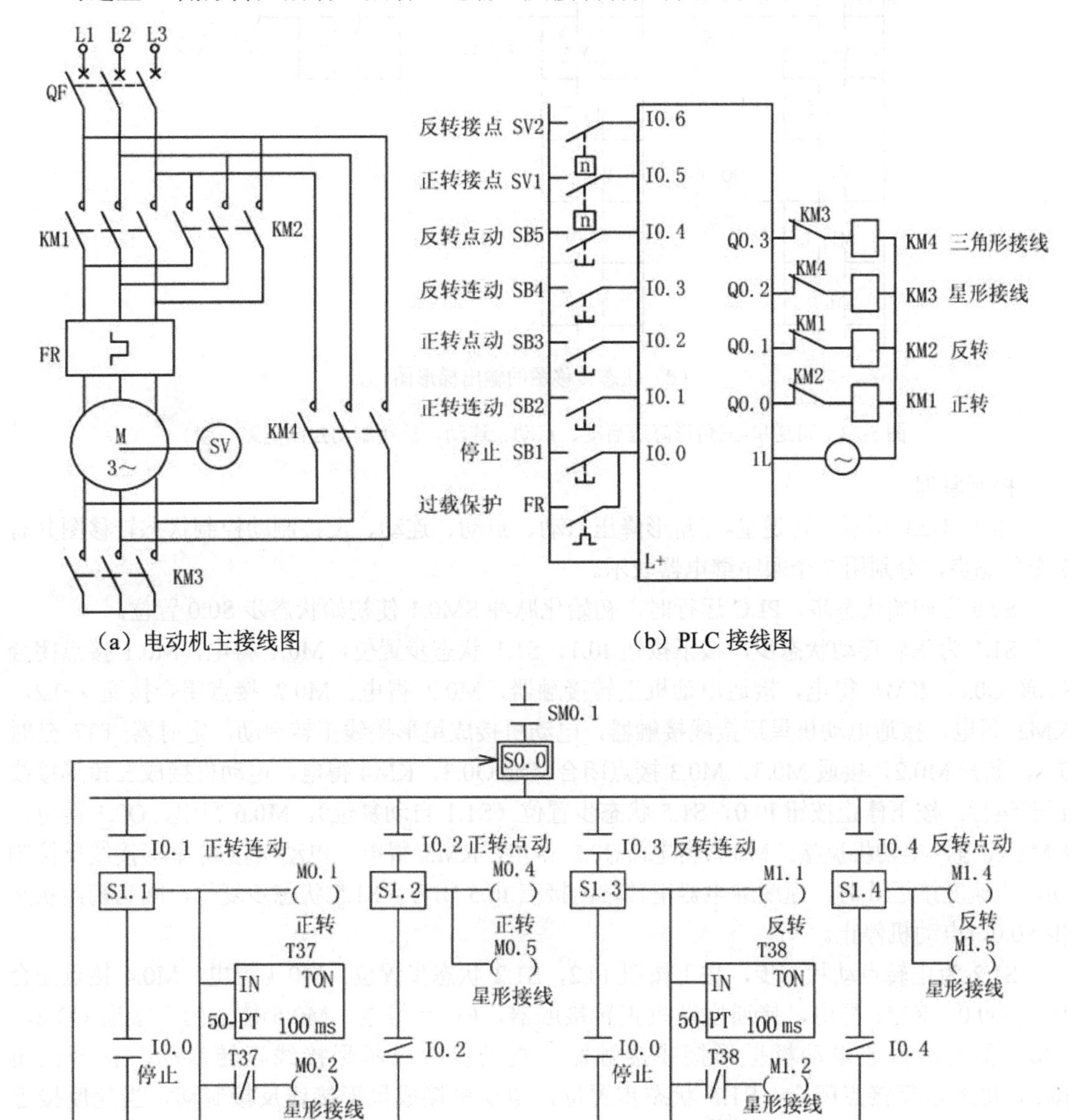

(a) 电动机主接线图　　(b) PLC 接线图

(c) 状态转移图

图 5-23　可逆星-三角形降压启动、点动、连动、反接制动控制电路

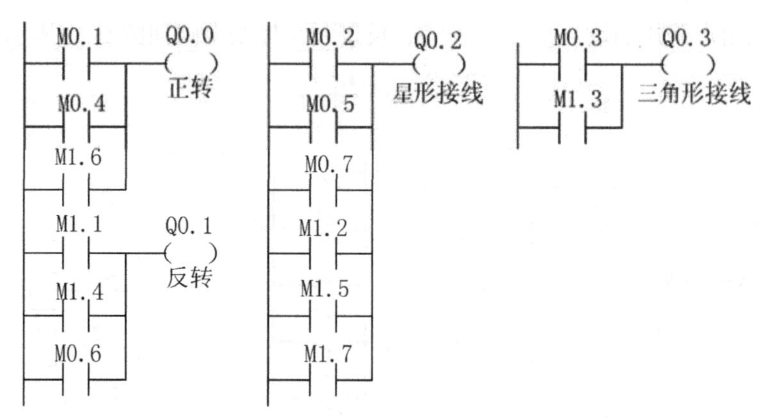

（d）状态转移图的输出梯形图

图 5-23　可逆星-三角形降压启动、点动、连动、反接制动控制电路（续）

控制原理：

如图 5-23 所示，可逆星-三角形降压启动、点动、连动、反接制动控制状态转移图共有 7 个状态步，分别用 7 个顺序继电器表示。

S0.0 为初始状态步，PLC 运行时，初始化脉冲 SM0.1 使初始状态步 S0.0 置位。

S1.1 为正转连动状态步，按下按钮 I0.1，S1.1 状态步置位，M0.1 得电，M0.1 接点闭合接通 Q0.0，KM1 得电，接通电动机正转接触器，M0.2 得电，M0.2 接点闭合接通 Q0.2，KM3 得电，接通电动机星形接线接触器，电动机接成星形接线正转启动，定时器 T37 延时 5 s，断开 M0.2，接通 M0.3，M0.3 接点闭合接通 Q0.3，KM4 得电，电动机接成三角形接线正转运行。按下停止按钮 I0.0，S1.5 状态步置位（S1.1 自动复位），M0.6 得电，Q0.1 得电，KM2 得电，电动机反接，M0.7 得电，Q0.2 得电，KM3 得电，电动机接成 星形接线反接制动，当速度接近 0 时，速度继电器正转常闭接点 I0.5 闭合，S1.5 状态步复位，回到初始状态步 S0.0，电动机停止。

S1.2 为正转点动状态步，按下按钮 I0.2，S1.2 状态步置位，M0.4 得电，M0.4 接点闭合接通 Q0.0，KM1 得电，接通电动机正转接触器，M0.5 得电，M0.5 接点闭合接通 Q0.2，KM3 得电，接通电动机星形接线接触器，电动机接成星形接线正转启动。松开按钮 I0.2，I0.2 常闭接点闭合，S1.5 状态步置位，电动机接成星形接线反接制动，当速度接近 0 时，速度继电器正转常闭接点 I0.5 闭合，S1.5 状态步复位，回到初始状态步 S0.0。电动机停止。

S1.3 为反转连动状态步，按下按钮 I0.3，S1.3 状态步置位，工作过程与 S1.1 类似。

S1.4 为反转点动状态步，按下按钮 I0.4，S1.3 状态步置位，工作过程与 S1.2 类似。

可逆星-三角形降压启动、点动、连动、反接制动控制电路步进梯形图如图 5-24 所示。

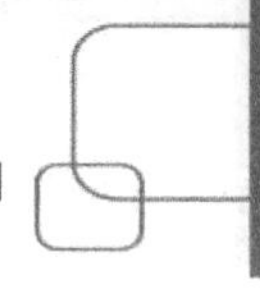

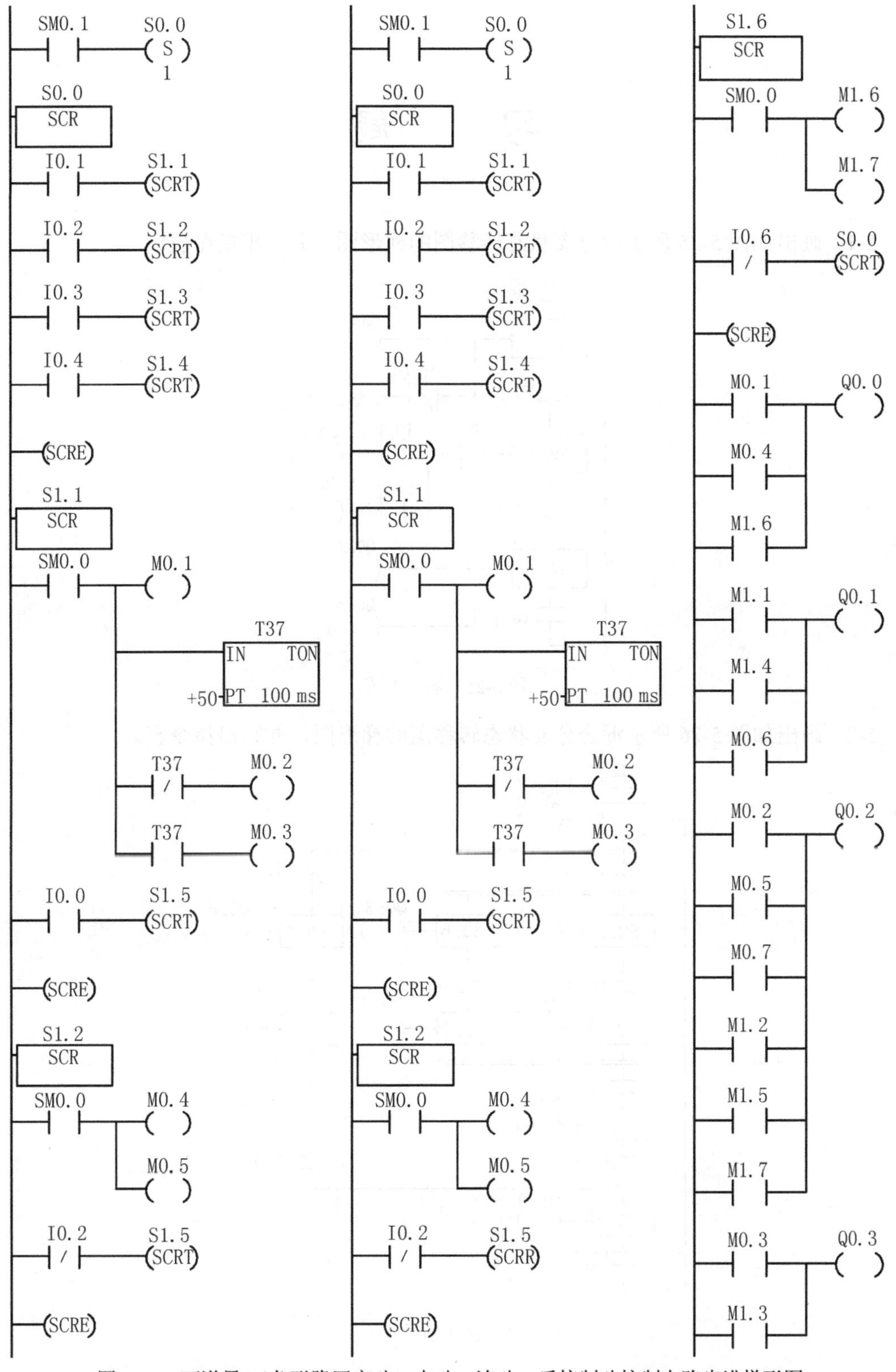

图 5-24　可逆星-三角形降压启动、点动、连动、反接制动控制电路步进梯形图

习　　题

5-1　画出如图5-25所示单分支状态转移图的梯形图，并写出指令表。

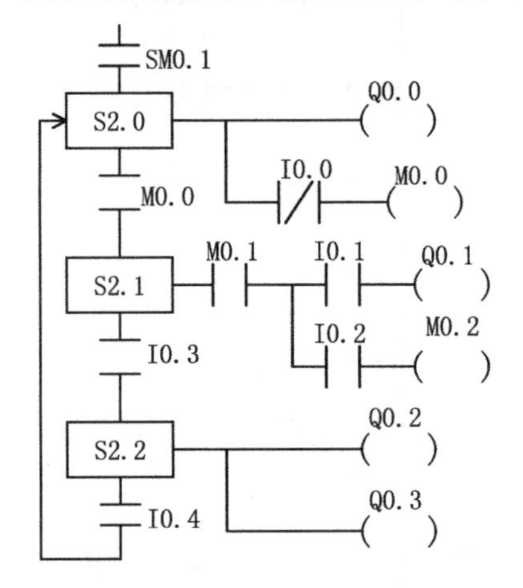

图5-25　题5-1图

5-2　画出如图5-26所示混合分支状态转移图的梯形图，并写出指令表。

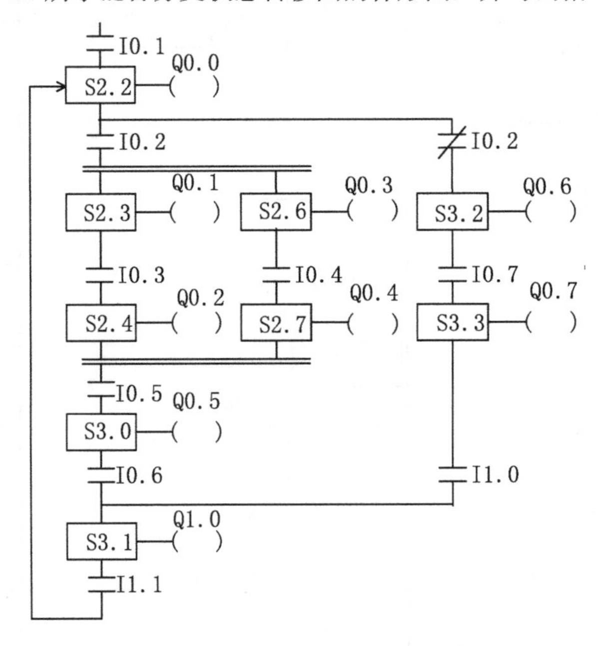

图5-26　题5-2图

5-3　根据如图5-27所示的状态转移图画出对应的梯形图，并写出指令。

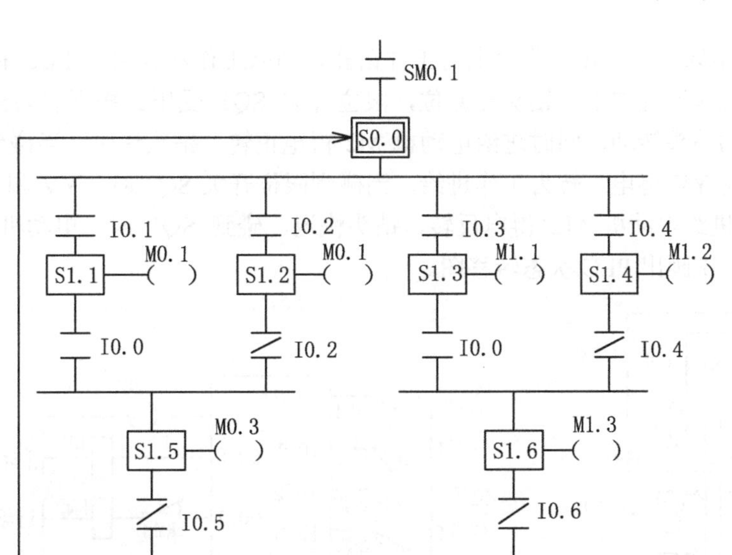

图 5-27　题 5-3 图

5-4　用一台三相异步电动机控制一个电动门，如图 5-28 所示。按下按钮 SB，电动机高速正转高速开门，碰到限位开关 SQ1，电动机低速正转低速开门，碰到限位开关 SQ2 停止，延时 5s 后电动机高速反转高速关门，碰到限位开关 SQ3，电动机低速反转低速关门，碰到限位开关 SQ4 停止。

5-5　用一台三相异步电动机控制一个电动门，如图 5-28 所示。

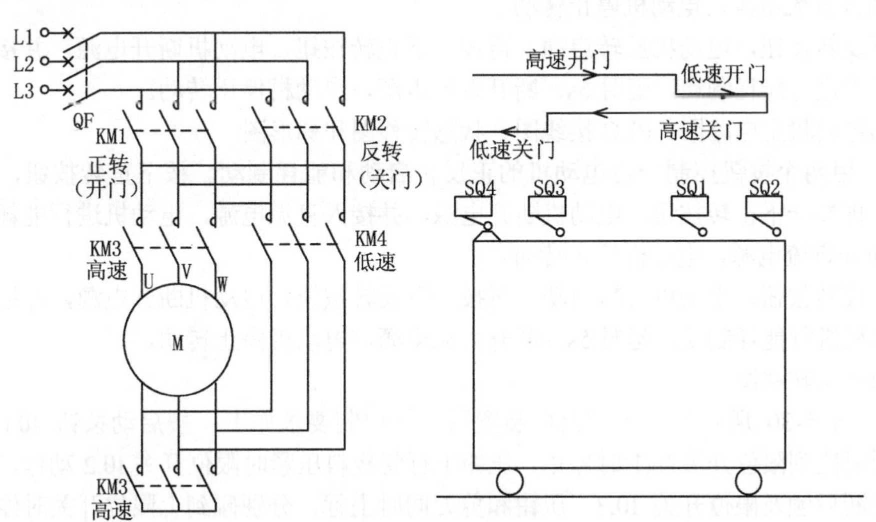

图 5-28　题 5-4 和题 5-5 图

当接近开关 SQ0 检测到有人时，电动机高速正转高速开门，碰到限位开关 SQ1，电动机低速正转低速开门，碰到限位开关 SQ2 停止，如接近开关 SQ0 检测不到人时，延时 5s 后电动机高速反转高速关门，碰到限位开关 SQ3，电动机低速反转低速关门，碰到限位开关 SQ4 停止，如果在关门时检测到有人则高速开门。

5-6　某一钻床，用于在工作台上对工件钻孔，钻床工作示意图和 PLC 接线图如图 5-29 所示。钻床的工作过程如下：钻头在原位，限位开关 SQ1 受压。按下启动按钮 SB1，主轴电动机 M1 带动钻头转动，同时进给电动机 M2 得电正转，钻头快进。当碰到限位开关 SQ2 时，工进电磁阀 YV 得电，转为工作进给。当碰到限位开关 SQ3 时，YV 和 M2 失电，停止工进。5s 后，进给电动机 M2 得电反转，钻头快退，碰到 SQ1 时，电动机 M1、M2 均失电，停止工作。试画出 PLC 状态转移图。

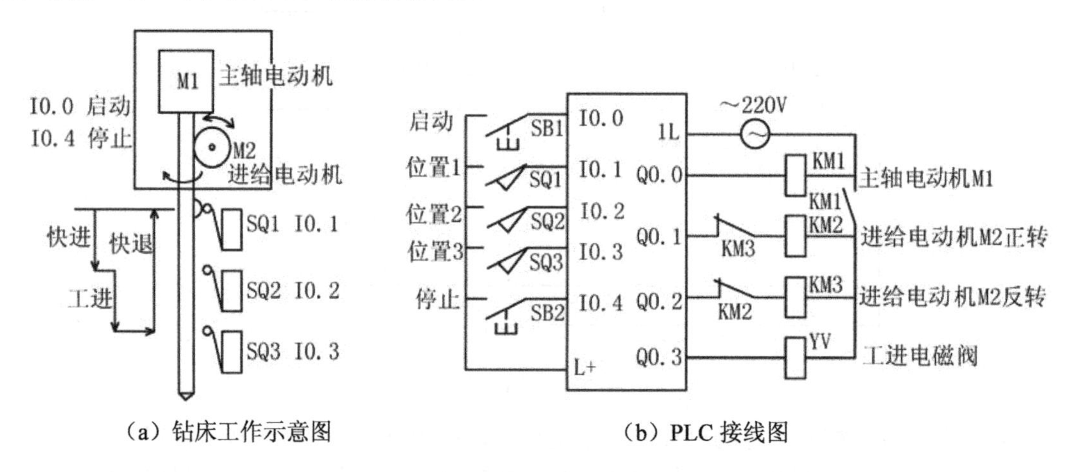

（a）钻床工作示意图　　（b）PLC 接线图

图 5-29　题 5-6 图

5-7　用两个按钮控制一台电动机的正反转启动和能耗制动。按下正转按钮，电动机正转启动，再按一下反转按钮，电动机断开电源，并接入直流电源，电动机进行能耗制动，延时 5s，断开直流电源，电动机停止转动。

按下反转按钮，电动机反转启动，再按一下正转按钮，电动机断开电源，并接入直流电源，电动机进行能耗制动，延时 5s，断开直流电源，电动机停止转动。

画出电动机主电路图、PLC 接线图、状态转移图和梯形图。

5-8　用两个按钮控制一台电动机的正反转启动和能耗制动。按下正转按钮，电动机正转启动，再按一下正转按钮，电动机断开电源，并接入直流电源，电动机进行能耗制动，延时 5s，断开直流电源，电动机停止转动。

按下反转按钮，电动机反转启动，再按一下反转按钮，电动机断开电源，并接入直流电源，电动机进行能耗制动，延时 5s，断开直流电源，电动机停止转动。

画出状态转移图。

5-9　图 5-30 所示为一台剪板机装置图，其控制要求如下：按启动按钮 I0.0，开始送料，当板料碰到限位开关 I0.1 时停止，压钳下行将板料压紧时限位开关 I0.2 动作，剪刀下行将板料剪断后触及限位开关 I0.3，压钳和剪刀同时上行，分别碰到上限位开关时停止。试画出 PLC 接线图和状态转移图。

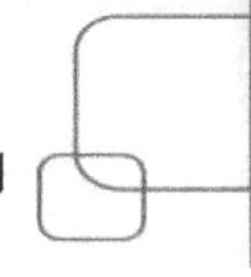

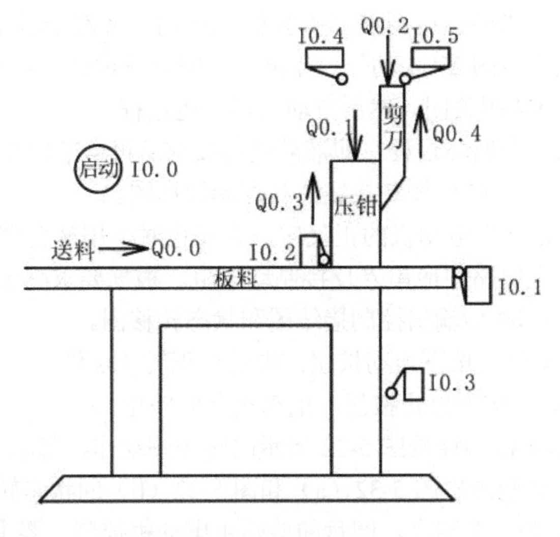

图 5-30　题 5-9 图

5-10　某一液料自动混合装置如图 5-31 所示，用于将三种液体按一定的容积比例进行混合搅拌。初始状态液罐为空，电磁阀 YV1～YV4、电动机 M 均为失电状态，液位传感器 SQ1～SQ4 均为不动作状态。

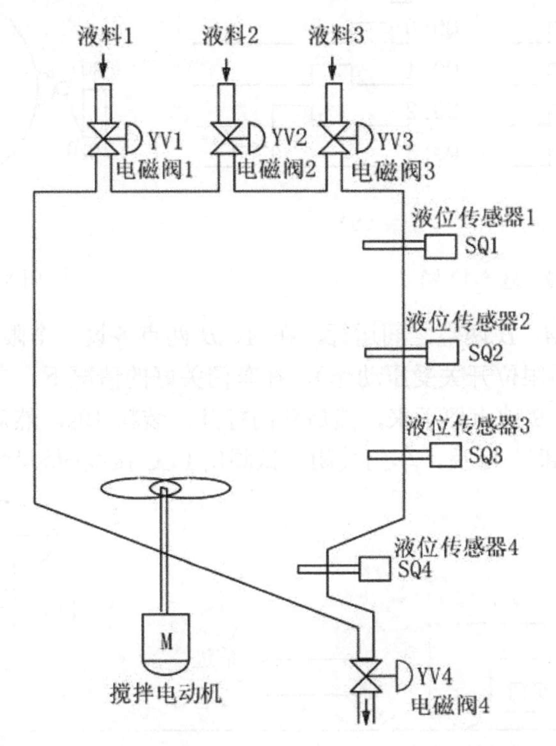

图 5-31　题 5-10 图

物料自动混合控制过程如下所述。

按下启动按钮，电磁阀 YV1 得电，开始注入液料 1；当液料 1 的液位达到液位传感器 SQ3 时，YV1 阀关，YV2 阀开，注入液料 2；当液位达到液位传感器 SQ2 时，YV2 阀关，

YV3 阀开，注入液料 3，当液位达到液位传感器 SQ1 时，YV3 阀关，搅拌电动机 M 启动，搅拌 20s 后停止，放液电磁阀 YV4 动作；当液位下降到液位传感器 SQ4 以下时，再经过 5s（放掉剩余液体）后，YV4 阀关闭，然后自动循环上述过程。

按下停止按钮完成一个循环过程，即液灌液体放空后再全部停止。

根据上述控制要求画出 PLC 控制接线图和控制梯形图。

5-11　控制一台三相异步电动机的正反转，在停止时，用速度继电器进行反接制动，为了减少反接制动电流，主电路中应串入反接制动电阻。根据要求画出三相异步电动机可逆反接制动控制主电路，PLC 输入/输出控制接线图和状态转移图。

5-12　控制一台电动机，按下启动按钮，电动机正转 10s 停 3s，再反转 10s 停 3s。循环 10 次后信号灯闪 3s 结束。按下停止按钮，电动机立即停止。

5-13　用 PLC 控制 4 盏彩灯按图 5-32 所示的时序图动作，每隔 1s 变化 1 次，全部熄灭 1s 后又重复上述过程，分别画出图 5-32（a）和图 5-32（b）的状态转移图。

5-14　图 5-33 所示为一个圆盘，圆盘的旋转由电动机控制。要求按下启动按钮后正转 1 圈、反转 1 圈后停止。

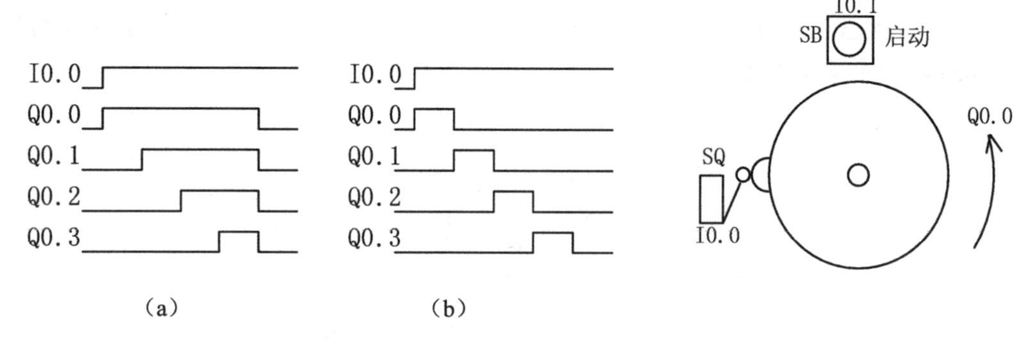

图 5-32　题 5-13 图　　　　图 5-33　题 5-14 图

5-15　一辆小车在 *A*、*B* 两点之间运行，在 *A*、*B* 两点各设一个限位开关，如图 5-34 所示，小车在 *A* 点时（后限位开关受压动作），在车门关好的情况下，按一下向前运行按钮，小车就从 *A* 地点运行到 *B* 地点停下来，然后斗门打开，装料 10s，然后小车自动向后行到 *A* 地点停止，车门打开，卸料 4s 后，车门关闭。试画出 PLC 接线图和状态转移图。

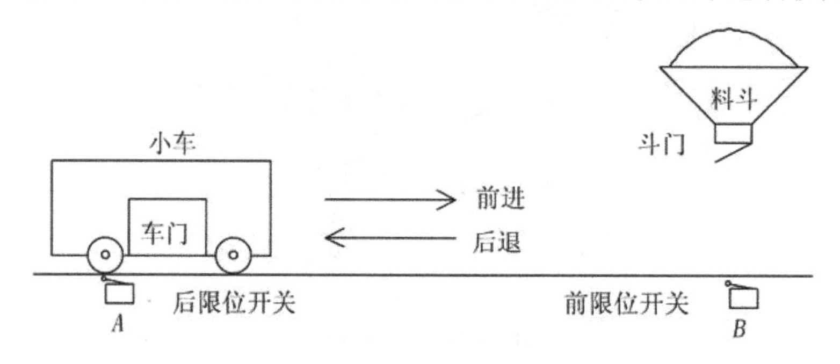

图 5-34　题 5-15 图

5-16　某生产线有一辆小车用电动机拖动。电动机正转小车前进，电动机反转小车后

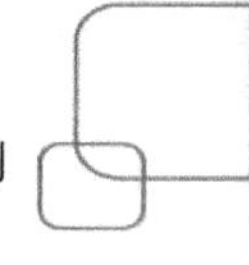

退，在 O、A、B、C 点各设置一个限位开关，如图 5-35 所示。小车停在原位 O 点，用一个控制按钮控制小车。第一次按按钮，小车前进到 A 点后退回到原位 O 停止；第二次按按钮，小车前进到 B 点后退到原位 O 停止；第三次按按钮，小车前进到 C 点后退到原位 O 停止。再次按按钮，又重复上述过程。试画出 PLC 接线图和状态转移图。

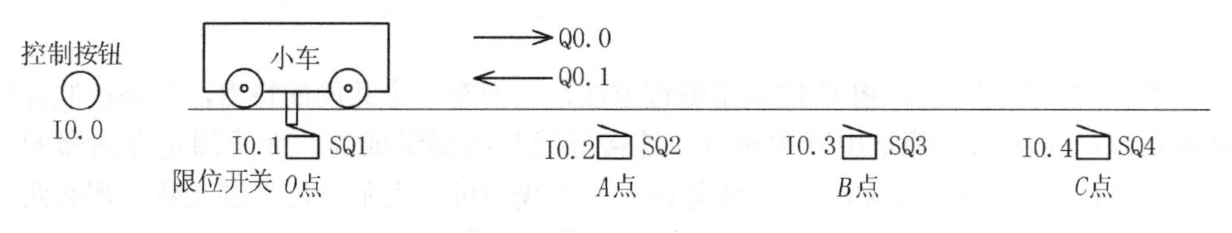

图 5-35　题 5-16 图

5-17　在题 5-16 的控制中增加一个选择开关 I0.10，当 I0.10 闭合时，按下控制按钮 I0.0，小车从 O 点→A 点→O 点→B 点→O 点→C 点→O 点停止。

5-18　某泵站有 4 台水泵，分别由 4 台三相异步电动机驱动。为了防止备用水泵长时间不用造成锈蚀等问题。要求 2 台运行 2 台备用，并每隔 8h 切换一台，4 台水泵轮流运行。初次启动时，为了减少启动电流，要求第一台启动 10s 后第二台启动。根据控制要求画出 PLC 输入/输出控制接线图和状态转移图。

第6章 功能指令

在第 3～5 章中学习了 PLC 的基本编程方法，它们有一个共同的特点，就是控制梯形图和常规控制电路相似，都是由开关接点、连接导线和线圈组成的。而线圈是存储器的一个位，一个位有两个状态：0 和 1。也就是说，一个线圈可以表示一位二进制数，那么两个线圈就可以表示两位二进制数。推而广之，*n* 个线圈可以表示 *n* 位二进制数。

功能指令（又称应用指令），主要用于数据处理，与计算机一样，PLC 只能处理二进制数，本章主要介绍各种数据的处理和应用。

6.1 功能指令中的数据

6.1.1 数据的长度

一个继电器线圈可以表示一位二进制数，它的数据长度为 1 位，8 个继电器线圈可以表示 8 位二进制数，数据长度为 8 位，8 位二进制数称为一个字节（B），用 I0.0～I0.7 可以表示 8 位二进制数。用字节 IB0 表示（I 为输入继电器、B 表示字节、0 表示字节号）。

例如，IB0=2#00000101，也就是 IB0=5，它可以表示一个常数 5，同时它也可以表示 I0.0～I0.7 中的 I0.2=1，I0.0=1，即输入继电器 I0.2 和 I0.0 得电。

用两个字节（B）可以表示 16 位二进制数，称为一个字（W）。例如，字 IW0 为 IB0 和 IB1 组成的， IB0 为高 8 位，IB1 为低 8 位。

用两个字（W）可以表示 32 位二进制数，称为一个双字（D）。例如，双字 ID0 为 IB0～IB3 组成的，IW0 为高 16 位，IW2 为低 16 位，如图 6-1 所示。

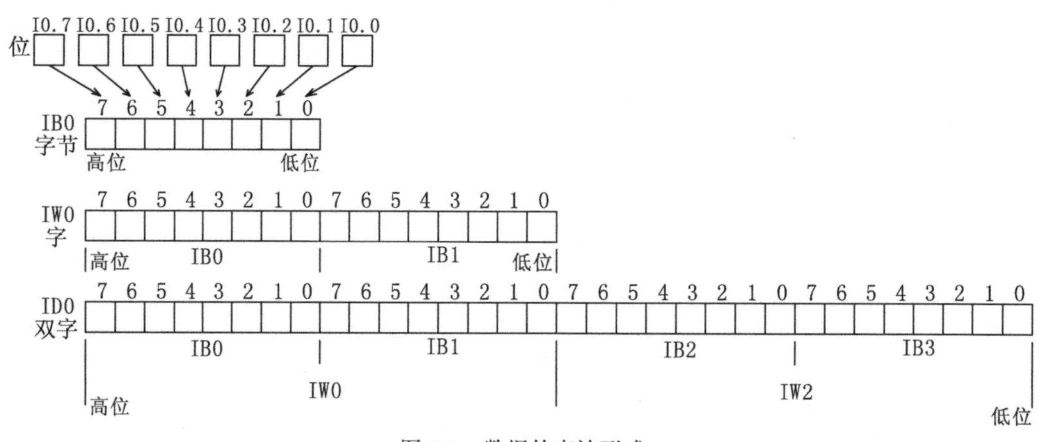

图 6-1 数据的表达形式

例如，向MW4中存放一个十六进制数16#36A7，如图6-2所示。

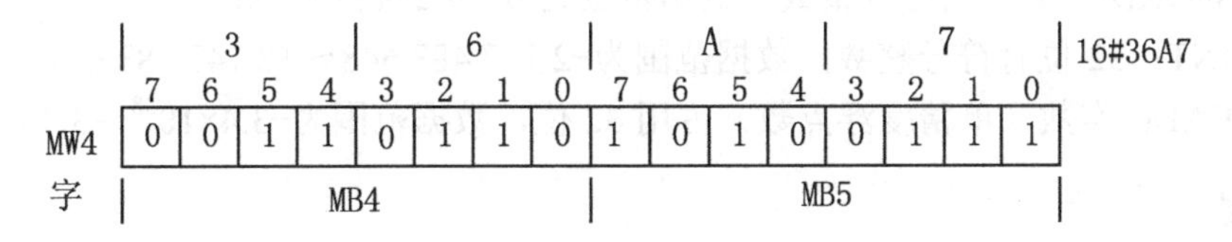

图6-2 十六进制数16#36A7

S7-200还提供了4个32位累加器（AC0、AC1、AC2和AC3），它的长度为32位，但是可以按字节（8位）、字（16位）或双字（32位）的形式来读写累加器中的数值。其数据长度取决于存取累加器时所使用的指令。用于处理中间变量比较方便。

例6-1 将一个十进制数18存放到QD4中。

把十进制数18改为十六进制数16#12或二进制数2#10010，QD4由4个字节QB4～QB7组成，QB7是低8位，结果是输出继电器Q7.1=1和Q7.4=1，如图6-3所示。

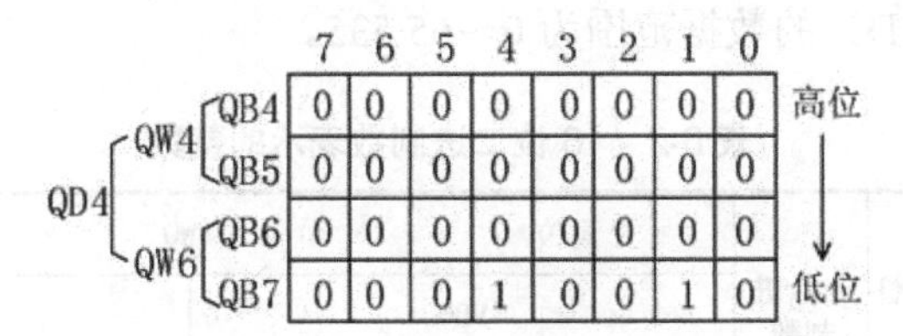

图6-3 常数18存放到QD4

6.1.2 数据的类型

在S7-200 PLC中的数据有以下几种类型，如表6-1所示。

表6-1 基本数据类型及范围

数据名称	数据类型	数据位数	数据范围	
			十进制	十六进制
布尔型	BOOL	1	0～1	
无符号整数	BYTE	8	0～255	0～FF
无符号整数	WORD	16	0～65 535	0～FFFF
有符号整数	INT	16	-32 768～32 767	8000～FFFF（负数） 0000～7FFF（正数）
无符号双整数	DWORD	32	0～4 294 967 295	0～FFFFFFFF
有符号双整数	DINT	32	-2 147 483 648 ～+2 147 483 647	80000000～FFFFFFFF（负数） 00000000～7FFFFFFF（正数）
浮点数（实数）	REAL	32	+1.175495E-38～+3.402823E+38（正数） -1.175495E-38～-3.402823E+38（负数）	

（1）BOOL：布尔型，数据只有0和1两种，用于表达软元件线圈失电和得电，或表示某存储器中某一位的值。

（2）BYTE：8位无符号整数，数据范围为0～255。

（3）WORD：16位无符号整数，数据范围为0～65 535。

（4）INT：16 位有符号整数，数据范围为-32 768～32 767。

（5）DWORD：32 位无符号整数，数据范围为 0～4 294 967 295。

（6）DINT：32 位有符号整数，数据范围为-2 147 483 648～+2 147 483 647。

（7）REAL：实数（单精度浮点数）占用 32 位，数据范围为$-3.4\times10^{38}\sim3.4\times10^{38}$。

1. 整数

整数分为无符号整数和有符号整数两种，无符号整数只能表示正整数，有符号整数可以表示正整数和负整数。

无符号整数按数据长度可分为 8 位（BYTE）、16 位（WORD）和 32 位（DWORD）。

有符号整数按数据长度可分为 16 位（INT）和 32 位（DINT）。

16 位二进制数可以表示无符号整数也可以表示有符号整数，在 PLC 中，有符号整数采用二进制补码，其最高位为符号位，如表 6-2 所示，VW0 如存放 16 位有符号整数，其最高位 V0.7=0 表示正数，V0.7=1 表示负数。16 位有符号整数（INT）的数据范围为-32 768～32 767，16 位无符号整数（WORD）的数据范围为 0～65 535。

表 6-2　16 位二进制数表示的整数

有符号整数		无符号整数	十六进制数	高位							VW0						低位		
				VB0								VB1							
				7	6	5	4	3	2	1	0	7	6	5	4	3	2	1	0
正整数	32 767	32 767	7FFF	0	1	1	1	1	1	1	1	1	1	1	1	1	1	1	1
	32 766	32 766	7FFE	0	1	1	1	1	1	1	1	1	1	1	1	1	1	1	0
	32 765	32 765	7FFD	0	1	1	1	1	1	1	1	1	1	1	1	1	1	0	1
	2	2	0002	0	0	0	0	0	0	0	0	0	0	0	0	0	0	1	0
	1	1	0001	0	0	0	0	0	0	0	0	0	0	0	0	0	0	0	1
0	0	0	0000	0	0	0	0	0	0	0	0	0	0	0	0	0	0	0	0
负整数	-1	65 535	FFFF	1	1	1	1	1	1	1	1	1	1	1	1	1	1	1	1
	-2	65 534	FFFE	1	1	1	1	1	1	1	1	1	1	1	1	1	1	1	0
	-32 767	32 769	8001	1	0	0	0	0	0	0	0	0	0	0	0	0	0	0	1
	-32 768	32 768	8000	1	0	0	0	0	0	0	0	0	0	0	0	0	0	0	0

从表 6-2 中可以看出，对于有符号整数，最小数减去 1 等于最大数，最大数加 1 等于最小数。以 16 位有符号整数为例：

-32 768-1=32 767　　32 767+1=-32 768

对于无符号整数，最大数加 1 等于 0，最小数减去 1 等于最大数。

65 535+1=0　　0-1=65 535

2．浮点数

浮点数采用 IEEE745 标准的 32 位单精度浮点数，其格式如表 6-3 所示。

表 6-3 浮点数的表示

S	E（8位）								M（23位）																						
31	30	29	28	27	26	25	24	23	22	21	20	19	18	17	16	15	14	13	12	11	10	9	8	7	6	5	4	3	2	1	0
7	6	5	4	3	2	1	0	7	6	5	4	3	2	1	0	7	6	5	4	3	2	1	0	7	6	5	4	3	2	1	0
1	1	0	0	0	0	0	1	0	1	0	0	1	0	0	0	0	0	0	0	0	0	0	0	0	0	0	0	0	0	0	0

S（Sign）：符号位（b31 共 1 位），0 代表正号，1 代表负号。

E（Exponent）：指数位（b30～b23 共 8 位），取值范围为 1～254（无符号整数）。

M（Mantissa）：尾数位（b22～b0 共 23 位），又称有效数字位或“小数”。

浮点数表示的数值=$(-1)S\times1.M\times2^{E-127}$

如在表 6-3 中的浮点数：其符号位 S=1，指数位 E=100000010，尾数位 M=1001

所表示的数=$(-1)S\times1.M\times2^{E-127}=(-1)^1\ 1.1001\times2^{10000010-1111111}=-1.1001\times2^{11}$

$=-1100.1=-12.5$

浮点数数值范围=$\pm1.11111111111111111111111\times2^{254-127}\approx\pm2\times2^{254-127}\approx\pm3.4\times10^{38}$

浮点数的最大有效位为 7 位。例如，180 的浮点数为 180.0；-0.0000123456789 的浮点数为-1.234568E-005。

3. 常数

在编程中经常会使用常数。常数数据长度可为字节、字和双字。在机器内部的数据都以二进制存储，但常数的书写可以用二进制、十进制、十六进制、ASCII 码或浮点数（实数）等多种形式。几种常数形式分别如表 6-4 所示。注意表中的“#”为常数的进制格式说明符，如果常数无任何格式说明符，则系统默认为十进制数。

表 6-4 常数表示法

数 制	格 式	举 例
十进制	[十进制值]	20047
十六进制	16# [十六进制值]	16#4E4F
二进制	2#[二进制数]	2#1010 0101 1010 0101
ASCII 码	'[ASCII 码文本]'	'ABCD'
实数	ANSI/IEEE 754-1985	-3.14
字符串	“[字符串文本]”	“ABCDE”

6.2 加、减、乘、除指令

6.2.1 加减法指令

1. 加法（IN1+IN2=OUT）

（1）整数加法（+I）指令：将两个 16 位整数相加，产生一个 16 位结果。

（2）双整数加法（+D）指令：将两个 32 位整数相加，产生一个 32 位结果。

（3）实数加法（+R）指令：将两个 32 位实数相加，产生一个 32 位实数结果。

加法指令的梯形图、指令表格式及数据类型如表 6-5 所示。

表 6-5 加法指令

指令名称	梯形图	指令表	软元件		数据类型
整数加法	ADD_I EN ENO IN1 OUT IN2	+I IN1, OUT	IN1 IN2	IW、QW、VW、MW、SMW、SW、T、C、LW、AC、AIW、*VD、*AC、*LD、常数	INT
			OUT	IW、QW、VW、MW、SMW、SW、LW、T、C、AC、*VD、*AC、*LD	
双整数加法	ADD_DI EN ENO IN1 OUT IN2	+D IN1, OUT	IN1 IN2	ID、QD、VD、MD、SMD、SD、LD、AC、HC、*VD、*LD、*AC、常数	DINT
			OUT	ID、QD、VD、MD、SMD、SD、LD、AC、*VD、*LD、*AC	
实数加法	ADD_R EN ENO IN1 OUT IN2	+R IN1, OUT	IN1 IN2	ID、QD、VD、MD、SMD、SD、LD、AC、*VD、*LD、*AC、常数	REAL
			OUT	ID、QD、VD、MD、SMD、SD、LD、AC、*VD、*LD、*AC	

图 6-4（a）所示梯形图表示 QW0=32 767+IW0。

如图 6-4（b）所示，IW0=2，则 QW0=32 767+2，则超出数值范围，则 SM1.1=1，由于结果 QW0 的最高位为 1，则 SM1.2 =1。由于结果超出数值范围（出错），ENO=0。

如图 6-4（c）所示，IW0=−32 767，则 QW0=32 767+(−32 767)=0，结果为 0，则 SM1.0=1，由于结果未超出数值范围，ENO=1。

例 6-2 一台投币洗车机，用于司机清洗车辆，司机每投入 1 元可以使用 10min 时间，其中喷水时间为 5min。

PLC 接线图如图 6-5 所示，控制梯形图如图 6-6 所示。

用 100ms 累计型定时器 T5 来累计喷水时间，用 VW0 存放喷水时间，用 100ms 通用型定时器 T37 来累计使用时间，用 VW2 存放使用时间。

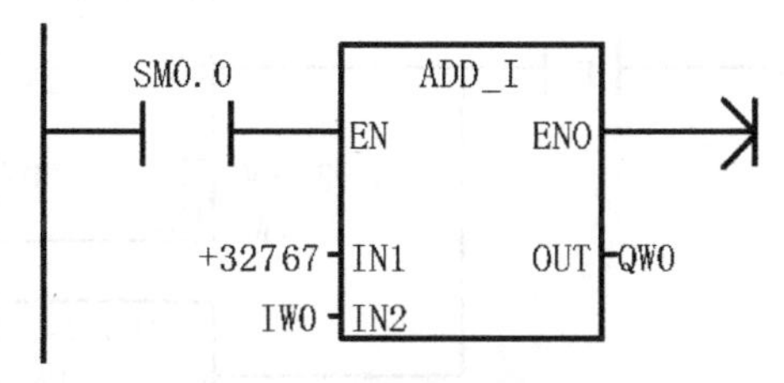

（a）加法梯形图

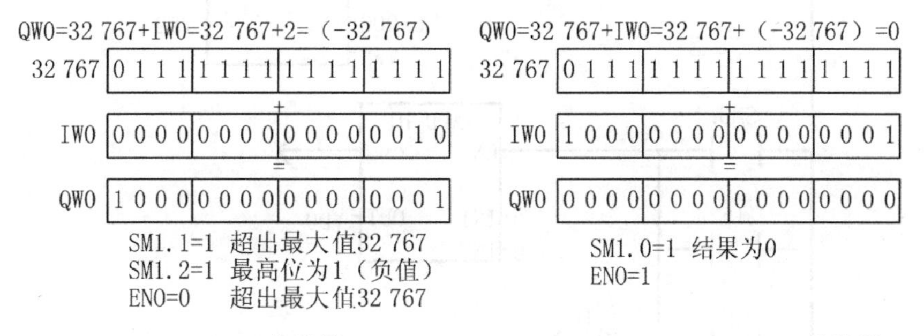

（b）32 767+2 的结果　　（c）32 767+（-32 767）的结果

图 6-4　加法指令说明

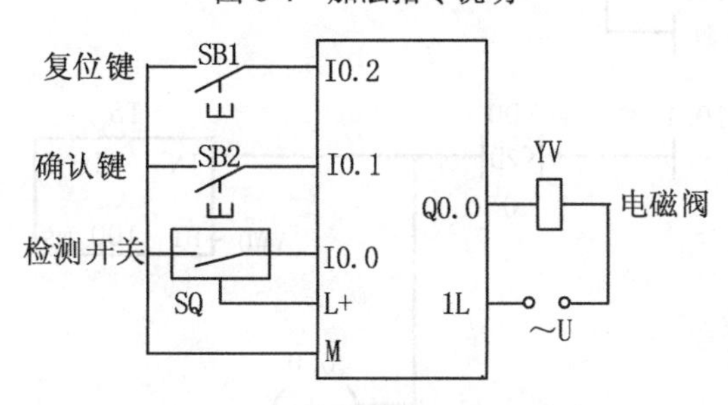

图 6-5　投币洗车机 PLC 接线图

PLC 初次运行时由 SM0.1 执行 ADD 指令将 0 和 0 相加，将结果 0 分别传送到 VD0 中（也就是将 T5 和 T37 的设定值 VW0 和 VW2 清零），由于执行 ADD 指令结果是 VD0=0，所以，VD0≠0 比较接点断开，按喷水按钮无效。

当投入一元硬币时，I0.0 接点接通一次，向 VW0 增加 3 000（5min）。作为喷水的时间设定值，同时向 VW2 的值增加 6 000（10min）作为司机限时使用时间。由于此时 VD0 不为 0，所以，VD0≠0 比较接点闭合，当司机按下喷水按钮 I0.1 时，T5 开始计时。当司机松开喷水按钮时，T5 保持当前值不变。当喷水按钮再次按下时，T5 接着前一次计时时间继续计时，当累计达到 VW0 中的设定值时，T5 常开接点闭合，将 VD0 清零，同时对 T5 复位。VD0≠0 比较接点断开，Q0.0 失电。

当喷水按钮 I0.1 动作时，T37 接通并由 M0.0 得电自锁，喷水累计时间未到 5s，但达到使用时间 10s，T37 动作，将 VD0 清零，结束使用。

注意： 由于定时器最长可以设定 3 276.7s，约 54min。因此，每次最多只能投 5 枚硬币。如果要增加延时时间，可以编程使用长延时定时器。

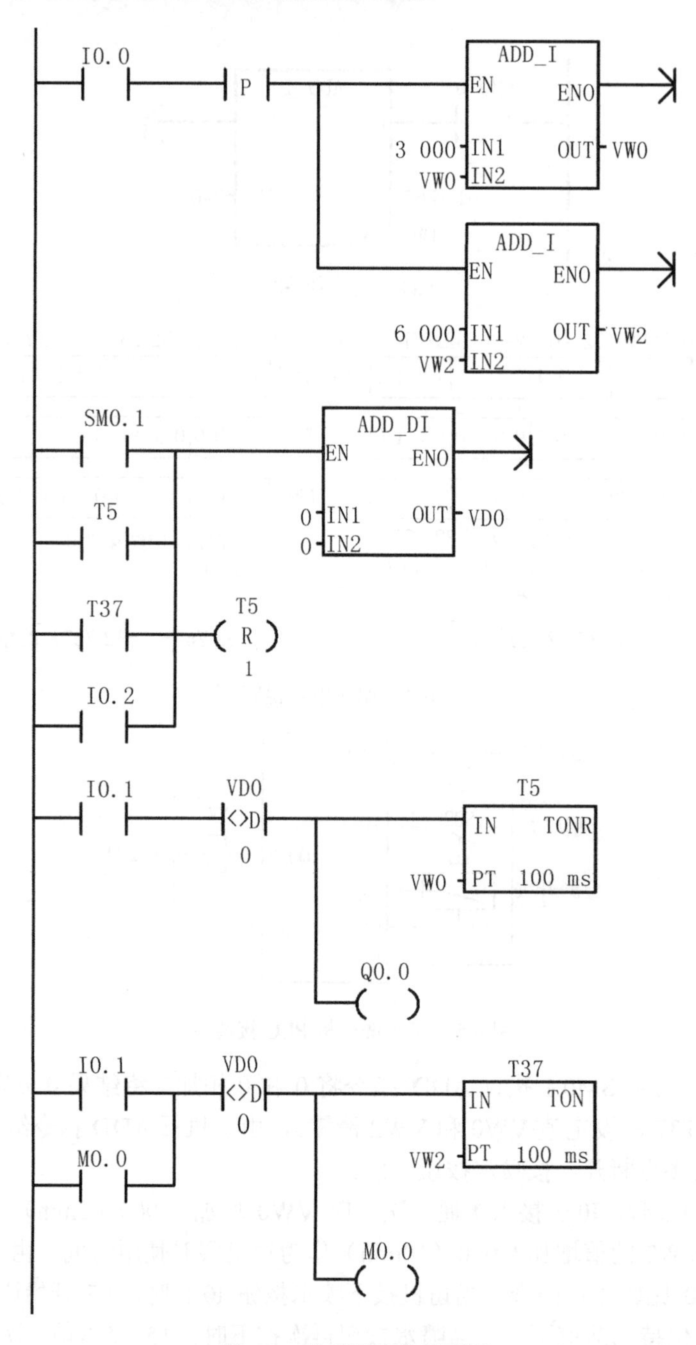

图 6-6　投币洗车机梯形图

2. 减法（IN1-IN2=OUT）

（1）整数减法（-I）指令，将两个 16 位整数相减，产生一个 16 位结果。

（2）双整数减法（-D）指令，将两个 32 位整数相加，产生一个 32 位结果。

（3）实数减法（-R）指令，将两个 32 位实数相减，产生一个 32 位实数结果。

减法指令的梯形图、指令表格式及数据类型如表 6-6 所示。

表 6-6　减法指令

指令名称	梯形图	指令表	软元件		数据类型
整数减法	SUB_I EN ENO IN1 OUT IN2	-I IN1,OUT	IN1 IN2	IW、QW、VW、MW、SMW、SW、T、C、LW、AC、AIW、*VD、*AC、*LD、常数	INT
			OUT	IW、QW、VW、MW、SMW、SW、LW、T、C、AC、*VD、*AC、*LD	
双整数减法	SUB_DI EN ENO IN1 OUT IN2	-D IN1,OUT	IN1 IN2	ID、QD、VD、MD、SMD、SD、LD、AC、HC、*VD、*LD、*AC、常数	DINT
			OUT	ID、QD、VD、MD、SMD、SD、LD、AC、*VD、*LD、*AC	
实数减法	SUB_R EN ENO IN1 OUT IN2	-R IN1,OUT	IN1 IN2	ID、QD、VD、MD、SMD、SD、LD、AC、*VD、*LD、*AC、常数	REAL
			OUT	ID、QD、VD、MD、SMD、SD、LD、AC、*VD、*LD、*AC	

例 6-3　倒计时定时器。

S7-200 中的定时器均为加计数定时器，当计时器得电时，当前值从 0 开始递增，达到设定值时其接点动作，将定时器的设定值减去当前值可得到定时器的倒计时值。

如图 6-7 所示，当 I0.0=1 时，T37 当前值从 0 到 100 变化，而 QW0 中的值从 100 到 0 变化。当 T37 达到设定值 10s 时，T37 接点闭合，M0.0 得电自锁，断开定时器，定时器当前值为 0，当 I0.0=0 时，M0.0 线圈失电，M0.0 常闭接点闭合，可进行下一次计时。

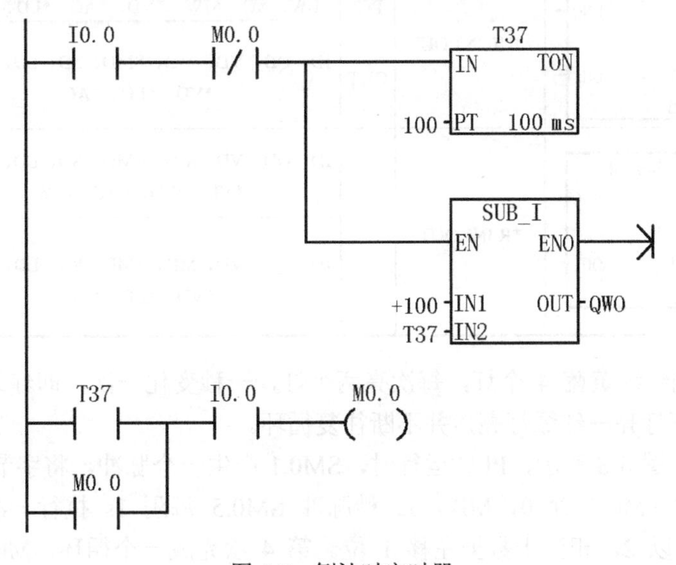

图 6-7　倒计时定时器

6.2.2 乘除法指令

1. 乘法：（IN1×IN2=OUT）

（1）整数乘法（*I）指令：将两个 16 位整数相乘，产生一个 16 位结果。
（2）双整数乘法（*D）指令：将两个 32 位整数相乘，产生一个 32 位结果。
（3）整数乘法产生双整数（MUL）指令：将两个 16 位整数相乘，得到 32 位结果。
（4）实数乘法（*R）指令：将两个 32 位实数相乘，产生一个 32 位实数结果。
乘法指令的梯形图、指令表格式及数据类型如表 6-7 所示。

表 6-7 乘法指令

指令名称	梯形图	指令表	软元件		数据类型
整数乘法	MUL_I EN ENO IN1 OUT IN2	*I IN1,OUT	IN1 IN2	IW、QW、VW、MW、SMW、SW、T、C、LW、AC、AIW、*VD、*AC、*LD、常数	INT
			OUT	IW、QW、VW、MW、SMW、SW、LW、T、C、AC、*VD、*AC、*LD	
双整数乘法	MUL_DI EN ENO IN1 OUT IN2	*D IN1,OUT	IN1 IN2	ID、QD、VD、MD、SMD、SD、LD、AC、HC、*VD、*LD、*AC、常数	DINT
			OUT	ID、QD、VD、MD、SMD、SD、LD、AC、*VD、*LD、*AC	
整数乘法双整数积	MUL EN ENO IN1 OUT IN2	MUL IN1,OUT	IN1 IN2	IW、QW、VW、MW、SMW、SW、T、C、LW、AC、AIW、*VD、*AC、*LD、常数	INT
			OUT	ID、QD、VD、MD、SMD、SD、LD、AC、*VD、*LD、*AC	DINT
实数乘法	MUL_R EN ENO IN1 OUT IN2	*R IN1,OUT		ID、QD、VD、MD、SMD、SD、LD、AC、*VD、*LD、*AC、常数	REAL
				ID、QD、VD、MD、SMD、SD、LD、AC、*VD、*LD、*AC	

例 6-4 控制红绿黄蓝 4 个灯，每次亮两个灯，一秒变化一次，即红绿灯亮→绿黄灯亮→黄蓝灯亮→红蓝灯亮→红绿灯亮，并不断往复循环。

控制梯形图如图 6-8 所示，PLC 运行时，SM0.1 产生一个脉冲，将字节 MB0 的 M0.0 和 M0.1 置 1，M0.2～M0.7 置 0，MB0=3。秒脉冲 SM0.5 每隔 1s 执行一次整数乘法指令将 MW0 中的数据乘以 2，相当于数据左移 1 位。第 4 次完成一个循环，M0.5=1，执行 S、R 指令，使 MB0=3，进行下一次循环。

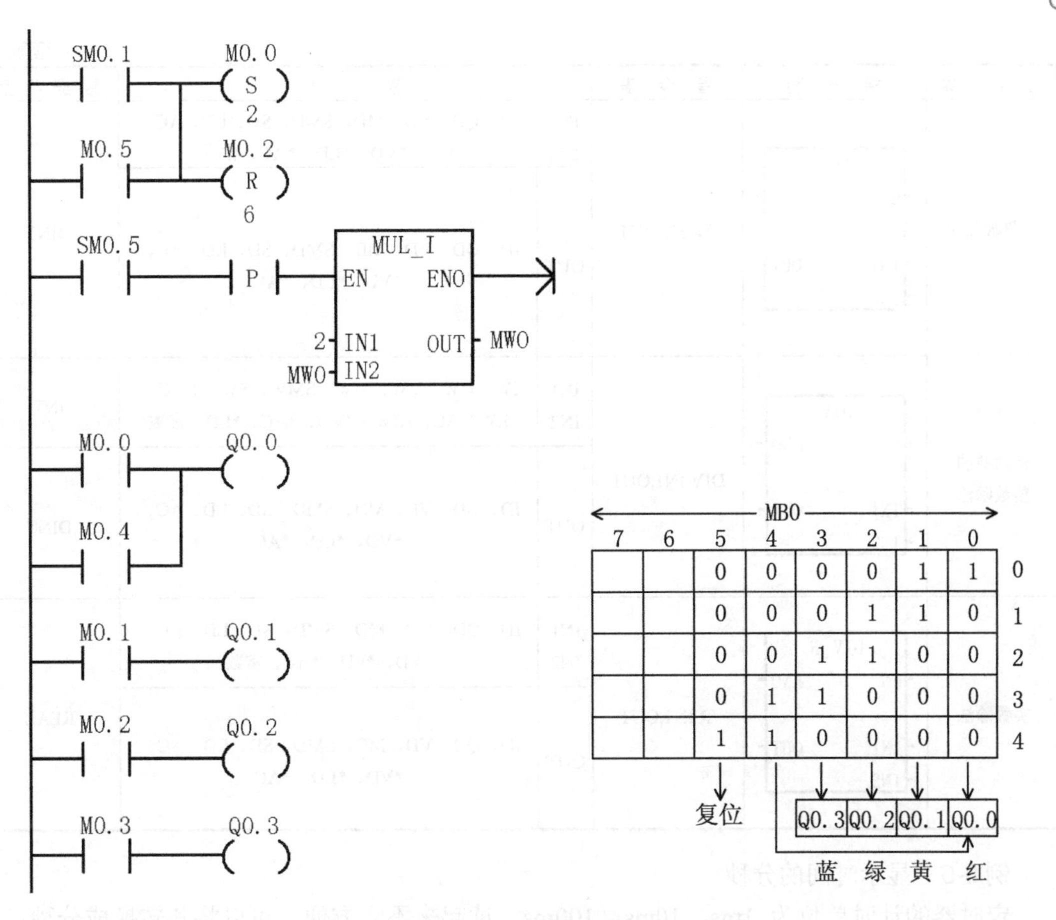

图 6-8 控制红绿黄蓝 4 个灯

2. 除法：（IN1/IN2=OUT）

（1）整数除法（/I）指令：将两个 16 位整数相除，产生一个 16 位结果（余数不被保留）。

（2）双整数除法（/D）指令：将两个 32 位整数相除，产生一个 32 位结果（余数不被保留）。

（3）带余数的整数除法（DIV）指令：将两个 16 位整数相除，得到 32 位结果。其中，16 位为余数（高 16 位字中），另外 16 位为商（低 16 位字中）。

（4）实数除法（/R）指令：将两个 32 位实数相除，产生一个 32 位实数结果。

除法指令的梯形图、指令表格式及数据类型如表 6-8 所示。

表 6-8 除法指令

指令名称	梯形图	指令表	软元件		数据类型
整数除法	DIV_I EN ENO IN1 OUT IN2	/I IN1,OUT	IN1 IN2	IW、QW、VW、MW、SMW、SW、T、C、LW、AC、AIW、*VD、*AC、*LD、常数	INT
			OUT	IW、QW、VW、MW、SMW、SW、LW、T、C、AC、*VD、*AC、*LD	

续表

指令名称	梯形图	指令表	软元件		数据类型
双整数除法	DIV_I EN ENO IN1 OUT IN2	/D IN1,OUT	IN1 IN2	ID、QD、VD、MD、SMD、SD、LD、AC、HC、*VD、*LD、*AC、常数	DINT
			OUT	ID、QD、VD、MD、SMD、SD、LD、AC、*VD、*LD、*AC	
带余数的整数除法	DIV EN ENO IN1 OUT IN2	DIV IN1,OUT	IN1 IN2	IW、QW、VW、MW、SMW、SW、T、C、LW、AC、AIW、*VD、*AC、*LD、常数	INT
			OUT	ID、QD、VD、MD、SMD、SD、LD、AC、*VD、*LD、*AC	DINT
实数除法	DIV_R EN ENO IN1 OUT IN2	/R IN1,OUT	IN1 IN2	ID、QD、VD、MD、SMD、SD、LD、AC、*VD、*LD、*AC、常数	REAL
			OUT	ID、QD、VD、MD、SMD、SD、LD、AC、*VD、*LD、*AC	

例 6-5 显示时间的分秒。

定时器的计时单位为 1ms、10ms、100ms，读起来不太方便，可以将其转换成分秒，如图 6-9 所示，当 I0.0=1 时，C0 对秒时钟 SM0.5 计数，设定值为 3 600（1h），C0 的当前值除以 60，其商为分钟数，存放在 MW2 中。余数为秒数，存放在 MW0 中。（如用计数器再对 C0 计数还可以显示时间的日和时。）

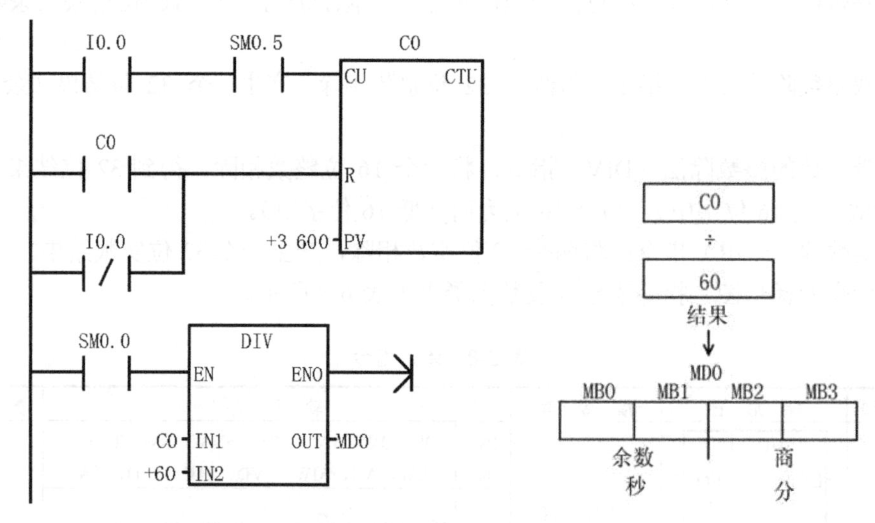

图 6-9 显示时间的分秒

加减乘除 SM 标志位和 ENO：

SM1.1 表示溢出错误和非法值。如果 SM1.1 置位，则 SM1.0 和 SM1.2 的状态不再有效而且原始输入操作数不会发生变化。如果 SM1.1 和 SM1.3 没有置位，那么数字运算产生一个有效的结果，同时 SM1.0 和 SM1.2 有效。在除法运算中，如果 SM1.3 置位，其他数学运算标志位不会发生变化。

使 ENO=0 的错误条件：SM1.1（溢出），SM1.3（被 0 除），0006（间接寻址）。

受影响的特殊存储器位：SM1.0（结果为 0）SM1.1（溢出，运算过程中产生非法数值或者输入参数非法），SM1.2（结果为负），SM1.3（被 0 除）。

6.2.3 加一和减一指令

加一指令是将输入 IN 加 1，并将结果存放在 OUT 中，IN+1=OUT。

减一指令是将输入 IN 减 1，并将结果存放在 OUT 中，IN−1=OUT。

字节加一（INCB）和字节减一（DECB）操作是无符号的。最大值 255+1=0，最小值 0−1=255。

字加一（INCW）和字减一（DECW）操作是有符号的。最大值 32 767+1=−32 768，最小值−32 768−1=32 767。

双字加一（INCD）和双字减一（DECD）操作是有符号的。最大值 2 147 483 647+1=−2 147 483 648，最小值−2 147 483 648−1=2 147 483 647。

使 ENO=0 的错误条件：SM1.1（溢出），0006（间接寻址）。

受影响的特殊存储器位：SM1.0（结果为 0），SM1.1（溢出），SM1.2（结果为负）对于字和双字操作有效。

加一和减一指令的梯形图、指令表格式及数据类型如表 6-9 所示。

表 6-9 加一和减一指令

指令名称	梯形图	指令表	软元件		数据类型
字节加一	INC_B（EN、ENO、IN、OUT）	INCB,OUT	IN	IB、QB、VB、MB、SMB、SB、LB、AC、*VD、*LD、*AC、常数	BYTE
			OUT	IB、QB、VB、MB、SMB、SB、LB、AC、*VD、*AC、*LD	
整数加一	INC_W（EN、ENO、IN、OUT）	INCW,OUT	IN	IW、QW、VW、MW、SMW、SW、LW、T、C、AC、AIW、*VD、*LD、*AC、常数	INT
			OUT	IW、QW、VW、MW、SMW、SW、T、C、LW、AC、*VD、*LD、*AC	

续表

指令名称	梯形图	指令表	软元件		数据类型
双整数加一	INC_W EN ENO IN OUT	INCD,OUT	IN	ID、QD、VD、MD、SMD、SD、LD、AC、HC、*VD、*LD、*AC、常数	DINT
			OUT	ID、QD、VD、MD、SMD、SD、LD、AC、*VD、*LD、*AC	
字节减一	DEC_B EN ENO IN OUT	DECB,OUT	IN	IB、QB、VB、MB、SMB、SB、LB、AC、*VD、*LD、*AC、常数	BYTE
			OUT	IB、QB、VB、MB、SMB、SB、LB、AC、*VD、*AC、*LD	
整数减一	DEC_W EN ENO IN OUT	DECW,OUT	IN	IW、QW、VW、MW、SMW、SW、LW、T、C、AC、AIW、*VD、*LD、*AC、常数	INT
			OUT	IW、QW、VW、MW、SMW、SW、T、C、LW、AC、*VD、*LD、*AC	
双整数减一	DEC_DW EN ENO IN OUT	DECD,OUT	IN	ID、QD、VD、MD、SMD、SD、LD、AC、HC、*VD、*LD、*AC、常数	DINT
			OUT	ID、QD、VD、MD、SMD、SD、LD、AC、*VD、*LD、*AC	

例 6-6 用一个按钮控制一台电动机，按一次按钮，电动机正转 1min、停止 1min、反转 1min、停止 1min，并周而复始。

电动机定时正转、停止、反转、停止控制梯形图、PLC 接线图如图 6-10 所示。

I0.0 和加一指令 INCB 组成一个单按钮启动停止控制电路，按一次按钮 I0.0，执行加一指令 INCB MB0，结果存放在 MB0 中，由二进制数的特点可知，最低位 M0.0 只有 0 和 1 两种状态组合，0+1=1，1+1=0。

当 M0.0=1 时，定时器 T37 得电每隔 60s 发一个脉冲，VB0 的值加一。

由二进制数的特点可知，任意两个相邻位 V0.0、V0.1 只有 4 种状态组合，即 00、01、10、11。结果如表 6-10 所示。

设 V0.1、V0.0 =00 时为正转，V0.1、V0. 0=01 时为停止，V0.1、V0.0=10 时为反转，V0.1、V0. 0=11 时为停止，则正转 Q0.0 和反转 Q0.1 的控制梯形图如图 6-10（a）所示。

表 6-10 V0.0、V0.1 中的二进制数

	0	1	2	3
V0.0	0	1	0	1
V0.1	0	0	1	1
	正转	停止	反转	停止

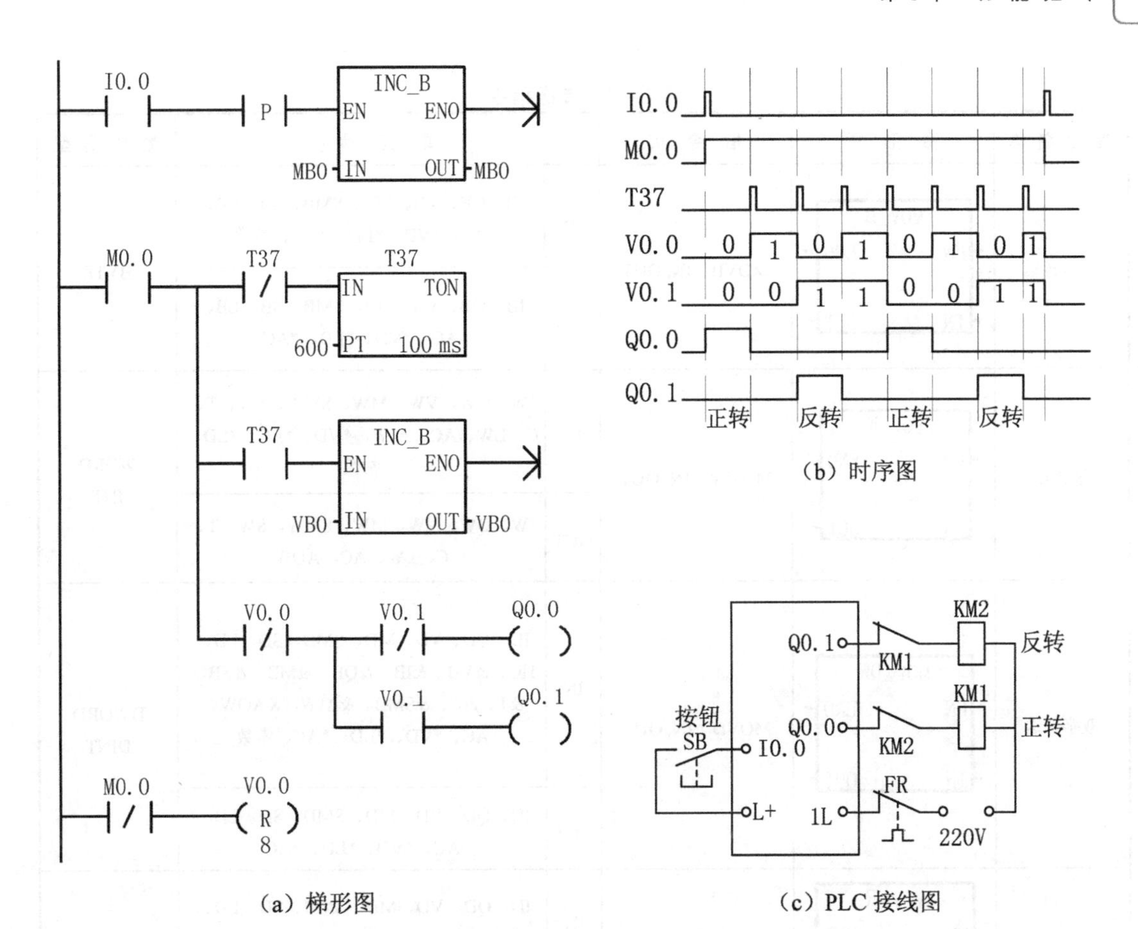

（a）梯形图

（b）时序图

（c）PLC 接线图

图 6-10 电动机定时正转、停止、反转、停止控制

6.3 传送指令

6.3.1 字节、字、双字和实数传送指令

字节传送（MOVB）、字传送（MOVW）、双字传送（MOVD）和实数传送（MOVR）指令是将 IN 中的数据不加改变直接传送到 OUT 中。

对于 IEC 传送指令，输入和输出的数据类型可以不同，但数据长度必须相同。

使 ENO=0 的错误条件：0006（间接寻址）。

传送指令的梯形图、指令表格式及数据类型如表 6-11 所示。

例 6-7 一辆小车在一条线路上运行，如图 6-11 所示。线路上有 0#～7#共 8 个站点，每个站点各设一个行程开关和一个呼叫按钮。要求无论小车在哪个站点，当某一个站点按下按钮后，小车将自动行进到呼叫点。

表 6-11　传送指令

指令名称	梯形图	指令表	软元件		数据类型
字节传送	MOV_B EN ENO IN OUT	MOVB　IN, OUT	IN	IB、QB、VB、MB、SMB、SB、LB、AC、*VD、*LD、*AC、常数	BYTE
			OUT	IB、QB、VB、MB、SMB、SB、LB、AC、*VD、*LD、*AC	
字传送	MOV_W EN ENO IN OUT	MOVW　IN, OUT	IN	IW、QW、VW、MW、SMW、SW、T、C、LW、AC、AIW、*VD、*AC、*LD、常数	WORD INT
			OUT	IW、QW、VW、MW、SMW、SW、T、C、LW、AC、AQW	
双字传送	MOV_DW EN ENO IN OUT	MOVD　IN, OUT	IN	ID、QD、VD、MD、SMD、SD、LD、HC、&VB、&IB、&QB、&MB、&SB、&T、&C、&SMB、&AIW、&AQW、AC、*VD、*LD、*AC、常数	DWORD DINT
			OUT	ID、QD、VD、MD、SMD、SD、LD、AC、*VD、*LD、*AC	
实数传送	MOV_R EN ENO IN OUT	MOVR　IN, OUT	IN	ID、QD、VD、MD、SMD、SD、LD、AC、*VD、*LD、*AC、常数	REAL
			OUT	ID、QD、VD、MD、SMD、SD、LD、AC、*VD、*LD、*AC	

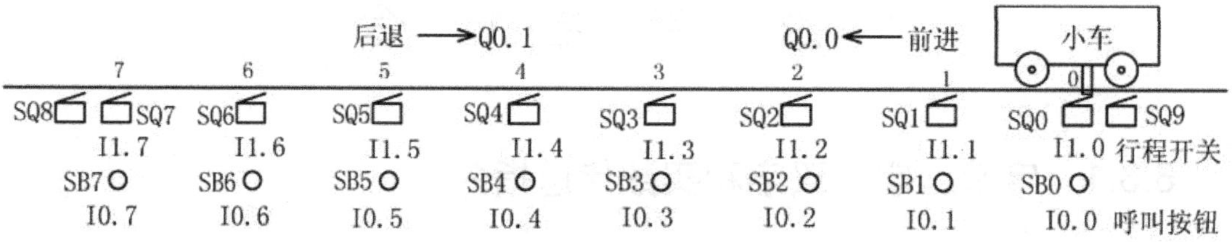

图 6-11　小车行走示意图

在第 3 章中的例 3-4（5 个站点的小车）中采用了基本指令编程，但本例中 8 个站点（8 的倍数）采用传送指令编程将使程序更简练，如图 6-12 所示。

例如，当小车停在 3＃站时，压合限位开关 I1.3，则 IB1=2#00001000=8（即 I1.3=1），IB1>0，执行 MOV 传送指令将 IB1 的值传送到 VB1 中，VB1=2#00001000=8。

如果此时按下 5＃站按钮 I0.5，则 IB0=2#00100000=32（即 I0.5=1）。IB0>0，执行 MOV 传送指令将 IB0 的值传送到 VB0 中，VB0=2#00100000=32。由于 VB0>VB1，结果 Q0.0=1，小车左行，到达 5＃站碰到限位开关 I0.5，则 VB1=2#00100000=32，此时 VB0=VB1，Q0.0=0，小车停止。

间接传送数据（间接寻址）是用指针来传送数据的。指针以双字的形式存储其他存储区的地址。只能用 V 存储器、L 存储器和累加器寄存器（AC1、AC2、AC3）作为指针。要建立一个指针，必须以双字的形式，将需要间接传送的存储器编号（地址）存放到指针中。指针也可以作为参数传递到子程序中。

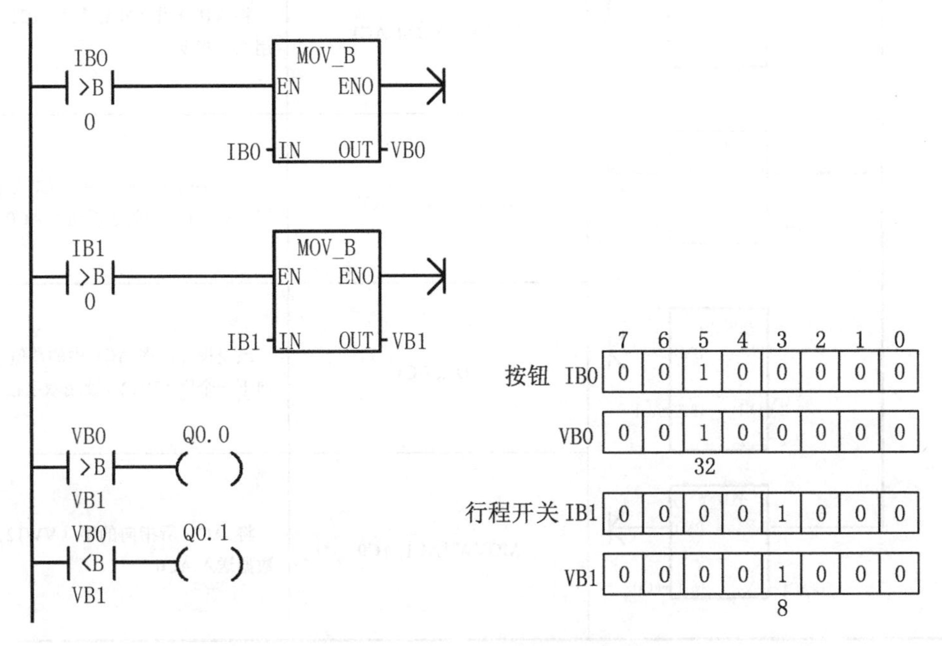

图 6-12 8 个站点小车行走梯形图

6.3.2 数据间接传送

用指针间接读取数据的软元件有 I、Q、V、M、S、AI、AQ、SM、T（仅当前值）和 C（仅当前值）。位元件、HC 及 L 不能间接读取。

被间接传送的一组软元件中，第一个字节元件的前面应加“&”符号，例如，被间接传送的 5 个字元件为 VW10～VW18，则应在第一个字节元件 VB10 的前面应加上“&”符号：& VB10。

当指令中的软元件是指针时，应该在元件名称前面加上“*”号，如*AC1 是指 AC1 中存放的是要传送软元件的编号，而不是 AC1 中的数据。

指针是一个 32 位的数据，要用双字指令来改变指针的数值。可以用数学运算，如加减法指令或者加一和减一指令改变指针的数值。

间接传送数据（间接寻址）的示例如表 6-12 和图 6-13 所示。

切记读取调整所访问数据的大小：读取字节时，指针值加 1；读取字或定时器或计数器的当前值时，指针值加 2；读取双字时，指针值加 4。

例 6-8 设 MD0=16#03060C18，将 MD0 中的数据按字节逆序传送到 QD0 中。如图 6-14 所示。

根据控制要求，采用间接传送数据的方式，梯形图如图 6-15 所示。

表 6-12　间接传送数据

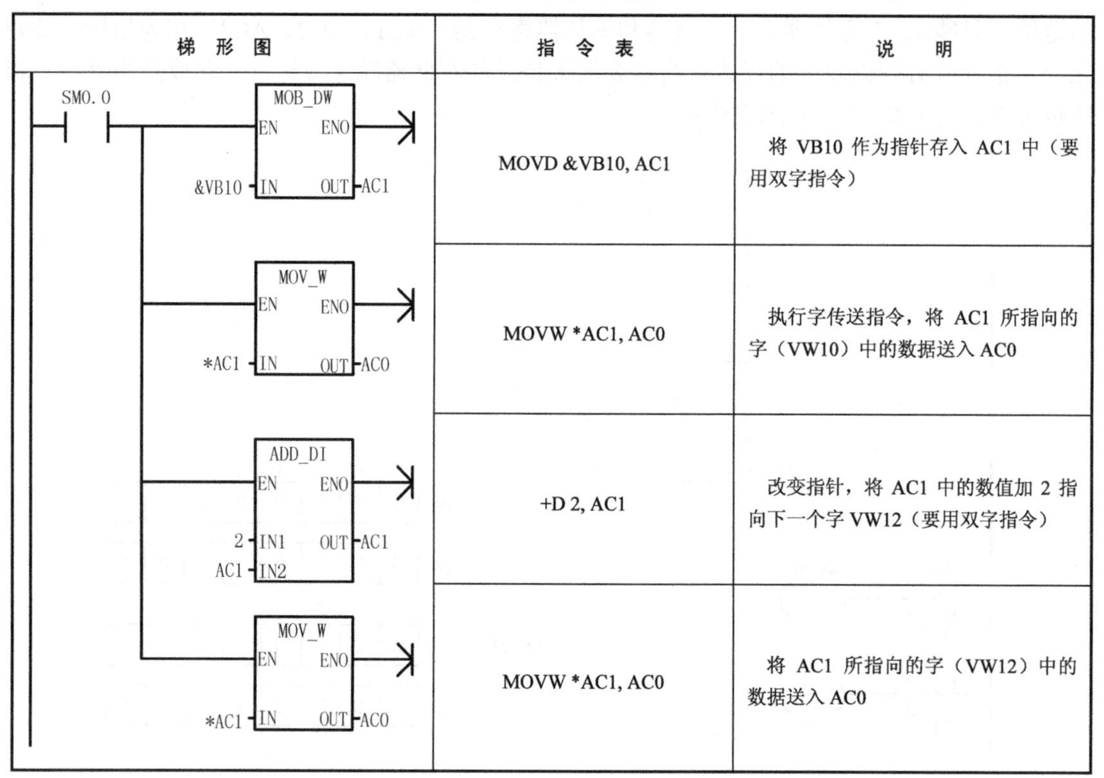

梯形图	指令表	说明
SM0.0 — MOB_DW：EN/ENO，&VB10 → IN，OUT → AC1	MOVD &VB10, AC1	将 VB10 作为指针存入 AC1 中（要用双字指令）
MOV_W：EN/ENO，*AC1 → IN，OUT → AC0	MOVW *AC1, AC0	执行字传送指令，将 AC1 所指向的字（VW10）中的数据送入 AC0
ADD_DI：EN/ENO，2 → IN1，AC1 → IN2，OUT → AC1	+D 2, AC1	改变指针，将 AC1 中的数值加 2 指向下一个字 VW12（要用双字指令）
MOV_W：EN/ENO，*AC1 → IN，OUT → AC0	MOVW *AC1, AC0	将 AC1 所指向的字（VW12）中的数据送入 AC0

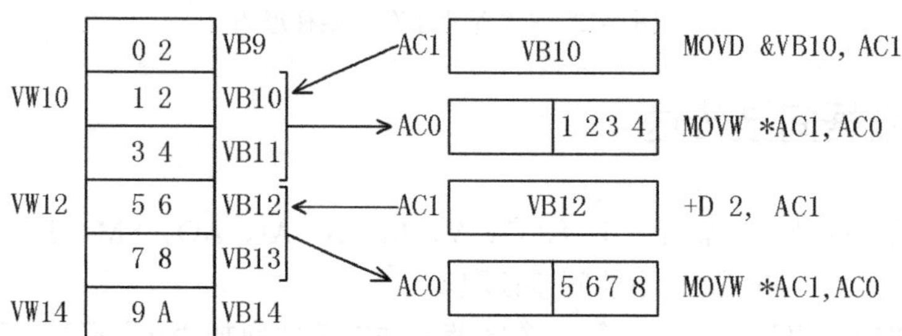

图 6-13　间接传送数据

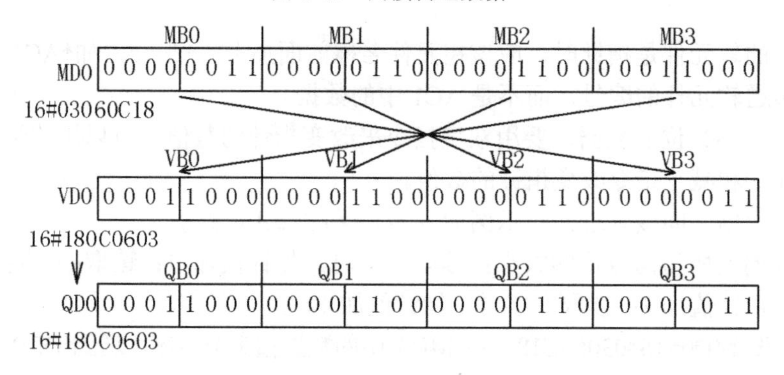

图 6-14　数据按字节逆序传送

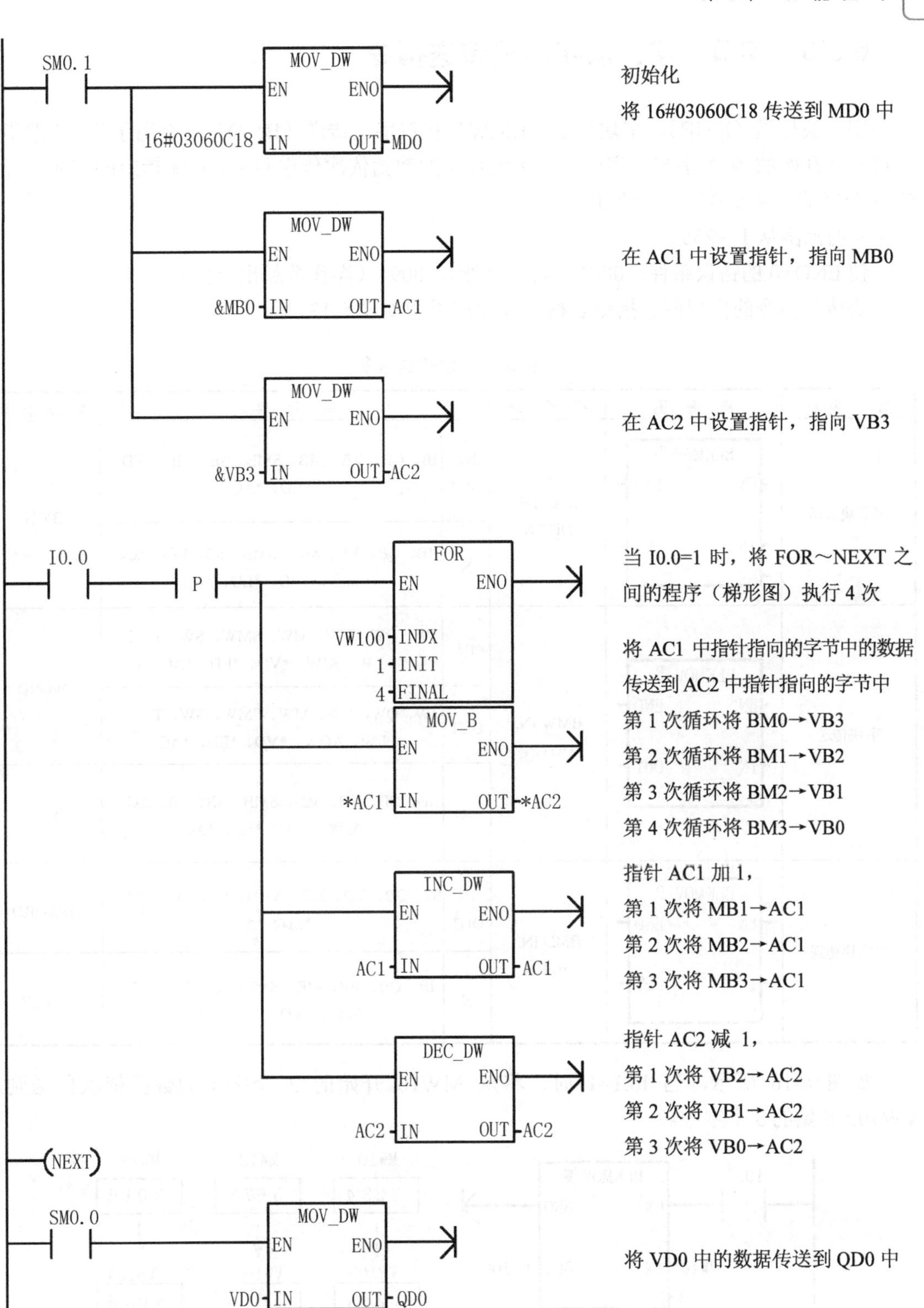

图 6-15 按字节逆序传送数据的梯形图

6.3.3 字节、字、双字的块传送指令

字节块传送（BMB）、字块传送（BMW）和双字块传送（BMD）指令用于将 IN 端指定的首元件开始的 *N* 个字节、字或者双字元件中的数据依次传送到 OUT 端指定的首元件开始的 *N* 个字节、字或者双字元件中。

N 的范围从 1～255。

使 ENO=0 的错误条件：0006（间接寻址），0091（操作数超出范围）。

块传送指令的梯形图、指令表格式及数据类型如表 6-13 所示。

表 6-13　块传送指令

指令名称	梯形图	指令表	软元件		数据类型
字节块传送	BLKMOV_B EN ENO IN OUT N	BMB IN, OUT,N	IN, OUT	IB、QB、VB、MB、SMB、SB、LB、*VD、*LD、*AC	BYTE
			N	IB、QB、VB、MB、SMB、SB、LB、AC、常数、*VD、*LD、*AC	
字块传送	BLKMOV_B EN ENO IN OUT N	BMW IN, OUT,N	IN	IW、QW、VW、MW、SMW、SW、T、C、LW、AIW、*VD、*LD、*AC	WORD
			OUT	IW、QW、VW、MW、SMW、SW、T、C、LW、AQW、*VD、*LD、*AC	
			N	IB、QB、VB、MB、SMB、SB、LB、AC、常数、*VD、*LD、*AC	BYTE
双字块传送	BLKMOV_D EN ENO IN OUT N	BMD IN, OUT,N	IN OUT	ID、QD、VD、MD、SMD、SD、LD、*VD、*LD、*AC	DWORD
			N	IB、QB、VB、MB、SMB、SB、LB、AC、常数、*VD、*LD、*AC	BYTE

如图 6-16 所示，当 I0.1=1 时，将从 MW10 开始的 3 个字中的数据依次传送到从 VW100 开始的 3 个字中。

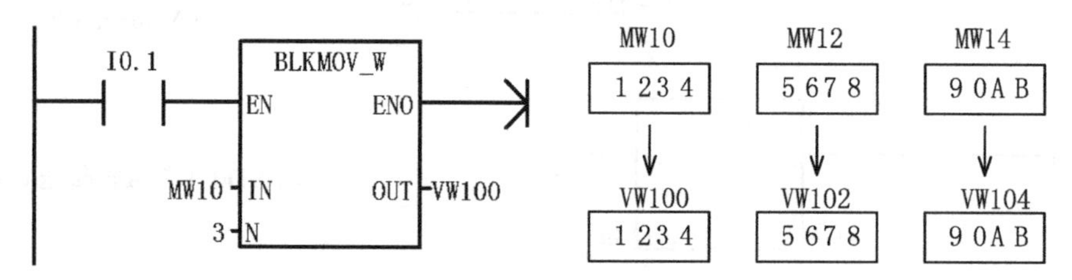

图 6-16　字块传送

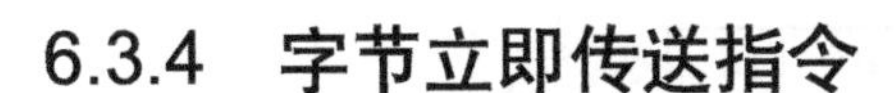

6.3.4 字节立即传送指令

1. 字节立即读（BIR）指令

字节立即读指令是将 IN 端的一个字节的输入继电器的数据立即存入 OUT 端的一个字节的元件中，这里的“立即”是指直接从输入端读取数据，而不是经过输入映像寄存器读取数据，输入映像寄存器并不刷新。

2. 字节立即写（BIW）指令

字节立即写指令是在执行程序阶段就直接将 IN 中读取数据写入物理输出（OUT），使输出继电器立即动作，而不是将数据写入输出映像寄存器，等到输出刷新阶段再输出。执行字节立即写指令时，同时也刷新相应的输出映像寄存器。

使 ENO=0 的错误条件：读物理输入 0006（间接寻址），不能访问扩展模块。

字节立即传送指令的梯形图、指令表格式及数据类型如表 6-14 所示。

表 6-14 字节立即传送指令

字节立即读	MOV_BIR EN ENO IN OUT	BIR IN,OUT	IN	IB、*VD、*LD、*AC	BYTE
			OUT	IB、QB、VB、MB、SMB、SB、LB、AC、*VD、*LD、*AC	
字节立即写	MOV_BIW EN ENO IN OUT	BIW IN,OUT	IN	IB、QB、VB、MB、SMB、SB、LB、AC、*VD、*LD、*AC、常数	BYTE
			OUT	QB、*VD、*LD、*AC	

例 6-9 8 个人参加智力抢答竞赛，用 8 个抢答按钮（I0.7～I0.0）和 8 个指示灯（Q0.7～Q0.0）。当主持人报完题目并按下按钮（I1.0）后，抢答者才可按按钮，先按按钮者灯亮，后按按钮者的灯不亮。

图 6-17 所示为 8 人抢答梯形图。初始状态 QB0=0，执行字节立即读指令，如按钮 I0.2 按下，IB0=2#00000100，执行字节立即读指令后 QB0=2#00000100，Q0.2 灯亮，由于 QB0>0，在下一个扫描周期比较接点断开，不再执行字节立即读指令，当其他按钮按下时不起作用。主持人按下按钮 I1.0，执行 MOV 指令，将 0 传送到 QB0，QB0=0，抢答灯灭，比较接点闭合，可进行下一轮抢答。

图 6-17 也可以用字节传送指令，但是输入数据每个扫描周期才能刷新一次，采用字节立即读指令可以直接从输入端读取数据，从而减少了扫描周期对程序的影响。

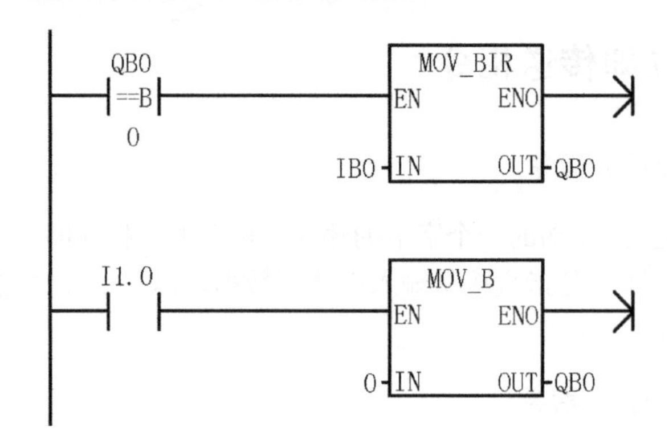

图 6-17　8 人抢答梯形图

6.3.5　字节交换指令

字节交换 SWAP 指令：用来交换输入字 IN 的高 8 位字节和低 8 位字节。

使 ENO=0 的错误条件：0006（间接寻址）。

字节交换指令的梯形图、指令表格式及数据类型如表 6-15 所示。

表 6-15　字节交换指令

指令名称	梯形图	指令表	软元件		数据类型
字节交换	SWAP EN　ENO IN	SWAP IN	IN	IW、QW、VW、MW、SMW、SW、T、C、LW、AIW、AC、*VD、*LD、*AC	WORD

字节交换指令的工作原理如图 6-18（a）所示，当 I0.10=1 时，将 QW0 中数据 16#1309 的高 8 位字节和低 8 位字节数据进行相互交换，结果 QW0 中的数据变为 16#0913。这条指令一般采用 P 指令。否则每个扫描周期都执行数据交换。

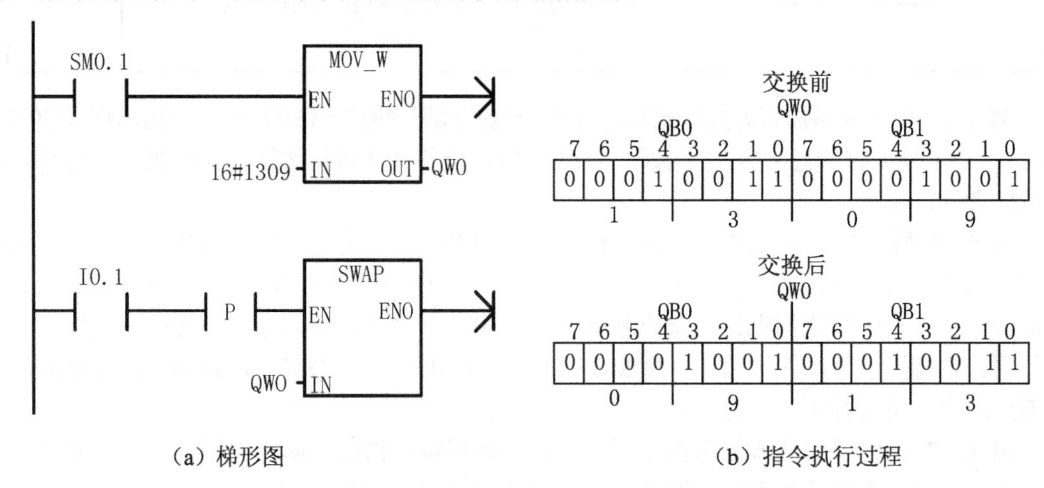

（a）梯形图　　（b）指令执行过程

图 6-18　字节交换指令的工作原理

6.4 逻辑操作指令

6.4.1 取反指令

字节取反（INVB）、字取反（INVW）和双字取反（INVD）指令用于将输入端 IN 取反的结果存入 OUT 中。

使 ENO=0 的错误条件：0006（间接寻址）。

受影响的 SM 标志位：SM1.0（结果为 0）。

取反指令的梯形图、指令表格式及数据类型如表 6-16 所示。

表 6-16 取反指令

指令名称	梯形图	指令表	软元件		数据类型
字节取反	INV_B (EN, ENO, IN, OUT)	INVB OUT	IN	IB、QB、VB、MB、SMB、SB、LB、AC、*VD、*LD、*AC、常数	BYTE
			OUT	IB、QB、VB、MB、SMB、SB、LB、AC、*VD、*LD、*AC	
字取反	INV_W (EN, ENO, IN, OUT)	INVW OUT	IN	IW、QW、VW、MW、SMW、SW、LW、T、C、AC、AIW、*VD、*LD、*AC、常数	WORD
			OUT	IW、QW、VW、MW、SMW、SW、T、C、LW、AIW、AC、*VD、*LD、*AC	
双字取反	INV_DW (EN, ENO, IN, OUT)	INVD OUT	IN	ID、QD、VD、MD、SMD、SD、LD、AC、HC、*VD、*LD、*AC、常数	DWORD
			OUT	ID、QD、VD、MD、SMD、SD、LD、AC、*VD、*LD、*AC	

例 6-10 求负数的绝对值。

由于 PLC 中的负数为补码，且负数的最高位为 1，所以，求负数的补码就是求它的绝对值。如图 6-19 所示，如 QW0 中的数据为-3，则 QW0 的最高位 Q0.7 为 1，求 QW0 的补码，也就是先将 QW0 取反再加一就是它的绝对值。

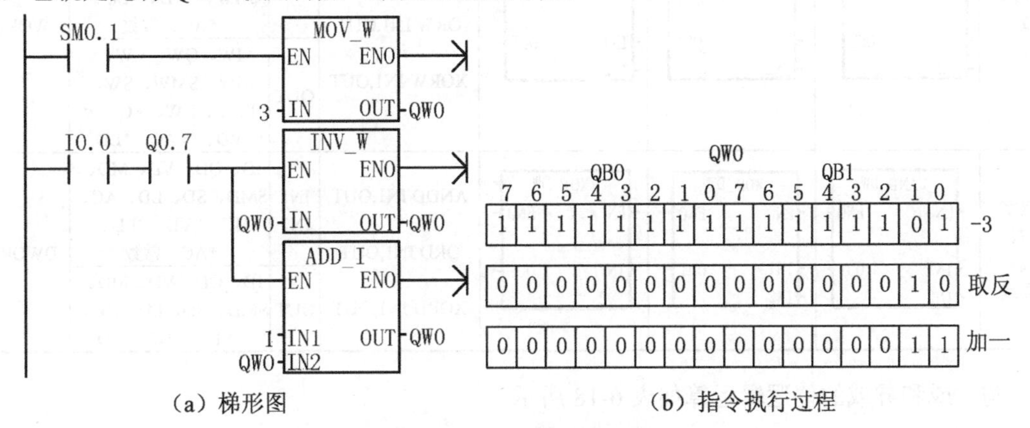

（a）梯形图　　（b）指令执行过程

图 6-19 求负数的绝对值

6.4.2 与、或和异或指令

1. 字节与、字与和双字与

字节与（ANDB）、字与（ANDW）和双字与（ANDD）指令将输入值 IN1 和 IN2 的相应位进行与操作，将结果存入 OUT 中。

2. 字节或、字或和双字或

字节或（ORB）、字或（ORW）和双字或（ORD）指令将两个输入值 IN1 和 IN2 的相应位进行或操作，将结果存入 OUT 中。

3. 字节异或、字异或和双字异或

字节异或（ROB）、字异或（ORW）和双字异或（ORD）指令将两个输入值 IN1 和 IN2 的相应位进行异或操作，将结果存入 OUT 中。

使 ENO=0 的错误条件：0006（间接寻址）。

受影响的 SM 标志位：SM1.0（结果为 0）。

与、或和异或指令的梯形图、指令表格式及数据类型如表 6-17 所示。

表 6-17　与、或和异或指令

指令名称	梯形图			指令表	软元件		数据类型
	与	或	异或				
字节与、或、异或	WAND_B EN ENO IN1 OUT IN2	WOR_B EN ENO IN1 OUT IN2	WXOR_B EN ENO IN1 OUT IN2	ANDB IN1,OUT ORB IN1,OUT XORB IN1,OUT	IN1 IN2	IB、QB、VB、MB、SMB、SB、LB、AC、*VD、*LD、*AC、常数	BYTE
					OUT	IB、QB、VB、MB、SMB、SB、LB、AC、*VD、*AC、*LD	
字与、或、异或	WAND_W EN ENO IN1 OUT IN2	WOR_W EN ENO IN1 OUT IN2	WXOR_W EN ENO IN1 OUT IN2	ANDW IN1,OUT ORW IN1,OUT XORW IN1,OUT	IN1 IN2	I W、QW、VW、MW、SMW、SW、LW、T、C、AC、AIW、*VD、*LD、*AC、常数	WORD
					OUT	IW、QW、VW、MW、SMW、SW、T、C、LW、AC、*VD、*AC、*LD	
双字与、或、异或	WAND_DW EN ENO IN1 OUT IN2	WOR_DW EN ENO IN1 OUT IN2	WXOR_DW EN ENO IN1 OUT IN2	ANDD IN1,OUT ORD IN1,OUT XORD IN1,OUT	IN1 IN2	ID、QD、VD、MD、SMD、SD、LD、AC、HC、*VD、*LD、*AC、常数	DWORD
					OUT	ID、QD、VD、MD、SMD、SD、LD、AC、*VD、*AC、*LD	

与、或和异或的位逻辑运算如表 6-18 所示。

表 6-18 位逻辑运算表

IN1	1	0	1	0
IN2	1	1	0	0
与运算（×）	1×1=1	0×1=0	1×0=0	0×0=0
或运算（+）	1+1=1	0+1=1	1+0=1	0+0=0
异或运算（⊕）	1 ⊕ 1=0	0 ⊕ 1=1	1 ⊕ 0=1	0 ⊕ 0=0

例 6-11 将指定位数据部分复位。

在 PLC 中的数值可采用 R 等指令对数值进行复位，如果要对数据的其中一部分进行复位，可以用逻辑字与指令 WAND 来实现。将需要复位的位数据与 0 相与，将需要保留的位数据与 1 相与即可。例如，QW0 中的数值为 16#3635，将前两位 36 复位，保留后两位数据 35，可用常数 16#00FF 和 QW0 进行逻辑字与运算，如图 6-20 所示。

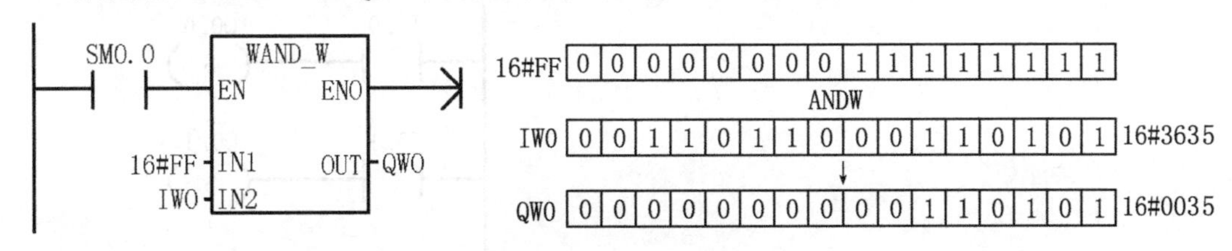

图 6-20 将数据部分复位

例 6-12 用与、或和异或指令简化电路。

图 6-21 所示为由 WANDB 指令来代替 8 个两接点串联输出回路，以简化电路。

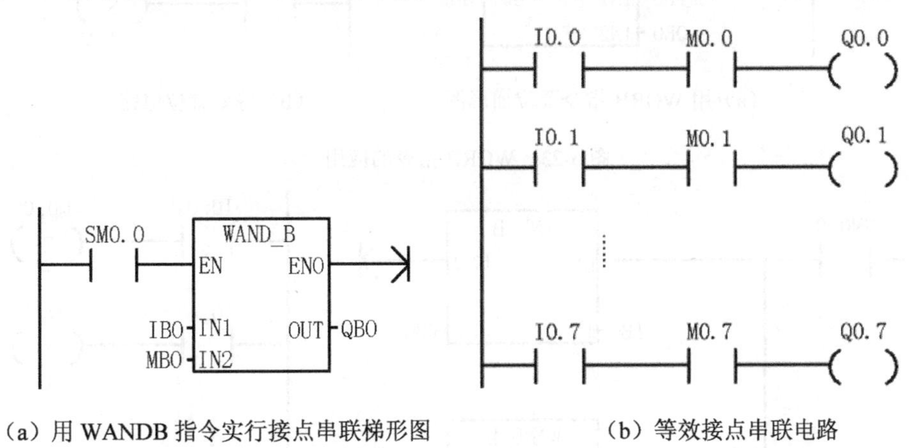

（a）用 WANDB 指令实行接点串联梯形图　　（b）等效接点串联电路

图 6-21 WANDB 指令的应用

图 6-22 所示为由 WXORB 指令来代替 8 个交替输出电路（二分频电路），例如，可以用 8 个按钮 I0.0～I0.7 分别控制 8 台电动机 Q0.0～Q0.7 的启动停止。

图 6-23 所示为由 WORB 指令来代替 8 个置位输出回路。

图 6-24 所示为用取反指令和字节与指令 WANDB 来代替 8 个复位输出回路。

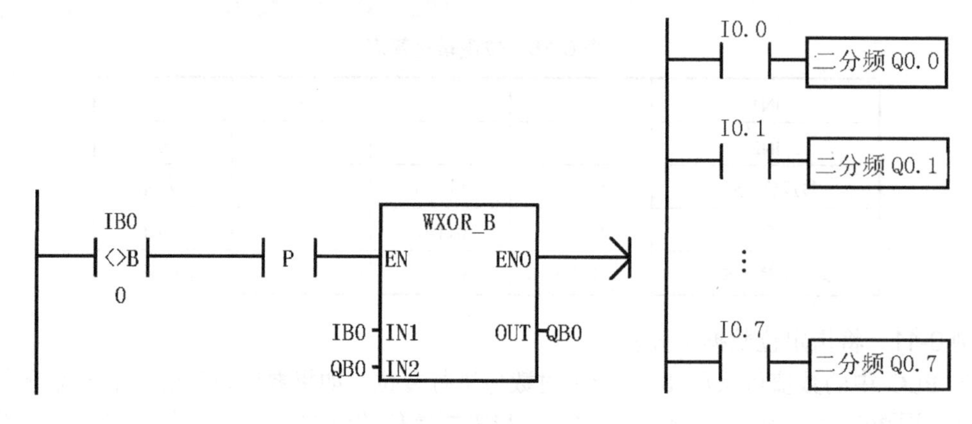

（a）用 WXORB 指令二分频梯形图　　（b）等效二分频电路

图 6-22　WXORB 指令的应用

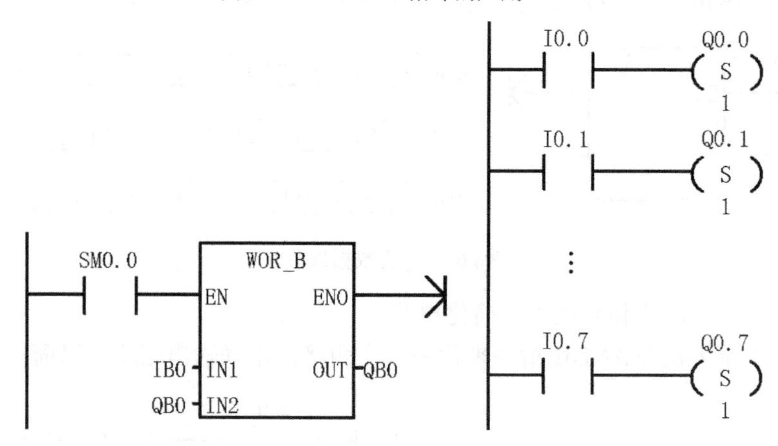

（a）用 WORB 指令置位梯形图　　（b）等效置位电路

图 6-23　WORB 指令的应用

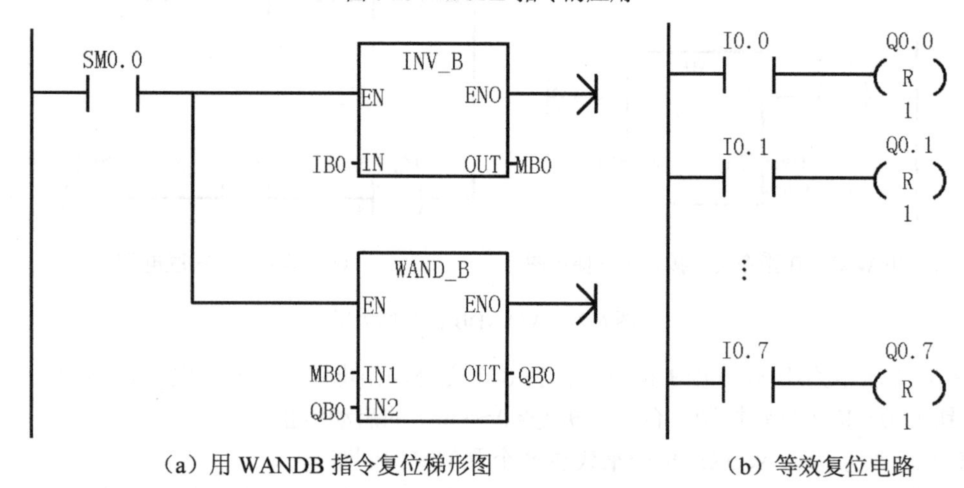

（a）用 WANDB 指令复位梯形图　　（b）等效复位电路

图 6-24　WANDB 指令的应用

6.5 转 换 指 令

6.5.1 数据类型转换指令

数据类型转换指令有下列几种：

（1）字节转整数（BTI）。

（2）整数转字节（ITB）。

（3）整数转双整数（ITD）。

（4）双整数转整数（DTI）。

（5）双整数转实数（DTR）。

以上指令是将输入值 IN 转换为指定的格式并存储到由 OUT 指定的软元件中。

数据类型转换指令的梯形图、指令表格式及数据类型如表 6-19 所示。

表 6-19 数据类型转换

指令名称	梯形图	指令表	软元件		数据类型
字节转整数	B_I EN ENO IN OUT	BTI IN,OUT	IN	IB、QB、VB、MB、SMB、SB、LB、AC、*VD、*LD、*AC、常数	BYTE
			OUT	IW、QW、VW、MW、SMW、SW、T、C、LW、AIW、AC、*VD、*LD、*AC	INT
整数转字节	I_B EN ENO IN OUT	ITB IN,OUT	IN	IW、QW、VW、MW、SMW、SW、T、C、LW、AIW、AC、*VD、*LD、*AC、常数	INT
			OUT	IB、QB、VB、MB、SMB、SB、LB、AC、*VD、*LD、*AC	BYTE
整数转双整数	I_DI EN ENO IN OUT	ITD IN,OUT	IN	IW、QW、VW、MW、SMW、SW、T、C、LW、AIW、AC、*VD、*LD、*AC、常数	INT
			OUT	ID、QD、VD、MD、SMD、SD、LD、AC、*VD、*LD、*AC	DINT
双整数转整数	DI_I EN ENO IN OUT	DTI IN,OUT	IN	ID、QD、VD、MD、SMD、SD、LD、HC、AC、*VD、*LD、*AC、常数	DINT
			OUT	IW、QW、VW、MW、SMW、SW、T、C、LW、AIW、AC、*VD、*LD、*AC	INT
双整数转实数	DI_R EN ENO IN OUT	DTR IN,OUT	IN	ID、QD、VD、MD、SMD、SD、LD、HC、AC、*VD、*LD、*AC、常数	DINT
			OUT	ID、QD、VD、MD、SMD、SD、LD、AC、*VD、*LD、*AC	REAL

1．字节转整数（BTI）指令

字节转整数指令将字节值 IN 转换成整数值，并且存入 OUT 指定的变量中。字节是无符号的，因而没有符号位扩展。

使 ENO=0 的错误条件：0006（间接寻址）。

字节转整数指令梯形图示例如图 6-25 所示。

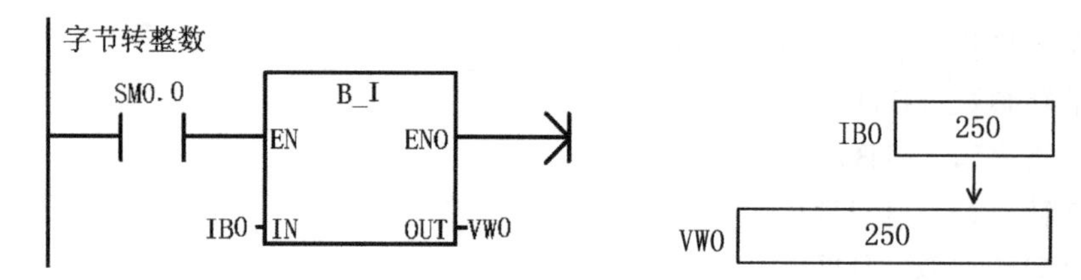

图 6-25　字节转整数指令

2．整数转字节（ITB）指令

整数转字节指令将一个字的值 IN 转换成一个字节值，并且存入 OUT 指定的变量中。由于字节的数值范围为 0～255。当超过 255 时将不执行转换，输出不会改变。

使 ENO=0 的错误条件：SM1.1（溢出），0006（间接寻址）。

受影响的 SM 标志位：SM1.1（溢出）。

如果想将一个整数转换成实数，先用整数转双整数指令，再用双整数转实数指令。

整数转字节指令梯形图示例如图 6-26 所示。

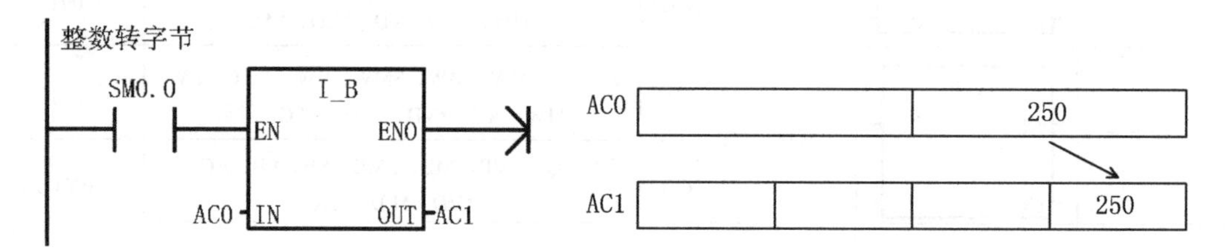

图 6-26　整数转字节指令

3．整数转双整数（ITD）指令

整数转双整数指令将整数值 IN 转换成双整数值，并且存入 OUT 指定的变量中。符号位扩展到高字节中。

使 ENO=0 的错误条件：0006（间接寻址）。

整数转双整数指令梯形图示例如图 6-27 所示。

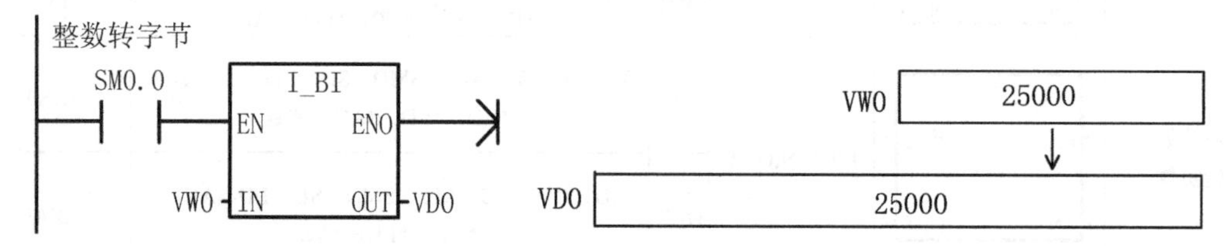

图 6-27　整数转双整数指令

4. 双整数转整数（DTI）指令

双整数转整数指令将一个双整数值 IN 转换成一个整数值，并将结果存入 OUT 指定的变量中。

如果所转换的数值太大以致无法在输出中表示，则溢出标志位置位，并且输出不会改变。

受影响的 SM 标志位：SM1.1（溢出）。

使 ENO=0 的错误条件：SM1.1（溢出），0006（间接寻址）。

双整数转整数指令梯形图示例如图 6-28 所示。

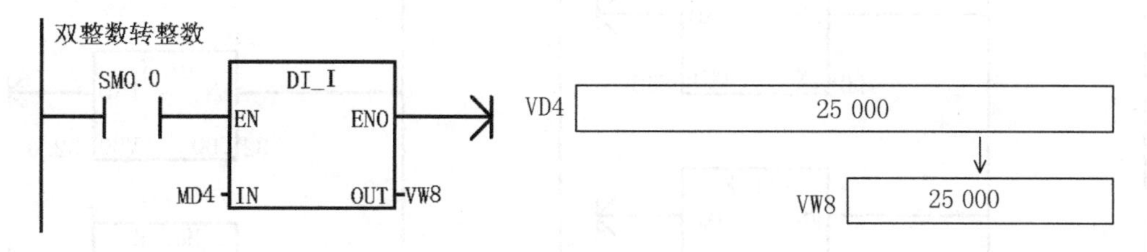

图 6-28 双整数转整数指令

5. 双整数转实数（DTR）指令

双整数转实数指令将一个 32 位，有符号整数值 IN 转换成一个 32 位实数，并将结果存入 OUT 指定的变量中。

使 ENO=0 的错误条件：0006（间接寻址）。

双整数转实数指令梯形图示例如图 6-29 所示。

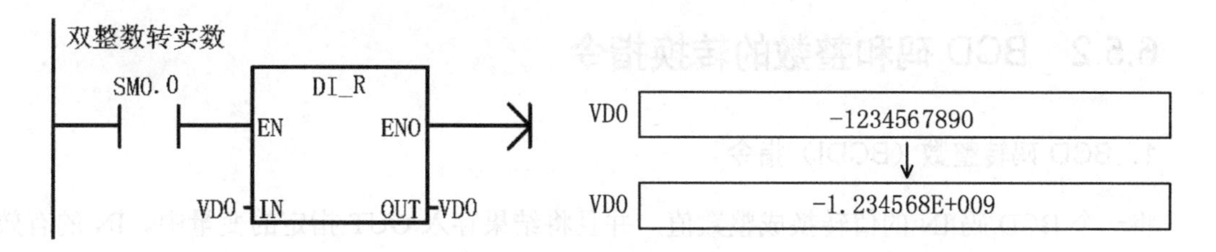

图 6-29 双整数转实数指令

例 6-13 求 $y=-0.25x+0.5$ 的值。x 的数值范围为 0～255，由 IB0 输入。

该公式为实数的计算，应把 IB0 转换成实数，可以先把 IB0 字节转换成整数，再把整数转换成双整数，由双整数转换成实数，求 $y=-0.25x+0.5$ 的梯形图示例如图 6-30 所示。

例如，当 IB0=32 时，计算结果如图 6-30（b）所示。x 的数值由 IB0 输入，先把 IB0 中的值转换成 16 位整数存放在 VW0 中，将 VW0 转换成 32 位双整数存放在 VD0 中，再将 VD0 转换成实数存放在 VD4 中，VD4 中存放的就是 x 的实数形式。计算结果为-7.5。

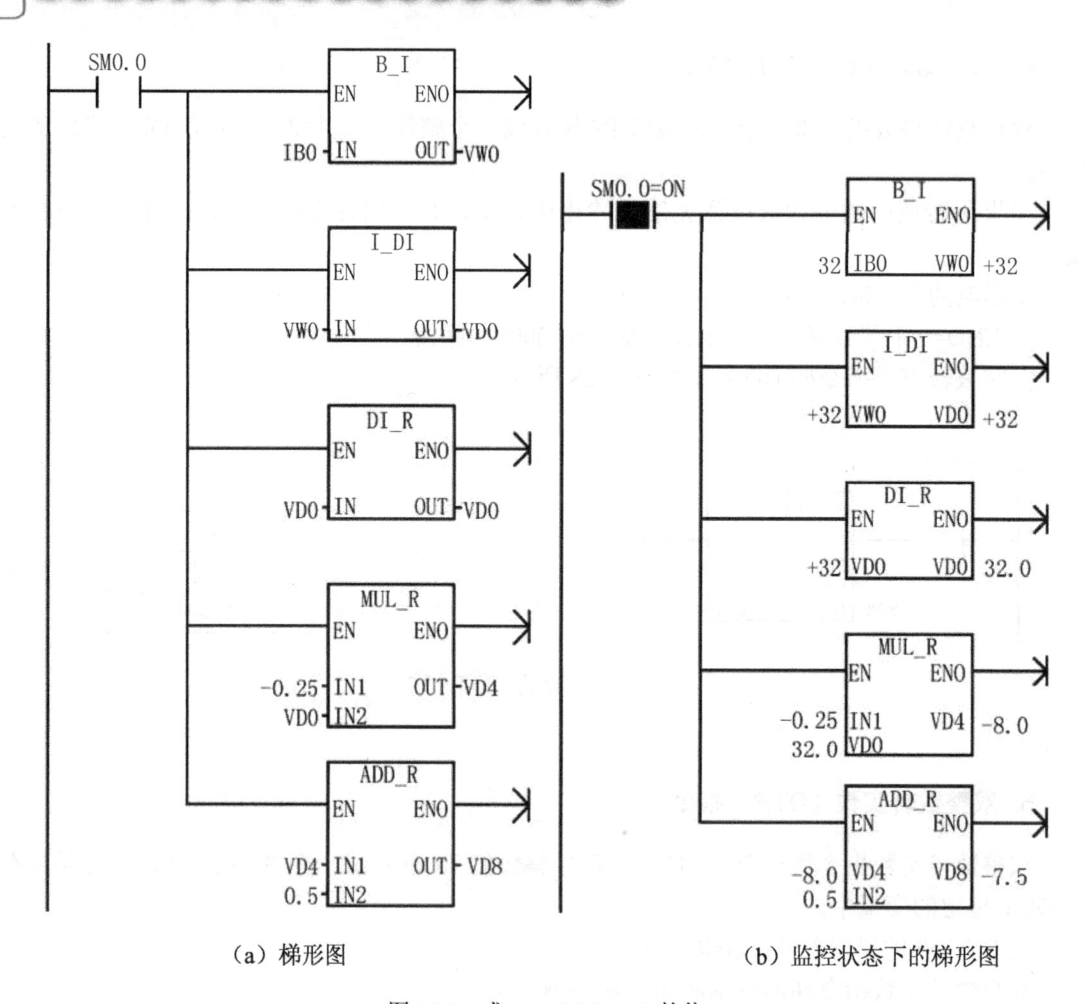

（a）梯形图　　　（b）监控状态下的梯形图

图 6-30　求 $y=-0.25x+0.5$ 的值

6.5.2　BCD 码和整数的转换指令

1．BCD 码转整数（BCDI）指令

将一个 BCD 码 IN 的值转换成整数值，并且将结果存入 OUT 指定的变量中。IN 的有效范围是 0～9 999 的 BCD 码。

使 ENO=0 的错误条件：SM1.6（无效的 BCD 码），0006（间接寻址）。

2．整数转 BCD 码（IBCD）指令

将输入的整数值 IN 转换成 BCD 码，并且将结果存入 OUT 指定的变量中。IN 的有效范围是 0～9 999 的整数。

受影响的 SM 标志位：SM1.6（无效的 BCD 码）。

BCD 码和整数的转换指令的梯形图、指令表格式及数据类型如表 6-20 所示。

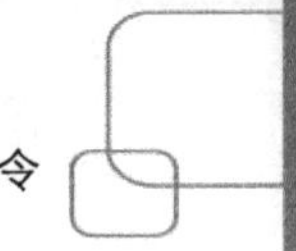

表 6-20 BCD 码和整数转换

指令名称	梯形图	指令表	软元件		数据类型
BCD 码转整数	BCD_I EN ENO IN OUT	BCDI OUT	IN	IW、QW、VW、MW、SMW、SW、T、C、LW、AIW、AC、*VD、*LD、*AC、常数	WORD
			OUT	IW、QW、VW、MW、SMW、SW、T、C、LW、AIW、AC、*VD、*LD、*AC	
整数转 BCD 码	I_BCD EN ENO IN OUT	IBCD OUT	IN	IW、QW、VW、MW、SMW、SW、T、C、LW、AIW、AC、*VD、*LD、*AC、常数	
			OUT	IW、QW、VW、MW、SMW、SW、T、C、LW、AIW、AC、*VD、*LD、*AC	

BCD 码转整数指令和整数转 BCD 码指令梯形图示例如图 6-31 所示。

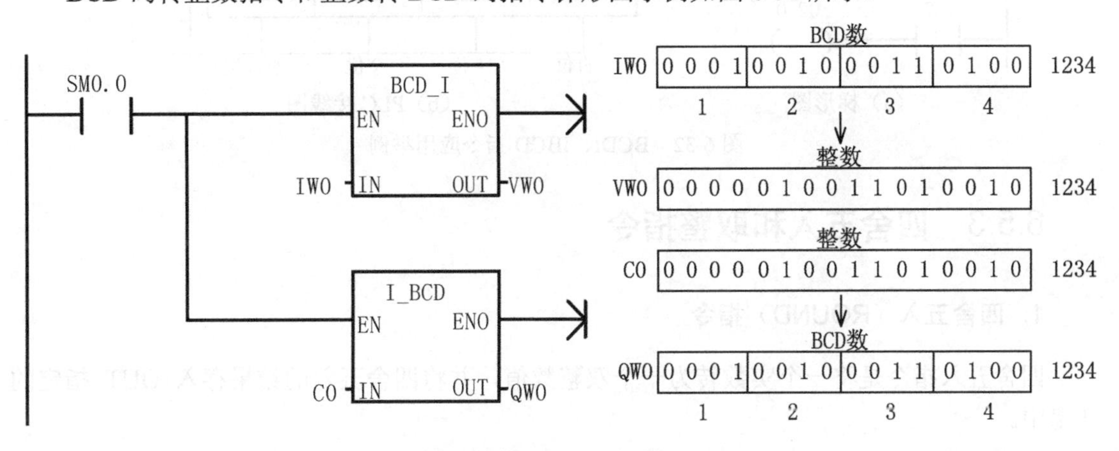

图 6-31 BCDI、IBCD 指令示例

例 6-14 用 4 位 BCD 码数字开关间接设定的定时器的设定值。用 4 位数码管显示定时器的当前值。

图 6-32 所示为一个间接设定的定时器，其定时器 T37 的设定值由 4 个 BCD 码数字开关经输入继电器 I1.7～I0.0（IW0）存放到 VW0 中，由于 T37 的设定值为二进制数，所以，必须将 4 位 BCD 码数字转换成二进制数。VW0 中的值作为定时器 T37 的设定值。

用 4 位数码管显示定时器 T37 的当前值，T37 中的当前值是以二进制数存放的，而 4 位数码管的显示要用 BCD 码，所以，必须将 T37 的二进制数转换成 BCD 码输出，由输出继电器 Q1.7～Q0.0（QW0）经外部 BCD 译码电路驱动 4 位数码管。

例如，数字开关设定值为 1234，即 T37 的设定值为 123.4s，将 BCD 码 1234 转换成二进制或十六进制数为 16#4D2，当 I2.0=1 时，T37 开始计时；当达到设定值 VW0（123.4s）时，T37 接点闭合，Q2.0 得电；T37 超过设定值还会继续计时，当 T37 当前值大于设定值 VW0 时，比较接点断开 IBCD 指令，让数码管只显示设定值（123.4s）。

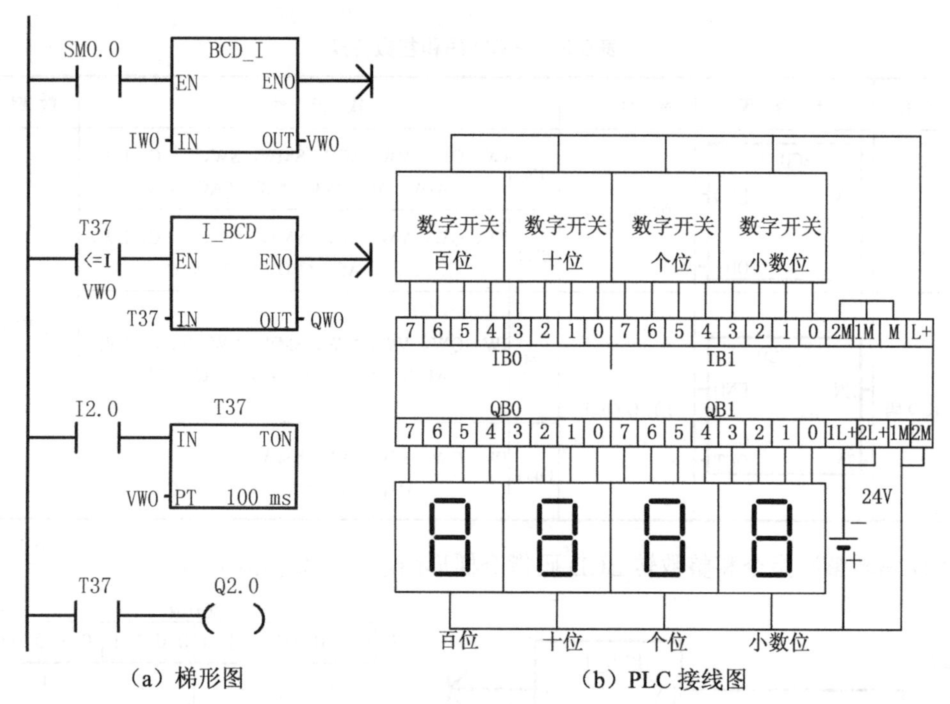

（a）梯形图　　（b）PLC 接线图

图 6-32　BCDI、IBCD 指令应用举例

6.5.3　四舍五入和取整指令

1．四舍五入（ROUND）指令

四舍五入指令是将一个实数转为一个双整数值，并将四舍五入的结果存入 OUT 指定的变量中。

2．取整（TRUNC）指令

取整指令是将一个实数转为一个双整数值，并将实数的整数部分作为结果存入 OUT 指定的变量中。

四舍五入和取整指令的梯形图、指令表格式及数据类型如表 6-21 所示。

表 6-21　取整指令

指令名称	梯形图	指令表	软元件		数据类型
四舍五入取整	ROUND EN　ENO IN　OUT	ROUND IN,OUT	IN	ID、QD、VD、MD、SMD、SD、LD、AC、*VD、*LD、*AC、常数	REAL
			OUT	ID、QD、VD、MD、SMD、SD、LD、AC、*VD、*LD、*AC	DINT
舍去小数取整	TRUNC EN　ENO IN　OUT	TRUNC IN,OUT	IN	ID、QD、VD、MD、SMD、SD、LD、AC、*VD、*LD、*AC、常数	REAL
			OUT	ID、QD、VD、MD、SMD、SD、LD、AC、*VD、*LD、*AC	DINT

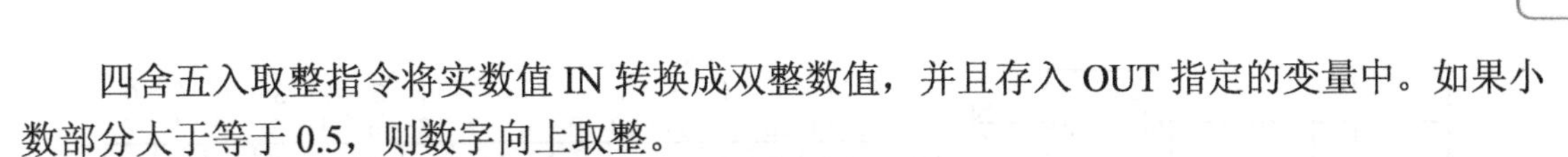

四舍五入取整指令将实数值 IN 转换成双整数值，并且存入 OUT 指定的变量中。如果小数部分大于等于 0.5，则数字向上取整。

取整指令将一个实数值 IN 转换成一个双整数，并且存入 OUT 指定的变量中。只有实数的整数部分被转换，小数部分舍去。

使 ENO=0 的错误条件：SM1.1（溢出），0006（间接寻址）。

受影响的 SM 标志位：SM1.1（溢出）。

如果所转换的不是一个有效的实数，或者其数值太大以致无法在输出中表示，则溢出标志位置位并且输出不会改变。

6.5.4 编码和解码指令

1．编码（ENCO）指令

编码指令用于将输入字 IN 的最低有效位的位号写入输出字节 OUT 的最低有效“半字节”（4 位）中。

2．译码（DECO）指令

译码指令根据输入字节 IN 的低四位所表示的位置号输出字 OUT 的相应位为 1。输出字的所有其他位都清零。

使 ENO=0 的错误条件：0006（间接寻址）。

编码和解码指令的梯形图、指令表格式及数据类型如表 6-22 所示。

表 6-22 编码和解码指令

指令名称	梯形图	指令表	软元件		数据类型
译码	DECO EN ENO IN OUT	DECO IN, OUT	IN	IB、QB、VB、MB、SMB、SB、LB、AC、*VD、*LD、*AC、常数	BYTE
			OUT	IW、QW、VW、MW、SMW、SW、T、C、LW、AIW、AC、*VD、*LD、*AC	WORD
编码	ENCO EN ENO IN OUT	ENCO IN, OUT	IN	IW、QW、VW、MW、SMW、SW、T、C、LW、AIW、AC、*VD、*LD、*AC	WORD
			OUT	IB、QB、VB、MB、SMB、SB、LB、AC、*VD、*LD、*AC、常数	BYTE

编码和解码指令的工作过程如图 6-33 所示，例如，当 IW0 数据有两个 1，最低位为 1 的编号在第 9 位（即 IB0.1=1），执行编码指令 ENCO 后，VB0 的低半字节为 9（IW0 数据最低位为 1 的编号）。

再执行解码指令 DECO 后，VB0 中的 9 经解码，使 QW0 的第 9 位置位（即 QB0.1=1）。

例 6-15 8 位选择开关。

如图 6-34 所示，用按钮 I0.0 对 MB0 进行加 1 控制，当 MB0=8 时，按钮 I0.0 不起作用。用按钮 I0.1 对 MB0 进行减 1 控制，当 MB0=0 时，按钮 I0.1 不起作用。由 DECO 指令将 MB0 的二进制数进行译码，组成 8 个轮流闭合的接点 V0.0～V0.7，可以代替 8 个输入接点。

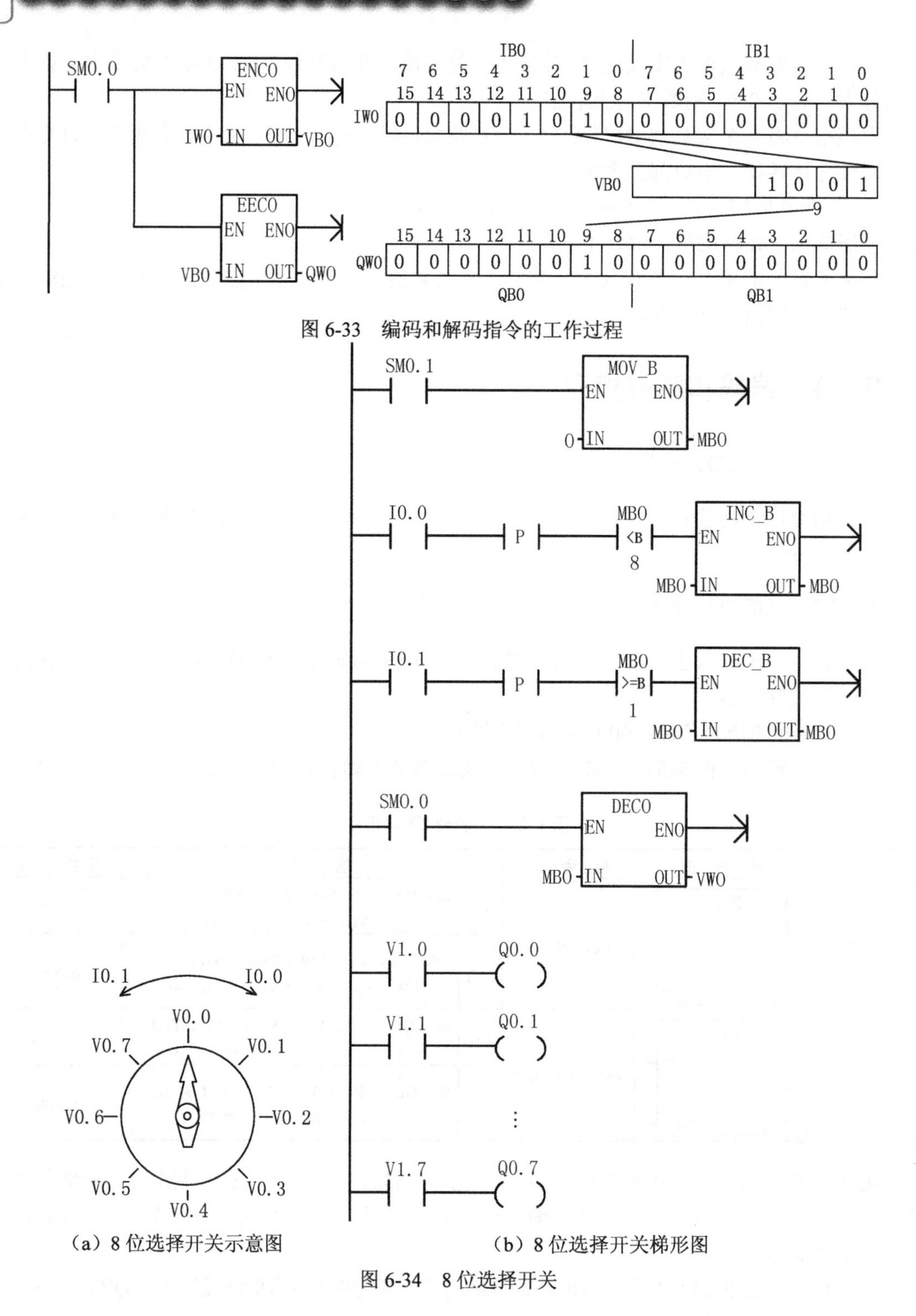

图 6-33　编码和解码指令的工作过程

（a）8 位选择开关示意图　　（b）8 位选择开关梯形图

图 6-34　8 位选择开关

6.5.5　七段码指令

七段码（SEG）指令用于将一位十六进制数转换成七段码显示器的编码，由七段码显示器显示其对应的十六进制数字，如表6-23所示。

使ENO=0的错误条件：0006（间接寻址）。

表6-23　七段码笔画

输入数据		七段码显示器	输出笔画								显示字符
十六进制	二进制			g	f	e	d	c	b	a	
			7	6	5	4	3	2	1	0	
0	0000		0	0	1	1	1	1	1	1	0
1	0001		0	0	0	0	0	1	1	0	1
2	0010		0	1	0	1	1	0	1	1	2
3	0011		0	1	0	0	1	1	1	1	3
4	0100	a f b g e c d	0	1	1	0	0	1	1	0	4
5	0101		0	1	1	0	1	1	0	1	5
6	0110		0	1	1	1	1	1	0	1	6
7	0111		0	0	1	0	0	1	1	1	7
8	1000		0	1	1	1	1	1	1	1	8
9	1001		0	1	1	0	1	1	1	1	9
A	1010		0	1	1	1	0	1	1	1	A
B	1011		0	1	1	1	1	1	0	0	b
C	1100		0	0	1	1	1	0	0	1	C
D	1101		0	1	0	1	1	1	1	0	d
E	1110		0	1	1	1	1	0	0	1	E
F	1111		0	1	1	1	0	0	0	1	F

七段码指令的梯形图、指令表格式及数据类型如表6-24所示。

表6-24　七段码指令

指令名称	梯形图	指令表	软元件		数据类型
七段码显示	SEG EN　ENO IN　OUT	SEG IN, OUT	IN	IB、QB、VB、MB、SMB、SB、LB、AC、*VD、*LD、*AC、常数	BYTE
			OUT	IB、QB、VB、MB、SMB、SB、LB、AC、*VD、*LD、*AC	

要点亮七段码显示器中的笔画，可以使用段码指令。段码指令将IN中指定的字符（字节）转换生成一个七段码显示器中的笔画并存入OUT指定的变量中。

例6-16　用4个七段数码管显示时间的分秒。

如图6-35所示，当I0.0=1时，计时器C0对秒脉冲计数，将C0除以60，结果放在MD0中，其中，MW2中存放的是分钟，MW0中存放的是秒。将秒MW0转换成BCD数存放MW4中，将分钟MW2转换成BCD数存放MW6中，将MB7的低4位（分钟的个位）经七段码指令输出到QB1显示分钟的个位。将MB5的低4位（秒的个位）经七段码指令输出到QB3显示秒的个位。将MD4右移4位，结果存放到MD8中，将MB11的低4位（分钟的十位）经七段码指令输出到 QB0 显示分钟的十位，将 MB9 的低 4 位（秒的十位）经七段码指令输出到 QB3 显示秒的十位。

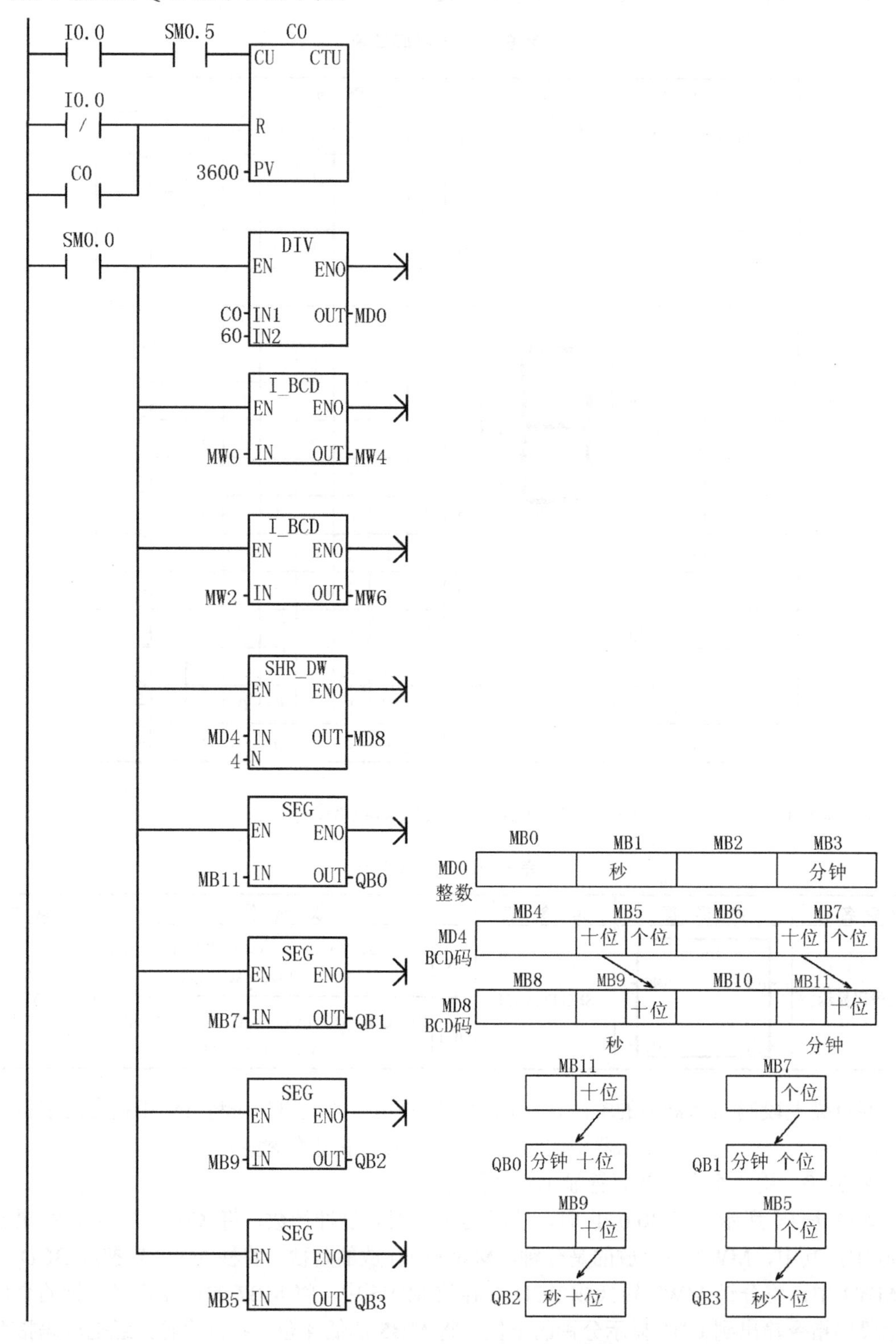

图 6-35　用 4 个七段数码管显示时间的分秒

6.6 移 位 指 令

6.6.1 右移和左移指令

移位指令将输入值IN右移或左移*N*位，并将结果装载到输出OUT中。

移位指令对移出的位自动补零。如果位数 *N* 大于或等于最大允许值（对于字节操作为8，对于字操作为 16，对于双字操作为 32），那么移位操作的次数为最大允许值。如果移位次数大于0，溢出标志位（SM1.1）上就是最近移出的位值。如果移位操作的结果为0，零存储器位（SM1.0）置位。

字节操作是无符号的。对于字和双字操作，当使用有符号数据类型时，符号位也被移动。

使ENO=0的错误条件：0006（间接寻址）。

受影响的SM标志位：SM1.0（结果为0），SM1.1（溢出）。

右移和左移指令的梯形图、指令表格式及数据类型如表6-25所示。

表6-25　右移和左移指令

指令名称	梯形图	指令表	软元件		数据类型
字节左移	SHL_B EN ENO IN OUT N	SLB OUT, N	IN	IB、QB、VB、MB、SMB、SB、LB、AC、*VD、*LD、*AC、常数	BYTE
			OUT	IB、QB、VB、MB、SMB、SB、LB、AC、*VD、*LD、*AC	
			N	IB、QB、VB、MB、SMB、SB、LB、AC、*VD、*LD、*AC、常数	
字左移	SHL_W EN ENO IN OUT N	SLW OUT, N	IN	IW、QW、VW、MW、SMW、SW、LW、T、C、AC、AIW、*VD、*LD、*AC、常数	WORD
			OUT	IW、QW、VW、MW、SMW、SW、T、C、LW、AIW、AC、*VD、*LD、*AC	
			N	IB、QB、VB、MB、SMB、SB、LB、AC、*VD、*LD、*AC、常数	BYTE
双字左移	SHL_DW EN ENO IN OUT N	SLD OUT, N	IN	ID、QD、VD、MD、SMD、SD、LD、AC、HC、*VD、*LD、*AC、常数	DWORD
			OUT	ID、QD、VD、MD、SMD、SD、LD、AC、*VD、*LD、*AC	
			N	IB、QB、VB、MB、SMB、SB、LB、AC、*VD、*LD、*AC、常数	BYTE

续表

指令名称	梯形图	指令表	软元件		数据类型
字节右移	SHL_DW EN ENO IN OUT N	SRB OUT, N	IN	IB、QB、VB、MB、SMB、SB、LB、AC、*VD、*LD、*AC、常数	BYTE
			OUT	IB、QB、VB、MB、SMB、SB、LB、AC、*VD、*LD、*AC	
			N	IB、QB、VB、MB、SMB、SB、LB、AC、*VD、*LD、*AC、常数	
字右移	SHR_W EN ENO IN OUT N	SRW OUT, N	IN	IW、QW、VW、MW、SMW、SW、LW、T、C、AC、AIW、*VD、*LD、*AC、常数	WORD
			OUT	IW、QW、VW、MW、SMW、SW、T、C、LW、AIW、AC、*VD、*LD、*AC	
			N	IB、QB、VB、MB、SMB、SB、LB、AC、*VD、*LD、*AC、常数	BYTE
双字右移	SHR_DW EN ENO IN OUT N	SRD OUT, N	IN	ID、QD、VD、MD、SMD、SD、LD、AC、HC、*VD、*LD、*AC、常数	DWORD
			OUT	ID、QD、VD、MD、SMD、SD、LD、AC、*VD、*LD、*AC	
			N	IB、QB、VB、MB、SMB、SB、LB、AC、*VD、*LD、*AC、常数	BYTE

例 6-17 8 灯循环闪亮。

用一个开关控制 8 个灯，每秒亮一个灯，从左到右依次闪亮，不断重复上述循环过程。

根据控制要求，可采用字节左移 SLB 来控制，如图 6-36 所示。

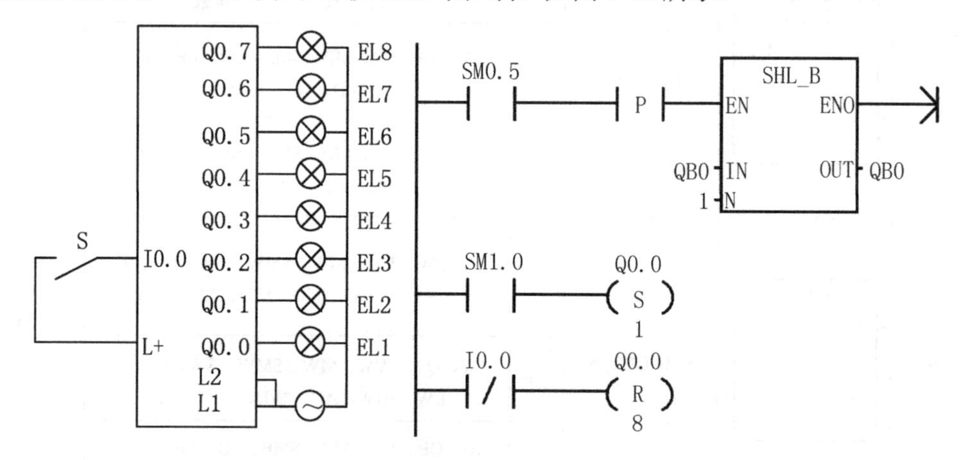

图 6-36 8 灯循环闪亮接线图和梯形图

初始状态下，开关 S 未闭合时，I0.0 常闭接点闭合，使 Q0.0～Q0.7（QB0）复位，由于 Q0.0～Q0.7 均为 0（QB0=0），所以 SM1.0=1，开关 S 闭合后，Q0.0 置位为 1，此时由于 Q0.0=1，QB0≠0，结果 SM1.0=0，SM1.0 常开接点断开。

SM0.5 每隔 1s 发出一个脉冲，对 MB0 进行一次移位，移位的结果是 Q0.0～Q0.7 的 8 点输出依次为 1，8 个灯依次点亮，当 Q0.7=1，再移位一次，Q0.0～Q0.7 均为 0，SM1.0=1，Q0.0 置位为 1，进行下一个循环移位，并不断执行上述过程。

当控制开关 S 断开，Q0.7～Q0.0 全部复位为 0。

例 6-18 拔河比赛。

用 7 个灯排成一条直线，如图 6-37 所示。开始时，裁判按下开始按钮，中间一个灯亮表示拔河绳子的中点，游戏的双方各持一个按钮，游戏开始，双方都快速不断地按动按钮，每按一次按钮，亮点向本方移动一位。当亮点移动到本方的端点时，这一方获胜，并保持灯一直亮，双方的按钮不再起作用。

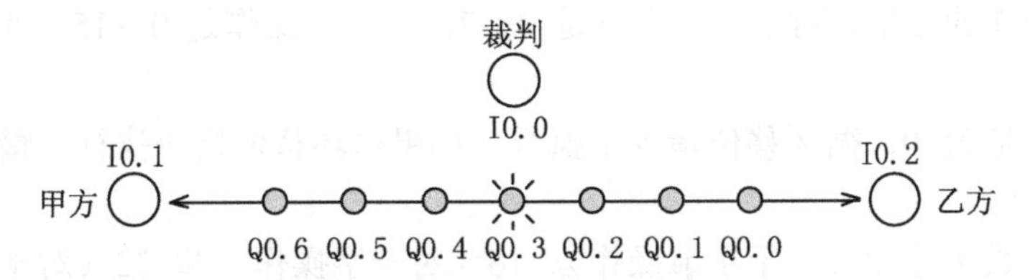

图 6-37 拔河比赛示意图

当裁判再次按下开始按钮时，亮点回到中间，即可重新开始。

拔河比赛控制梯形图如图 6-38 所示，裁判按下开始按钮 I0.0，M0.0.0 线圈得电并自锁，M0.0 接点接通左移右移指令回路，I0.0 上升沿脉冲将 8 传送到 QB0 中，QB0=2#0001000 使 Q0.3=1，拔河绳子的中点灯亮。

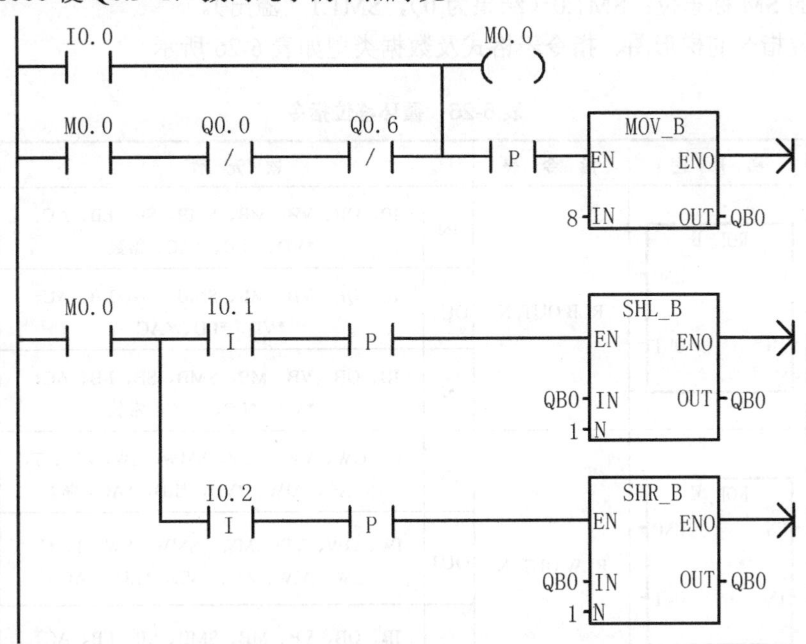

图 6-38 拔河比赛控制梯形图

甲方快速按动按钮 I0.1，使 QB0 中的数据左移，乙方快速按动按钮 I0.2，使 QB0 中的数据右移，假设甲方速度快，使 Q0.6=1，Q0.6 常闭接点断开 M0.0 线圈，M0.0 常开接点断开左右移回路，双方的按钮不再起作用。

当裁判再次按下开始按钮 I0.0 时，即可重新开始。

6.6.2 循环右移和循环左移指令

循环移位指令将输入值 IN 循环右移或者循环左移 *N* 位，并将输出结果装载到 OUT 中。循环移位是圆形的。

如果位数 *N* 大于或者等于最大允许值（对于字节操作为 8，对于字操作为 16，对于双字操作为 32），S7-200 在执行循环移位之前，会执行取模操作，得到一个有效的移位次数。移位位数的取模操作的结果，对于字节操作是 0～7，对于字操作是 0～15，而对于双字操作是 0～31。

如果移位次数为 0，循环移位指令不执行。如果循环移位指令执行，最后一个移位的值会复制到溢出。

如果移位次数不是 8（对于字节操作）、16（对于字操作）和 32（对于双字操作）的整数倍，最后被移出的位会被复制到溢出标志位（SM1.1）。当要被循环移位的值是零时，零标志位（SM1.0）被置位。

字节操作是无符号的。对于字和双字操作，当使用有符号数据类型时，符号位也被移位。

使 ENO=0 的错误条件：0006（间接寻址）。

受影响的 SM 标志位：SM1.0（结果为 0），SM1.1（溢出）。

循环移位指令的梯形图、指令表格式及数据类型如表 6-26 所示。

表 6-26 循环移位指令

指令名称	梯形图	指令表	软元件		数据类型
字节循环左移	ROL_B: EN ENO, IN OUT, N	RLB OUT, N	IN	IB、QB、VB、MB、SMB、SB、LB、AC、*VD、*LD、*AC、常数	BYTE
			OUT	IB、QB、VB、MB、SMB、SB、LB、AC、*VD、*LD、*AC	BYTE
			N	IB、QB、VB、MB、SMB、SB、LB、AC、*VD、*LD、*AC、常数	BYTE
字循环左移	ROL_W: EN ENO, IN OUT, N	RLW OUT, N	IN	IW、QW、VW、MW、SMW、SW、LW、T、C、AC、AIW、*VD、*LD、*AC、常数	WORD
			OUT	IW、QW、VW、MW、SMW、SW、T、C、LW、AIW、AC、*VD、*LD、*AC	WORD
			N	IB、QB、VB、MB、SMB、SB、LB、AC、*VD、*LD、*AC、常数	BYTE
双字循环左移	ROL_DW: EN ENO, IN OUT, N	RLD OUT, N	IN	ID、QD、VD、MD、SMD、SD、LD、AC、HC、*VD、*LD、*AC、常数	DWORD
			OUT	ID、QD、VD、MD、SMD、SD、LD、AC、*VD、*LD、*AC	DWORD
			N	IB、QB、VB、MB、SMB、SB、LB、AC、*VD、*LD、*AC、常数	BYTE

续表

指令名称	梯形图	指令表	软元件		数据类型
字节循环右移	ROR_B EN ENO IN OUT N	RRB OUT, N	IN	IB、QB、VB、MB、SMB、SB、LB、AC、*VD、*LD、*AC、常数	BYTE
			OUT	IB、QB、VB、MB、SMB、SB、LB、AC、*VD、*LD、*AC	
			N	IB、QB、VB、MB、SMB、SB、LB、AC、*VD、*LD、*AC、常数	
字循环右移	ROR_W EN ENO IN OUT N	RRW OUT, N	IN	IW、QW、VW、MW、SMW、SW、LW、T、C、AC、AIW、*VD、*LD、*AC、常数	WORD
			OUT	IW、QW、VW、MW、SMW、SW、T、C、LW、AIW、AC、*VD、*LD、*AC	
			N	IB、QB、VB、MB、SMB、SB、LB、AC、*VD、*LD、*AC、常数	BYTE
双字循环右移	ROR_DW EN ENO IN OUT N	RRD OUT, N	IN	ID、QD、VD、MD、SMD、SD、LD、AC、HC、*VD、*LD、*AC、常数	DWORD
			OUT	ID、QD、VD、MD、SMD、SD、LD、AC、*VD、*LD、*AC	
			N	IB、QB、VB、MB、SMB、SB、LB、AC、*VD、*LD、*AC、常数	BYTE

字节循环左移、右移指令工作原理如图 6-39 所示，PLC 初始运行时先将 2#111 传送到 QB0 中，使 QB0 的低 3 位置 1，每接通一次 I0.0，数据左移 2 位，移出的数又进入左端。每接通一次 I0.1，数据右移 3 位，移出的数又进入右端，并不断循环。

例 6-19　凸轮控制器。

用 PLC 循环移位指令组成一个具有 7 位 4 接点的凸轮控制器，输出接点通断状态如图 6-40 所示。

根据凸轮控制器 4 个输出接点，设定 Q0.0、Q0.1、Q0.2、Q0.3 输出接点。有 7 个开关位置，根据图 6-40 可列出凸轮控制器工作状态表如表 6-27 所示。

表 6-27　凸轮控制器工作状态表

手柄位置			3	2	1	0	1	2	3	
数据（十六进制数）			B	A	8	0	4	6	7	0
S1	Q0.0	M3.0	1	0	0	0	0	0	1	0
S2	Q0.1	M3.1	1	1	0	0	0	1	1	0
S3	Q0.2	M3.2	0	0	0	0	1	1	1	0
S4	Q0.3	M3.3	1	1	1	0	0	0	0	0

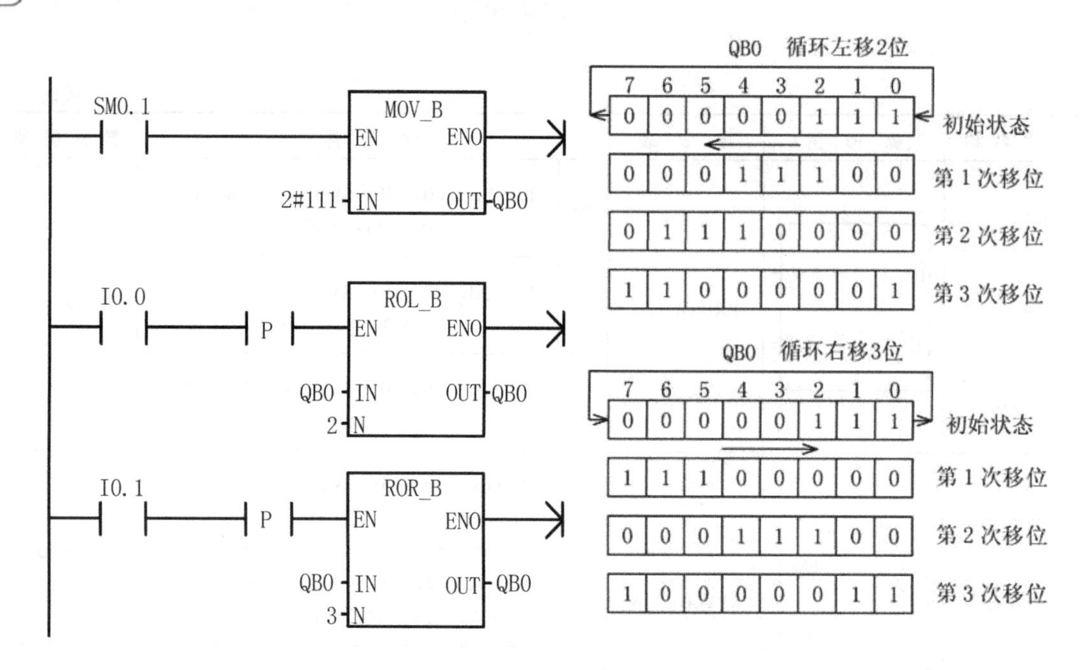

图 6-39　循环移位指令工作原理

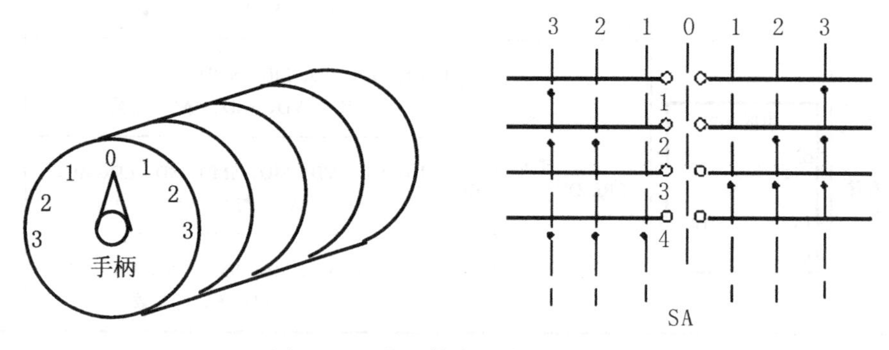

图 6-40　7 位 4 接点凸轮控制器

由表 6-27 可知，凸轮控制器工作状态可以用 8 位十六进制数 4670BA80 表示，用双字移位指令控制数据的左移右移即可达到凸轮控制器的控制作用。控制梯形图如图 6-41 所示。

凸轮控制器、主令控制器和万能转换开关的控制原理基本是一致的，都相当于一个旋转式的选择开关，开关在不同的位置对应不同的输出，并可控制多路输出（参考第 1 章）。

如图 6-41 所示，PLC 初始运行时，将 8 位十六进制数 16#4670BA80 传送到 MD0 中，用按钮 I0.1 控制数据的循环左移，用按钮 I0.2 控制数据的循环右移，将 MD0 的低 4 位 M3.0～M3.3 传送到输出继电器 Q0.0～Q0.3，就构成了一个 7 位 4 接点凸轮控制器。

当凸轮控制器的手柄打到左边或者右边的 3 挡位置时，手柄不能再左扳动或右扳动。由表 6-27 可知，当打到左边 3 挡时，M3.0=1, M3.1=1, M3.2=0, M3.3=1。据此，在 ROR-DW 指令中串入 M3.0 和 M3.3 的常闭并联接点，即当 M3. 3～M3. 0=1011 时，断开 ROR-DW 指令，不再右移。同理，当打到右边 3 挡时，M3.0=1, M3.1=1, M3.2=1, M3.3=0。M3.0 和 M3.2 的常闭并联接点断开 ROL-DW 指令，不再左移。

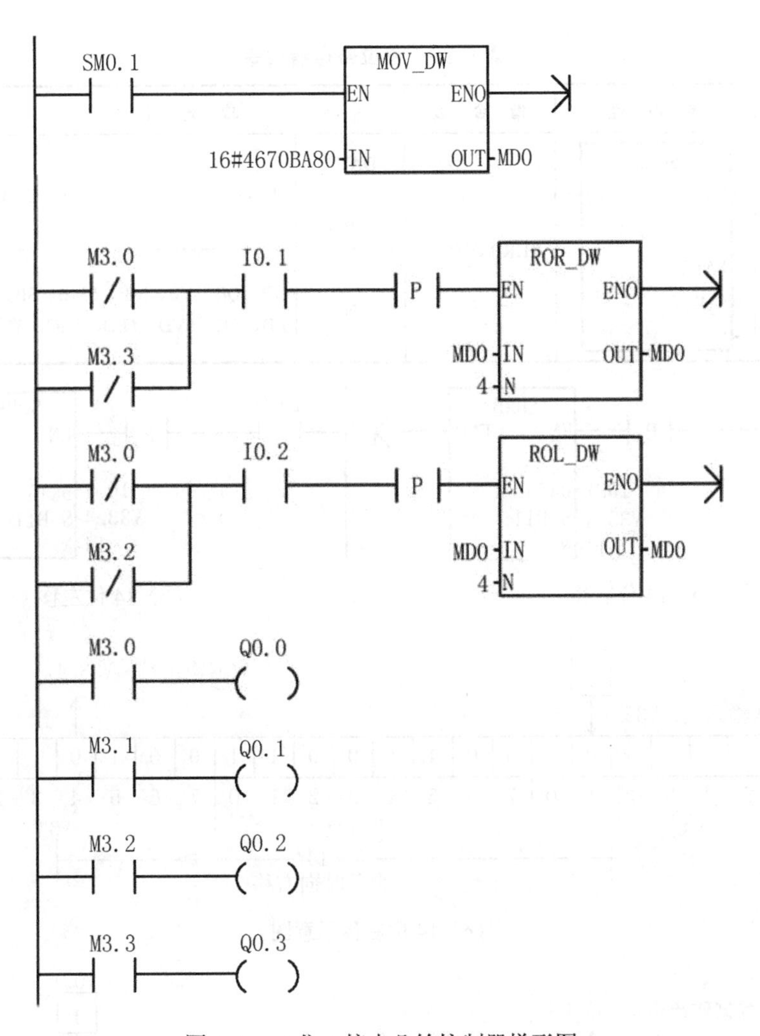

图 6-41 7位4接点凸轮控制器梯形图

6.6.3 移位寄存器指令

移位寄存器指令的梯形图、指令表格式及数据类型如表 6-28 所示。

移位寄存器用于数值的移位。移位寄存器有以下 4 个输入端。

EN 端为移位信号端，EN 接通时，每个扫描周期数据向左或向右移一位，一般为了防止连续左或右移位，EN 端应采用边沿接点，使每次只能移位一次。

DATA 端为一位数值输入端，EN 接通时将 DATA 端的一位数值（0 或 1）移入到移位寄存器中。

S_BIT 端为移位寄存器的最低位。

N 端为移位寄存器的数据长度。N 为负值，输入数据从最高位移入，最低位（S_BIT）移出。移出的数据放在溢出标志位（SM1.1）中。N 为正值，输入数据从最低位（S_BIT）移入，最高位移出。移出的数据放在溢出标志位（SM1.1）中。移位寄存器的最大长度为 64 位。

如图 6-42 所示，移位寄存器的最低位为 V33.4，长度为 14，即 V33.4～V31.1。

表 6-28　移位寄存器指令

指令名称	梯形图	指令表	软元件		数据类型
移位寄存器	SHRB（EN、ENO、DATA、S_BIT、N）	SHRB OUT, N	DATA S_BIT	I、Q、V、M、SM、S、T、C、L	BOOL
			N	IB、QB、VB、MB、SMB、SB、LB、AC、*VD、*LD、*AC、常数	BYTE

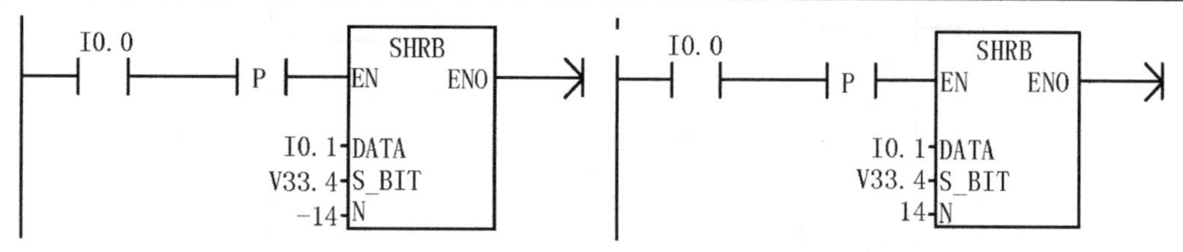

（a）14 位右移　　（b）14 位左移

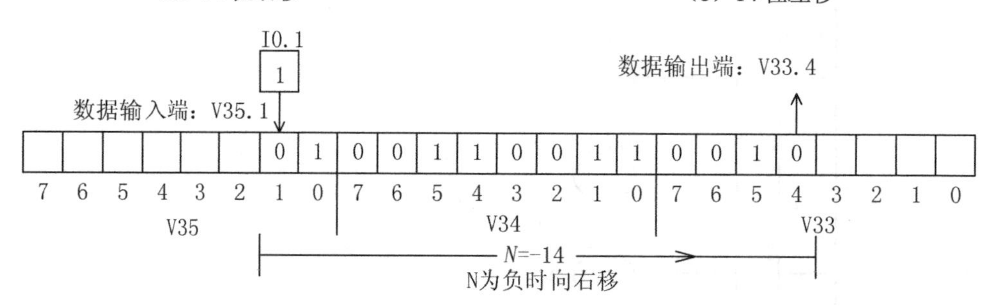

（c）14 位右移示意图

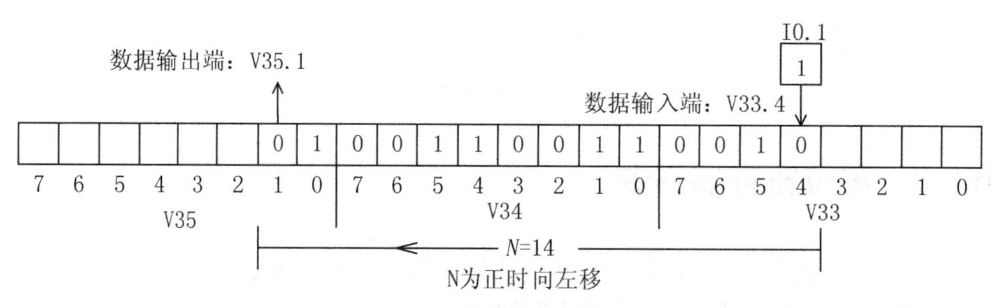

（d）14 位左移示意图

图 6-42　移位寄存器

如长度为-14，表示从 V31.1 向 V33.4 右移，当 I0.0=1 时，I0.1 的值移入 V31.1。

如长度为 14，表示从 V33.4 向 V31.1 左移，当 I0.0=1 时，I0.1 的值移入 V33.4。

使 ENO=0 的错误条件：0006（间接寻址），0091（操作数超出范围），0092（计数区错误）。

受影响的 SM 标志位：SM1.1（溢出）。

例 6-20　小车自动循环往返运行。

用三相异步电动机拖动一辆小车在 *A*、*B*、*C*、*D*、*E* 5 点之间自动循环往返运行，小车 5 位行程控制的示意图如图 6-43 所示。小车初始在 *A* 点，按下启动按钮，小车依次前进到

B、C、D、E 点，并分别停止 2s 返回到 A 点停止。

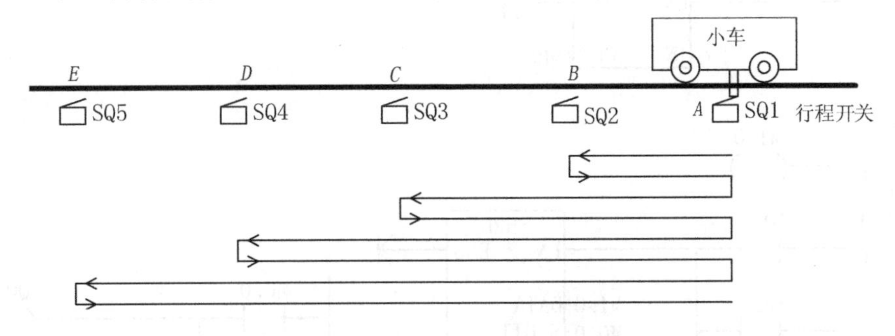

图 6-43 小车 5 位行程控制示意图

小车自动循环往返运行主电路和 PLC 接线图如图 6-44 所示。

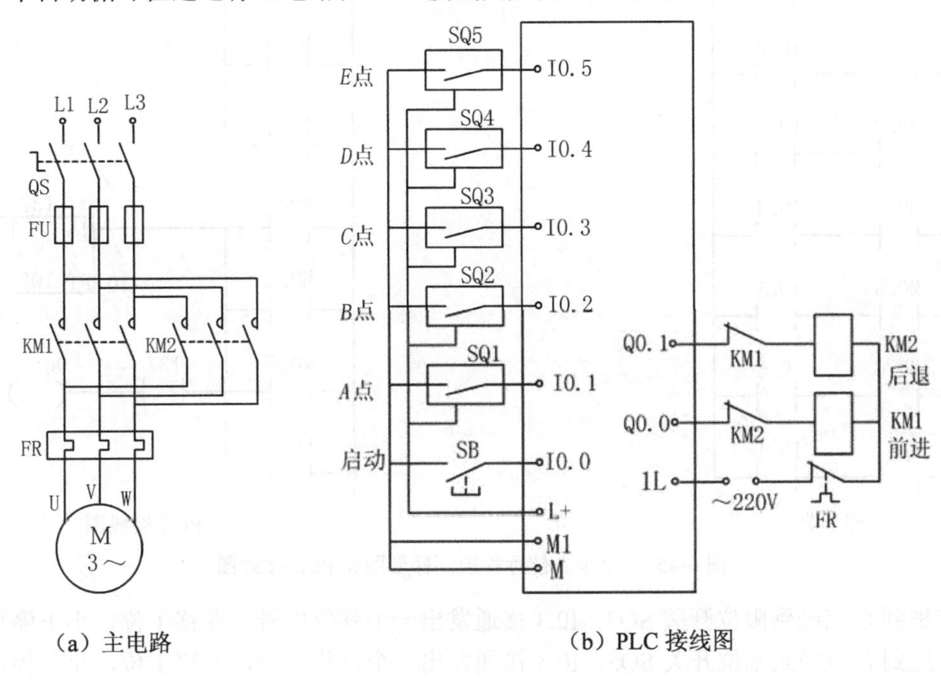

（a）主电路　　（b）PLC 接线图

图 6-44 小车自动循环往返运行主电路和 PLC 接线图

小车 5 位行程控制梯形图如图 6-45 所示。本例采用移位寄存器控制，移位寄存器的 EN 为移位输入端，DATA 为数据输入端，S_BIT 为数据移出端，N 为移位寄存器长度，本例移位寄存器长度 8 位（M0.0～M0.7），输入数据为 M1.0，当有移位输入信号时，左移 1 位。

初始状态，SM0.1 初始化脉冲将 MB0 清零，由于 MB0=0，比较接点 MB0=0 使得 M1.0=1。

M1.0 常开接点闭合，按下启动按钮 I0.0，发出一个移位信号，将 M1.0 的 1 左移到 M0.0，则 M0.0=1，此时 MB0=1 大于 0，M1.0 线圈失电，M1.0=0。M0.0 常开接点闭合，Q0.0 线圈得电，小车前进。

前进到 B 点碰到限位开关 SQ2，I0.2 接通发出一个移位信号，左移 1 位，M0.0=0，Q0.0 失电，小车停止。M0.1=1，M0.1 常开接点闭合，定时器 T37 得电延时 3s，Q0.1 得电，小车后退，退到原位碰到限位开关 SQ1，I0.1=1，发出一个移位信号，左移 1 位。M0.1=0，Q0.1 失电小车停止，M0.2 常开接点闭合，Q0.0 得电，小车前进。

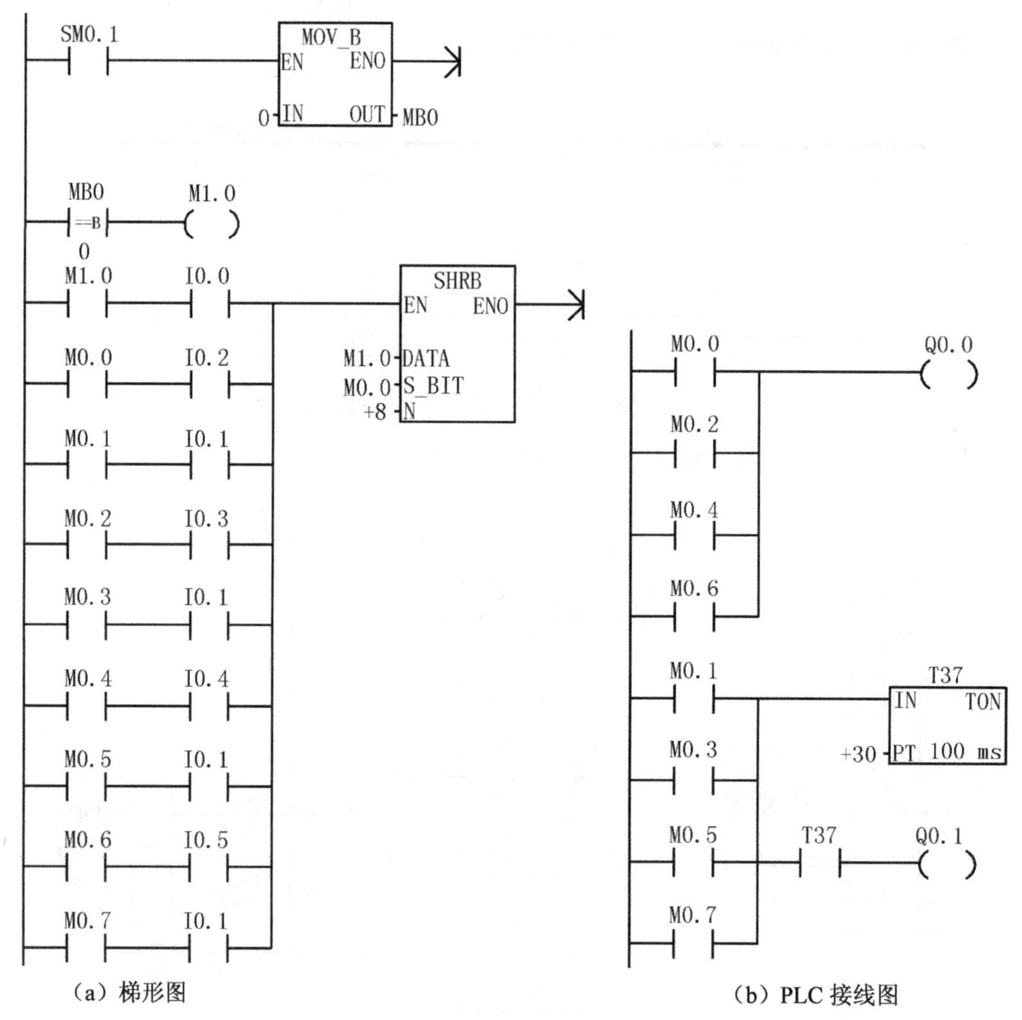

（a）梯形图　　　　（b）PLC 接线图

图 6-45　小车 5 位行程控制梯形图和 PLC 接线图

前进到 *C* 点碰到限位开关 SQ3，I0.3 接通发出一个移位信号，左移 1 位，小车停止……

前进到 *E* 点碰到限位开关 SQ5，I0.5 接通发出一个移位信号，左移 1 位，小车停止 3s，后退到原位碰到 I0.1，小车停止，全过程结束。

移位寄存器动作过程如图 6-46 所示。

		7	6	5	4	3	2	1	0		M1.0
初始状态	MB0	0	0	0	0	0	0	0	0	←	1
第 1 次移位	MB0	0	0	0	0	0	0	0	1	←	0
第 2 次移位	MB0	0	0	0	0	0	0	1	0	←	0
第 3 次移位	MB0	0	0	0	0	0	1	0	0	←	0
⋮						⋮					
第 8 次移位	MB0	1	0	0	0	0	0	0	0	←	0

图 6-46　移位寄存器动作过程

6.7 数学功能指令

6.7.1 正弦、余弦和正切指令

正弦（SIN）、余弦（COS）和正切（TAN）指令计算角度值 IN 的三角函数值，并将结果存放在 OUT 中。输入角度值是弧度值。

SIN（IN）= OUT。

COS（IN）= OUT。

TAN（IN）= OUT。

若要将角度从度转换为弧度：使用 MUL_R（*R）指令将以度为单位表示的角度乘以 1.745329E–2（大约为π/180）。

6.7.2 自然对数和自然指数指令

自然对数（LN）指令用于计算输入值 IN 的自然对数，并将结果存放到 OUT 中。

自然指数（EXP）指令用于计算输入值 IN 的自然指数值，并将结果存放到 OUT 中。

LN（IN）= OUT

EXP（IN）= OUT

若要从自然对数获得以 10 为底的对数：将自然对数除以 2.302585（大约为 10 的自然对数）。

若要将一个实数作为另一个实数的幂，包括分数指数：组合自然指数指令和自然对数指令。例如，要将 X 作为 Y 的幂，输入如下指令：EXP（Y * LN（X））。

6.7.3 平方根指令

平方根（SQRT）指令用于计算实数 IN 的平方根，并将结果存放到 OUT 中。

SQRT（IN）=OUT。

若要获得其他根，如：

5^3 = EXP（3*LN（5））= 125

125 的立方根= $125^{1/3}$ = EXP（（1/3）*LN（125））= 5

5 的平方根的三次方= $5^{3/2}$ = EXP（3/2*LN（5））= 11.18034

数学功能指令的 SM 位和 ENO：

对于本页中描述的所有指令，SM1.1 用来表示溢出错误或者非法的数值。如果 SM1.1 置位，SM1.0 和 SM1.2 的状态不再有效而且原始输入操作数不会发生变化。如果 SM1.1 没有置位，那么数字运算产生一个有效的结果，同时 SM1.0 和 SM1.2 状态有效。

使 ENO=0 的错误条件：SM1.1（溢出），0006（间接寻址）。

受影响的特殊存储器位：SM1.0（结果为 0）， SM1.1（溢出）， SM1.2（结果为负）。

平方根指令的梯形图、指令表格式及数据类型如表 6-29 所示。

表 6-29　平方根指令

指令名称	梯形图	指令表	软元件		数据类型
正弦	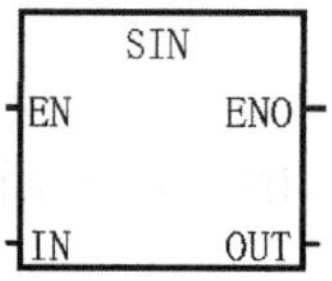 SIN EN ENO IN OUT	SIN IN,OUT	IN	ID、QD、VD、MD、SMD、SD、LD、AC、*VD、*LD、*AC、常数	REAL
			OUT	ID、QD、VD、MD、SMD、SD、LD、AC、*VD、*LD、*AC	
余弦	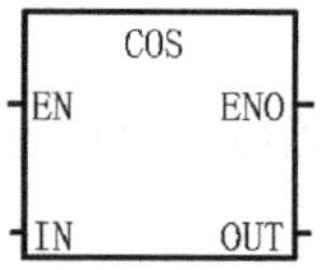 COS EN ENO IN OUT	COS IN,OUT	IN	（同上）	
			OUT	（同上）	
正切	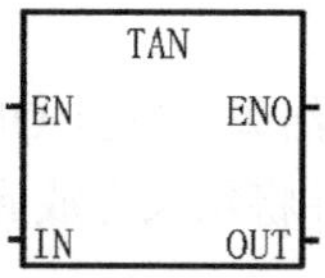 TAN EN ENO IN OUT	TAN IN, OUT	IN	（同上）	
			OUT	（同上）	
自然对数	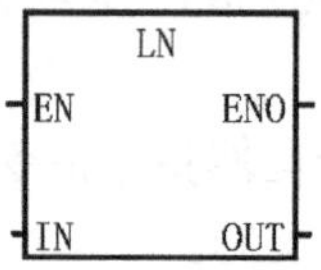 LN EN ENO IN OUT	LN IN,OUT	IN	（同上）	
			OUT	（同上）	
自然指数	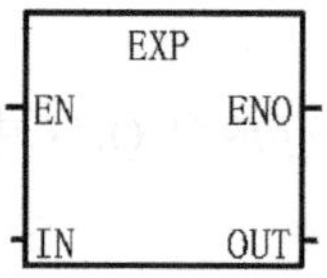 EXP EN ENO IN OUT	EXP IN,OUT	IN	（同上）	
			OUT	（同上）	
平方根	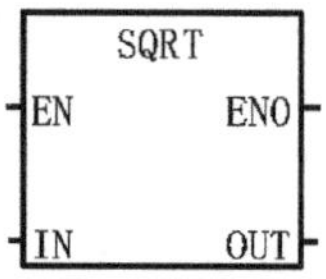 SQRT EN ENO IN OUT	SQRT IN,OUT	IN	（同上）	
			OUT	（同上）	

例 6-21　求 $5^{3/2}$COS60° 的值。

$5^{3/2}$COS60° ＝EXP（1.5×LN（5））×COS（(3.1415926/180.0）×60）＝5.590184

计算 $5^{3/2}$COS60° 的梯形图如图 6-47 所示。

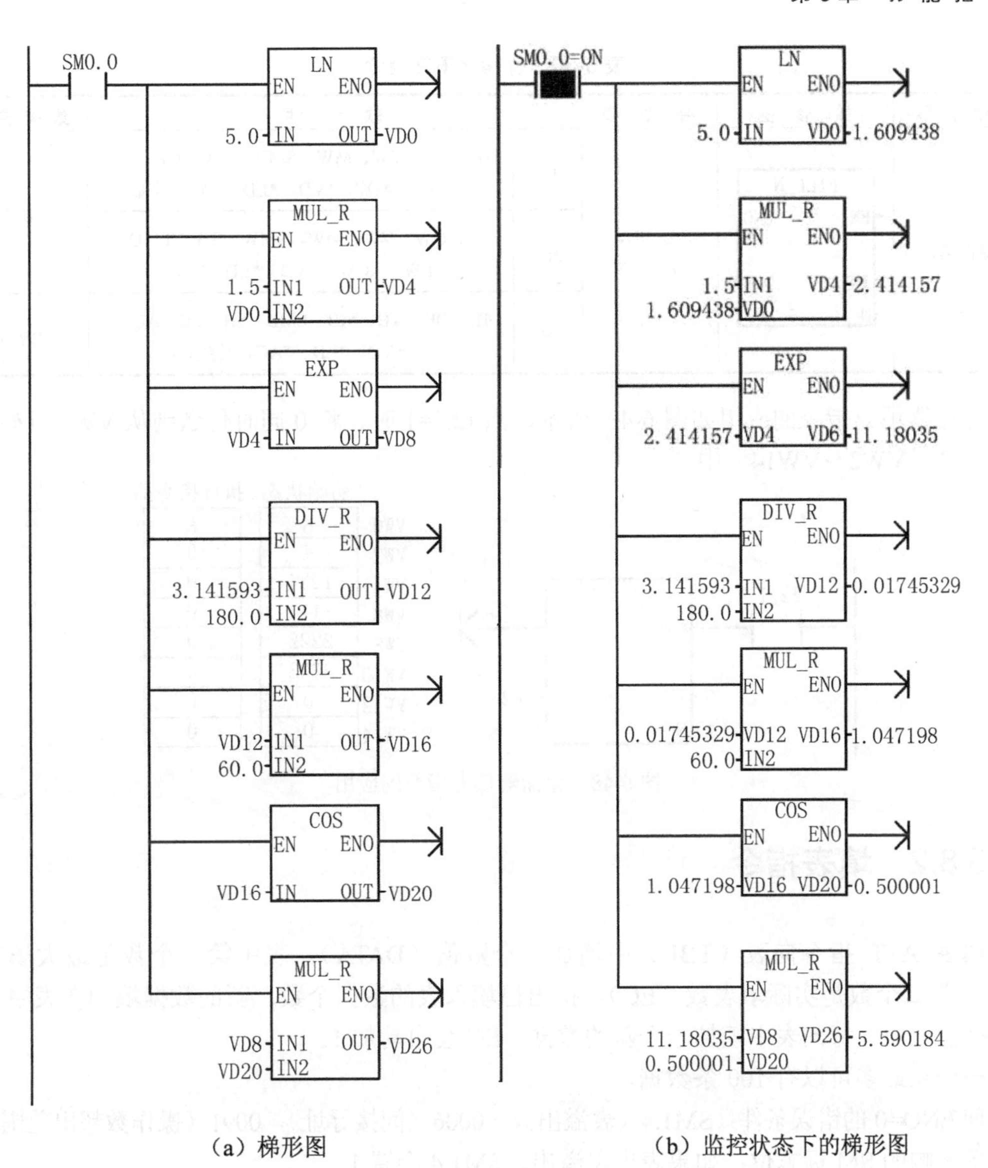

（a）梯形图　　（b）监控状态下的梯形图

图 6-47　计算 $5^{3/2}$COS60° 的梯形图

6.8 表指令

6.8.1 存储器填充指令

存储器填充（FILL）指令用输入值（IN）填充从输出（OUT）开始的 *N* 个字的内容。*N* 的范围为 1～255。

使 ENO=0 的错误条件：0006（间接寻址），0091（操作数超出范围）。

存储器填充指令的梯形图、指令表格式及数据类型如表 6-30 所示。

表 6-30　存储器填充指令

指令名称	梯形图	指令表	软元件		数据类型
存储器填充	FILL_N EN　ENO IN　OUT N	FILL IN, OUT，N	IN	IW、QW、VW、MW、SMW、SW、LW、T、C、AC、AIW、*VD、*LD、*AC、常数	INT
			OUT	IW、QW、VW、MW、SMW、SW、T、C、LW、AQW、*VD、*LD、*AC	
			N	IB、QB、VB、MB、SMB、SB、LB、AC、*VD、*LD、*AC、常数	BYTE

存储器填充指令的应用如图 6-48 所示，当 I2.1=1 时，将 0 同时传送到从 VW2 开始的 7 个软元件（VW2～VW14）中。

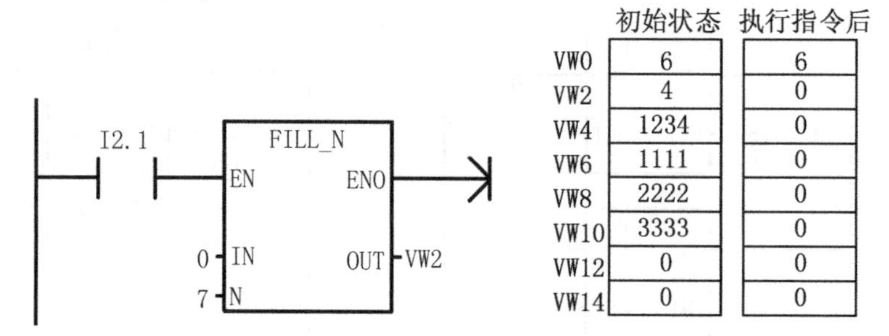

图 6-48　存储器填充指令的应用

6.8.2　填表指令

填表 ATT 指令向表（TBL）中增加一个数值（DATA）。表中第一个数是最大填表数（TL），第二个数是实际填表数（EC），指出已填入表的数据个数。新的数据填加在表中上一个数据的后面。每向表中填加一个新的数据，EC 会自动加 1。

一个表最多可以有 100 条数据。

使 ENO=0 的错误条件：SM1.4（表溢出），0006（间接寻址），0091（操作数超出范围）。

受影响的 SM 标志位：如果表出现溢出，SM1.4 会置 1。

填表指令的梯形图、指令表格式及数据类型如表 6-31 所示。

表 6-31　填表指令

指令名称	梯形图	指令表	软元件		数据类型
填表	AD_T_TBL EN　ENO DATA TBL	ATT DATA, TABLE	DATA	IW、QW、VW、MW、SMW、SW、LW、T、C、AC、AIW、*VD、*LD、*AC、常数	INT
			TBL	IW、QW、VW、MW、SMW、SW、T、C、LW、*VD、*LD、*AC	WORD

填表指令的应用如图 6-49 所示，PLC 运行时，初始化脉冲将 6 传送到 VW0 中，作为最大填表数。由 IW0 输入一个整数（如 1234），I2.0 闭合一次，执行一次填表指令，将数据传 1234 送到 VW4 中，VW2 计数为 1，改变 IW0 为 1111，执行一次填表指令，将数据传

1111 送到 VW6 中，VW2 计数为 2，改变 IW0 为 2222……这样可以将 IW0 中的数据依次送到 VW4～VW14 的 6 个软元件中。

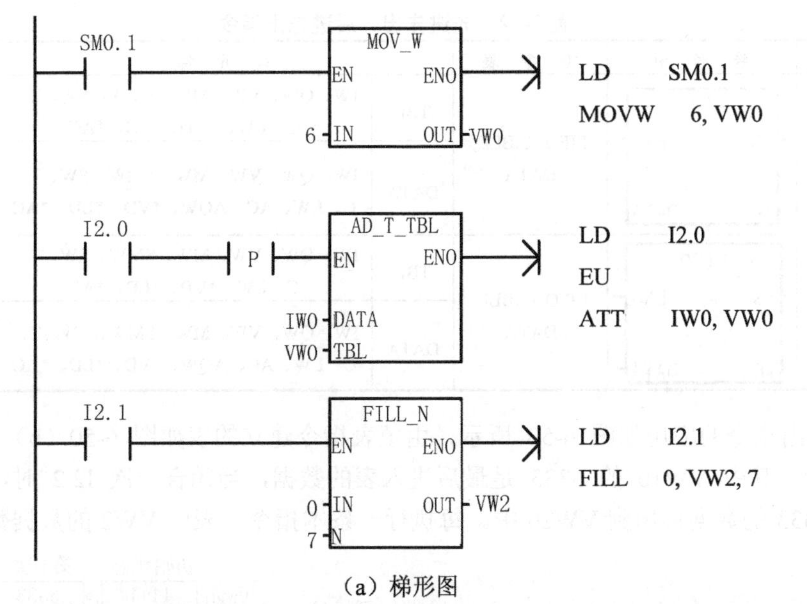

（a）梯形图

	初始状态	第1次	第2次	第3次	第4次	I2.1=1
数据源 IW0	1234	1111	2222	3333	4444	4444
最大填表数VW0	6	6	6	6	6	6
实际填表数VW2	0	1	2	3	4	0
数据0 VW4	0	1234	1234	1234	1234	0
数据1 VW6	0	0	1111	1111	1111	0
数据2 VW8	0	0	0	2222	2222	0
数据3 VW10	0	0	0	0	3333	0
数据4 VW12	0	0	0	0	0	0
数据5 VW14	0	0	0	0	0	0

（b）梯形图工作过程

图 6-49　填表指令和存储器填充指令的应用

当 I2.1=1 时，将 0 同时传送到从 VW2 开始的 7 个软元件（VW2～VW14）中。将表格复位，可重新填表。

6.8.3　先进先出指令和后进先出指令

后进先出（LIFO）指令用于从表（TBL）中移走最后一个数据，并将此数输出到 DATA。每执行一条本指令，表中的数据数减 1。

先进先出（FIFO）指令用于从表（TBL）中移走第一个数据，并将此数传送到 DATA。剩余数据依次上移一个位置。每执行一条本指令，表中的数据数减 1。

一个表可以有最多 100 条数据。

使 ENO=0 的错误条件：SM1.5（空表），0006（间接寻址），0091（操作数超出范围）。

受影响的 SM 标志位：当试图从一个空表中删除一条数据时，SM1.5 会置 1。

先进先出、后进先出指令的梯形图、指令表格式及数据类型如表 6-32 所示。

表 6-32　先进先出、后进先出指令

指令名称	梯形图	指令表	软元件		数据类型
后进先出	LIFO (EN ENO TBL DATA)	FIFO TABLE, DATA	TBL	IW、QW、VW、MW、SMW、SW、T、C、LW、*VD、*LD、*AC	WORD
			DATA	IW、QW、VW、MW、SMW、SW、T、C、LW、AC、AQW、*VD、*LD、*AC	INT
先进先出	FIFO (EN ENO TBL DATA)	LIFO TABLE, DATA	TBL	IW、QW、VW、MW、SMW、SW、T、C、LW、*VD、*LD、*AC	WORD
			DATA	IW、QW、VW、MW、SMW、SW、T、C、LW、AC、AQW、*VD、*LD、*AC	INT

后进先出指令的应用如图 6-50 所示，由填表指令建立的表如图 6-50（b）中的 VW0～VW14 所示。其中 VW10 的 3333 是最后进入表的数据，当闭合一次 I2.2 时，将最后进入 VW10 的 3333 的数据移出到 VW20 中。每执行一条本指令，表中 VW2 的数据数减 1。

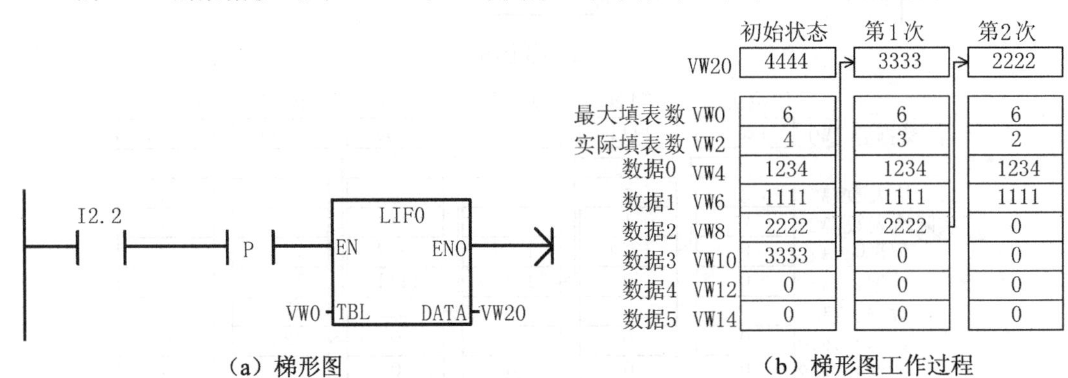

（a）梯形图　　　　（b）梯形图工作过程

图 6-50　后进先出指令的应用

先进先出的应用如图 6-51 所示，由 ATT 指令建立的表如图 6-51（b）中的 VW0～VW14 所示。其中，VW4 的 1234 是最先进入表的数据，当闭合一次 I2.2 时，将最先进入 VW4 的 1234 的数据移出到 VW20 中。下面的数据依次上移一个位置。每执行一条本指令，表中 VW2 的数据数减 1。

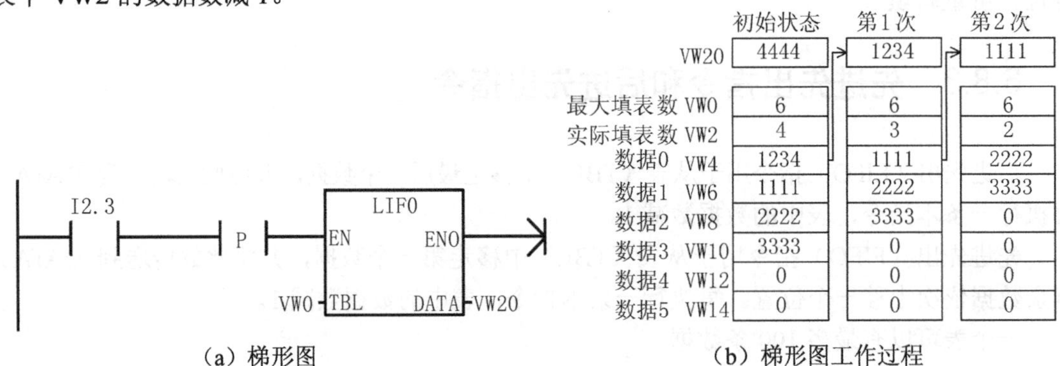

（a）梯形图　　　　（b）梯形图工作过程

图 6-51　先进先出的应用

6.8.4 查表指令

查表（FND）指令用于查找表中满足一定条件的数据。查表指令从 INDX 开始搜索表（TBL），寻找符合 PTN 和条件（=、<>、<或>）的数据。

TBL 为表格，如用查表指令查找由指令 ATT、LIFO 和 FIFO 生成的表时，首元件存放的是实际填表数，后面为数据组。查表指令不需要最大填表数。

PTN 为比较的数据。

INDX 为符合比较条件的地址。

CMD 为比较条件，数值为 1～4，分别代表=、<>、<和>。

如果发现了一个符合条件的数据，那么 INDX 指向表中该数的位置。INDX 加 1，指向下一个数据位置。如果没有发现符合条件的数据，那么 INDX 等于存入最大填表数。

一个表可以有最多 100 条数据。数据条标号为 0～99。

使 ENO=0 的错误条件：0006（间接寻址），0091（操作数超出范围）。

查表指令的梯形图、指令表格式及数据类型如表 6-33 所示。

表 6-33 查表指令

指令名称	梯形图	指令表	软元件		数据类型
查表	TBL_FIND EN ENO TBL PTN INDX CMD	FND= TBL, PTN,INDX FND<> TBL, PTN,INDX FND< TBL, PTN,INDX FND> TBL, PTN,INDX	TBL	IW、QW、VW、MW、SMW、T、C、LW、*VD、*LC、*AC	WORD
			PTN	IW、QW、VW、MW、SMW、SW、LW、T、C、AC、AIW、*VD、*LD、*AC、常数	INT
			INDX	IW、QW、VW、MW、SMW、SW、T、C、LW、AIW、AC、*VD、*LD、*AC	WORD
			CMD	（常数）1：等于（=），2：不等于（<>），3：小于（<），4：大于（>）	BYTE

查表指令的应用如图 6-52 所示，其中的表是由填表指令建立的，如图 6-49 所示。表中 VW0 包含了允许的最大填表数，而 Find 指令不需要它。

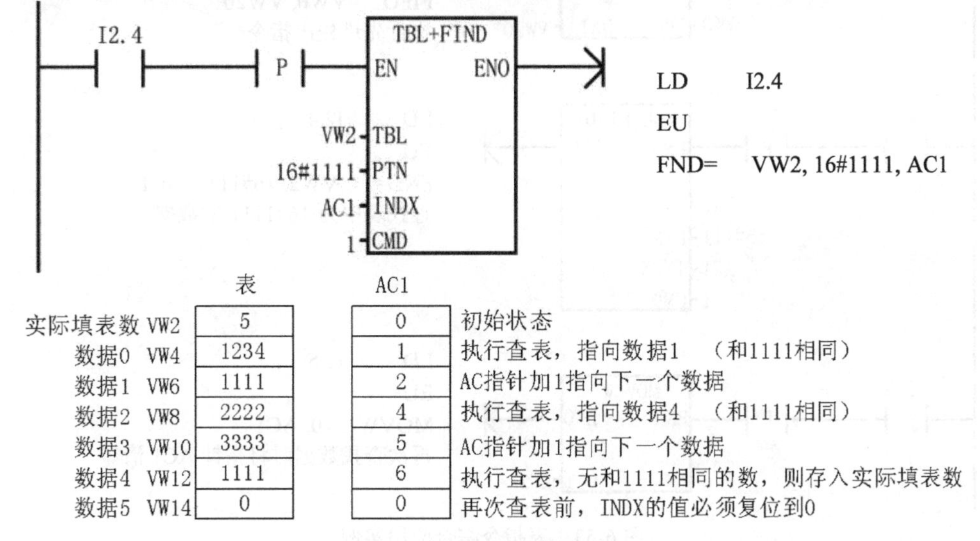

图 6-52 查表指令的应用

初始状态 AC1 为 0，当 I2.4=1 时，执行查表，寻找和 16#1111 相同的数据位置为数据 1，AC1 指针指向数据 1（AC1=1），然后 AC1 指针加 1 指向下一个数据（数据 2）。

再次执行查表，寻找和 16#1111 相同的数据位置为数据 4，AC1 指针指向数据 4（AC1=4），然后 AC1 指针加 1 指向下一个数据（数据 5）。

再执行 1 次查表，未找到和 16#1111 相同的数据，则 AC1 存入最大填表数（AC1=6）。

图 6-53 所示梯形图为上述几个表指令的综合应用。

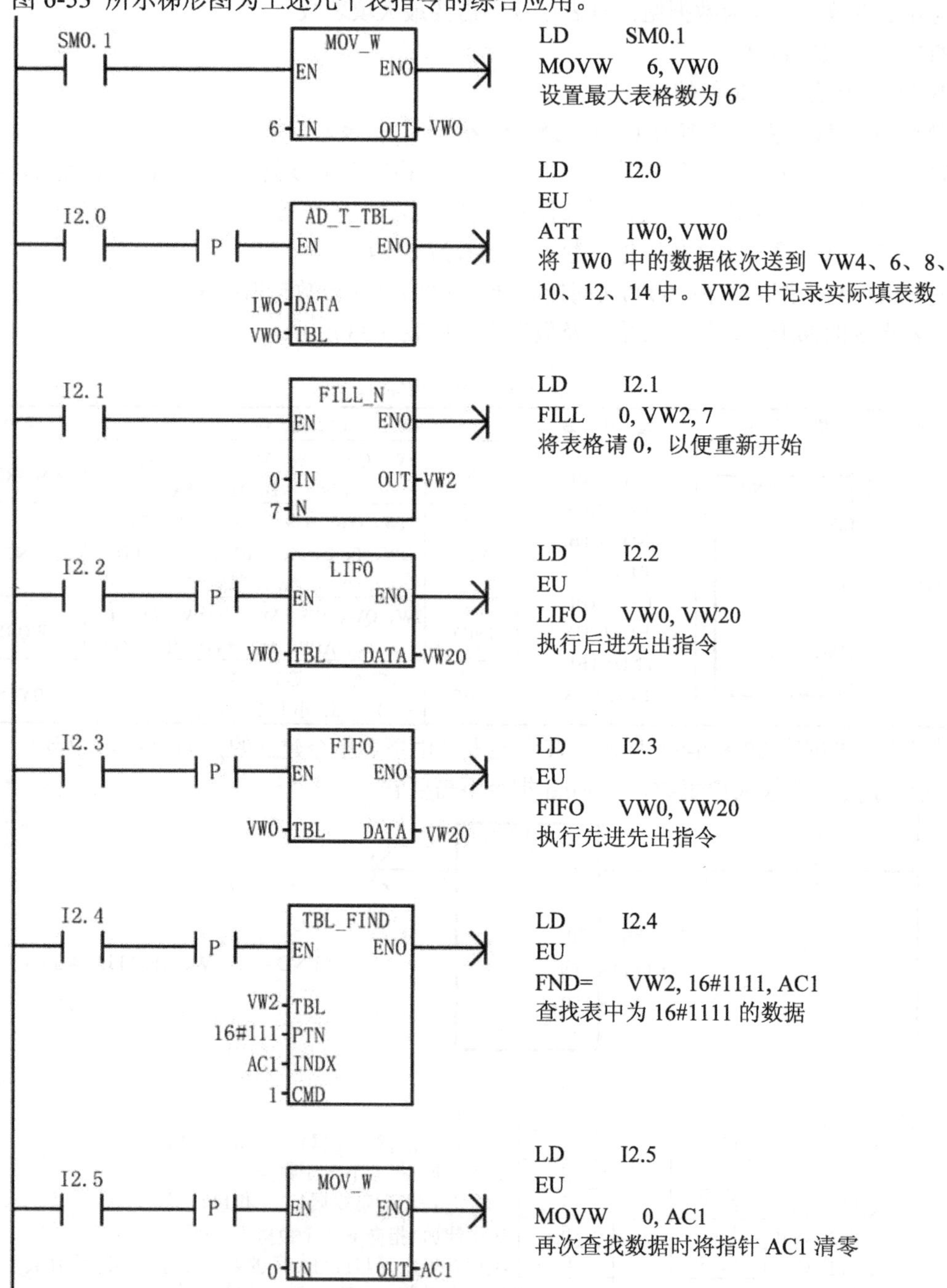

图 6-53 表指令综合应用实例

6.9 时钟指令

6.9.1 写实时时钟指令

写实时时钟（TODW）指令将当前时间和日期写入硬件时钟，当前时钟存储在以地址 T 开始的 8B 的软元件中。

写实时时钟指令的梯形图、指令表格式及数据类型如表 6-34 所示。

表 6-34 写实时时钟指令

指令名称	梯形图	指令表	软元件		数据类型
写实时时钟	SET_RTC EN ENO T	TODW T	T	IB、QB、VB、MB、SMB、SB、LB、*VD、*LD、*AC	BYTE

在执行写实时时钟指令之前，应将事先写入 PLC 中的时间日期存放到 T～T7 中，其 8B 软元件的时间内容分配如表 6-35 所示。

表 6-35 8B 软元件的时间内容分配

T	T+1	T+2	T+3	T+4	T+5	T+6	T+7
年	月	日	小时	分钟	秒		星期
00～99	01～12	01～31	00～23	00～59	00～59		1～7

8B 软元件中 T+6 设为 0 不使用，T+7 中的数字和星期的对应关系如表 6-36 所示。

表 6-36 T+7 中数字与星期的对应关系

T+7 中的数字	1	2	3	4	5	6	7
星期	日	一	二	三	四	五	六

时间日期（TOD）时钟在电源掉电或内存丢失后，初始化为下列日期和时间。

日期：90 年 1 月 1 号

时间：00 时 00 分 00 秒

星期：星期日

例 6-22 PLC 中的日期时间设置。

如果 PLC 中的日期时间未设置或不正确，可以用图 6-54 所示的梯形图对 PLC 内置的时间进行正确的设置，设置过程如表 6-37 所示。

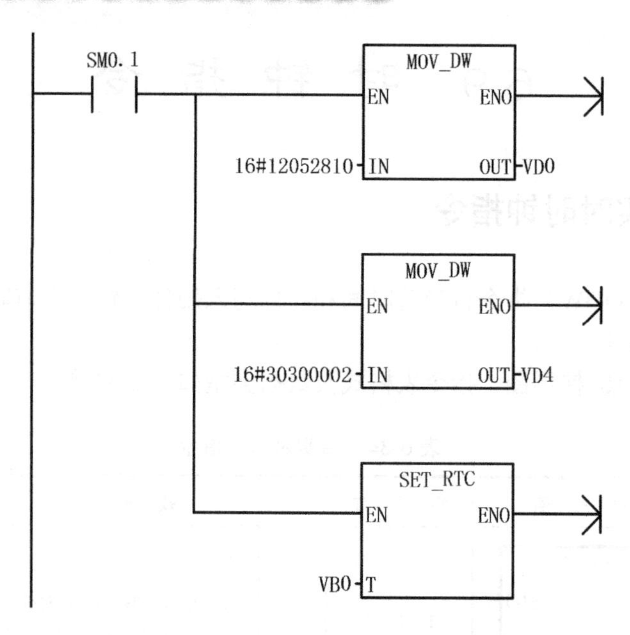

图 6-54　PLC 初始日期时间的设定梯形图

表 6-37　图 6-54 PLC 初始时间的设定结果

	VD0				VD4			
	VB0	VB1	VB2	VB3	VB4	VB5	VB6	VB7
	12	05	28	10	30	30	00	02
	年	月	日	时	分	秒		星期

设定当前时间为 2012 年 05 月 28 日 10 时 30 分 30 秒星期一。

将 12 年 05 月 28 日 10 时用 BCD 数 16#12052810 传送到 VD0 中，其中 VB0 存放 12 年，VB1 存放 05 月，VB2 存放 28 日，VB3 存放 10 时。

将 30 分 30 秒星期一用 BCD 数 16#30300002 传送到 VD1 中，其中 VB4 存放 30 分，VB5 存放 30 秒，VB6 不使用，VB7 存放星期一（02 为星期一），如表 6-38 所示。

表 6-38　VB7 中数字与星期的对应关系

VB7 中的数字	1	2	3	4	5	6	7
星期	日	一	二	三	四	五	六

根据上述设定，执行时钟写入指令 TODR VB0，即将初始设定的时间写入 PLC 中，如图 6-54 所示。

6.9.2　读实时时钟指令

读实时时钟（TODR T ）指令是从 PLC 内部硬件时钟中读当前时间和日期，并把它装载到一个 8B 的软元件中，起始地址为 T。

读实时时钟指令的梯形图、指令表格式及数据类型如表 6-39 所示。

表6-39 读实时时钟指令

指令名称	梯形图	指令表	软元件		数据类型
读实时时钟	READ_RTC EN ENO T	TODR T	T	IB、QB、VB、MB、SMB、SB、LB、*VD、*LD、*AC	BYTE

日期和时间值应该使用BCD码的格式编码（如用16#97表示1997年）。

使ENO=0的错误条件：0006（间接寻址）；0007（TOD数据错误），只对写实时时钟指令有效；000C（时钟模块不存在）。

S7-200 CPU不会检查和核实日期与星期是否合理。无效日期February 30（2月30日）可能被接受。故必须确保输入的数据是正确的。

不要同时在主程序和中断程序中使用TODR/TODW指令。如果这样做，若在执行TOD指令时出现了执行TOD指令的中断，则中断程序中的TOD指令不会被执行。SM4.3指示了试图对时钟进行两个同时的访问（非致命错误0007）。

在S7-200中日时时钟只使用最低有效的两个数字表示年，所以对于2000年，表达为00。S7-200 PLC不以任何方式使用年信息。但是，用到年份进行计算或比较的用户程序必须考虑两位的表示方法和世纪的变化。

在2096年之前可以进行闰年的正确处理。

例6-23 PLC中的日期时间读出和显示。

用选择开关查看PLC中内置的日期时间，用4个数码管依次显示年、月，日、时，分、秒，以及星期，如图6-55所示，当I0.0=1时数码管显示年、月，当I0.1 =1时数码管显示日、时，当I0.2 =1时数码管显示分、秒，当I0.3 =1时数码管显示星期。

用选择开关查看PLC中内置的日期时间接线图如图6-55所示。

用选择开关查看PLC中内置的日期时间梯形图如图6-56所示。

首先将PLC中的日期时间读出到VB100～VB107中，如表6-40所示。

当I0.0=1时，VW100中的年、月传送到QW0中，显示年、月。

当I0.1=1时，VW102中的日、时传送到QW0中，显示日、时。

当I0.2=1时，VW104中的分、秒传送到QW0中，显示分、秒。

当I0.3=1时，VW106中的星期传送到QW0中，显示星期。

表6-40 时间的对应

VW100		VW102		VW104		VW106	
VB100	VB101	VB102	VB103	VB104	VB105	VB106	VB107
年	月	日	时	分	秒		星期

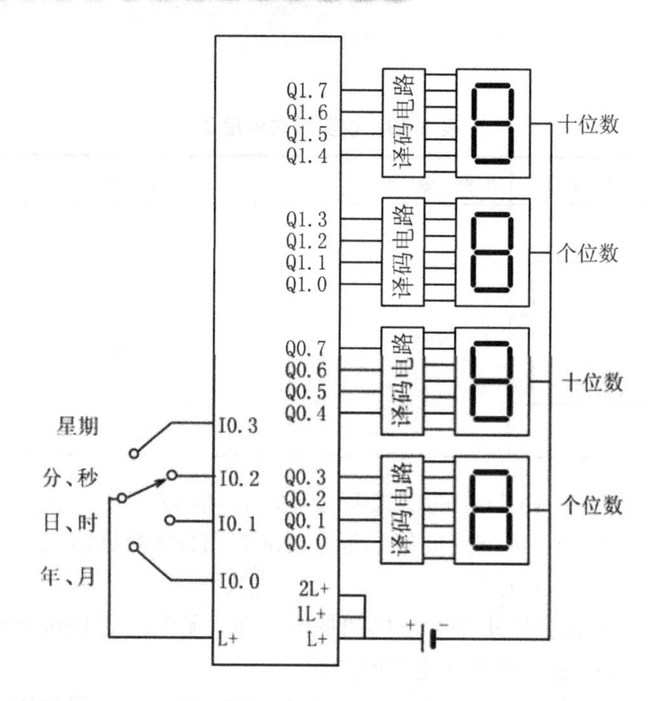

图 6-55　用选择开关查看 PLC 中内置的日期时间接线图

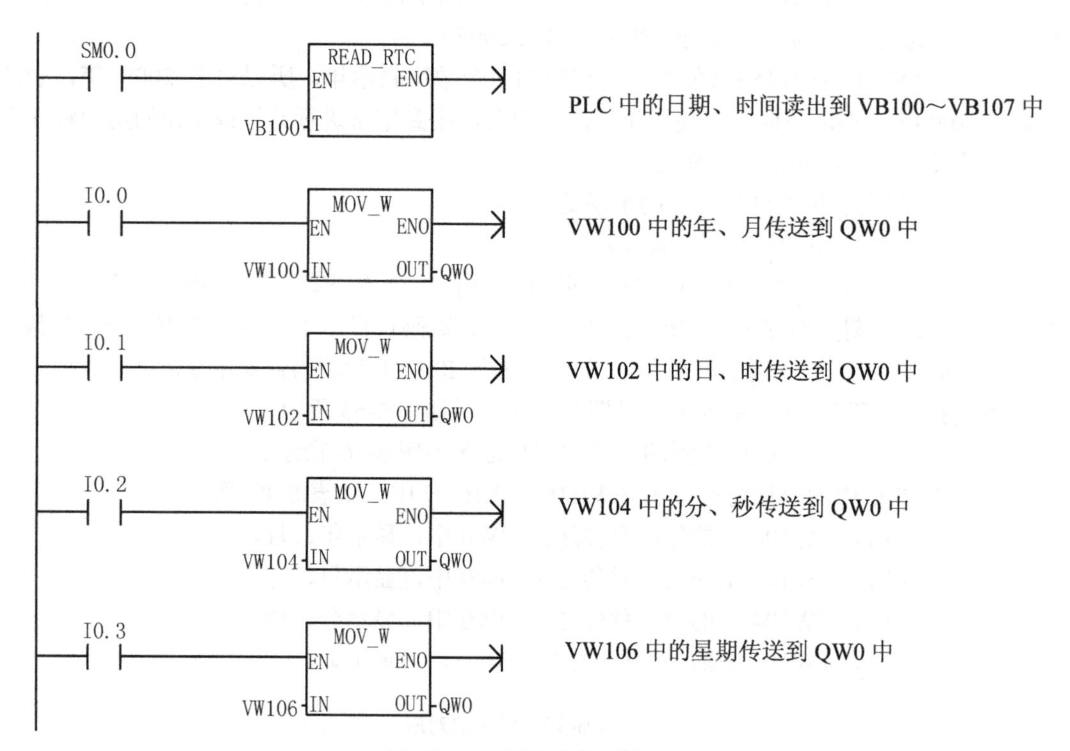

图 6-56　日期输出控制梯形图

例 6-24　定时闹钟。

用 PLC 控制一个电铃，要求除了星期六、星期日以外，每天早上 7:10 电铃响 10s，按下复位按钮，电铃停止。如果不按下复位按钮，每隔 1min 再响 10s 进行提醒，共响 3 次结束。定时闹钟 PLC 接线图如图 6-57 所示。

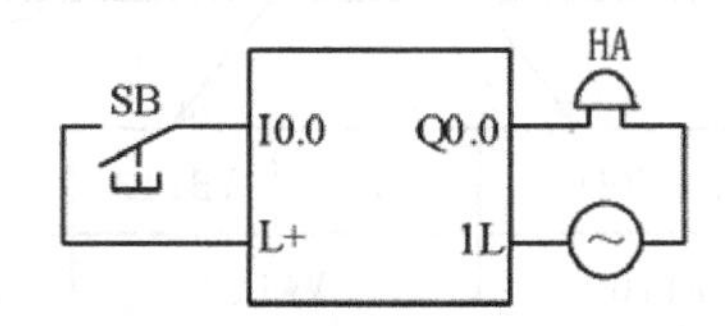

图 6-57 定时闹钟 PLC 接线图

梯形图如图 6-58 所示，执行功能指令 READ WB100，将 PLC 中的实时时钟的时间传送到 VB100～VB107 中，结果如图 6-59 所示。

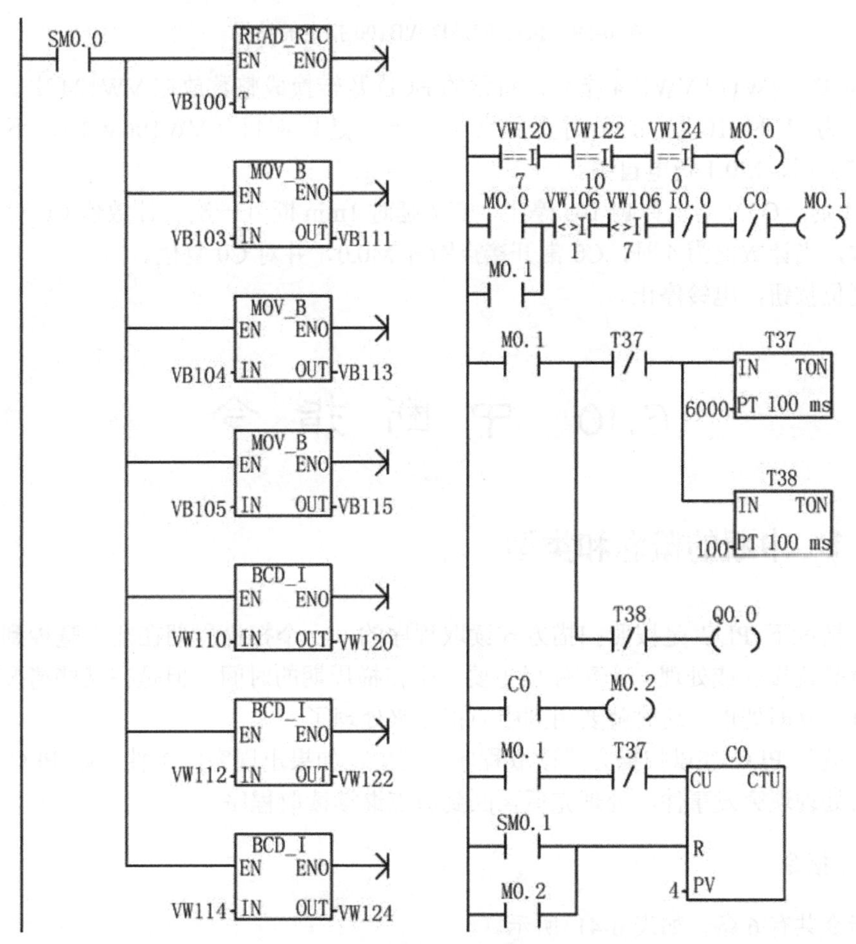

图 6-58 梯形图

执行 MOV-B VB103 VB111 指令，将时写入到 VB111 中。

执行 MOV-B VB104 VB113 指令，将分写入到 VB113 中。

执行 MOV-B VB105 VB115 指令，将秒写入到 VB115 中。

执行 BCD-I VW110 VW120 指令，将时的 BCD 数转换成整数放在 VW120 中。

执行 BCD-I VW112 VW122 指令，将分的 BCD 数转换成整数放在 VW122 中。

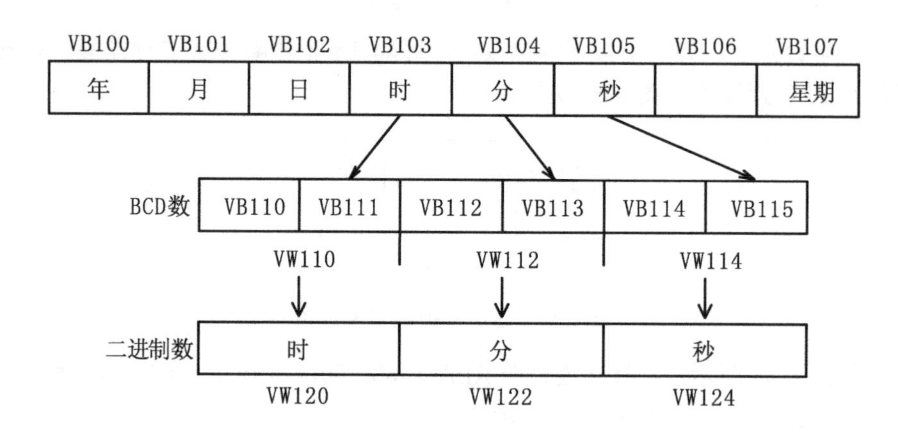

图 6-59 执行 READ WB100 指令的结果

执行 BCD-I VW114 VW124 指令，将秒的 BCD 数转换成整数放在 VW124 中。

当时间为 7 时 10 分 0 秒时，M0.0=1，当不是星期日（VW106≠1），不是星期六（VW106≠7）时，M0.1 得电自锁。

M0.1=1 时，Q0.0 得电铃响 10s 停止，T37 延时 1min 断开一次。计数器 C0 对 T37 的接通次数计数，当计数值为 4 时，C0 常开接点断开 M0.0，并对 C0 复位。

按下复位按钮，电铃停止。

6.10 中断指令

6.10.1 中断的概念和类型

在正常情况下 PLC 是按照扫描方式读取程序的，一个扫描周期在几十毫秒到几百毫秒之间，也就是说接受或处理一个事件至少要一个扫描周期的时间。但是在某些情况下需要对某些事件进行立即处理，这时就要用到中断指令来处理了。

中断也就是 PLC 在以扫描方式读取程序过程中，如果出现突发事件，则 PLC 立即停止读取程序去处理现突发事件，处理完后再回到原点继续读取程序。

1. 中断指令

中断指令共有 6 条，如表 6-41 所示。

（1）中断允许（ENI）指令：全局地允许所有被连接的中断事件。

（2）中断禁止（DISI）指令：全局地禁止处理所有中断事件。

当进入 RUN 模式时，初始状态为禁止中断。在 RUN 模式，可以执行全局中断允许指令允许所有中断。执行禁用中断指令可禁止中断过程；然而，激活的中断事件仍继续排队。

（3）中断条件返回（CRETI）指令：用于根据前面的逻辑操作的条件，从中断程序中返回。

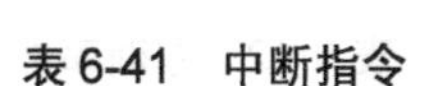

表6-41　中断指令

指令名称	梯形图	指令表	软元件		数据类型
中断允许	—(ENI)	ENI			
中断禁止	—(DISI)	DISI			
中断条件返回	—(RETI)	CRETI			
中断连接	ATCH: EN, ENO, INT, EVNT	ATCH　INT, EVNT	INT	常数 0～127	BYTE
			EVNT	CPU 221，222　0～12，19～23，27～33 CPU 224 0～23 和 27～33 CPU 224XP 和 CPU 226　0～33	BYTE
中断分离	DTCH: EN, ENO, EVNT	DTCH　EVNT	EVNT	CPU 221，222　0～12，19～23，27～33 CPU 224 0～23 和 27～33 CPU 224XP 和 CPU 226　0～33	BYTE
清除中断事件	CLR_EVNT: EN, ENO, EVNT	CEVNT EVNT	EVNT	CPU 221，222　0～12，19～23，27～33 CPU 224 0～23 和 27～33 CPU 224XP 和 CPU 226　0～33	BYTE

（4）中断连接（ATCH）指令：将中断事件 EVNT 与中断程序号 INT 相关联，并使能该中断事件。

（5）中断分离（DTCH）指令：将中断事件 EVNT 与中断程序之间的关联切断，并禁止该中断事件。

（6）清除中断事（CEVNT）指令：从中断队列中清除不需要的中断事件。如果此指令用于清除假的中断事件，在从队列中清除事件之前要首先分离事件。否则，在执行清除事件指令之后，新的事件将被增加到队列中。

在激活一个中断程序前，必须在中断事件和该事件的程序间建立一种联系。中断连接指令指定某中断事件（由中断事件号指定）所要调用的程序段（由中断程序号指定）。多个中断事件可调用同一个中断程序，但一个中断事件不能同时指定调用多个中断程序。

当把中断事件和中断程序连接时，自动允许中断。如果采用禁止全局中断指令不响应所有中断，则每个中断事件进行排队，直到采用允许全局中断指令重新允许中断，如果不用允许全局中断指令，可能会使中断队列溢出。

可以用中断分离指令截断中断事件和中断程序之间的联系，以单独禁止中断事件。中断分离指令使中断回到不激活或无效状态。表 6-42 列出了不同类型的中断事件。

表 6-42　中断事件

事　件　号	中 断 事 件		CPU221 CPU222	CPU224	CPU224XP CPU226
0	上升沿，	I0.0	有	有	有
1	下降沿，	I0.0	有	有	有
2	上升沿，	I0.1	有	有	有
3	下降沿，	I0.1	有	有	有
4	上升沿，	I0.2	有	有	有
5	下降沿，	I0.2	有	有	有
6	上升沿，	I0.3	有	有	有
7	下降沿，	I0.3	有	有	有
8	端口 0：	接收字符	有	有	有
9	端口 0：	发送完成	有	有	有
10	定时中断 0	SMB34	有	有	有
11	定时中断 1	SMB35	有	有	有
12	HSC0	CV=PV（当前值=设定值）	有	有	有
13	HSC1	CV=PV（当前值=设定值）	无	有	有
14	HSC1	输入方向改变	无	有	有
15	HSC1	外部复位	无	有	有
16	HSC2	CV=PV（当前值=设定值）	无	有	有
17	HSC2	输入方向改变	无	有	有
18	HSC2	外部复位	无	有	有
19	PTO 0	完成中断	有	有	有
20	PTO 1	完成中断	有	有	有
21	定时器 T32	CT=PT 中断	有	有	有
22	定时器 T96	CT=PT 中断	有	有	有
23	端口 0：	接收消息完成	有	有	有
24	端口 1：	接收消息完成	无	无	有
25	端口 1：	接收字符	无	无	有
26	端口 1：	发送完成	无	无	有
27	HSC0	输入方向改变	有	有	有
28	HSC0	外部复位	有	有	有
29	HSC4	CV=PV（当前值=设定值）	有	有	有
30	HSC4	输入方向改变	有	有	有
31	HSC4	外部复位	有	有	有
32	HSC3	CV=PV（当前值=设定值）	有	有	有
33	HSC5	CV=PV（当前值=设定值）	有	有	有

2．理解 S7-200 对中断程序的处理

执行中断程序用于响应与其相关的内部或者外部事件。一旦执行完中断程序的最后一条

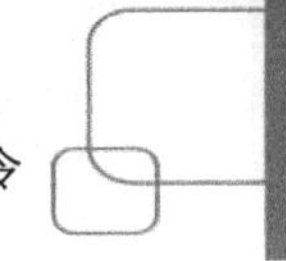

指令，则返回到主程序。如果执行 CRETI 指令，则退出中断程序。

在中断程序中不能使用 DISI、ENI、HDEF、LSCR 和 END 指令。

中断程序应尽量短小而简单，否则可能会引起由主程序控制的设备操作异常。

3. 中断类型

S7-200 支持下列类型的中断程序。

1）通信口中断

PLC 的串行通信口可由 LAD 或 STL 程序来控制。通信口的这种操作模式称为自由端口模式。在自由端口模式下，用户可用程序定义波特率、每个字符位数、校验和通信协议。利用接收和发送中断可简化程序对通信的控制。对于更多信息，参考发送和接收指令。

2）I/O 中断

I/O 中断包含了输入上升沿或下降沿中断、高速计数器中断和脉冲串输出（PTO）中断。

输入上升沿或下降沿中断有输入 I0.0～I0.3 共 4 个。这些上升沿/下降沿事件可被用于指示当某个事件发生时必须引起注意的条件。

高速计数器中断允许响应诸如当前值等于设定值、相应于轴转动方向变化的计数方向改变和计数器外部复位等事件而产生的中断。每种高速计数器可对高速事件实时响应。

脉冲串输出中断给出了已完成指定脉冲数输出的指示。脉冲串输出的一个典型应用是步进电动机。

可以通过将一个中断程序连接到相应的 I/O 事件上来允许上述的每一个中断。

3）时基中断

时基中断包括定时中断和定时器 T32/T96 中断。CPU 可以支持定时中断。可以用定时中断指定一个周期性的活动。周期以 1ms 为增量单位，周期时间可从 1ms～255ms。对定时中断 0，必须把周期时间写入 SMB34；对定时中断 1，必须把周期时间写入 SMB35。

每当定时器溢出时，定时中断事件把控制权交给相应的中断程序。通常可用定时中断以固定的时间间隔去控制模拟量输入的采样或者执行一个 PID 回路。

当把某个中断程序连接到一个定时中断事件上，如果该定时中断被允许，那就开始计时。在连接期间，系统捕捉周期时间值，因而后来对 SMB34 和 SMB35 的更改不会影响周期。为改变周期时间，首先必须修改周期时间值，然后重新把中断程序连接到定时中断事件上。当重新连接时，定时中断功能清除前一次连接时的任何累计值，并用新值重新开始计时。

一旦允许，定时中断就连续地运行，指定时间间隔的每次溢出时执行被连接的中断程序。如果退出 RUN 模式或分离定时中断，则定时中断被禁止。如果执行了全局中断禁止指令，定时中断事件会继续出现，每个出现的定时中断事件将进入中断队列（直到中断允许或队列满）。

定时器 T32/T96 中断允许及时地响应一个给定的时间间隔。这些中断只支持 1ms 分辨率的延时接通定时器（TON）和延时断开定时器（TOF）T32 和 T96。T32 和 T96 定时器在其他方面工作正常。一旦中断允许，当有效定时器的当前值等于设定值时，在 CPU 的正常 1ms 定时刷新中，执行被连接的中断程序。首先把一个中断程序连接到 T32/T96 中断事件上，然后允许该中断。

6.10.2 中断的优先级和中断队列

在各个指定的优先级之内，CPU 按先来先服务的原则处理中断。任何时间点上，只有一个用户中断程序正在执行。一旦中断程序开始执行，它要一直执行到结束，而且不会被别的中断程序，甚至是更高优先级的中断程序所打断。当另一个中断正在处理中，新出现的中断需要排队，等待处理。

表 6-43 给出了 3 个中断队列，以及它们能够存储的中断个数。

表 6-43 每个中断队列的最大数目

队　列	CPU211、CPU222、CPU224	CPU224XP、CPU226
通信中断队列	4	8
I/O 中断队列	16	16
定时中断队列	8	8

有时，可能有多于队列所能保存数目的中断出现。因此，由系统维护的队列溢出存储器位表明丢失的中断事件的类型。中断队列溢出位如表 6-44 所示。应当只在中断程序中使用这些位，因为在队列变空时，这些位会被复位，控制权回到主程序。

表 6-44 中断队列溢出位

说明（0=不溢出， 1=溢出）	SM 位
通信中断队列	SM4.0
I/O 中断队列	SM4.1
定时中断队列	SM4.2

表 6-45 给出了所有中断事件的优先级和事件号。

表 6-45 中断事件的优先级顺序

事 件 号	中 断 事 件		优 先 级 组	组中的优先级
8	端口 0:	接收字符	通信（最高）	0
9	端口 0:	发送完成		0
23	端口 0:	接收消息完成		0
24	端口 1:	接收消息完成		1
25	端口 1:	接收字符		1
26	端口 1:	发送完成		1
19	PTO 0	0 完成中断	I/O（中等）	0
20	PTO 1	1 完成中断		1
0	上升沿，	I0.0		2
2	上升沿，	I0.1		3
4	上升沿，	I0.2		4
6	上升沿，	I0.3		5
1	下降沿，	I0.0		6
3	下降沿，	I0.1		7

续表

事　件　号	中 断 事 件		优 先 级 组	组中的优先级
5	下降沿，	I0.2		8
7	下降沿，	I0.3		9
12	HSC0	CV=PV（当前值=设定值）		10
27	HSC0	输入方向改变		11
28	HSC0	外部复位		12
13	HSC1	CV=PV（当前值=设定值）		13
14	HSC1	输入方向改变		14
15	HSC1	外部复位		15
16	HSC2	CV=PV（当前值=设定值）		16
17	HSC2	输入方向改变		17
18	HSC2	外部复位		18
32	HSC3	CV=PV（当前值=设定值）		19
29	HSC4	CV=PV（当前值=设定值）		20
30	HSC4	输入方向改变		21
31	HSC4	外部复位		22
33	HSC5	CV=PV（当前值=设定值）		23
10	定时中断 0	SMB34	定时（最低）	0
11	定时中断 1	SMB35		1
21	定时器 T32	CT=PT 中断		2
22	定时器 T96	CT=PT 中断		3

例 6-25　输入中断应用于 4 人抢答。

在前面已经讲述过抢答电路的控制梯形图，但是一般梯形图的程序执行要受到扫描周期的影响，用输入中断来实现抢答不受扫描周期的影响，辨别抢答者的按钮输入的快慢将大大加快，辨别率将大大提高。

图 6-60 所示为 4 人智力抢答的实例。在主程序中，主持人未按下按钮 I0.4 时，中断连接（ATCH）指令未连接，抢答无效。当主持人按下按钮 I0.4 时，接通中断连接 ATCH 和中断允许 ENI 指令，方可进行抢答。

例如，按钮 I0.1 按下，执行事件 2（I0.1 上升沿），连接中断程序 INT1，结果 Q0.1 线圈得电。返回主程序后，由于 Q0.1 接点闭合，接通全局中断禁止指令 DISI，使得其他输入点的中断被禁止，抢答无效。

抢答结束后，主持人按下按钮 I0.4，全部输出 Q0.0～Q0.3 复位。DISI 指令断开，即可进行下一轮的抢答。

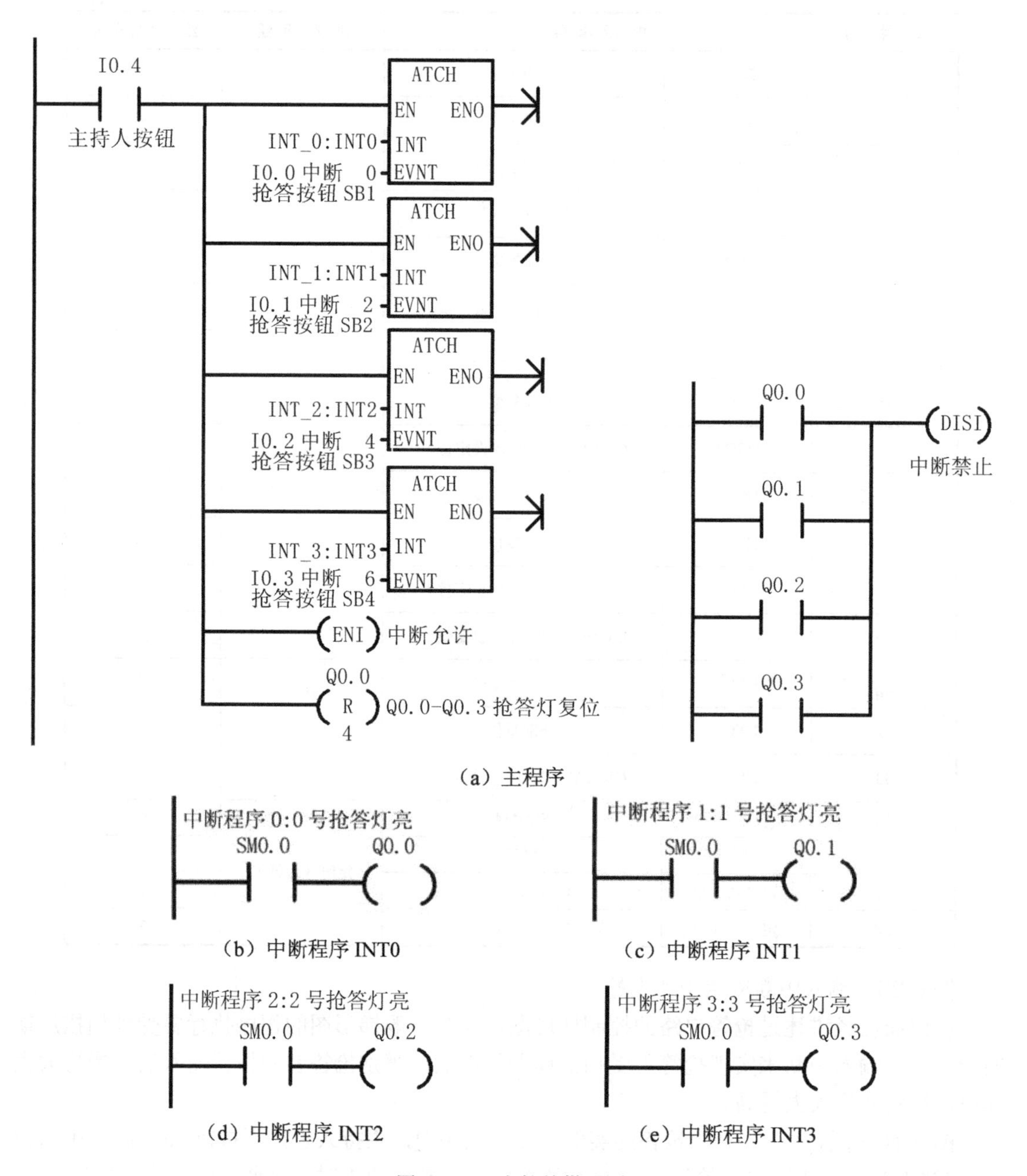

图 6-60　4 人抢答梯形图

例 6-26　定时中断用于读取模拟量输入数值。

如图 6-61 所示，PLC 运行时初始化脉冲 SM0.1 调用一次子程序 SBR_0。

在子程序中设定定时中断的时间间隔为 100ms，并连接中断程序 INT_0 为 10 号中断事件（定时中断 0）并执行 ENI 允许全局中断。

在中断程序 INT_0 中每隔 100ms 读取一次 AIW4 的模拟量值，传送到 VW100 中。

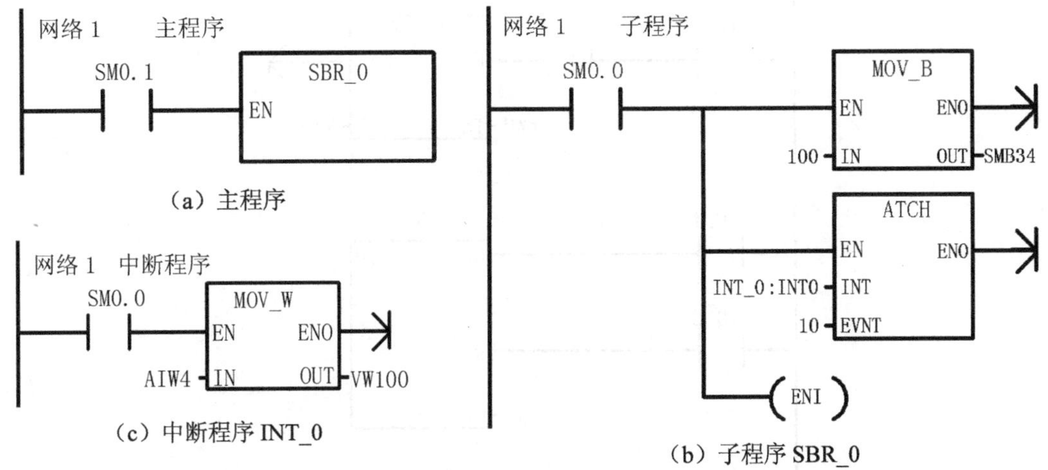

图 6-61 定时中断用于读取模拟量输入数值

习 题

6-1 写出十六进制数 16#9010 所表达的二进制数、无符号整数、有符号整数和 BCD 数。

6-2 用十六进制数表示十进制数 32000。用十六进制数表示 BCD 数 1234。

6-3 功能指令中的数据表达。

（1）一个十六进制数 16#76 表达的二进制数是什么？

（2）写出 52 的 BCD 数。

（3）已知 IW0=5，说明哪些输入点为 1。

（4）16 位有符号整数，数据范围为多少？

（5）写出 180 的浮点数。

6-4 控制一台电动机，按下启动按钮电动机运行一段时间自行停止，按下停止按钮电动机立即停止。运行时间用两个按钮来调整，时间调整间距为 10s，初始设定时间为 1 000s，最小设定时间为 100s，最大设定时间为 3 000s。

6-5 用按钮控制一台电动机，电动机启动后运行一段时间后自动停止，运行时间用一位 BCD 码数字开关设置一个定时器的设定值，要求设定值为 1 min～9 min 可调。

6-6 改变计数器 C0 的设定值，当 I0.1、I0.0=00 时设定值为 10，当 I0.1、I0.0=01 时设定值为 20，当 I0.1、I0.0=10 时设定值为 30，当 I0.1、I0.0=11 时设定值为 40，当计数器达到设定值时 Q0.0 得电，画出梯形图。

6-7 设计一个定时器，其设定值由 4 位 BCD 码数字开关设定，设定值范围为 0.01s～99.99s，当 I2.0 动作时定时器得电，当达到设定值时 Q0.0 得电。

6-8 设计一个计数器，对 I1.0 的接通次数计数，其计数设定值由两位 BCD 码数字开关设定，当达到设定值时 Q0.0 得电，当 I1.1 动作时计数器复位，Q0.0 失电。

6-9 分析图 6-62 所示梯形图的工作原理。

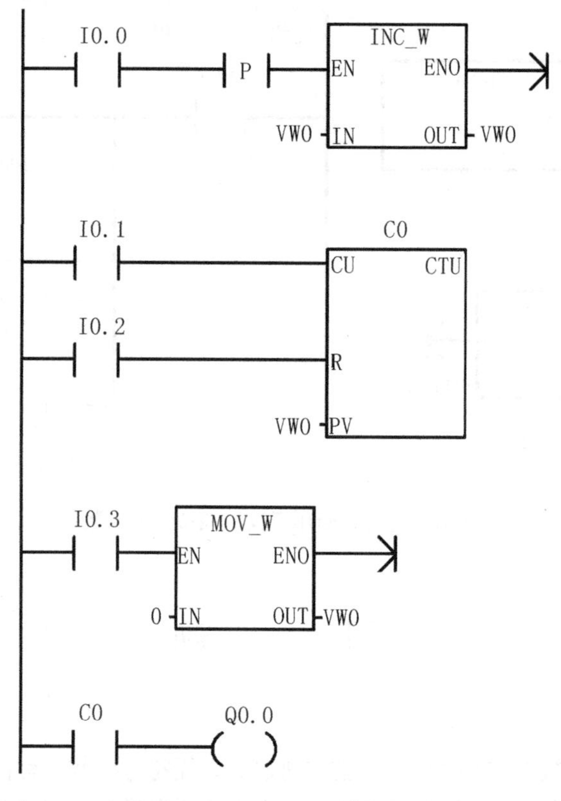

图 6-62　题 6-9 图

6-10　7 个人进行表决，同意的按下按钮，不同意不按，当同意的超过半数人时绿灯亮，当半数人同意时红灯亮。用一个七段数码管显示同意的人数，试设计 PLC 梯形图和接线图。

6-11　图 6-63 所示的梯形图用于电动机的控制与报警，试分析控制原理。

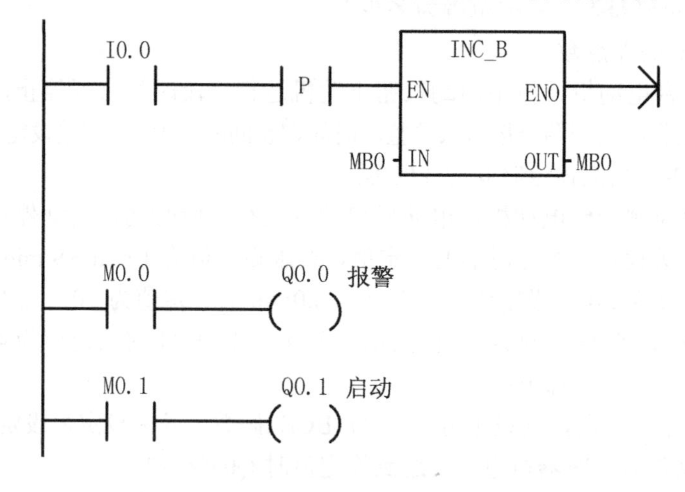

图 6-63　题 6-11 图

6-12　根据如图 6-64 所示的 PLC 接线图和梯形图，分析其工作原理。

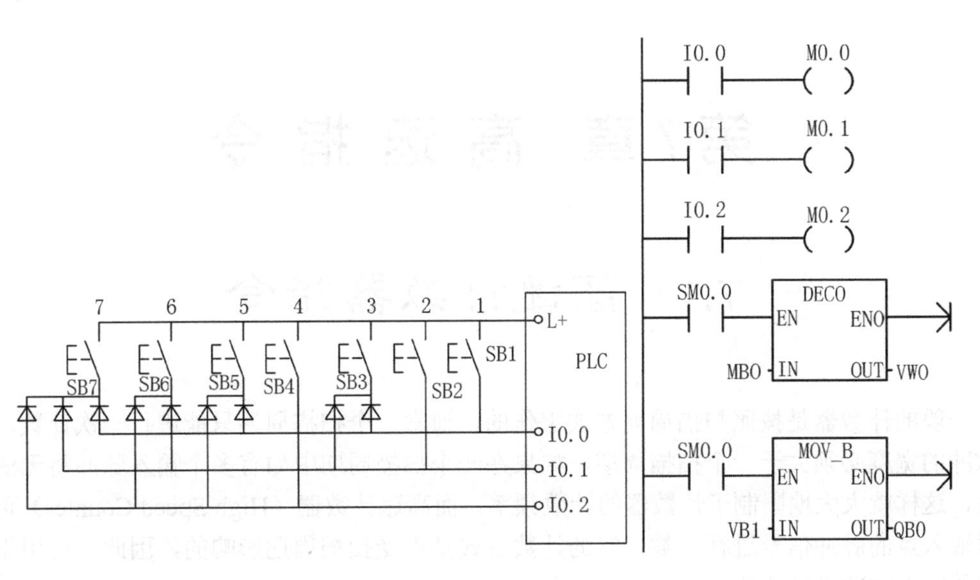

图 6-64　题 6-12 图

6-13　用一个按钮 I0.0 控制一个如图 6-65 所示的 5 位选择开关，每按一次按钮，接通一个辅助继电器接点。

6-14　用加一和减一指令设置定时器 T37 的间接设定值，T37 的初始值为 12.5s，但最大值不得超过 25s，最小值不得低于 5s。

6-15　用两位七段数码管显示分钟。

6-16　分析如图 6-66 所示梯形图的工作原理，当 I0.0=1 时，画出 Q0.0、Q0.1、Q0.2、Q0.3 的时序图。

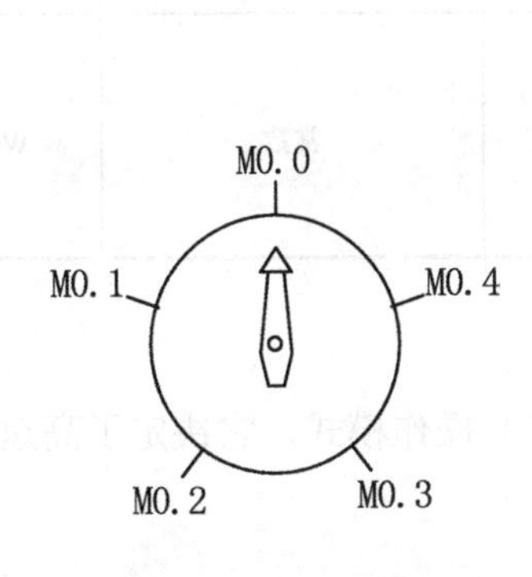

图 6-65　题 6-13 图

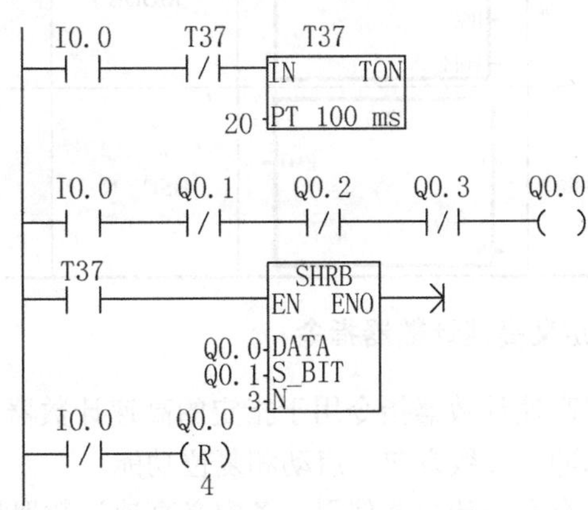

图 6-66　题 6-16 图

6-17　求 $10^{1/10}$ 的值。

6-18　求 SIN60° 的值。

6-19　根据控制要求画梯形图，并写出程序。

（1）当 I0.0=1 时，将一个常数 123456 存放到数据存储器 V 中。

（2）当 I0.1=1 时，将 MW0 表示的数存放到数据存储器 V 中。

（3）当 I0.2=1 时，将数据存储器 VW10～VW20 中的数据清零。

第7章 高速指令

7.1 高速计数器指令

一般的计数器是按照扫描周期方式工作的，通常一个扫描周期只能进行一次计数，其计数脉冲的宽度必须大于一个扫描周期，如果在一个扫描周期中如有多个输入脉冲将无法正确计数，这样就大大地限制了计数器的计数频率。而高速计数器（High Speed Counter）可以直接对输入点的脉冲信号进行计数，它的计数方式是不受扫描周期影响的，因此，可用于对高频率的输入脉冲进行计数。

高速计数器指令有定义高速计数器（HDEF）指令和高速计数器（HSC）指令，如表 7-1 所示。

表 7-1 高速计数器指令

指令名称	梯形图	指令表	软元件		数据类型
定义高速计数器指令	HDEF EN ENO HSC MODE	HDEF HSC, MODE	HSC	常数	BYTE
			MODE	常数	BYTE
高速计数器指令	HSC EN ENO N	HSC N	N	常数	WORD

1. 定义高速计数器指令

定义高速计数器指令用于指定的高速计数器（HSC×）操作模式，它决定了高速计数器的计数脉冲、计数方向、启动和复位功能。

每一个高速计数器使用一条定义高速计数器指令。

使 ENO=0 的错误条件：0003 （输入点冲突），0004 （中断中的非法指令），000A（HSC 重复定义）。

2. 高速计数器指令

高速计数器指令用于在 HSC 特殊存储器位状态的基础上，配置和控制高速计数器。参数 N 为高速计数器的编号。

高速计数器有 12 种模式，如表 7-2 所示。每个计数器都有用于计数脉冲、方向控制、

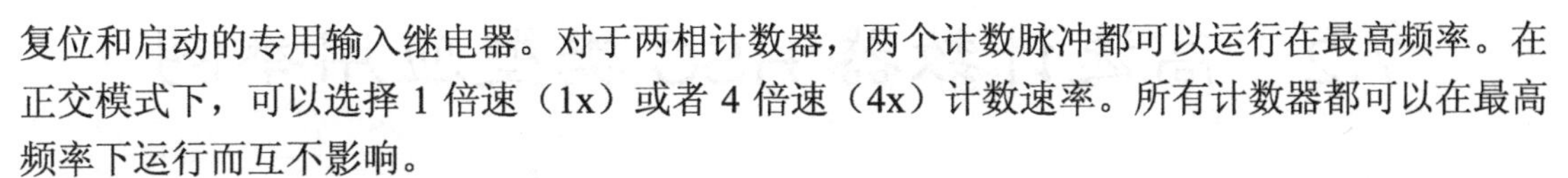

复位和启动的专用输入继电器。对于两相计数器，两个计数脉冲都可以运行在最高频率。在正交模式下，可以选择 1 倍速（1x）或者 4 倍速（4x）计数速率。所有计数器都可以在最高频率下运行而互不影响。

使 ENO=0 的错误条件：0001 （在 HDEF 指令之前执行 HSC 指令），0005 （同时执行 HSC/PLS）。

3．计数器的基本类型

S7-200 CPU 有 6 个高速计数器 HSC0～HSC5。

CPU 221 和 CPU 222 可使用高速计数器 HSC0、HSC3、HSC4 和 HSC5。

CPU 224、CPU 224XP 和 CPU 226 可使用高速计数器 HSC0～HSC5。

计数器有 4 种基本类型：

（1）带内部方向控制的单相计数器。

（2）带外部方向控制的单相计数器。

（3）带 2 个计数脉冲输入的双相计数器。

（4）带 A/B 相正交计数器的双相计数器。

每个高速计数器的计数输入点都是规定的，如表 7-2 所示。

表 7-2 高速计数器的输入点

高速计数器		计数器输入			
HSC0		I0.0	I0.1	I0.2	
HSC1		I0.6	I0.7	I1.0	I1.1
HSC2		I1.2	I1.3	I1.4	I1.5
HSC3		I0.1			
HSC4		I0.3	I0.4	I0.5	
HSC5		I0.4			
计数器类型	计数模式	计数器输入模式			
带有内部方向控制的单相计数器	0	计数脉冲			
	1	计数脉冲		复位	
	2	计数脉冲		复位	启动
带有外部方向控制的单相计数器	3	计数脉冲	方向		
	4	计数脉冲	方向	复位	
	5	计数脉冲	方向	复位	启动
带有增减计数脉冲的两相计数器	6	加计数脉冲	减计数脉冲		
	7	加计数脉冲	减计数脉冲	复位	
	8	加计数脉冲	减计数脉冲	复位	启动
A/B 相正交计数器	9	A 相脉冲	B 相脉冲		
	10	A 相脉冲	B 相脉冲	复位	
	11	A 相脉冲	B 相脉冲	复位	启动

7.2 高速计数器HSC类型应用举例

1. 具有内部方向控制的单向加减计数器

这种类型的计数器有3种模式：模式0、模式1、模式2，如表7-3 所示。

表7-3 具有内部方向控制的单向加减计数器的模式

模 式	HC0	HC1	HC2	HC3	HC4	HC5
0	I0.0	I0.6	I1.2	I0.0	I0.3	I0.4
1	I0.0、I0.2	I0.6、I1.0	I1.2、I1.4		I0.3、I0.5	
2		I0.6、I1.0、I1.1	I1.2、I1.4、I1.5			
方向	SM37.3	SM47.3	SM57.3	SM137.3	SM147.3	SM157.3

具有内部方向控制的单向加减计数器只有一个计数输入端，其计数方向由内部特殊辅助继电器SM决定。

模式0只有一个计数输入端。

模式1有一个计数输入端和一个复位输入端。

模式2有一个计数输入端，一个复位输入端和一个启动输入端。

图7-1 所示为高速计数器HC0模式0的计数过程时序图。

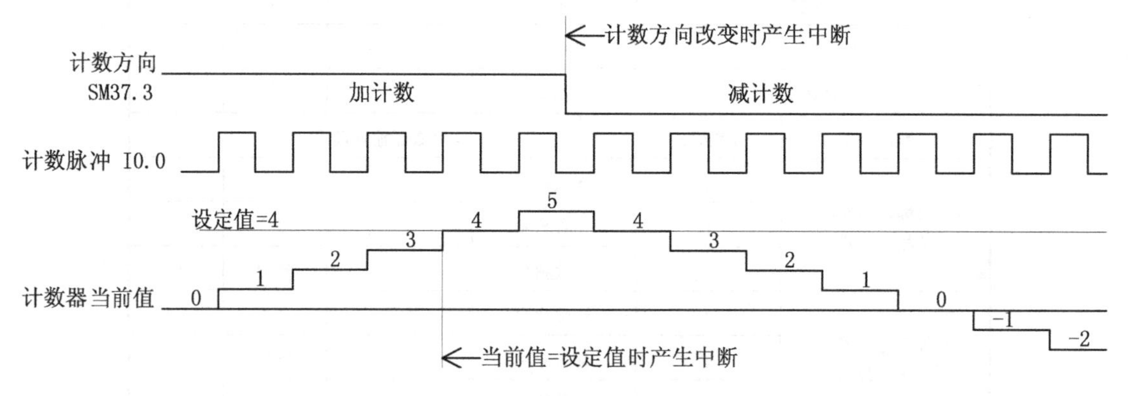

图7-1 具有内部方向控制的单向加减计数器（高速计数器HC0模式0）

高速计数器HC0 模式0 对专用的输入继电器I0.0 的脉冲进行计数，当 SM37.3=1 时进行加计数，当 SM37.3=0 时进行减计数，当计数值等于设定值时产生中断。当计数方向SM37.3由1→0或0→1时产生中断。

2. 具有外部方向控制的单向加减计数器

这种类型的计数器有3种模式：模式3、模式4、模式5，如表7-4 所示。

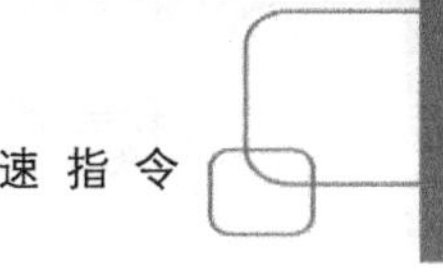

具有外部方向控制的单向加减计数器只有一个计数输入端，其计数方向由指定输入继电器决定。

模式3有一个计数输入端和一个指定计数方向的输入继电器。

模式4有一个计数输入端、一个指定计数方向的输入继电器和一个复位输入端。

模式5有一个计数输入端、一个指定计数方向的输入继电器、一个复位输入端和一个启动输入端。

图7-2所示为高速计数器HC0模式3的计数过程时序图。

表7-4 具有外部方向控制的单向加减计数器的模式

模 式	HC0	HC1	HC2	HC4
3	I0.0、I0.1	I0.6、I0.7	I1.2、I1.3	I0.3、I0.4
4	I0.0、I0.1、I0.2	I0.6、I0.7、I1.0	I1.2、I1.3、I1.4	I0.3、I0.4、I0.5
5		I0.6、I0.7、I1.0、I1.1	I1.2、I1.3、I1.4、I1.5	

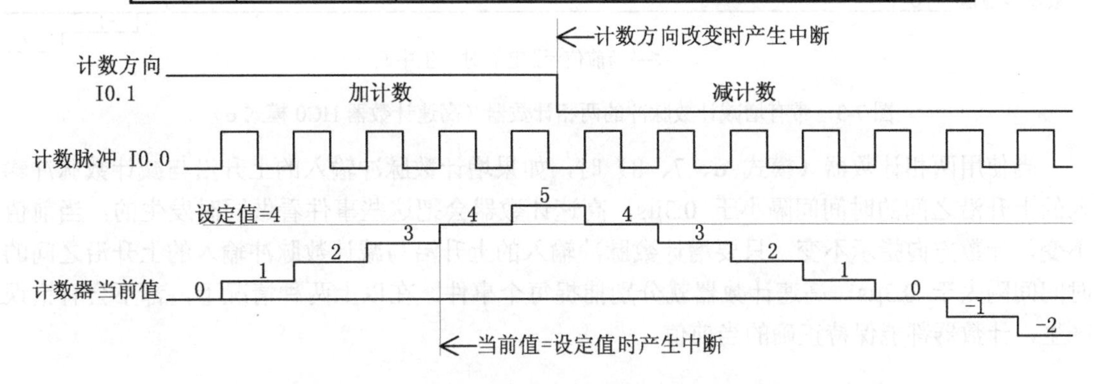

图7-2 具有内部方向控制的单向加减计数器（高速计数器HC0模式3）

具有外部方向控制的单向加减计数器和具有内部方向控制的单向加减计数器基本相同，不同的是外部方向控制的单向加减计数器为高速方向控制，而内部方向控制的单向加减计数器由内部特殊辅助继电器SM决定，受扫描周期影响。

3．带有增减计数脉冲的两相计数器

这种类型的计数器有3种模式：模式6、模式7、模式8，如表7-5所示。

表7-5 带有增减计数脉冲的两相计数器的模式

模 式	HC0	HC1	HC2	HC4
6	I0.0、I0.1	I0.6、I0.7	I1.2、I1.3	I0.3、I0.4
7	I0.0、I0.1、I0.2	I0.6、I0.7、I1.0	I1.2、I1.3、I1.4	I0.3、I0.4、I0.5
8		I0.6、I0.7、I1.0、I1.1	I1.2、I1.3、I1.4、I1.5	

带有增减计数脉冲的两相计数器有两个计数输入端，一个用于加计数，一个用于减计数。

模式 6 有一个加计数输入端和一个减计数输入端。

模式 7 有一个加计数输入端、一个减计数输入端和一个复位输入端。

模式 8 有一个加计数输入端、一个减计数输入端、一个复位输入端和一个启动输入端。

图 7-3 所示为高速计数器 HC0 模式 6 的计数过程时序图。

带有增减计数脉冲的两相计数器其特点为有两个计数，一个用于加计数，一个用于减计数。

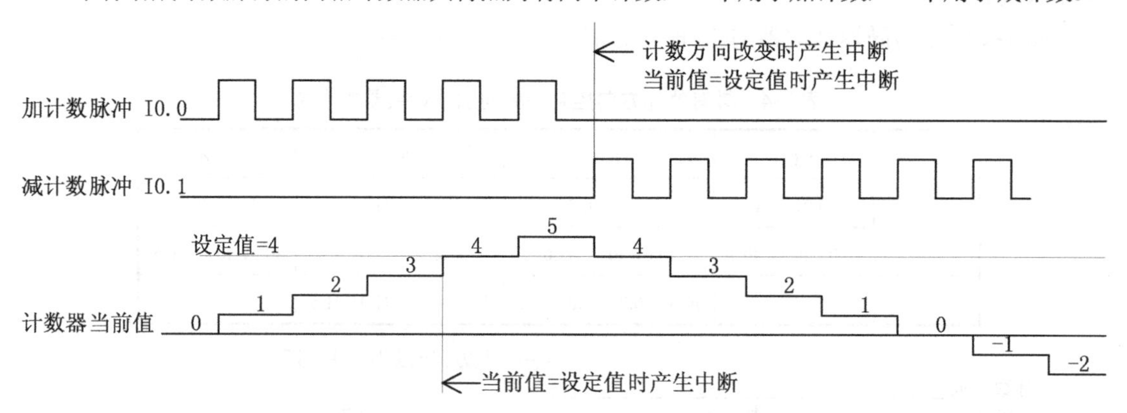

图 7-3　带有增减计数脉冲的两相计数器（高速计数器 HC0 模式 6）

当使用两相计数器（模式 6、7、8）时，如果增计数脉冲输入的上升沿与减计数脉冲输入的上升沿之间的时间间隔小于 0.3μs，高速计数器会把这些事件看做同时发生的，当前值不变，计数方向指示不变。只要增计数脉冲输入的上升沿与减计数脉冲输入的上升沿之间的时间间隔大于 0.3μs，高速计数器就分别捕捉每个事件。在以上两种情况下，都不会有错误产生，计数器都能保持正确的当前值。

4. A/B 相正交计数器

A/B 相正交计数器常用于根据物体运动或旋转方向来决定加计数或减计数的场合。例如，电梯的控制，当电梯上行时为加计数，当电梯下行时为减计数，这样就可以用计数值来精确地表示电梯轿厢所在的楼层或高度了。

这种类型的计数器有 3 种模式：模式 9、模式 10、模式 11，如表 7-6 所示。

表 7-6　A/B 相正交计数器的模式

模　式	HC0	HC1	HC2	HC4
9	I0.0、I0.1	I0.6、I0.7	I1.2、I1.3	I0.3、I0.4
10	I0.0、I0.1、I0.2	I0.6、I0.7、I1.0	I1.2、I1.3、I1.4	I0.3、I0.4、I0.5
11		I0.6、I0.7、I1.0、I1.1	I1.2、I1.3、I1.4、I1.5	
1x、4x	SM37.2	SM47.2	SM57.2	SM147.2

A/B 相正交计数器有两个计数输入端，一个 A 相计数端和一个 B 相计数端。

模式 9 有一个 A 相计数端和一个 B 相计数端。

模式 10 有一个 A 相计数端、一个 B 相计数端和一个复位输入端。

模式 11 有一个 A 相计数端、一个 B 相计数端、一个复位输入端和一个启动输入端。

A/B 相正交计数器的两个计数输入端发出的脉冲相差大约 90°，通常采用 A/B 相光电编码器的输出信号作为 PLC 高速计数器的输入信号，当光电编码器正转时 A 相超前 B 相 90°为加计数，反转时 B 相超前 A 相 90°为减计数。

A/B 相正交计数器可以设置为 1 倍频计数或 4 倍频计数两种方式，如表 7-6 所示，当特殊继电器 SM 为 1 时为 1 倍频计数，SM 为 0 时为 4 倍频计数。例如，当 SM37.2=1 时，高速计数器 HC0 为 1 倍频计数；当 SM37.2=0 时，HC0 为 4 倍频计数。

图 7-4 所示为高速计数器 HC0 模式 9 计数过程时序图。

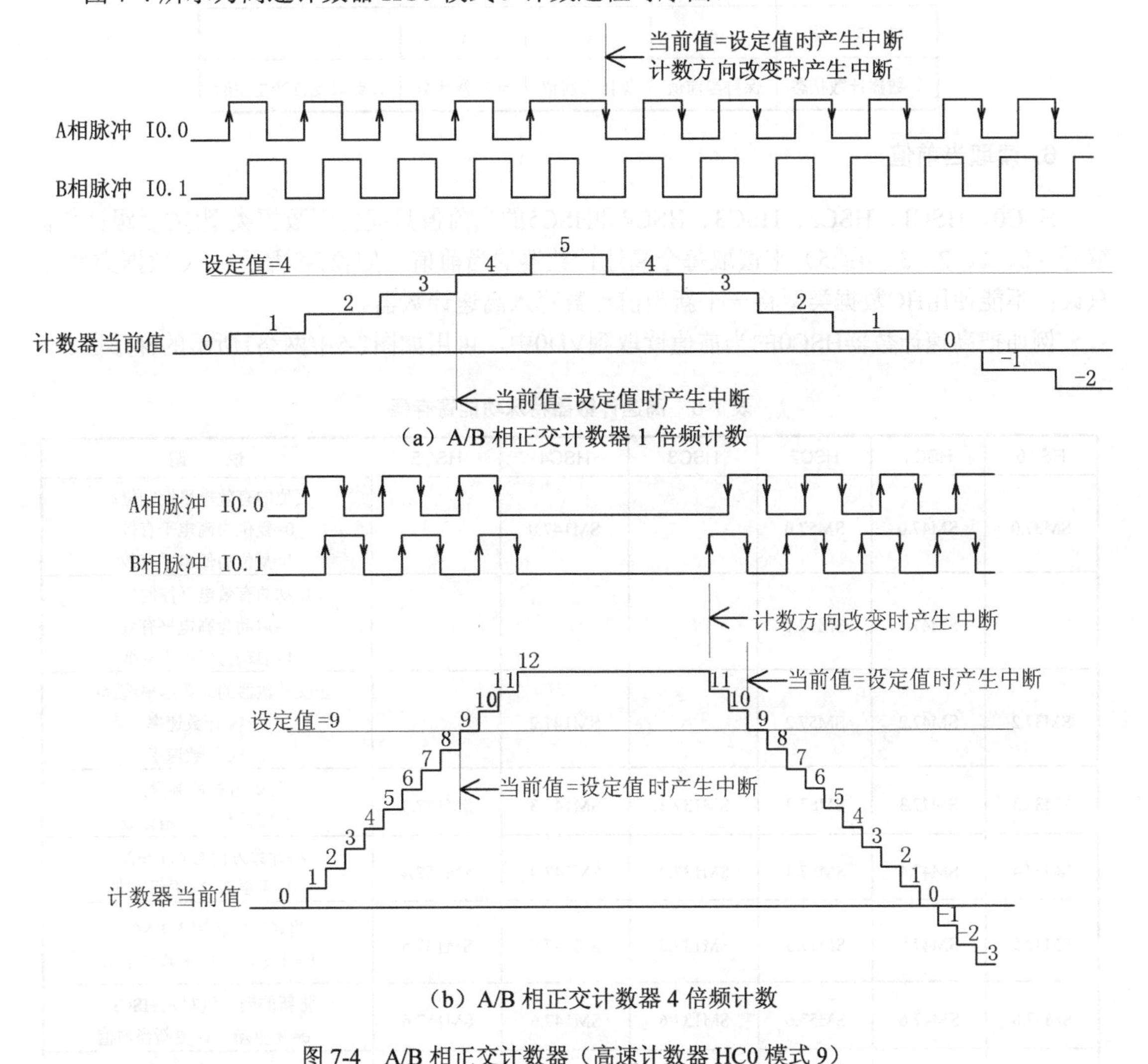

图 7-4 A/B 相正交计数器（高速计数器 HC0 模式 9）

5. 计数器复位和启动操作

由上述可知，计数器的 4 种基本类型中，每种类型都有 3 种模式：

第一种（计数模式：0、3、6、9）只有计数端，其计数的复位和启动是由程序控制的。

第二种（计数模式：1、4、7、10）有计数端和复位端，其计数的复位不受扫描周期控制，为高速复位。当复位端有效时，计数器复位产生中断。

第三种（计数模式：2、5、8、11）有计数端、复位端和一个启动输入端。其计数的复位和启动不受扫描周期控制，为高速复位高速启动。当启动端为 0 时，计数器不计数，保持当前值不变；复位端为 0 启动端为 1 时，计数器计数；当启动端为 1 复位端为 1 时，计数器复位产生中断，如表 7-7 所示。

表 7-7　带复位端和启动输入端计数器的计数状态

复　位　端	0	1	0	1
启　动　端	0	0	1	1
计数器计数状态	保持当前值	保持当前值	计数器计数	计数器复位产生中断

6. 读取当前值

HSC0、HSC1、HSC2、HSC3、HSC4和HSC5的当前值只能使用数据类型HC后跟计数器编号（0、1、2、3、4或5）来读取每个高速计数器的当前值，如表7-8所示。HC数据类型为只读；不能使用HC数据类型将一个新当前计数写入高速计数器。

例如把高速计数器HSC0的当前值读取到VD0中，可用如图7-5中网络1所示的梯形图。

表 7-8　高速计数器特殊功能寄存器

HSC0	HSC1	HSC2	HSC3	HSC4	HSC5	说　明
SM37.0	SM47.0	SM57.0		SM147.0		复位的有效电平控制位： 0=复位为高电平有效 1=复位为低电平有效
	SM47.1	SM57.1				启动的有效电平控制位： 0=启动为高电平有效 1=启动为低电平有效
SM37.2	SM47.2	SM57.2		SM147.2		正交计数器的计数速率选择： 0=4x 计数速率 1=1x 计数速率
SM37.3	SM47.3	SM57.3	SM137.3	SM147.3	SM157.3	计数方向控制位： 0=减计数　1=增计数
SM37.4	SM47.4	SM57.4	SM137.4	SM147.4	SM157.4	将计数方向写入 HSC： 0=无更新 1=更新方向
SM37.5	SM47.5	SM57.5	SM137.5	SM147.5	SM157.5	将新设定值写入 HSC： 0=无更新　1=更新设定值
SM37.6	SM47.6	SM57.6	SM137.6	SM147.6	SM157.6	将新的当前值写入 HSC： 0=无更新　1=更新当前值
SM37.7	SM47.7	SM57.7	SM137.7	SM147.7	SM157.7	启用 HSC： 0=禁止 HSC　1=启用 HSC

7. 读取当前值

HSC0、HSC1、HSC2、HSC3、HSC4 和 HSC5 的当前值只能使用数据类型 HC 后跟计数器编号（0、1、2、3、4 或 5）来读取每个高速计数器的当前值，如表 7-9 所示。HC 数据类型为只读；不能使用HC数据类型将一个新当前计数写入高速计数器。

表7-9 HSC0、HSC1、HSC2、HSC3、HSC4和HSC5的当前值

要读取的数值	HSC0	HSC1	HSC2	HSC3	HSC4	HSC5
当前值（CV）	HC0	HC1	HC2	HC3	HC4	HC5

8. 设置初始值和设定值

每个高速计数器在内部都有一个32位当前值（CV）和一个32位设定值（PV），如表7-10所示。当前值是计数器的实际计数值，而设定值是一个比较值，在当前值到达设定值时触发一个中断。

表7-10 HSC0、HSC1、HSC2、HSC3、HSC4和HSC5的新当前值和新设定值

高速计数器	HSC0	HSC1	HSC2	HSC3	HSC4	HSC5
新当前值（新CV）	SMD38	SMD48	SMD58	SMD138	SMD148	SMD158
新设定值（新PV）	SMD42	SMD52	SMD62	SMD142	SMD152	SMD162

要将新当前值或设定值载入高速计数器，必须设置新当前和/或新设定值的控制字节和特殊存储器，执行HSC指令以后，新数值便传送到高速计数器。

例7-1 读HSC0的当前值，更新HSC0的当前值和设定值。

如图7-5所示，网络1是将高速计数器HSC0的当前值HC0读取到VD0中，在网络2中，在I2.0的上升沿执行梯形图，将SMD38（HSC0的当前值）改为1000，将SMD42（HSC0的设定值）改为2000。

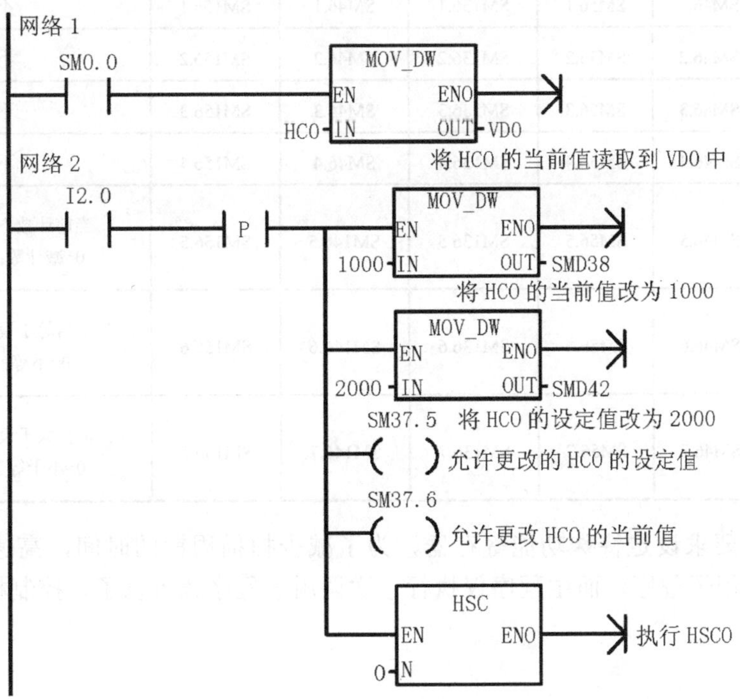

图7-5 读HSC0的当前值，更新HSC0的当前值和设定值

9．指定中断

所有计数器模式都支持在 HSC 的当前值等于设定值时产生一个中断事件。使用外部复位端的计数模式支持外部复位中断。除去模式 0、1 和 2 之外，所有计数器模式支持计数方向改变中断。每种中断条件都可以分别使能或者禁止。

当使用外部复位中断时，不要写入初始值，或者是在该中断程序中禁止再允许高速计数器，否则会产生一个致命错误。

10．状态字节

每个高速计数器都有一个状态字节，其中的状态存储位指出了当前计数方向，当前值是否大于或者等于设定值。表 7-11 给出了每个高速计数器状态位的定义。

只有在执行中断程序时，状态位才有效。监视高速计数器状态的目的是使其他事件能够产生中断以完成更重要的操作。

例 7-2 高速计数器应用实例。

将高速计数器 HSC1 设定为 AB 相计数器，4 倍速模式，设定值为 50，要求采用高速启动和高速复位输入端，当达到设定值时，当前值复位，重新开始计数。

表 7-11　HSC0 到 HSC5 的状态位

HSC0	HSC1	HSC2	HSC3	HSC4	HSC5	说　明
SM36.0	SM46.0	SM56.0	SM136.0	SM46.0	SM156.0	不用
SM36.1	SM46.1	SM56.1	SM136.1	SM46.1	SM156.1	不用
SM36.2	SM46.2	SM36.2	SM136.2	SM46.2	SM156.2	不用
SM36.3	SM46.3	SM56.3	SM136.3	SM46.3	SM156.3	不用
SM36.4	SM46.4	SM56.4	SM136.4	SM46.4	SM156.4	不用
SM36.5	SM46.5	SM56.5	SM136.5	SM146.5	SM156.5	当前计数方向状态位： 0=减计数；1=加计数
SM36.6	SM46.6	SM56.6	SM136.6	SM146.6	SM156.6	当前值等于设定值状态位： 0=不等；　1=相等
SM36.7	SM46.7	SM56.7	SM136.7	SM146.7	SM156.7	当前值大于设定值状态位： 0=小于等于；1=大于

根据控制要求设定特殊功能寄存器，为了减少扫描周期的时间，高速计数器 HSC1 的参数设定采用子程序，而主程序仅执行一次调用子程序就可以了，控制梯形图如图 7-6 所示。

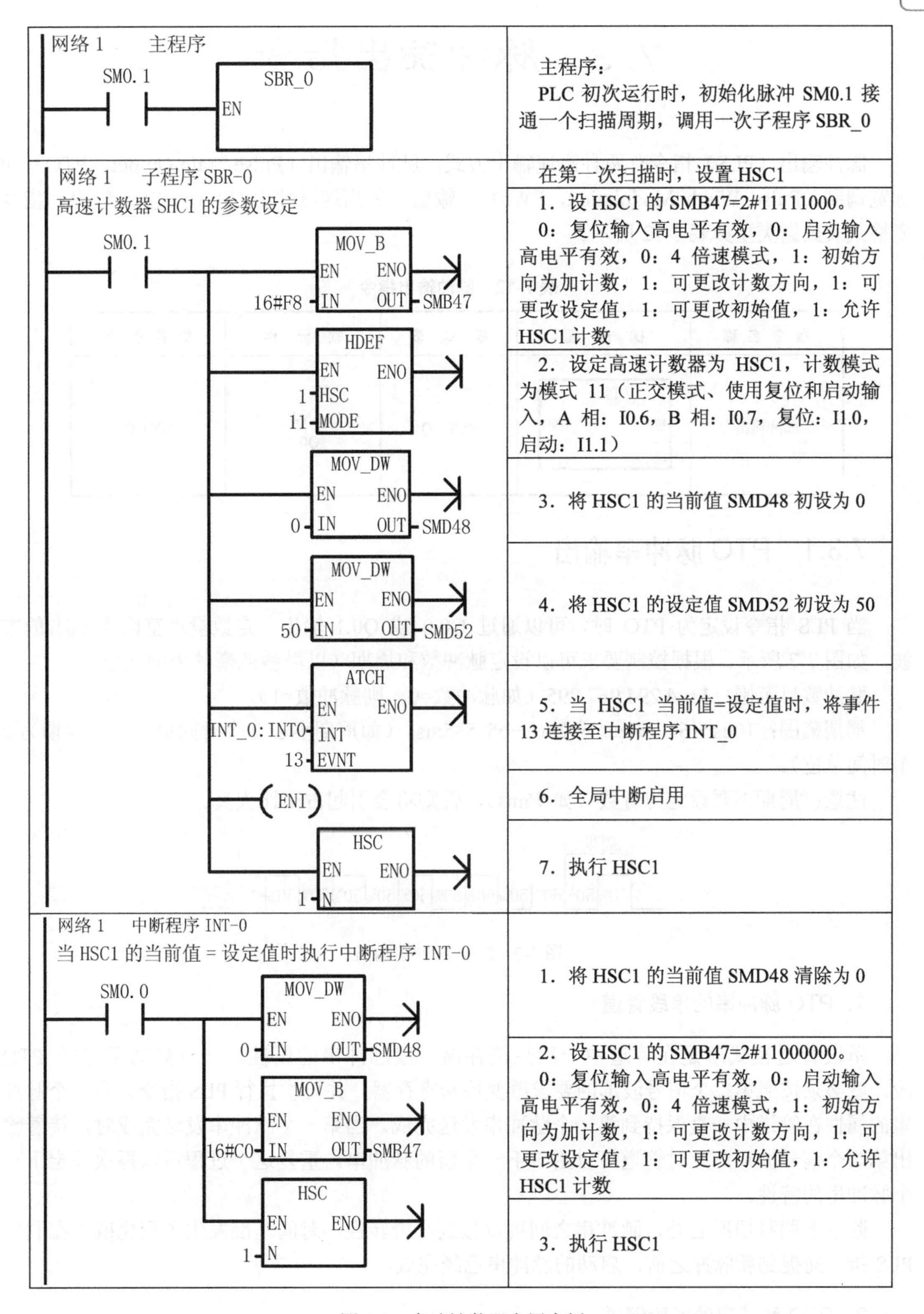

图7-6 高速计数器应用实例

7.3 脉冲输出指令

脉冲输出（PLS）指令有两种高速输出方式，脉冲串输出（Pulse Train Output，PTO）和脉宽调制（Pulse Width Modulation，PWM） 输出。其高速脉冲由 Q0.0 和 Q0.1 输出，指令表格式及数据类型如表 7-12 所示。

表 7-12　脉冲输出指令

指令名称	梯形图	指令表	软元件	数据类型
脉冲输出	PLS EN　ENO Q0.X	PLS　Q	Q0.0 Q0.1	WORD

7.3.1 PTO 脉冲串输出

当 PLS 指令设定为 PTO 时，可以通过 Q0.0 或 Q0.1 输出一定数量占空比为 50%的方波，如图 7-7 所示。根据控制要求可以设定脉冲数和周期（以微秒或毫秒为增加量）。

脉冲数目范围：1～4 294 967 295（如脉冲数=0，则脉冲数=1）。

周期范围：10μs～65 535μs 或 2ms～65 535ms。（如周期小于 2 个时间单位，则周期为 2 个时间单位）。

注意：周期不要设定为奇数（如 75ms），否则将会引起占空比失真。

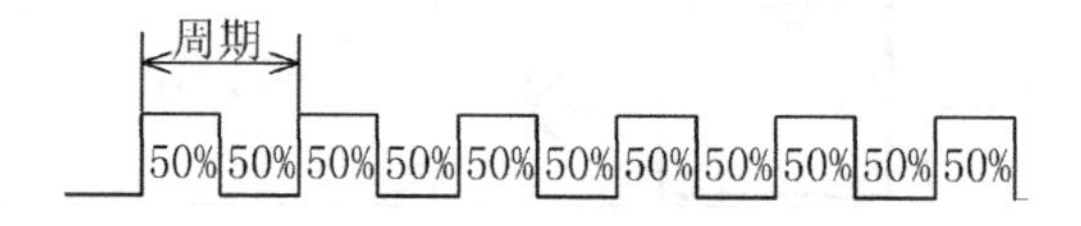

图 7-7　PTO 脉冲串输出

1. PTO 脉冲串的单段管道

单段管道模式就是在管道中一次只能存储一段脉冲串的属性。一旦启动了起始 PTO 段，就必须按照第二个信号波形的要求改变特殊寄存器，并再次执行 PLS 指令。第二个脉冲串的属性在管道中一直保持到第一个脉冲串发送完成。当第一个脉冲串发送完成时，接着输出第二个信号波形，此时管道可以用于下一个新的脉冲串。重复这个过程可以再次设定下一个脉冲串的特性。

除以下两种情况之外，脉冲串之间可以做到平滑转换：时间基准发生了变化或者在利用 PLS 指令捕捉到新脉冲之前，启动的脉冲串已经完成。

2. PTO 脉冲串的多段管道

在多段管道模式，CPU 自动从 V 存储器区的包络表中读出每个脉冲串的特性。在该模式下，仅使用特殊存储器区的控制字节和状态字节。选择多段操作，必须装入包络表在V存储器中的起始地址偏移量（SMW168 或 SMW178）。时间基准可以选择微秒或者毫秒，但是，在包络表中的所有周期值必须使用同一个时间基准，而且在包络正在运行时不能改变。执行 PLS 指令来启动多段操作。

每段记录的长度为 8 字节，由 16 位周期值、16 位周期增量值和 32 位脉冲个数值组成。表 7-13 中给出了包络表的格式。可以通过编程的方式使脉冲的周期自动增减。在周期增量处输入一个正值将增加周期；输入一个负值将减少周期；周期增量为 0 将不改变周期。

当 PTO 包络执行时，当前启动的段的编号保存在 SMB166（或 SMB176）。

表 7-13　多段 PTO 操作的包络表格式

长　度	字节偏移量	分　段	说　明
8 位	0		总段数：1～255
16 位	1	#1	初始周期（2～65 535 时间基准单位）
16 位	3		每个脉冲的周期增量（有符号值）（–32 768～32 767 时间基准单位）
32 位	5		脉冲数（1～4 294 967 295）
16 位	9	#2	初始周期（2～65 535 时间基准单位）
16 位	11		每个脉冲的周期增量（有符号值）（–32 768～32 767 时间基准单位）
32 位	13		脉冲数（1～4 294 967 295）
…	…	#3	

7.3.2　PWM 脉宽调制

PWM 为周期固定，占空比变化的脉冲输出，如图 7-8 所示。周期和脉冲宽度的单位可以用微秒或者毫秒。

周期时间：0μs～65 535μs 或 2ms～65 535ms（周期小于 2 个时间单位时定为 2 个时间单位）。

脉宽时间：0μs～65 535μs 或 0ms～65 535ms。

当脉宽等于周期（使占空比为 100%）时，输出连续接通。当脉宽等于 0 （使占空比为 0%）时，输出断开。

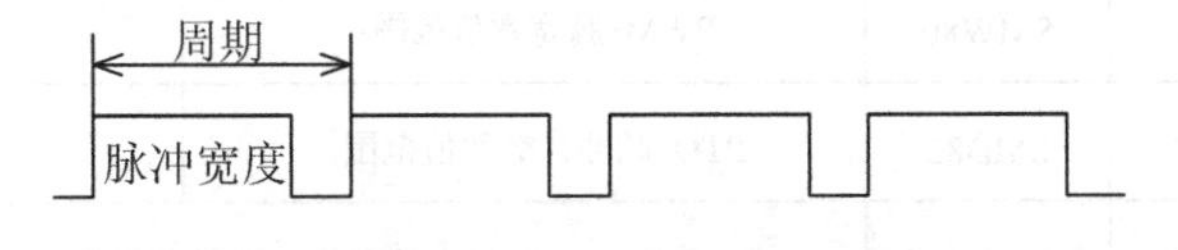

图 7-8　PWM 脉宽调制

改变 PWM 信号波形的特性有两个方法。

同步更新：如果不要求改变时间基准，则可以使用同步更新。利用同步更新，信号波形特性的变化发生在周期边沿，提供平滑转换。

异步更新：通常，对于 PWM 操作，脉冲宽度在周期保持不变时变化，所以不要求改变时间基准。但是，如果需要改变 PTO/PWM 发生器的时间基准，就要使用异步更新。异步更新会造成 PTO/PWM 功能被瞬时禁止，和 PWM 信号波形不同步，这会引起被控设备的振动。由于这个原因，建议采用 PWM 同步更新，选择一个适合所有周期时间的时间基准。

表 7-14 是用于 PLS 指令的特殊存储器 SM，状态位用于反映 PTO/PWM 的工作状态。控制字节 SMB67、SMB77 和其他 PTO/PWM 寄存器用于设定 PTO/PWM 的工作参数，如表 7-15 所示。

表 7-14　PTO/PWM 控制寄存器

状 态 位	Q0.0	Q0.1			
	SM66.4	SM76.4	PTO 包络被中止（增量计算错误）：	0=无错	1=中止
	SM66.5	SM76.5	由于用户中止了 PTO 包络：	0=不中止	1=中止
	SM66.6	SM76.6	PTO/PWM 管线上溢/下溢：	0=无上溢	1=溢出/下溢
	SM66.7	SM76.7	PTO 空闲：	0=在进程中	1=PTO 空闲
控 制 字 节	Q0.0	Q0.1			
	SM67.0	SM77.0	PTO/PWM 更新周期：	0=无更新	1=更新周期
	SM67.1	SM77.1	PWM 更新脉宽时间：	0=无更新	1=更新脉宽
	SM67.2	SM77.2	PTO 更新脉冲数：	0=无更新	1=更新脉冲数
	SM67.3	SM77.3	PTO/PWM 时间基准：	0=1 μs/刻度	1=1 ms/刻度
	SM67.4	SM77.4	PWM 更新方法：	0=异步	1=同步
	SM67.5	SM77.5	PTO 单个/多个段操作：	0=单段	1=多段
	SM67.6	SM77.6	PTO/PWM 模式选择：	0=PTO	1=PWM
	SM67.7	SM77.7	PTO/PWM 启用：	0=禁止	1=启用
其他 PTO/PWM 寄存器	Q0.0	Q0.1			
	SMW68	SMW78	PTO/PWM 周期数值范围：	2～65 535	
	SMW70	SMW80	PWM 脉宽数值范围：	0～65 535	
	SMD72	SMD82	PTO 脉冲计数数值范围：	1～4 294 967 295	
	SMB166	SMB176	进行中的段数（仅用在多段 PTO 操作中）		
	SMW168	SMW178	包络表的起始位置，用从 V0 开始的字节偏移表示（仅用在多段 PTO 操作中）		
	SMB170	SMB180	线性包络状态字节		
	SMB171	SMB181	线性包络结果寄存器		
	SMD172	SMD182	手动模式频率寄存器		

表 7-15 PTO/PWM 控制字节 SMB67 和 SMB77 常用设定值参考

SMB67 或 SMB77 设定值	SMB67 或 SMB77 的位							
	7	6	5	4	3	2	1	0
	启用	模式选择	PTO 段操作	PWM 更新方法	时基	脉冲数	脉冲宽度	周期
16#81	是	PTO	单段		1μs/周期			可更改
16#84	是	PTO	单段		1μs/周期	可更改		
16#85	是	PTO	单段		1μs/周期	可更改		可更改
16#89	是	PTO	单段		1ms/周期			可更改
16#8C	是	PTO	单段		1ms/周期	可更改		
16#8D	是	PTO	单段		1ms/周期	可更改		可更改
16#A0	是	PTO	多段		1μs/周期			
16#A8	是	PTO	多段		1ms/周期			
16#D1	是	PWM		同步	1μs/周期			可更改
16#D2	是	PWM		同步	1μs/周期		可更改	
16#D3	是	PWM		同步	1μs/周期		可更改	可更改
16#D9	是	PWM		同步	1ms/周期			可更改
16#DA	是	PWM		同步	1ms/周期		可更改	
16#DB	是	PWM		同步	1ms/周期		可更改	可更改

PTO/PWM 发生器的多段管道功能在许多应用中非常有用，尤其在步进电动机控制中。

7.4 脉冲输出应用举例

7.4.1 多段 PTO 控制脉冲输出应用实例

例 7-3 用 PTO 控制一台步进电动机。

如图 7-9 所示，要求产生一个输出信号，波形包括三段：步进电动机加速（第 1 段），步进电动机匀速（第 2 段），步进电动机减速（第 3 段）。

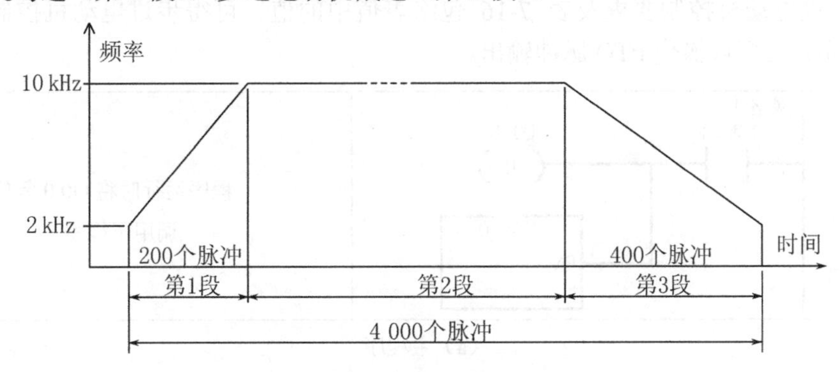

图 7-9 步进电动机控制频率时间图

对于该实例，启动和最终脉冲频率都是 2kHz，最大脉冲频率是 10kHz，要求 4000 个脉冲才能达到期望的电动机旋转数。由于包络表中的值是用周期表示的，而不是用频率，所以要把给定的频率值转换成周期值。因此，启动（初始）和最终（结束） 频率 2kHz 的周期时间是 500μs，最大频率 10kHz 的周期时间是 100μs。在输出包络的加速部分，要求在 200 个脉冲左右达到最大脉冲频率。减速部分在 400 个脉冲完成。

某段的周期增量值可由下式计算：

周期增量=（结束周期-初始周期）/脉冲数

利用这个公式计算各段的增量周期：

第 1 段 （加速段） 增量周期=（100μs～500μs）/200= –2μs

第 2 段 （恒速段） 增量周期=（100μs～100μs）/3400= 0μs

第 3 段 （减速段） 增量周期=（500μs～100μs）/400= 1μs

假设包络表存放在从 VB500 开始的 V 存储器区，如表 7-16 所示，给出了产生所要求信号波形的值，该表的值可以在用户程序中用指令放在 V 存储器中。另一种方法是在数据块中定义包络表的值。

表 7-16 包络表值

V 存储器地址	数 值	说 明	
VB500	3	总段数	
VW501	500	初始周期（μs）	段#1
VW503	-2	周期增量（μs）	
VD505	200	脉冲数	
VW509	100	初始周期（μs）	段#2
VW511	0	周期增量（μs）	
VD513	3400	脉冲数	
VW517	100	初始周期（μs）	段#3
VW519	1	周期增量（μs）	
VD521	400	脉冲数	

根据步进电动机控制要求及表 7-16 包络表值中的值，可得步进电动机控制梯形图如图 7- 10 所示，为多段操作 PTO 脉冲输出。

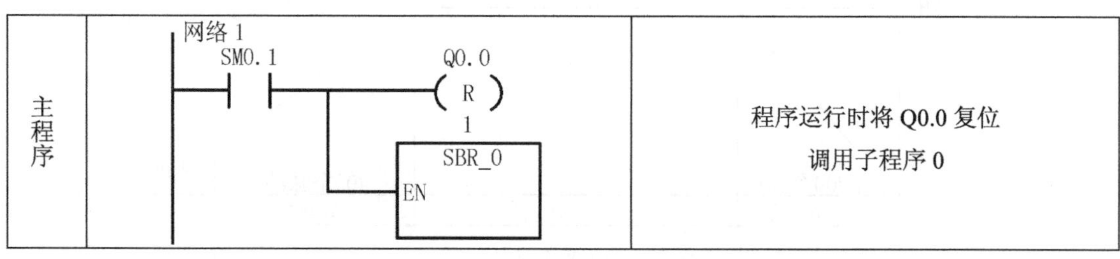

（a）主程序

图 7-10 多段操作 PTO 脉冲输出

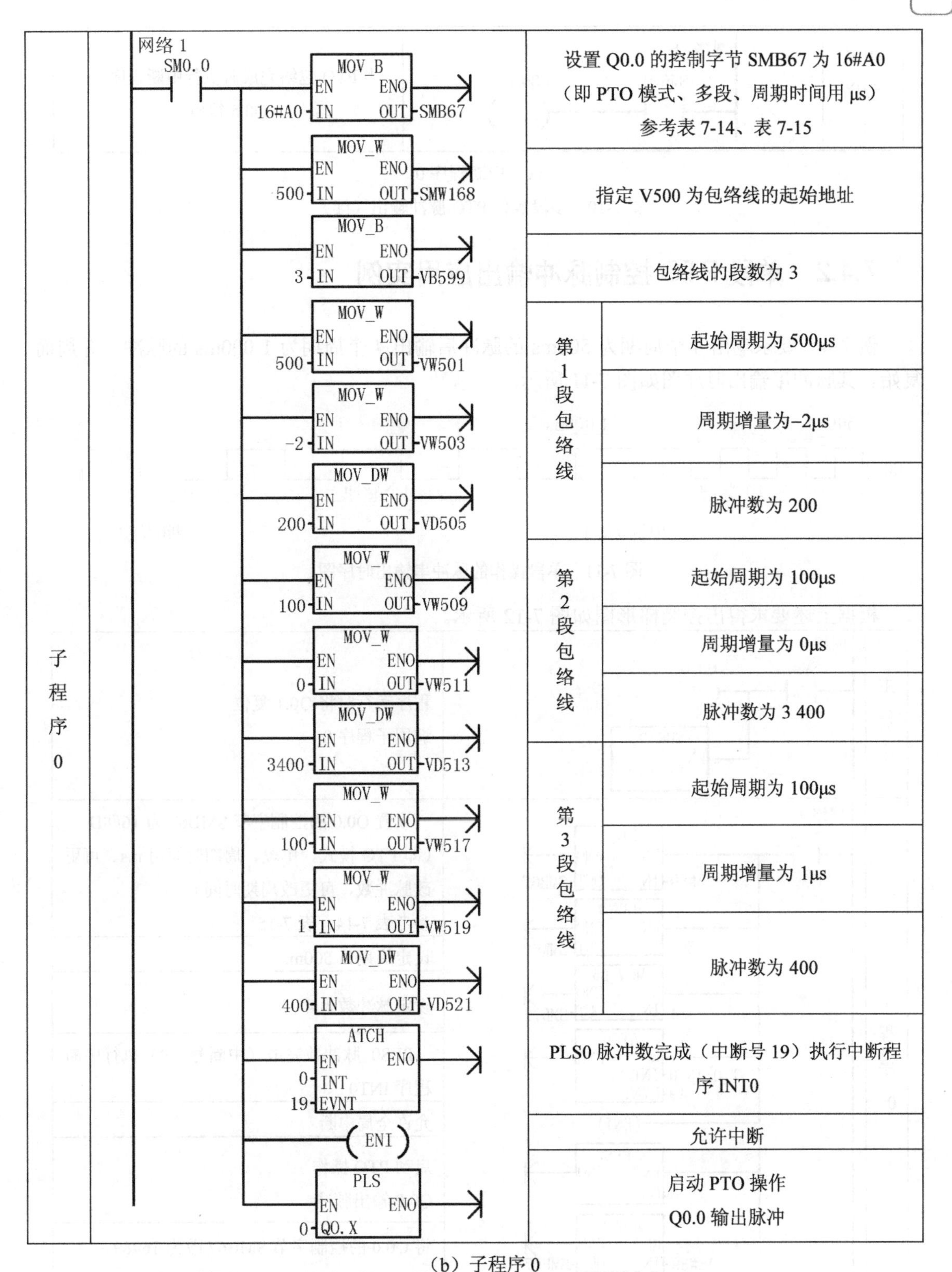

（b）子程序0

图7-10　多段操作PTO脉冲输出（续）

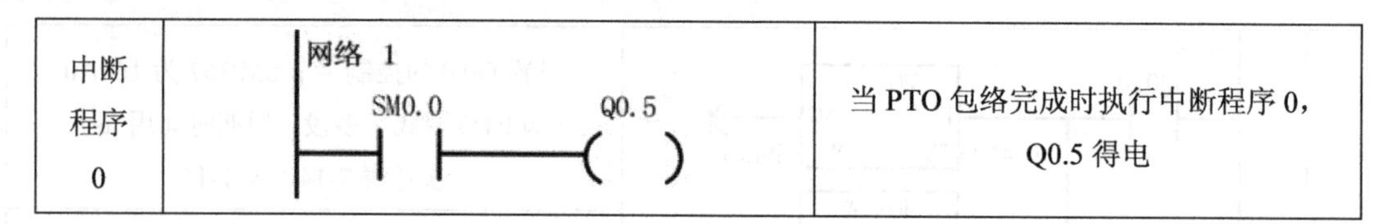

（c）中断程序 0

图 7-10　多段操作 PTO 脉冲输出（续）

7.4.2　单段 PTO 控制脉冲输出应用实例

例 7-4　要求输出 4 个周期为 500ms 的脉冲后输出 4 个周期为 1 000ms 的脉冲，并周而复始。其脉冲串输出时序图如图 7-11 所示。

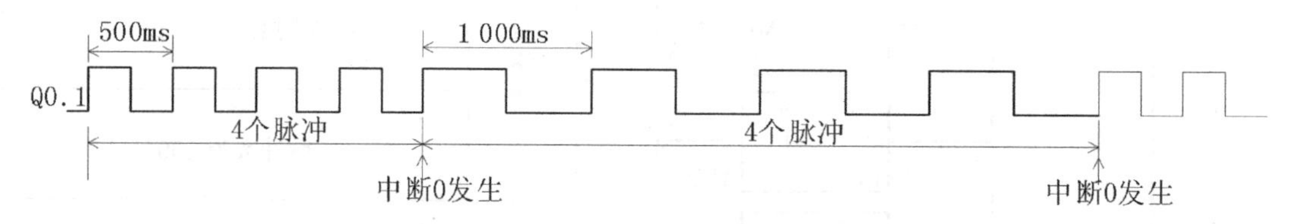

图 7-11　单段操作的脉冲串输出时序图

根据上述要求得出控制梯形图如图 7-12 所示。

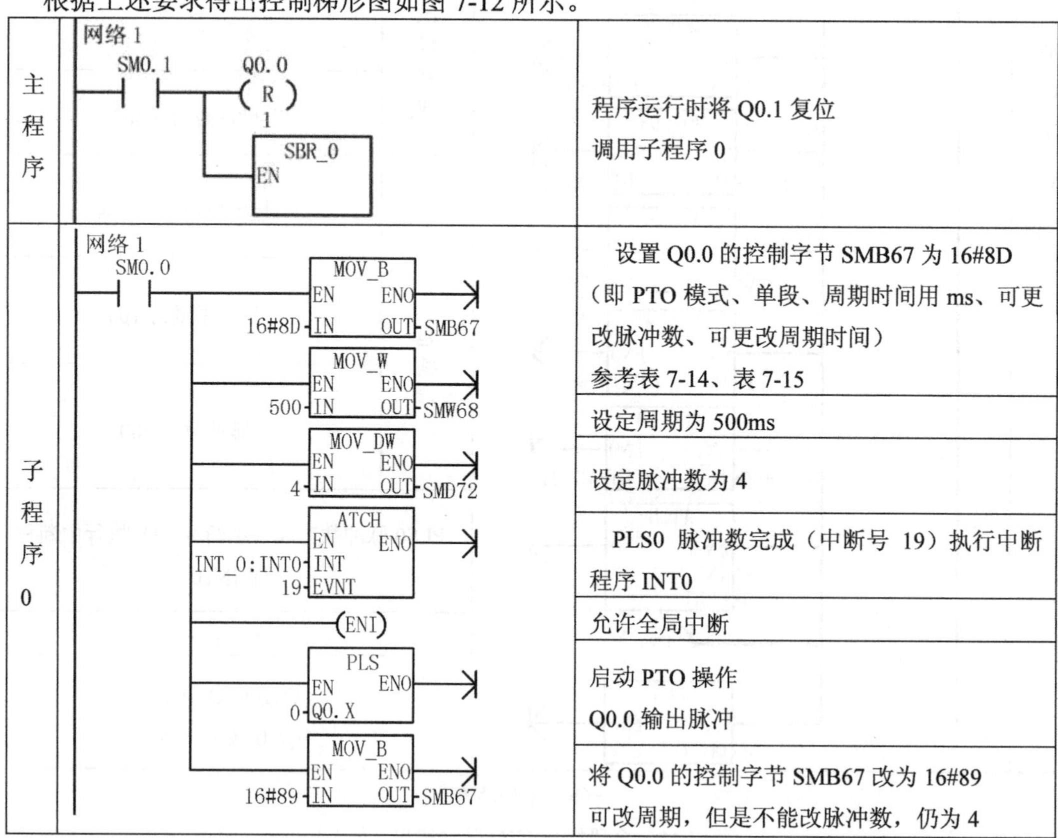

图 7-12　单段操作的脉冲串输出

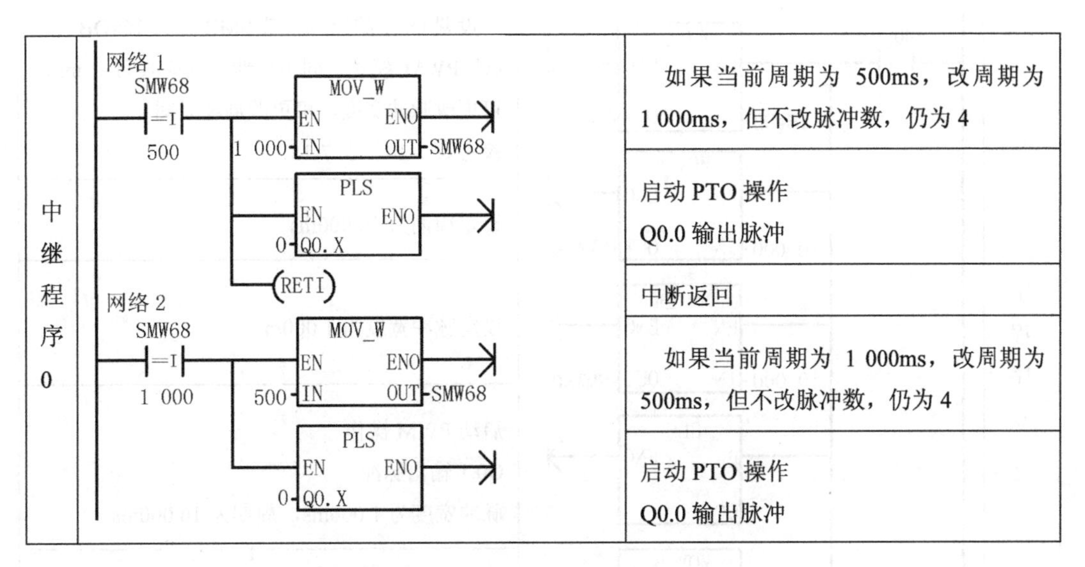

图 7-12　单段操作的脉冲串输出（续）

7.4.3　PWM 高速脉冲输出应用实例

例 7-5　当 PLC 运行时，输出周期为 10 000ms，脉冲宽度为 1 000ms 的输出脉冲，当 I0.3 接通时改为脉冲宽度为 5 000ms 的输出脉冲，如图 7-13 所示。

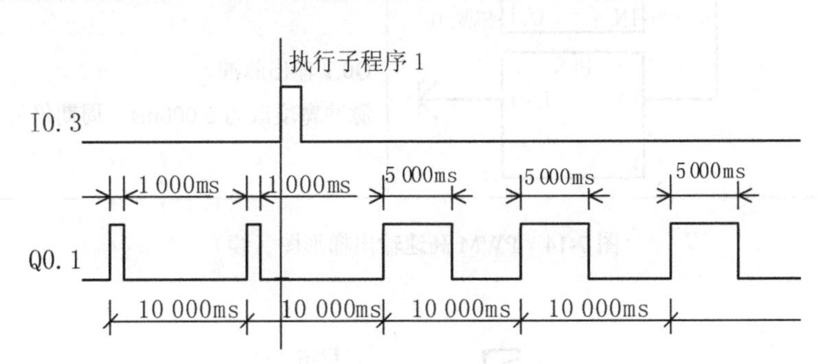

图 7-13　PWM 高速输出时序图

根据以上控制要求，编制控制梯形图如图 7-14 所示。

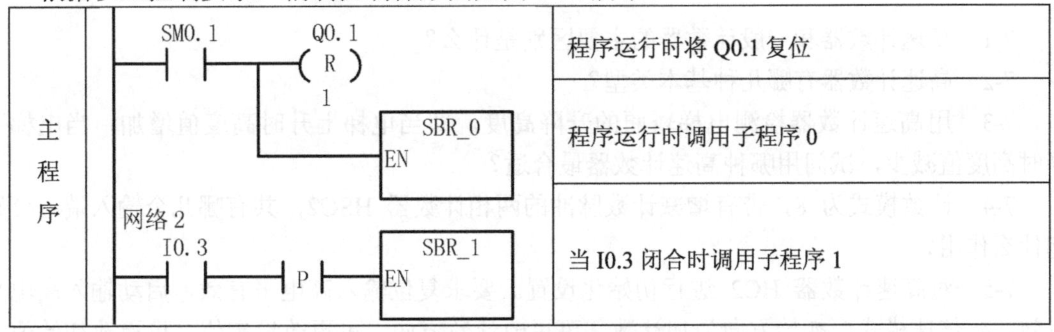

图 7-14　PWM 高速输出梯形图

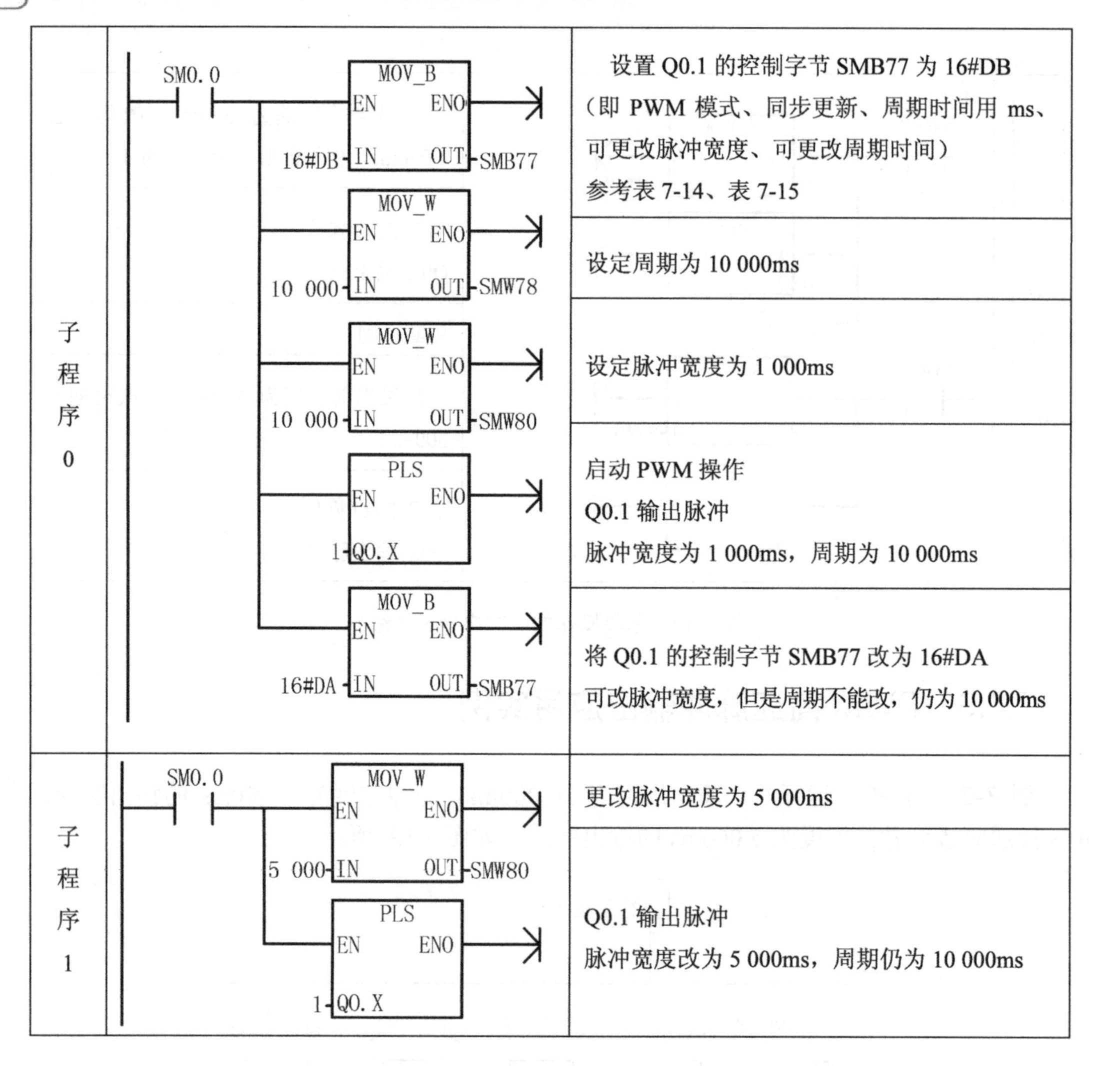

图7-14　PWM高速输出梯形图（续）

习　　题

7-1　高速计数器和一般计数器的主要区别是什么？

7-2　高速计数器有哪几种基本类型？

7-3　用高速计数器检测电梯轿厢的升降高度，即当电梯上升时高度值增加，当电梯下降时高度值减少，试问用哪种高速计数器最合适？

7-4　计数模式为8，带有增减计数脉冲的两相计数器HSC2，共有哪几个输入端，分别起什么作用？

7-5　对高速计数器HC2进行初始化设置。要求复位输入高电平有效，启动输入高电平有效，4倍速模式，初始方向为加计数，可更改计数方向，可更改设定值，可更改初始值，

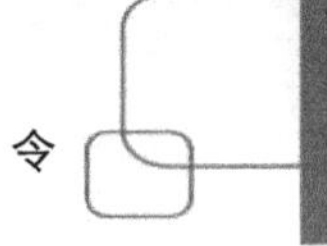

允许 HSC2 计数，计数模式为模式 11，当前值初设为 0，设定值初设为10 000，当前值等于设定值时连接至中断程序 INT_0，设计出 HC2 初始化设置梯形图。

7-6　设 Q0.0 为 PWM 的输出端，脉冲周期为 5 000ms，初始脉冲宽度为 500ms，然后每个周期脉冲宽度增加 500ms，当脉冲宽度增加到 4 500ms 时，每个周期脉冲宽度减少 500ms；当脉冲宽度减少到 0ms 时，然后每个周期脉冲宽度再增加 500ms，并周而复始。

第 8 章　扩展模块及 PID 控制

在前几章中，主要讲解的是可编程控制器的基本单元 S7-200 CPU 的结构、工作原理和控制指令，可编程控制器的基本单元主要由电源、CPU 和输入/输出几部分组成，在整个控制过程中起核心主导作用。可编程控制器的基本单元的控制功能很强，可以进行各种逻辑运算和数据处理等控制。为了加强可编程控制器的控制功能，处理一些特殊控制功能，生产厂商还提供了大量的扩展模块。西门子公司提供的扩展模块品种很多，可满足各种控制要求。本章讲述其中较常用的一部分。

8.1　常用扩展模块与基本模块的连接

常用的扩展模块主要有数字量 I/O 扩展模块、模拟量 I/O 扩展模块和智能模块等。扩展模块通常是根据基本单元的 CPU 中的指令来执行任务的，所以不能单独使用，要与 CPU 基本模块连接。

可编程控制器的基本模块和外接扩展模块的连接如图 8-1 所示。

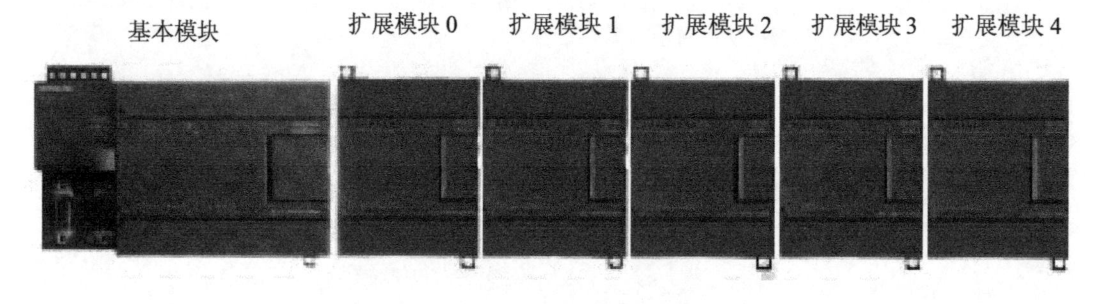

图 8-1　基本模块和外接扩展模块的连接

S7-200 中不同的 CPU 模块，其扩展能力不同，CPU221 没有扩展能力，CPU222 模块可以扩展两个模块（0～1），CPU224、CPU226 模块可以扩展 7 个模块（0～6）。扩展模块安装在 CPU 基本模块的右侧。

例如，将基本单元 CPU224 和 3 个数字量扩展模块、2 个模拟量模块连接，可组成 26 点输入、26 点输出、8 点模拟量输入、2 点模拟量输出的组合模块，如表 9-1 所示。

数字量扩展模块的地址编号按照与基本模块连接的位置，以字节（8 位）为单位从左向右依次递增。基本模块的输入、输出编号是固定的。

例如，基本模块 CPU224 的输入字节固定为 IB0、IB1，模块 0 EM223 的 4 点输入占用输入字节为 IB2，模块 1 EM221 的 8 点输入占用输入字节为 IB3。

基本模块 CPU224 的输出字节为固定 QB0、QB1，模块 0 EM223 的 4 点输出占用输出字节为 QB2，模块 1 EM221 的 8 点输出占用输出字节为 QB3。

扩展模拟量输出的地址编号以字（16 位）为单位从左向右依次递增。如表 8-1 所示，模块 2 模拟量模块 EM235 占用 4 个模拟量输入字 AIW0 ～AIW6，模拟量输出字 AQW0。模块 4 模拟量模块 EM235 占用 4 个模拟量输入字 AIW8 ～AIW14，模拟量输出字 AQW2。

表 8-1　扩展模块和 CPU 基本模块的连接

	模块 0	模块 1	模块 2	模块 3	模块 4
基本模块 CPU224	扩展模块 EM223	扩展模块 EM221	模拟量模块 EM235	扩展模块 EM222	模拟量模块 EM235
14 输入 10 输出	4 输入 4 输出	8 输入	4 模拟量输入 1 模拟量输出	8 输出	4 模拟量输入 1 模拟量输出
I0.0　Q0.0 I0.1　Q0.1 I0.2　Q0.2 I0.3　Q0.3 I0.4　Q0.4 I0.5　Q0.5 I0.6　Q0.6 I0.7　Q0.7 I1.0　Q1.0 I1.1　Q1.1 I1.2 I1.3 I1.4 I1.5	I2.0　Q2.0 I2.1　Q2.1 I2.2　Q2.2 I2.3　Q2.3	I3.0 I3.1 I3.2 I3.3 I3.4 I3.5 I3.6 I3.7	AIW0　AQW0 AIW2 AIW4 AIW6	Q3.0 Q3.1 Q3.2 Q3.3 Q3.4 Q3.5 Q3.6 Q3.7	AIW8　AQW2 AIW10 AIW12 AIW14

8.2　数字量扩展模块

S7-200 PLC 的数字量 I/O 扩展模块有输入扩展模块 EM221，输出扩展模块 EM222 和输入/输出扩展模块 EM223。数字量扩展模块用于扩展 PLC 的输入/输出，其型号和技术规范如表 8-2 所示。

表 8-2　数字量扩展模块型号和技术规范

型　号	扩 展 模 块	数字量输入	数字量输出	端 子 连 接
输入扩展模块 EM221	数字量输入	8×24V DC		可拆卸型端子连接
		8×120/230V AC		可拆卸型端子连接
		16×24V DC		可拆卸型端子连接
输出扩展模块 EM222	数字量输出		4×24V DC-5A	可拆卸型端子连接
			4×继电器- 10A	可拆卸型端子连接
			8×24V DC-0.75A	可拆卸型端子连接
			8×继电器-2A	可拆卸型端子连接
			8×120/230V AC	可拆卸型端子连接

续表

型　　号	扩 展 模 块	数字量输入	数字量输出	端 子 连 接
输入/输出扩展模块 EM 223	数字量输入/输出组合	4×24V DC	4×24V DC-0.75A	可拆卸型端子连接
		4×24V DC	4×继电器-2A	可拆卸型端子连接
		8×24V DC	8×24V DC-0.75A	可拆卸型端子连接
		8×24V DC	8×继电器-2A	可拆卸型端子连接
		16×24V DC	16×24V DC-0.75A	可拆卸型端子连接
		16×24V DC	16×继电器-2A	可拆卸型端子连接
		32×24V DC	32×24V DC-0.75A	可拆卸型端子连接
		32×24V DC	32×继电器-2A	可拆卸型端子连接

数字量输入、输出扩展模块外形及接线图如图 8-2、图 8-3 所示。

（a）EM221 数字量输入模块

（b）EM222 数字量输出模块

（c）EM 223 数字量输入/输出模块

图 8-2　数字量输入、输出扩展模块外形举例

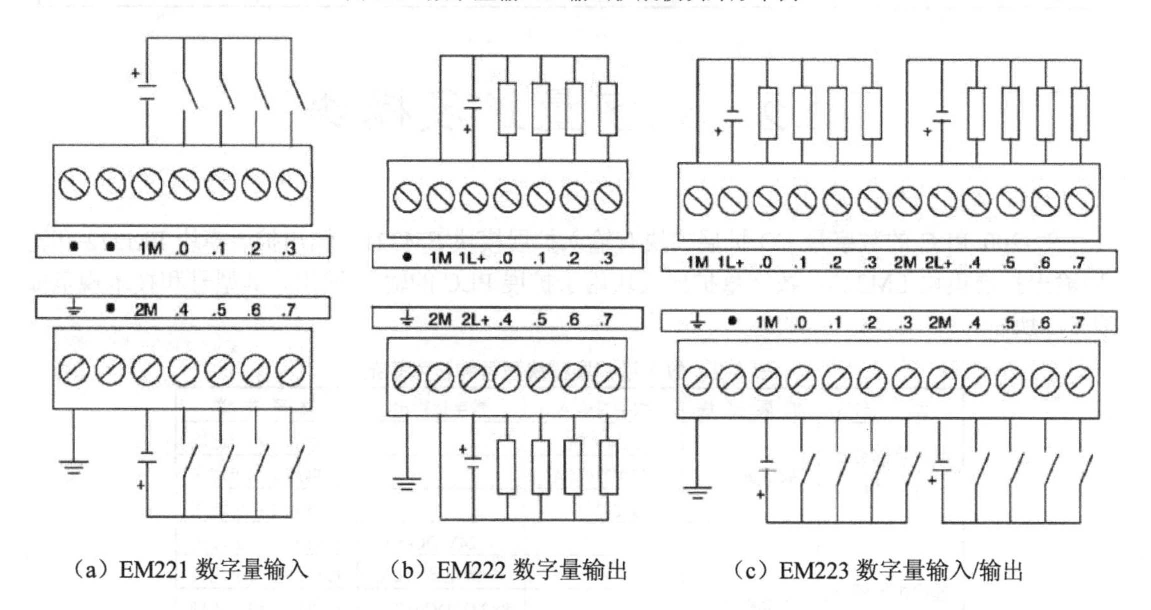

（a）EM221 数字量输入　（b）EM222 数字量输出　（c）EM223 数字量输入/输出

图 8-3　数字量输入、输出扩展模块接线图举例

图 8-3（a）所示 EM221 数字量输入扩展模块为 8 点输入，输入电源为直流 24V。
图 8-3（b）所示 EM222 数字量输出扩展模块为 8 点输出，输出电源为直流 24V。

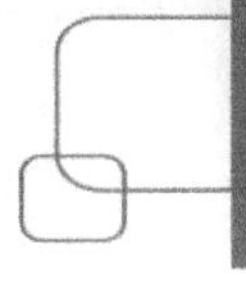

图 8-3（c）所示 EM223 数字量输入/输出扩展模块为 8 点输入、8 点输出，输出电源为直流 24V。

数字量输入、输出扩展模块只标有位号，字节号和扩展模块连接的位置有关，例如，将 8 点输入的 EM221 数字量输入扩展模块和基本模块 CPU224 连接，由于 CPU224 占用字节 IB0、IB1，则 EM221 数字量输入扩展模块占用字节 IB2，输入编号（地址）为 I2.0～I2.7。

8.3　模拟量扩展模块

在电气设备的控制中，存在大量的开关量，用可编程控制器的基本单元就可以直接控制，但在生产中，也常常要对一些模拟量（如压力、温度、流量、速度、位置等）进行控制。可编程控制器基本单元一般只能对数字量进行处理，而不能处理模拟量，如果要对模拟量进行处理，就要用特殊功能模块将模拟量转换成数字量，传送给编程控制器的基本单元进行处理。同样，可编程控制器基本单元只能输出数字量，而大多数电气设备只能接收模拟量，所以，还要把编程控制器输出的数字量转换成模拟量才能对电气设备进行控制，而这些则需要模拟量输出模块来完成，下面介绍常用的模拟量输入/输出模块。

S7-200 PLC 的模拟量扩展模块有 EM231 模拟量输入扩展模块，EM232 模拟量输出扩展模块和 EM235 模拟量组合扩展模块，如表 8-3 所示。

表 8-3　模拟量扩展模块

模拟量扩展模块	输入路数	输出路数	订货号
EM231 模拟量输入	4		6ES7 231-0HC22-0XA0
	8		6ES7 231-0HF22-0XA0
EM232 模拟量输出		2	6ES7 232-0HB22-0XA0
		4	6ES7 232-0HD22-0XA0
EM235 模拟量组合	4	1	6ES7 235-0KD22-0XA0

8.3.1　模拟量输入扩展模块 EM231

S7-200 系列 PLC 模拟量输入模块可以将电压或电流转换成 1 个 16 位的数字量。

在 CPU221 和 CPU222 中允许 16 路模拟量输入，共有 16 个字：AIW0、AIW2～AIW30。

在 CPU224 和 CPU226 中允许 32 路模拟量输入，共有 32 个字：AIW0、AIW2～AIW62。

模拟量输入模块的接线方式如图 8-4（a）所示。EM231 模拟量输入模块有 4 个（或 8 个）输入通道，可以将 4 路（或 8 路）模拟量值，通过多路选择开关依次转换成 4 个（或 8 个）16 位数字量存放在模拟量输入存储区中。

模拟量扩展模块输入规范如表 8-4 所示。

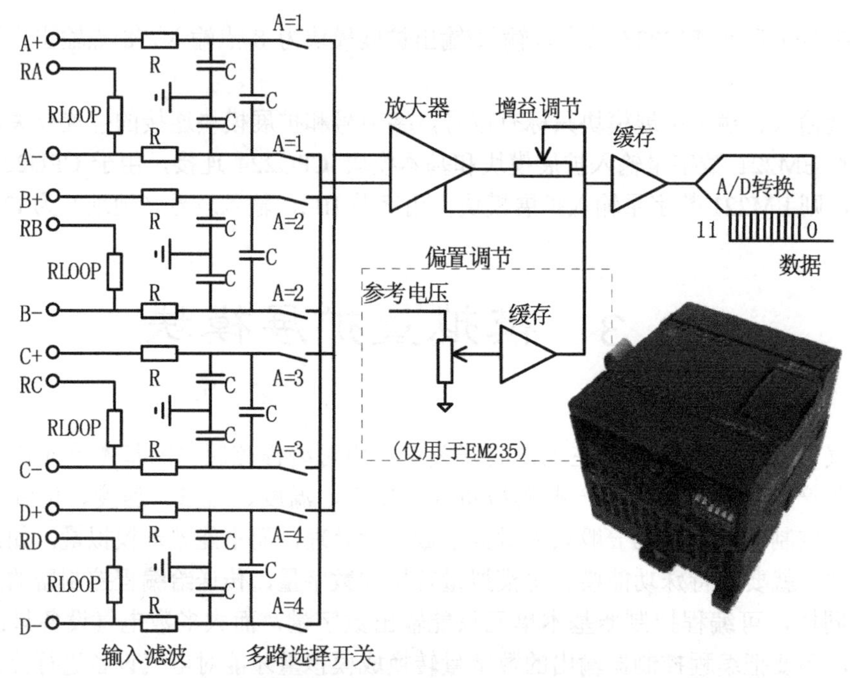

（a）EM231、EM235 模拟量输入模块内部电路　　（b）EM231 模拟量输入模块外形

图 8-4　EM231 模拟量输入模块

表 8-4　模拟量扩展模块输入规范

常　规	6ES7 231-0HC22-0XA0 6ES7 235-0KD22-0XA0	6ES7 231-0HF22-0XA0
数据字格式 双极性，满量程 单极性，满量程	（见图 8-5） −32 000～+32 000 0～32 000	
DC 输入阻抗	≥2MΩ 电压输入 250Ω 电流输入	＞2MΩ 电压输入 250Ω 电流输入
输入滤波衰减	−3dB，3.1kHz	
最大输入电压	30V DC	
最大输入电流	32mA	
精度 双极性 单极性	 11 位，加 1 符号位 12 位	
隔离（现场与逻辑）	无	
输入类型	差分	差分电压，可为电流选择两个通道
输入范围	电压： 可选择的，对于可用的范围，如表 8-5 所示 电流： 0 mA～20mA	电压： 通道 0 到 7 0V～+10V，0V～+5V 和+/-2.5 电流： 通道 6 和 7 0 mA～20mA
输入分辨率	如表 8-5 所示	如表 8-6 所示
模拟到数字转换时间	＜250μs	＜250μs
模拟输入阶跃响应	1.5ms 到 95%	1.5ms 到 95%
共模抑制	40dB，DC 到 60Hz	40dB，DC 到 60Hz
共模电压	信号电压加上共模电压必须≤±12V	信号电压加上共模电压必须≤±12V
24 VDC 电压范围	20.4～28.8 VDC（等级 2，有限电源，或来自 PLC 的传感器电源）	

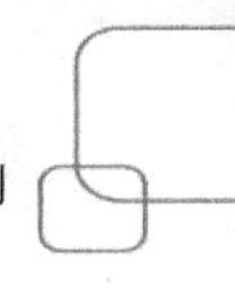

模拟量输入模块的分辨率为 12 位，单极性满量程数值为 0～32 000；双极性满量程数值为-32 000～32 000。

模拟量转换的 12 位数值存放在 16 位的存储区中，采用左对齐方式，如图 8-5 所示。单极性的 AIW××的最高位为 0（正数），低 3 位为 0，最大值为 2#111111111111×2#1000=2#0111111111111000=4 095×8=32 760，一般取最大值为 32 000。可见存储区中的值为转换值乘以 8。

双极性 AIW××的最高位为符号位，实际分辨率为 11 位，低 4 位为 0，最大值为 2#11111111111×2#10000=2#0111111111110000=2 047×16=32 752，一般取最大值为 32 000。可见存储区中的值为转换值乘以 16。最小值为-32 000。

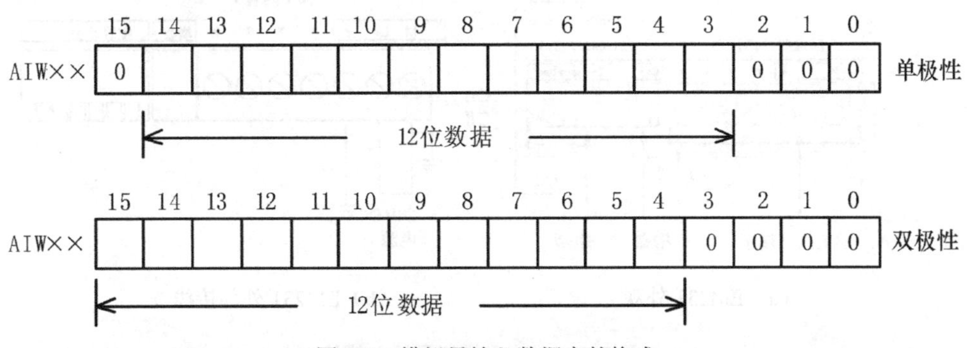

图 8-5　模拟量输入数据字的格式

输入电压模拟量和数字量的关系如图 8-6 所示，当输入电压为 0V～10V 时，对应 AIW××中的值为 0～32 000（实际转换值为 0～4 000）。当输入电压为-10V～10V 时，对应 AIW××中的值为-32 000～32 000（实际转换值为-2 000～2 000）。

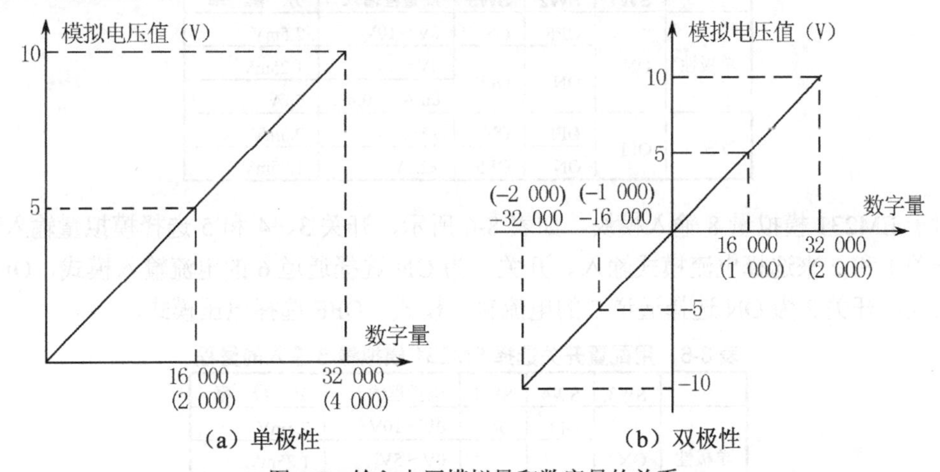

图 8-6　输入电压模拟量和数字量的关系

EM231 模拟量输入模块外观和接线图如图 8-7 所示，模块上部共有 12 个接线端子，每 3 个端子为 1 组（如 RA、A+、A−），1 组为 1 路模拟量通道，共有 4 组。对于电压信号只接 2 个端子（如图 8-7 中的 A+、A−）。对于电流信号要接 3 个端子（如图 8-7 中的 RC、C+、C−）。未使用的通道应将其短接，为了避免共模电压，应将 M 端与所有信号负端连接。

根据不同的输入量，应设置 EM231 模拟量输入模块的输入量程，所有输入设置应为相同的模拟量，表 8-5 和表 8-6 显示了如何通过配置开关来组态 EM231 模块。表中 ON 是闭合，OFF 是断开，只在电源接通时读取开关设置。

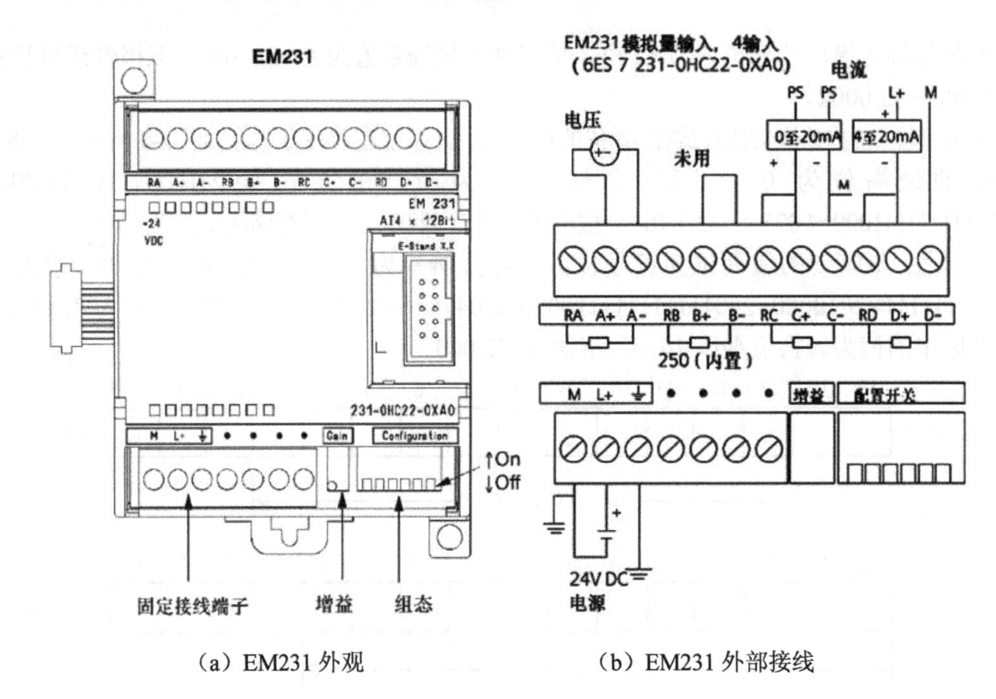

（a）EM231 外观　　（b）EM231 外部接线

图 8-7　EM231 模拟量输入模块

如表 8-5 所示，EM231 模拟量 4 输入模块，可用开关 1、2 和 3 选择模拟量输入范围。

表 8-5　用配置开关选择 EM231 模拟量 4 输入的量程

	SW1	SW2	SW3	满量程输入	分　辨　率
单极性	ON	OFF	ON	0V～10V	2.5mV
		ON	OFF	0V～5V	1.25mV
				0mA～20mA	5μA
双极性	OFF	OFF	ON	±5V	2.5mV
		ON	OFF	±2.5V	1.25mV

对于 EM231 模拟量 8 输入模块，如表 8-6 所示，开关 3、4 和 5 选择模拟量输入范围。使用开关 1 和 2 来选择电流模式输入。开关 1 为 ON 选择通道 6 的电流输入模式，OFF 选择电压模式。开关 2 为 ON 选择通道 7 的电流输入模式，OFF 选择电压模式。

表 8-6　用配置开关选择 EM231 模拟量 8 输入的量程

	SW3	SW4	SW5	满量程输入	分　辨　率
单极性	ON	OFF	ON	0V～10V	2.5mV
		ON	OFF	0V～5V	1.25mV
				0mA～20mA	5μA
双极性	OFF	OFF	ON	±5V	2.5mV
		ON	OFF	±2.5V	1.25mV

8.3.2　模拟量输出扩展模块 EM232

EM232 模拟量输出模块内部电路和外形图如图 8-8 所示，EM232 模拟量输出模块将 PLC 输出的数字量经 D/A 转换器转换成模拟量经运算放大器放大后输出电压和电流。

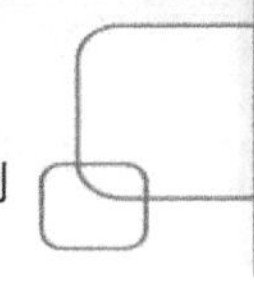

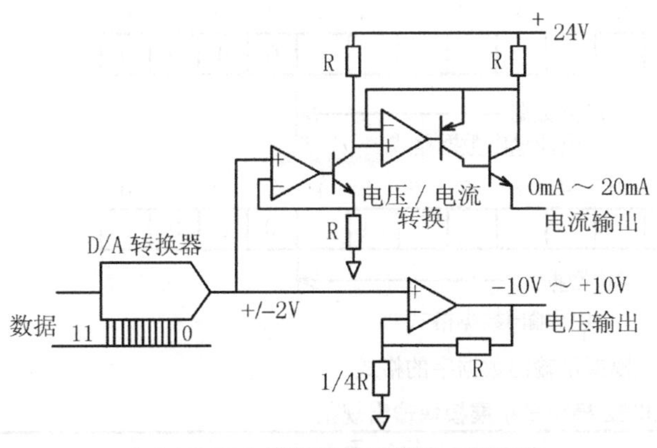

（a）EM232 模拟量输出模块内部电路　　（b）EM231 模拟量输出模块外形

图 8-8　EM232 模拟量输出模块内部电路和外形图

模拟量输出扩展模块 EM232 有 2 路或 4 路模拟量输出通道，如图 8-9 所示，模拟量输出模块 EM232 需要 24V 直流电源供电，可由 CPU 模块的传感器电源 DC24V、400mA 供电，也可由用户外接 24V 直流电源。以 EM232 模拟量 2 输出模块为例，模块上部有 7 个端子，M0、V0、I0 为一组，M1、V1、I1 为另一组，V0、V1 接电压负载，I0、I1 接电流负载，M0、M1 为各组的公共端，第 7 个为空端子。

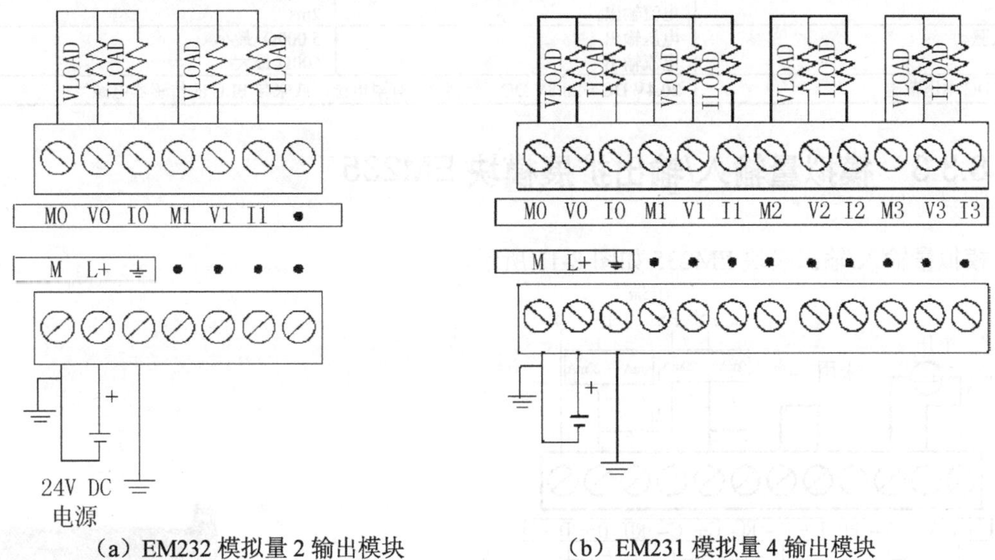

（a）EM232 模拟量 2 输出模块　　（b）EM231 模拟量 4 输出模块

图 8-9　EM232 模拟量输出模块接线图

模拟量输出扩展模块 EM232 每个输出通道占用存储器 AQ 区域 2 字节，可以是电压输出信号（-10V～+10V），也可以是电流输出信号（0mA～20mA）。电压输出时间为 100 μs,电流输出时间为 2ms，如表 8-6 所示。

PLC CPU 模块处理的数据如图 8-10 所示，电流输出数据格式为 11 位，最高位为 0，表示为正数。电压输出数据格式为 12 位，其中最高位为符号位，0 为正数，1 为负数。输出数据格式为左对齐，低 4 位为 0。所以，电流输出数据格式全量程为 0～32 000，电压输出数据格式全量程为-32 000～+32 000。

模拟量输出扩展模块 EM232 的模拟量扩展模块输出规范如表 8-7 所示。

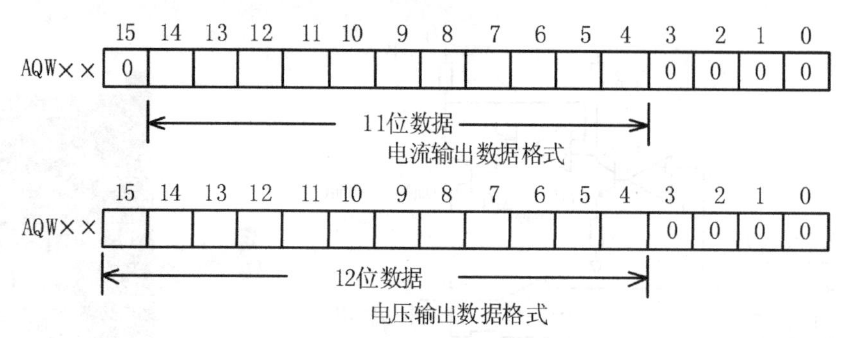

图 8-10　模拟量输出数据字的格式

表 8-7　EM232 模拟量扩展模块输出规范

隔离（现场与逻辑）	无	
信号范围	电压输出 电流输出	±10V 0 mA～20mA
分辨率，满量程	电压 电流	11 位（加一位符号位） 11 位（符号位为 0）
数据字格式	电压 电流	−32 000～+32 000 0～+32 000
精度（最坏情况，0～55℃）	电压输出 电流输出	±满量程的 2% ±满量程的 2%
典型，25℃	电压输出 电流输出	±满量程的 0.5% ±满量程的 0.5%
建立时间	电压输出 电流输出	100μs 2ms
最大驱动	电压输出 电流输出	5 000Ω 最小 500Ω 最大
24V DC 电压范围	20.4V DC～28.8V DC（等级 2，有限电源，或来自 PLC 的传感器电源）	

8.3.3　模拟量输入/输出扩展模块 EM235

模拟量输入/输出模块 EM235 如图 8-11 所示。

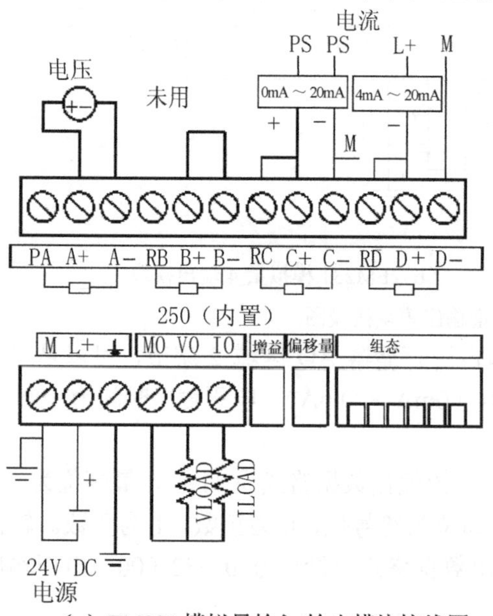

（a）EM235 模拟量输入/输出模块接线图

（b）EM235 模拟量输出模块外形图

图 8-11　EM235 模块接线图和外形图

EM235 接线图上部为模拟量输入通道，共 4 路 12 个端子，每 3 个端子为 1 路，输入信号为电压信号时接 2 个端子（如 A+、A-），输入信号为电流信号时接 3 个端子（如 RC、C+、C-），未使用的输入通道应短接（如 B+、B-）。

下部 M0、V0、I0 为 1 路模拟量输出通道，M0 端子为公共端，V0 端子接电压负载、I0 端子接电流负载。下部右侧分别为增益调节电位器、偏移量调节电位器和模拟量量程设置组态开关。

模拟量输入在接入电路工作之前应进行增益调节和偏移量调节，如图 8-12 所示。

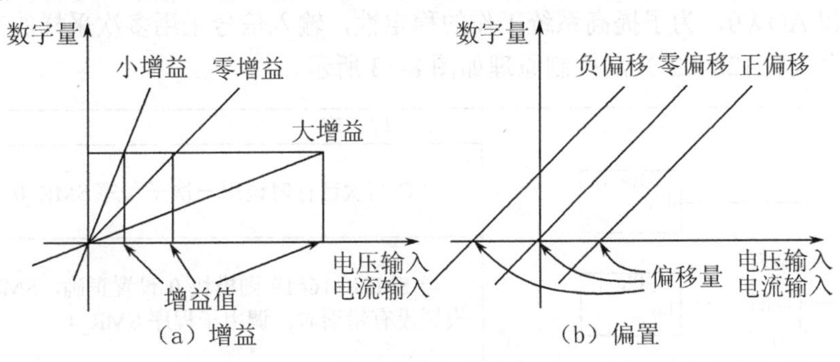

图 8-12　增益调节和偏移量调节

EM235 模拟量量程的设置由组态开关表 9-8 所示的 6 个开关 SW1～SW6 进行设定，ON 为接通，OFF 为断开。模拟量输入量为 12 位精度，对应的数据为 4 000（对应模拟量中的数据为 32 000）。

如输入量程为-10V～+10V，分辨率为 20V/4000=5mV。

如输入量程为 0mA～20mA，分辨率为 20mA/4000=5μA。

表 8-8　用于选择模拟量量程和精度的 EM235 组态开关表

	SW1	SW2	SW3	SW4	SW5	SW6	满量程输入	分　辨　率
单极性	ON	OFF	OFF	ON	OFF	ON	0mV～50mV	12.5μV
	OFF	ON	OFF	ON	OFF	ON	0mV～100mV	25μV
	ON	OFF	OFF	OFF	ON	ON	0mV～500mV	125μV
	OFF	ON	OFF	OFF	ON	ON	0V～1V	250μV
	ON	OFF	OFF	OFF	OFF	ON	0V～5V	1.25mV
	ON	OFF	OFF	OFF	OFF	ON	0mA～20mA	5μA
	OFF	ON	OFF	OFF	OFF	ON	0V～10V	2.5mV
双极性	ON	OFF	OFF	ON	OFF	OFF	±25mV	12.5μV
	OFF	ON	OFF	ON	OFF	OFF	±50mV	25μV
	OFF	OFF	ON	ON	OFF	OFF	±100mV	50μV
	ON	OFF	OFF	OFF	ON	OFF	±250mV	125μV
	OFF	ON	OFF	OFF	ON	OFF	±500mV	250μV
	OFF	OFF	ON	OFF	ON	OFF	±1V	500μV
	ON	OFF	OFF	OFF	OFF	OFF	±2.5V	1.25mV
	OFF	ON	OFF	OFF	OFF	OFF	±5 V	2.5 mV
	OFF	OFF	ON	OFF	OFF	OFF	±10 V	5 mV

校准输入步骤如下所述。

（1）切断模块电源，根据表 8-8，选择需要的输入范围。

（2）接通 CPU 和模块电源。使模块稳定 15min。

（3）用一个变送器、一个电压源或一个电流源，将零值信号加到一个输入端。

（4）读取适当的输入通道在 CPU 中的测量值。

（5）调节 OFFSET（偏置）电位计，直到读数为零，或所需要的数字数据值。

（6）将一个满刻度值信号接到输入端子中的一个端子。读出送到 CPU 的值。

（7）调节 GAIN（增益）电位计，直到读数为 32 000，或所需要的数字数据值。

（8）必要时，重复偏置和增益校准过程。

以下是 EM235 模块与 S7-200 CPU 配合实现模拟量输入/输出处理的实例程序，EM235 模块编号为 0#，使用 1 路输入和 1 路输出，输入为±10V，输出也为±10V，占用模拟量存储单元 AIW0 和 AQW0，为了提高系统工作的稳定性，输入信号采用多次采样的平均值，为了方便，采样次数取 128（2^7），控制原理如图 8-13 所示。

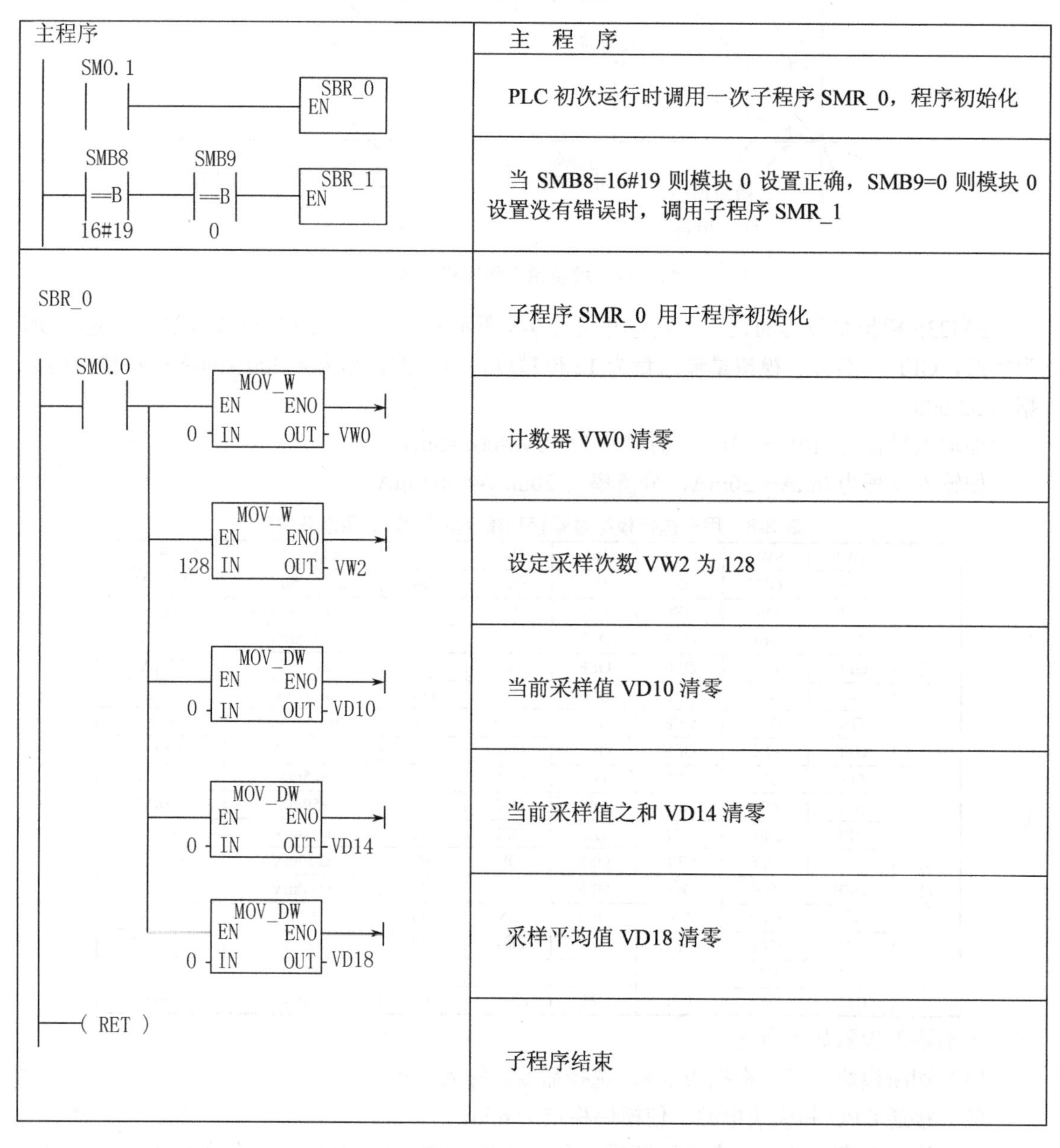

图 8-13 EM235 模块与 S7-200CPU 配合实现模拟量输入/输出处理的实例程序

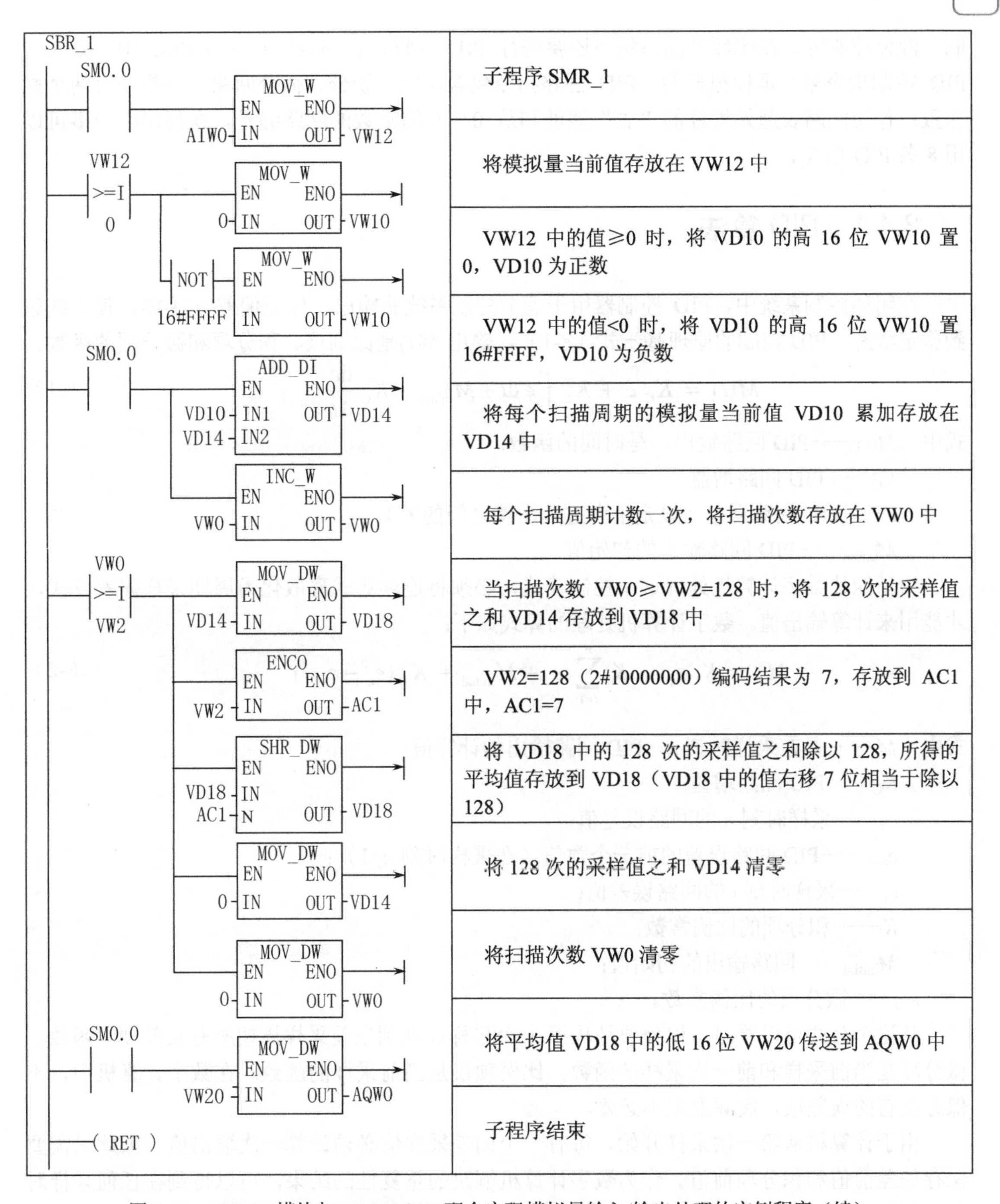

图 8-13 EM235 模块与 S7-200CPU 配合实现模拟量输入/输出处理的实例程序（续）

8.4 PID 回路控制指令

在计算机过程控制系统中，经常要用到模拟量的控制，如温度控制、压力控制、流量控制、液位控制等，在闭环控制系统中还要进行 PID 运算，在 S7-200 系列 PLC 中，是通过 PID 控制指令来处理模拟量的。PID 回路指令包含比例、积分、微分回路。该指令有两个操作数：作为回路表起始地址的“表”地址和从 0～7 的常数的回路编号。在程序中最多可以用 8 条 PID 指令。

8.4.1 PID 算法

在闭环控制系统中，PID 控制器用于调节控制系统的输出，保证偏差 e 为零，使系统达到稳定状态。PID 控制的原理基于式（8-1），输出 $M(t)$是比例项、积分项和微分项的函数。

$$M(t) = K_C e + K_C \int_0^t e\,dt + M_{initial} + K_C \frac{de}{dt} \tag{8-1}$$

式中 $M(t)$——PID 回路输出，是时间的函数；

K_C——PID 回路增益；

e——PID 回路误差（设定值和过程变量之间的差）；

$M_{initial}$——PID 回路输出的初始值。

为了能让数字计算机处理这个控制算式，必须将连续算式离散化为周期采样偏差算式，才能用来计算输出值。数字计算机处理的算式如下：

$$M_n = K_C e_n + K_I \sum_{i=1}^{n} e_i + M_{initial} + K_D(e_n - e_{n-1}) \tag{8-2}$$

式中 M_n——是在采样时刻 n，PID 回路输出的计算值；

K_C——PID 回路增益；

e_n——采样时刻 n 的回路误差值；

e_{n-1}——PID 回路误差的前一个数值（在采样时刻 n-1）；

e_i——采样时刻 i 的回路误差值；

K_I——积分项的比例常数；

$M_{initial}$——回路输出的初始值；

K_D——微分项的比例常数。

从这个公式可以看出，积分项是从第 1 个采样周期到当前采样周期所有误差项的函数。微分项是当前采样和前一次采样的函数，比例项仅是当前采样的函数。在数字计算机中，不保存所有的误差项，实际上也不必要。

由于计算机从第一次采样开始，每有一个偏差采样值必须计算一次输出值，因此只需要保存偏差前值和积分项前值。作为数字计算机解决的重复性的结果，可以得到在任何采样时刻必须计算的方程的一个简化算式。简化算式如下：

$$M_n = K_C e_n + K_I e_n + \mathrm{MX} + K_D(e_n - e_{n-1})$$

式中，$e_n = SP_n - PV_n$；$e_{n-1} = SP_{n-1} - PV_{n-1}$；$K_I = \frac{K_C T_S}{T_I}$；$K_D = \frac{K_C T_D}{T_S}$。

为避免由于设定值变化的微分作用而引起的输出中阶跃变化或跳变，假设设定值恒定不变（$SP_n = SP_{n-1}$），则

$$M_n = K_C(SP_n - PV_n) + \frac{K_C T_S}{T_I}(SP_n - PV_n) + MX + \frac{K_C T_D}{T_S}(PV_{n-1} - PV_n) \tag{8-3}$$

式中　K_C——回路增益；

SP_n——在采样时间 n 时的设定值的数值；

PV_n——在采样时间 n 时过程变量的数值；

T_S——回路采样时间；

T_I——回路的积分周期（又称积分时间或复位）；

MX——在采样时刻 n-1 时的积分项的数值（又称积分和或偏差）；

T_D——回路的微分周期（又称微分时间或速率）；

PV_{n-1}——在采样时间 n-1 时过程变量的数值。

为了下一次计算微分项值，必须保存过程变量，而不是偏差。在第一采样时刻，初始化为 $PV_{n-1}=PV_n$。

8.4.2 PID 控制指令

PID 指令中的 TBL 指定了控制回路表的首地址，以字节表示。回路表包含 9 个参数，用来控制和监视 PID 运算。这些参数分别是过程变量当前值（PV_n），过程变量前值（PV_{n-1}），设定值（SP_n），输出值（M_n），增益（K_C），采样时间（T_S），积分时间（T_I），微分时间（T_D）和积分项前值（MX），所有的数据的格式均为实数，如表 8-9 所示。

表 8-9　PID 回路控制指令的有效操作数

指令名称	梯形图	指令表	输入/输出	操作数	数据类型
PID 运算	PID EN　ENO TBL LOOP	PID TBL,LOOP	TBL	VB	DYTE
			LOOP	常数（0～7）	BYTE

LOOP 为回路控制编号，在程序中最多可以用 8 条 PID 指令，回路编号为 0～7。PID 回路控制指令（PID）根据输入和表（TBL）中的组态信息，对相应的 LOOP 执行 PID 回路计算。

使 ENO=0 的错误条件：SM1.1（溢出），0006（间接寻址）。

受影响的特殊存储器位：SM1.1（溢出）。

PID 回路控制指令的参数设定如表 8-10 所示。

表 8-10　PID 回路参数表

偏移量	参数	数据格式	数据类型	说明
0	过程变量（PV_n）	REAL	输入	在 0.0～1.0 之间
4	设定值（SP_n）	REAL	输入	在 0.0～1.0 之间
8	输出（M_n）	REAL	输入/输出	在 0.0～1.0 之间
12	增益（K_C）	REAL	输入	增益是比例常数，可正可负
16	采样时间（T_S）	REAL	输入	单位为 s，正数

（续表）

偏移量	参数	数据格式	数据类型	说明
20	积分时间或复位（T_I）	REAL	输入	单位为 min，正数
24	微分时间或速率（T_D）	REAL	输入	单位为 min，正数
28	偏差（MX）	REAL	输入/输出	积分项前项，必须在 0.0～1.0 之间
32	过程变量前值（PV_{n-1}）	REAL	输入/输出	最后一次执行 PID 指令时存储的过程变量值
36～79	用于自整定变量			

如表 8-10 所示，PID 中的输入过程变量（PV_n）参数应是 0.0～1.0 之间的标准值，所以，要把实际值转换成 0.0～1.0 之间的标准值。

对于双极性，其典型的取值范围为-32 000～+32 000，所以，要将实际值除以 64 000 后再加偏移量 0.5，如图 8-14（a）所示。

对于单极性，其典型的取值范围为 0～+32 000，所以要将实际值除以 32 000，如图 8-14（b）所示。

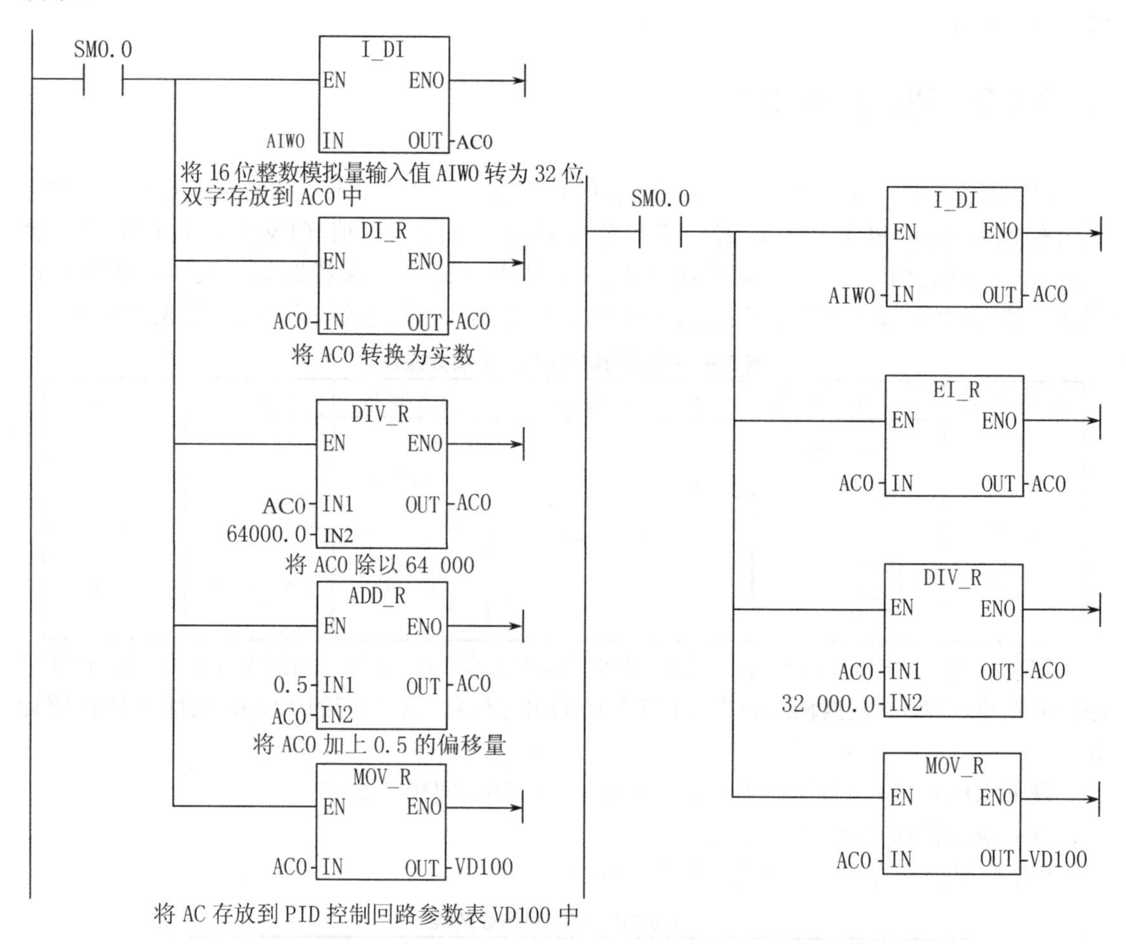

（a）双极性　　（b）单极性

图 8-14　数值的标准化处理

如果设定 PID 指令中的 TBL 指定的控制回路表的首地址为 VB100，则 VD100 存放的是过程变量（PV_n）的标准值，VD104 存放的是设定值，VD108 存放的是输出值，在实际应用中，要把 VD108 存放的是输出标准值转化成实际值，其方法如图 8-15 所示。

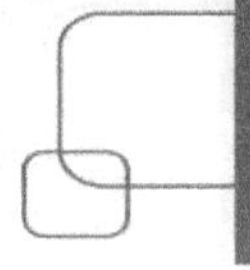

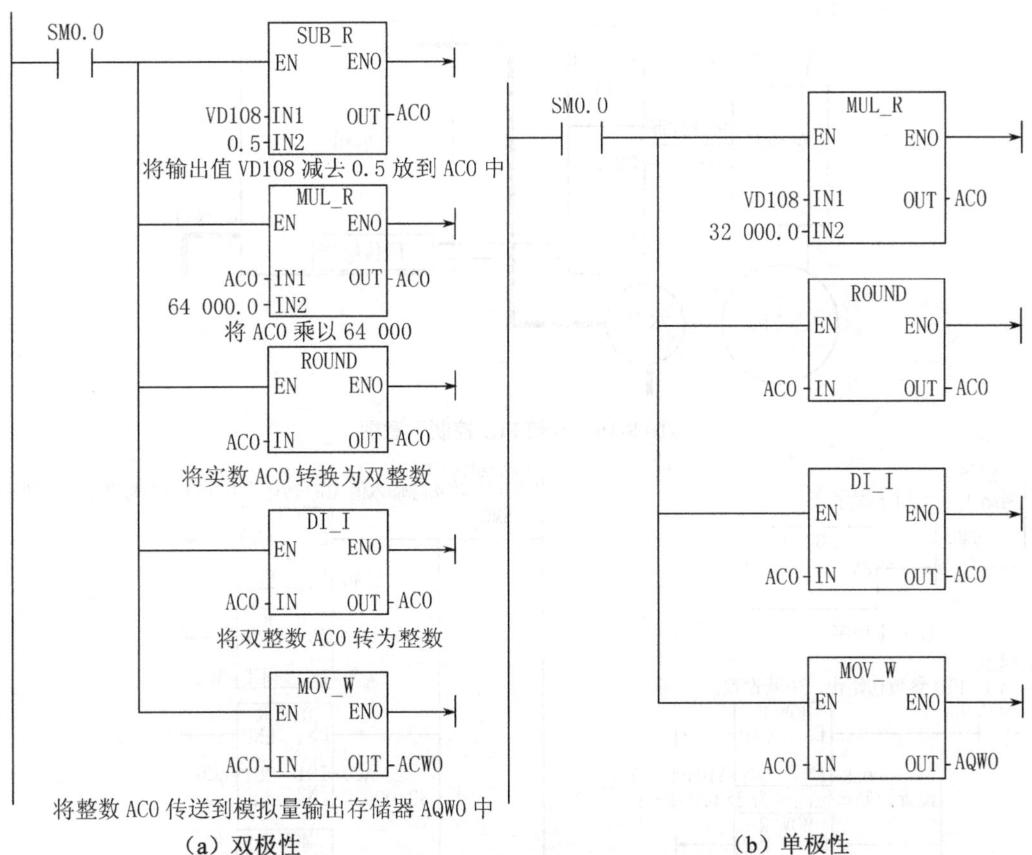

（a）双极性　　（b）单极性

图 8-15　标准输出值转化成实际输出值梯形图

8.4.3 PID 控制实例

用三相电动机带动水泵控制一个水箱的水位，水箱最大盛水高度为 2m，控制水位高度为 1.6m。采用 PLC 和变频器进行 PID 控制，调节电动机转速。用水位传感器和变换器给模拟量输入模块 EM231 提供水位信号，经 S7-200 CPU 模块进行 PID 运算，产生模拟量信号经模拟量输出模块 EM232 控制变频器的输出频率，达到控制恒压供水的目的。

其 PID 控制回路表的设置如表 8-11 所示。

表 8-11　PID 控制回路表的设置

回路表地址	参　数	说　明
VD100	过程变量（PV_n）	水位高度，由 A/D 转换成 0.0～1.0 之间的标准值
VD104	设定值（SP_n）	设定为 0.8，即控制水位高度为 2×0.8=1.6m
VD108	输出（M_n）	PID 回路输出的标准值
VD112	增益（K_C）	设定为 0.3
VD116	采样时间（T_S）	设定为 0.1s
VD120	积分时间（T_I）	设定为 30min
VD124	微分时间（T_D）	设定为 0min
VD128	偏差（MX）	PID 回路积分项前项
VD132	过程变量前值（PV_{n-1}）	最后一次执行 PID 指令时存储的过程变量值

水箱 PID 控制示意图如图 8-16 所示，PLC 控制程序如图 8-17 所示。

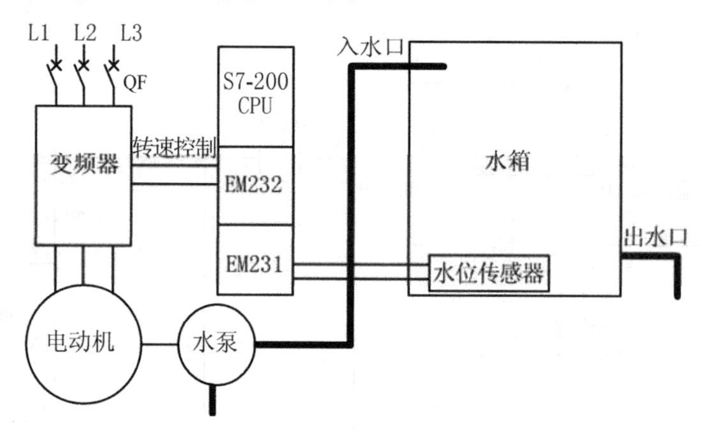

图 8-16　水箱 PID 控制示意图

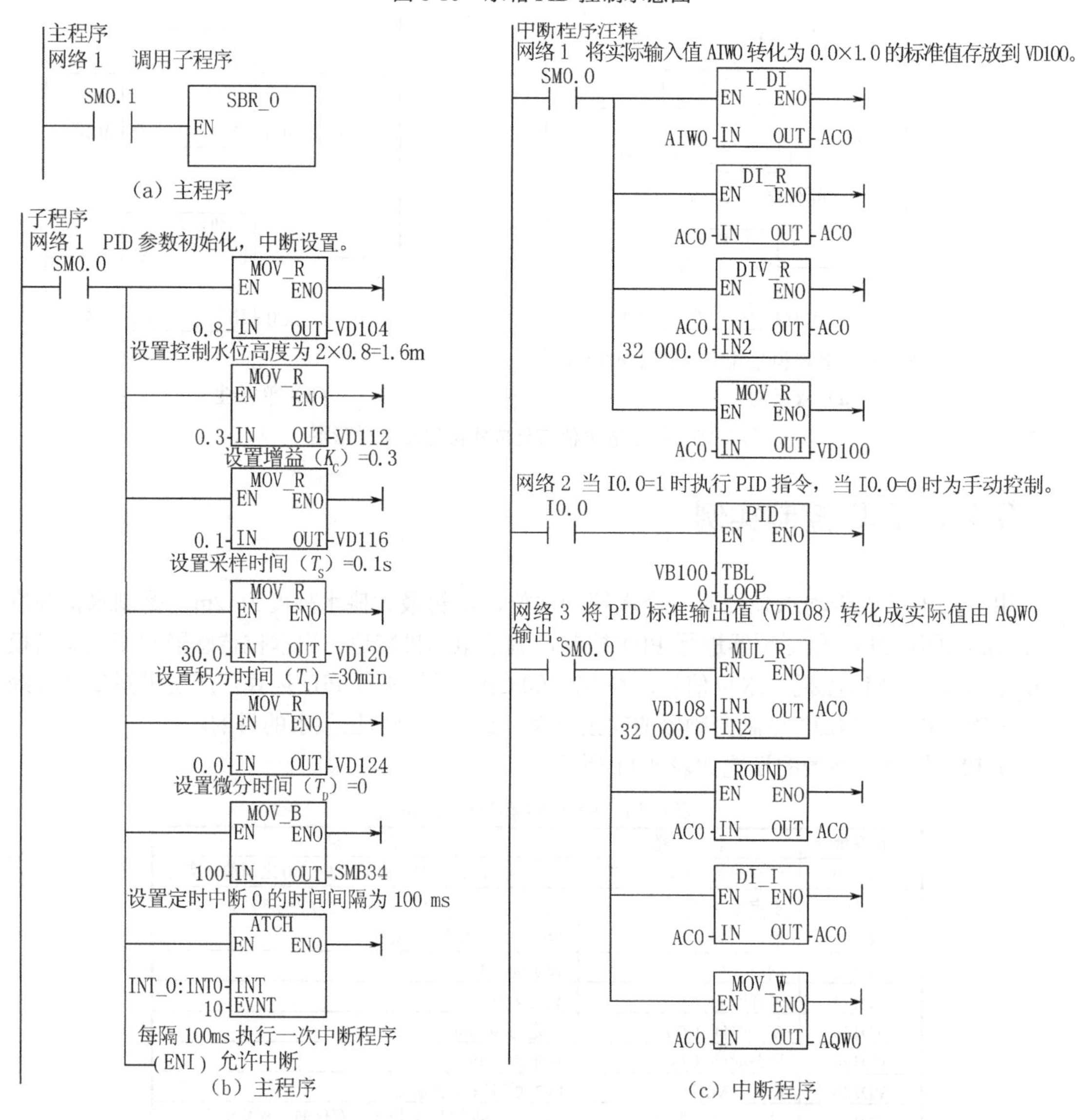

图 9-17　水箱恒压供水 PLC 控制程序

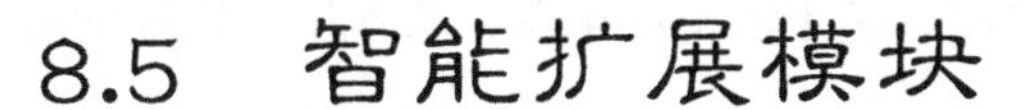

智能扩展模块通常为具有特殊功能的模块，模块内含有 CPU，能够进行独立运算和功能设置，如定位模块、热电偶模块、通信模块等。

8.5.1 热电偶、热电阻扩展模块 EM231

在工业控制中，经常要涉及对控制系统的温度检测和控制，常用的温控传感器有热电偶（TC）型和热电阻（RTD）型两种，为此西门子公司提供了热电偶 EM231 和热电阻（EM231RTD）两种模块，作为 S7-200 CPU222、CPU224 和 CPU226/226XM 的扩展模块。

西门子 S7-200 热电阻和热电偶模块应安装在稳定的环境温度中，以达到最大的精度和重复性，否则会产生额外的误差。

技术参数表如表 8-12 所示。

表 8-12 热电偶和热电阻 RTD 模块技术参数表

常 规		6ES7231-7PD22-0XA0 热电偶，4 输入	6ES7231-7PF22-0XA0 热电偶，8 输入	6ES7231-7PB22-0XA0 RTD，2 输入	6ES7231-7PC22-0XA0 RTD，4 输入
隔离	现场到逻辑 现场到 24V DC 24V DC 到逻辑	500V AC 500V AC 500V AC		500V AC 500V AC 500V AC	
共模输入范围（输入通道到输入通道）		120V AC		0	
共模抑制		>120dB@120 V AC		>120dB@120 V AC	
输入类型		悬浮型热电偶		模块参考接地的 RTD（2、3 或 4 线连接）	
输入范围		TC 类型（选择一种）S,T,R,E,N,K,J 电压范围：±80 mV		RTD 类型（每个模块选择一种）： 铂（Pt），铜（Cu），镍（Ni）或电阻	
输入分辨率		温度：0.1℃/ 0.1℉ 电压：15 位加符号位		温度：0.1℃/ 0.1℉ 电阻：15 位加阻性符号位	
测量原理		Sigma→Delta		Sigma→Delta	
模块更新时间（所有通道）		405ms	810ms	405ms（Pt10000 时为 700ms）	810ms（Pt10000 时为 1 400ms）
导线长度		到传感器最长为 100m		到传感器的最大长度为 100m	
导线回路电阻		最大 100Ω		20Ω，2.7Ω，对于 Cu 的最大值	20Ω，2.7Ω，对于 10 个ΩRTD
干扰抑制		扰抑制 85dB，50Hz/60Hz/400Hz 时		85dB，50Hz/60Hz/400Hz 时	
数据字格式		电压：-27 648～+27 648		电阻：0～+27 648	
传感器最大散热		—		1mW	
输入阻抗		≥1MΩ		≥10MΩ	
最大输入电压		30V DC		30V DC（检测） 5V DC（源）	30V DC
输入滤波衰减		21kHz 时为-3dB		3.6kHz 时为-3dB	21kHz 时为-3dB
基本误差		0.1%FS（电压）		0.1%FS（电阻）	
重复性		0.05%FS		0.05%FS	
冷端误差		±1.5℃		—	
LED 指示灯		2（存在外部 24V DC，系统发生故障）			
VDC 电压范围		20.4～28.8V DC（等级 2，有限电源，或来自 PLC 的传感器电源）			

选择的输入范围（温度、基于阻抗的电压）将作用于模块的所有通道。

1．热电偶 EM231 模块

热电偶 EM231 模块有 4 输入和 8 输入两种类型，EM231 热电偶模块提供了一个方便的隔离的接口，可连接 S、T、R、E、N、K 和 J 共 7 种热电偶，输入电压范围为±80mV。图 8-18 所示为 EM231 模拟量输入热电偶，8 输入（6ES7 231-7PF22-0XA0）。

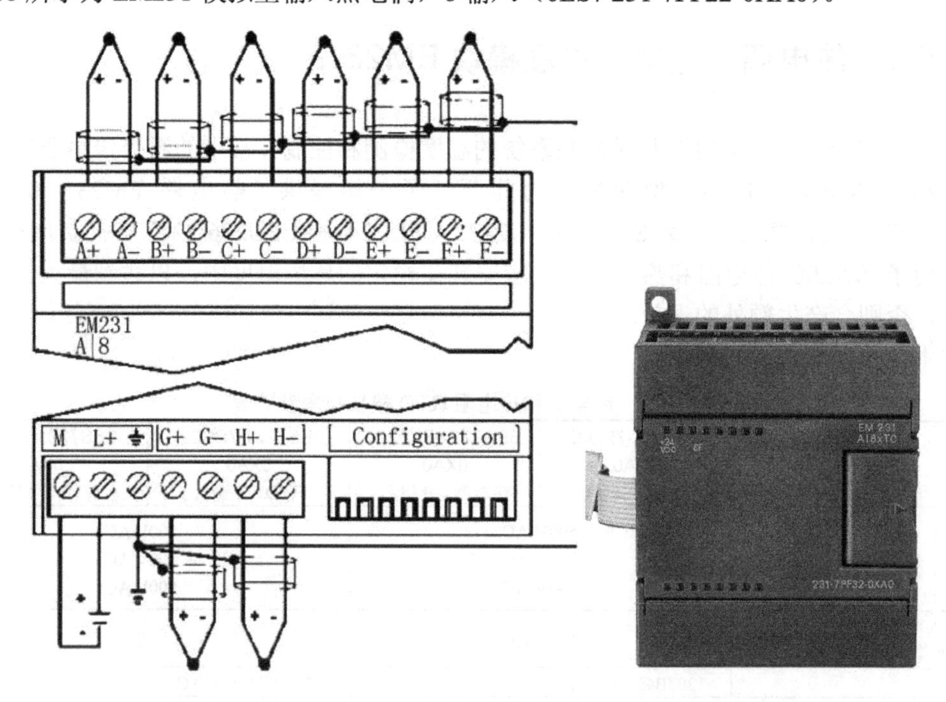

图 8-18　EM231 热电偶测量模块

DIP 开关用来选择热电偶的类型，断线检查，测量单位冷端补偿和开路故障方向，所有连到模块上的热电偶必须是相同类型，组态 DIP 开关位于模块的下部，如图 8-19 所示，为了使 DIP 开关设置起作用，用户需要给 PLC 和/或用户的电源断电再通电。

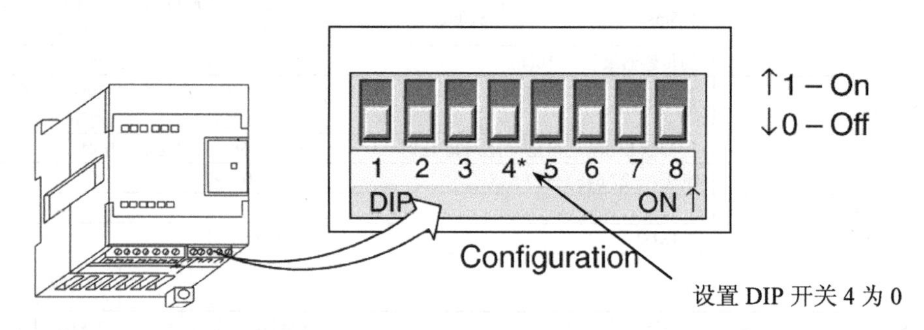

图 8-19　组态 EM231 热电偶模块的 DIP 开关

通过设置相应的 DIP 开关 SW1～SW3 来选择热电偶的类型，如表 8-13 所示。

表 8-13　热电偶类型选择表

热电偶类型	J	K	T	E	R	S	N	±80mV
SW1	0	0	0	0	1	1	1	1
SW2	0	0	1	1	0	0	1	1
SW3	0	1	0	1	0	1	0	1

通过设置相应的 DIP 开关 SW5～SW8 来选择热电偶的功能，如表 8-14 所示。

表 8-14　热电偶功能选择表

开　关	功　能	1	0
SW5	开路故障极限值方向	开路故障负极限值（-3276.7°）	开路故障正极限值（+3276.7°）
SW6	断线检测	禁止断线检测	使能断线检测
SW7	测量单位	华氏度	摄氏度
SW8	冷端补偿	禁止冷端补偿	使能冷端补偿

2．热电阻 EM231 模块

热电阻 EM231 模块是将热电阻信号转换为数字信号的智能模块，它可以连接 4 种类型的热电阻（Pt、Cu、Ni 和电阻）

EM231 热电阻模块提供了 S7-200 与多种热电阻的连接接口，用户可以通过 DIP 开关来选择热电阻的类型接线方式、测量单位和开路故障的方向。所有连接到模块上的热电偶必须是相同类型。DIP 组态开关位于模块的下部，如图 8-20 所示。为使 DIP 开关设置起作用，用户需要给 PLC 和/或用户 24V 电源断电再通电。

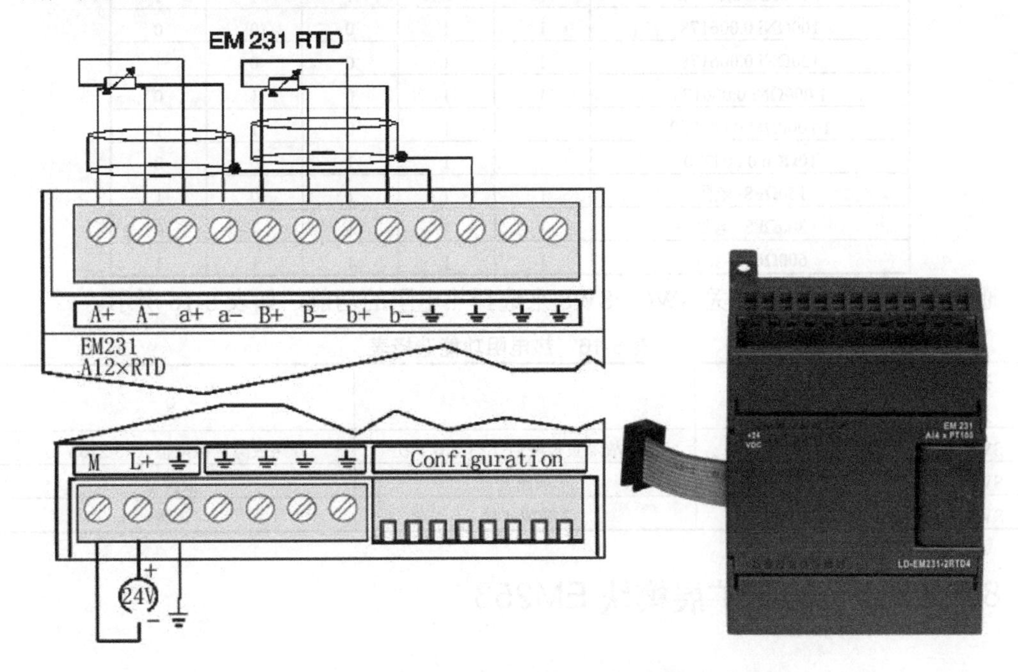

图 8-20　EM231RTD 热电阻测量模块

通过设置相应 RTD 的 DIP 开关 1、2、3、4 和 5 来选择热电阻类型，如表 8-15 所示。

表 8-15　RTD 类型开关选择表

RTD 类 型	SW1	SW2	SW3	SW4	SW5
100ΩPt 0.003850	0	0	0	0	0
200ΩPt 0.003850	0	0	0	0	1
500ΩPt 0.003850	0	0	0	1	0
1 000ΩPt 0.003850	0	0	0	1	1
100ΩPt 0.003920	0	0	1	0	0
200ΩPt 0.003920	0	0	1	0	1
500ΩPt 0.003920	0	0	1	1	0
1 000ΩPt 0.003920	0	0	1	1	1
100ΩPt 0.00385055	0	1	0	0	0
200ΩPt 0.00385055	0	1	0	0	1
500ΩPt 0.00385055	0	1	0	1	0
1 000ΩPt 0.00385055	0	1	0	1	1
100ΩPt 0.003916	0	1	1	0	0
200ΩPt 0.003916	0	1	1	0	1
500ΩPt 0.003916	0	1	1	1	0
1 000ΩPt 0.003916	0	1	1	1	1
100ΩPt 0.00302	1	0	0	0	0
200ΩPt 0.003902	1	0	0	0	1
500ΩPt 0.003902	1	0	0	1	0
1 000ΩPt 0.003902	1	0	0	1	1
备用	1	0	1	0	0
100ΩNi 0.00672	1	0	1	0	1
120ΩNi 0.00672	1	0	1	1	0
1 000ΩNi 0.00672	1	0	1	1	1
100ΩNi 0.006178	1	1	0	0	0
120ΩNi 0.006178	1	1	0	0	1
1 000ΩNi 0.006178	1	1	0	1	0
10 000ΩPt 0.003850	1	1	0	1	1
10ΩCu 0.004270	1	1	1	0	0
150ΩFS 电阻	1	1	1	0	1
300ΩFS 电阻	1	1	1	1	0
600ΩFS 电阻	1	1	1	1	1

通过设置相应的 DIP 开关 SW6～SW8 来选择热电阻的功能，如表 8-16 所示。

表 8-16　热电阻功能选择表

开关	功 能	1	0
SW6	开路故障极限值方向	开路故障负极限值（-3 276.7°）	开路故障正极限值（+3 276.7°）
SW7	单位	华氏度	摄氏度
SW8	接线方式	2 线或 4 线	3 线

8.5.2　定位控制扩展模块 EM253

EM253 定位模块是 S7-200 的特殊功能模块，它可以产生系列脉冲用于步进电动机和伺服电动机的位置和速度的开环控制。EM253 模块用于驱动步进电动机控制，如图 8-21 所示。

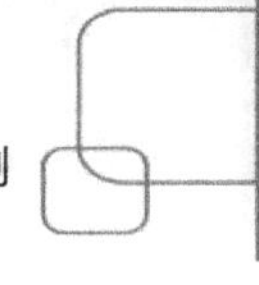

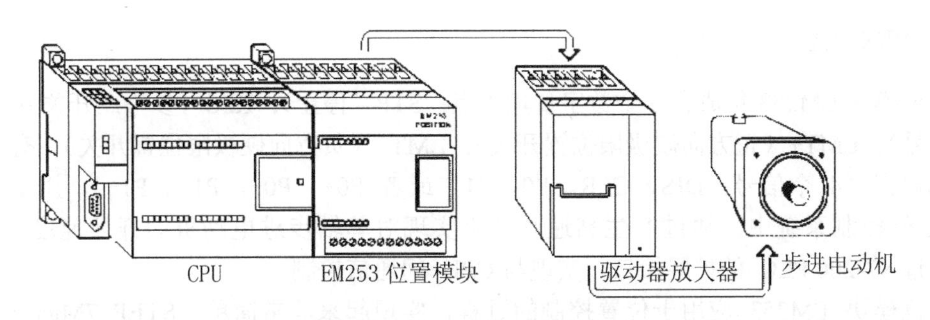

图 8-21　EM253 模块用于驱动步进电动机控制图

图 8-22 所示为 EM253 定位模块接线端子图和外形图。

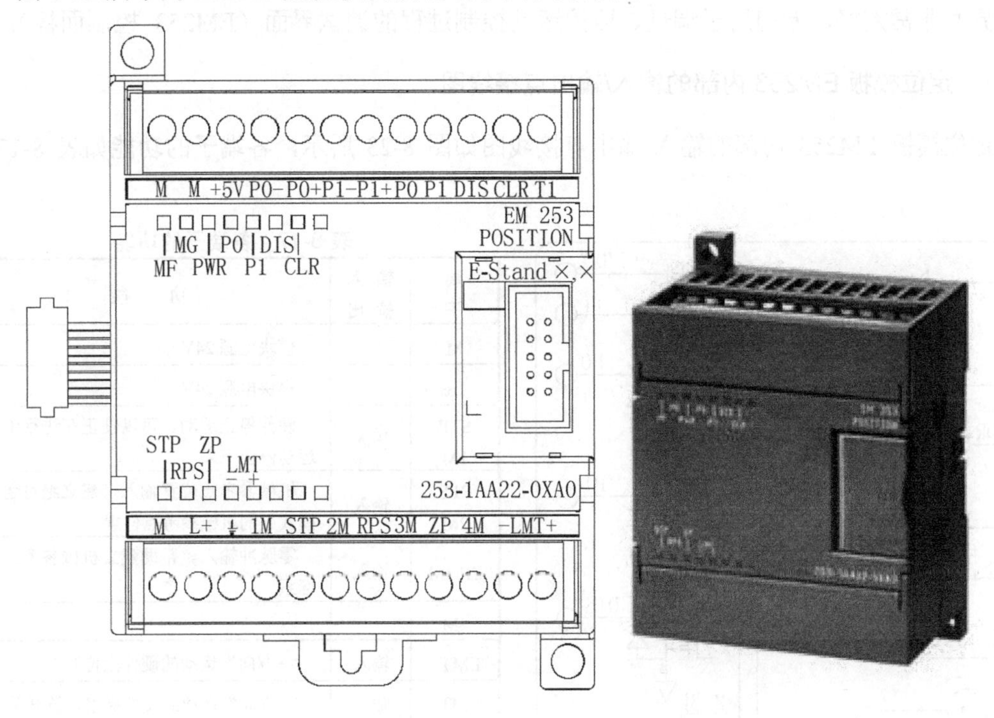

图 8-22　EM253 定位模块接线端子图和外形图

1．模块功能特点

（1）位置开环控制模式，但无法实现位置闭环控制模式。

（2）提供从 20Hz～200kHz 的脉冲频率。

（3）增、减速度的曲线拐点，既支持 S 曲线，也支持直线。

（4）控制系统的测量单位可以采用脉冲数，也可以采用工程单位（如英尺、厘米）。

（5）提供螺距补偿功能。

（6）多种工作模式：绝对方式、相对方式、手动方式。

（7）提供连续的位置控制工程。最多可以支持 25 个位置点的控制。每段运动轨迹包络，可以有最多 4 种不同的速度实现；提供 4 种不同寻找参考点的方式。

（8）便捷安装、拆卸的端子连接器。

2．模块概述

定位模块 EM253 集成有 5 个数字量输入点：STP（停止）；RPS（参考点开关）；ZP（零脉冲信号）；LMT+（正方向硬极限位置开关）；LMT-（负方向硬极限位置开关）。有 6 个数字量输出点（4 个信号：DIS、CLR、P0、P1，或者 P0+、P0-，P1+、P1-），用于 S7-200 PLC 定位控制系统中。通过产生高速脉冲来实现对单轴步进电动机的开环速度、位置控制。通过 S7-200 PLC 的扩展接口，实现与 CPU 间通信控制。

定位模块 EM253 应用于位置控制的过程，实现起来非常简单。STEP 7Micro/WIN 提供了一个定位模块 EM253 配置的向导操作（Position Control Wizard），可以在很短的几分钟时间内完成配置操作，存储在 S7-200 PLC 的 V 区内；同时，STEP 7-Micro/WIN 还提供了一个界面非常友好，专门用于调试、监控运动控制过程的调试界面（EM253 控制面板）。

3．定位模板 EM253 内部的输入/输出点接线图

定位模板 EM253 内部的输入/输出点接线图如图 8-23 所示，各端子的功能如表 8-17 所示。

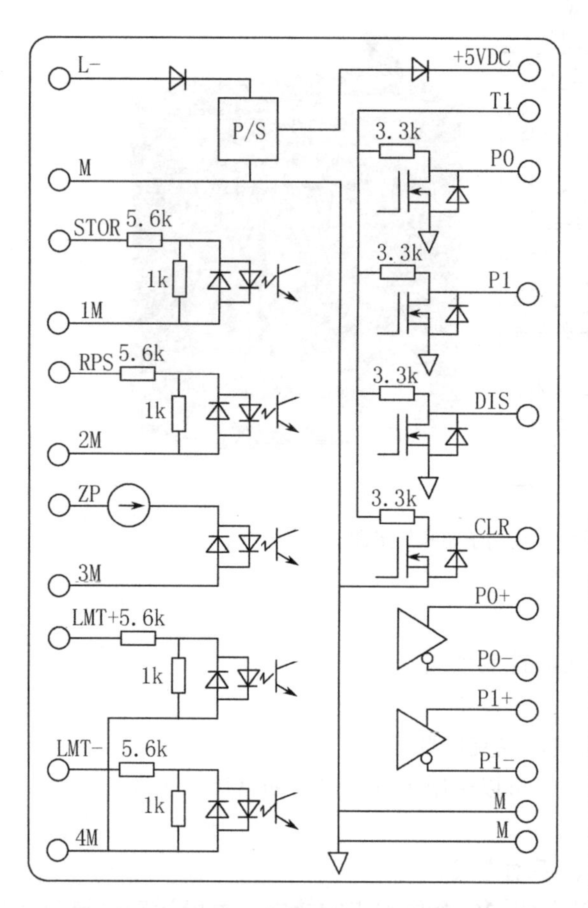

图 8-23 定位模板 EM253 内部的输入/输出点接线图

表 8-17 各端子的功能

端子	输入输出	功能
M		模块电源 24V-
L+		模块电源 24V+
STP 1M	输入	硬件停止运动。可以使正在进行中的运动停止下来
RPS 2M	输入	机械参考点位置输入。建立绝对运动模式下的机械参考点位置
ZP 3M	输入	零脉冲输入。帮助建立机械参考点坐标系
4M		
LMT+	输入	“+方向”运动的硬件限位开关
LMT-	输入	“-方向”运动的硬件极限位置开关
+5V		输出 5V 电压
P0-	输出	步进电动机运动、方向控制的脉冲输出。与 P0、P1 输出控制方式相比，可以提供更高质量的控制信号；选择何种输出脉冲方式，取决于电动机驱动器
P0+	输出	
P1+	输出	
P1-	输出	
P0	输出	步进电动机运动、方向控制的脉冲输出
P1	输出	
DIS	输出	使能、非使能电动机的驱动器
CLR	输出	用于清除步进电动机驱动器的脉冲计数寄存器
T1		与+5V、P0、P1、DIS 结合一起使用

8.5.3　通信模块

1．调制解调模块 EM241

使用 EM241 调制解调模块可以将 S7-200 直接连到一个模拟电话线上，并且支持 S7-200 与 STEP 7-Micro/WIN 的通信。该调制解调模块还支持 Madbus 从站 RTU 协议。该模块与 S7-200 之间的通信通过扩展 I/O 总线实现。

调制解调模块 EM241 接线端子图和外形图如图 8-24 所示。

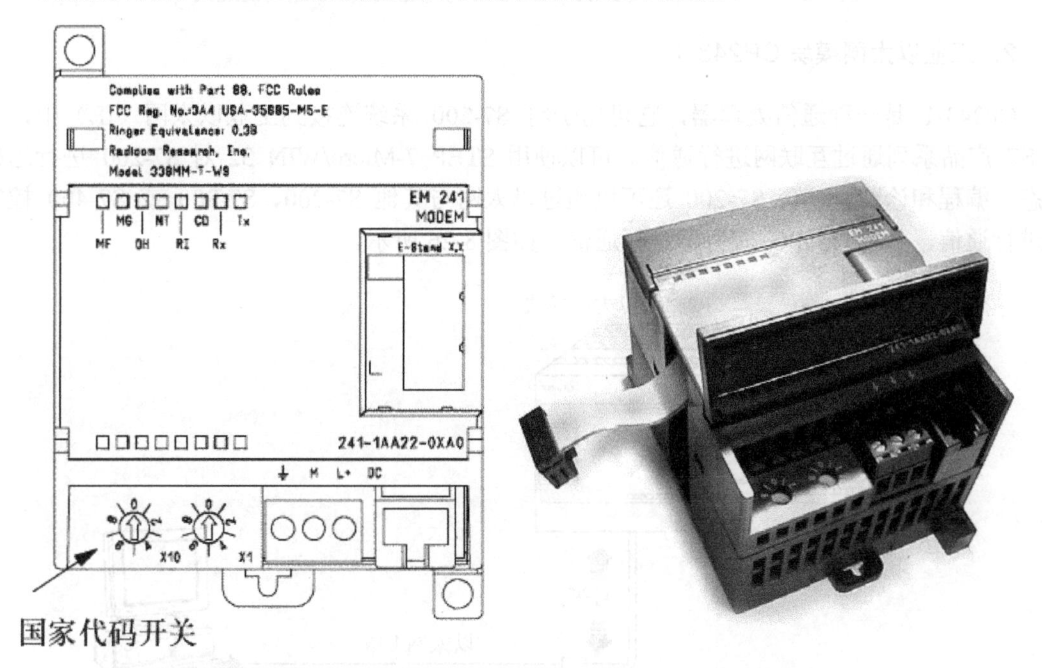

图 8-24　调制解调模块 EM241 接线端子图和外形图

STEP 7-Micro/WIN 提供了一个调制解调扩展向导，它可以帮助设置一个远端的调制解调器或者高置将 S7-200 连向远端设备的调制解调模块。

EM241 调制解调模块不占用 CPU 的通信口，外部调制解调器占用 CPU 的通信口。使用 STEP 7-Micro/WIN 可进行远程服务，进行程序修改和远程维护。

使用调制解调模块可将 S7-200 直接连到模拟电话线上，可提供以下功能。

（1）提供国际电话线接口。

（2）提供与 STEP 7-Micro/WIN 的调制解调接口，可进行编程和诊断 teleservice。

（3）支持 Modbus RTU 协议。

（4）支持数字和文本的寻呼。

（5）支持 SMS 短信息。

（6）允许 CPU 到 CPU 或 CPU 到 Modbus 的数据传送。

（7）密码保护。

（8）提供安全回拔功能。

（9）调制解调模块的组态存储在 CPU 中。

调制解调模块 EM241 Modem 与电话线及 PC 之间的连接如图 8-25 所示。

图 8-25 调制解调模块 EM241 Modem 与电话线及 PC 之间的连接

2. 工业以太网模块 CP243-1

CP243-1 是一种通信处理器，它可用于将 S7-200 系统连接到工业以太网（IE）中，可使 S7 产品系列通过互联网进行通信。可以使用 STEP 7-Micro/WIN 32 对 S7-200 进行远程组态、编程和诊断。一台 S7-200 还可以通过以太网与其他 S7-200、S7-300 或 S7-400 控制器进行通信，并可与 OPC 服务器进行通信，如图 8-26 所示。

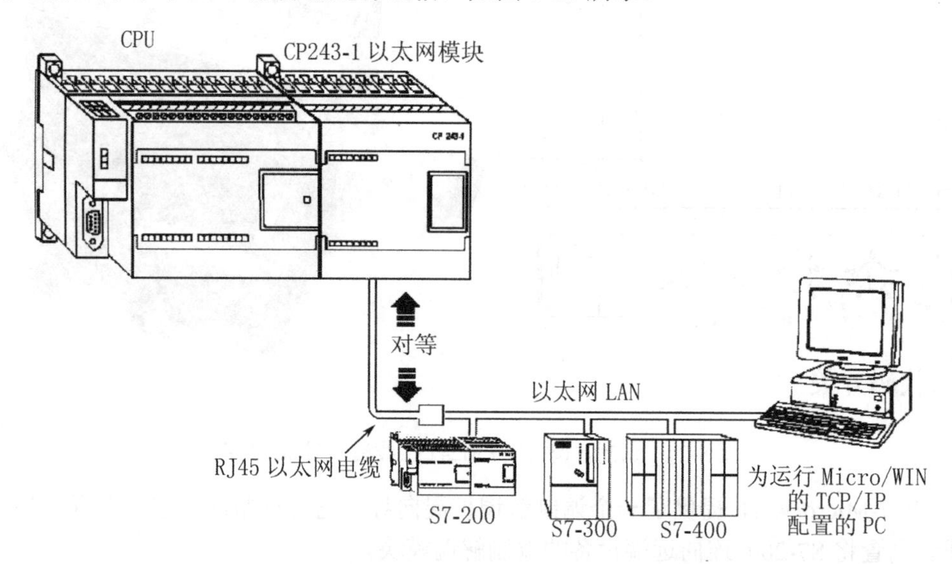

图 8-26 CP243-1 以太网模块通信示意图

在开放式 SIMATIC NET 通信系统中，工业以太网可以用做协调级和单元级网络。在技术上，工业以太网是一种基于屏蔽同轴电缆、双绞电缆而建立的电气网络，或一种基于光纤电缆的光网络。工业以太网根据国际标准 IEEE 802.3 定义。

在 CPU222 上最多可以安装 2 个扩展模板。在 224、226 和 226XM CPU 上最多可以安装 7 个扩展模板。每个 S7-200 CPU 只能连接一个 CP243-1。如果连接了多个 CP243-1，将不能保证 S7-200 系统的正常运行。

CP243-1 具有以下功能。

1）S7 通信

（1）可对通过工业以太网的数据通信进行预先格式化。基于标准 TCP/IP 协议进行通信。

（2）可通过 RJ45 进行以太网访问。

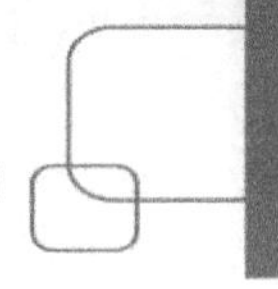

（3）通过 S7-200 总线，即可与 S7-200 系统简单连接。

（4）可以实现一种灵活的分布式自动化架构。

（5）通过工业以太网和 STEP 7-Micro/WIN 32，实现 S7-200 系统的远程编程、组态和诊断。

（6）为简化过程数据的进一步处理和归档打下基础。

（7）可同时与最多 8 个 S7 控制器通信。

（8）可提供与 S7-OPC 的连接。

（9）简化网络管理。

（10）无须重复进行编程/组态，即可更换模板（即插即用）。

（11）S7 通信服务，“XPUT/XGET”，既可作为客户机，也可作为服务器。

（12）S7 通信服务，“READ/WRITE”，可作为服务器。

2）看门狗定时器

CP243-1 中安装有一个看门狗电路。每次 CP243-1 启动时，看门狗也启动。一般地，看门狗的监控时间为 5s。鉴于组件相关误差，该时间可以增加到 7min。如果设定了看门狗监控时间，CP243-1 可以自动置位。这会重新启动 CP243-1。同时，CP243-1 会向 S7-200 CPU 报告“Parity Error（奇偶性校验出错）”。对于这类错误的处理，详见《STEP 7-Micro/WIN 32》手册。

3）通过预设 MAC 地址（48 位数值），进行地址分配

（1）在出厂时已对每个 CP243-1 进行了 MAC 地址分配。MAC 地址打印在附于上盖下面的标签上。

（2）使用 BOOTP 协议，通过预设的 MAC 地址，可以将 IP 地址分配给 CP243-1 通信处理器。

3．互联网模块 CP243-1 IT

CP243-1 IT 互联网模块是用于连接 S7-200 系统到工业以太网（IE）的通信处理器。可以使用 STEP 7-Micro/WIN，通过以太网对 S7-200 进行远程组态、编程和诊断。S7-200 可以通过以太网和其他 S7-200、S7-300 和 S7-400 控制器进行通信。它还可以和 OPC 服务器进行通信。

CP243-1 IT 互联网模块的 IT 功能构成了监视，如果需要的话，通过联网的 PC 用 Web 浏览器操作自动系统的基础。诊断信息可以通过电子邮件从系统中发送出去。通过使用 IT 功能，可以很容易地和其他计算机和控制器系统交换所有文件。

工业以太网是用于 SIMATIC NET 开放通信系统地过程控制级和单元级的网络。物理上，工业以太网是一个基于屏蔽的、同轴双绞线的电气网络和光纤光学导线的光网络。工业以太网是由国际标准 IEEE 802.3 定义的。

CP243-1 IT 互联网模块通信如图 8-27 所示。

CP243-1 IT 互联网模块全面兼容 CP243-1 以太网模块。为 CP243-1 以太网模块写的用户程序可以在 CP243-1 IT 互联网模块上运行。

CP243-1 1T 互联网模块提供了一个预设的、全球范围内唯一的 MAC 地址，此地址不能被改变。

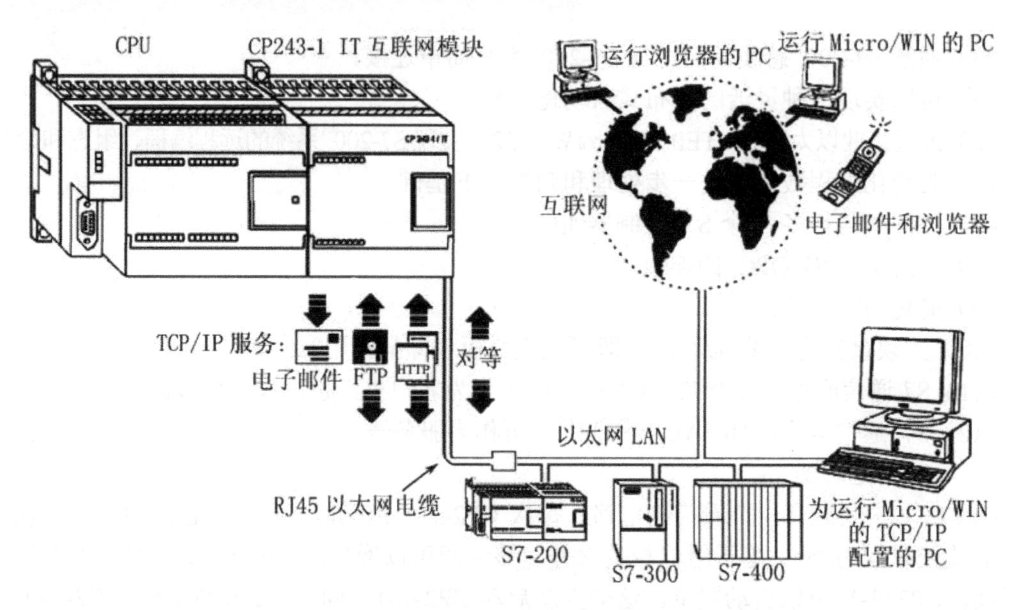

图 8-27　CP243-1 IT 互联网模块通信示意图

4．通信处理器 CP243-2

CP243-2 AS-i 模块用于将 AS-i 网络连接至 S7-200 PLC。

传动器/传感器接口或 AS-i 是用于最低级别自动化系统的单台主设备网络连接系统。CP243-2 模块用做网络的 ASi 主设备。传感器和传动器（AS-i 从属装置）使用单条 AS-i 电缆，可通过 AS-i 主模块与 PLC 连接。AS-i 主模块处理所有 ASi 网络协调工作，并通过指定给主模块的 I/O 地址将来自传动器和传感器的数据和状态信息传送至 PLC。AS-i 从属装置是 ASi 系统的输入和输出信道，只有在被 AS-i 主模块调用时才能使用。

该通信处理器具有以下功能。

（1）可连接 31 个 AS-i 从站，并具有集成模拟量值传送系统（按照扩展 AS-i 规范，V2.1）。

（2）按照扩展 AS-i 规范 V2.1，例如，主站类别 M1e，支持所有 AS-i 主站功能。

（3）前面板的 LED 显示运行状态及所连接从站的准备显示。

（4）通过前面板的 LED 指示错误（包括 AS-i 电压错误，组态错误）。

CP 243-2 模块连接示意图如图 8-28 所示。

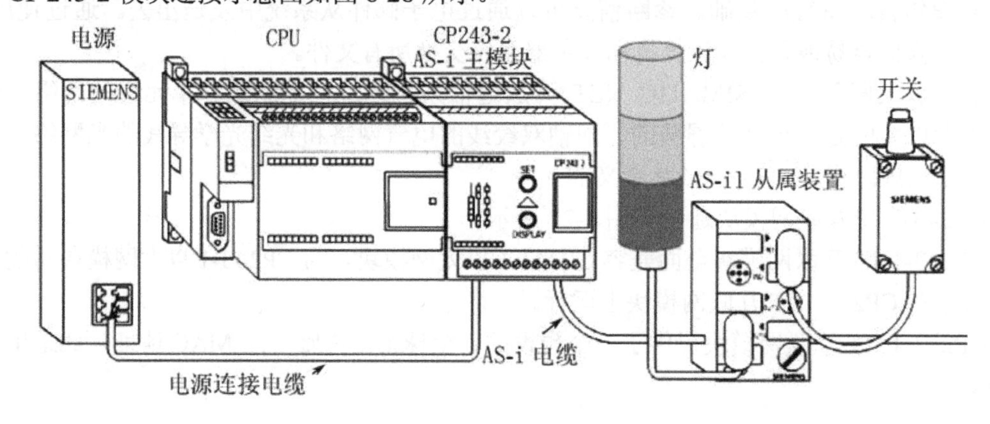

图 8-28　CP243-2 模块连接示意图

CP243-2 是 S7-200 CN CPU 22X 的 AS-i 主站。通过连接 AS-i 可显著地增加 S7-200 CN 的数字量输入和输出点数（每个 CP 的 AS-i 上最大 124 点输入/124 点输出）。S7-200 CN 同时可以处理 2 个 CP243-2。

在 S7-200 CN 的映像区中，CP243-2 占用 1 个数字量输入字节（状态字节）、1 个数字量输出字节（控制字节）、8 个模拟量输入和 8 个模拟量输出。因此，CP243-2 占用 2 个逻辑插槽。

通过用户程序，用状态和控制字节设置 CP243-2 工作模式。根据工作模式的不同，CP 243-2 在 S7-200 CN 模拟地址区既可以存储 AS-i 从站的 I/O 数据或存储诊断值，也可以使能主站调用（如改变一个从站地址）。通过按钮，可以设定所连接的所有 AS-i 从站。不需要 CP 组态软件。

5．称重模块 SIWAREX MS

SIWAREX MS 称重模块的主要任务是测量实际的重量值。由于是集成在 SIMATIC 中，所以，它能够直接在 PLC（可编程逻辑控制器）中处理重量值。

SIWAREX MS 已经在工厂内预先调节好，所以无须使用任何调节重量，就可以将秤调节到它的理论设置；而且模块也能够随意更换，不需要重新调节秤。

对于秤的调节，有一个专用程序，可以在 Windows 操作系统（Windows XP 及更高版本）中使用 SIWATOOL MS。该程序使得在不需要理解自动化技术的条件下就能调试秤。在维修过程中，用不着依赖自动化系统，只需借助于一台 PC，就可以分析秤的处理过程并测试。读取 SIWAREX MS 中的诊断缓冲器对于事件分析将非常有帮助。

SIWAREX MS 具有两个串行接口。一个是 TTY 接口，用于连接远程数字显示器。另一个是 RS-232 接口，可以连接一台 PC（个人计算机），用于使用 SIWAREX MS 来设置秤。称重模块连接示意图如图 8-29 所示。

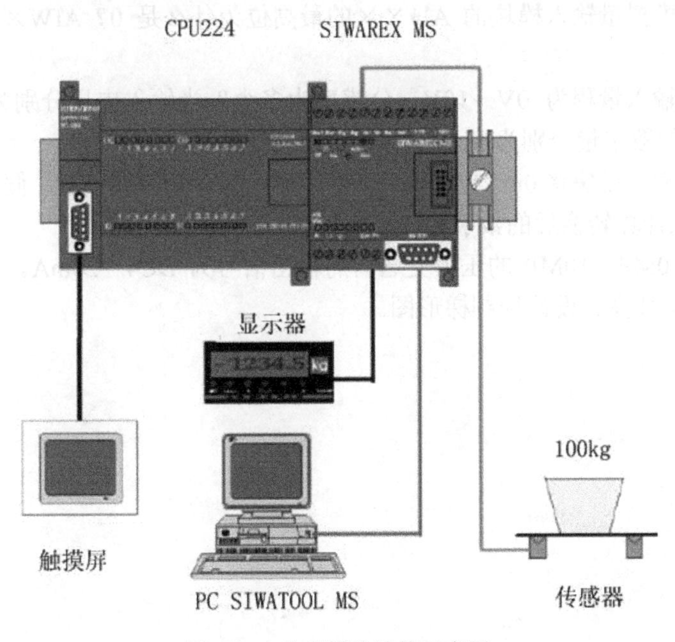

图 8-29　称重模块连接示意图

SIWAREX MS 称重模块的功能与特点如下所述。

（1）归功于在 SIMATIC S7-200 中使用的标准化连接技术和综合通信。

（2）利用 STEP 7-Micro/WIN 版本 4.0 SP2 及更高版本的标准化配置。

（3）分辨率高达 16 位的重量测量或力的测量。

（4）0.05 %的高准确性。

（5）可以在 20ms 与 33ms 之间选择的快速测量时间。

（6）极限值的监视。

（7）能灵活地适应 SIMATIC 控制方面的不同要求。

（8）使用 SIWATOOL MS 程序，通过 RS-232 接口，就能容易地实现秤的调节。

（9）不需要调节重量的理论调节。

（10）模块更换方便，无须重新调节秤。

（11）适用于 1 类防爆区域的本质安全称重传感器电源（SIWAREX IS 选项）。

（12）诊断功能。

习　题

8-1　某一控制系统选用 CPU224，系统所需的输入/输出点数各为数字量输入 20 点、数字量输出 16 点、模拟量输入 6 点、模拟量输出 2 点，试选用扩展模块。

8-2　能否由 PLC 的输出端直接驱动一个 220V、500W 的白炽灯？

8-3　模拟量输入模块的分辨率为多少位？单极性满量程数值为多少？双极性满量程数值为多少？

8-4　单极性模拟量输入模块的 AIW××的最高位为什么是 0？AIW××能表达的最大值为多少？

8-5　模拟量输入量程为 0V～10V，分辨率为多少？当输入电压分别为 5V、7.5V、10V 和 11V 时，对应的数字量分别为多少？

8-6　模拟量输入模块将 0mA～20mA 转换为 0～32 000 的数字量。假设某时刻的模拟量输入为 15mA，试计算转换后的数字值。

8-7　量程为 0MP～10MP 的压力变送器的输出信号为 DC4～20mA。当压力大于 8.5MP 时，Q0.0=1，指示灯亮。设计控制梯形图。

第9章 可编程控制器的设计及示例

可编程控制器在电气控制系统中，主要是根据控制梯形图进行开关量的逻辑运算，根据运算结果进行开关量的输出控制，如果和特殊模块连接，也可以进行模拟量的输入/输出控制。可编程控制器的设计主要分为控制梯形图设计、可编程控制器的输入/输出接线设计及主电路的设计等，其中，控制梯形图的设计是整个设计的核心部分。由于控制梯形图的设计基本上和常规电器的控制电路相同，所以，掌握常规电器控制电路的控制原理和设计方法是可编程控制器设计的基础。

9.1 PLC控制系统设计概述

9.1.1 PLC控制设计的基本原则

PLC电气控制系统是控制电气设备的核心部件，因此，PLC的控制性能是关系到整个控制系统是否能正常、安全、可靠及高效的关键所在。在设计PLC控制系统时，应遵循以下基本原则。

（1）最大限度地满足被控对象的控制要求。

（2）力求控制系统简单、经济、实用，维修方便。

（3）保证控制系统的安全、可靠性。

（4）操作简单、方便，并有防止误操作的安全措施。

（5）满足PLC的各项技术指标和环境要求。

9.1.2 PLC控制设计的基本步骤

（1）对控制系统的控制要进行详细了解。

在进行PLC控制设计之前，首先要详细了解其工艺过程和控制要求，应采取什么控制方式，需要哪些输入信号，选用什么输入元件，哪些信号需输出到PLC外部，通过什么元件执行驱动负载；弄清整个工艺过程各个环节的相互联系；了解机械运动部件的驱动方式，是液压、气动还是电动，运动部件与各电气执行元件之间的联系；了解系统的控制方式是全自动还是半自动的，控制过程是连续运行还是单周期运行，是否有手动调整要求等。另外，还要注意哪些量需要监控、报警、显示，是否需要故障诊断，以及需要哪些保护措施等。

（2）控制系统初步方案设计。

控制系统的设计往往是一个渐进式、不断完善的过程。在这一过程中，先大致确定一个初步控制方案，首先解决主要控制部分，对于不太重要的监控、报警、显示、故障诊断及保护措施等可暂不考虑。

（3）根据控制要求确定输入/输出元件，绘制 PLC 输入/输出接线图和主电路图。

根据 PLC 输入/输出量选择合适的输入和输出控制元件，计算所需的输入/输出点数，并参照其他要求选择合适的 PLC 机型。根据 PLC 机型特点和输入/输出控制元件绘制 PLC 输入/输出接线图，确定输入和输出控制元件和 PLC 的输入/输出端的对应关系。输入/输出元件的布置应尽量考虑接线、布线的方便，同一类的电器元件应尽量排在一起，这样有利于梯形图的编程。一般主电路比较简单，可一并绘制。

（4）根据控制要求和输入/输出接线图绘制梯形图。

这一步是整个设计过程的关键，梯形图的设计需要掌握 PLC 的各种指令的应用技能和编程技巧，同时还要了解 PLC 的基本工作原理和硬件结构。梯形图的正确设计是确保控制系统安全、可靠运行的关键。

（5）完善上述设计内容。

根据绘制的梯形图，如有必要还可反过来修改和完善输入/输出接线图和主电路图及初步方案设计，加入监控、报警、显示、故障诊断和保护措施等，进行最后统一完善。

（6）模拟仿真调试。

在电气控制设备安装和接线前最好先在 PLC 上进行模拟调试，或在 STEP 7-Micro/WIN 仿真软件上进行仿真调试，仿真软件可以在网上搜索下载。对所编的梯形图进行仿真后，确保控制梯形图没有问题后再进行联机调试。但仿真软件对某些部分功能指令是不支持的，这部分控制程序只能在 PLC 上进行模拟调试或现场调试。

（7）安装调试。

根据上述设计内容，进行电气控制元件的安装和接线，将梯形图输入到 PLC 中，最好先在 PLC 上进行模拟调试，或在模拟仿真软件上进行调试，确保控制梯形图没有问题后再进行联机调试。

9.2 输入/输出接线图的设计

在设计 PLC 梯形图之前，应先设计输入/输出接线图，这一点有很多人不太关注，有些人认为梯形图和输入/输出接线图关系不大，可以分开设计，这是不对的。

9.2.1 输入接线图的设计

PLC 输入电路在前面章节中已多次提及，输入电路的最基本接线方式可以参考第 3 章图 3-11。输入电路中最常用的输入元件有按钮、限位开关、无触点接近开关、普通开关、选择开关及继电器接点等，这些元器件在第 1 章中已作了介绍。

另外，常用的输入元件还有数字开关（又称拨码开关、拨盘）、旋转编码器和各种传感器。

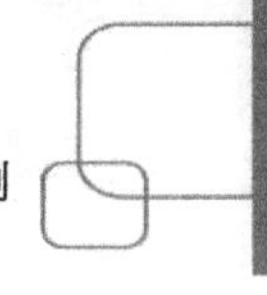

下面通过一些简单的实例说明输入电路的设计。

例 9-1　将如图 9-1 所示的两个地点控制一台电动机的控制电路改为 PLC 控制。

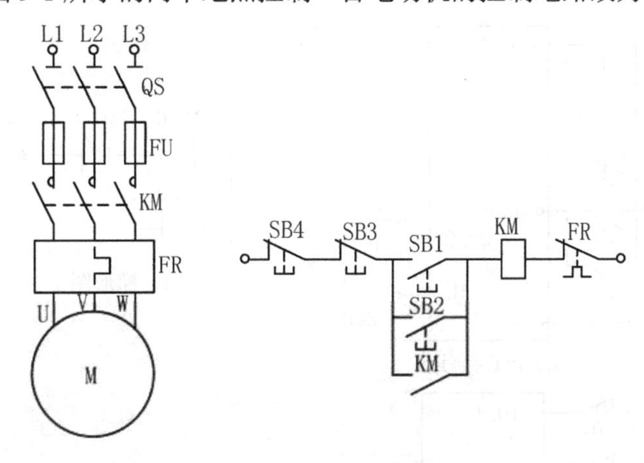

图 9-1　两个地点控制一台电动机的控制电路

由图 9-1 可知，电路中有 5 个输入量、1 个输出量。当 PLC 的输入接点全部用常开接点时，其梯形图和常规控制电路的画法结构是对应的。将图 9-1 改为 PLC 控制的梯形图和 PLC 接线图，如图 9-2 所示。

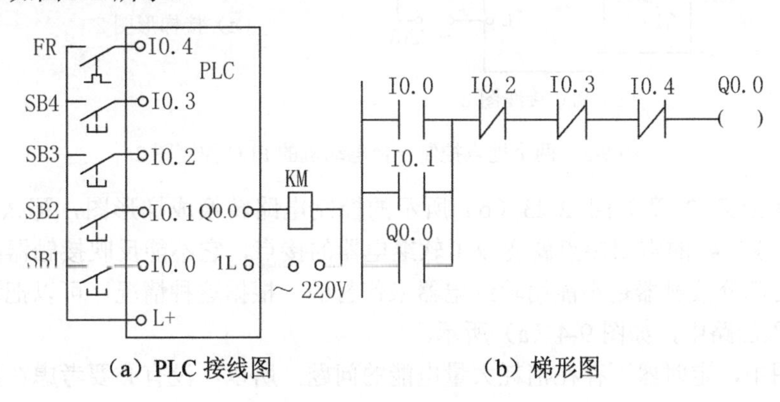

（a）PLC 接线图　　（b）梯形图

图 9-2　两个地点控制一台电动机的 PLC 控制图 1

在图 9-2 中用了 5 个输入继电器，如将图 9-2 改为如图 9-3 所示的接线图，就可以减少输入点数。在以前的章节中，输入接点均为常开接点，实际上，输入接点也可以用常闭接点，如图 9-3（c）所示，如果将输入接点由常开接点改为常闭接点，则梯形图中对应的接点也要相应取反（即常开接点改为常闭接点，常闭接点改为常开接点），如图 9-3（d）所示。

值得注意的是，对于停止按钮和起保护作用的输入接点应采用常闭接点。这是因为，如果采用常开接点，一旦接点损坏不能闭合，或断线电路不通，设备将不能及时停止，可能造成设备损坏或危及人身安全。

例 9-2　将时间原则转子回路串接电阻启动控制电路（第 2 章图 2-23）改为 PLC 控制。

图 2-23（b）所示的时间原则转子回路串接电阻启动控制电路有两个特点，一是在启动按钮 SB2 回路中串入了 KM2、KM3、KM4 的常闭接点，以防止在启动前接触器 KM2、KM3、KM4 万一熔焊或机械卡阻使主触点处于闭合状态时，造成部分或全部启动电阻被短

接而直接启动；二是在启动结束后将时间继电器 KT1～KT3 和 KM2、KM3 的线圈断电，以节省用电。

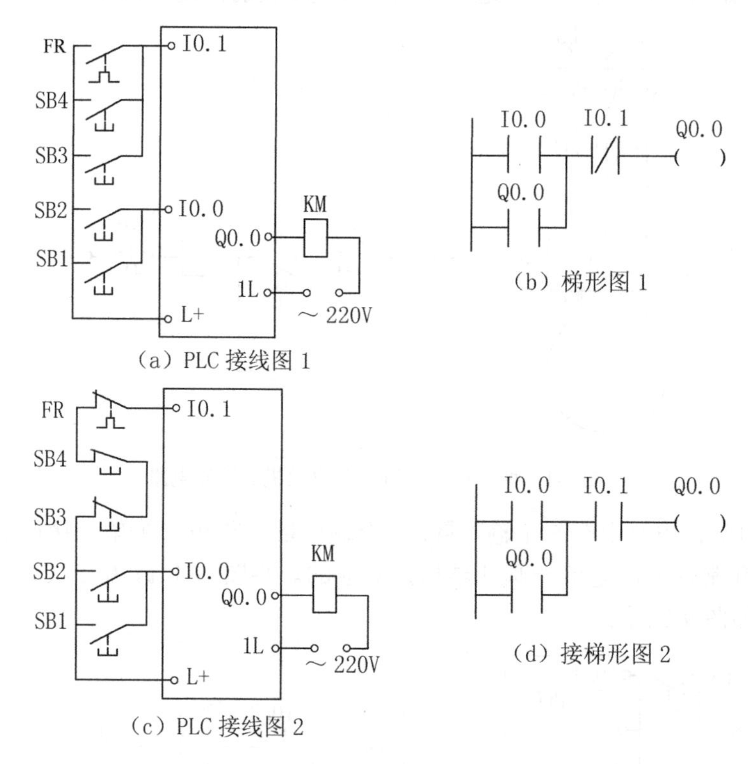

（a）PLC 接线图 1　（b）梯形图 1　（c）PLC 接线图 2　（d）接梯形图 2

图 9-3　两个地点控制一台电动机的 PLC 控制图 2

如果直接把第 2 章如图 2-23（b）所示的控制电路转换成梯形图，那么 SB2 回路中 KM2、KM3、KM4 的常闭接点就变成了软继电器的接点，它不能反映接触器的真实情况，也就是说，这部分接触器是不能用软继电器来代替的。根据这种情况，可以把这部分电路放在 PLC 的输入回路中，如图 9-4（a）所示。

在梯形图中，定时器不存在消耗大量电能的问题，所以，没有必要考虑在启动结束后将定时器的线圈断电；而将 KM2、KM3 线圈断电是有必要的，如图 9-4（b）所示。

由此可见，直接把控制电路转换成梯形图往往是不正确的。

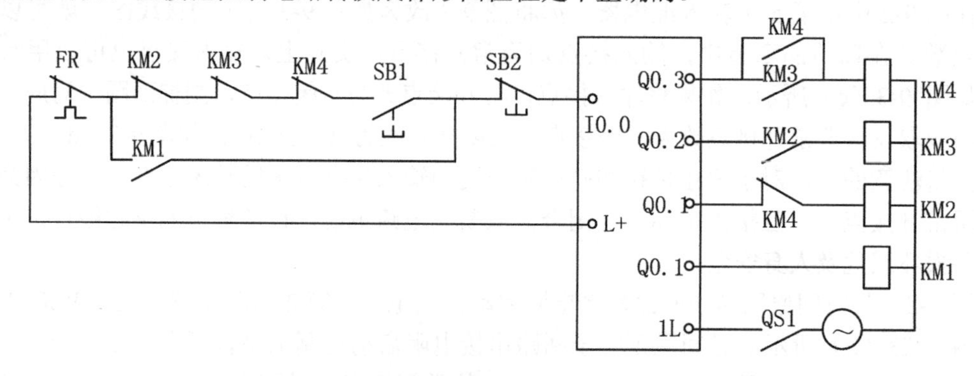

（a）PLC 接线图

图 9-4　时间原则转子回路串接电阻 PLC 启动控制电路

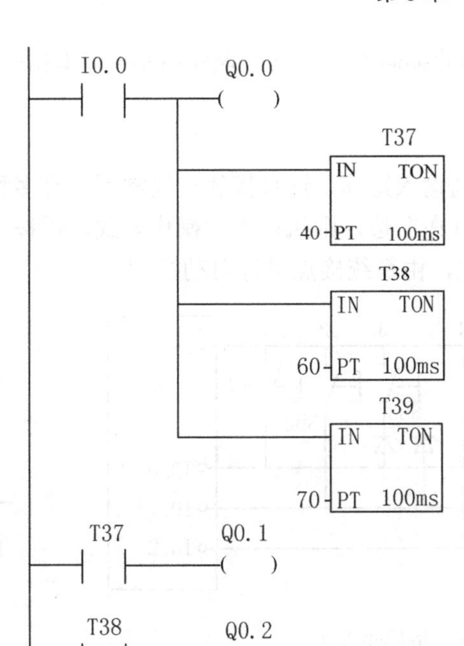

（b）梯形图

图 9-4　时间原则转子回路串接电阻 PLC 启动控制电路（续）

9.2.2　节省输入点的几种方法

1．编码输入法

编码输入是将多个输入继电器的组合作为输入信号，n 个输入继电器有 2^n 种组合，可以用 n 位二进制数表示，这种输入方法可以最大限度地利用输入点，一般需要梯形图译码。如图 9-5 所示，输入继电器 I0.0、I0.1 有 4 种组合（即 2 位二进制数 00、01、10、11），用 M0.0～M0.3 表示，相当于 4 个输入信号。例如，开关在位置 2 时，I0.1、I0.0=10，梯形图中 M0.2 线圈得电。

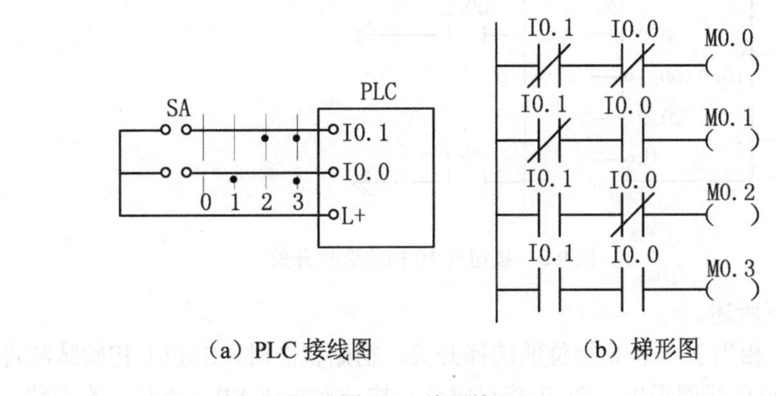

（a）PLC 接线图　　（b）梯形图

图 9-5　编码输入 1

图 9-6 所示为使用按钮的编码输入，其原理和图 9-5 基本相同。

2．矩阵输入法

图 9-7 所示为 3 行 2 列输入矩阵，这种接线一般常用于有多种输入操作方式的场合。如图 9-7 中的选择开关 SA 打在左边，则执行手动操作方式，用按钮进行输入操作。开关打在右边，则执行自动操作方式，由系统接点进行自动控制。

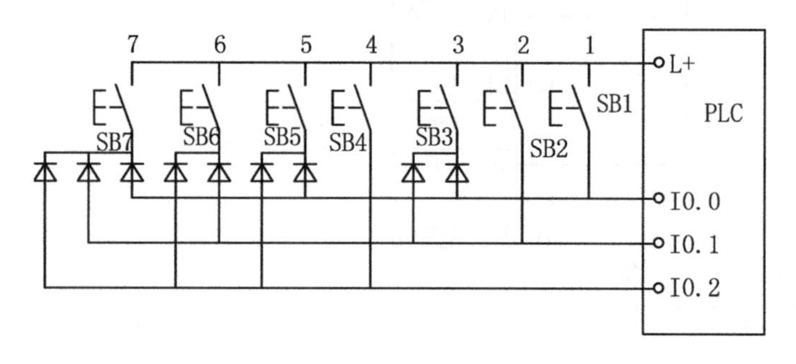

图 9-6　编码输入 2

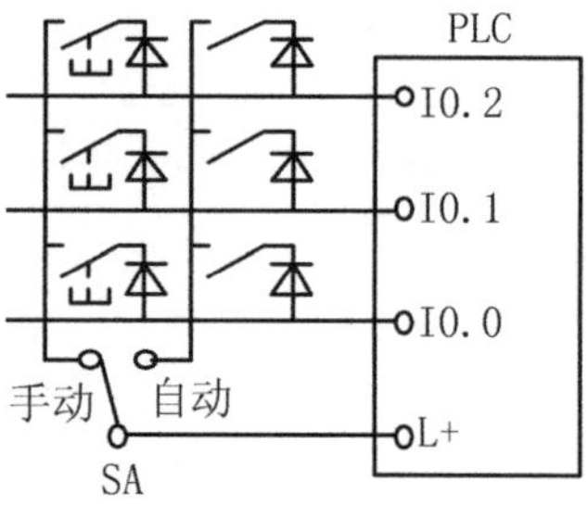

PLC
I0.2
I0.1
I0.0
手动
自动
L+
SA

图 9-7　3 行 2 列输入矩阵

3．编程输入法

图 9-8 所示为用编程的方式组成的输入电路。

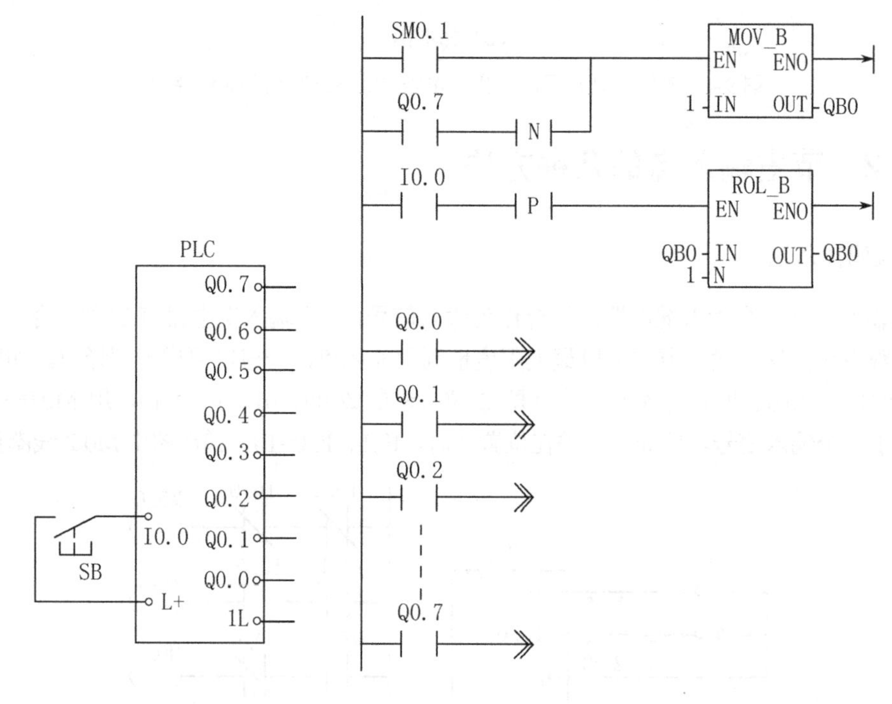

图 9-8　按钮式 10 挡位选择开关

工作原理如下所述。

输入按钮 SB 相当于一个 8 挡位的选择开关，初始状态时，SM0.1 初始脉冲将 1 传送到 QB0，Q0.0=1，Q0.0 线圈得电，Q0.0 接点闭合。按一次按钮 SB，执行一次左移，Q0.1=1，每按一次按钮 SB，执行一次左移，结果 Q0.0～Q0.7 依次为 1。

用编程的方法可以实现多种多样的输入方式和控制方式，关键在于灵活地应用各种基本逻辑指令和功能指令。

9.2.3　输出接线图的设计

PLC 输出电路中常用的输出元件有各种继电器、接触器、电磁阀、信号灯、报警器和发光二极管等。

PLC 输出电路采用直流电源时，对于感性负载，应反向并联二极管，否则接点的寿命会显著下降，二极管的反向耐压应大于负载电压的 5 倍～10 倍，正向电流大于负载电流。

PLC 输出电路采用交流电源时，对于感性负载，应并联阻容吸收器（由一个 0.1μF 电容器和一个 100Ω～120Ω 电阻串联而成），以保护接点的寿命。

PLC 输出电路无内置熔断器，当负载短路等故障发生时将损坏输出元件。为了防止输出元件损坏，应在输出电源中串接一个 5A～10A 的熔断器，如图 9-9 所示。

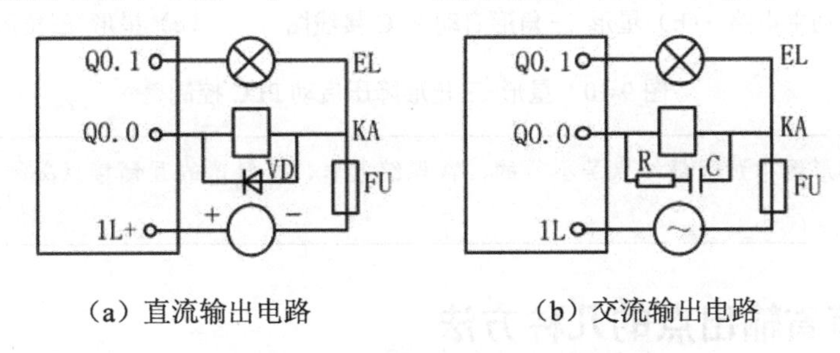

（a）直流输出电路　　（b）交流输出电路

图 9-9　PLC 输出电路保护的措施

例 9-3　星形-三角形降压启动 PLC 控制。

一般星形-三角形降压启动 PLC 控制电路需用 2 点输入（一个启动按钮、一个停止按钮），3 点输出（接触器 KM1～KM3）。而在如图 9-10 所示的星形-三角形降压启动 PLC 控制电路中采用了 1 点输入，2 点输出。SB 既是启动按钮又是停止按钮。考虑到星形启动接触器 KM2 只是在启动时用一下，因此，可以和 KM1 共用一个输出点 Q0.0。

启动控制原理如下所述。

如图 9-10 所示，按下按钮 I0.0，执行一次 INC-B 加一指令，MB0=1，M0.0=1，M0.0 常开接点闭合，T37、T38 得电，Q0.0 得电，接触器 KM1 和 KM2 得电，电动机接成星（或延边三角连接）电动机降压启动，T37 延时 8s，T37 常闭接点断开 Q0.0 线圈，KM1 和 KM2 失电，其主接点断开，T37 常开接点接通 Q0.1 线圈，当 KM2 主接点断开后，KM2 常闭接点闭合，使 KM3 线圈得电，KM3 主接点闭合，这期间有一个灭弧过程。由于 KM1 失电，KM3 主接点闭合不会产生电弧，再经过 1s 的延时，Q0.0 得电，KM1 得电，将电动机接成三角形运行。

再按一下按钮 I0.0，执行一次 INC-B 加一指令，MB0=2，M0.0=0，Q0.0、Q0.1 均失电，电动机停转。如果电动机过载，热继电器动作，断开 PLC 输出电源，断开接触器的电源，电动机停转。

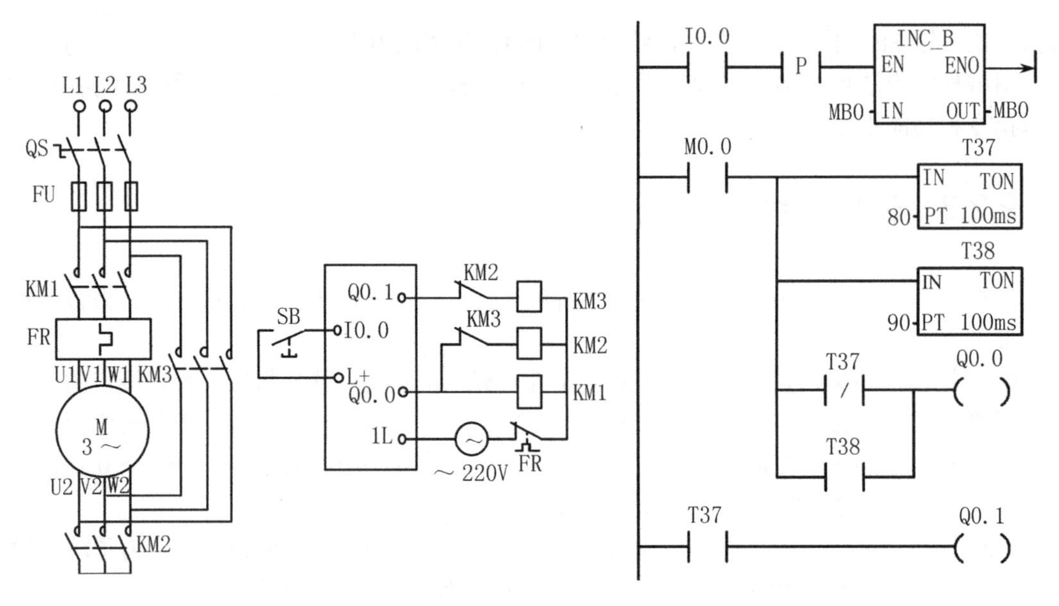

（a）星形-三角形启动主电路　（b）星形-三角形启动 PLC 接线图　　（c）星形-三角形启动梯形图

图 9-10　星形-三角形降压启动 PLC 控制

注意：仅在梯形图中加互锁接点是不行的，常规继电器、接触器的互锁接点必须放在输出电路中。

9.2.4　节省输出点的几种方法

1．利用控制电路的逻辑关系节省输出点

如图 9-11 所示，根据图 9-11（a）的逻辑关系，对应的 PLC 接线图如图 9-11（b）所示，需要三个输出继电器。利用控制电路的逻辑关系将其改为如图 9-11（c）、图 9-11（d）所示，则只需要两个输出继电器。

2．外部译码输出

用七段码译码指令 SEGD 可以直接驱动一个七段数码管，十分方便，电路比较简单，但需要 7 个输出端。如果采用在输出端外部译码，则可减少输出端的数量。外部译码的方法很多。

下面举例说明用一个七段数码管显示 0～9 时的外部 1 位 BCD 译码驱动显示电路。

图 9-12 所示为用集成电路 4511 组成的 1 位 BCD 译码驱动电路，只用了 4 点输出。如果显示值小于 8，则可用 3 点输出；如果显示值小于 4，则可用 2 点输出。

3．矩阵输出

例 9-4　工业袋式除尘器的部分 PLC 控制。

图 9-13 所示为工业袋式除尘器的部分 PLC 控制电路。该除尘器有 4 个除尘室，当除尘

器开始工作时，1～4 室依次轮流卸灰，每室卸灰时间为 20s，卸灰完毕后启动反吹风机，3s 后，1～4 室再依次轮流清灰，每室清灰时间为 15s，结束后，再反复执行上述过程。

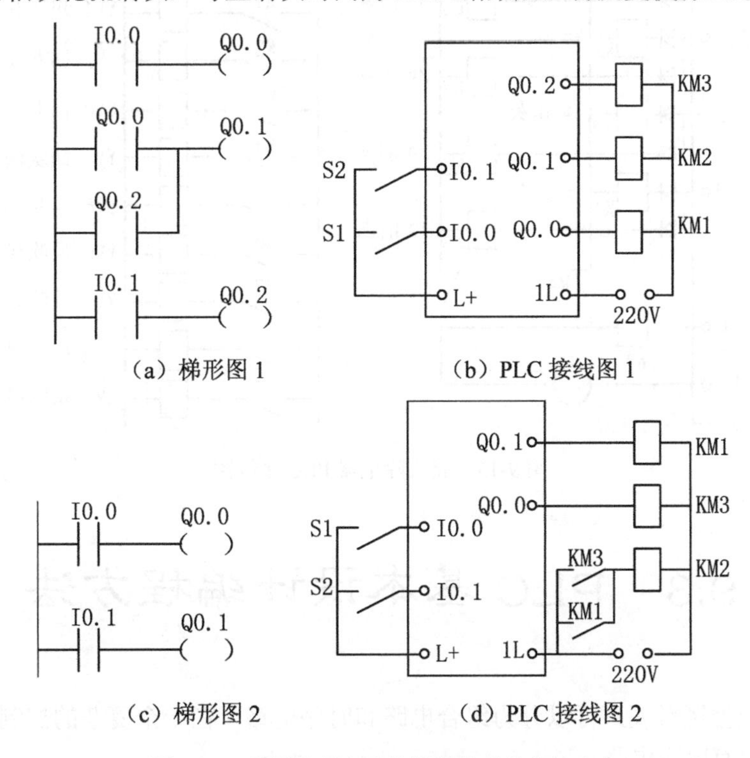

图 9-11　利用控制电路的逻辑关系节省输出点

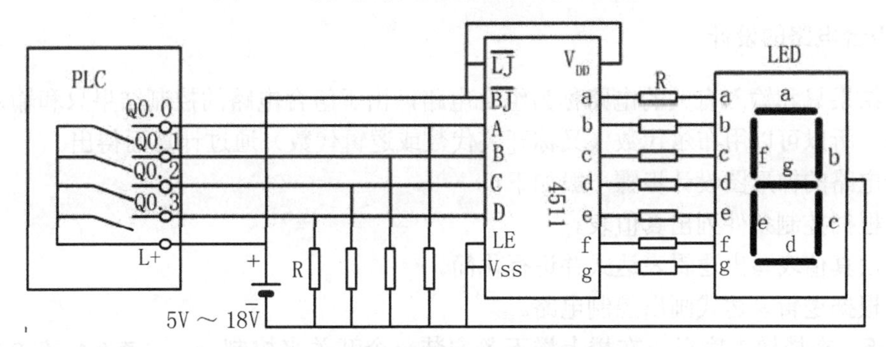

图 9-12　BCD 码驱动七段数码管电路图

每个除尘室分别有两个输出量，一个为卸灰，一个为清灰，4 个除尘室需用 8 个输出量，需要占用 8 个输出继电器。但是从分析除尘的工作过程可以知道，这 8 个输出量并不是同时工作的，而是分为卸灰和清灰两个时间段。这样可以考虑用 4 个输出继电器 Q0.1～Q0.4 先依次控制 1～4 室的卸灰，卸灰结束后由反吹风输出继电器 Q0.0 将卸灰继电器 K1～K4 断开，并接通清灰继电器 K5～K8，由输出继电器 Q0.1～Q0.4 再依次控制 1～4 室的清灰，这样就可以节省近一半的输出继电器了。

该电路实际上是一个 4 行 2 列的输出矩阵，采用直流电源和直流继电器，图 8-13 中的二极管用于防止寄生回路。

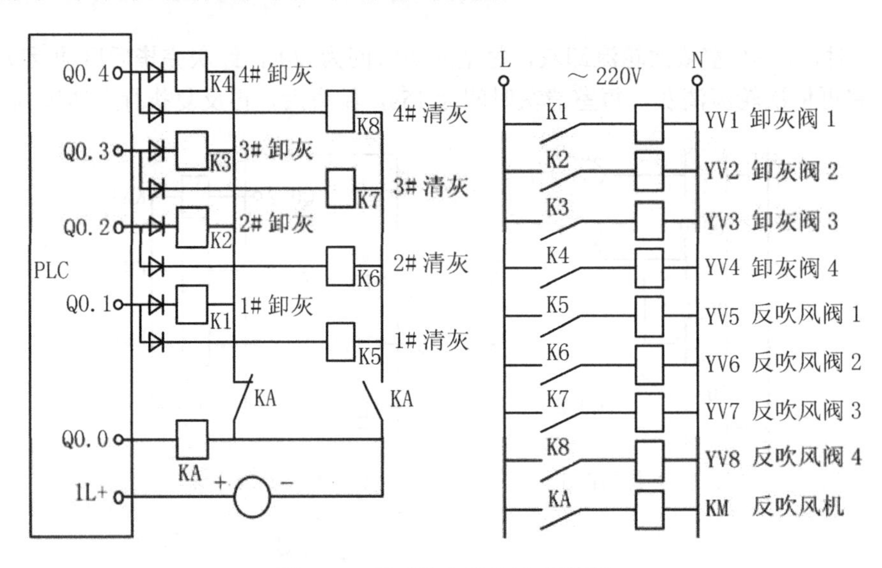

图 9-13　袋式除尘器 PLC 接线图

9.3　PLC 基本设计编程方法

控制电路根据逻辑关系可以分为组合电路和时序电路，在一个复杂的控制电路中也可能既有组合电路也有时序电路。

1. 组合电路的设计

控制结果只和输入有关的电路称为组合电路，由于组合电路的控制结果只和输入变量的状态有关，所以可以用布尔代数（又称开关代数或逻辑代数）通过计算而得出。

组合电路的梯形图设计步骤一般如下：

（1）根据控制条件列出真值表。

（2）由真值表写出逻辑表达式并进行化简。

（3）根据逻辑表达式画出控制电路。

例 9-5　在楼梯走廊里，在楼上楼下各安装一个开关来控制一盏照明灯，试设计 PLC 控制接线图和梯形图。

解　首先根据控制要求画出 PLC 接线图，如图 9-14（a）所示。根据题意分析可知两个开关只有 4 种状态，当只有其中一个开关动作时灯亮，当两个开关都动作或都不动作时灯不亮，据此列出真值表如表 9-1 所示。

表 9-1　例 9-5 真值表

S2	S1	E
0	0	0
0	1	1
1	0	1
1	1	0

由真值表写出逻辑表达式 $E = \overline{S2}\,S1 + S2\,\overline{S1}$，根据逻辑表达式画出梯形图如图 9-14（b）所示。

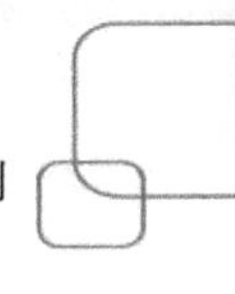

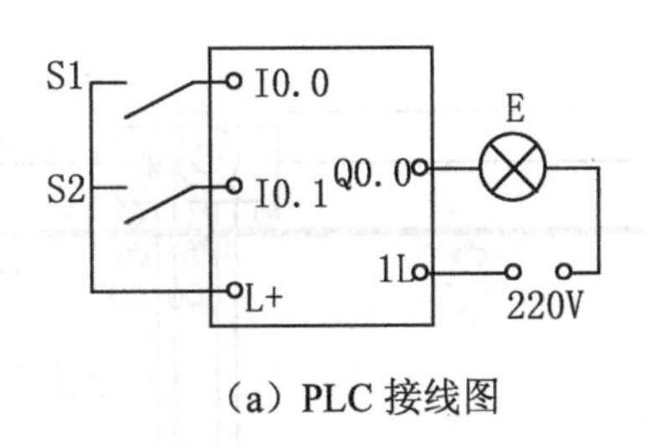

(a) PLC 接线图

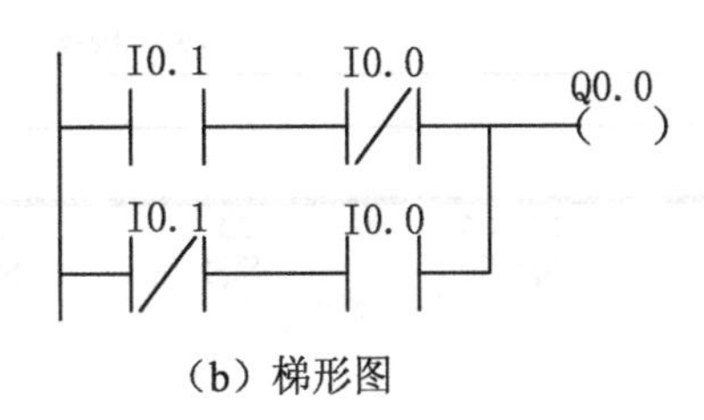

(b) 梯形图

图 9-14　两个开关控制一盏灯电路

2. 时序电路的设计

时序电路又称记忆电路，其中包含记忆元件。时序电路的控制结果不仅和输入变量的状态有关，也和记忆元件的状态有关。由于中间逻辑元件和输出执行元件中有记忆元件，所以，时序电路的控制结果是和输入变量、中间逻辑变量和输出逻辑变量三者都有关系的，由于时序电路的逻辑关系比较复杂，这类电路目前主要用经验法来设计。

在控制电路中，绝大部分电路都是时序电路，由继电器组成的控制电路中，时序电路实际上就是自锁电路，这种电路应用得十分广泛。

在 PLC 梯形图中含有置位 S、输出=、计数器 C 等逻辑线圈及各种功能指令的梯形图都可以组成时序电路。

在时序电路中还有一种电路称为顺序控制电路，这种电路的特点是控制电路根据控制条件按一定顺序进行工作，设计方法较多，一般基本指令、步进指令和功能指令都可以使用。但是比较复杂的控制电路一般用步进顺控指令编程比较直观方便。

顺序控制电路也可以分为行程顺序控制、时间顺序控制和计数顺序控制等多种形式。

9.4　PLC 控制设计示例

9.4.1　电镀自动生产线 PLC 设计

如图 9-15 所示，在电镀生产线一侧（原位）将待加工零件装入吊篮，并发出信号，专用行车便提升前进，到规定槽位自动下降，并停留一段时间（各槽停留时间预先按工艺设定）后自动提升，行至下一个电镀槽，完成电镀工艺规定的每道工序后，自动返回原位，卸下电镀好的工件重新装料，进入下一个电镀循环。

（1）拖动情况。

电镀行车采用两台三相异步电动机分别控制行车的升降和进退，采用机械减速装置。电动机数据（型号 Y802-4，P_N=0.75kW，I_N=2A，n=1390r/min，U_N=380V）。

（2）拖动控制要求。

① 电镀工艺应能实现以下 4 种操作方式。

单周期：启动后，完成一次电镀工作回到原位停止，等待。

连续循环：启动后，完成一次电镀工作回到原位再连续循环工作。

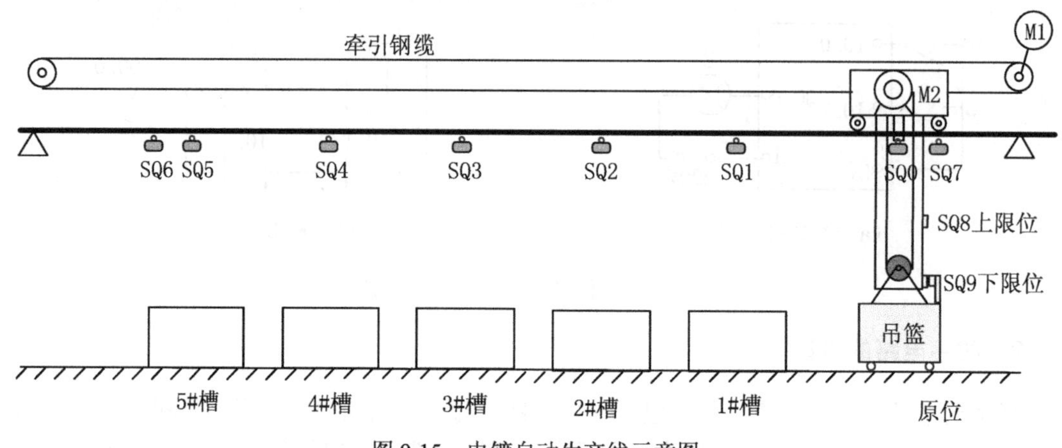

图 9-15 电镀自动生产线示意图

单步操作：每按一次启动按钮，执行一个动作步。

手动操作：用上升、下降、前进、后退 4 个按钮手动控制电镀生产线的上升、下降、前进和后退。

② 前后运行和升降运行应能准确停位，前后、升降运行之间有互锁作用。

③ 该装置采用远距离操作台控制行车运动，要求有暂停控制功能。

④ 行车运行采用行程开关控制，并要求在 1＃和 5＃槽位有过限位保护。主电路应有短路和过载保护。

⑤ 行车升降电动机采用单相电磁抱闸制动，升降电动机和单相电磁抱闸并联接线，不需单独控制。由于每个槽位之间的跨度较小，行车在前后运行停车时要采用能耗制动，以保证准确停位。

进退电动机能耗制动时间为 5s。1＃～5＃槽位的停留时间依次为 11s、12s、13s、14s、15s，原位装卸时间为 10s。

⑥ 对于不同的镀件工艺不同，要求对电镀槽有槽位选择的功能。

⑦ 用信号灯显示电镀吊篮所在的槽位及上下限位置。

1. 主电路设计

电镀自动生产线主电路设计如图 9-16 所示。

电源开关 QS 为普通闸刀开关或组合开关，用熔断器 FU 作为短路保护。两台电动机均采用热继电器 FR 作为过载保护，正反转由接触器 KM1～KM4 控制。

进退电动机 M1 的能耗制动电源由控制变压器 TC 降压后整流，由制动接触器 KM5 接到电动机定子绕组上。

2. PLC 输入/输出接线设计

电镀行车 PLC 输入/输出控制接线图如图 9-17 所示。

PLC 输入/输出控制接线的设计是整个设计中的重要环节之一，它和梯形图的设计密切相关，如果忽略，将可能造成使用大量不必要的输入/输出点数。

（1）PLC 输入控制接线的设计。

在电镀行车控制中，为了防止行车在到达原位和末端 5＃位由于限位开关的损坏而越过工作区，设置了过限位保护开关 SQ6 和 SQ7，它们分别同原位和 5＃位限位开关 SQ0、SQ5 并联，以节省输入接点。

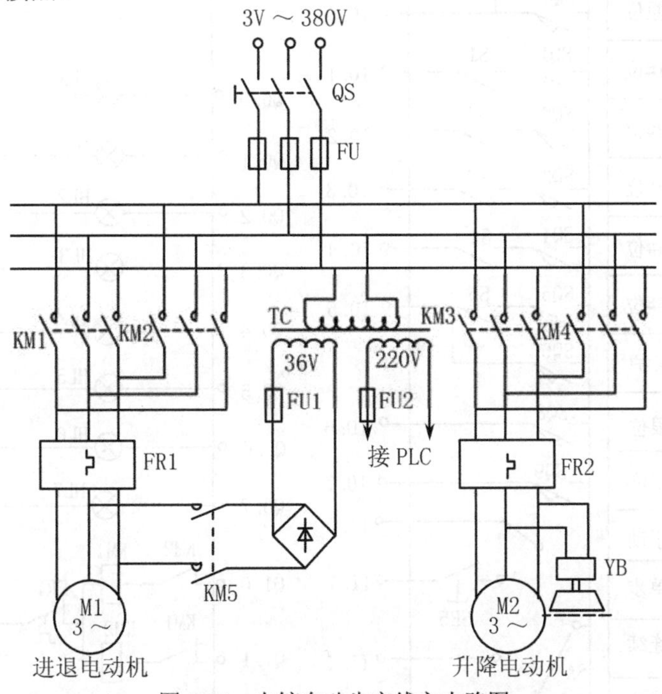

图 9-16　电镀自动生产线主电路图

根据要求对电镀槽有槽位选择的功能，使用了 5 个槽位选择开关 S1～S5，分别和 SQ1～SQ5 串联即可达到槽位选择的目的，而不必单独占用输入点。

行车控制有 4 种操作方式，可用 4 个输入点（由于这 4 种操作方式不同时出现，也可以用编码方式输入，2 个输入点即可），但考虑到在输入点较多的情况下简化梯形图和开关电路，采用如图 9-17 所示的接线较好，其中单周期控制不用输入点，为基本控制方式。

手动操作采用单独的控制按钮，占用对应的输入点 I1.3～I1.7，考虑到在单步、连续、单周控制方式下 I1.3～I1.7 不起作用，因此，可将其中输入点（I1.3、I1.6、I1.7）分别用于单步、连续、单周控制方式下的停止、启动和暂停控制。

（2）PLC 输出控制接线的设计。

I0.0～I0.7 用于信号灯显示吊篮所在位置及上下限位置。

Q1.0～Q1.3 用于进退电动机和升降电动机的控制及过载保护。

Q1.4 用于进退电动机的能耗制动控制，升降电动机为电磁抱闸制动。

3．操作面板设计

操作面板设计如图 9-18 所示，用于对自动生产线远距离控制操作，在操作面板上安装了 9 个信号灯，用于电镀行车所到 1＃～5＃槽位和原位的显示，以及上下限位的显示。PLC 的电源开关和电源信号灯安装在一起，按下电源开关时，电源信号灯亮。

操作方式采用选择开关，在手动方式下，使用停止、前进、后退、上升、下降 5 个按钮。在其他方式下，使用启动、暂停（与上升、下降公用）和停止按钮。槽位开关 S1～S5 用于槽位选择。

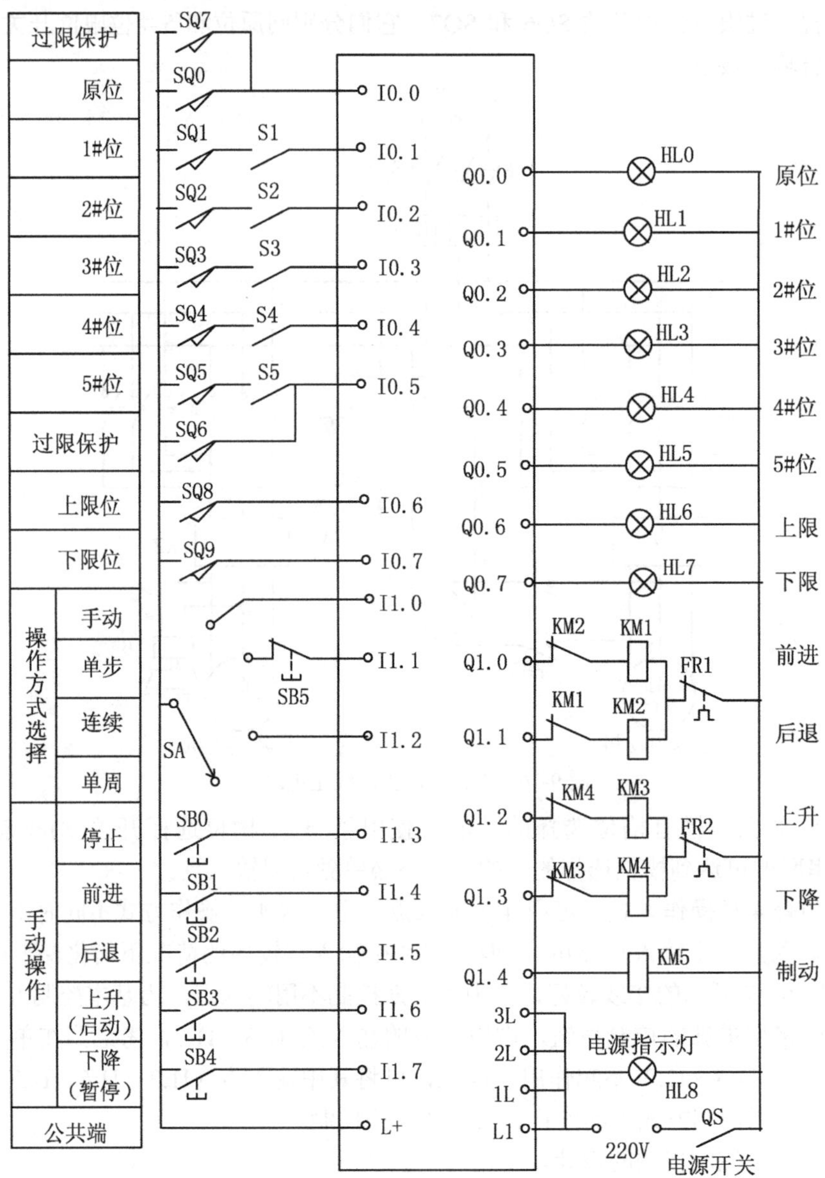

图 9-17　电镀行车 PLC 输入/输出控制接线图

4. 电镀自动生产线 PLC 控制程序设计

1）自动控制程序设计

自动控制程序包括单周、连续、单步 3 种控制方式。其中，单周为最基本的控制方式，如图 9-19 所示。

（1）单周控制方式。

选择开关 SA 打在空挡上，为单周控制方式，如图 9-17 所示。单周控制方式即为从装料到各槽位电镀结束退回到原位，完成一个工作循环过程。当吊篮在原位时，原位 I0.0 及下限位开关 I0.7 动作，在图 9-21 中，执行 MOVB IB0 QB0，原位信号灯 Q0.0=1，下限位信号灯 Q0.7=1。PLC 初次运行时，SM0.1 接通 MOVB 1 SB0，使图 9-19 中的初始步 S0.0=1，S0.1～S0.7=1。

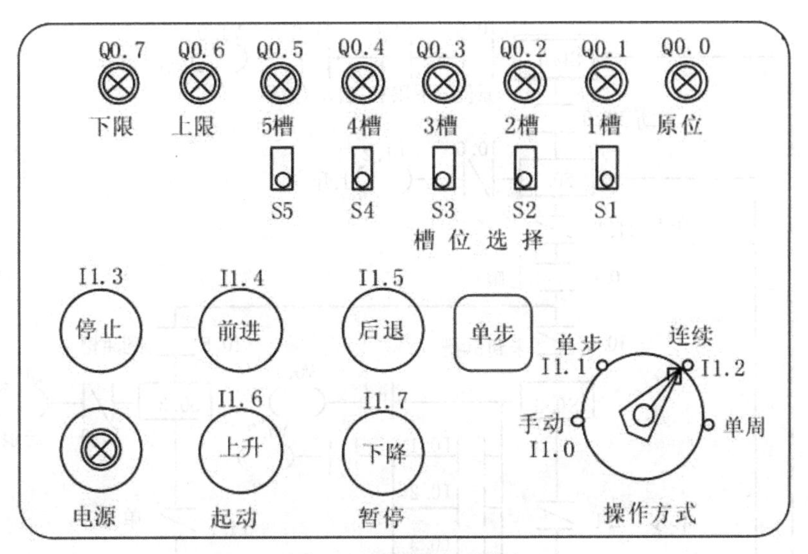

图 9-18　操作面板设计

在图 9-19 中，按下启动按钮 I1.6，M1.0 线圈得电，M1.0 接点闭合，S0.1 置位，Q1.2 得电吊篮上升，当上升碰到上限位开关 I0.6 时，I0.6 常开接点闭合，经 I1.1 和 I0.5 常闭接点转移到 S0.2，Q1.0 得电行车前进，行至 1＃位时，1＃限位开关 I0.1 动作，M0.2 产生一个脉冲使 M0.3 线圈得电自锁，M0.3 常开接点闭合使 S0.4 置位，Q1.3 得电吊篮下降。同时由于 Q1.0 失电，在如图 9-21 所示公共程序中的 Q1.0 下降沿接点闭合使 Q1.4 得电，对进退电动机 M1 进行能耗制动 5s。

吊篮下降到下限位碰到下限位开关 I0.7，S0.5 置位，由于这时在 1＃位，I0.1 接点接通定时器 T38，在 1＃槽位停留 T38 对应的设定时间 11s，停留时间到时，T38 接点闭合，返回到 S0.1，Q1.2 得电上升。

需要特别注意的是，从 S0.2 转移到 S0.3 的转移条件是限位开关 I0.1～I0.5，但是直接用限位开关 I0.1～I0.5 做转移条件是不行的。假设此时行车在 1＃位，I0.1 处于动作状态，当吊篮上升到上限位时，I0.6 动作转移到 S0.2，应该 Q1.0 得电前进，但是由于 I0.1 接点的闭合，结果又直接从 S0.2 到 S0.4，Q1.3 得电又下降了。结果造成在 1＃位反复上升下降的死循环现象，这种现象一般不通过设备运行验证是很难发现的。

这里采用 M0.1 脉冲线圈，其作用是当 S0.2 置位时，M0.1 接通一个扫描周期，M0.1 常闭接点断开一个扫描周期，而 I0.1 使 M0.2 产生一个脉冲，M0.2 接点闭合一个扫描周期，但 M0.1 常闭接点断开，M0.3 线圈不能得电，从而防止了直接跳过 S0.2 的现象。

电镀结束后，在 5＃槽位上升到上限位 I0.6 时，由于 I0.5 接点已经闭合，转移到 S0.3 状态步，Q1.1 得电行车后退，当退到原位时，I0.0 动作，转移到 S0.4，Q1.3 得电下降，到下限位 I0.7 动作，转移到 S0.5，T37 得电延时后，经 I1.2 常闭接点返回到 S0.0，全部过程结束，完成一次电镀过程。

（2）连续控制方式设计。

连续控制方式就是反复执行单周控制方式，如果不按停止按钮就一直运行下去。将选择开关 SA 打在连续位置，I1.2 输入接点闭合，由图 9-19 梯形图可知，当行车完成一次电镀过程返回到原位时，T37 延时后，经 I1.2 常开接点返回到 S0.1 状态步，进入下一次电镀过程，并周而复始。

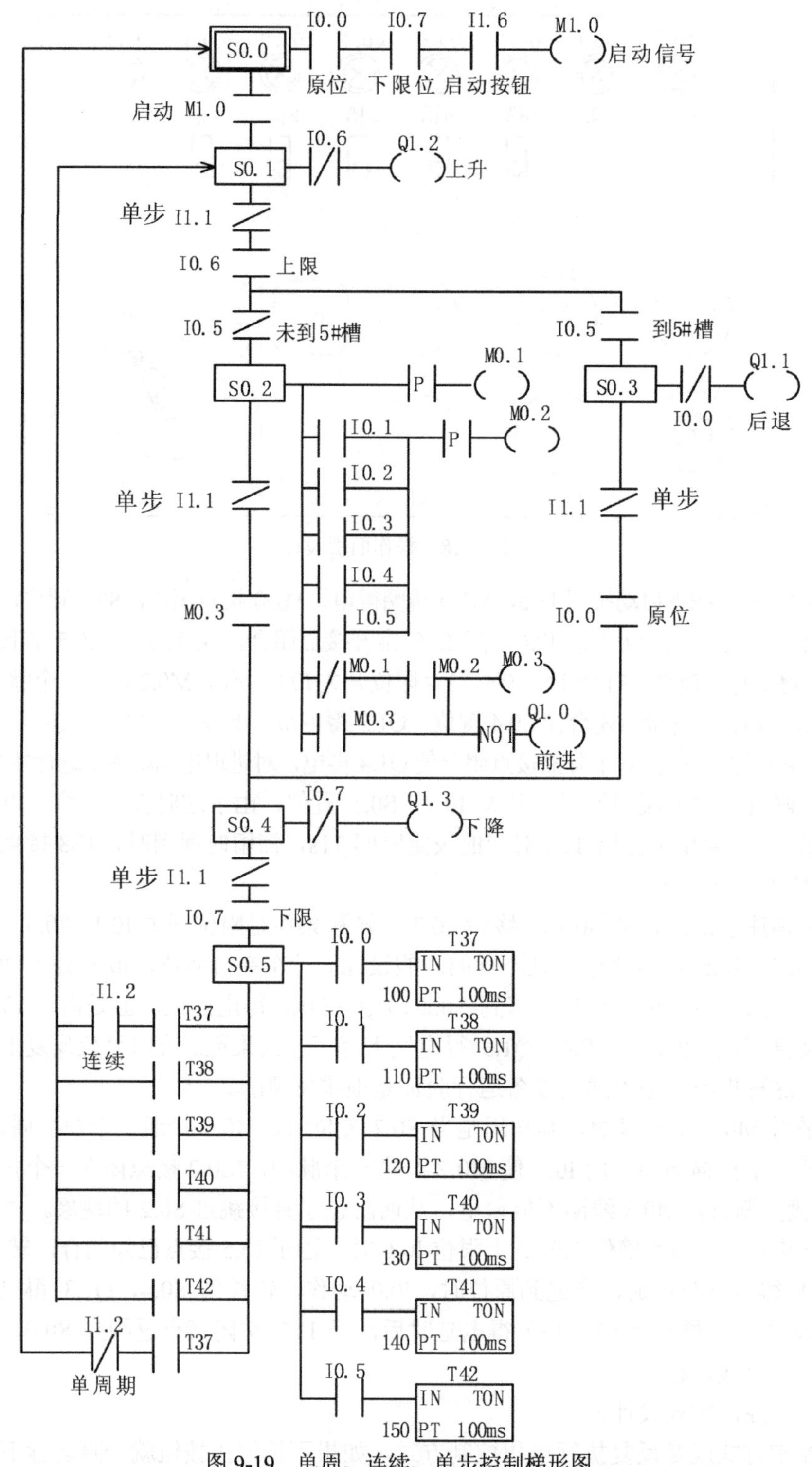

图 9-19　单周、连续、单步控制梯形图

（3）单步控制方式设计。

单步控制方式就是每按一次启动按钮，行车每次只完成一个规定动作。例如，按启动按钮吊篮上升，当到达上限位时并不前进，只有再按一次单步控制按钮才前进。

将选择开关 SA 打在单步位置，SA 接点经按钮 SB5 接到 I1.1 输入端，I1.1 继电器得电，梯形图转换条件中的 I1.1 常闭接点断开，当满足转换条件时不能转换。这时再按一下按钮 SB5，使 I1.1 输入端断开一下，使梯形图中的 I1.1 常闭接点闭合一下就可以转移了。

这里应该注意，在状态步的输出线圈前应加转移条件的常闭接点，例如，程序工作在状态步 S0.1，Q1.2 线圈得电吊篮上升，当上升到上限位的时，上限位开关 I0.6 动作，I0.6 常开接点闭合，但是不能转移，如果没有 I0.6 常闭接点，Q0.2 将继续得电上升，造成事故。

2）手动操作方式设计

手动控制梯形图如图 9-20 所示，分别用 4 个点动按钮控制两台电动机的升降和进退，其中进退的能耗制动仍由公共程序中的 Q1.4 制动电路控制。将选择开关 SA 打在手动位置，I1.0 接点闭合，如图 9-20 所示，由 I1.0 控制跳步指令将自动控制程序跳过去，执行手动程序。

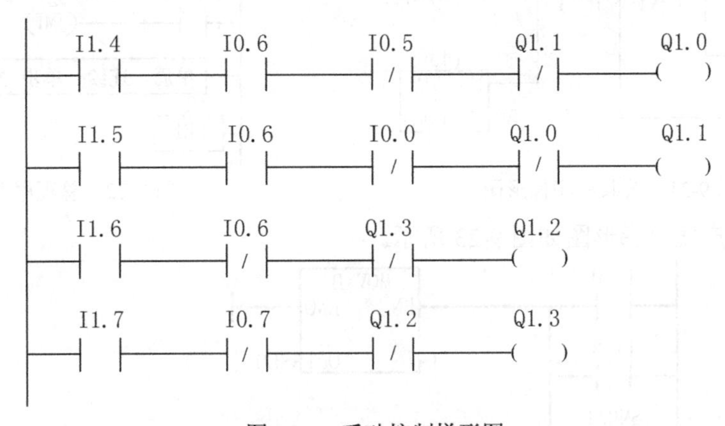

图 9-20　手动控制梯形图

吊篮在上限，上限位开关 I0.6 闭合，按下前进按钮 I1.4，Q1.0 得电，吊篮前进。如果前进到左限位 I0.5=1， I0.1 常闭接点断开，Q1.0 失电。

吊篮在上限，上限位开关 I0.6 闭合，按下后退按钮 I1.5，Q1.1 得电，吊篮后退。如果后退到原位 I1.0=1， I1.0 常闭接点断开，Q1.1 失电。

按下上移按钮 I1.6，Q1.2=1，上移。如果移到上限位 I0.6=1，I0.6 常闭接点断开，Q1.2 失电。

按下下移按钮 I1.7， Q1.3=1，下移。如果移到下限位 I0.7=1，I0.7 常闭接点断开，Q1.3 失电。

3）公共程序设计

公共程序是指不受跳转指令控制的程序，如图 9-21 所示。

由 MOVB 1, SB0 指令将状态步 S0.0 置 1，S0.1～S0.7 置 0 有 3 种情况。

（1）手动操作方式下 I1.0=1，S0.1～S0.7 置 0，状态步不得工作。

（2）自动操作方式下初始状态 SM0.1 使初始状态步 S0.0 置 1。

（3）自动操作方式下，在工作过程中，按下停止按钮 I1.3，工作状态步全部复位，初始状态步置位。

MOVB IB0, QB0 指令用于电镀槽位置信号灯和上下限位置信号灯的显示。

Q1.4 用于进退电动机停止时的能耗制动控制。在前进和后退结束时，Q1.0 或 Q1.1 失电，在 Q1.0 或 Q1.1 的下降沿接通 Q1.4 并自锁，主电路中的 KM5 得电进退电动机通入直流电进行能耗制动，定时器 T43 得电延时 5s，断开 Q1.4，能耗制动结束。

手动控制程序和自动控制程序不能同时工作，可用跳步指令将其分开，如图 9-22 所示。

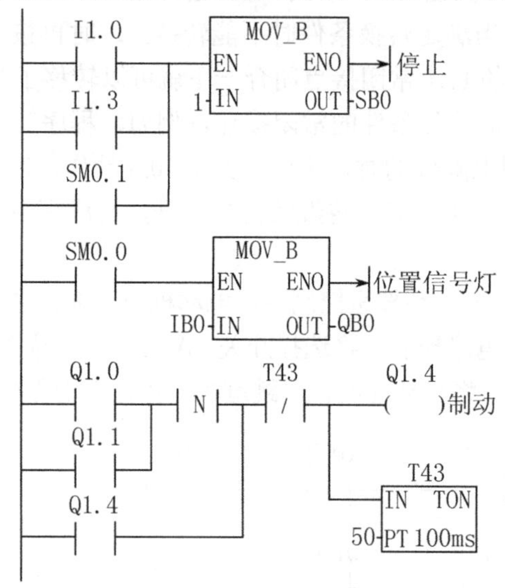

图 9-21　公共程序梯形图

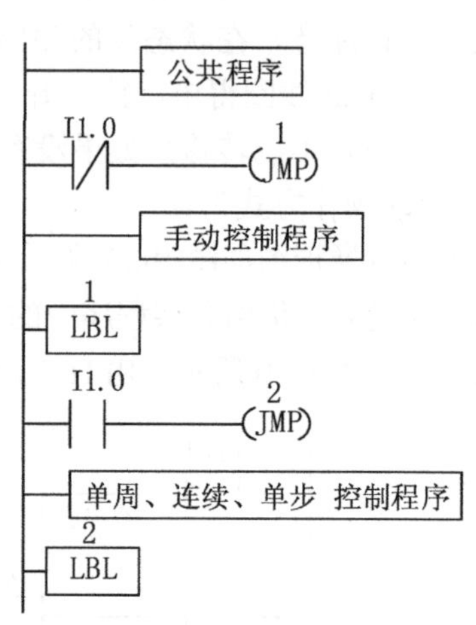

图 9-22　总程序框图

电镀自动生产线总梯形图如图 9-23 所示。

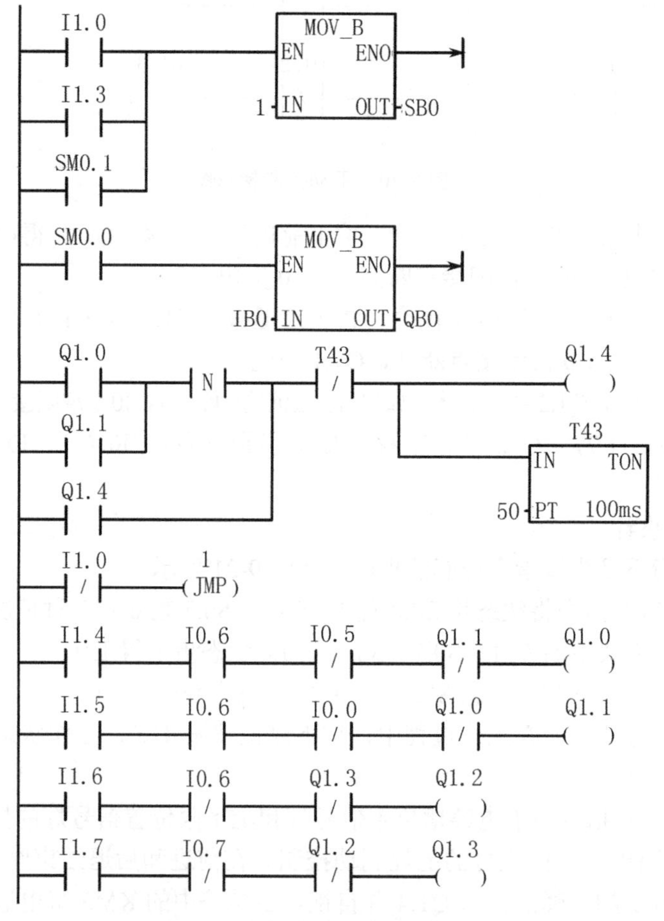

图 9-23　电镀自动生产线总梯形图

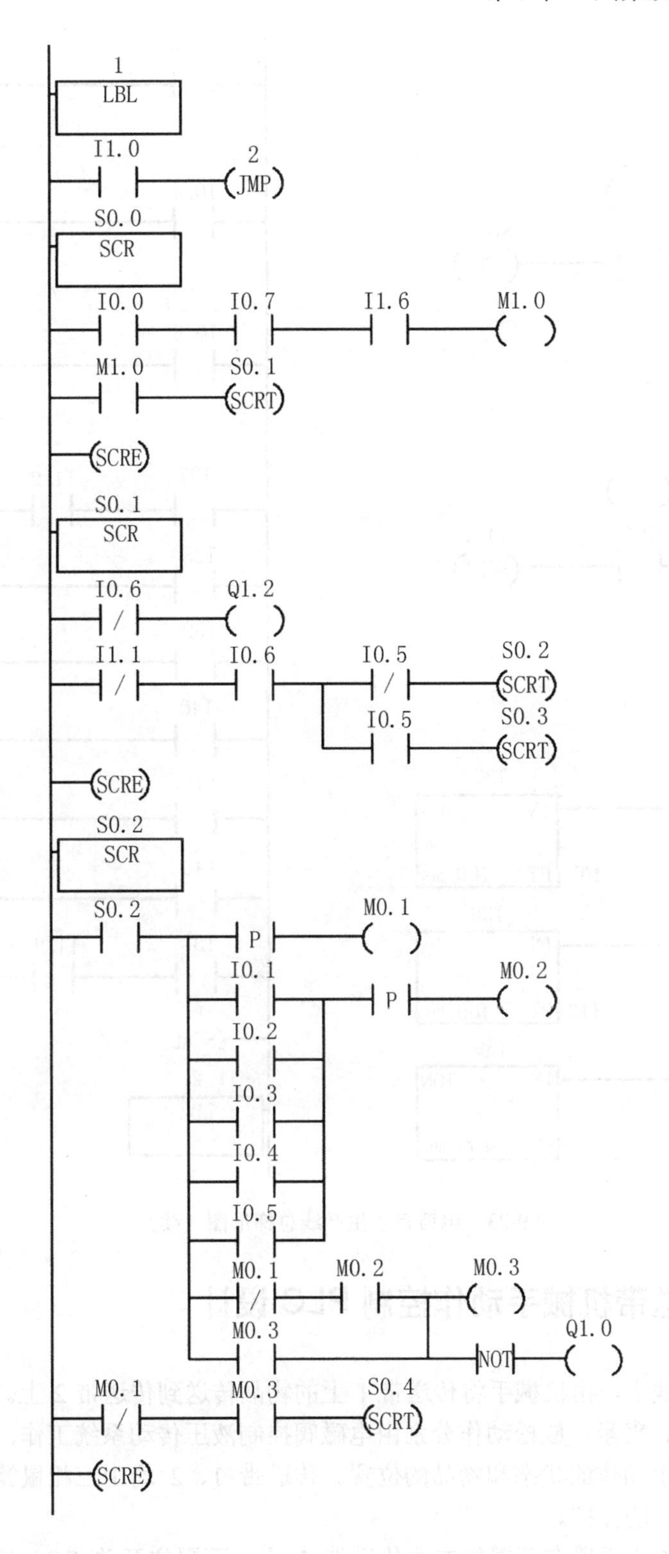

图 9-23　电镀自动生产线总梯形图（续）

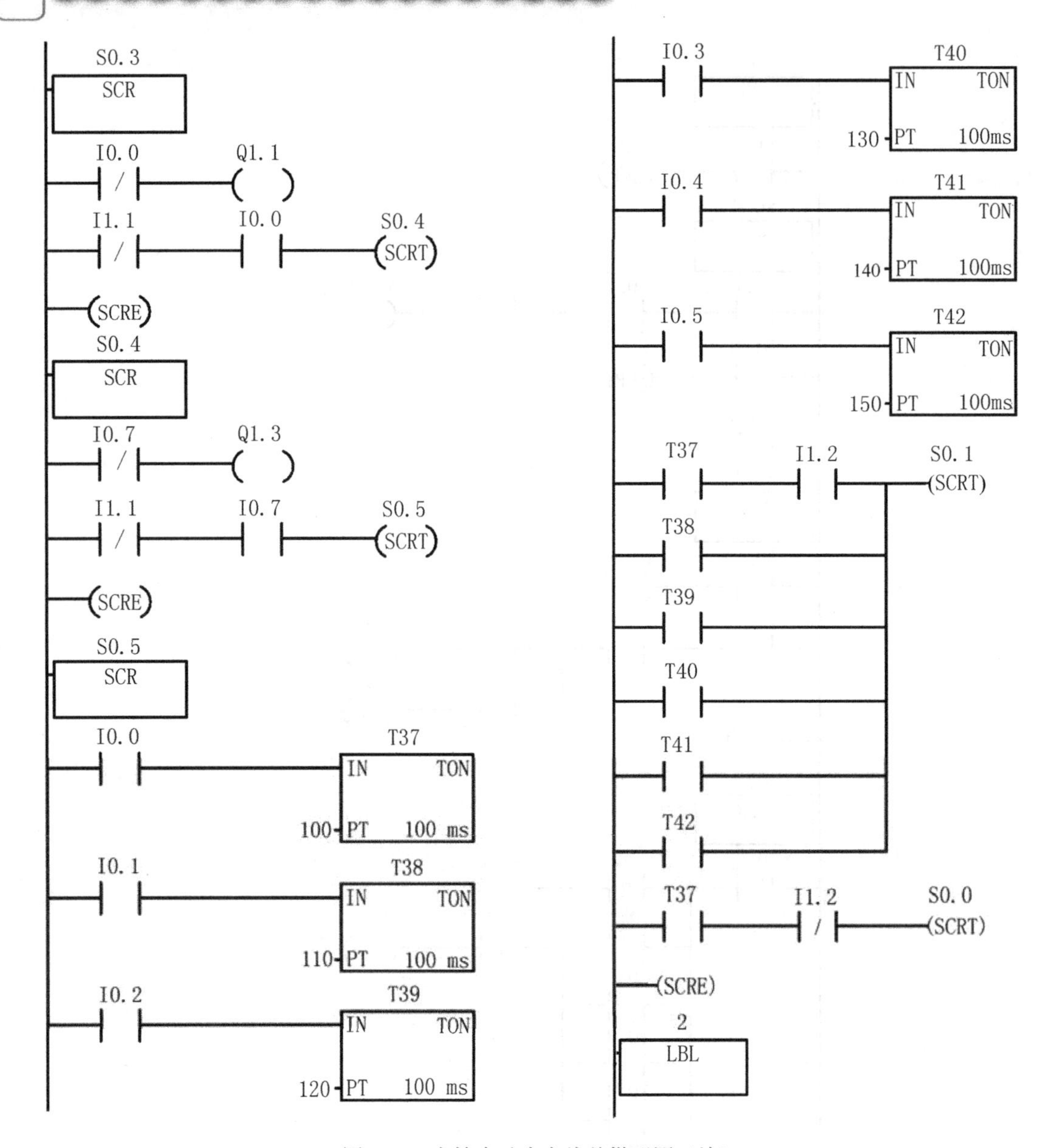

图 9-23　电镀自动生产线总梯形图（续）

9.4.2　传送带机械手动作控制 PLC 设计

一条自动生产线上，由机械手将传送带 1 上的物品传送到传送带 2 上。机械手的上升、下降、左转、右转、夹紧、放松动作分别由电磁阀控制液压传动系统工作，并用限位开关及光电开关检测机械手动作的状态和物品的位置。传送带 1、2 均由三相鼠笼型异步电动机驱动，电动机应有相应的保护。

机械手初始状态为手臂在下限位左边传递带 1 上（下限位开关 SQ4 受压，左限位开关 SQ5 变压），手指松开。手在传送带 1 上（右限位开关 SQ2 受压）时手指松开。传送带机械手动作控制示意图如图 9-24 所示。

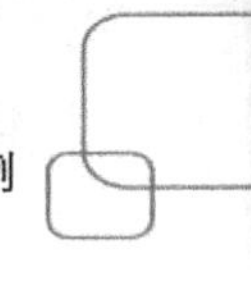

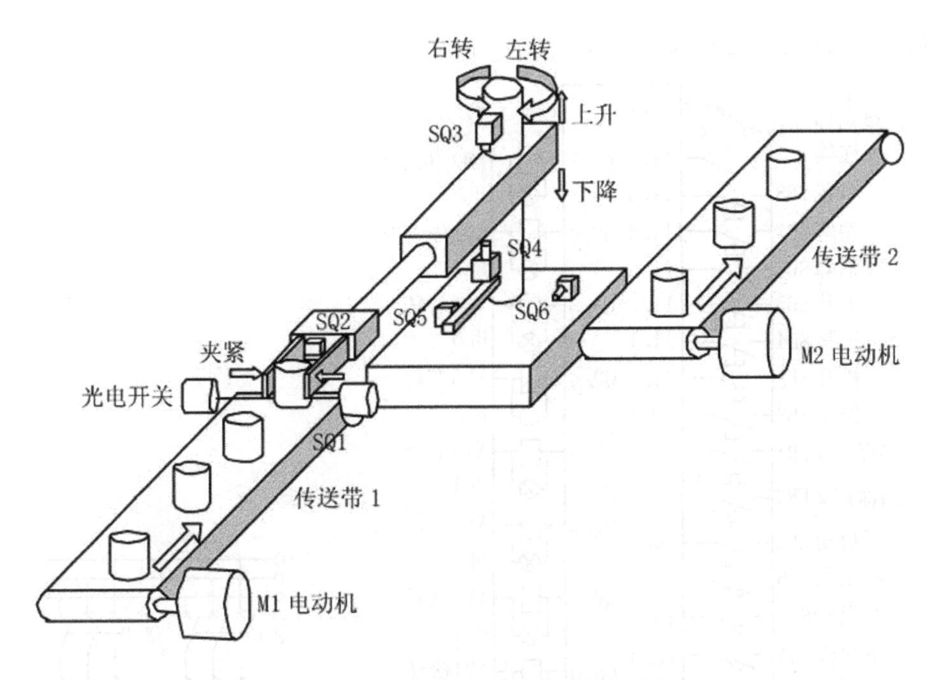

图 9-24　传送带机械手动作控制示意图

启动时按启动按钮，传送带 1、2 同时启动。

当传送带 1 上的物品到达前端，光电开关 SQ1 检测到物品时，传送带 1 停止。

机械手手指夹住物品，夹紧时，夹紧开关 SQ2 动作。

机械手手臂上升，升到上限位时碰到上限位开关 SQ3。

机械手手臂向右转，同时传送带 1 又启动，直到光电开关 SQ1 检测到物品时停止，手臂转到传送带 2 上时碰到右限位开关 SQ6。

机械手手臂下降，到下限位时碰到下限位开关 SQ4。

机械手手指松开，物品落到传送带 2 上，手指松开时，夹紧开关 SQ2 复位。

机械手手臂上升，到上限位时碰到上限位开关 SQ3。

机械手手臂向左转，转到传送带 1 上时碰到左限位开关 SQ5。

机械手手臂下降，到下限位时碰到下限位开关 SQ4。

在传送带 1 上，如果有物品，机械手继续执行上述过程，如无物品则等待，如果等待时间超过 10s，则传送带 1、2 停止运行。

机械手要求有 3 种控制方式：手动控制方式、单周期控制方式和连续控制方式。

1．传送带机械手控制 PLC 接线图及主电路图设计

根据输入/输出控制要求，传送带机械手控制可选用 S7-200 CPU226AC/DC 型 PLC，如图 9-25 所示。

2．传送带机械手操作控制面板设计

图 9-26 所示为传送带机械手的操作控制面板。电源开关 QS 和电源指示灯 HL9 采用带灯自锁按压式开关。选择开关采用 3 挡式，打在中间为单周期操作方式，打在左边为单手动

操作方式，打在右边为连续操作方式。

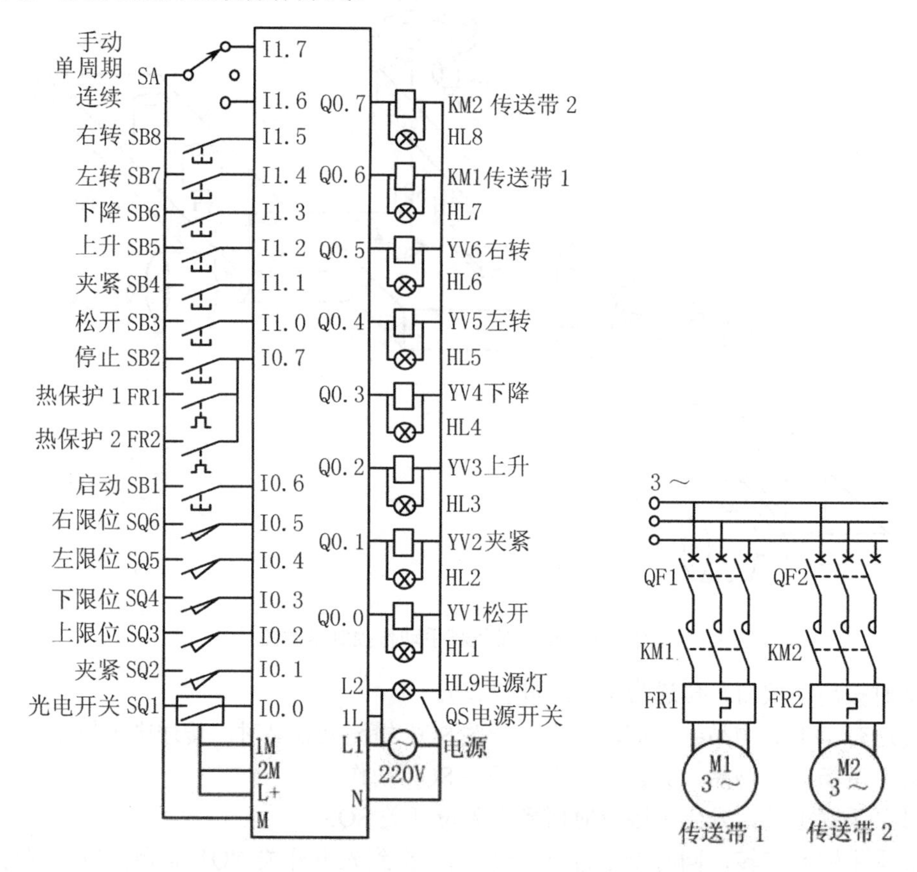

图 9-25　传送带机械手控制 PLC 接线图及主电路图

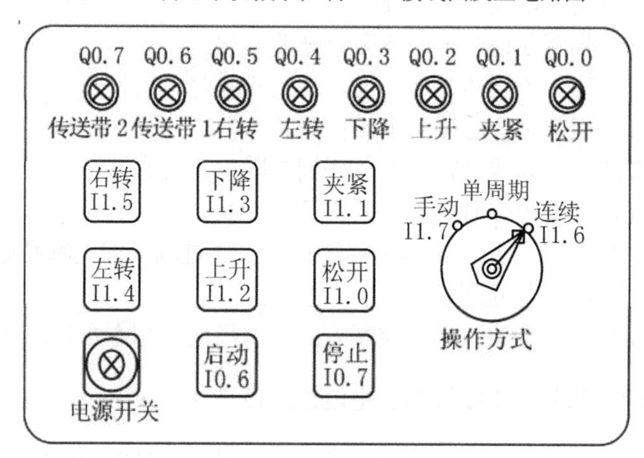

图 9-26　操作控制面板

3．传送带机械手控制程序设计

图 9-27 所示的控制梯形图用于传送带的控制和物品的检测。

初始时，机械手在下限（I0.3=1）、左限（I0.4=1）处，即在传送带 1 处。

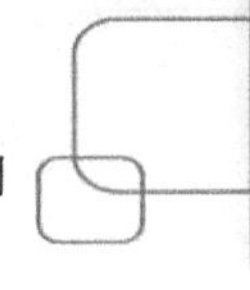

图 9-27　传送带控制及物品检测梯形图

启动时，按下启动按钮 I0.6，Q0.6 和 Q0.7 同时得电自锁，传送带 1、2 同时启动，传送带 1 上的物品前行。同时，图 9-29 中的初始状态步 S0.0 置位，处于等待状态。

当物品到达光电开关 I0.0 处时，Q0.6 线圈失电，传送带 1 停止。M0.0 线圈得电，图 9-29 中的初始状态步 S0.0 复位，S0.1 置位，机械手进入工作状态。

如果机械手在原位时，光电开关在 10s 内检测不到物品，则定时器 T37 动作，Q0.6 和 Q0.7 同时断开，传送带 1、2 停止，以避免传送带长时间空转。

输入继电器 I0.7 用于电动机的过载保护和紧急停止，当电动机有一台过载时，热继电器动作，FR1 或 FR2 常开接点（为了便于看梯形图的动作原理，这里采用常开接点，实际应用中应改为串联的常闭接点）动作接通 I0.7，断开 Q0.6 和 Q0.7，传送带 1、2 停止，同时 S0.1～S1.0 全部复位，机械手停止动作。

图 9-28 所示的控制梯形图用于机械手的手动控制。

手动控制采用按钮点动控制方式，在梯形图中应考虑线圈之间的互锁和机械手的限位保护。手动控制梯形图和自动控制梯形图不能同时由 PLC 读取，可用跳转指令 JMP-LBL 将两种梯形图分开。

图 9-29 所示为机械手工作状态转移图及输出梯形图。

初始时，机械手在下限（I0.3=1）、左限（I0.4=1）处，即在传送带 1 处。

启动时，按下启动按钮 I0.6，Q0.6 和 Q0.7 得电，传送带 1、2 启动，传送带 1 上的物品前行。初始状态步 S0.0 置位，当物品到达光电开关 I0.0 处时，Q0.6 线圈失电，传送带 1 停止。M0.0 线圈得电 S0.0 复位，S0.1 置位。

Q0.1 得电，手指夹紧，夹紧后，夹紧限位开关 I0.1 动作，转移到 S0.2 状态步。

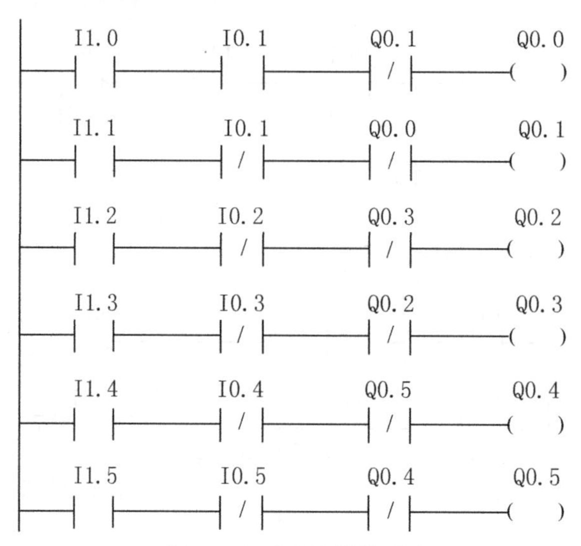

图 9-28　手动控制梯形图

Q0.2 得电，手臂上升，上升到上限位，I0.2 动作，图 9-27 中的 I0.2 上升沿脉冲再启动传送带 1，传送物品。同时，转移到 S0.3 状态步。

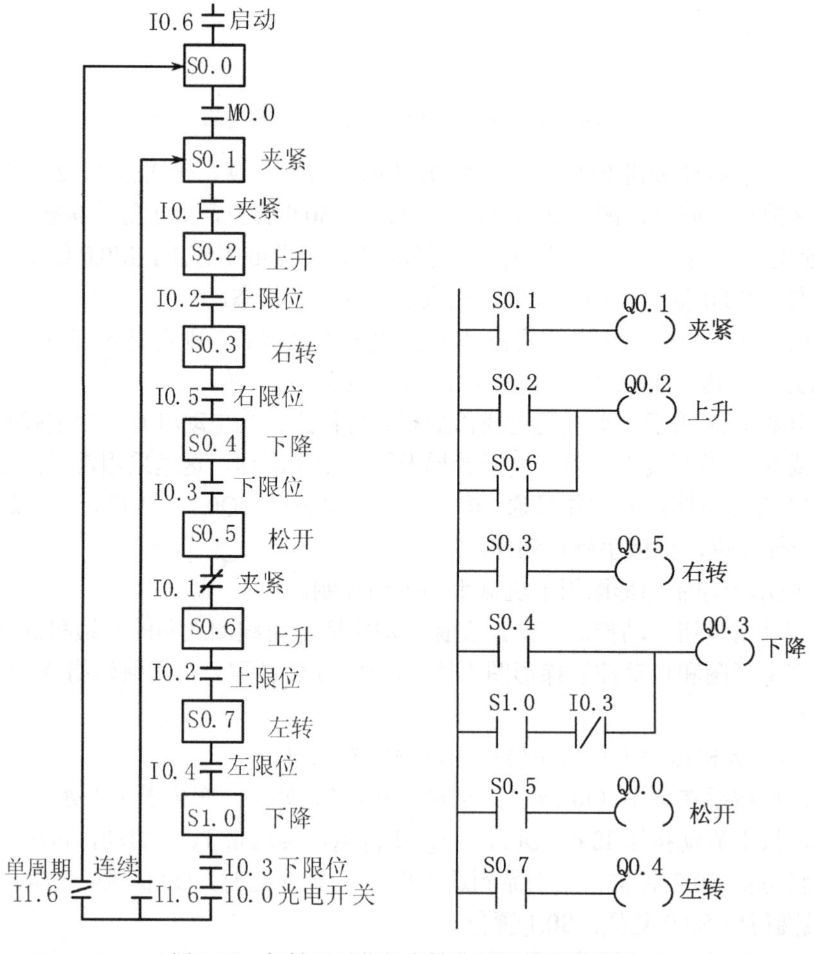

图 9-29　机械手工作状态转移图及输出梯形图

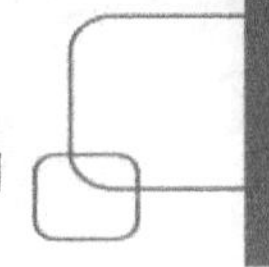

Q0.5 得电，手臂右转，转到右限位，I0.5 动作，转移到 S0.4 状态步。

Q0.3 得电，手臂下降，转到下限位，I0.3 动作，转移到 S0.5 状态步。

Q0.0 得电，手指松开，松开后，夹紧限位开关 I0.1 常闭接点断开，转移到 S0.6 状态步。

Q0.2 得电，手臂上升，上升到上限位，I0.2 动作，转移到 S0.7 状态步。

Q0.4 得电，手臂左转，转到左限位，I0.4 动作，转移到 S1.0 状态步。

Q0.3 得电，手臂下降，转到下限位，I0.3 动作，I0.3 常闭接点断开 Q0.3 线圈，如果光电开关未检测到物品，手臂停止等待，如果光电开关检测到物品，在连续工作方式下 I1.6 接点闭合时转移到 S0.1 状态步，抓取下一个物品。

在单周期工作方式下 I1.6 常闭接点闭合，转移到 S0.0 状态步，结束。

图 9-30 所示为传送带机械手控制总梯形图。

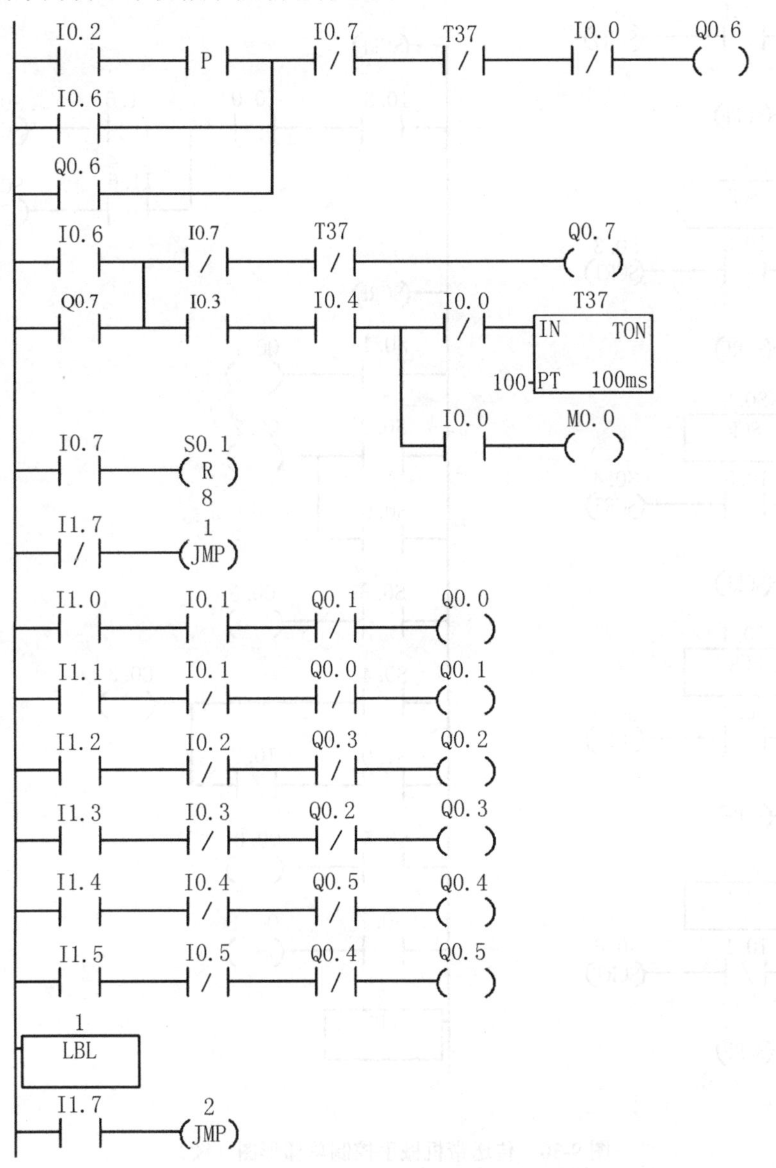

图 9-30　传送带机械手控制总梯形图

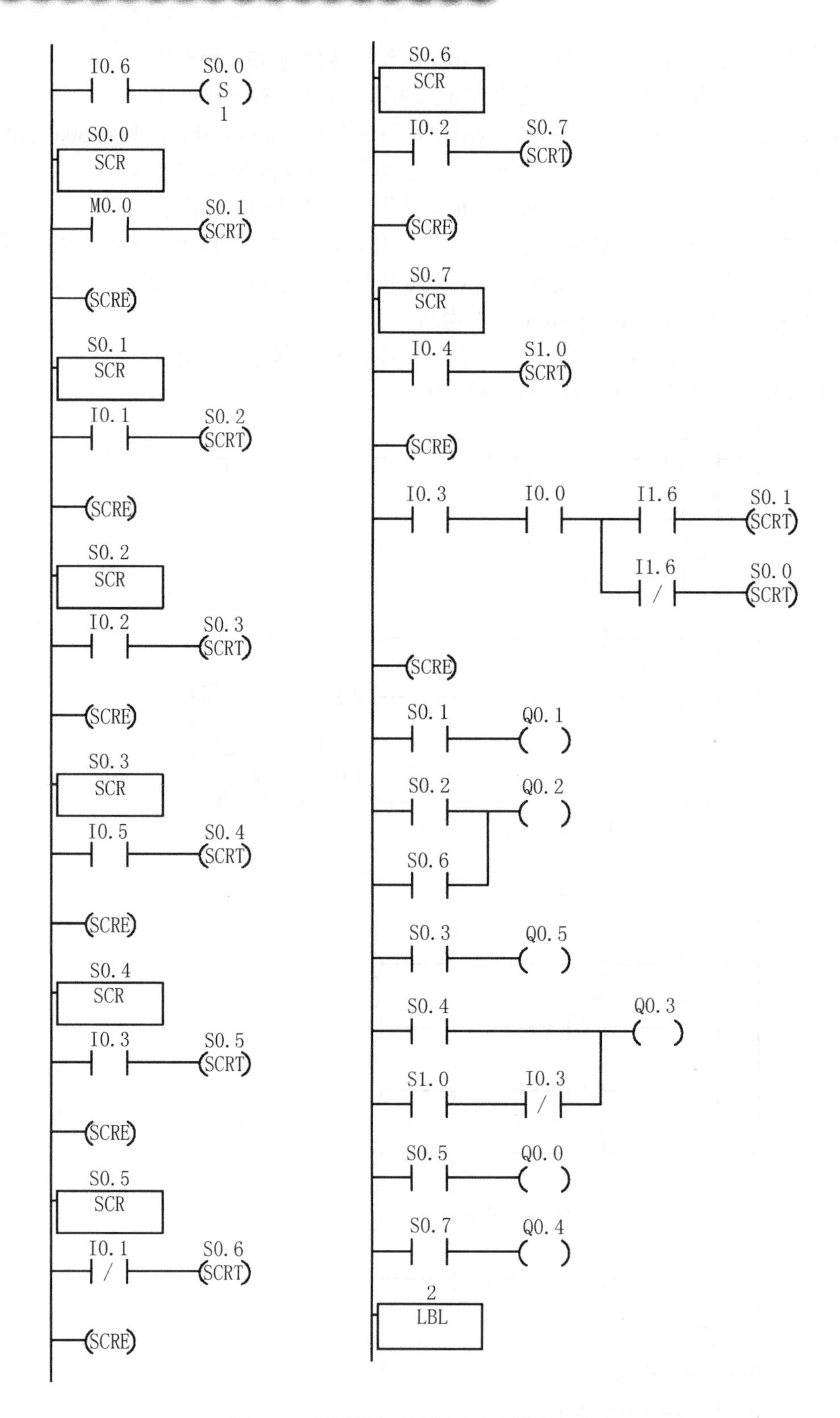

图 9-30　传送带机械手控制总梯形图（续）

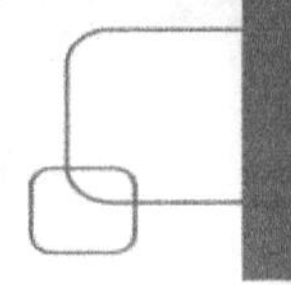

9.4.3 气动机械手控制

图 9-31 所示为一台气动机械手，用于将 *A* 点上的工件搬运到 *B* 点。机械手的上升、下降、右行、左行执行机构由双线圈 3 位 4 通电磁阀推动汽缸来完成。夹紧放松由单线圈 2 位 2 通电磁阀推动汽缸来完成，线圈得电夹紧，失电放松。

汽缸的运动由限位开关来控制，机械手的初始状态在左限位、上限位，手为放松状态。

机械手的动作过程为①下降、②夹紧、③上升、④右行、⑤下降、⑥放松、⑦上升、⑧左行，完成一个单循环。

机械手要求有 5 种操作方式。

（1）手动操作方式：用 6 个按钮分别控制机械手的下降、上升、右行、左行、放松、夹紧。

（2）回原位操作方式：按下回原位按钮，机械手以最近的路径回到原位。

（3）单循环操作方式：按下启动按钮，机械手完成一个单循环回到原位停止。

（4）单步操作方式：每按一次启动按钮，机械手只完成一个规定动作后停止。

（5）自动操作方式：按下启动按钮，机械手完成一个单循环回到原位后继续工作。

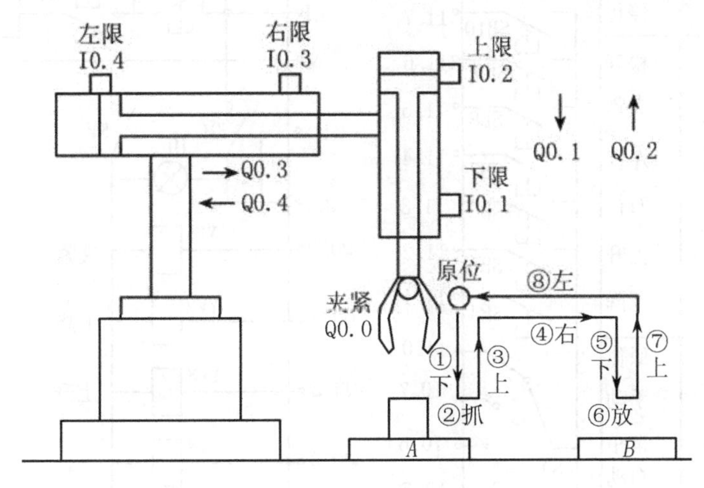

图 9-31　机械手动作示意图

1. 电路设计

机械手操作面板图如图 9-32 所示。

PLC 接线图如图 9-33 所示。

梯形图如图 9-34 所示。

2. 控制原理

首先按下电源按钮 SB2，接触器 KM 得电自锁接通输出电路的电源，按钮 SB2 中的指示灯亮，表示 PLC 输出电源接通。按下停止按钮 SB1，断开 PLC 输出电源，当停电再来电时，输出电路没有电，机械手不会自行启动。

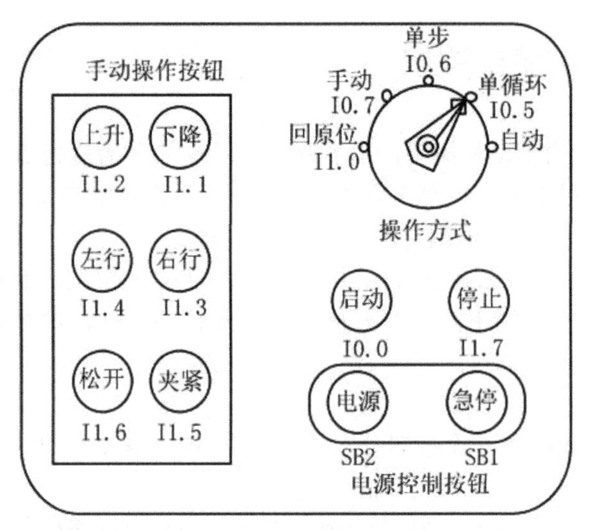

图 9-32　机械手操作面板图

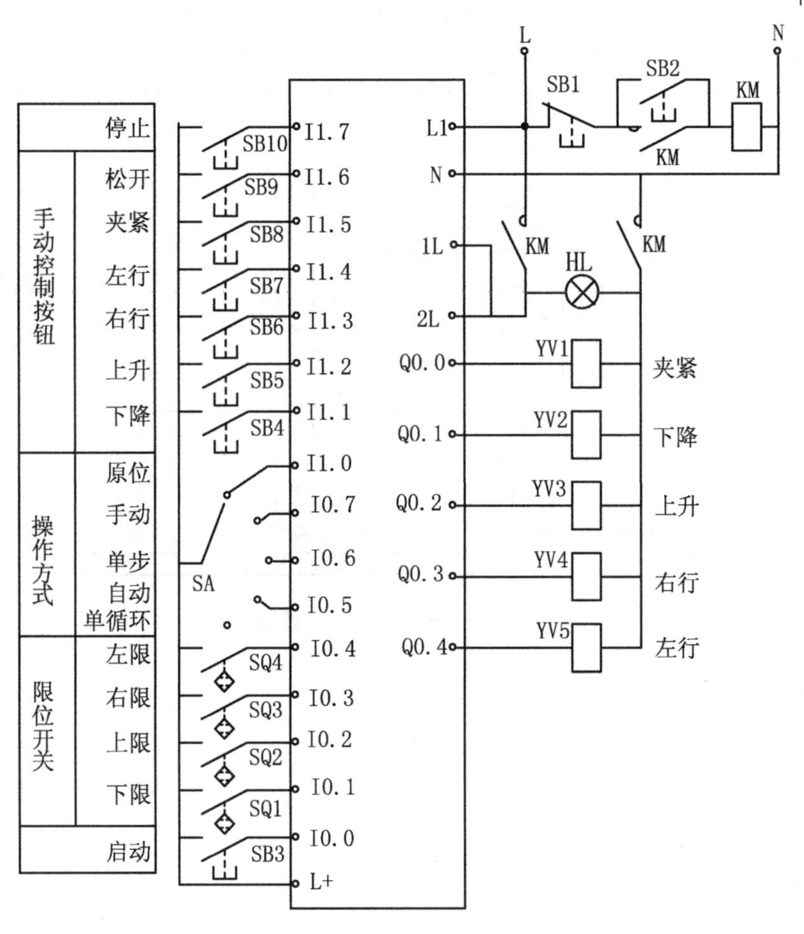

图 9-33　PLC 接线图

1）单循环操作方式

选择开关 SA 打在空挡上为单循环操作方式，单循环操作方式为基本操作方式。

PLC 初始状态，SM0.1 发出一个脉冲，使 MB0 置 1，即 M0.0 为 1，M0.1～M0.7 为 0。

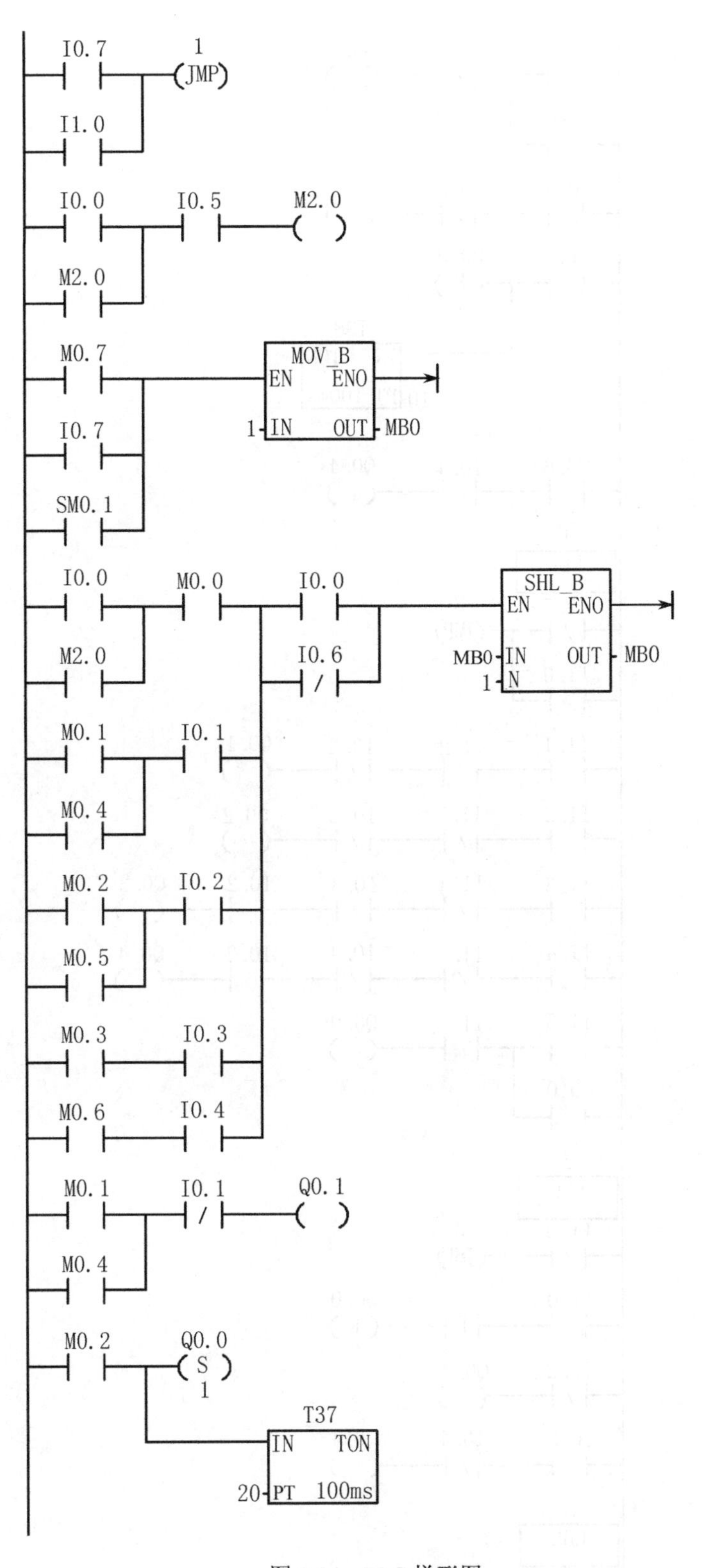
I0.7
1
JMP
I1.0
I0.0
I0.5
M2.0
M2.0
M0.7
MOV_B
EN
ENO
1
IN
OUT
MB0
I0.7
SM0.1
I0.0
M0.0
I0.0
SHL_B
EN
ENO
M2.0
I0.6
MB0
IN
OUT
MB0
1
N
M0.1
I0.1
M0.4
M0.2
I0.2
M0.5
M0.3
I0.3
M0.6
I0.4
M0.1
I0.1
Q0.1
M0.4
M0.2
Q0.0
S
1
T37
IN
TON
20
PT
100ms

图 9-34　PLC 梯形图

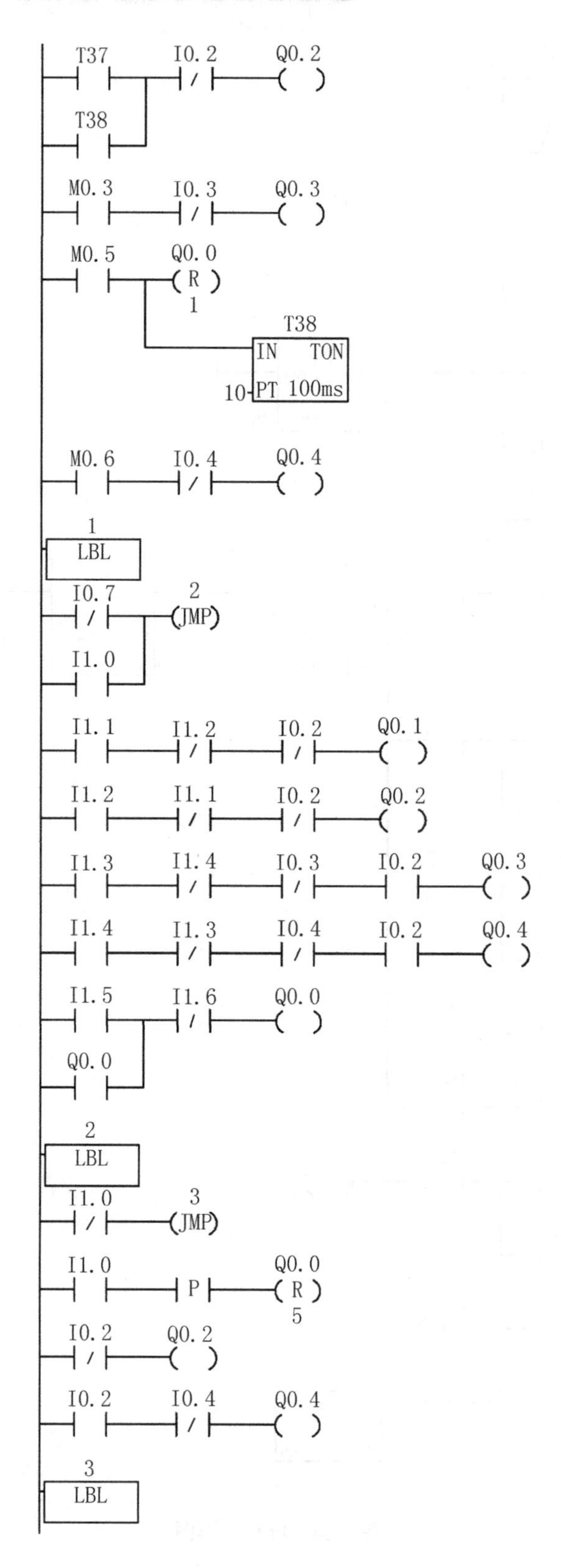

图 9-34　PLC 梯形图（续）

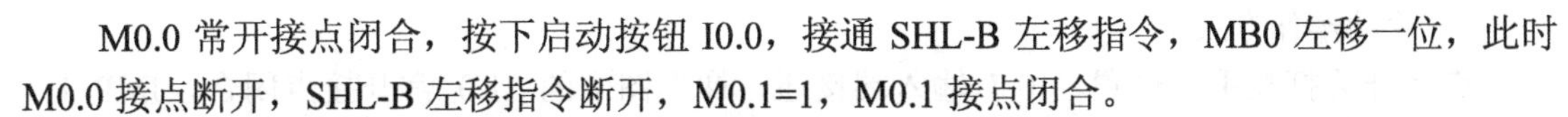

M0.0 常开接点闭合，按下启动按钮 I0.0，接通 SHL-B 左移指令，MB0 左移一位，此时 M0.0 接点断开，SHL-B 左移指令断开，M0.1=1，M0.1 接点闭合。

M0.1 接点闭合，接通 Q0.1 线圈，电磁阀 YV2 得电，机械手下降，下降碰到下限位开关 I0.1 时，I0.1 接点闭合接通 SHL-B 左移指令，MB0 左移一位，此时 M0.1 接点断开，SHL-B 左移指令断开，M0.2=1，M0.2 接点闭合。

M0.2 接点闭合，Q0.0 置位，电磁阀 YV1 得电，手指夹紧，定时器 T37 得电延时，夹紧 1s，T37 接点闭合接通 Q0.2，YV3 得电手臂上升，上升到上限位 I0.2 接点闭合接通 SHL-B 左移指令，MB0 左移一位，此时 M0.2 接点断开，SHL-B 左移指令断开，M0.3=1，M0.3 接点闭合。

M0.3 接点闭合，接通 Q0.3 线圈，电磁阀 YV4 得电，机械手右行，右行碰到右限位开关 I0.3 时，I0.3 接点闭合接通 SHL-B 左移指令，MB0 左移一位， M0.3 接点断开，SHL-B 左移指令断开，M0.4=1，M0.4 接点闭合。

M0.4 接点闭合，再次接通 Q0.1 线圈，电磁阀 YV2 得电，机械手下降，下降碰到下限位开关 I0.1 时，I0.1 接点闭合接通 SHL-B 左移指令，MB0 左移一位，此时 M0.4 接点断开，SHL-B 左移指令断开，M0.5=1，M0.5 接点闭合。

M0.5 接点闭合，使 Q0.0 复位，手指松开，工件落下，T38 得电延时 1s，T38 接点闭合接通 Q0.2，YV3 得电手臂上升，上升到上限位 I0.2 接点闭合接通 SHL-B 左移指令，MB0 左移一位，此时 M0.5 接点断开，SHL-B 左移指令断开，M0.6=1，M0.6 接点闭合。

M0.6 接点闭合，接通 Q0.4 线圈，电磁阀 YV5 得电，机械手左行，左行碰到左限位开关 I0.4 时，I0.4 接点闭合接通 SHL-B 左移指令，MB0 左移一位，M0.6 接点断开，SHL-B 左移指令断开，M0.7=1，M0.7 接点闭合。

M0.7 接点闭合，接通 MOV-B 传送指令，使 MB0 置 1，回到初始状态 M0.0=1。

再按一下启动按钮 I0.0，又可以执行上述的单循环过程。

2）自动操作方式

选择开关打在自动位置，I0.5 输入端接通，初始状态 M0.0=1，按下启动按钮 I0.0 时，M2.0 得电自锁，接通 SHL-B 左移指令，MB0 左移一位，机械手动作过程和上述相同。

当机械手完成一个循环后回到原位时，由于 M2.0 接点闭合，所以就能继续工作下去。

3）单步操作方式

选择开关打在单步位置，I0.6 输入端接通，梯形图中的 I0.6 常闭接点断开，初始状态 M0.0=1，按下启动按钮 I0.0 时，接通 SHL-B 左移指令，MB0 左移一位，机械手完成动作碰到限位开关时，由于 I0.6 常闭接点断开，不能接通 SHL-B 左移指令，限位开关常闭接点断开输出继电器，机械手停止动作，等待命令，此时再按一次启动按钮 I0.0，才可执行下一步。

4）回原位操作方式

选择开关打在回原位位置，I1.0 输入端接通，梯形图中的 I1.0 常开接点闭合，JMP1～LBL1 之间的自动工作梯形图被跳过，JMP2～LBL2 之间的手动梯形图也被跳过。I1.0 常闭接点断开，执行 JMP3～LBL3 之间的回原位梯形图。I1.0 的上升沿使 Q0.0～Q0.4 复位一下。此时，如果机械手不在上限位，则 I0.2 常闭接点闭合，Q0.2 得电，机械手先上升，上升到上限位 I0.2 常闭接点断开，Q0.2 失电，I0.2 常开接点闭合，Q0.4 得电，机械手回到原位，限位开关 I0.4 动作，I0.4 常闭接点断开，Q0.4 失电，机械手回到原位停止。

5）手动操作方式

选择开关打在手动位置，I0.7 输入端接通，梯形图中的 I1.0 常开接点闭合，JMP 1～LBL 1 之间的自动工作梯形图被跳过， I1.0 常闭接点断开，执行 JMP 2～LBL2 之间的手动梯形图。

按下下降按钮 I1.1，Q0.1 得电，机械手下降，下降到下限位 I0.1=1，Q0.1 失电。

按下上升按钮 I1.2，Q0.2 得电，机械手上升，上升到上限位 I0.2=1，Q0.2 失电。

机械手在上限位 I0.2=1，按下右行按钮 I1.3，Q0.3 得电，机械手右行，右行到右限位 I0.3=1，Q0.3 失电。

机械手在上限位 I0.2=1，按下左行按钮 I1.4，Q0.4 得电，机械手左行，左行到左限位 I0.4=1，Q0.4 失电。

9.4.4 6 人投票选举

6 人投票选举，每人一个投票按钮，同意者按下投票按钮，当同意者小于 3 人红灯亮，等于 3 人黄灯亮，大于 3 人绿灯亮，全部同意绿灯闪。

1. PLC 输入/输出接线设计

6 人投票选举 PLC 输入/输出控制接线图如图 9-35 所示。

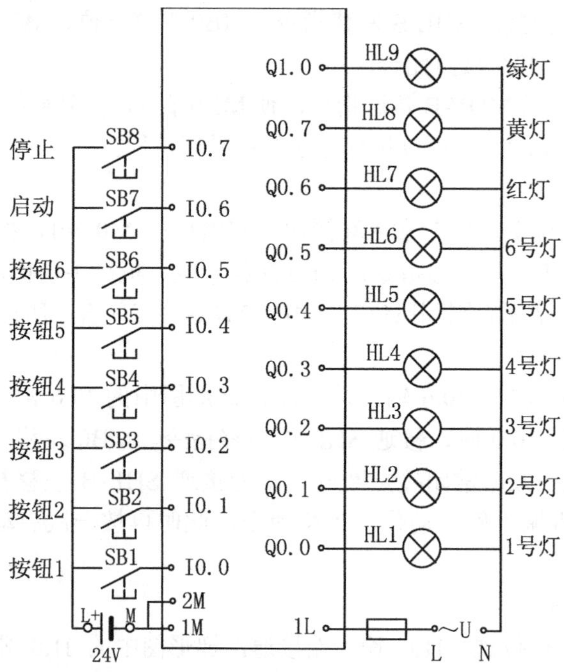

图 9-35　6 人投票选举 PLC 输入/输出控制接线图

2. 6 人投票选举 PLC 控制程序设计

6 人投票选举 PLC 梯形图如图 9-36 所示。

初始状态下，V0.0～V1.7 复位，Q0.0～Q0.5 复位。

按下启动按钮 I0.6，M0.0 得电自锁，接通定时器 T37，V0.0～V1.7 和 Q0.0～Q0.5 解除复位。M0.0 接点闭合接通 WOR-B 字或指令，如果在 10s 之内有按钮（I0.0～I0.5）按下，对应的信号灯（Q0.0～Q0.5）得电，灯亮。对应的（Q0.0～Q0.5）接点闭合，依次对 VB1 进行加 1。如果 VB1 小于 3，Q0.6 得电，红灯亮。如果 VB1 等于 3，Q0.7 得电，黄灯亮。如果 VB1 大于 3，但是不等于 6，Q1.0 得电，绿灯亮。如果 VB1 等于 6，Q1.0 经秒脉冲得电，绿灯闪亮。

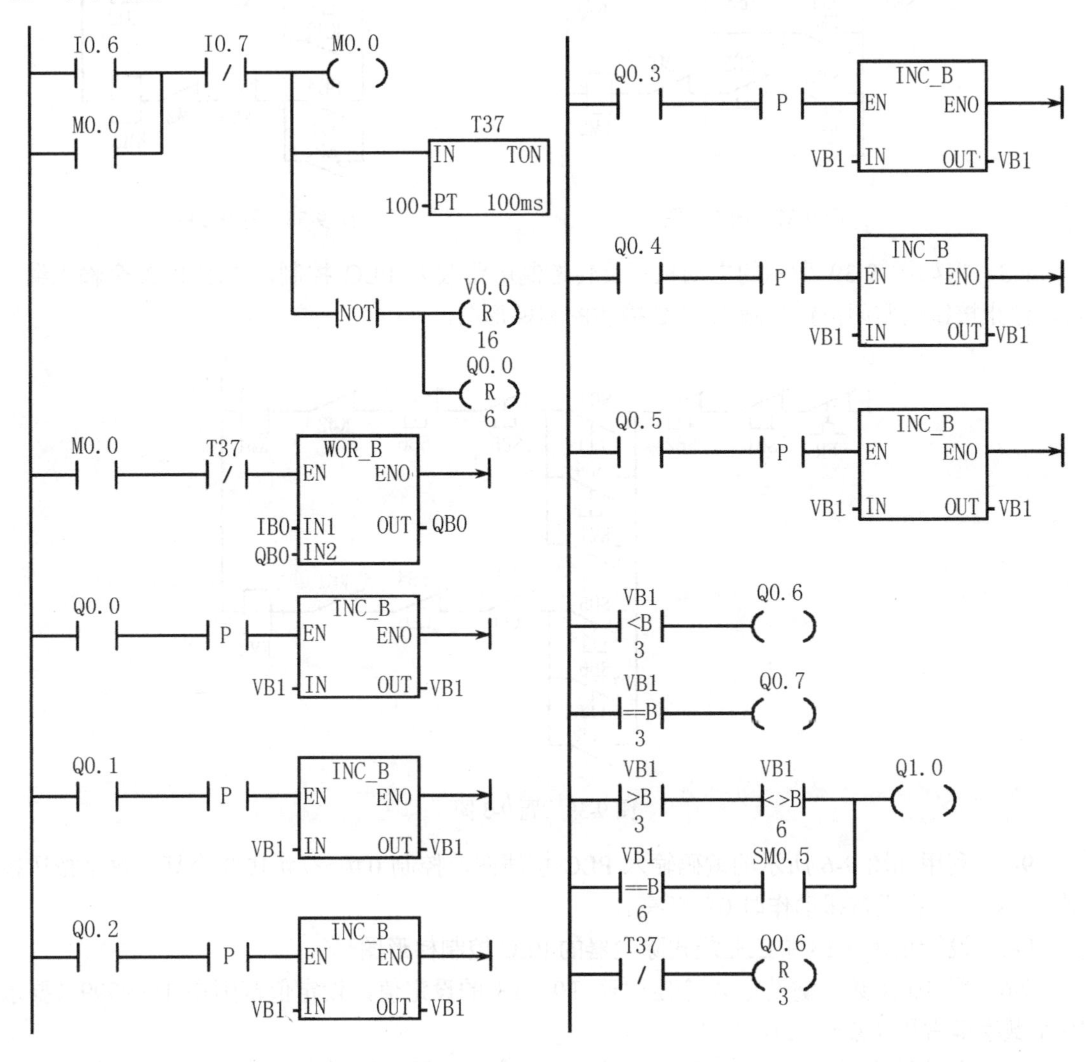

图 9-36　6 人投票选举 PLC 梯形图

习　题

9-1　将如图 9-37 所示的电动机正反转控制电路改为 PLC 控制，画出 PLC 接线图和梯形图。

9-2　将如图 9-38 所示的三互锁控制电路改为 PLC 控制，画出 PLC 接线图和梯形图。

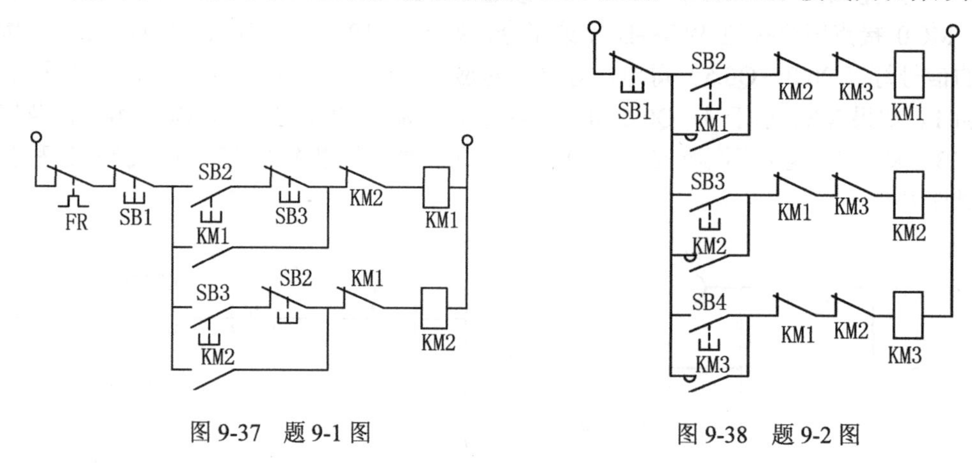

图 9-37　题 9-1 图　　图 9-38　题 9-2 图

9-3　将如图 9-39 所示的电动机正反转控制电路改为 PLC 控制，要求用 3 个输入继电器，停止按钮用常闭按钮，画出 PLC 接线图和梯形图。

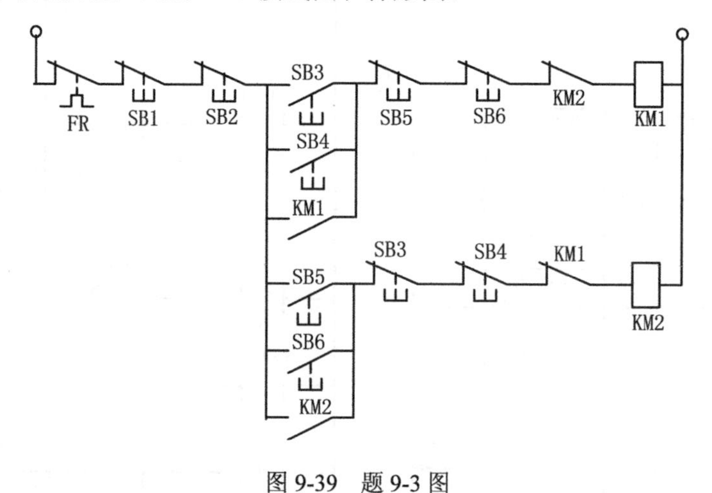

图 9-39　题 9-3 图

9-4　利用如图 9-6 所示的编码输入 PLC 接线图，控制 0＃～7＃共 8 个灯，每个按钮控制一个灯亮，在无按钮动作时 0＃灯亮。

9-5　设计出例 9-13 中工业袋式除尘器的 PLC 控制梯形图。

9-6　用 10 个数字键设定 4 个定时器 T0～T3 的设定值，设定值范围在 1～9999（要求 10 个数字键占用 4 点输入）。

9-7　用按钮控制 4 台电动机，要求这 4 台电动机既能同时启动、同时停止，每台电动机也能单独启动、单独停止。

9-8　某生产装置采用两台电动机作为动力，启动时先启动一台大功率电动机，要求采用星三角降压启动，启动时间为 8s，启动运行 10min 后停止，再启动一台小功率电动机，采用直接启动，再运行 10min 后停止。两台电动机均设短路保护和过载保护。

用可编程控制器控制上述两台电动机。试设计两台电动机的主电路图和 PLC 接线图，并用 3 种指令（基本指令、步进指令、功能指令）分别设计控制梯形图。

9-9　一辆小车在 *A*、*B* 两点之间运行，在两点各设一个限位开关，如图 9-40 所示。

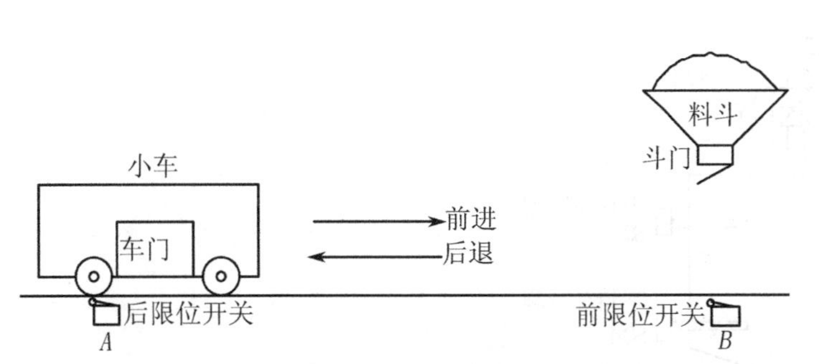

图 9-40　题 9-10 图

小车在 *A* 点时（后限位开关受压动作），操作控制按钮可使小车向前行至料斗下，碰到前限位开关后停止，斗门打开，装料后再返回 *A* 点，车门打开将料卸下。小车的运行由三相异步电动机控制，小车的车门和料斗的斗门由电磁铁控制，当电磁铁得电时，车门或斗门打开，失电时关闭。

小车要求有 4 种控制方式：手动控制方式、单周期运行控制方式、双周期运行控制方式和自动循环运行控制方式。

在手动控制方式下，可用 4 个控制按钮点动控制小车的向前、向后运行，以及车门的打开和料斗门的打开。手动控制应注意小车的限位，例如，小车只有在料斗下面才能打开斗门。

单周期运行控制要求小车在 *A* 点，并且在车门关好的情况下，按一下向前运行按钮，小车就从 *A* 点运行到 *B* 点停下来，然后料斗门打开装料 10s，小车自动向后行到 *A* 点停止，车门打开卸料 4s 后，车门关闭。

双周期运行控制要求小车在 *A* 点时，按一下向前运行按钮，小车将循环两次单周期的运行过程。

自动循环控制方式要求小车在 *A* 点时，按一下向前运行按钮，小车将自动重复单周期运行过程，断开运行开关时，小车将在完成一个循环之后，结束运行。

试设计 PLC 输入/输出接线图、电动机主电路图、控制面板元件布置图和控制梯形图，并写出指令。

9-10　多级运输皮带控制系统如图 9-41 所示。

控制过程如下：

（1）料罐进料、放料由电磁阀 YV1 和 YV2 控制，当料罐中的料位低于下料位监测点时（SQ4=0），进料阀 YV1 动作，向料罐中进料；当料位高于上料位监测点时（SQ3=1），进料阀 YV1 关闭。

（2）当装料小车到达装车点时，装车位开关 SQ1=1，此时黄灯亮，按下启动按钮 SB1，黄灯闪，10s 后，黄灯灭，同时皮带 3 启动。再经过 10s 后皮带 2 启动，再过 10s 后皮带 1 启动。再过 10s 后，放料阀 YV2 动作，进行放料。当小车装满后达到规定重量时，SQ2 动作，放料阀 YV2 关闭（YV2=0）。然后每隔 10s 依次停皮带 1、皮带 2 和皮带 3。在皮带 1～3 全部停止的情况下，绿灯亮，表示可以开车，而在皮带 1～3 运行时，红灯亮，表示不能开车。

（3）按下停止按钮 SB2，放料阀 YV2 关阀之后每隔 10s 依次停皮带 1、皮带 2 和皮带 3。按下急停按钮 SB3，放料阀和皮带同时停止。

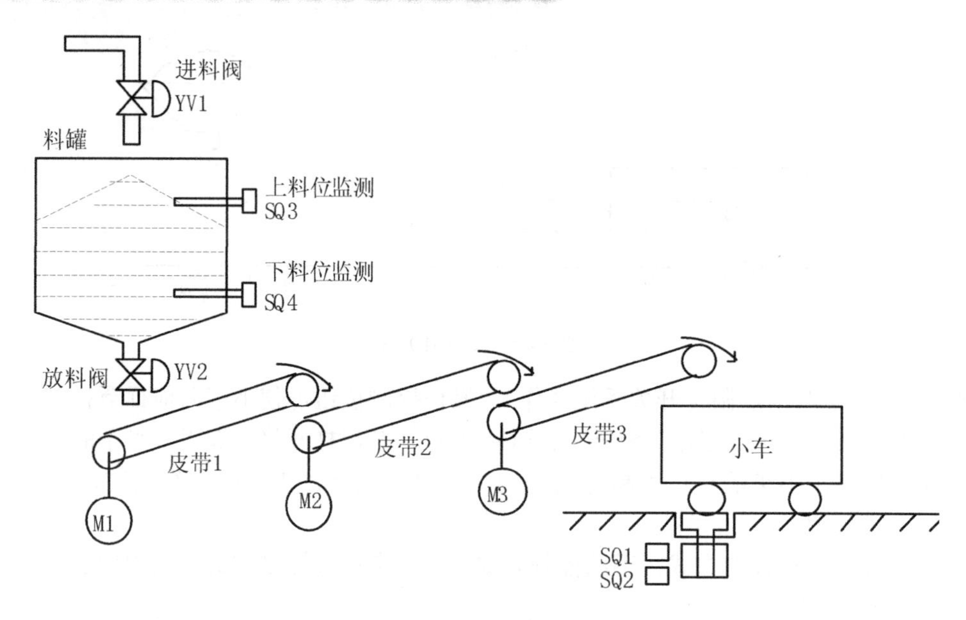

图 9-41　题 9-10 图

（4）电路应设总的短路保护，每台电动机应设短路保护和过载保护，当一台电动机发生过载时应逆序停止，工作停止过程和按停止按钮的作用相同。

试设计 PLC 输入/输出接线图、电动机主电路图、控制面板元件布置图和控制梯形图，并写出指令。

第10章　S7-200编程软件的使用

西门子公司专为SIMATIC系列S7-200研制开发出来的编程软件STEP7-Micro/WIN，可以使用通用的个人计算机作为图形编辑器。

编辑软件的基本功能是在Windows平台编制用户应用程序，它主要完成下列任务。

（1）在离线（脱机）方式下创建、编辑和修改用户程序。在离线方式下，计算机不直接与PLC联系，也可以实现对程序的编辑、编译、调试和系统组态，由于没有联机，所有的程序和参数都存储在计算机的存储器中。

（2）在在线（联机）方式下通过联机通信的方式上传和下载用户程序及组态数据，编辑和修改用户程序。可以直接对PLC做各种操作。

（3）在编辑程序过程中进行语法检查。为避免用户在编程过程中出现的一些语法错误和数据类型错误，要进行语法检查。使用梯形图编程时，在出现错误的地方自动加红色波浪线。使用语句表编程时，在出现错误的语句行前自动画上红色叉，且在错误处加上红色波浪线。

（4）提供对用户程序进行文档管理、加密处理等工具功能。

（5）配置PLC的工作方式和运行参数，进行运行监控和强制操作等。

10.1　安装编程软件

10.1.1　操作系统与硬件要求

1．操作系统要求

目前较新的编程软件为STEP 7- Micro/WIN V4.0 SP6版，操作系统与硬件要求如下所述。

Microsoft Windows 2000 Service Pack 3或更新版本、Windows XP/Vista；能够运行前面所列操作系统之一的PC；至少350MB未使用的硬盘空间；使用小字体配置，并且屏幕的最低分辨率为1024×768像素；Microsoft Windows支持的任何鼠标。

编程软件存储在一张光盘上，可将其安装在通用的PC上。

为了与S7-200通信，需要下列设备之一：

（1）连接至USB端口的PC/PPI电缆。

（2）连接至串行通信端口（PC的COM1或COM2）的PC/PPI电缆。

（3）通信处理器（CP）卡和多点接口（MPI）电缆。

（4）EM241调制解调器扩展模块。

（5）CP243-1或CP243-1 IT以太网扩展模块。

2．硬件连接

单台 PLC 与 PC 的连接或通信，只需要一根 PC/PPI 电缆，首先配置 PC/PPI 电缆上的 DIP 开关。

将 PC/PPI 电缆的 PC 端与计算机的 RS-232 通信口（COM1 或 COM2）连接，然后将 PPI 端与 PLC 的 RS-485 连接，如图 10-1 所示。

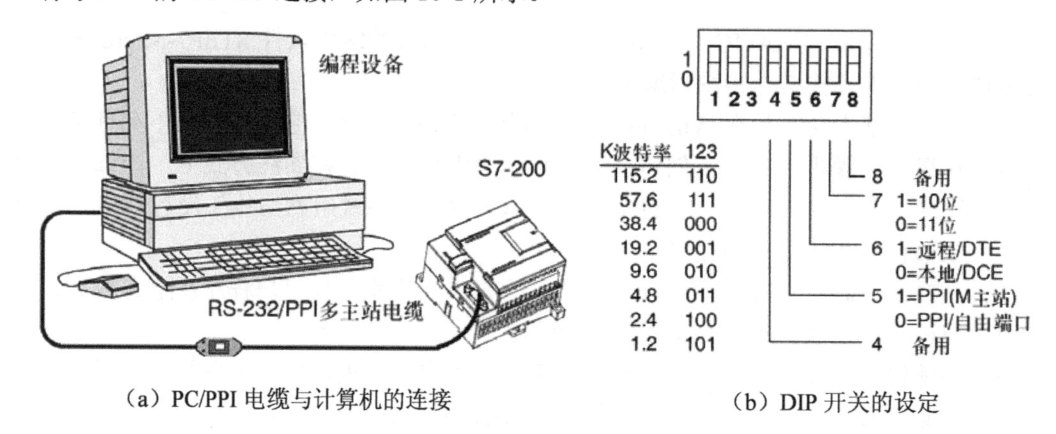

（a）PC/PPI 电缆与计算机的连接　　（b）DIP 开关的设定

图 10-1　PC/PPI 电缆与计算机的连接及配置

DIP 开关 1、2 和 3 可用来配置波特率。

DIP 开关 5 用来切换 PPI 模式或 PPI/自由端口模式。如果要通过调制解调器来实现 STEP 7-Micro/WIN 和 S7-200 之间的通信，那么选择 PPI 模式（开关 5=1）。否则，需将电缆配置为 PPI/自由端口模式（开关 5=0）。

DIP 开关 6 选择本地（相当于数据通信设备——DCE）或远端（相当于数据终端设备——DTE）模式。

DIP 开关 7 用于选定 PPI/自由端口模式的位数是 10 位还是 11 位。仅在通过 PPI/自由端口模式的调制解调器连接 S7-200 和 STEP 7-Micro/WIN 的情况下，才需使用该开关。否则，只需将开关设为 11 位模式，就能确保与其他设备的正常通信了。

10.1.2　软件安装

STEP7-Micro/WIN 32 编程软件的安装和普通的 Windows 应用程序安装方法大致相同。STEP7-Micro/WIN 32 编程软件可以直接从西门子公司网站（www. ad. siemens. com. cn ）下载或者使用光盘直接安装。

STEP 7-Micro/WIN32 编程软件的安装步骤如下：

（1）将存储编程软件的光盘放入光驱。

（2）系统自动进入安装向导，按照安装向导完成软件的安装。

（3）或者单击“开始”按钮，选择“运行”，在对话框中输入 X：\setup（X 为光驱盘符）后单击“OK”按钮或按 Enter 键，进入安装向导，按照安装向导完成软件安装。

（4）软件安装结束后，会出现“是否重新启动计算机”选项。如果出现该选项，建议用户选择默认项，单击按钮，完成安装。

10.1.3　设置中文界面

编程软件提供多种语言的显示界面，第一次启动 STEP 7-Micro/WIN 32 编程软件显示的是英文界面，如图 10-2 所示。

在图 10-2 中，选择“Tools”→“Options”命令，打开“Options”对话框。在“Options”对话框中，将“General”→“Language”的内容选择为“Chinese”，如图 10-3 所示。单击“OK”按钮，弹出“退出提示”对话框，如图 10-4 所示。单击“确定”按钮，弹出“是否保存”对话框，如图 10-5 所示。单击“是”按钮，英文界面被关闭，再次启动 STEP7 编程软件，就会出现中文界面，如图 10-6 所示。

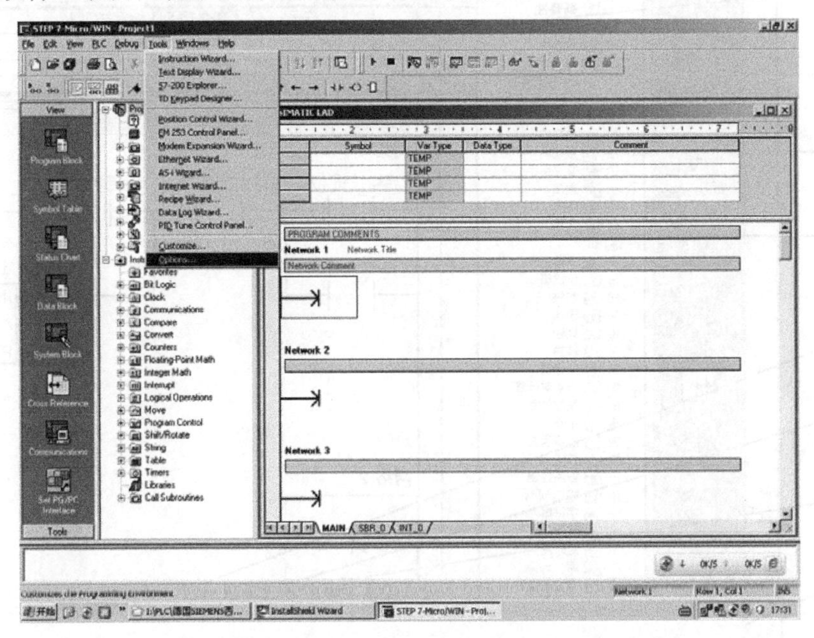

图 10-2　英文界面

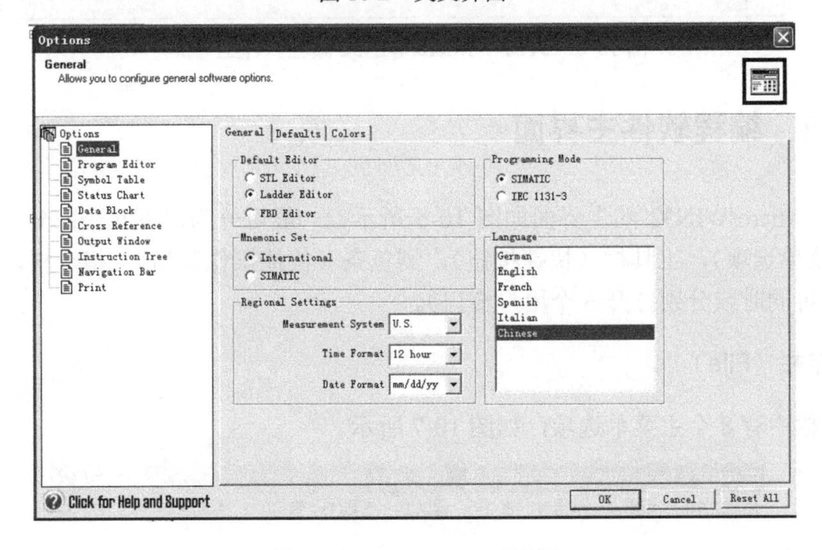

图 10-3　“Options”对话框

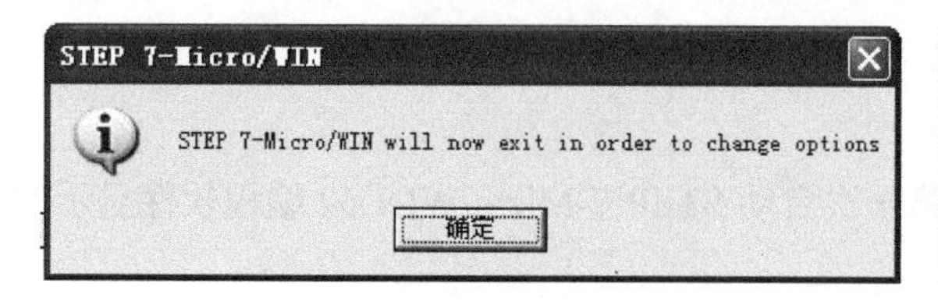

图 10-4 “退出提示”对话框

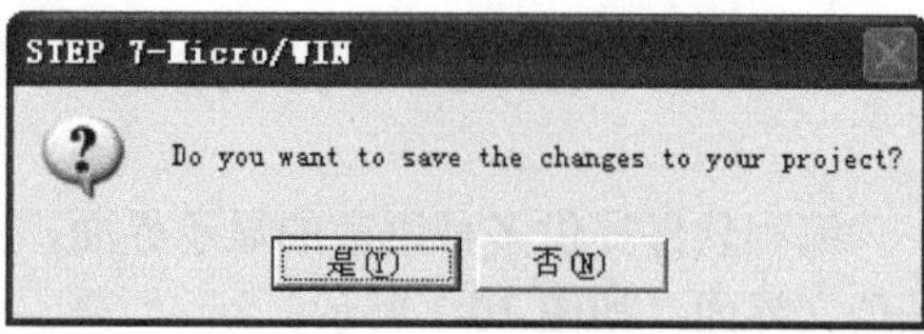

图 10-5 “是否保存”对话框

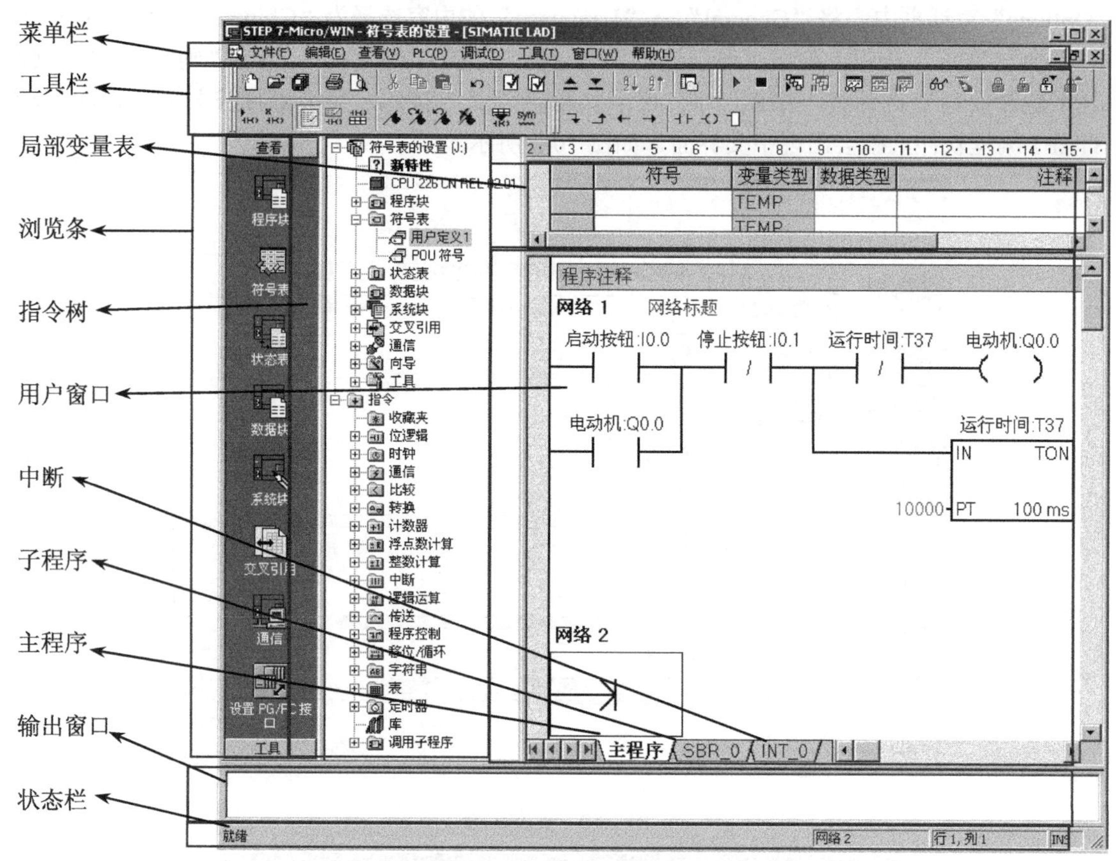

图 10-6 STEP 7-Micro/WIN32 编程软件主界面

10.1.4 编程软件主界面

STEP 7-Micro/WIN32 的主界面如图 10-6 所示。一般可分为以下几个部分：菜单栏（含有 8 个主菜单选项），工具栏（快捷按钮），浏览条（快捷操作窗口），指令树，输出窗口和用户窗口（可同时或分别打开 6 个用户窗口）。

1. 菜单栏（File）

在菜单栏中有 8 个主菜单选项，如图 10-7 所示。

STEP 7-Micro/WIN - 符号表的设置 - [SIMATIC LAD]
文件(F) 编辑(E) 查看(V) PLC(P) 调试(D) 工具(T) 窗口(W) 帮助(H)

图 10-7 菜单栏

1）文件（File）

用鼠标单击（或对应的快捷键操作）菜单栏中的“文件”（File）选项，可出现一个下拉菜单，可分别选择文件操作，如新建、打开、关闭、保存文件，上装和下装用户程序，打印预览，页面设置等操作。

2）编辑（Edit）

“编辑”（Edit）主菜单选项提供了一般 Windows 平台下的程序编辑工具。用鼠标单击（或对应的快捷键操作）菜单栏中的“编辑”（Edit）选项，可出现一个下拉菜单，可分别选择剪切、复制、粘贴程序块或数据块的功能操作，以及查找、替换、插入、删除和快速光标定位的操作。

3）查看（View）

“查看”（View）主菜单选项用于设置 STEP 7-Micro/WIN 32 的开发环境，打开和关闭其他辅助窗口（如浏览窗口、指令树窗口、工具栏按钮区）。用鼠标单击（或对应的快捷键操作）菜单栏中的“查看”（View）选项，可出现一个下拉菜单，用户可根据需要或喜好设置开发环境，执行浏览窗口区的选择项，选择编程语言（LAD，STL 或 FBD）的程序编辑器，设置程序编辑器的风格，如字体及功能框的大小。

4）PLC

“PLC”选项用于进行与 PLC 联机时的操作。用鼠标单击（或对应的快捷键操作）菜单栏中的“PLC”选项，可出现一个下拉菜单，可用于选择 PLC 的类型，PLC 的工作方式，查看 PLC 的信息，PLC 通信设置，清除用户程序和数据，进行在线编译，程序比较等功能。

5）调试（Debug）

“调试”（Debug）选项用于联机调试。

6）工具（Tools）

在“工具”（Tools）主菜单选项中，可以调用复杂指令向导（包括 PID 指令，NETR/NETW 指令和 HSC 指令），安装文本显示器 TD200，设置用户界面风格（如设置按钮及按钮样式，添加菜单项），在选项子菜单中也可以设置程序编辑器的风格，如字体及功能框的大小。

7）窗口（Windows）

“窗口”（Windows）主菜单选项的功能是打开一个或多个窗口，并进行窗口之间的切换，以选择并设置多个窗口的排放形式（如水平、垂直或层叠）。

8）帮助（Help）

利用“帮助”主菜单，可以非常方便地检索各种相关的帮助信息（包括提供网上查询功能）。在软件操作过程中，可随时按 F1 键，显示在线帮助。

2. 工具栏（Toolbars）

工具栏的功能是提供简单的鼠标操作，将最常用的操作以按钮形式安放到工具栏。可以用查看（Wiew）→工具栏（Toolbars）自定义工具栏，如图 10-8 所示。

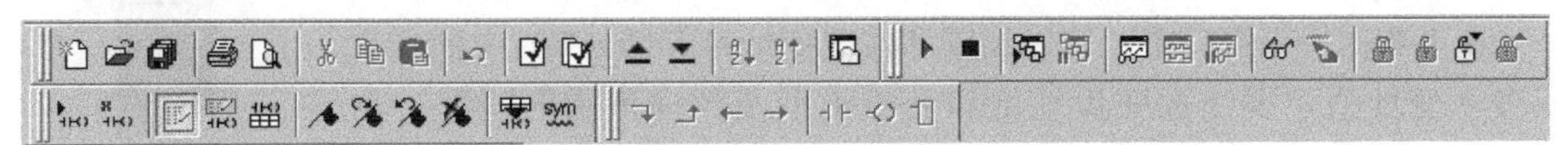

图 10-8　工具栏

工具栏有标准工具栏、调试工具栏、公用工具栏、指令工具栏，如图 10-9 所示。

（a）标准工具栏

（b）调试工具栏

（c）公用工具栏　　（d）指令工具栏

图 10-9　工具栏的种类

3. 浏览条

浏览条的功能是在编程过程中进行编程窗口的快速切换。切换是由浏览条中的按钮控制的，单击任何一个按钮，即可将主窗口切换到该按钮对应的编程窗口，如图 10-10 所示。

图 10-10　浏览条

用指令树窗口或主菜单查看中的组件也可以完成编程窗口的切换。

在浏览条中的编程窗口自上而下排列如下所述。

1）程序块（Program Block）

单击“程序块”窗口，可立即切换到“梯形图编程”窗口。

2）符号表（Symbol Table）

为了增加程序的可读性，在编程时经常用具有实际意义的符号名称替代编程元件的实际地址，例如，系统启动按钮的输入地址是 I0.0，如果在符号表中，将 I0.0 的地址定义为“启动按钮”，这样在梯形图中，所有用地址 I0.0 的编程元件，都由启动按钮 I0.0 替代。在“符号表”窗口中，还可以附加注释，使程序的可读性进一步增强。

3）状态图表（Status Chart）

“状态图表”窗口用于联机调试时监视所选择变量地址的状态及当前值。只需要在地址（Address）栏中写入欲监视的变量地址，在数据格式（Format）栏中注明所选择变量的数据类型，就可以在运行时监视这些变量的状态及当前值。

4）数据块（Data Block）

在“数据块”窗口中，可以设置和修改变址寄存器（V）中的一个或多个变址值，要注意变量地址和变量类型及数据范围的匹配。在表 10-1 中说明了“数据块”窗口的应用。

表 10-1　在“数据块”窗口设置数据

<table>
<tr><th>地　址</th><th>数　据</th><th colspan="2">说　明</th></tr>
<tr><td>VB0</td><td>248</td><td>将字节型数据 248 分配在 VB0</td><td rowspan="8">字节型变量数据范围为 0～255</td></tr>
<tr><td rowspan="3">VB1</td><td rowspan="3">249,250,251</td><td>将字节型数据 249 分配在 VB1</td></tr>
<tr><td>将字节型数据 250 分配在 VB2</td></tr>
<tr><td>将字节型数据 251 分配在 VB3</td></tr>
<tr><td rowspan="4">VB4</td><td rowspan="4">252,253,254,255</td><td>将字节型数据 252 分配在 VB4</td></tr>
<tr><td>将字节型数据 253 分配在 VB5</td></tr>
<tr><td>将字节型数据 254 分配在 VB6</td></tr>
<tr><td>将字节型数据 255 分配在 VB7</td></tr>
</table>

5）系统块（System Block）

“系统块”窗口主要用于系统组态，稍后将具体介绍。

6）交叉索引（Cross Reference）

当用户程序编译完成后，“交叉索引”窗口提供索引信息：交叉索引信息、字节使用情况信息和位使用情况信息。

7）通信（Communications）和设置 PG/PC 接口

“通信和设置 PG/PC 接口”窗口的功能是建立计算机与 PLC 之间的通信连接及设置通信参数。

4．指令树

“指令树”窗口的功能是提供编程时所用到的所有快捷操作命令和 PLC 指令。

10.2　系统块配置

系统块可用于配置 S7-200 CPU 选项。

使用下列方法之一检视和编辑系统块，设置 CPU 选项。

（1）单击浏览条中的“系统块”按钮。

（2）选择“查看”（View）→“组件”（Components）→“系统块”（System Block）菜单命令。

（3）打开指令树中的“系统块”文件夹，然后打开某配置页，如图 10-11 所示。

常用的 PLC 系统参数设置包括设置数字量输入滤波，模拟量输入滤波，设置脉冲捕捉，配置数字量输出表，定义存储器保持范围，设置 CPU 密码，设置通信参数，设置模拟电位器，设置高速计数器，设置高速脉冲输出等。

单击指令树中“系统块”文件夹中的某一图标（见图 10-11），可直接打开“系统块”中的对应对话框进行设置。

也可以单击执行菜单命令“查看”→“组件”→“系统块”，打开系统块，即可进行 PLC 系统参数设置。

打开系统块，出现如图 10-12 所示的通信端口图标，可进行通信端参数设置。

对对话框中有“默认值”按钮，单击“默认值”按钮，可以自动设置推荐的设置值。

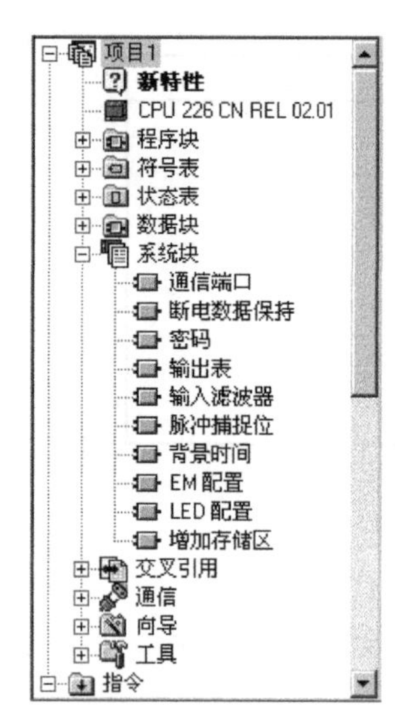

图 10-11　系统块

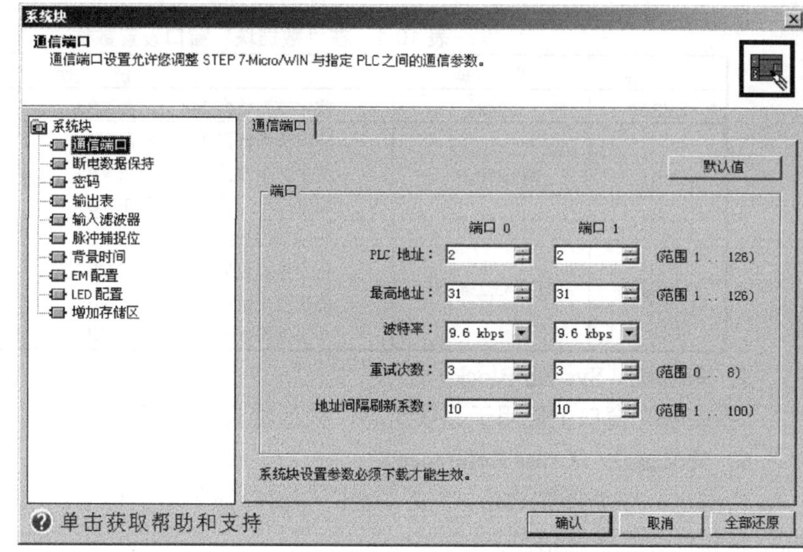

图 10-12　通信端参数设置

10.2.1　输入滤波器配置

单击系统块的“输入滤波器”，可进行输入滤波器配置。

输入滤波器配置有数字量输入滤波器和模拟量输入滤波器。

输入滤波器用于消除来自工业现场的输入信号的干扰，可以通过对 S7-200 的 CPU 单元上的全部或部分数字量输入点，合理地定义输入信号延迟时间，就可以有效地抑制或消除输入噪声的影响。

1．数字量输入滤波器的配置

数字量输入滤波器的配置如图 10-13（a）所示。打开“数字量”选项卡，可以输入 4 点为一组输入滤波器延迟时间，输入延迟时间的范围为 0.2ms～12.8ms，系统的默认值是 6.4ms。

2．模拟量输入滤波器的配置

模拟量输入滤波器适用机型为 CPU222、CPU224、CPU226。

进入配置“模拟量输入滤波器”窗口，如图 10-13（b）所示。有 3 个参数需要设定：选择需要进行数字滤波的模拟量输入地址，设定采样次数和设定死区值。系统默认参数为选择全部模拟量输入，采样次数为 64（滤波值是 64 次采样的平均值），死区位为 320（如果模拟量输入位与滤波位的差值超过 320，滤波器对最近的模拟量的输入值的变化将是一个阶跃函数）。如果输入的模拟量信号是缓慢变化的信号，可以对不同的模拟量输入采用软件滤波的方式。

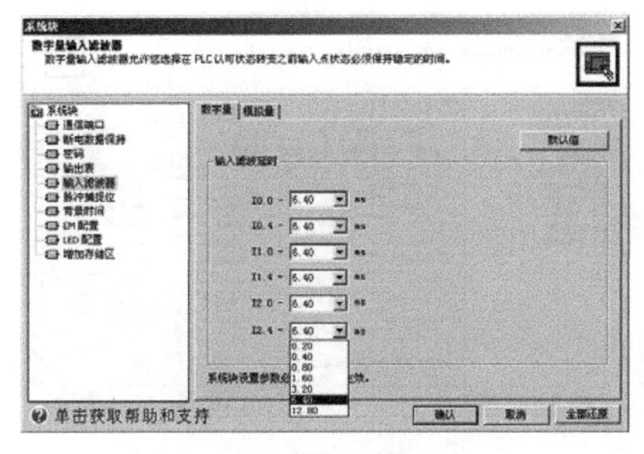

（a）“数字量输入滤波器”窗口

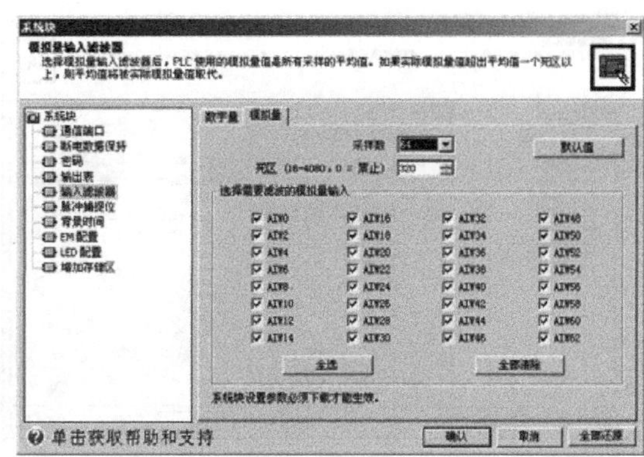

（b）“模拟量输入滤波器”窗口

图 10-13　数字量与模拟量输入滤波器的配置

10.2.2　输出表配置

单击系统块的“输出表”，可进行输出表配置。

在默认情况下，由 RUN 模式转到 STOP 模式后数字量输出 Q 将全部置 0，模拟量输出 AQW 为“将输出冻结在最后的状态”。

1. 数字量输出表的配置

打开“数字量”选项卡，如果选中“将输出冻结在最后的状态”选项，PLC 由 RUN 模式转到 STOP 模式时，所有输出量 Q 将保持在由 RUN 模式转到 STOP 模式的状态。例如，输出继电器 Q0.0 在 RUN 时为 1，转到 STOP 时仍为 1；Q0.0 在 RUN 时为 0，转到 STOP 时仍为 0。

如果未选中“将输出冻结在最后的状态”选项，如将图 10-14（a）所示的 Q0.0～Q0.4 选中，则 PLC 由 RUN 模式转到 STOP 模式时，Q0.0～Q0.4 将保持在接通的状态。

2. 模拟量输出表的配置

打开“模拟量”选项卡，如果选中“将输出冻结在最后的状态”选项，PLC 由 RUN 模式转到 STOP 模式时，所有模拟量将保持在由 RUN 模式转到 STOP 模式的状态。

如果未选中“将输出冻结在最后的状态”选项，PLC 由 RUN 模式转到 STOP 模式时，被选中的模拟量将保持在设定的状态，如图 10-14（b）所示的模拟量 AQW0 保持在 2000 的状态。

注意：输出表配置后，必须将程序重新下载到 PLC 中才能起效。

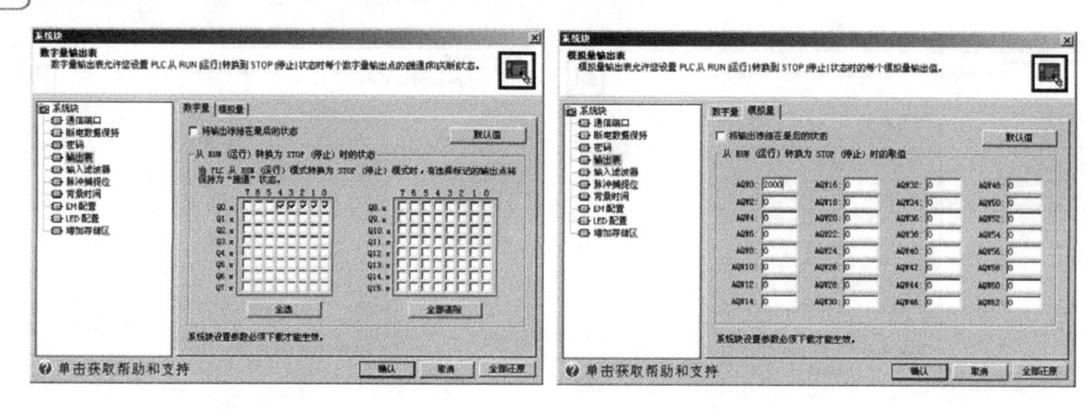

（a）“数字量输出表”窗口　　（b）“模拟量输出表”窗口

图 10-14　数字量与模拟量输出表配置

10.2.3　脉冲捕捉配置

单击系统块的“脉冲捕捉”，进入配置窗口，可进行脉冲捕捉配置。系统的默认状态为所有的输入点都不设脉冲捕捉功能。

如果在两次输入采样期间，出现了一个小于一个扫描周期的短暂脉冲，在没有配置脉冲捕捉功能时，CPU 就不能捕捉到这个脉冲信号。

配置脉冲捕捉功能的方法是，首先正确配置输入滤波器的延迟时间，使脉冲信号不能被滤除，再进入配置“脉冲捕捉功能”窗口，在图 10-15 中，I0.3 设为有脉冲捕捉功能。

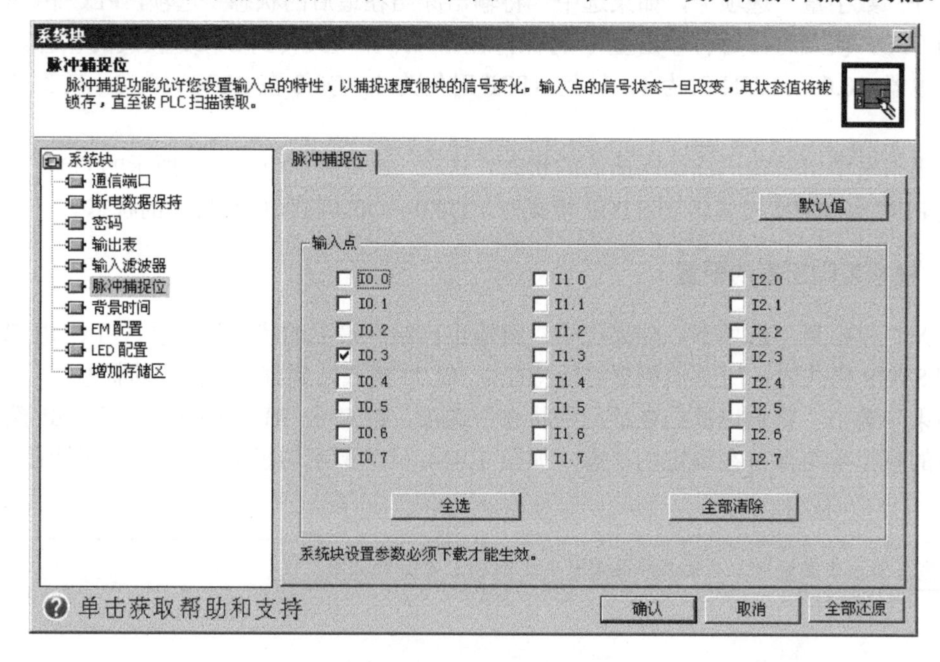

图 10-15　脉冲捕捉的配置

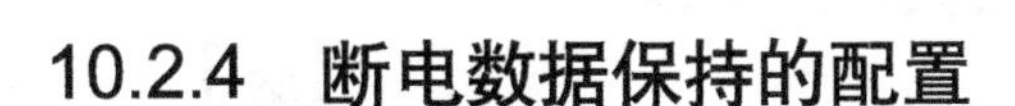

10.2.4　断电数据保持的配置

单击系统块的“断电数据保持”，进入如图 10-16 所示的配置窗口，可进行断电数据保持配置。图 10-16 所示的参数为默认值。

在 S7-200 中，用编程软件来配置需要保持数据的存储器，以防止出现电源掉电的意外情况，可能丢失一些重要的数据。

当电源掉电时，在存储器 V，M，C 和 T 中，最多可以定义 6 个需要保持的存储器区。对于 M，系统的默认值是 MB0～MB13 不保持，MB14～MB31（18 字节）为断电数据保持型，对于定时器 T，只有 TONR 可以保持；对于定时器 T 和计数器 C，只有当前值可以被保持，而定时器状态位和计数器位是不能保持的。

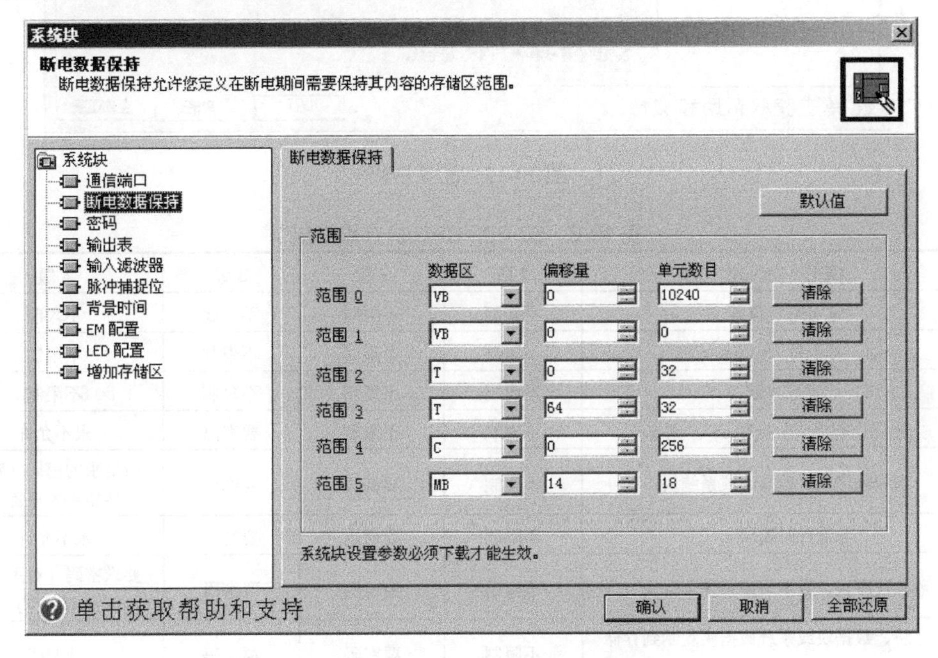

图 10-16　存储器保持范围的配置

10.2.5　CPU 密码配置

单击系统块的“密码”，进入如图 10-17 所示的配置窗口，可进行密码配置。配置密码，首先选择限制级别，然后输入密码并确认。

CPU 的密码保护的作用是限制某些存取功能。在 S7-200 中，对存取功能提供了 4 个等级的限制，系统的默认状态是 1 级（不受任何限制）。S7-200 的存取功能限制级别如表 10-2 所示。

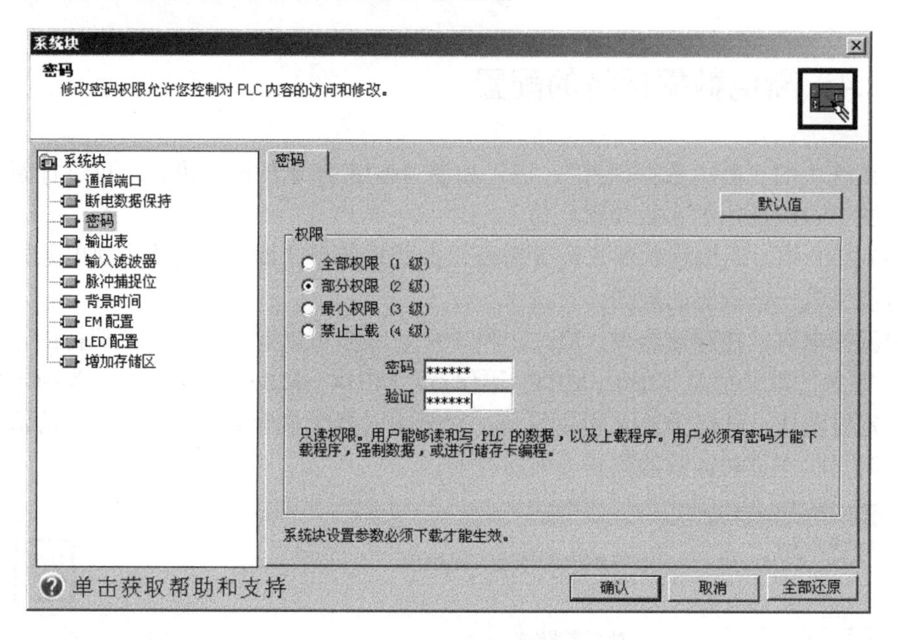

图 10-17　配置密码

表 10-2　S7-200 CPU 的存取限制

CPU　功　能	1 级	2 级	3 级	4 级
读写用户数据	不限制	不限制	不限制	不限制
启动、停止和上电复位 CPU	不限制	不限制	不限制	不限制
读写时钟	不限制	不限制	不限制	不限制
上传用户程序、数据和 CPU 组态	不限制	不限制	要密码	永不允许
下载程序块、数据块或系统块	不限制	要密码	要密码	所要求的密码（对系统块永不允许）
运行时编辑	不限制	要密码	要密码	永不允许
删除程序块、数据块或系统数据块	不限制	要密码	要密码	要求密码（对系统块永不允许）
将程序块、数据块或系统数据块复制到存储卡	不限制	要密码	要密码	要密码
在状态图中强制数据	不限制	要密码	要密码	要密码
执行单个或多个扫描	不限制	要密码	要密码	要密码
在 STOP 模式中写输出	不限制	要密码	要密码	要密码
复位 PLC 信息中的扫描速率	不限制	要密码	要密码	要密码
执行状态	不限制	要密码	要密码	永不允许
项目比较	不限制	要密码	要密码	永不允许

如果忘记了密码，则必须清除 S7-200 的存储器，重新下载应用程序。清除存储器会使 S7-200 处于停止模式，并且将 S7-200 中除了网络地址、波特率和时钟以外的其他参数恢复到出厂配置，清除 S7-200 中的程序。

（1）在命令菜单中选择“PLC”→“清除”来显示“清除”对话框。

（2）选择所有的块并单击“确定”按钮。

（3）如果设置了密码，STEP 7-Micro/WIN 会显示“密码授权”对话框。要清除密码，在密码授权对话框中输入“CLEARPLC”，就可以继续执行全部清除的操作（“CLEARPLC”不区分大小写）。

全部清除操作不会去掉存储卡中的程序。由于密码和程序一同保存在存储卡中，因而必须重新写存储卡，才能从程序中去掉密码。

注意：当输入密码后，在编程设备同 CPU 断开连接的一分钟之内，该授权等级仍然有效。在断开连接电缆之前，一定要先退出 STEP 7-Micro/WIN，以避免其他用户利用编程设备访问 CPU。

10.2.6　背景时间配置

单击系统块的“背景时间”，进入如图 10-18 所示的“背景时间配置”窗口，可进行背景时间配置。

设定一个扫描周期的百分比用来处理运行模式编辑或执行状态相关的通信请求（运行模式编辑和执行状态是 STEP 7-Micro/WIN 提供的备选功能，能使您更轻松地调试程序）。在增加用于通信请求处理时间百分比的同时，扫描时间也会随之增加，从而会导致控制过程运行速度变慢。

在默认配置下，用于处理运行模式编辑和执行状态通信请求的时间百分比为 10%。这个默认配置为在对控制过程影响最小的前提下处理编译和状态操作，提供了一个合理的时间。可以在 5%～50%之间调节这个值。配置背景通信的扫描周期时间百分比的步骤如下所述。

（1）选择“视图”→“组件”→“系统块”菜单命令并选中“背景时间”。

（2）在“背景”标签下，通过下拉选框选择通信背景时间。

（3）单击“确定”按钮保存选择。

（4）将改变后的系统块下载到 S7-200 中。

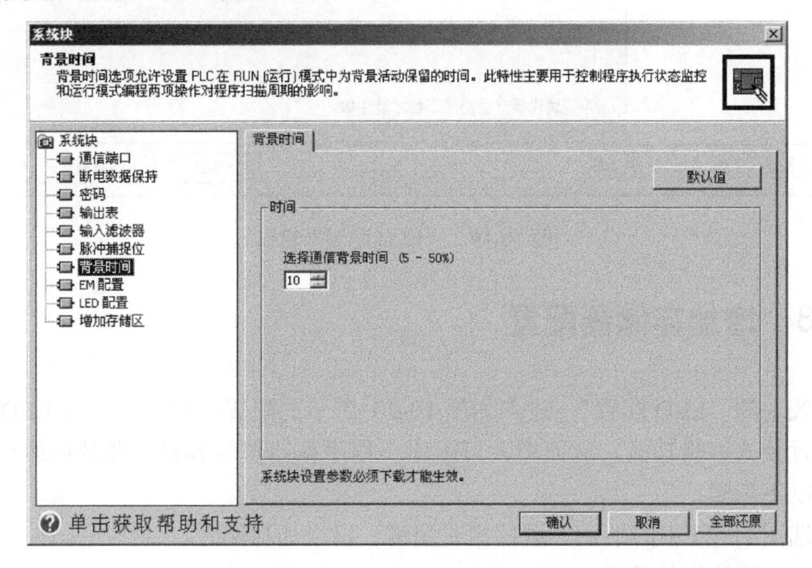

图 10-18　“背景时间配置”窗口

10.2.7　LED 指示灯（SF/DIAG）配置

单击系统块的“LED 配置”，进入如图 10-19 所示的“LED 配置”窗口，可进行 LED 配置。

S7-200 提供了一个可以发红光（系统故障 LED）或黄光（诊断 LED）的 LED（SF/DIAG）。诊断 LED 可在用户程序控制下点亮，或在某些条件下自动点亮：当强行施加 I/O 点或数据值时或当模块出现 I/O 错误时。配置诊断 LED 灯的步骤如下所述。

（1）选择“视图”→“组件”→“系统块”菜单命令并选中“LED 配置”。

（2）单击各选项，以指定在 I/O 点或数据被强制，或者模块发生 I/O 错误时，LED 是否点亮。

（3）将改变后的系统块下载到 S7-200 中。

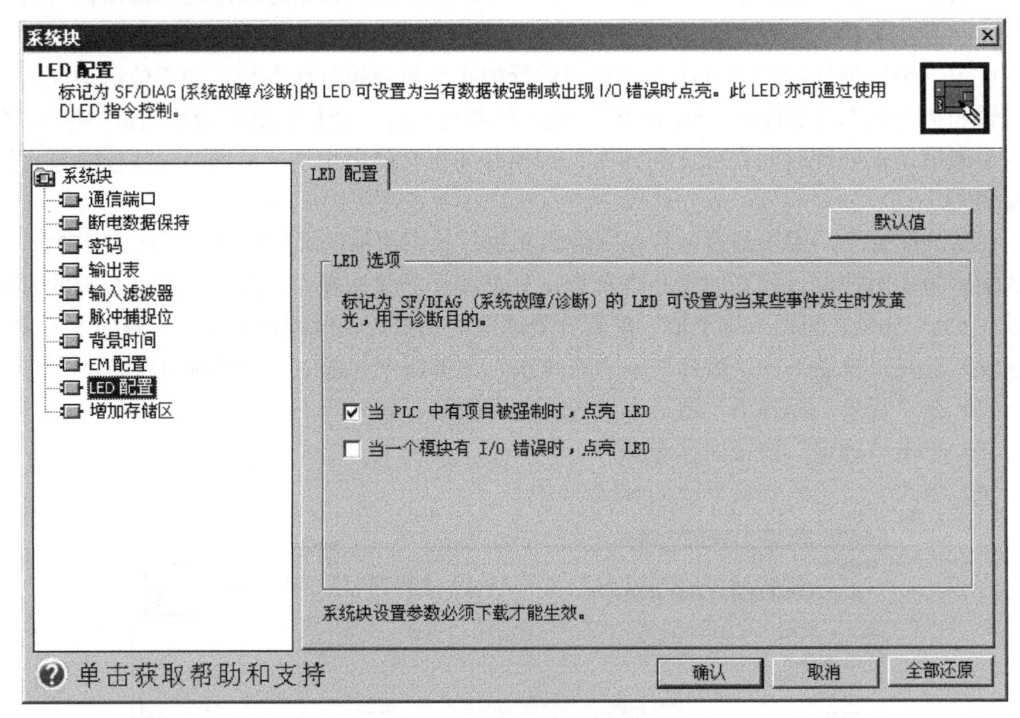

图 10-19　“LED 配置”窗口

10.2.8　增加存储器配置

单击系统块的“LED 配置”，进入如图 10-20 所示的配置窗口，可进行 LED 配置。

禁用运行模式编辑功能，从而增大可用用户程序存储器的容量。要禁用运行模式编辑功能，可执行以下步骤：

（1）勾选图 10-20 中的禁止“运行模式编辑”以增加存储区。

（2）单击“确认”按钮。

（3）将改变后的系统块下载到 S7-200 中。

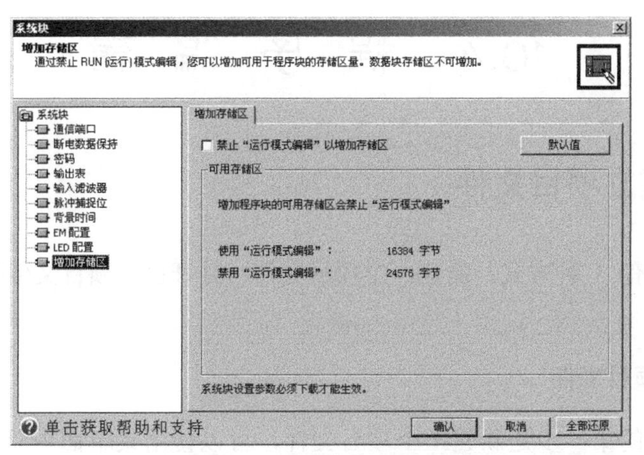

图 10-20　禁用运行模式编辑

10.3　数据块的使用

数据块用于对 V 存储器进行赋值。

可以对字节（VB）、字（VW）、双字（VD）变量赋值。下载时数据块中的数据写入到 EEPROM，在断电时，数据不会丢失。

打开数据块有 3 种方法：

（1）单击浏览条上的"数据块"按钮。

（2）选择菜单命令"查看（V）"→"数据块（D）"。

（3）打开指令树中的"数据块"文件夹，然后双击某页图标。

数据块包括地址、数据，在双斜线"//"后为注释。如图 10-21 所示说明了几种数据块赋值的表达格式。

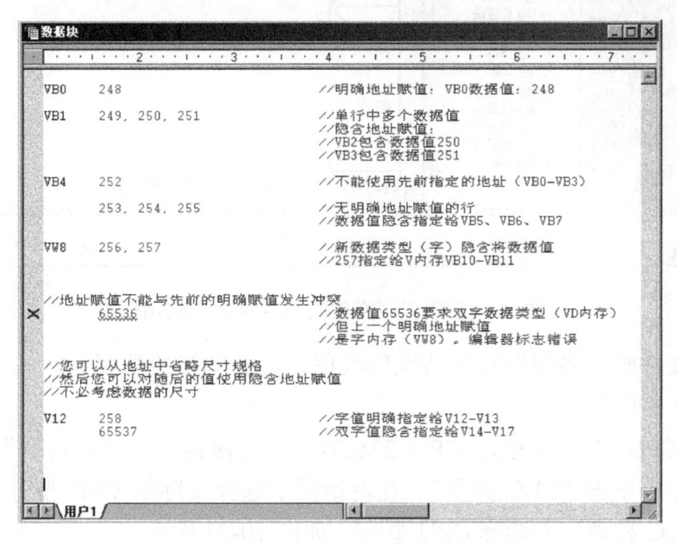

图 10-21　数据块赋值的表达格式及说明

10.4 程序编辑

10.4.1 建立项目文件

建立项目文件有 3 种方式：新建一个项目文件，打开已有项目文件和从 PLC 中上传已有项目文件。

1．新建一个项目文件

编写用户程序的第一步是新建一个项目文件，可以使用菜单命令“文件”→“新建”，或者单击工具栏中的“新建项目”按钮，在主窗口将显示新建的程序文件主程序区。图 10-22 所示为一个新建程序文件的系统默认的初始配置。

在新建的程序文件初始配置中，系统默认的文件名为“项目 1”，系统默认的 PLC 型号为 CPU 221。其中的程序块中包括 1 个主程序 MAIN(OB1)，1 个子程序 SBR__0(SBR0)，1 个中断服务程序 INT__0 (INT0)。

图 10-22 新建程序文件的系统默认的初始配置

在新建程序文件时，要根据实际情况修改程序文件的初始配置。

1）确定 CPU 主机型号

假设用户的 CPU 主机型号为 CPU 226CN，可用鼠标右击“项目 1”（CPU 221）的图标，在弹出的按钮中单击“PLC 类型”，在对话框中选择实际的 CPU 型号。也可以用菜单命令“PLC “→“PLC 类型”来选择 CPU 型号，如图 10-23 所示。

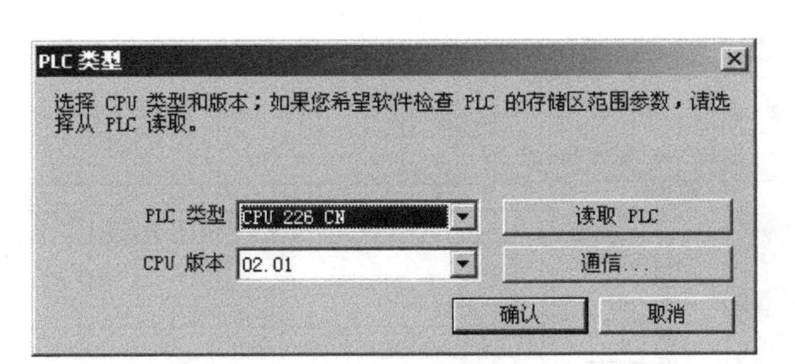

图 10-23　选择 CPU 型号

2）程序更名

任何程序文件的主程序只有一个，主程序的名称一般用默认的 MAIN，不用更改。如果想更改程序文件名，可使用菜单命令“文件”→“保存”，或“文件”→“另存为”，在弹出的对话框中输入新的程序文件名。

如果想更改子程序名或中断服务程序名，用鼠标右击子程序名或中断服务程序名，在弹出的选择按钮中单击“重命名”，输入新的程序名。

3）添加子程序

如果在程序文件中有多个子程序，可以通过 3 种方法添加子程序。

（1）在指令树窗口中，用鼠标右击“程序块”图标，在弹出的选择按钮中选择“插入”→“子程序”选项来添加子程序。

（2）用菜单命令“编辑”→“插入”→“子程序”来添加子程序。

（3）用鼠标右击“编辑”窗口。在弹出的选项中选择“插入”→“子程序”。新生成的子程序根据已有子程序的数目，自动递增编号（SBR_n ），可进行更名操作。

4）添加中断服务程序

如果在程序文件中有多个中断服务程序，可以通过 3 种方法添加中断服务程序。

（1）在“指令树”窗口中，用鼠标右击“程序块”图标，在弹出的选择按钮中单击“插入”→“中断程序”选项来添加中断服务程序。

（2）用菜单命令“编辑”→“插入”→“中断程序”来添加中断服务程序。

（3）用鼠标右击“编辑”窗口，在弹出的选项中选择“插入”→“中断程序”。新生成的中断服务程序根据已有中断服务程序的数目，自动递增编号（INT_n），可进行更名操作。

插入子程序或中断程序如图 10-24 所示。

2．打开已有项目

单击菜单栏“文件”中的“打开”项或工具条中的“打开项目”按钮，弹出“打开”对话框，选择项目路径及项目路径后，左键单击“确认”按钮，则打开已有项目。

单击菜单栏“文件”菜单栏下部所列的项目名称，可打开最近出现的项目。

3．上传 PLC 中的项目

单击菜单栏“文件”中的“上传”项或单击工具栏中的按钮，可完成上传 PLC 中的项目程序。

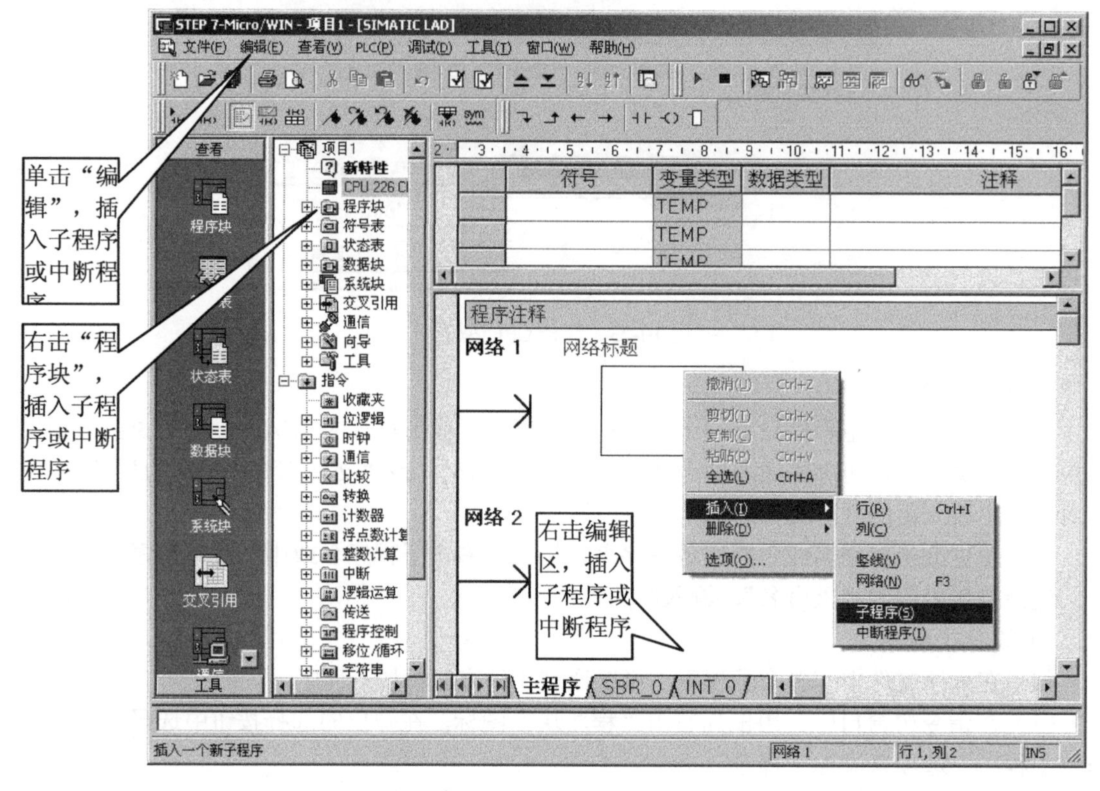

图 10-24　插入子程序或中断程序

10.4.2　在 LAD 中建立串行和并行网络的规则

1．放置方框的规则

如果方框有 ENO，功率流扩充至方框外，这意味着可以在方框后放置更多的指令。在网络的同级线路中，可以串联若干 ENO 的方框。如果方框没有 ENO，则不能在其后放置任何指令。

2．串行网络

在串行网络中，如果第一个方框指令执行正确，电源顺网络流至第二个方框指令。可以在同一级网络上将多条 ENO 指令用串联方式级联。如果任何指令失败，后面的串联指令不会执行；功率流停止（错误为不通过该串联级联）。串行网络如图 10-25 所示。

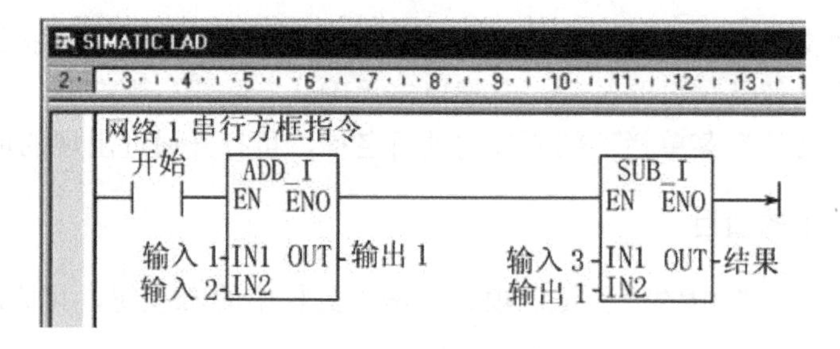

图 10-25　串行网络

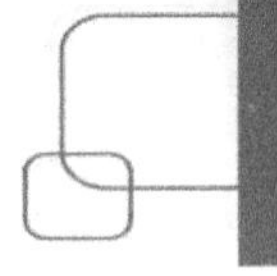

3．并行网络

在并行网络中，当符合起始条件时，所有的输出（方框和线圈）均被激活。如果一个输出方框指令执行不正确，电源仍然流至其他输出，不受失败指令的影响。并行网络如图 10-26 所示。

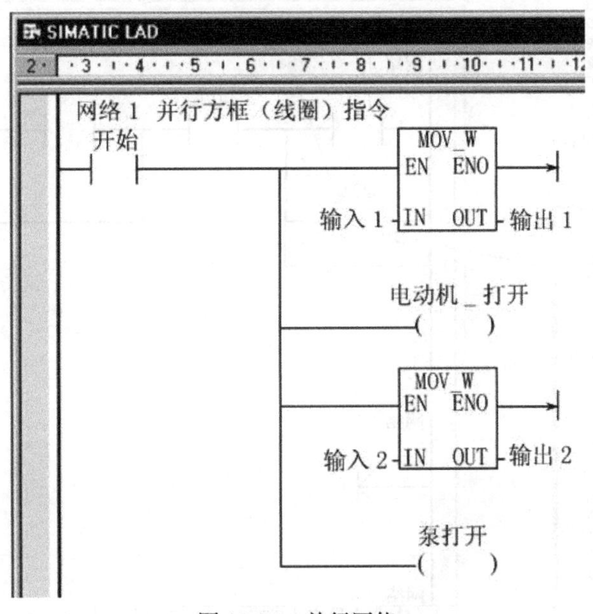

图 10-26　并行网络

10.4.3　编辑程序

编制和修改程序是 STEP 7 编程软件中的最基本功能。

STEP 7 编程软件有 3 种编辑器：梯形图（LAD）、功能块图（FBD）和指令表（STL）。

下面以梯形图（LAD）编辑器为例进行介绍，首先打开一个文件，单击菜单栏中的“查看”，选择“梯形图”编辑器，如图 10-27 所示。

1．输入编程元件操作

在使用 STEP 7-Micro/WIN32 编程软件中，梯形图编程元件有触点、线圈、功能框、标号及连接线，可用两种方法输入编程元件。

一是用鼠标单击工具栏上的指令工具条按钮，二是用鼠标双击指令树中的该类别的图标，再双击相应的编程元件（或直接将编程元件拖入梯形图中），如图 10-27 所示。

在一个梯级网络 Network 中，从梯级的开始依次输入各个编程元件，每输入一个编程元件，光标自动向右移动一列。

输入编程元件后，在出现红色“???”和“????”的地方，是输入操作数的提示，用鼠标单击“???”和“????”，输入操作数。

任意添加编程元件的操作非常容易，只要是在光标所在处，就可以输入编程元件，再根据与其他编程元件的逻辑关系，在光标指示框的右侧用连接线连接。

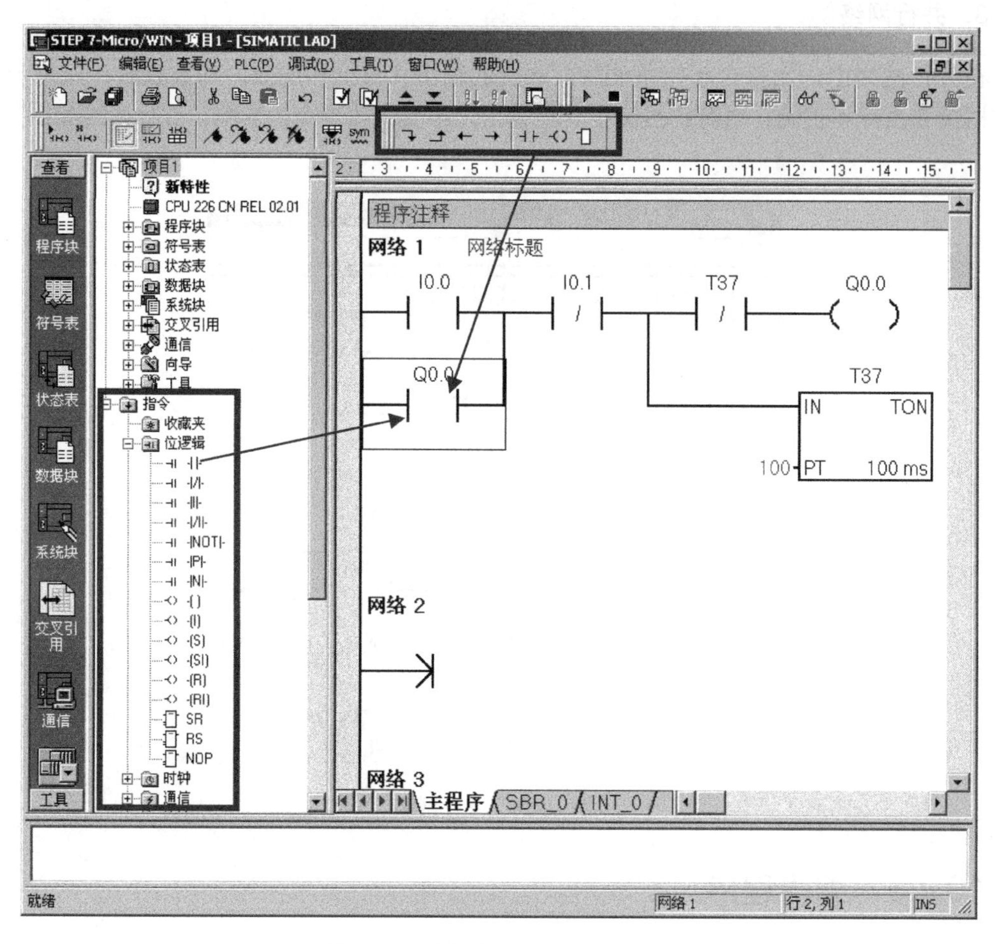

图 10-27　梯形图（LAD）编辑器

2．插入和删除操作

插入（或删除）操作是编辑程序时进行插入（或删除）一行、一列、一个梯级、一个网络、一个子程序或一个中断服务程序的操作。

“插入”的操作方法如下：

（1）选择“编辑”（Edit）→“插入”（Insert）菜单命令。

（2）用鼠标右击指定区域（“符号表”、“状态表”、“程序编辑器”窗口等），然后选择弹出的菜单命令“插入”（Insert），如图 10-28 所示。

（3）打开指令树中的文件夹，然后用鼠标右击某树图标并选择弹出菜单命令插入。程序块文件夹、POU 图标、符号表文件夹、符号表、状态表文件夹、状态表或趋势图、数据块文件夹、数据块页均有插入命令。如图 10-29 所示，打开指令树中“符号表”的文件夹，用鼠标右击图标并选择弹出的菜单命令“插入”→“新符号表”，插入一个如图 10-30 所示的“用户定义 2”的符号表，在这个符号表上还可以进行插入操作。

可使用的“插入”菜单选项取决于正在编辑的窗口组件及光标的位置。

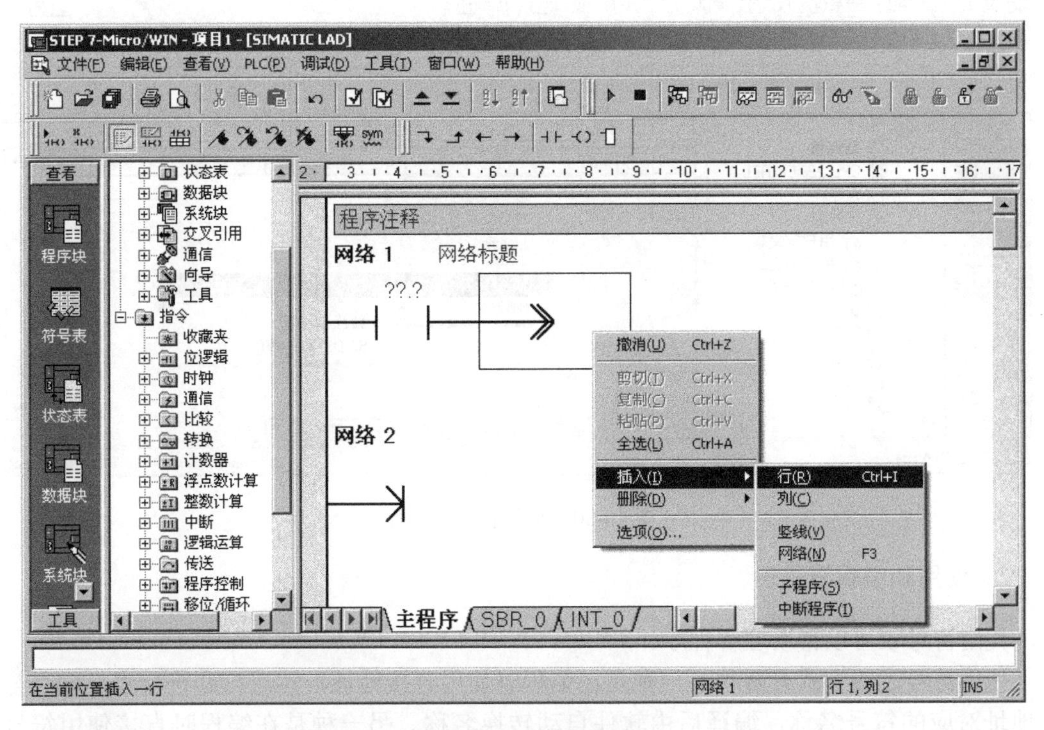

图 10-28 插入和删除操作

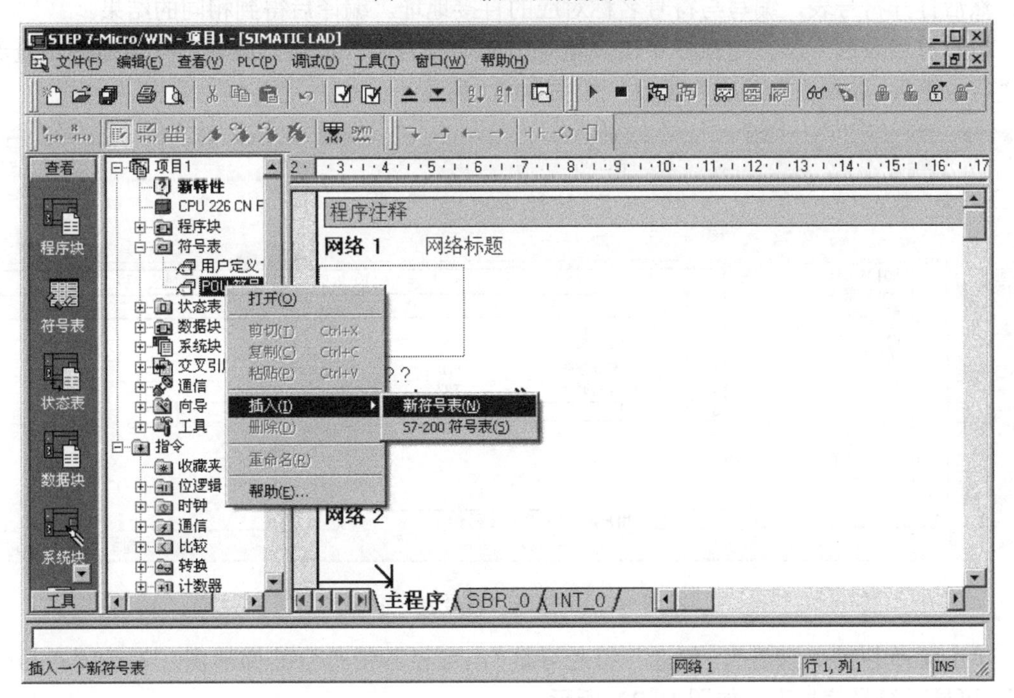

图 10-29 指令树中的插入新符号表

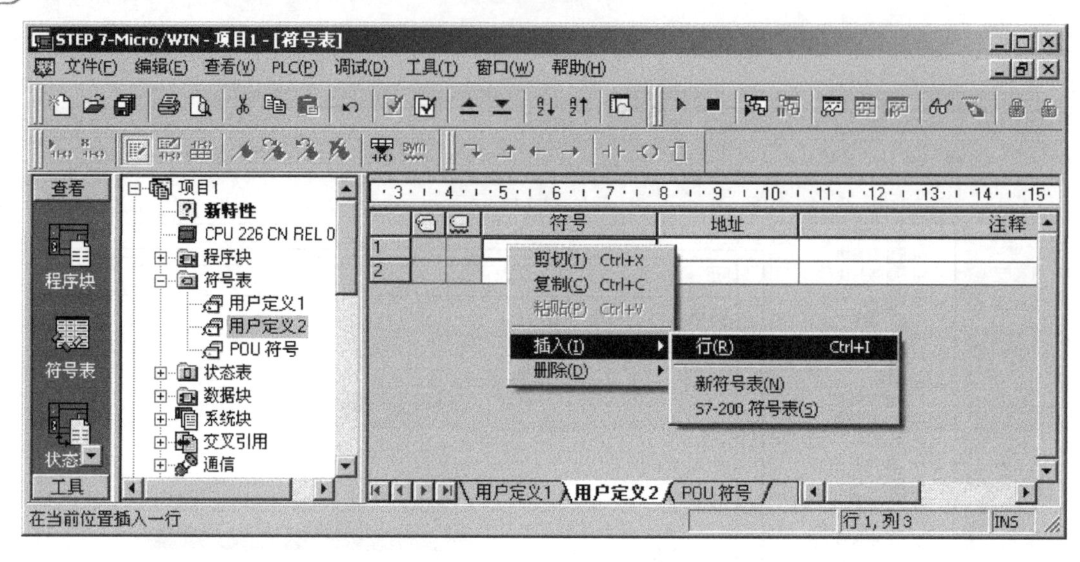

图 10-30　符号表中插入行

3．使用和编辑符号表

使用符号表可以帮助理解程序。

使用符号表的方式有两种，一种是在编程时使用直接地址，然后打开符号表，编写与直接地址对应的符号名称，编译后由软件自动转换名称。另一种是在编程时直接使用符号名称，然后打开符号表，编写与符号名称对应的直接地址。编译后得到相同的结果。

编辑符号表的方法是用鼠标单击浏览条中的“符号表”按钮，或者用菜单命令“查看”→“符号表”，进入“符号表”窗口，如图 10-31 所示。

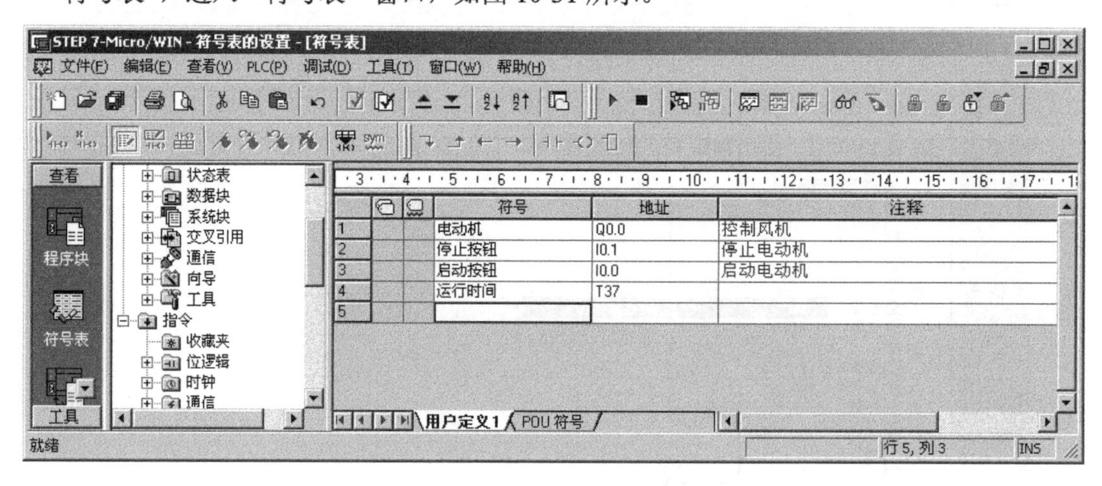

图 10-31　进入“符号表”窗口

单击菜单栏的“查看”，勾选“符号寻址”，可显示带符号的梯形图。勾选“符号信息表”，可显示符号信息表，如图 10-32 所示。

单击菜单栏的“工具”→“选项”→“程序编辑器”，在选项窗口中“符号寻址”的菜单中选择“仅显示符号”可显示如图 10-33 所示的仅显示符号的梯形图。

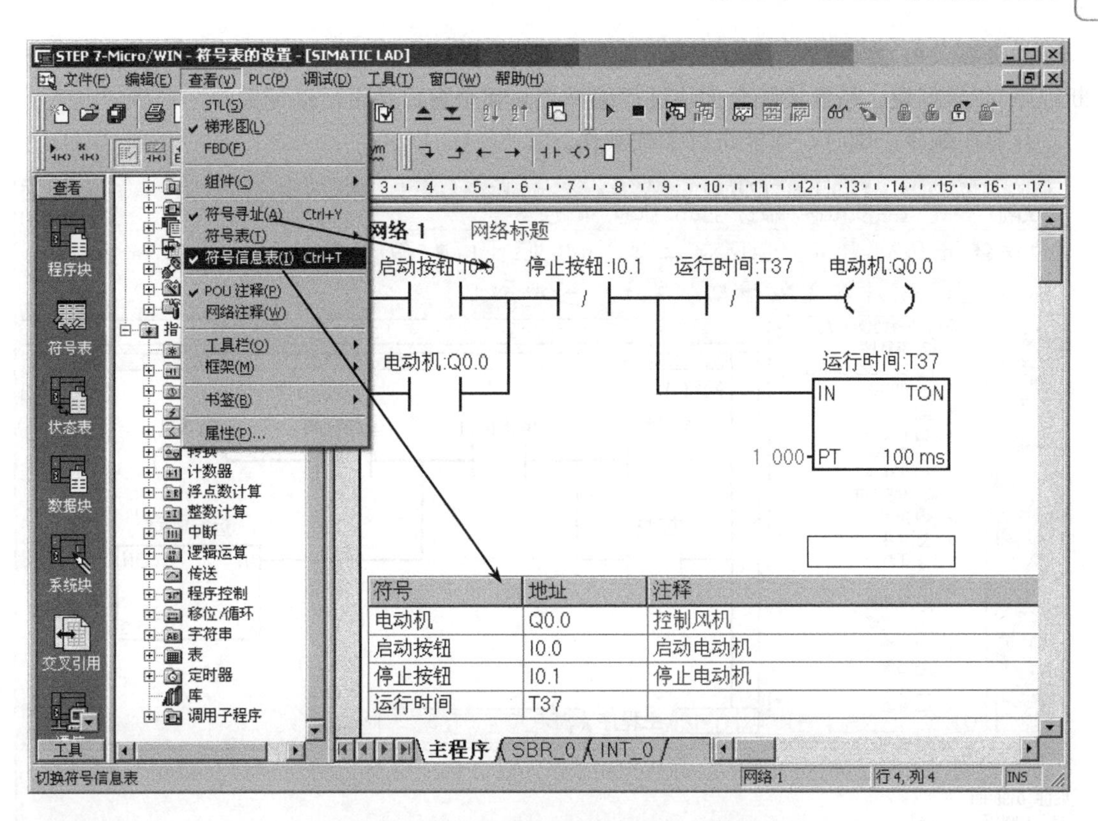

符号	地址	注释
电动机	Q0.0	控制风机
启动按钮	I0.0	启动电动机
停止按钮	I0.1	停止电动机
运行时间	T37	

图 10-32　显示符号信息表和带符号的梯形图

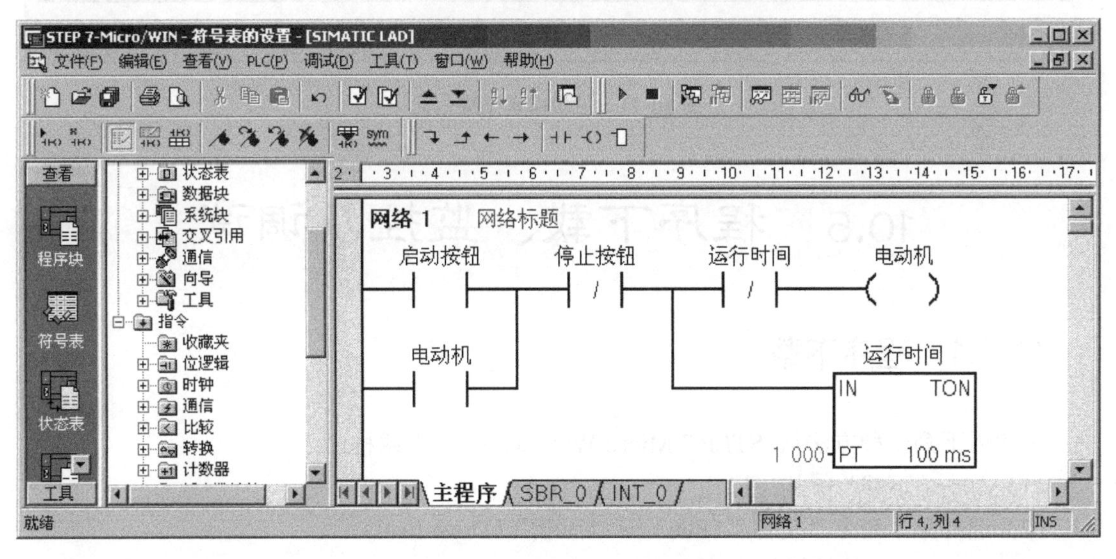

图 10-33　仅显示符号的梯形图

4．程序编译

当程序文件编辑结束后，要编译成 S7-200 CPU 能识别的机器码，才能下载到 S7-200 CPU 中运行。可在脱机状态下使用菜单命令“PLC”→“编译”（Compile）进行编译。编译结束后，在输出窗口显示编译结果信息，如图 10-34 所示。

如选择“PLC”→“全部编译”，则按照顺序编译程序（主程序、全部子程序、全部中断程序），数据块、系统块等全部块进行编译，与哪个窗口是否活动无关。

只有在编译正确时，才能进行下载操作。

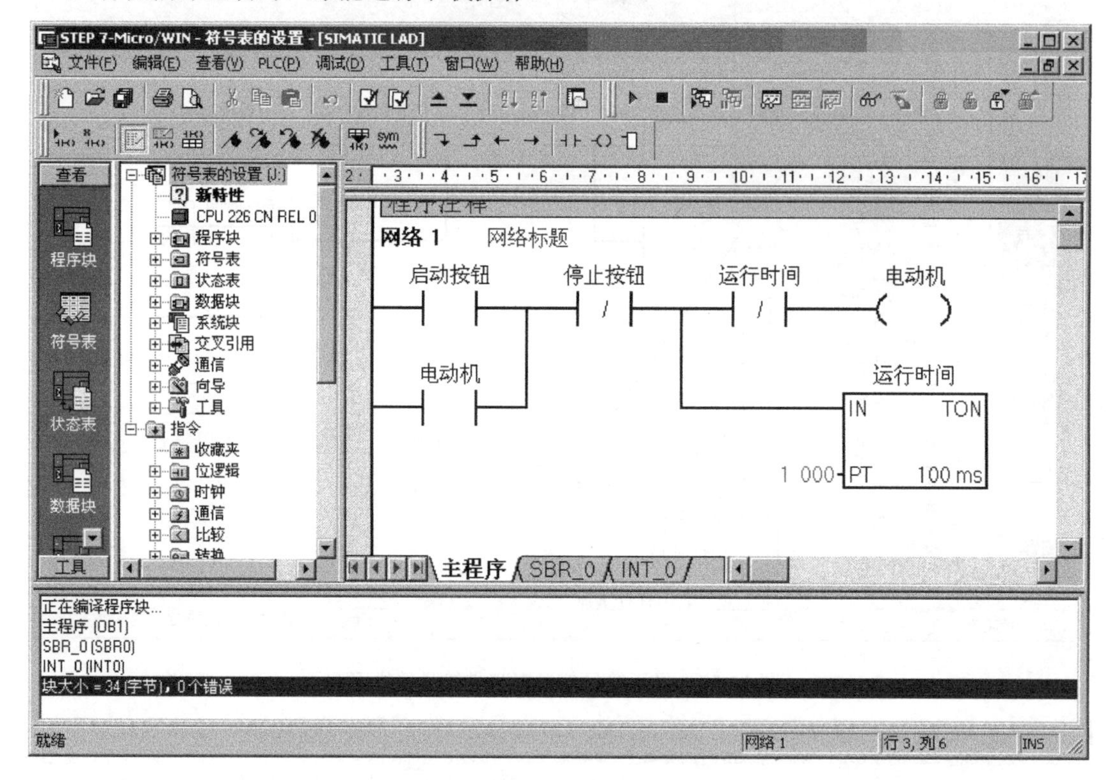

图 10-34　显示编译结果信息

10.5　程序下载、监控及调试

10.5.1　程序下载

可使用下列一种方法从 STEP 7-Micro/WIN 向 PLC 下载程序：

（1）单击“下载”按钮。

（2）选择菜单命令“文件”（File）→“下载”（Download）。

（3）按 Ctrl+D 快捷键组合。

出现如图 10-35 所示的“下载程序”对话框。单击“选项”按钮，显示操作选项，设置下载选项，单击“下载”按钮，清除及编程存储卡操作。

下载之前，PLC 应处于 STOP 模式。

在计算机与 PLC 建立连接后，如果直接进行下载操作，STEP 7-Micro/WIN 会自动进行编译，编译成功后，将程序代码下载到 PLC 中去，而程序注释被忽略。

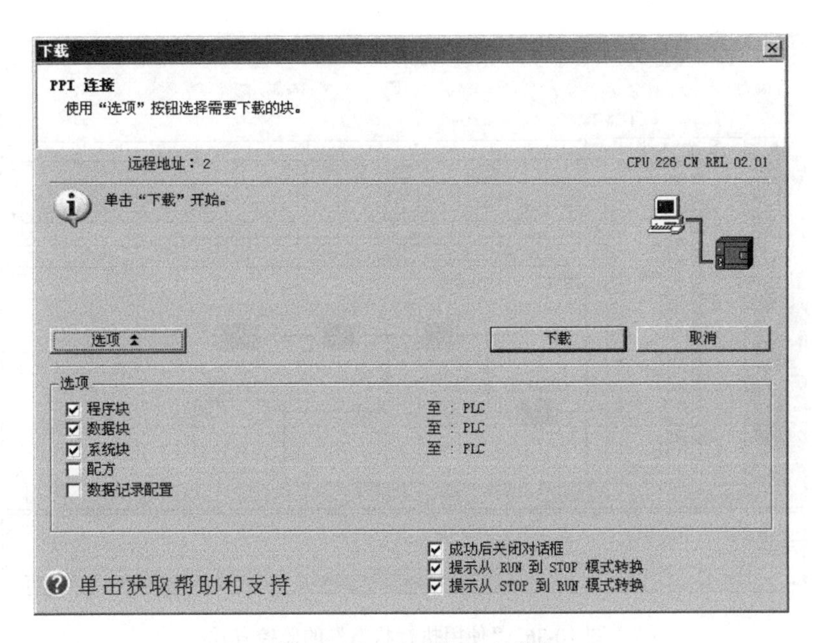

图 10-35　“下载”对话框

如计算机处在 RUN 模式进行下载操作，STEP 7-Micro/WIN 将出现“您希望设置 PLC 为 STOP 模式吗？”单击“确认”按钮，使 PLC 转为 STOP 模式后，开始下载程序，同时在输出窗口显示“正在下载至 PLC……”信息，下载成功后显示“下载成功”字样。

如果 STEP 7-Micro/WIN 设置 PLC 型号与实际的不符，下载时会出现警告信息，单击“改动项目”按钮，修改 CPU 的型号后再下载。

10.5.2　程序监控及调试

STEP 7-Micro/WIN 所提供的 3 种程序编辑器（LAD、FBD 和 STL）都可以在程序在线运行时监视各个编程元件状态及各个操作数的数值。一般常用梯形图编辑器进行程序监控，下面以梯形图编辑器进行程序监控为例，说明程序监控的方法。

1．梯形图程序监控操作

程序监控有“使用执行状态监控方式”和“扫描结束状态的状态监控方式”。

（1）使用执行状态监控方式。

在程序监控之前，选择菜单命令“调试”→“使用执行状态”，即进入使用执行状态监控方式。

选择菜单命令“调试”→“开始程序状态监控”，进入程序监控状态。

“使用执行状态”监控视图能显示程序扫描周期内每个元件的状态和数据，也就是所显示的 PLC 中间数据值都是从一个扫描周期中采集的。在这种运行监控状态下，梯形图用默认颜色显示，并更新梯形图中各元件的状态和数据，如图 10-36 所示。

在运行状态监控方式下，单击“暂停程序监控状态”按钮，可冻结此刻程序的工作状态（但程序仍继续运行），以便观察，再次单击按钮，恢复正常监控状态。

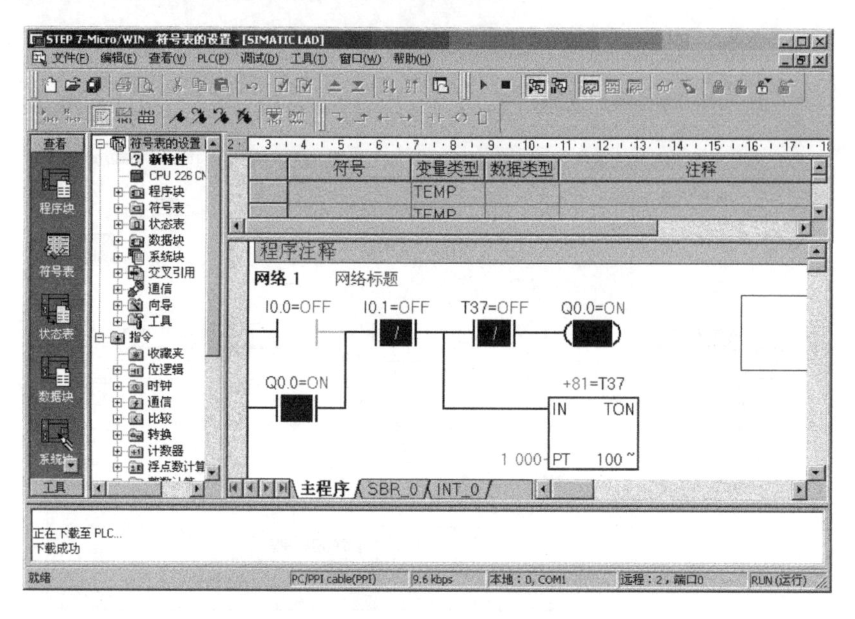

图 10-36 “使用执行状态”的监控方式

（2）扫描结束状态的状态监控方式。

取消“使用执行状态”即为扫描结束的状态。在扫描结束状态的状态监控方式下，梯形图为扫描周期结束时的状态结果。这些结果可能不会反映 PLC 数据地址的所有数据变化。由于 PLC 与计算机的通信速度比较慢，来不及反映每个扫描周期的状态，因此，扫描结束状态所显示的是多个扫描周期结束时的数据状态。

2．梯形图程序监控的强制功能

在 PLC 梯形图程序在运行状态的监控模式下，可以强制某元件改变状态和数据。如图 10-37 所示，右键单击常开接点 I0.0 的地址编号，在弹出的菜单中选择“强制”，出现如图 10-38 所示的对话框，单击“强制”按钮，常开接点 I0.0 强制接通，如图 10-39 所示。

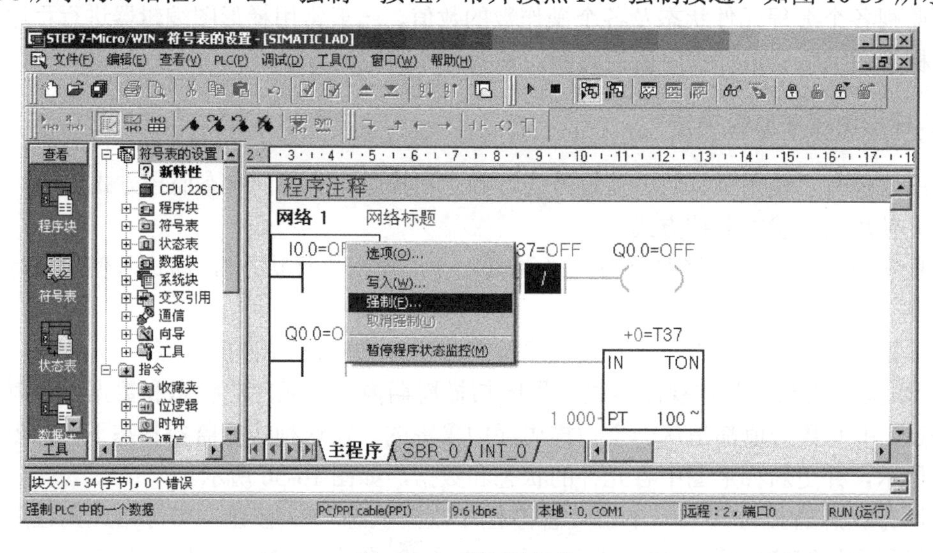

图 10-37 强制的操作

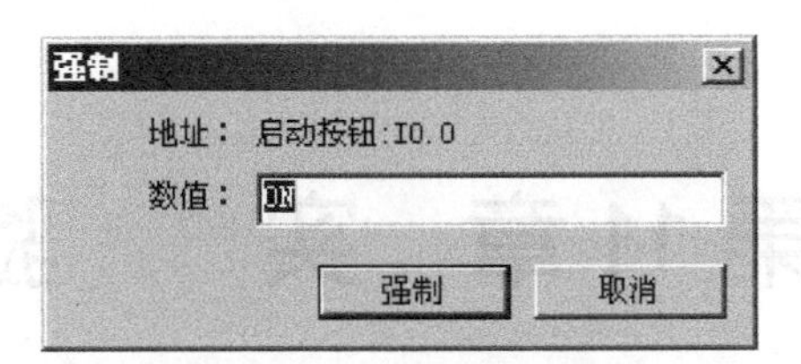

图 10-38　“强制”对话框

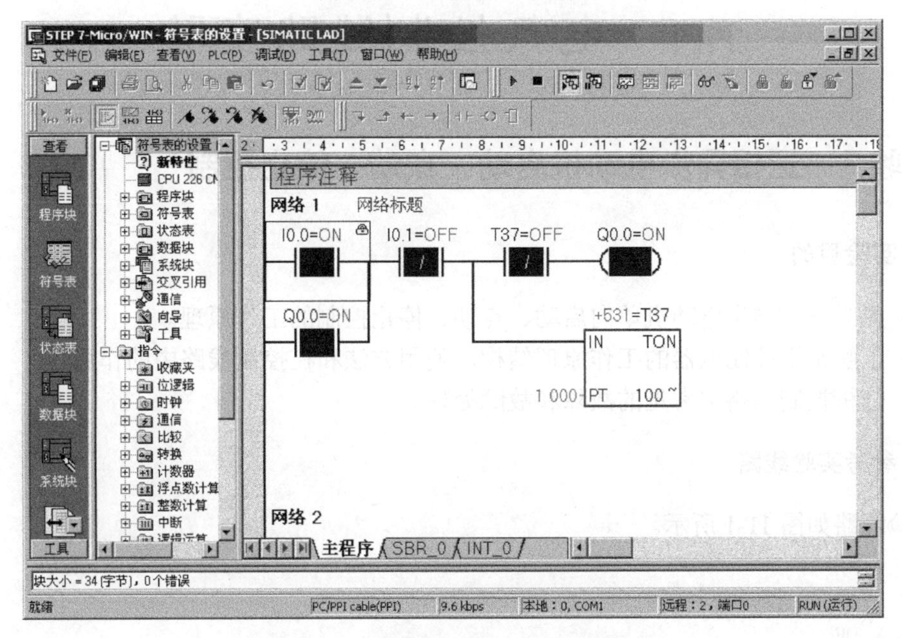

图 10-39　常开接点 I0.0 强制接通监控图

再右击常开接点 I0.0 的地址编号，在弹出的菜单中选择“取消强制”，常开接点 I0.0 断开。执行“强制”功能后，在默认情况下，PLC 上的故障信号灯显示为黄色。

“强制”和“取消强制”不能用于 V、M、AI、AQ。

习　　题

10-1　如何将英文界面转换成中文界面？

10-2　为什么要设置输入滤波器？

10-3　如何设置所有输出量 Q 在由 RUN 模式转到 STOP 模式时，仍保持 Q 在 RUN 模式的状态？

10-4　如何设置输出量 Q0.1 在由 RUN 模式转到 STOP 模式时，仍保持 Q0.1 在 RUN 模式的状态？

10-5　M13.0 和 M14.0 有什么不同？

10-6　数据块设置数据：VB0 200，300，400 表示什么意思？

10-7　为什么要进行程序编译？

第11章 实　　验

11.1 电气控制线路实验

实验1 三相异步电动机启动、点动、停止控制

1．实验目的

（1）熟悉三相异步电动机单向启动、点动、停止控制的工作原理。
（2）了解常用控制电器的工作原理结构、使用方法和在控制线路中的作用。
（3）分析控制电路中常见的故障和故障处理。

2．参考实验线路

实验线路如图 11-1 所示。

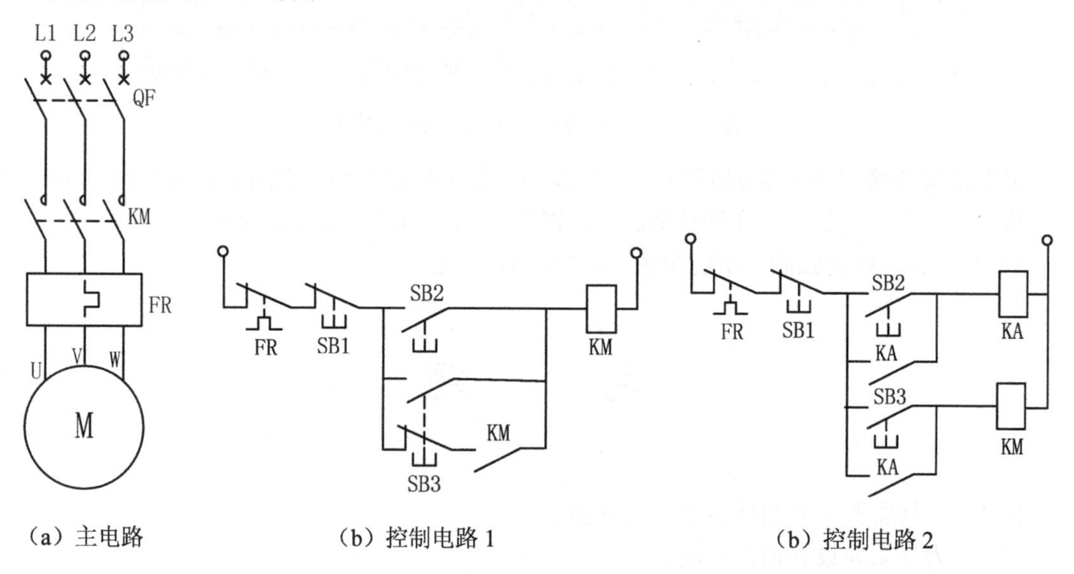

（a）主电路　　（b）控制电路 1　　（b）控制电路 2

图 11-1　三相异步电动机单向启动、点动、停止控制电路实验线路

3．实验设备及电器元件

（1）三相鼠笼型异步电动机 1 台。
（2）断路器 1 只。
（3）中间继电器 1 只。
（4）接触器 1 只。

（5）按钮 2 只。

（6）热继电器 1 只。

（7）导线若干。

4．实验步骤

（1）熟悉各电器和实验设备的基本结构、用途和工作原理。

（2）熟悉实验电路的基本工作原理和操作方法。

（3）按图 11-1 所示的控制电路进行接线，并进行检查无误后，合上实验台总电源。

（4）操作控制按钮，观察电路运行情况（如发现故障应立即切断电源）。

（5）比较两种控制电路，分析工作原理。

（6）设置故障，分析原因，进行记录：

① 先断开一相，按启动按钮，看电动机有什么反应？

② 先启动电动机后，再断开一相，看电动机有什么反应？

③ 将自锁接点断开，按启动按钮，看有什么反应？

（7）切断电源，拆除接线，整理实验设备。

5．思考题

（1）分析实验线路 1 和实验线路 2 各有什么特点？

（2）如果实验线路有错，当合上电源开关 QF 后，电动机立即启动，可能是什么问题？

（3）自锁接点误接成常闭接点，将发生什么现象？

（4）分析控制电路 1 中的点动按钮 SB3 换用速动按钮时为什么不能点动控制？

（5）图 11-1 所示电路能可靠实现点动控制吗？可能会出现哪些问题？比较图 11-2 所示控制电路 3 和图 11-1 所示控制电路 1 有什么不同点？

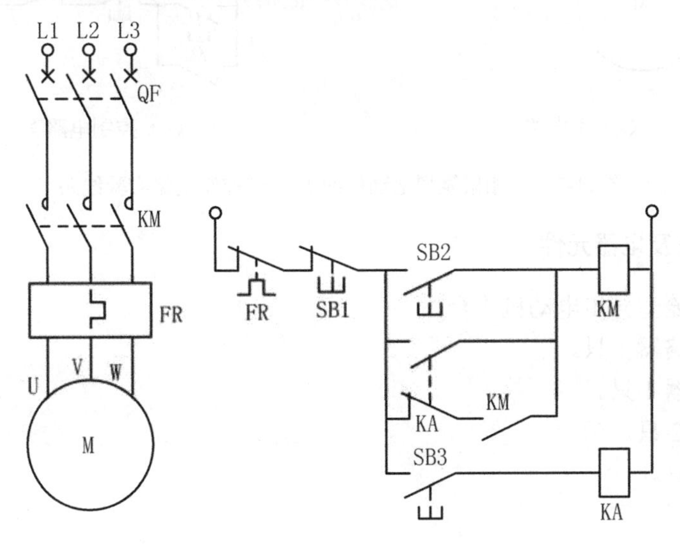

图 11-2 三相异步电动机单向启动、点动、停止控制电路 3 实验线路

实验 2　三相鼠笼型电动机可逆控制

1. 实验目的

（1）掌握三相鼠笼型电动机的正/反转控制原理和正确接线方法。

（2）熟悉直接反转控制电路和停止反转控制电路，并进行分析比较。

（3）分析控制电路中常见的故障，并进行故障处理。

2. 参考实验线路

实验线路如图 11-3 所示。

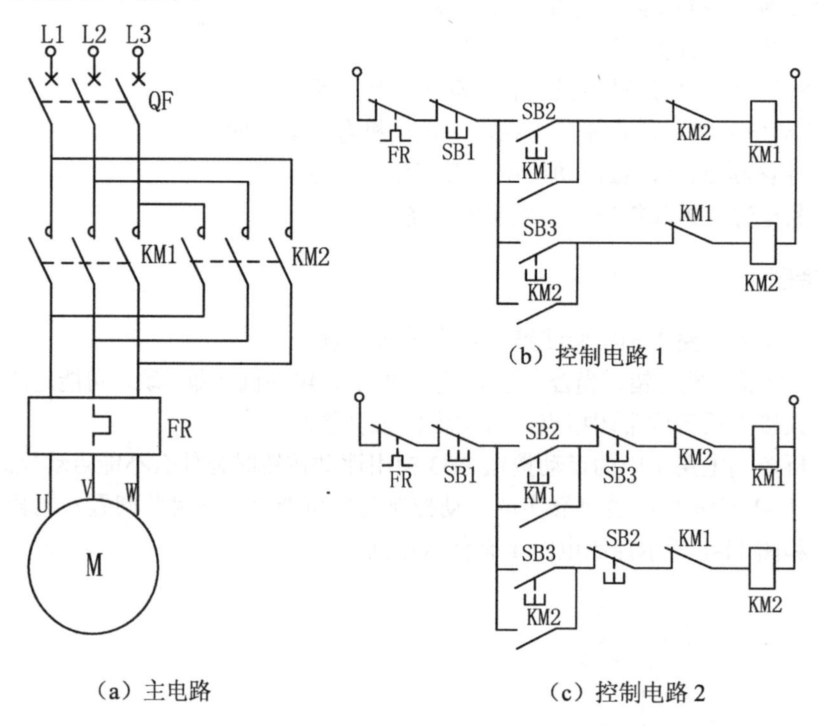

图 11-3　三相鼠笼型电动机的正/反转控制电路实验线路 1

3. 实验设备及电器元件

（1）三相鼠笼型异步电动机 1 台。

（2）三相断路器 1 只。

（3）热继电器 1 只。

（4）接触器 2 只。

（5）按钮 3 只。

（6）导线若干。

4. 实验步骤

（1）熟悉实验设备的基本功作原理、结构和用途。

（2）熟悉实验电路的基本工作原理和操作方法。

（3）按图 11-3 所示控制线路进行接线，并进行检查无误后，合上实验台总电源。

（4）操作控制按钮，观察线路运行情况（如发现故障立即切断电源）。

（5）将正、反、停控制电路中的 SB2 和 SB3 的常闭接点短接（或去掉），再进行操作。

（6）比较两种实验控制线路，分析工作原理。

（7）设置故障分析原因，进行记录：

① 将 KM1 和 KM2 常闭接点对调，电路有什么反应？

② 断开一相，按下正转按钮，用手扳动电动机向反向转动，分析原因。

（8）切除电源，拆除接线，整理设备。

5．思考题

（1）如果将正转按钮和反转按钮同时按下去，分析直接反转控制电路和停止反转控制电路各有什么反应，为什么？

（2）按下反转按钮时，电动机仍正转，分析电路什么地方接错了。

（3）分析图 11-4 所示电路的工作原理和实验电路和图 11-3 有什么区别？

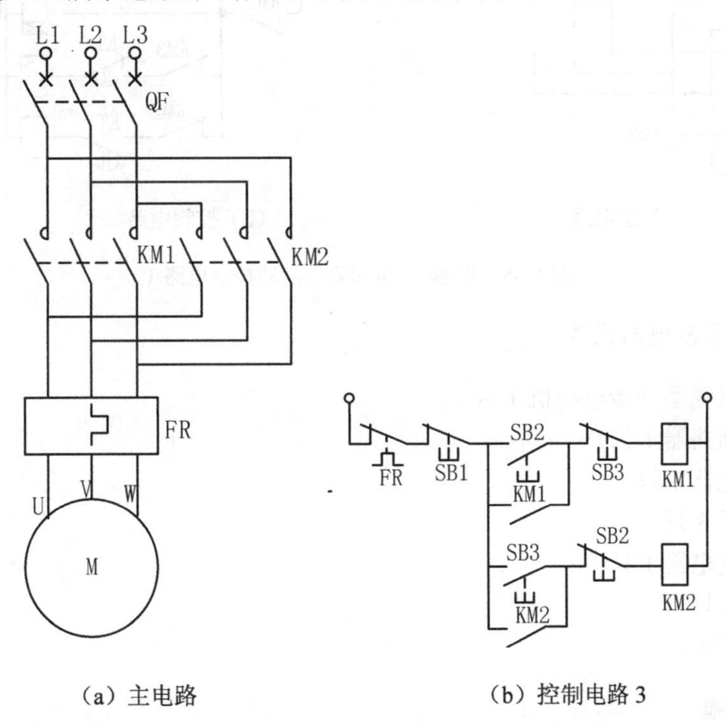

（a）主电路　　（b）控制电路 3

图 11-4　三相鼠笼型电动机的正/反转控制电路实验线路 2

实验 3　星形-三角形降压启动控制

1．实验目的

（1）熟悉三相异步电动机星形-三角形降压启动控制电路的工作原理和接线方法。

（2）了解时间继电器在控制电路中的作用及时间整定方法。

（3）了解热继电器在控制电路中的作用及电流的整定方法。

2．参考实验线路

星形-三角形降压启动控制电路 1 如图 11-5 所示。

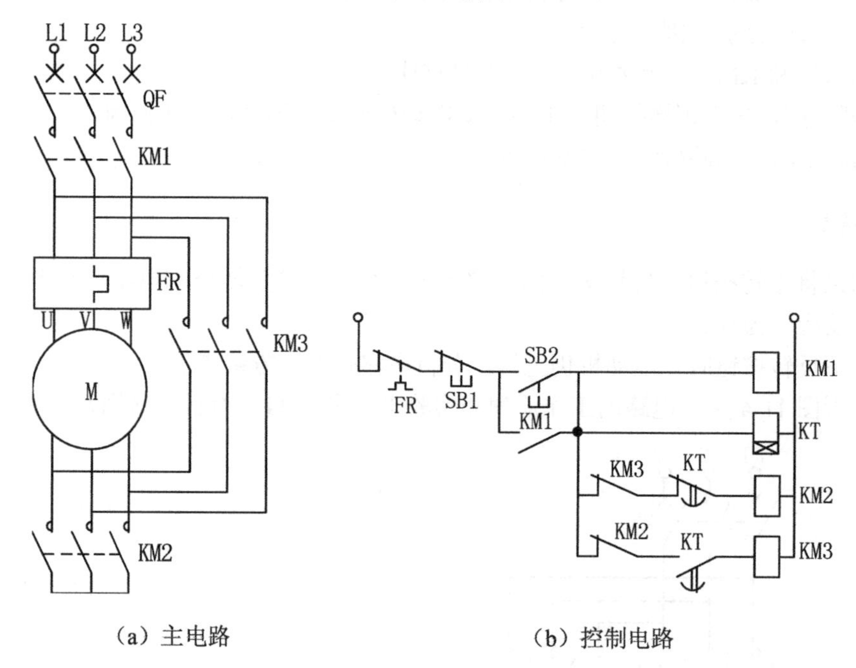

（a）主电路　　（b）控制电路

图 11-5　星形-三角形降压启动控制电路 1

3．实验设备及电器元件

（1）三相鼠笼型异步电动机 1 台。

（2）三相断路器 1 只。

（3）热继电器 1 只。

（4）接触器 3 只。

（5）时间继电器 1 只。

（6）按钮 2 只。

（7）导线若干。

4．实验步骤

（1）分析实验电路图 11-5 的工作原理，熟悉时间继电器在控制电路中所起的作用。

（2）熟悉控制电路中所用的电器元件的结构和工作原理。

（3）按图 11-5 所示进行接线，进行检查无误并请老师再检查无误后，合上实验台电源。

（4）合上断路器 QF，操作控制按钮，观察时间继电器和接触器的动作情况，以及电动机的运行情况。

（5）画出图 11-5 所示控制电路 KM1、KM2 和 KM3 的时序图。

（6）切除电源，拆除接线，恢复设备至原位。

5．思考题

（1）分析图 11-5 所示的星形–三角形降压启动控制电路 1，问在电动机运行过程中，时间继电器是否得电？

（2）分析图 11-6 所示的星形–三角形降压启动控制电路 2，问在电动机运行过程中，时间继电器是否得电？

（3）分析图 11-6 所示的电路，在启动过程中热继电器是否通过启动电流？

（4）分析图 11-5 和图 11-6 所示的电路，电动机在运行过程中，热继电器 FR 通过的电流是否相同？

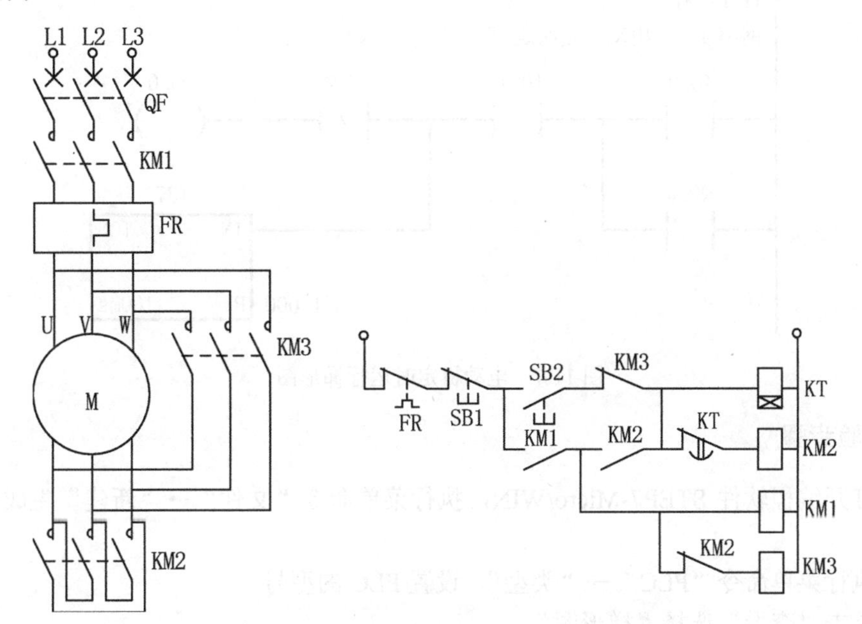

图 11-6　星形–三角形降压启动控制电路 2

11.2　PLC　实　验

PLC 实验目前大多数采用自制或购置的成套实验装置，其基本配置如下：

（1）S7-200CPU 基本模块一只。

（2）安装有 STEP7-Micro/WIN 编程软件的计算机一台。

（3）PC/PPI 编程电缆一根。

（4）用于连接 PLC 输入端的开关、按钮等输入设备，用于连接 PLC 输出端的信号灯、继电器等输入设备。

（5）其他实验设备：如交流电动机、直流电动机，电磁阀，接近开关，编码器，模拟运动机构等。

实验 4　S7-200 编程软件使用与练习

1. 实验目的

（1）熟悉编程软件 STEP 7-Micro/WIN 的基本使用方法。
（2）熟悉用户程序的输入编辑的基本方法。
（3）熟悉用户程序的下载、调试监控等操作方式。

2. 实验程序（见图 11-7）

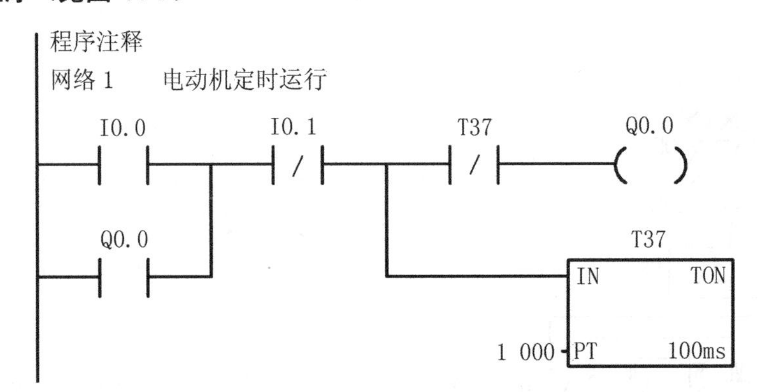

图 11-7　电动机定时运行梯形图

3. 实验步骤

（1）打开编程软件 STEP7-Micro/WIN，执行菜单命令“文件”→“新建”生成一个新的项目。

（2）执行菜单命令“PLC”→“类型”，设置 PLC 的型号。

（3）单击“查看”选择“梯形图”。

（4）在“主程序”中输入如图 11-7 所示的电动机定时运行梯形图。

（5）单击“符号表”在符号表中填入如图 11-8 所示的内容。

			符号	地址	注释
1			电动机	Q0.0	控制风机
2			停止按钮	I0.1	停止电动机
3			启动按钮	I0.0	启动电动机
4			运行时间	T37	
5					

图 11-8　符号表

（6）单击“查看”选择“符号寻址”，观察梯形图的变化。

（7）单击“查看”选择“符号信息表”，观察梯形图的变化。

（8）执行菜单命令“工具”→“选项”，在“选项”对话框的“程序编辑器”选项卡的

“符号寻址”列表框中分别选择“仅显示符号”和“显示符号和地址”，观察梯形图的变化。

（9）单击工具条中的“编译”或“全部编译”，观察输出窗口中的信息。如出现错误信息，须加以纠正，编译成功才能下载。

（10）在计算机和 PLC 连接正确的情况下，将 CPU 模块上的模式开关打在“RUN”位置，单击工具条上的“下载”按钮，在“下载”对话框中单击“选项”按钮，在选择区勾选要下载的块，默认勾选的是程序块、数据块和系统块。单击“下载”按钮，开始下载。

（11）下载成功后，单击工具栏的“运行”按钮，PLC 开始运行。CPU 模块上的 RUN 指示灯亮。

（12）选择菜单命令“调试”→“使用执行状态”，即进入使用执行状态监控方式。选择菜单命令“调试”→“开始程序状态监控”，进入程序监控状态。

（13）右键单击常开接点 I0.0 的地址编号，在弹出的菜单中选择“强制”，在对话框中单击“强制”按钮，常开接点 I0.0 强制接通，PLC 上的故障信号灯显示为黄色。观察梯形图的变化。

（14）再右键单击常开接点 I0.0 的地址编号，在弹出的菜单中选择“取消强制”，常开接点 I0.0 断开。观察梯形图的变化。

（15）用按钮接通一下 PLC 输入端 I0.0，观察梯形图的变化。

（16）用按钮接通一下 PLC 输入端 I0.1，观察梯形图的变化。

（17）写出实验梯形图的程序。

（18）整理和恢复实验装置。

实验 5　小车定点呼叫

1．实验目的

（1）熟悉基本指令编程技巧和梯形图控制原理。

（2）熟悉辅助继电器在梯形图中的控制作用。

2．实验控制要求

一辆小车在一条线路上运行，如图 11-9 所示。线路上有 1#～5#共 5 个站点，每个站点各设一个位置传感器和一个呼叫按钮。无论小车在哪个站点，当某一个站点按下按钮后，小车将自动运行到呼叫点。试用 PLC 对小车进行控制。

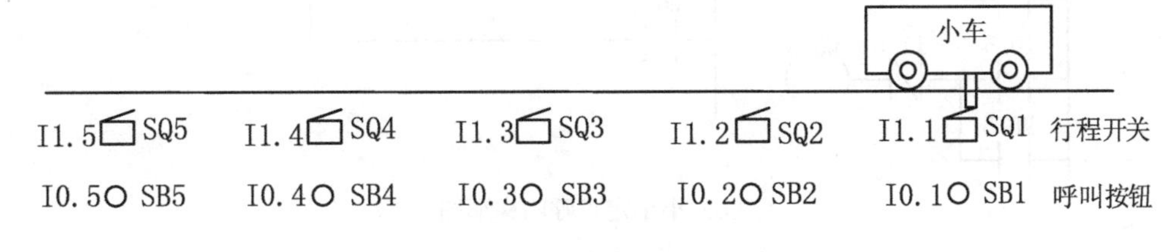

图 11-9　小车行走示意图

3．实验步骤

（1）根据实验控制要求设计出控制梯形图和 PLC 接线图（见图 11-10）。

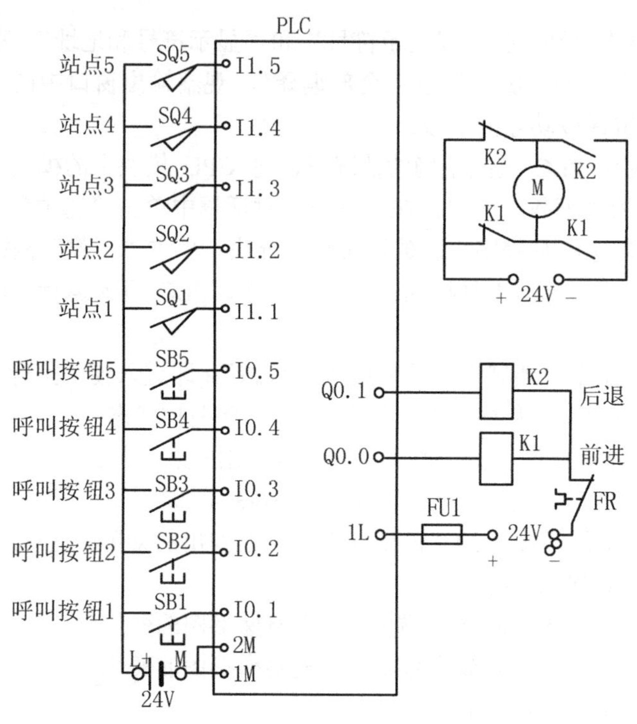

（a）PLC 和直流电动机接线图

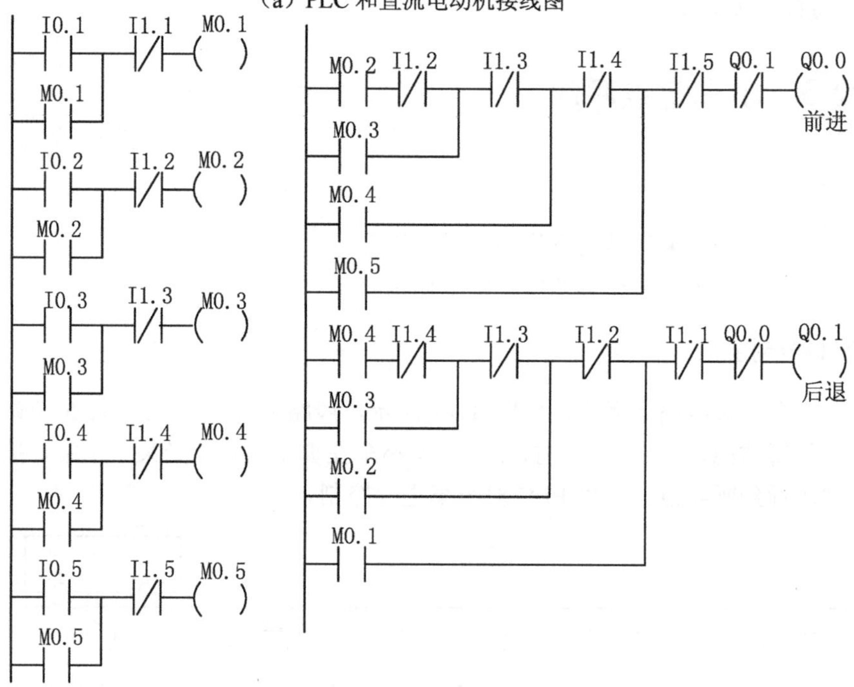

（b）小车定点呼叫梯形图

图 11-10　小车行走 PLC 控制图

（2）根据所给参考实验电路和梯形图进行工作原理分析。

（3）将梯形图输入到 PLC 中，并根据 PLC 接线图进行接线，再进行检查。

（4）在确认无误时，并经指导教师认可后，使 PLC 在 RUN 状态，进行控制操作。

（5）用计算机监控梯形图的工作状态等。
（6）写出实验梯形图的程序。
（7）整理和恢复实验装置。

4．参考实验梯形图和 PLC 接线图

图 11-10（a）所示为小车定点呼叫 PLC 接线图和直流电动机接线图。图 11-10（ b）所示为基本指令编程的小车定点呼叫梯形图。

5．思考题

（1）图 11-10（b）梯形图中所示的辅助继电器在梯形图中的作用是什么？
（2）分析小车定点呼叫梯形图的控制原理。
（3）分析接线图中继电器 K1、K2 为什么没有加互锁接点。

实验 6　十字路口交通灯控制

1．实验目的

（1）学习 S7-200 PLC 编程软件的使用方法，熟悉各种编程指令的输入方法。
（2）分析编程方法的特点和参考控制梯形图的工作原理。

2．实验控制要求

（1）在十字路口，要求东西方向和南北方向各通行 35s，并周而复始。

（2）在南北方向通行时，东西方向的红灯亮 35s，而南北方向的绿灯先亮 30s 后再闪 3s（0.5s 暗，0.5s 亮）后黄灯亮 2s。

（3）在东西方向通行时，南北方向的红灯亮 35s，而东西方向的绿灯先亮 30s 后再闪 3s（0.5s 暗，0.5s 亮）后黄灯亮 2s。

十字路口的交通灯布置示意图及其工作状态图如图 11-11 所示。

3．实验步骤

（1）根据实验控制要求设计控制梯形图和 PLC 接线图。
（2）根据所给参考实验电路和梯形图进行工作原理分析。
（3）熟悉 STEP7-Micro/WIN 编程软件，将梯形图输入到 PLC 中，并根据 PLC 接线图进行接线，并进行检查。
（4）在确认无误时，经指导教师认可后，使 PLC 在 RUN 状态，进行控制操作。
（5）用计算机监控梯形图的工作状态等。
（6）写出实验梯形图的程序。
（7）整理和恢复实验台。

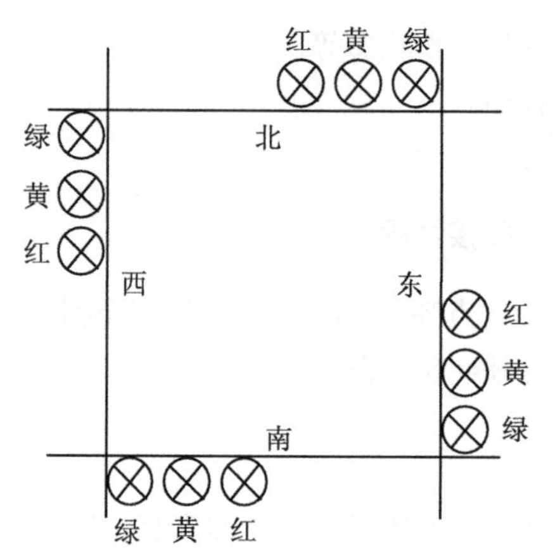

（a）十字路口的交通灯布置示意图

东西方向	红灯 Q0.0			绿灯 Q0.1	绿闪 Q0.1	黄灯 Q0.2
南北方向	绿灯 Q0.4	绿闪 Q0.4	黄灯 Q0.5	红灯 Q0.3		
	30s			30s		
	33s			33s		
	35s			35s		

（b）时间分配图

图 11-11　十字路口交通灯布置示意图及其工作状态图

4．参考实验梯形图和 PLC 接线图（见图 11-12）

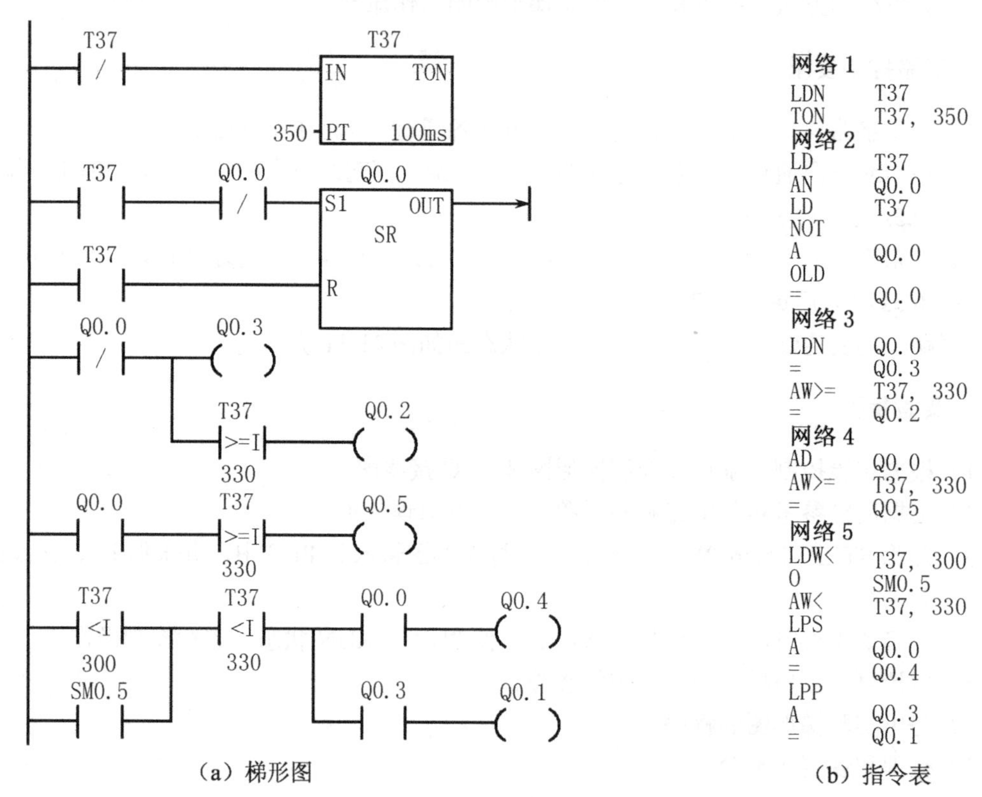

（a）梯形图　　（b）指令表

图 11-12　十字路口交通灯控制 PLC 接线图

5. 思考题

（1）图 11-12 中 T37 是否可以改为 T36，为什么？
（2）画出图 11-12 中 T37、Q0.0 和 Q0.3 的时序图。

实验 7 送料车自动循环控制

1. 实验目的

（1）学习 S7-200 PLC 编程软件的使用方法，熟悉各种编程指令的输入方法。
（2）分析步进顺序控制编程方法的特点和参考控制梯形图的工作原理。

2. 实验控制要求

一辆小车在 *O* 点原位（SQ1 位置开关动作），按启动按钮后，小车由 *O* 点前进行驶到 *A* 点后返回原点，再由原点前进行驶到 *B* 点，由 *B* 点返回到原点，并自动反复执行上述动作过程。要求小车在运行过程中按下停止按钮时小车立即停止；按下前进按钮时小车前进；按下后退按钮时小车退回到原点停止（其中，位置开关 SQ1～SQ3 均为接近开关）。图 11-13 所示为送料车自动循环示意图。

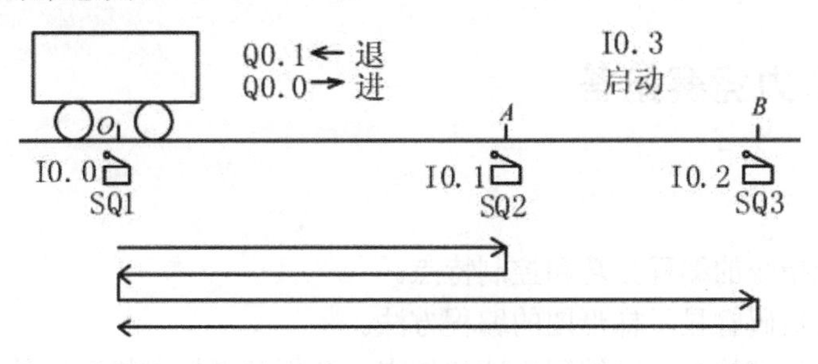

图 11-13 送料车自动循环示意图

3. 实验步骤

（1）根据实验控制要求设计控制梯形图和 PLC 接线图。
（2）根据所给参考实验电路和梯形图进行工作原理分析。
（3）熟悉 STEP 7-Micro/WIN 编程软件，将梯形图输入到 PLC 中，并根据 PLC 接线图进行接线，并进行检查。
（4）在确认无误时，经指导教师认可后，使 PLC 在 RUN 状态，进行控制操作。
（5）用计算机监控梯形图的工作状态等。
（6）写出实验梯形图的程序。
（7）整理和恢复实验装置。

4. 参考实验梯形图和 PLC 接线图

参考实验梯形图和 PLC 接线图如图 11-14 所示。

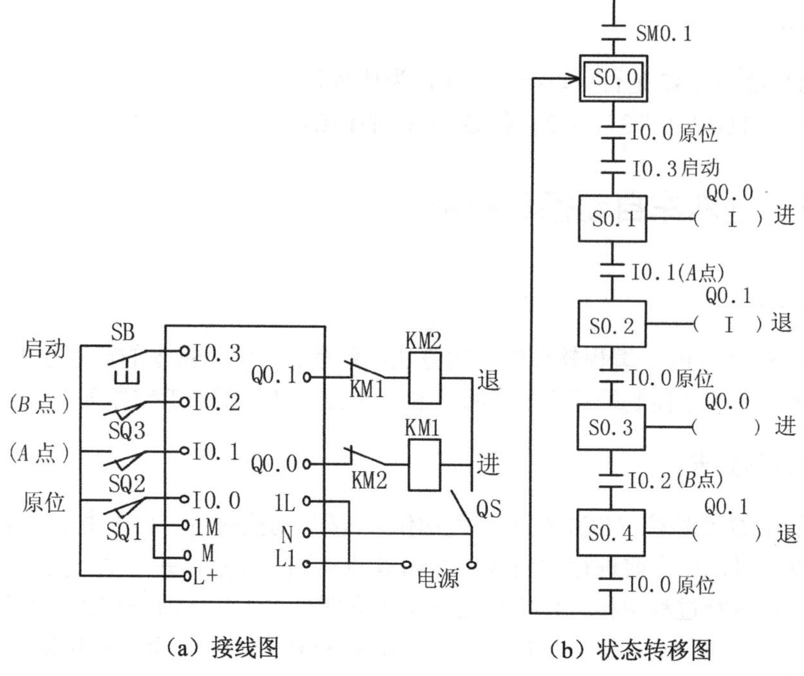

（a）接线图　　（b）状态转移图

图 11-14　送料车自动循环接线图和状态转移图

实验 8　智力竞赛抢答

1. 实验目的

（1）学习功能指令的编程技巧和控制特点。

（2）了解 7 段数码管显示梯形图的编程方法。

（3）比较智力竞赛抢答不同编程方法的特点，分析参考控制梯形图的工作原理。

2. 实验控制要求

（1）8 个智力竞赛人抢答，编号为 0#～7#，主持人用一个按钮控制 8 个抢答台。每个抢答台上放一个按钮和一个指示灯。当主持人报完题目后，按一下主持人按钮，抢答者才可按按钮，否则无效。

（2）抢答开始后，先按按钮者的灯亮，同时蜂鸣器响并保持一直响，后按按钮者灯不亮。

（3）在某编号抢答台的指示灯亮时，用一个 7 段数码管显示该抢答台的编号。

（4）当主持人再按一下主持人按钮时，所有指示灯、蜂鸣器和数码管复位。

3. 实验步骤

（1）根据实验控制要求自行设计智力竞赛抢答控制梯形图和 PLC 接线图。

（2）根据所给参考实验电路和梯形图进行工作原理分析。

（3）将设计梯形图输入到 PLC 中，并根据 PLC 接线图进行接线，并进行检查。

（4）在确认无误时，并经指导教师认可后，使 PLC 在 RUN 状态，进行控制操作。

（5）用计算机监控梯形图的工作状态等。

（6）写出实验梯形图的程序。

（7）整理和恢复实验装置。

4. 参考实验梯形图（见图 11-15）和 PLC 接线图（见图 11-16）

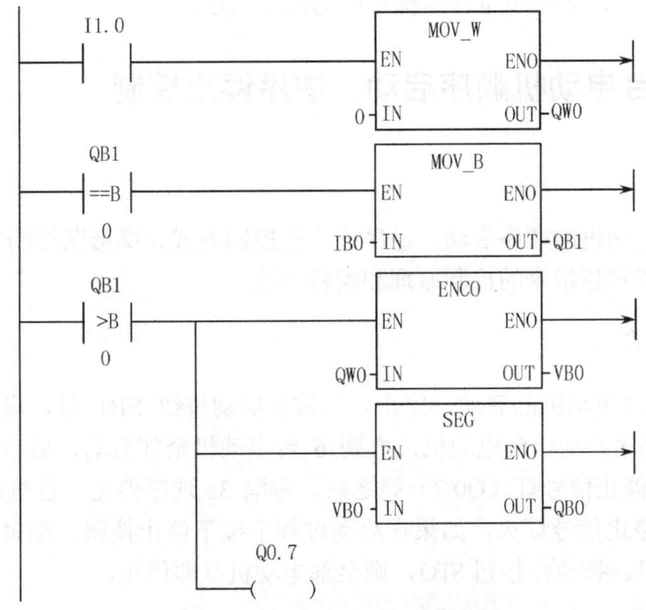

图 11-15 智力抢答竞赛梯形图

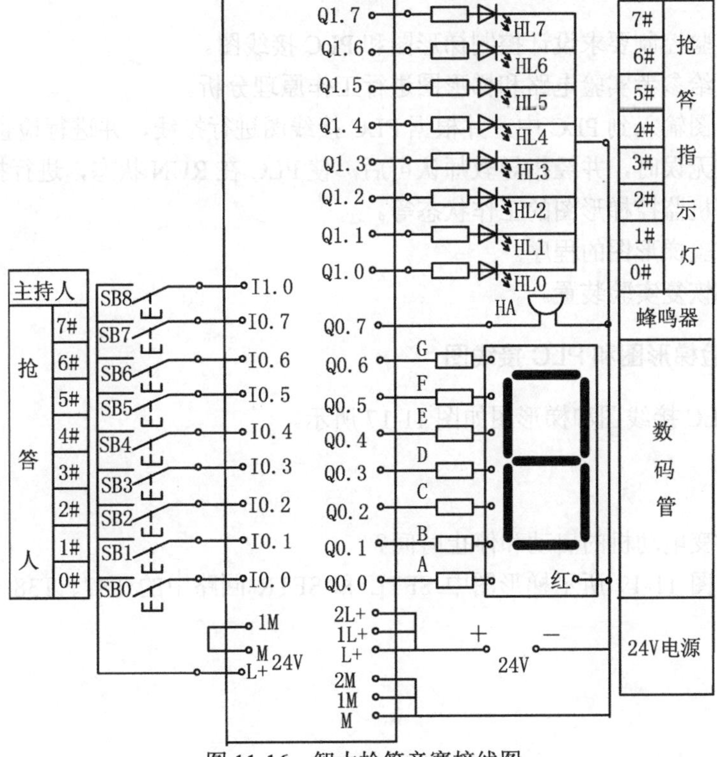

图 11-16 智力抢答竞赛接线图

5．思考题

（1）在图 11-15 所示的抢答器梯形图中，如果 I0.0 和 I0.1 同时动作，会出现什么结果？

（2）分析图 11-16 中七段数码管显示梯形图的编程原理。在初始无人抢答时，数码管如何显示？

（3）分析说明图 11-16 所示抢答器梯形图的控制原理。

实验 9　6 台电动机顺序启动、逆序停止控制

1．实验目的

（1）熟悉多台电动机的顺序启动、逆序停止的控制方式和梯形图控制原理。

（2）熟悉左移和右移指令的控制原理和编程方法。

2．实验控制要求

用按钮控制 6 台电动机的启动、停止。当按下启动按钮 SB1 时，启动信号灯（Q0.0）亮，而后每隔 5s 顺序启动一台电动机，直到 6 台电动机全部启动，启动信号灯灭。当按下停止信号 SB2 时，停止信号灯（Q0.7）亮之后，每隔 3s 逆序停止一台电动机，直到 6 台电动机全部停止后，停止信号灯灭。如果在启动过程中按下停止按钮，则每隔 3s 逆序依次停止已经启动的电动机。按急停按钮 SB3，则全部电动机立即停止。

3．实验步骤

（1）根据实验控制要求设计控制梯形图和 PLC 接线图。

（2）根据所给参考实验电路和梯形图进行工作原理分析。

（3）将梯形图输入到 PLC 中，并根据 PLC 接线图进行接线，并进行检查。

（4）在确认无误时，并经指导教师认可后，使 PLC 在 RUN 状态，进行控制操作。

（5）用计算机监控梯形图的工作状态等。

（6）写出实验梯形图的程序。

（7）整理和恢复实验装置。

4．参考实验梯形图和 PLC 接线图

参考实验 PLC 接线图和梯形图如图 11-17 所示。

5．思考题

（1）如何改变电动机的启动和停止时间？

（2）为什么图 11-17 所示梯形图中 SFTL 和 SFTR 回路中的 T37、T38 未使用边沿接点指令？

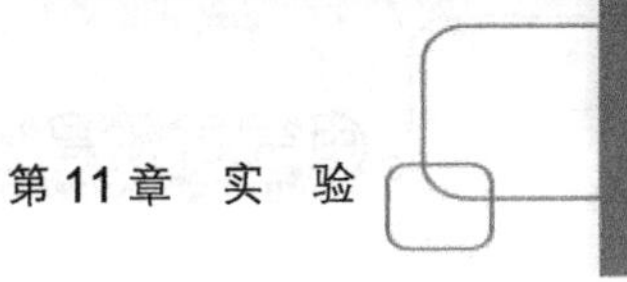

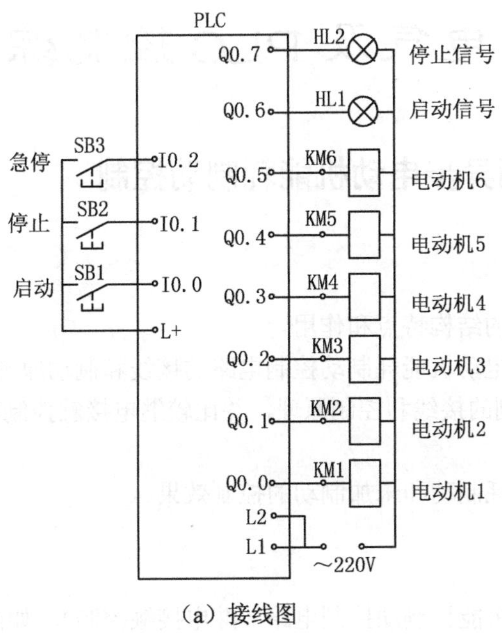

（a）接线图

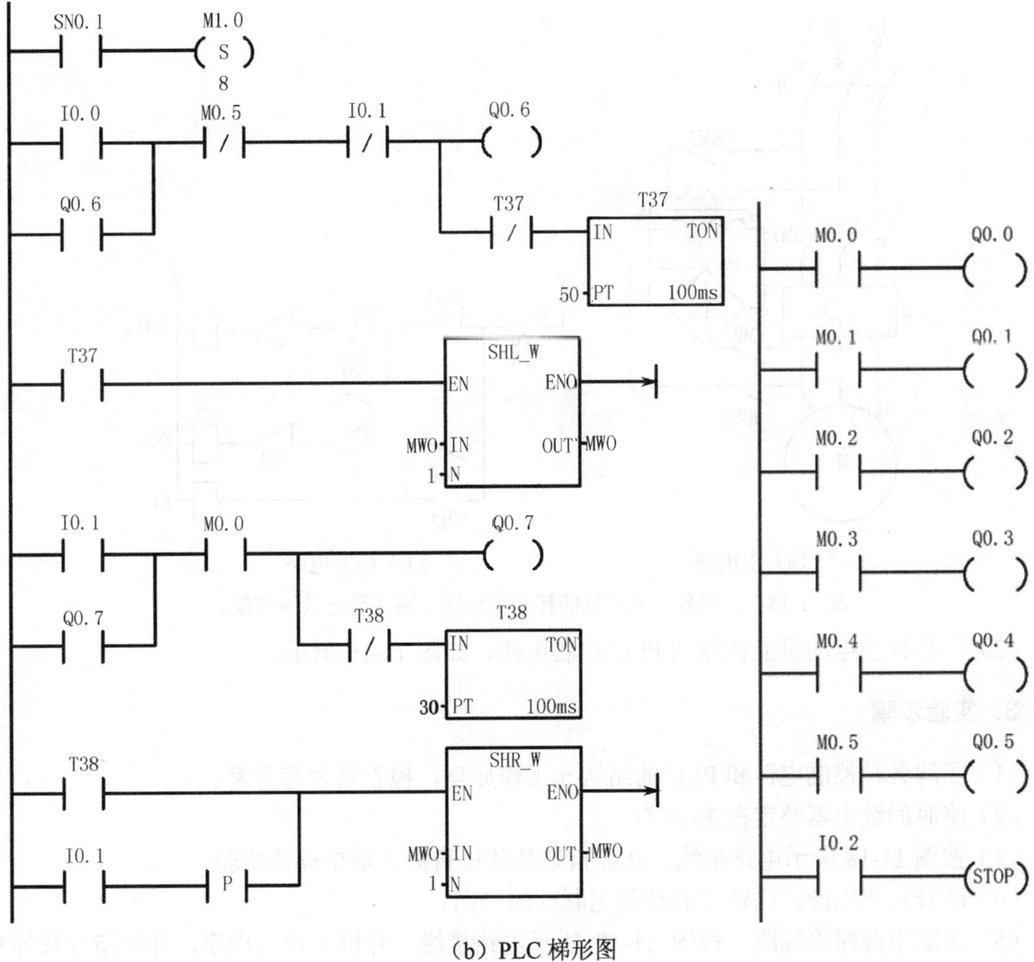

（b）PLC 梯形图

图 11-17　6 台电动机顺序启动、逆序停止控制 PLC 梯形图和接线图

11.3　电气及 PLC 控制综合实验

实验 10　三相异步电动机能耗制动控制

1. 实验目的

（1）了解常用电器的结构特点和作用。

（2）熟悉三相异步电动机能耗制动控制电路的接线和制动原理。

（3）熟悉 PLC 控制的接线和控制原理，并比较继电接触控制和 PLC 控制两种控制电路的特点。

（4）了解和比较能耗制动和未加制动的控制效果。

2. 实验线路

（1）三相异步电动机能耗制动控制电路（继电接触控制），如图 11-18 所示。

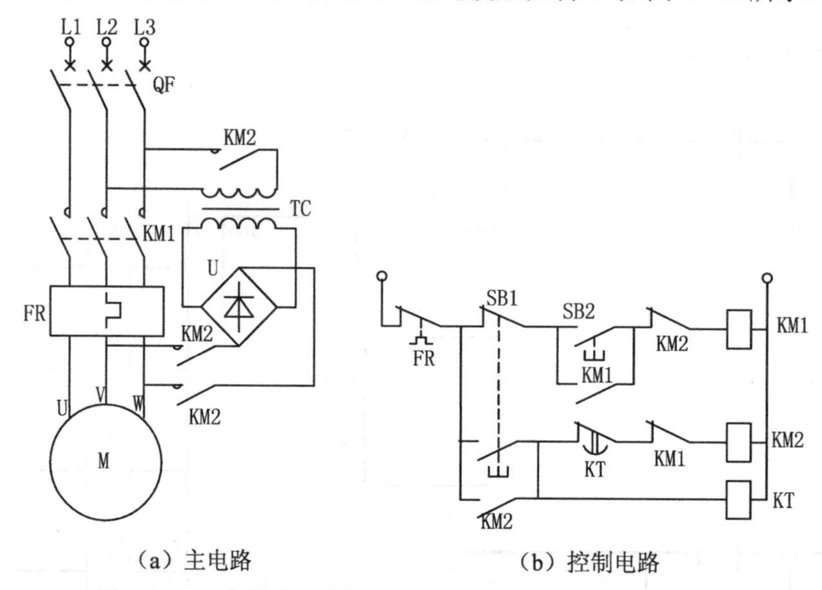

（a）主电路　　　　（b）控制电路

图 11-18　三相异步电动机能耗制动控制电路（继电接触控制）

（2）三相异步电动机能耗制动 PLC 控制电路，如图 11-19 所示。

3. 实验步骤

（1）了解各种控制电器和 PLC 的结构和工作原理，检查是否有异常。

（2）将时间继电器整定在 3s 左右。

（3）按图 11-18 所示电路接线，并经指导教师检查后，通电操作实验。

（4）断开直流电源，比较有制动和无制动的差别。

（5）关断电源撤除线路，按图 11-19 所示电路接线，开机并输入程序，并经指导教师检查后，通电实验。

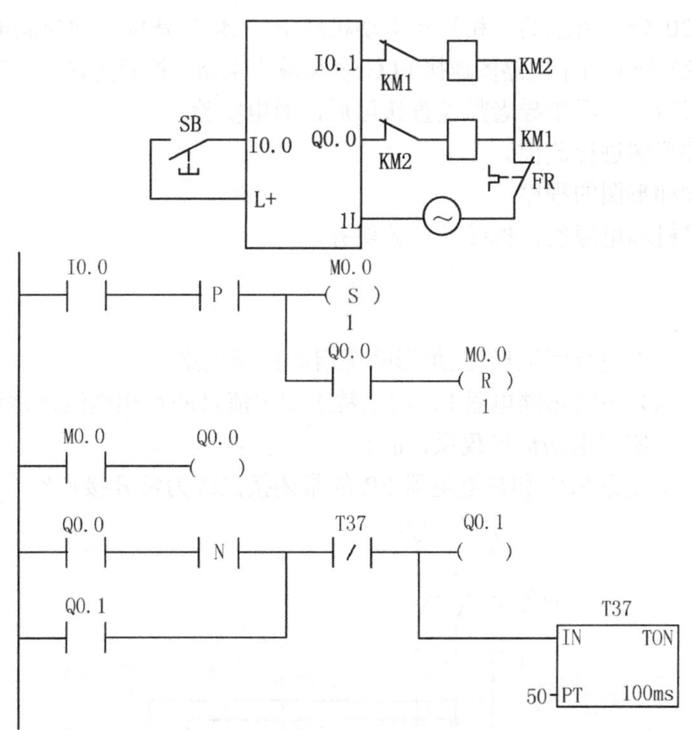

图 11-19 三相异步电机能耗制动 PLC 控制电路

（6）分析控制梯形图的工作原理，并与图 11-18 所示电路比较。

（7）撤除线路关闭计算机，将实验设备归放整齐。

4．思考题

（1）如何确定时间继电器的动作时间？

（2）将实验线路图 11-18 直接转换成梯形图，并画出 PLC 接线图。

（3）分析图 11-19 所示能耗制动控制 PLC 接线图和梯形图的工作原理。

实验 11　三相异步电动机可逆星形-三角形降压启动控制

1．实验目的

（1）熟悉三相异步电动机可逆星形-三角形降压启动控制线路的工作原理和接线方法。

（2）熟悉用 PLC 控制三相异步电动机星形-三角形降压启动控制电路的工作原理和接线方法。

（3）比较继电接触控制线路和 PLC 控制方式的特点。

2．实验线路

三相异步电动机星形-三角形降压启动 PLC 控制电路如图 11-20 所示。

3．实验步骤

（1）分析 PLC 控制电路的工作原理。

（2）按图 11-20（a）所示的三相异步电动机星形-三角形减压启动控制电路接线。
（3）按图 11-20（b）所示电路图连接 PLC 输入/输出电路，检查无误后，输入控制梯形图。
（4）检查无误后，并经指导老师检查认可后，通电实验。
（5）对控制梯形图进行监控。
（6）写出控制梯形图的程序。
（7）关闭计算机和电源后，拆线并摆放整齐。

4．思考题

（1）在什么情况下适合用星形-三角形降压启动控制电路？
（2）图 11-20（a）中的热继电器 FR 在正常工作中流过的是相电流还是线电流？
（3）PLC 是如何实现电动机过载保护的？
（4）如何将停止按钮 SB1 和热继电器 FR 的常闭接点改为常开接点？

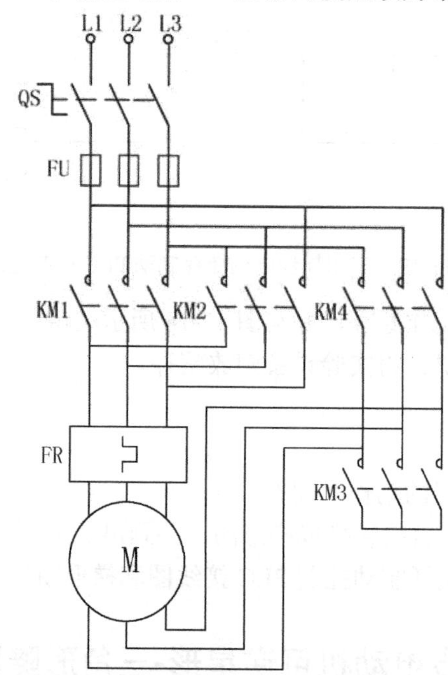

（a）三相异步电动机可逆星形-三角形降压启动主电路

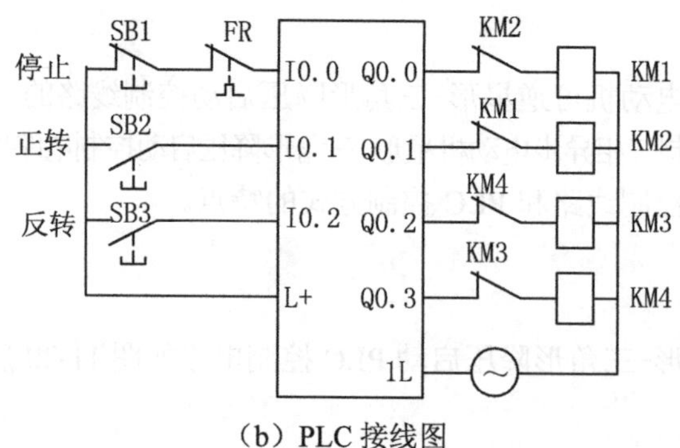

（b）PLC 接线图

图 11-20　三相异步电动机星形-三角形降压启动 PLC 控制电路

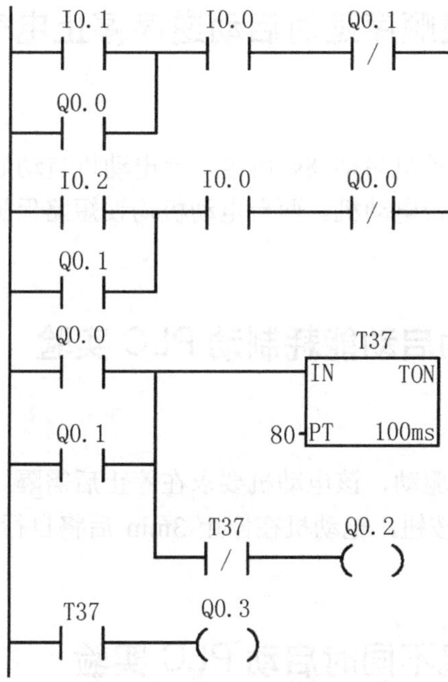

（c）梯形图

图 11-20 三相异步电动机星形-三角形降压启动 PLC 控制电路（续）

11.4 PLC 控制设计性实验

设计性实验要求根据实验的控制要求设计出 PLC 控制的主电路图、PLC 接线图和梯形图。根据设计结果进行主电路图和 PLC 接线图的接线。在计算机编程软件上输入梯形图，进行电路控制和调试，最终得出正确结果。

实验 12 3 台电动机顺序延时启动电气控制实验

控制要求：

用按钮控制三台电动机，为了避免三台电动机同时启动，启动电流过大，要求每隔 8s 启动一台，每台电动机均应有短路和过载保护，当一台电动机过载时，全部电动机停止。试设计三台电动机的主电路和控制电路。

实验 13 电动机点动启动能耗制动电气控制实验

控制要求：

用一个按钮点动启动控制电动机，当按钮松开时，对电动机能耗制动 5s 停止。试设计三台电动机的主电路和控制电路。

实验 14　两台电动机顺序延时启动逆序停止电气控制实验

控制要求：

控制两台电动机，第一台电动机启动 8s 后第二台电动机自动启动。停止时，要求先停止第二台电动机后才能停止第一台电动机。两台电动机均设短路保护和过载保护。试设计两台电动机的主电路和控制电路。

实验 15　电动机点动启动能耗制动 PLC 实验

控制要求：

某一电气设备由一台电动机驱动，该电动机要求在停止后需隔 3min 后才能启动。如果在电动机停止 3min 以内按启动按钮，电动机在停止 3min 后将自行启动。试设计 PLC 接线图和控制梯形图。

实验 16　两台电动机不同时启动 PLC 实验

控制要求：

控制两台电动机，要求两台电动机不能同时启动。当其中一台电动机启动时，另一台电动机需隔 5s 后才能启动。试设计 PLC 接线图和控制梯形图。

实验 17　3 人表决 PLC 实验

控制要求：

3 个人进行表决，当 1 个人按下按钮时，灯不亮表示未通过。当 2 个人或 3 个人按下按钮时，灯亮表示通过，试设计 PLC 接线图和控制梯形图。

实验 18　两台电动机顺序启动逆序停止 PLC 实验

控制要求：

控制两台电动机，要求第一台电动机启动后 5s 第二台电动机自动启动。停止时，第二台电动机先停止后，第一台电动机才能停止。根据控制要求设计 PLC 接线图和梯形图。试设计 PLC 接线图和控制梯形图。

实验 19　电动机正反转启动能耗制动控制 PLC 实验

控制要求：

控制一台三相异步电动机，能正反转启动，停止时，能耗制动 8s 停止，试设计出三相异步电动机主电路，PLC 接线图和步进梯形图。

实验20 电动机延时正反转停控制PLC实验

控制要求：

控制一台电动机，按下启动按钮，电动机正转10s停3s，再反转10s停3s。循环10次后信号灯闪3s结束。按下停止按钮，电动机立即停止。试设计PLC接线图和步进梯形图。

实验21 8个人表决PLC实验

控制要求：

8个人进行表决，当超过半数人同意时（同意者闭合开关），绿灯亮，当半数人同意时黄灯亮，当少于半数人同意时，红灯亮。试设计PLC接线图和控制梯形图。

实验22 3个按钮控制3个灯PLC实验

控制要求：

用3个按钮SB1～SB3控制3个灯EL1～EL3，要求按下按钮SB1时，灯EL1亮，按下按钮SB2时， EL1、EL2灯亮，按下按钮SB3时， EL1、EL2、EL3灯亮，按下按钮SB4时， EL1、EL2、EL3灯灭。试设计出控制梯形图和PLC接线图。

实验23 电动机运行时间设定PLC实验

控制要求：

用按钮控制一台电动机，电动机启动后运行一段时间后自动停止，运行时间用一位BCD码数字开关设置一个定时器的设定值，要求设定值为1min～9min可调。试设计PLC接线图和控制梯形图。

附　录

附录A　S7-200PLC元件表

描　述	CPU221	CPU222	CPU224	CPU224XP CPU224XPsi	CPU226
用户程序长度 在运行模式下编辑 不在运行模式下编辑	4 096B 4 096B	4 096B 4 096B	8 192B 12 288B	12 288B 16 384B	16 384B 24 576B
用户数据大小	2 048B	2 048B	8 192B	10 240B	10 240B
输入继电器（I）	I0.0～I15.7	I0.0～I15.7	I0.0～I15.7	I0.0～I15.7	I0.0～I15.7
输出继电器（Q）	0.0～Q15.7	Q0.0～Q15.7	Q0.0～Q15.7	Q0.0～Q15.7	Q0.0～Q15.7
模拟量输入（只读）	AIW0～AIW30	AIW0～AIW30	AIW0～AIW62	AIW0～AIW62	AIW0～AIW62
模拟量输出（只写）	AQW0 ～ AQW30	AQW0 ～ AQW30	AQW0 ～ AQW62	AQW0 ～ AQW62	AQW0 ～ AQW62
变量存储器（V）	VB0～VB2047	VB0～VB2047	VB0～VB8191	VB0～VB10239	VB0～VB10239
局部存储器（L）	LB0～LB63	LB0～LB63	LB0～LB63	LB0～LB63	LB0～LB63
内部继电器（M）	M0.0～M31.7	M0.0～M31.7	M0.0～M31.7	M0.0～M31.7	M0.0～M31.7
特殊继电器（SM） 只读	SM0.0～SM179.7 SM0.0～SM29.7	SM0.0～SM299.7 SM0.0～SM29.7	SM0.0～SM549.7 SM0.0～SM29.7	SM0.0～SM549.7 SM0.0～SM29.7	SM0.0～SM549.7 SM0.0～SM29.7
定时器（T） 保持接通延时 1ms 10ms 100ms 接通/断开延时 1ms 10ms 100ms	256（T0～T255） T0，T64 T1～T4， T65～T68 T5～T31， T69～T95 T32，T96 T33～T36， T97～T100 T37～T63， T101～T255	256（T0～T255） T0，T64 T1～T4， T65～T68 T5～T31， T69～T95 T32，T96 T33～T36， T97～T100 T37～T63， T101～T255	256（T0～T255） T0，T64 T1～T4， T65～T68 T5～T31， T69～T95 T32，T96 T33～T36， T97～T100 T37～T63， T101～T255	256（T0～T255） T0，T64 T1～T4， T65～T68 T5～T31， T69～T95 T32，T96 T33～T36， T97～T100 T37～T63， T101～T255	256（T0～T255） T0，T64 T1～T4， T65～T68 T5～T31， T69～T95 T32，T96 T33～T36， T97～T100 T37～T63， T101～T255
计数器（C）	C0～C255	C0～C255	C0～C255	C0～C255	C0～C255
高速计数器（HC）	HC0～HC5	HC0～HC5	HC0～HC5	HC0～HC5	HC0～HC5
顺序控制继电器（S）	S0.0～S31.7	S0.0～S31.7	S0.0～S31.7	S0.0～S31.7	S0.0～S31.7
累加器寄存器（AC）	0～AC3	AC0～AC3	AC0～AC3	AC0～AC3	AC0～AC3
跳转/标号	0～255	0～255	0～255	0～255	0～255
调用/子程序	0～63	0～63	0～63	0～63	0～127
中断程序	0～127	0～127	0～127	0～127	0～127
正/负跳变	256	256	256	256	256
PID 回路	0～7	0～7	0～7	0～7	0～7
端口	端口 0	端口 0	端口 0	端口 0、端口 1	端口 0、端口 1

附录 B　S7-200PLC 指令

布尔指令	
LD N LDI N LDN N LDNI N	装载 立即装载 取反后装载 取反后立即装载
A N AI N AN N ANI N	与 立即与 取反后与 取反后立即与
O N OI N ON N ONI N	或 立即或 取反后或 取反后立即或
LDB×N1,N2	装载字节比较的结果 N1（x:<,<=,=,>=,>,<>） N2
AB×N1,N2	与字节比较的结果 IN1 （x:<,<=,=,>=,>,<>）IN2
OB×IN1,IN2	或字节比较的结果 IN1（x:<,<=,=,>=,>,<>）IN2
LDW×IN1,IN2	装载字比较的结果 N1（x:<,<=,=,>=,>,<>）IN2
AW×IN1,IN2	与字比较的结果 IN1（x:<,<=,=,>=,>,<>）IN2
OW×N1,N2	或字比较的结果 IN1（x:<,<=,=,>=,>,<>）IN2
LDD×IN1,IN2	装载双字比较的结果 IN1（x:<,<=,=,>=,>,<>）IN2
AD×IN1,IN2	与双字比较的结果 IN1（x:<,<=,=,>=,>,<>）IN2
OD×IN1,IN2	或双字比较的结果 IN1（x:<,<=,=,>=,>,<>）IN2
LDR×IN1,IN2	装载实数比较的结果 IN1（x:<,<=,=,>=,>,<>）IN2
AR×IN1,IN2	与实数比较的结果 IN1（x:<,<=,=,>=,>,<>）IN2
OR×IN1,IN2	或实数比较的结果 IN1（x:<,<=,=,>=,>,<>）IN2
NOT	堆栈取反
EU ED	检测上升沿 检测下降沿
= Bit =1 Bit	赋值 立即赋值
S BIT,N R BIT,N SI BIT,N RI BIT,N	置位一个区域 复位一个区域 立即置位一个区域 立即复位一个区域
LDS×IN1,IN2 AS×IN1,IN2 OSXI IN1,IN2	字符串比较的装载结果 IN1（x: =, <>）IN2 字符串比较的与结果 IN1（x: =, <>）IN2 字符串比较的或结果 IN1（x: =, <>）IN2
ALD OLD	与装载 或装载
LPS LRD LPP LDS N	逻辑进栈（堆栈控制） 逻辑读（堆栈控制） 逻辑出栈（堆栈控制） 装载堆栈（堆栈控制）
AENO	与 ENO

续表

数学、增减指令	
+I IN1,OUT +D IN1,OUT +R IN1,OUT	整数、双整数或实数加法 IN1+OUT=OUT
-I IN1,OUT -D IN1,OUT -R IN1,OUT	整数、双整数或实数减法 OUT-IN1=OUT
MUL IN1,OUT	整数乘法（16*16→32）
*I IN1,OUT *D IN1,OUT *R IN1,IN2	整数、双整数或实数乘法 IN1 * OUT = OUT
DIV IN1,OUT	整数除法（16/16→32）
/I IN1,OUT /D,IN1,OUT /R IN1,OUT	整数、双整数或实数除法 OUT / IN1 = OUT
SQRT IN,OUT	平方根
LN IN,OUT	自然对数
EXP IN,OUT	自然指数
SIN IN,OUT	正弦
COS IN,OUT	余弦
TAN IN,OUT	正切
INCB OUT INCW OUT INCD OUT	字节、字和双字增 1
DECB OUT DECW OUT DECD OUT	字节、字和双字减 1
PID Table, Loop	PID 回路
定时器和计数器指令	
TON Txxx, PT TOF Txxx,PT TONR Txxx,PT BITIM OUT CITIM IN,OUT	接通延时定时器 断开延时定时器 带记忆的接通延时定时器 启动间隔定时器 计算间隔定时器
CTU Cxxx, PV CTD Cxxx, PV CTUD Cxxx, PV	增计数 减计数 增/减计数
实时时钟指令	
TODR T TODW T TODRX T TODWX T	读实时时钟 写实时时钟 扩展读实时时钟 扩展写实时时钟
程序控制指令	
END	程序的条件结束
STOP	切换到 STOP 模式
WDR	看门狗复位（300ms）

续表

JMP N IBL N	跳到定义的标号 定义一个跳转的标号
CALL N[N1,...] CRET	调用子程序[N1，…可以有16个可选参数] 从SBR条件返回
FOR INDX,INIT,FINAL NEXT	For/Next循环
LSCR N SCRT N CSCRE SCRE	顺控继电器段的启动、转换，条件结束和结束
DLED IN	诊断LED
传送、移位、循环和填充指令	

MOVB IN,OUT
MOVW IN,OUT
MOVD IN,OUT
MOVR IN,OUT
	字节、字、双字和实数传送

BIR IN,OUT BIW IN,OUT	立即读取传送字节 立即写入传送字节
BMB IN,OUT,N BMW IN,OUT,N BMD IN,OUT,N	字节、字和双字块传送
SWAP IN	交换字节
SHRB DATA, S_BIT,N	寄存器移位
SRB OUT,N SRW OUT,N SRD OUT,N	字节、字和双字右移
SLB OUT,N SLW OUT,N SLD OUT,N	字节、字和双字左移
RRB OUT,N RRW OUT,N RRD OUT,N	字节、字和双字循环右移
RLB OUT,N RLW OUT,N RLD OUT,N	字节、字和双字循环左移
逻 辑 操 作	
ANDB IN1,OUT ANDW IN1,OUT ANDD IN1,OUT	对字节、字和双字取逻辑与
ORB IN1,OUT ORW IN1,OUT ORD IN1,OUT	对字节、字和双字取逻辑或
XORB IN1,OUT XORW IN1,OUT XORD IN1,OUT	对字节、字和双字取逻辑异或
INVB OUT INVW OUT INVD OUT	对字节、字和双字取反 （1的补码）

续表

字符串指令	
SLEN IN,OUT SCAT IN,OUT SCPY IN,OUT SSCPY IN,INDX,N, OUT CFND IN1,IN2,OUT SFND IN1,IN2,OUT	字符串长度 连接字符串 复制字符串 复制子字符串 字符串中查找第一个字符 在字符串中查找字符串
表、查找和转换指令	
ATT TABLE,DATA	把数据加到表中
LIFO TABLE, DATA FIFO TABLE,DATA	从表中取数据
FND= TBL,PTN,INDX FND<> TBL,PTN,INDX FND< TBL,PTN,INDX FND> TBL,PTN,INDX	根据比较条件在表中查找数据
FILL IN, OUT, N	用给定值占满存储器空间
BCDI OUT IBCD OUT	把 BCD 码转换成整数 把整数转换成 BCD 码
BTI IN,OUT ITB IN,OUT ITD IN,OUT DTI IN,OUT	把字节转换成整数 把整数转换成字节 把整数转换成双整数 把双整数转换成整数
DTR IN,OUT TRUNC IN,OUT ROUND IN,OUT	把双字转换成实数 把实数转换成双字 把实数转换成双字
ATH IN,OUT,LEN HTA IN,OUT,LEN ITA IN,OUT,FMT DTA IN,OUT,FM RTA IN,OUT,FM	把 ASCII 码转换成十六进制格式 把十六进制格式转换成 ASCII 码 把整数转换成 ASCII 码 把双整数转换成 ASCII 码 把实数转换成 ASCII 码
DECO IN,OUT ENCO IN,OUT	解码 编码
SEG IN,OUT	产生七段格式
ITS IN,FMT,OUT DTS IN,FMT,OUT RTS IN,FMT,OUT	把整数转为字符串 把双整数转换成字符串 把实数转换成字符串
STI STR,INDX,OUT STD STR,INDX,OUT STR STR,INDX,OUT	把子字符串转换成整数 把子字符串转换成双整数 把子字符串转换成实数
中 断 指 令	
CRETI	从中断条件返回
ENI DISI	允许中断 禁止中断
ATCH INT, EVENT DTCH EVENT	给事件分配中断程序 解除事件

续表

通 信 指 令	
XMT TABLE,PORT RCV TABLE,PORT	自由端口传送 自由端口接受消息
TODR TABLE,PORT TODW TABLE,PORT	网络读 网络写
GPA ADDR,PORT SPA ADDR,PORT	获取端口地址 设置端口地址
高 速 指 令	
HDEF HSC,Mode	定义高速计数器模式
HSC N	激活高速计数器
PLS X	脉冲输出

附录C 西门子S7-200PLC寄存器（SM）

SMB0：状态位

SM位	描述（只读）
SM0.0	该位始终为1
SM0.1	该位在首次扫描时为1，常用于初始化程序
SM0.2	若保持数据丢失，则该位在一个扫描周期中为1。该位可用做错误存储器位，或用来调用特殊启动顺序功能
SM0.3	PLC在RUN时，停电后再来电时，SM0.3接点接通一个扫描周期
SM0.4	该位提供了一个时钟脉冲，30s为1，30s为0，占空比周期为1min。它提供了一个简单易用的延时或1min的时钟脉冲
SM0.5	该位提供了一个时钟脉冲，0.5s为1，0.5s为0，占空比周期为1s。它提供了一个简单易用的延时或1s的时钟脉冲
SM0.6	该位为扫描时钟，本次扫描时置1，下次扫描时置0。可用做扫描计数器的输入
SM0.7	该位指示CPU模式开关的位置（0为TERM位置，1为RUN位置）。当开关在RUN位置时，用该位可使自由端口通信方式有效，那么当切换至TERM位置时，同编程设备的正常通信也会有效

SMB1：状态位

SM位	描述（只读）
SM1.0	当执行某些指令，其结果为0时，将该位置1
SM1.1	当执行某些指令，其结果溢出或查出非法数值时，将该位置1
SM1.2	当执行数学运算，其结果为负数时，将该位置1
SM1.3	试图除以零时，将该位置1
SM1.4	当执行ATT（添加到表格）指令时，试图超出表范围时，将该位置1
SM1.5	当执行LIFO或FIFO指令，试图从空表中读数时，将该位置1
SM1.6	当试图把一个非BCD数转换为二进制数时，将该位置1
SM1.7	当ASCII码不能转换为有效的十六进制数时，将该位置1

SMB2：自由端口接收字符

SM位	描述（只读）
SMB2	此字节包含在自由端口通信期间从端口0或端口1接收的每个字符

SMB3：自由端口奇偶校验错误

SM位	描述（只读）
SM3.0	端口0或端口1的奇偶校验错误（0＝无错；1＝检测到错误）
SM3.1～SM3.7	保留

SMB4：队列溢出

SM位	描述（只读）
SM4.01	当通信中断队列溢出时，将该位置1
SM4.11	当输入中断队列溢出时，将该位置1
SM4.21	当定时中断队列溢出时，将该位置1
SM4.3	在运行时刻，发现编程问题时，将该位置1
SM4.4	该位指示全局中断允许位，当允许中断时，将该位置1
SM4.5	当（端口0）发送空闲时，将该位置1
SM4.6	当（端口1）发送空闲时，将该位置1
SM4.7	当发生强置时，将该位置1

SMB5：I/O 状态

SM 位	描述（只读）
SM5.0	当有 I/O 错误时，将该位置 1
SM5.1	当 I/O 总线上连接了过多的数字量 I/O 点时，将该位置 1
SM5.2	当 I/O 总线上连接了过多的模拟量 I/O 点时，将该位置 1
SM5.3	当 I/O 总线上连接了过多的智能 I/O 模块时，将该位置 1
SM5.4～SM5.7	保留

SMB6：CPU ID 寄存器

SM 位	描述（只读）
格式	MSB　LSB 7　0　CPU 标识寄存器 × × × × r r r r
SM6.0～SM6.3	保留
SM6.4～SM6.7	××××= 0000 = CPU 222 ××××= 0010 = CPU 224 / CPU 224×P ××××= 0110 = CPU 221 ××××= 1001 = CPU 226

SMB7：保留

SMB7 为将来使用而保留。

SMB8～SMB21：I/O 模块标识和错误寄存器

SM 位	描述(只读)
格式	偶数字节：模块标识寄存器　奇数字节：模块错误寄存器 MSB　LSB　MSB　LSB 7　0　7　0 m t t a i i q q　c 0 0 b r p f t m：模块存在　0＝ 存在　c：组态错误　0＝ 无错误 1＝ 不存在　b：总线故障或奇偶校验错误　1＝ 错误 tt：模块类型　r：超出范围错误 00 非智能 I/O 模块　p：无用户电源错误 01 智能模块　f：熔断器熔断错误 10 保留　t：接线板松动错误 11 保留 a：I/O 类型　0＝ 离散 1＝ 模拟 ii：输入 00 无输入 01 2 AI 或 8 DI 10 4 AI 或 16 DI 11 8 AI 或 32 DI qq：输出 00 无输出 01 2 AQ 或 8 DQ 10 4 AQ 或 16 DQ 11 8 AQ 或 32 DQ

（续表）

SM 位	描述(只读)
SMB8 SMB9	模块 0 标识寄存器 模块 0 错误寄存器
SMB10 SMB11	模块 1 标识寄存器 模块 1 错误寄存器
SMB12 SMB13	模块 2 标识寄存器 模块 2 错误寄存器
SMB14 SMB15	模块 3 标识寄存器 模块 3 错误寄存器
SMB16 SMB17	模块 4 标识寄存器 模块 4 错误寄存器
SMB18 SMB19	模块 5 标识寄存器 模块 5 错误寄存器
SMB20 SMB21	模块 6 标识寄存器 模块 6 错误寄存器

SMW22～SMW26：扫描时间

SM 位	描述（只读）
SMW22	上次扫描时间
SMW24	进入 RUN 模式后，所记录的最短扫描时间
SMW26	进入 RUN 模式后，所记录的最长扫描时间

SMB28 和 SMB29：模拟调整

SM 位	描述（只读）
SMB28	该字节存储通过模拟调整 0 输入的数值。在 STOP/RUN 模式中，每执行一次扫描就更新一次该数值
SMB29	该字节存储通过模拟调整 1 输入的数值。在 STOP/RUN 模式中，每执行一次扫描就更新一次该数值

SMB30 和 SMB130：自由端口控制寄存器

端口 0	端口 1	描述
SMB30 的格式	SMB130 的格式	自由端口模式控制字节 MSB 7 … LSB 0 p p d b b b m m
SM30.0 和 SM30.1	SM130.0 和 SM130.1	mm：协议选择 00 = 点对点接口协议（PPI/从站模式） 01 = 自由端口协议 10 = PPI/主站模式 11 = 保留（默认设置为 PPI/从站模式） 注意：当选择代码 mm = 10（PPI 主站）时，S7-200 将成为网络上的主站，允许执行 NETR 和 NETW 指令。在 PPI 模式下忽略 2～7 位
SM30.2～SM30.4	SM130.2～SM130.4	bbb：自由端口波特率 000 = 38400 波特　100 = 2400 波特 001 = 19200 波特　101 = 1200 波特 010 = 9600 波特　110 = 115200 波特 011 = 4800 波特　111 = 57600 波特
SM30.5	SM130.5	d：每个字符的数据位 0 = 每个字符 8 位 1 = 每个字符 7 位
SM30.6 和 SM30.7	SM130.6 和 SM130.7	pp：奇偶校验选择 00 = 无奇偶校验　10 = 无奇偶校验 01 = 偶校验　11 = 奇校验

SMB31 和 SMW32：永久存储器（EEPROM）写控制

<table>
<tr><th>SM 位</th><th>描述（只读）</th></tr>
<tr><td>格式</td><td>SMB31：软件命令
MSB　LSB
7　0
| c | 0 | 0 | 0 | 0 | 0 | s | s |
SMW32：V 存储器地址
MSB　LSB
7　0
V 存储器地址</td></tr>
<tr><td>SM31.0 和 SM31.1</td><td>ss：数据大小　00＝字节　10＝字　01＝字节　11＝双字</td></tr>
<tr><td>SM31.7</td><td>c：保存至永久存储器　0=无执行保存操作的请求　1=用户程序请求保存数据每次存储操作完成后，S7-200 复位该位</td></tr>
<tr><td>SMW32</td><td>SMW32 中是所存数据的 V 存储器地址，该值是相对于 V0 的偏移量。当执行存储命令时，把该数据存到永久存储器中相应的位置</td></tr>
<tr><td></td><td></td></tr>
</table>

SMB34 和 SMB35：用于定时中断的时间间隔寄存器

SM 位	描述（只读）
SMB34	定义定时中断 0 的时间间隔（1ms～255ms，以 1ms 为增量）
SMB35	定义定时中断 1 的时间间隔（1ms～255ms，以 1ms 为增量）

参 考 文 献

[1] 王阿根. 电气可编程控制原理与应用（第 2 版）. 北京：清华大学出版社，2010.
[2] 王阿根. 西门子 S7-200PLC 编程实例精解. 北京：电子工业出版社，2011.
[3] 王阿根. PLC 控制程序精编 108 例. 北京：电子工业出版社，2009.
[4] 马小军. 可编程控制器及其应用. 南京：东南大学出版社，2007.
[5] 阎石. 数字电子技术基础. 北京：高等教育出版社，1998.
[6] 西门子公司. S7-200CN 可编程序控制器产品样本. 2009.
[7] 西门子公司. SIMATIC S7-200 可编程序控制器系统手册. 2008.
[8] 西门子公司. 西门子 PLC 编程手册. 2005.
[9] http://www.ad.siemens.com.cn/
[10] 张万忠. 可编程控制器入门与应用实例. 北京：中国电力出版社，2005.
[11] 三菱公司. FX1S、FX1N、FX2N、FX2NC 编程手册. 2001.
[12] 国家标准局. 电气制图及图形符号国家标准汇编. 北京：中国标准出版社，1989.